生殖工学のための講座

卵子研究法
─Ovum Research─

前慶應義塾大学医学部　東北大学大学院農学研究科
鈴木秋悦　　佐藤英明
共編

2001

東　京
株式会社
養賢堂発行

執　筆　者（執筆順）

佐藤　英明	東北大学大学院農学研究科	正岡　薫	獨協医科大学
佐々田比呂志	東北大学大学院農学研究科	田中壮一郎	獨協医科大学
山本美和子	大阪府立母子保健総合医療センター	稲葉　憲之	獨協医科大学
松居　靖久	大阪府立母子保健総合医療センター	久保　春海	東邦大学医学部
古川　和広	新潟大学理学部	安部　裕司	東邦大学医学部
河野　友宏	東京農業大学農学部・総合研究所	新村　末雄	新潟大学農学部
北井　啓勝	埼玉社会保険病院	岡田　詔子	東邦大学医学部
山下　正兼	北海道大学理学部	村上　邦夫	東邦大学医学部
吉田　徳之	東北大学大学院農学研究科	五十嵐広明	東邦大学医学部
菊地　和弘	農業生物資源研究所遺伝資源第2部	黒田　優	東邦大学医学部
伊藤　雅夫	東京農業大学生物産業学部	梅津　元昭	東北大学大学院農学研究科
竹林　浩一	滋賀医科大学	松本　浩道	東北大学大学院農学研究科
高倉　賢二	滋賀医科大学	木村　直子	東北大学大学院農学研究科
増田　善行	滋賀医科大学	内藤　邦彦	東京大学大学院農学生命科学研究科
後藤　栄	滋賀医科大学	森　庸厚	東京大学医科学研究所
野田　洋一	滋賀医科大学	郭　卯戊	東京大学医科学研究所
石塚　文平	聖マリアンナ医科大学	佐藤　俊	大阪府立母子保健総合医療センター
田辺　清男	東京歯科大学市川総合病院	加藤　尚彦	横浜市立大学医学部
白石　悟	大田原赤十字病院	松本　和也	近畿大学生物理工学部
荘　隆一郎	荘病院	吉澤　緑	宇都宮大学農学部
中川　博之	荘病院	荒木　康久	高度生殖医療技術研究所
長田　尚夫	日本大学駿河台病院	大野　道子	国際医療技術研究所
田中　温	セントマザー産婦人科医院		中央研究センター
星　和彦	山梨医科大学	小林　仁	宮城県農業短期大学坪沼農場
平田　修司	山梨医科大学	雀部　豊	東邦大学医学部
内田　雄三	山梨医科大学	西村　崇代	東邦大学医学部
宮崎　俊一	東京女子医科大学	森本　義晴	IVF大阪クリニック
長谷川昭子	兵庫医科大学先端医学研究所	宮本　元	京都大学大学院農学研究科
香山　浩二	兵庫医科大学	杉本　実紀	京都大学大学院農学研究科
伊藤　丈洋	（株）機能性ペプチド研究所	保地　眞一	信州大学繊維学部
星　宏良	（株）機能性ペプチド研究所	桑山　正成	加藤レディスクリニック
真鍋　昇	京都大学大学院農学研究科	加藤　修	加藤レディスクリニック
中山　瑞穂	京都大学大学院農学研究科	中潟　直己	熊本大学医学部
山口　美鈴	京都大学大学院農学研究科	葛西孫三郎	高知大学農学部
佐藤　嘉兵	日本大学生物資源科学部	鈴木　達行	山口大学農学部
石島　芳郎	東京農業大学生物産業学部	久慈　直昭	慶應義塾大学医学部
亀山　祐一	東京農業大学生物産業学部	田中　宏明	慶應義塾大学医学部
三好　和睦	東北大学大学院農学研究科	末岡　浩	慶應義塾大学医学部
尾形　康弘	広島県立畜産技術センター	吉村　泰典	慶應義塾大学医学部
堀内　俊孝	広島県立大学生物資源学部	若山　照彦	Rockefeller University
山海　直	国立感染症研究所	角田　幸雄	近畿大学農学部
	筑波医学実験用霊長類センター	加藤　容子	近畿大学農学部

小倉　淳郎	国立感染症研究所獣医科学部	
栁田　薫	福島県立医科大学	
佐藤　章	福島県立医科大学	
細井　美彦	近畿大学生物理工学研究所	
結城　惇	（有）ハブ	
竹内　巧	Cornell University Weill Med. College	
Lucinda L. Veeck	Cornell University Weill Med. College
Zev Rosenwaks	Cornell University Weill Med. College
Gianpiero D. Palermo	Cornell University Weill Med. College

（2001年2月現在）

序　文

　生命の誕生は，卵子と精子という生殖細胞の合体に起源があることはいうまでもないが，生殖生物学の永い歴史からみると，卵子より精子に関する研究が主流であった．すなわち，1950年代初頭に，M. C. Chang と C. R. Austin が，ほぼ期を同じくして，精子の capacitation 学説を確立して以来，受精現象における生殖細胞の役割は精子におかれてきた．そして，精子に関する in vitro での研究成果は，生物学とか畜産学の領域で精子学（Spermatology）として確立されてきた．

　これに反して，卵子の研究は，卵子そのものの形態と機能に関するものというよりは，排卵現象を中心とした生殖内分泌学のなかでの卵子の動態が注目され，卵胞発育に伴う卵子の成熟過程についての研究が主であった．しかし，1960年代に入り，ボストン郊外のウスター実験生物学研究所の M. C. Chang らを中心とした in vitro での受精現象に関する研究の台頭は，今日の生殖補助技術（Assisted Reproductive Technology：ART）の源流となり，さらに，それは1978年の R. Edwards と P. Steptoe による体外受精児の誕生につながり，ここ20年は，精子よりは卵子への関心が高まっており，生殖生物学は卵子の時代に入っている．

　今日，ART は生殖医療の主役となり，わが国だけでも，400施設を越える ART クリニックが開設されており，5万人を越える体外受精児が誕生し，卵子細胞質内精子注入法（Intracytoplasmic Sperm Injection：ICSI）を中心とした新しい技術の応用によって，妊娠率の向上が意図されてきている．しかし，一方では，卵子に関する多くの疑問点は未だ解決されておらず，それを学ぶモノグラフすらないのが現状であった．

　この度，生殖工学のための講座のトップバッターとして，『卵子研究法』が企画され，この領域を文字どおりリードしてきた農学・畜産学のエキスパートに加えて，生殖医療にたずさわる新進の研究者の執筆を得て，本書が完成したことは，まさに画期的なことであり，わが国の卵子研究の金字塔といっても過言ではない．

　具体的には，100名近い専門家の寄稿を得て，卵子研究法の歴史，卵子の基礎，卵子の体外培養法，卵子の解析法，卵子の応用について，対象としては実験動物，大動物，サル，ヒトを含む全ての哺乳類の卵子を網羅したもので，日常の研究と臨床に役立つことを目的として企画されたもので，まさに，update な卵子学の集大成といえる．

2001年2月

鈴木　秋悦
佐藤　英明

目　次

序章　卵子研究法の歴史 ･･････････････････････････････････ 1
1. 古代の動物発生・生殖論と卵子 ･･･････････････････････ 1
2. 顕微鏡の発達と哺乳動物卵子の発見 ･･･････････････････ 1
3. 体外培養法の発達 ･････････････････････････････････････ 2
4. 排卵誘起法の発達 ･････････････････････････････････････ 2
5. 実験発生学的手法の発達 ･･･････････････････････････････ 2
6. 卵子の凍結法 ･･･ 3
7. 分子生物学的手法の応用 ･･･････････････････････････････ 3
8. トランスジェニックと細胞融合法の応用 ･････････････････ 4
9. 新しい研究課題に向かっての研究手法 ･･･････････････････ 4

I. 卵子の基礎 ･･･ 7
1. 卵子の発生と形成 ･････････････････････････････････････ 7
  1.1 卵子の分化 ･･･ 7
  1.2 減数分裂 ･･･ 10
  1.3 卵子のエピジェネティクス ･･･････････････････････････ 17
  1.4 卵子の形態 ･･･ 24
2. 卵子の成熟 ･･･ 30
  2.1 核成熟 ･･･ 30
  2.2 細胞質成熟 ･･･ 41
3. 排　卵 ･･･ 48
  3.1 小動物（マウス，ラット，ハムスター，モルモット，ウサギ） ･･････････ 48
  3.2 中・大動物（ブタ，ヒツジ，ウシ，ウマ） ･･･････････････ 57
  3.3 ヒ　ト ･･･ 62
4. 受　精 ･･･ 93
  4.1 精子との接着，融合のメカニズム ･････････････････････ 93
  4.2 卵子におけるシグナル伝達系 ･････････････････････････ 100
  4.3 多精子受精防御 ･････････････････････････････････････ 107

II. 卵子の体外培養法 ･･････････････････････････････････ 115
1. 始原生殖細胞の培養法 ･････････････････････････････････ 115
2. 前胞状卵胞・卵子の体外発育法 ･････････････････････････ 119
3. 卵胞細胞の体外培養法 ･････････････････････････････････ 124
4. 未成熟卵子，排卵卵子，受精卵の採取法 ･････････････････ 131

4.1 マウス，ラット……………………………………………………131
　　4.2 ウサギ……………………………………………………………136
　　4.3 ブ　タ……………………………………………………………141
　　4.4 ウ　シ……………………………………………………………146
　　4.5 サ　ル……………………………………………………………153
　　4.6 ヒ　ト……………………………………………………………162
　5. 卵子の体外成熟・体外受精・体外培養法………………………………167
　　5.1 マウス，ラット……………………………………………………167
　　5.2 ウサギ……………………………………………………………173
　　5.3 ブ　タ……………………………………………………………179
　　5.4 ウ　シ……………………………………………………………186
　　5.5 サ　ル……………………………………………………………195
　　5.6 ヒ　ト……………………………………………………………204

III. 卵子の解析法……………………………………………………………213
　1. 卵子の形態解析法………………………………………………………213
　　1.1 組織化学…………………………………………………………213
　　1.2 連続撮影…………………………………………………………219
　　1.3 電子顕微鏡（透過型，走査型）……………………………………223
　　1.4 共焦点レーザー顕微鏡……………………………………………228
　2. 卵子の分子生物学的・生化学的解析法………………………………233
　　2.1 遺伝子の発現解析法………………………………………………233
　　2.2 タンパク発現の解析法……………………………………………240
　　2.3 MAPK，ヒストンH1キナーゼ活性測定法…………………………246
　　2.4 卵細胞のアポトーシス……………………………………………251
　　2.5 ゲノムDNAのメチル化解析法（*Hpa*II-PCR法）………………256
　　2.6 エネルギー代謝解析法……………………………………………263
　　2.7 レポーター遺伝子を用いた初期胚における遺伝子発現の解析………268
　3. 卵子の細胞遺伝学的解析法……………………………………………277
　　3.1 染色体分析法………………………………………………………277
　　3.2 受精卵の診断（FISH法，PCR法）………………………………291

IV. 卵子の応用（臨床）技術………………………………………………303
　1. 卵巣灌流による排卵実験法……………………………………………303
　2. 卵巣組織の器官培養法…………………………………………………306
　3. 卵子の凍結保存法………………………………………………………311
　　3.1 卵巣組織片…………………………………………………………311

3.2 未成熟卵・成熟卵 ……………………………………………… 316
　3.3 ヒト未受精卵のガラス化保存法 ……………………………… 323
　3.4 受精卵・胚 ……………………………………………………… 327
4. 卵子の活性化法 ……………………………………………………… 346
　4.1 マウス …………………………………………………………… 346
　4.2 ウ　シ …………………………………………………………… 350
5. 顕微授精法 …………………………………………………………… 352
　5.1 マウス …………………………………………………………… 352
　5.2 ウ　シ …………………………………………………………… 357
　5.3 ヒ　ト …………………………………………………………… 365
6. 遺伝子改変法 ………………………………………………………… 372
　6.1 マウス …………………………………………………………… 372
　6.2 ウシ，ブタ ……………………………………………………… 381
7. 核移植法 ……………………………………………………………… 384
　7.1 マウス …………………………………………………………… 384
　7.2 ウ　シ …………………………………………………………… 389
　7.3 ヒ　ト …………………………………………………………… 392

索　引 …………………………………………………………………… 399

序章　卵子研究法の歴史*

　卵子研究に関し，まとまったものとしてわが国で初めて出版された「哺乳動物の卵子」の中で当時東北大学農学部教授であった竹内三郎先生は，「哺乳動物卵子の研究の史的展望」と題し，卵子研究の歴史を概説している[1]．その冒頭で「研究を行うものにはまず過去の研究の発展過程をたどり，さらに現在の研究の動向を知り，次いで将来の研究の進展方向をみきわめる必要があろう」と述べている．「卵子研究法」についてもその歴史を振り返り，最前線の研究手法の成立とその発展過程を理解することが必要と思われるので，哺乳動物卵子の発見に至る過程と卵子研究法の発達について整理してみたい．

1. 古代の動物発生・生殖論と卵子

　紀元前にニワトリ卵の人工孵化法がエジプトで確立されたが，その方法を用いてヒポクラテス（Hippocrates）はニワトリの発生について記載している[2]．また，古代ギリシャでは，自然科学の祖ともいわれるアリストテレス（Aristotle）が生殖や発生について体系的な観察を行い，その後2000年以上にもわたり影響を持ち続けた「De generatione animalium」を著している．アリストテレスはイカ，タコなどの産卵，孵化，変態やニワトリの孵化，ヒト胚の形態などを観察，記録している．また，ルネッサンス期においてイギリスのハーベィ（Harvey）はシカの胎子を解剖するとともに，「De Generatione Animalium」（1651）を著している．この本の扉絵には有名な「万物は卵より（ex ova omina）」が記されており，万物の主の手のひらにある卵から様々な種類の動物が飛び出している．しかし，アリストテレスの体系ではヒト（哺乳動物）の生殖において卵子の存在は必要とされていない．すなわち，子宮に分泌された月経に精液が作用し，これが凝固物をつくり，子宮内で発育して胎児となるとしている．

2. 顕微鏡の発達と哺乳動物卵子の発見

　17世紀前半に顕微鏡が完成，普及し，マルピーギ（M. Malpighi）は顕微鏡でニワトリ胚の発生を観察し，「On the Incubation of Eggs」（1673）の中で現在使われている胞胚（blastula），体節（somite），神経溝（neural groove），眼胞（optic vesicle）などの用語を記載している．この頃，リューベンフック（A. V. Leeuvenhock）により精子が発見されている[3]が，その後，遅れて19世紀初頭に哺乳動物の卵子が発見された．すなわち，フォン・ベーア（K. E. von Baer）は，「De Ovi Mammalium et Hominis Genesi」（1827）の中で卵胞内に卵子が存在し，排卵されて卵管を通って子宮に送られることを記載している．これより先にグラーフ（R. de Graaf）が卵巣の中に卵胞（グラーフ卵胞）を発見している[4]が，卵子の発見ではなかった．卵子の発見により，その後，各動物

＊ 佐藤　英明・佐々田　比呂志

種の卵子の形態の記載が進むとともに，20世紀に入り，体外培養法などが研究として取り上げられるようになった．

3．体外培養法の発達

1935年ピンカス（G. Pincus）とエンズマン（E. V. Enzmann）によって胞状卵胞から分離した卵母細胞がホルモンの刺激なしに成熟することが報告され[5]，さらにチャン（M. C. Chang）（1959）[6]やオースチン（C. R. Austin）（1961）[7]によって再現性のある卵子の体外受精法が開発され，その後の卵子研究に大きな影響を与え，卵成熟や受精のメカニズムが明らかにされることになった．

一方，哺乳動物胚の培養の試みは，ブラケット（A. Brachet）によって1912年，ウサギの胚盤胞が培養された[8]のが最初とされている．マウスでは1949年になってハモンド（J. Hammond）が8細胞期胚を胚盤胞まで発生させている[9]．その後，1956年にはウィッテン（W. K. Whitten）がKrebs-Ringer-bicarbonate系の合成培地でマウス8細胞期胚を胚盤胞期まで発育させるのに成功し[10]，さらに1958年にマクラレン（A. McLaren）とビッガース（J. D. Biggers）が体外培養胚を仮親に移植して産子を得るのに成功している[11]．このような研究に端を発し着床前胚の培養が盛んに行われるようになったが，培養法，特に培養液の開発から考えると，その後の研究の歴史は3段階に分けることができる．1970年ころまでに現在の培養法の原型が確立されている．この時期に開発された培養液にはBMOCやWhitten mediumがあるが，マウスでは体外培養下で2-cell blockが観察されている．1970年から1990年の間にはマウス以外の動物種で胚の体外培養法の開発がなされ，1978年にはヒトで体外受精児が誕生している．この時期には，BWWやM16培地が開発され，汎用されている．1990年以降には培養法や培養液の改良がなされ，CZBやSOMが開発され，2-cell blockの問題が解決されている．

4．排卵誘起法の発達

卵子の研究にはまず卵子を得る必要がある．卵巣を破砕したり，卵胞から吸引したりする方法が考案されてきた[12]が，ホルモンによる排卵誘起法の確立が研究に大きな影響を与えている．卵胞刺激ホルモン（FSH），妊馬血清性性腺刺激ホルモン（PMSG），黄体形成ホルモン（LH），ヒト絨毛性性腺刺激ホルモン（hCG）などが容易に入手可能になったことにより，各種動物における過排卵誘起の研究が促進され，現在では一部の動物をのぞき，ほぼ安定して卵子を得ることが可能になった．しかしながら，卵巣にはきわめて多数の卵子があり，これらの多くを排卵させる研究は今後も必要であり，新しい発想に基づく排卵誘起法の開発が必要である．

5．実験発生学的手法の発達

フォン・ベーアは，歴史的大著「Entwicklungsgeschichte der Tiere」（1828～1837）を出版し，比較動物発生学の基礎を築いた．同じ19世紀にはダーウイン（C. Darwin）の「The Origin of Species」（1859）が出版され，さらにヘッケル（E. Haeckel）の反復説（theory of recapitulation）やワイズマン（A. Weismann）の生殖質連続説（theory of continuity of germ plasm）が提唱された．このような説を背景として，その後，多くの脊椎動物で，卵や胚の部分切除や移植実験が行われ

るようになり，19世紀後半から20世紀初頭にかけてルー（W. Roux）により実験発生学（Entwicklungsmechanik）の分野が体系づけられた．ルーは，熱したガラス針を用いてイモリ2細胞期胚の一方の割球を死滅させ，残った割球から個体を発生させている．また，同時期にドリーシュ（H. Driesch）とシュペーマン（H. Spermann）は，それぞれウニとイモリの2細胞期胚の割球を分離すると完全な2個体が発生することを示した．このような実験発生学の手法が進むにつれて，胚原基分布図の作成が進められた．フォークト（W. Vogt）は局所生体染色法，すなわちナイル青や中性赤などの色素で初期原腸胚をマークづけする方法を開発した．シュペーマンは2種類の色素で分染したイモリ胚の部分交換移植実験を行い，「形成体（オーガナイザー）」説を発表した（1924）．また，チャイルド（C. M. Child）は環形動物などの初期胚を薬品処理すると形態の変化が誘導されることを見つけ，勾配説を唱えた．その後，ホルトフレーター（J. Holtfreter）は，胚葉組織を切除して培養する方法をあみ出し，そのような研究により，「組織親和性（Gewebeaffinitat）」の概念を提唱した．またモスコーナ（A. Moscona）は胚組織細胞を単離細胞に解離して操作する方法を確立し，今日の細胞培養法の基礎を築いている．

哺乳動物胚の操作について1936年にピンカス（G. Pincus）はその著書（The Eggs of Mammals）の中でウサギの2細胞期胚の割球1個を仮親に移植し，正常な胚盤胞期胚に発生したと述べている[13]．これは哺乳動物胚を人為的に操作した最初の例と考えられる．また1942年にニコラス（J. S. Nicholas）とホール（B. V. Hall）はラットで2細胞期の単離割球が卵円筒に発生することを明らかにし[14]，今でいう発生工学がスタートした．

6．卵子の凍結法

1949年，ポルジ（C. Polge）らは，保存液にグリセロールを添加すると，精子を生きたまま凍結できることを発見した[15]．1952年に，凍結精子による人工授精により受胎が可能であることが確認され，その後，凍結精液による人工授精が急速に普及したが，精子の凍結保存の成功から20年ほどたち，1971年にマウス[16]，1973年にウシ[17]で凍結保存した胚から子ウシが誕生している．さらに1990年代に入り，未受精卵の凍結保存が試みられ，マウス，ウシ，ヒトで凍結未受精卵由来の子どもが生まれている．さらに未成熟卵の凍結保存が可能になれば，優良雌家畜や絶滅危惧種の遺伝子保存において重要な技術となるだろう．

7．分子生物学的手法の応用

Polymerase chain reaction（PCR）法が開発され，少量のDNAやRNAでも検出が可能になり，大量に材料を準備することのできない哺乳動物卵子や受精卵に応用されるようになってきている．特に，性染色体特異的DNAを増幅することにより，受精卵の性判別が可能となり，1990年には性判別したヒト受精卵の妊娠に成功している[18]．その後，本手法は実験動物や家畜にも応用されている．さらにFluorescence in situ hybridization（FISH）により染色体特異的プローブを用いることにより染色体や遺伝子をその位置で直接検出することが可能となり[19]，性の判別とともに染色体の数や構造異常も同時に観察することが可能になってきている．今後，分子生物学の成果をもとに受精卵の新しい遺伝子診断法が開発されると予想される．

8. トランスジェニックと細胞融合法の応用

　単離した遺伝子をマウス受精卵の前核に注入することにより，それが染色体に組み込まれることが1980年，ゴードン（J. Gordon）らによって初めて報告された[20]．さらに1981年，ブリンスター（R. L. Brinster）とパルミテル（R. D. Palmiter）のグループにより，メタロチオネインプロモーターをつないだヘルペスウイルスのチミジンキナーゼ遺伝子がマウス個体で発現することが明らかにされ[21]．さらにその後，成長ホルモン遺伝子の導入によってスーパーマウス（体重が通常の2倍もあるマウス）が作成され[22]，マウス受精卵への遺伝子導入（トランスジェニック）が可能であることが示された．また1981年には，胚盤胞を体外で培養することにより，多分化能をもつ細胞株が樹立され，胚性幹細胞（embryonic stem cell, ES細胞）と名付けられた[23,24]．そして，ES細胞を用いてもキメラマウスを作成でき，また，あらかじめES細胞に遺伝子を導入しておいてもキメラマウスの作成が可能なこと，そして標的遺伝子の組換えも可能なことが示された．このことにより，特定の遺伝子を欠失したり修飾したりすることが可能になり，いわゆる「遺伝子ノックアウトマウス」が作られるようになった．その結果，マウスを用いて，個体レベルで遺伝子の機能が解析できるようになるとともに，このような研究の中で思いもかけない遺伝子が卵子形成に関与することが明らかにされてきている[25]．

　一方，1983年にマグラス（J. McGrath）とソルター（D. Solter）により，細胞融合法を応用した効率のよい，再現性に優れた核移植法が開発され，2細胞期胚の核を移植された受精卵が，発生可能であることが示された[26]．さらにウシでは，核移植で作られた胚の割球をくり返して使うことによっても，子ウシが生まれている[27]．1997年には乳腺上皮細胞や線維芽細胞を用いた核移植によってクローンヒツジが生まれている[28]．核移植は胚の発生制御のメカニズムの解明に有効な手法である．核の情報がどの分化段階まで可逆性をもっているか，すなわちゲノムインプリンティングの可逆性，卵子細胞質の体細胞核への影響などについて解析できる．このようなことからクローンヒツジ誕生によって卵子研究は新しい段階を迎えていると思われる．

9. 新しい研究課題に向かっての研究手法

　1827年にフォン・ベーアにより哺乳動物の卵子が発見されて以来，その形態や生理に関する研究が活発に行われ，さらに畜産においては卵子の体外成熟・体外受精・受精卵移植が産業として成り立つようになり，医学では不妊治療の手段として体外受精，顕微授精が大きな比重を占めるようになった．さらに英国ロスリン研究所で1997年に誕生した「クローン羊」（体細胞クローン）は農学や医学のみならず，基礎生物学にも大きなインパクトを与えている．

　クローン作出においても卵子が必要であり，卵子の機能解明なくしてクローンを理解することはできない．成体をつくる細胞は特定の働きをするよう条件づけられている．このような細胞の遺伝子は特定の働きだけをするように不可逆的な修飾を受けていると考えられてきた．しかし，「クローン羊」の誕生は，特定の働きをしている細胞の核でも，卵子に移すと再び「分化の全能性」を獲得することを示している．このような卵子の機能はどのようなものなのだろうか．このような生物学における普遍的課題に対する回答も卵子研究に求められている．

一方，哺乳動物の卵子はその形成過程で大部分が死滅する．すなわち，哺乳動物の卵子形成の特徴は「少数の卵子が選抜されて排卵され，大多数のものがアポトーシスにより死滅へと誘導される」ことにある．最近の研究では死滅へと誘導される運命にある卵子でも救助しうることが示されている．卵子の生と死の選択がどのようにして決定されるのかについての解析は，優良個体からの受精可能卵子の大量生産やクローン作出のための遺伝的に均一な卵子の生産という実学的目標のみならず，生物学的にも重要である．

　以上のような課題の解明のためにも，本書で紹介する卵子研究法の習得と改良，発展が必要と思われる．

引用文献

1) 竹内三郎：哺乳動物の卵子(2) －繁殖技術の基礎知識として－．畜産の研究，29: 331-334 (1975).
2) 浅島　誠：現代発生生物学の成立と背景，浅島誠編著「図解生物科学講座 3 発生生物学」, p2-7, 朝倉書店, (1996).
3) 渡辺一雄・岡田節人：発生学の進歩, 岡田節人編「脊椎動物の発生(上)」, p3-21, 培風館, (1989).
4) Knobil, E. and Neil, J. (eds): The Physiology of Reproduction, p 69-102, Raven Press,Ltd., New York, (1988).
5) Pincus, G. and Enzmann, E. V.: The comparative behaviour of mammalian eggs *in vitro*, J. Exp. Med., 62: 665-675 (1935).
6) Chang, M. C.: *In vitro* fertilization of mammalian eggs, J. Anim. Sci. 27 (Suppl.1), 15-22 (1968).
7) Austin, C. R.: Fertilization of mammalian eggs, *in vitro*, Inter. Rev. Cytol. 12: 337-356 (1961).
8) Brachet, A.: Developpement *in vitro* de blastomeres et jeunes embryos demammiferes, C. R. Acad. Sci. (Paris) 155: 1191 (1912).
9) Hammond, J. Jr.: Recovery and culture of tubal mouse ova, Nature 163: 28-29 (1949).
10) Whitten, W. K.: Culture of tubal mouse ova, Nature, 177: 96 (1956).
11) McLaren, A. and Biggers, J. D.: Successful development and birth of mice cultivated *in vitro* as early embryos, Nature, 182: 877-878 (1958).
12) Sato, E., Matsuo, M., and Miyamoto, H.: Meiotic maturation of bovine oocytes in vitro: improvement of meiotic competence by dibutyryl cyclic adenosine 3′, 5′-monophosphate, J. Anim. Sci., 68: 1182-1187 (1990).
13) Pincus, G.: The Eggs of Mammals, Monograph, Macmillan, New York (1936).
14) Nicholas, J. S. and Hall, B. V.: Experiments on developing rats. II. The development of isolated blastomeres and fused eggs, J. Exp. Zool., 90: 441-458 (1942).
15) Polge, C. and Rowson, L. E. A.: Fertilizing capacity of bull spermatozoa after freezing at -7℃, Nature, 169: 626-627 (1952).
16) Whittingham, D. G.: Survival of mouse embryos after freezing and thawing, Nature, 233: 125 (1971).

17) Wilmut, I. and Rowson, L. E. A.: Experiments on the low-temperature preservation of cow embryos, Vet. Rec. 92: 686-690 (1973).

18) Handyside, A. H., Kontogianni, E. H., Hardy, K., and Winston, R. M. L.: Pregnancies from biopsied human preimplantation embryos sexed by Y-specific DNA amplification, Nature, 344: 768-770 (1990).

19) Kobayashi, J., Sekimoto, A., Uchida, H., Wada, T., Sasaki, K., Sasada, H., Umezu, M., and Sato, E.: Rapid detection of male-specific DNA sequence in bovine embryos using fluorescence in situ hybridization, Mol. Reprod. Dev., 51: 390-394 (1998).

20) Gorden, J. W., Scangos, G. A., Plotkin, D. J., Barbosa, J. A., and Ruddle, F. H.: Genetic transformation of mouse embryos by microinjection of purified DNA, Proc. Natl. Acad. Sci. (USA) 77: 7380-7384 (1980).

21) Brinster, R. L., Chen, H. Y., Trumbauer, M. E., Senear, A. W., Warren, R., and Palmiter, R. D.: Somatic expression of herpes thymidine kinase in mice following injection of a fusion gene into eggs, Cell, 27: 223-231 (1981).

22) Palmiter, R. D., Brinster, R. L., Hammer, R. E., Trumbauer, M. E., Rosenfeld, M. G., Bimberg, N. C., and Evans, R. M.: Dramatic growth of mice that develop from eggs microinjected with metallothionein-growth hormone fusion genes, Nature, 300: 611-615 (1982).

23) Evans, M. J. and Kaufman, M. H.: Establishment in culture of pluripotential cells from mouse embryos, Nature, 292: 154-156 (1981).

24) Martin, G. R.: Isolation of a pluripotent cell line from early mouse embryos cultured in medium conditioned by teratocarcinoma stem cells, Proc. Natl. Acad. Sci. (USA), 78: 7634-7638 (1981).

25) 三好和睦・松本浩道・佐藤英明：遺伝子ノックアウトマウスにみられる卵(卵胞)形成・卵成熟・黄体形成の異常症例．日本不妊学誌, 43: 1-8 (1998).

26) McGrath, J. and Solter, D.: Nuclear transplantation in the mouse embryos by microsurgery and cell fusion, Science, 220: 1300-1302 (1983).

27) 角田幸雄・加藤容子：クローン家畜作製とはどういう技術か，科学, 67: 344-347 (1997).

28) Wilmut, I., Schnieke, A. E., McWhir, J., Kind, A. J., and Cambell, K. H. S.: Viable offspring derived from fetal and adult mammalian cells, Nature, 385: 810-813 (1997).

I. 卵子の基礎

1. 卵子の発生と形成

1.1 卵子の分化*

はじめに

　生殖細胞は体を構成している細胞のうちで唯一，全能性を発揮する能力を保ったまま増殖，分化し，配偶子の形成とその受精を通じて再び次の世代を作り出すことのできる不思議な細胞である．生殖細胞は個体発生の初期過程で運命決定され，まず始原生殖細胞として形成されるが，この細胞自身は，配偶子のみに分化するように運命付けられており，直接ほかの体細胞に分化することはない．始原生殖細胞はその後，減数分裂と成熟を経て，卵に分化すると再び全能性を発揮できるようになる．このような雌性生殖細胞の減数分裂と成熟の制御機構を調べることは，生殖細胞を特徴づけ，また全能性を保証し，維持するメカニズムを理解する上で，大変興味の引かれる研究であるといえる．本稿では，胎仔期で卵子への分化が開始するメカニズムを中心に，これまでの知見を概説する．

始原生殖細胞の発生

　個体発生過程で，生殖系列の細胞は生殖巣ができる以前から存在している．生殖細胞のもとになる始原生殖細胞は，マウスでは7日胚ではじめて，アルカリ性フォスファターゼ陽性細胞として，胚の後端部に近い胚体外中胚葉内に検出される[1]．その後，増殖しながら後腸上皮周辺から腸間膜内を移動し，生殖巣のもとになる生殖隆起が形成される11.5日胚頃までにそこに達する[2]．始原生殖細胞が生殖隆起に入る11日胚頃には，生殖隆起は形態的に雌雄差はないが，さらに1日ほど経過する間に，雄では精細管構造が形成され，雌と区別できるようになる．始原生殖細胞は，移動期から生殖隆起に定着した後数日間にかけては活発に増殖する．移動を開始した直後の8.5日胚では，胚後端部の尿膜基部周辺に約100個程度の細胞集団として存在しているが，平均して16時間に一回の割合で分裂を繰り返し，13.5日胚では約26,000個にまで増える[2]．このような速い増殖は，まわりの細胞から供給されるSteel factorをはじめとする，複数の環境因子によって制御されている[3]．

始原生殖細胞の雌雄分化と減数分裂開始の制御

　始原生殖細胞が生殖隆起についた11.5日胚までは，雄の生殖細胞と雌の生殖細胞は形態的に区

---

* 山本 美和子・松居 靖久

別がつかない．その後13.5日胚ごろ，雌胚内の生殖細胞は，細胞周期のG1期に引き続き前減数分裂S期に入り，さらに減数分裂前期のレプトテン期，ザイゴテン期，パキテン期を経て，出生時までにディプロテン期で停止する[4]．これに対して雄生殖隆起内の生殖細胞は13.5日胚ごろ分裂をやめ，減数分裂に入るかわりに前精原細胞としてG1期で停止する．減数分裂開始後の雌生殖細胞は，その染色体の形態的特徴から，雄のG1期停止している生殖細胞とは明らかに区別できる．

このように始原生殖細胞の形態の観察から，その雌雄分化は13.5日胚ごろに起こることがわかる．では生殖細胞の雌雄分化はどのようにして起こるのだろうか．まず，始原生殖細胞の雌雄分化は，生殖細胞自身の性染色体に従うのか，それとも生殖細胞をとりまく組織の環境によるのかという問題がある．その疑問に答えるアプローチが二つある．ひとつは着床前の雄胚と雌胚を融合させてキメラマウスをつくり，生殖細胞の分化を調べた実験である．XX/XYキメラマウスの生殖巣はほとんどが雄の形態を示す．キメラマウスをつくる際に雌のほうのみ（または雄のほうのみ）β-globin遺伝子のトランスジェニックマウスを使い，*in situ* ハイブリダイゼーション法を使って外来遺伝子を検出することにより，精巣中のXX, XY生殖細胞の運命を調べた結果，XX, XY生殖細胞ともに前精原細胞に分化していた[5]．つまりこのキメラマウス胎仔精巣の環境では，XX生殖細胞の減数分裂の開始は，XYの生殖細胞同様に抑制され前精原細胞に分化していることがわかった．またXX/XYキメラマウスの精巣内では，正常雄胎仔精巣中ではみられない減数分裂期の生殖細胞もいくらか存在することも報告されている[6]．次に述べるように，XXの体細胞は精巣の支持細胞であるセルトリ細胞には分化しないので，生殖細胞がXXの体細胞に囲まれていたため減数分裂した可能性が考えられる．このキメラマウスにおいて，生殖細胞や生殖巣のライディヒ細胞，および生殖巣以外の組織は平均するとXXとXYの割合がほぼ等しいのに対して，セルトリ細胞は約9割がXY細胞で構成されていた[5]．このことはセルトリ細胞の分化にはこの細胞内でのY染色体上の遺伝子の働きが重要であることを示している．成熟したXX/XYキメラマウスでは，セルトリ細胞中のXX細胞の割合がさらに低くなるが，生殖細胞ではXX細胞がまったくみられなくなる．このように精巣の環境下でも精子形成ができるのはXY生殖細胞だけであることから，精子形成にはY染色体上の遺伝子が必要であることがわかる．

生殖細胞の雌雄分化が生殖巣の環境によることを示すもうひとつの例は，性反転マウスの生殖細胞を調べた実験である．Y染色体上にある性決定遺伝子Sryは10.5-12.5日胚の雄の生殖隆起の支持細胞で発現し，その分化に必要であると考えられる．この遺伝子が欠損すると，性染色体はXYなのに生殖巣が卵巣に分化する．この雌の表現型を示す性反転マウスでは，XY生殖細胞は卵巣中で減数分裂に入り卵子形成する[7]．逆に遺伝的原因により，精内の細胞の一部でY染色体が失われたXY胚ではXY生殖細胞とともにXO生殖細胞も精巣中におかれる．通常XO胚は雌に発育し，その卵巣内で生殖細胞は卵子へ分化するが，精巣中におかれたXO生殖細胞は13.5日胚で分裂停止し前精原細胞として分化する[8]．以上のことから，始原生殖細胞の雌雄分化は生殖細胞自身の性染色体によるものではなく，周りの環境によるものだといえる．つまり，精巣の環境下ではXX, XYいずれの生殖細胞も減数分裂は抑制され，卵巣の環境下ではその逆になる．

このようなことがわかってくると，次に，始原生殖細胞の減数分裂の開始は，雌の生殖巣で誘導されるのか，それとも雄の生殖巣で抑制されるのかという問題がでてくる．この疑問に答える

二つの報告がある．ひとつは，始原生殖細胞が発生した場所から移動して，生殖巣にたどり着かずにその近傍の副腎や中腎に定着してしまった場合，雄，雌にかかわらず，始原生殖細胞が減数分裂に入り卵子形成することを示した報告である[9]．また中腎内でも生殖隆起に非常に近い部分に位置した始原生殖細胞は減数分裂に入れないことから，雄生殖隆起にはインヒビターが存在し，それは短い距離に拡散可能であることが示唆される[10]．もうひとつは，培養系を使ったアプローチである．10.5－13.5日胚の始原生殖細胞を胎仔肺細胞と凝集塊をつくり培養すると，雌の始原生殖細胞はどの時期からとっても減数分裂し卵子形成する．これに対して，雄の始原生殖細胞は12.5－13.5日胚からとると前精原細胞に分化するが，10.5－11.5日胚からとると減数分裂する[11]．このことから，11.5日胚以前の始原生殖細胞は性染色体に関係なくデフォルトでは減数分裂に入るが，12.5日胚以降の精巣の環境におかれると雄としての分化経路をたどることが示された．また，11.5－12.5日胚の精巣では生殖細胞に働きかける減数分裂抑制因子が存在し，その働きで生殖細胞が，雌のように胎仔期で減数分裂に入ることはできなくなるように変化することが予想される．

以上のことから減数分裂抑制因子の存在が示唆された．では始原生殖細胞に働く減数分裂誘導因子は存在するのだろうか．始原生殖細胞が雌の生殖巣以外の場所でも減数分裂にはいることから，誘導因子は少なくとも胎仔の副腎，肺にも存在しなくてはならないが，現在のところ減数分裂誘導因子の存在を明確に示す証拠はない．

卵の発育と成熟

出生時までに減数分裂のディプロテン期まで進んだ卵母細胞は，数個の顆粒膜細胞（granulosa cell）でとりかこまれた，原始卵胞（primordial follicle）の状態で停止する[12]．この時期までに，かなりの卵母細胞が細胞死を起こし，例えばラットでは胎仔期に最も細胞数が増えた時期にくらべて，3割程度にまで減少することが知られている．またその後，原始卵胞もまた少しづつ細胞死を起こして失われていく．

原始卵胞は性周期に伴い一部づつ発育する．発育の開始がどのように制御されているかは明らかになっていないが，卵巣の髄質部分に位置したものが，まず発育を開始するとされている．この発育に伴い，卵母細胞は，いろいろなmRNAおよびタンパク質を母性因子として蓄積し，容積が100倍程度にまで大きくなる[12]．この発育過程では，顆粒膜細胞からのいろいろな因子が働いている．たとえばSteel factorは顆粒膜細胞で，またレセプターのc-Kitは卵母細胞で発現していて，卵発育の進行に必須の役割を果たしている[13]．このように顆粒膜細胞から卵母細胞への増殖因子シグナルがその成熟に重要だが，さらに顆粒膜細胞からギャップジャンクションを通して卵母細胞に，いろいろな代謝中間産物が供給されることが，必要であることが知られている[12]．

おわりに

このように，卵形成の謎の部分が次第に解き明かされつつあるように思えるが，依然として，生殖細胞のみが起こすことができる減数分裂の開始を制御している機構，さらには卵子が持つ全能性を保証している分子の実体についてはほとんどわかっておらず，今後の進展が期待される．

参考文献

1) Ginsburg, M., Snow, M. H. L., and McLaren, A.: Primordial germ cells in the mouse embryo during gastrulation. Development, 110: 521-528 (1990).
2) Eddy, E. M., Clark, J. M., and Gong, D.: Origin and migration of primordial germ cells in mammals. Gamete Res., 4: 333-362 (1981).
3) Matsui, Y., Nishikawa, S., Nishikawa, S.-I., et al.: Effect of Steel factor and leukemia inhibitory factor on murine primordial germ cells in culture. Nature, 353: 750-752 (1991).
4) Bachvarova, R.: Gene expression during oogenesis and oocyte development in the mammals. *In* "Developmental Biology: A Comprehensive Synthesis" (L. W. Browder, Ed.), Vol. 1, pp. 453-524. Plenum, New York, (1991).
5) Palmer, S. J., and Burgoyne, P. S.: *In situ* analysis of fetal, prepuberal and adult XX ⇔ XY chimaeric mouse testes: Sertoli cells are predominantly, but not exclusively, XY. Development 112: 265-268 (1991).
6) McLaren, A., Chandley, A. C., and Kofman-Alfaro, S.: A study of meiotic germ cells in the gonads of foetal mouse chimaeras. J. Embryol. exp. Morph. 27: 515-524 (1972).
7) Eicher, E. M., and Washburn, L. L.: Genetic control of primary sex determination in mice. Annu. Rev. Genet. 20: 327-360 (1986).
8) Levy, E. R., and Burgoyne, P. S.: The fate of XO germ cells in the testes of XO/XY and XO/XY/XYY mouse mosaics: evidence for a spermatogenesis gene on the mouse Y chromosome. Cytogenet. Cell Genet. 42: 208-213 (1986).
9) Upadhyay, S., and Zamboni, L.: Ectopic germ cells: Natural model for the study of germ cell sexual differentiation. Proc. Natl. Acad. Sci. USA, 79: 6584-6588 (1982).
10) McLaren, A.: Sex determination in mammals. Oxf. Rev. reprod. Biol. 13: 1-33 (1991).
11) McLaren, A. and Southee, D.: Entry of Mouse Embryonic Germ Cells into Meiosis. Dev. Biol. 187: 107-113 (1997).
12) Manova, K., Huang, E. J., Angeles, M., et al.: The expression pattern of the c-kit ligand in gonads of mice supports a role for the c-kit receptor in oocyte growth and in proliferation of spermatogonia. Dev. Biol. 157: 85-99 (1993).
13) Bedell, M. A., Brannan, C. I., Evans, E. P., et al.: DNA rearrengements located over 100 kb 5' of the Steel (Sl)-coding region in Steel-panda and Steel-contrasted mice degenerate Sl expression and cause female sterility by disrupting ovarian follicle development. Genes. Dev. 9: 455-470 (1995).

1.2 減数分裂＊

哺乳類では減数分裂は，染色体数が2倍体（2n）の体細胞から半数体（n）の配偶子細胞，すなわ

＊ 古川　和広

ち精子や卵子を形成するときに見られる特殊な細胞分裂の様式であり，これは1回のDNA複製に続き，細胞分裂が2回連続して起こるため生じる（図1.1）．配偶子は受精により新しい遺伝形質を持つ2倍体の個体を形成する．この減数分裂は，生殖腺内の生殖原細胞より生じた生殖母細胞においてのみ起こることが知られている．減数分裂でみられるこの2回の分裂は，第1分裂と第2分裂に区別されている．第2減数分裂は一般の体細胞で見られる有糸分裂とよく似た様式で行われるが，第1減数分裂は有糸分裂とは大きく異なった特徴を示す．特に第1減数分裂前期は，核およびクロマチンの動きが複雑であるうえに，減数分裂に特徴的な構造体が形成されることから

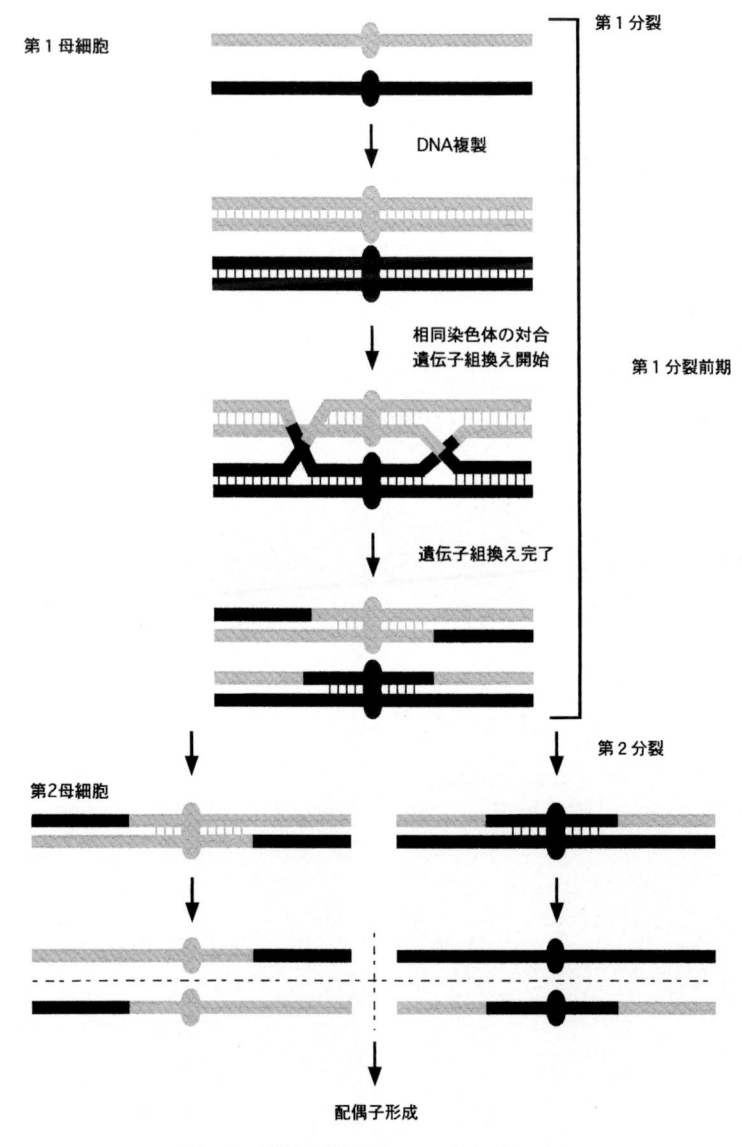

図1.1 減数分裂で見られる染色体の分配
父系および母系より由来する1対の染色体をモデルとして分配の様子を示している．DNA複製をした染色体はDNA量が倍加し，2本の姉妹染色体分体から構成されている．相同染色体は対合を起こし，遺伝子の組換えが起こり第1分裂，第2分裂を経てDNA量は半減する

注目されている．現在，この第1減数分裂の前期はレプトテン期（細糸期），ザイゴテン期（合糸期），パキテン期（太糸期），ディプロテン期（複糸期），およびディアキネシス期（移動期）の5期に分けられており，この間に相同染色体が対合し，遺伝子の組換えが行われる（図1.2）．

　DNA複製を終えた染色体は，倍加して付着したまま姉妹染色体分体を形成する．有糸分裂ではすぐに分裂期に入り姉妹染色体の分離が起こる．減数分裂では姉妹染色体分体は弱く凝集し細い糸状の染色体となり（レプトテン期；図1.2 b），父系および母系由来の相同な染色体どうしが選別され対合を開始する．対合が進行すると同時に相同染色体間にシナプトネマ複合体と呼ばれる構造体が形成される（ザイゴテン期；図1.2 c）．その後対合が完了し，染色体は太さを増す（パキテン期；図1.2 d）．これまでの間に相同染色体どうしはシナプトネマ構造を介して密着し遺伝子の組換えが起こり，染色体が交差（crossing-over）しキアズマが形成される．ディプロテン期（図1.2 eとf）に入るとシナプトネマ構造が部分的に消失し，キアズマのない部分では相同染色体の対合が

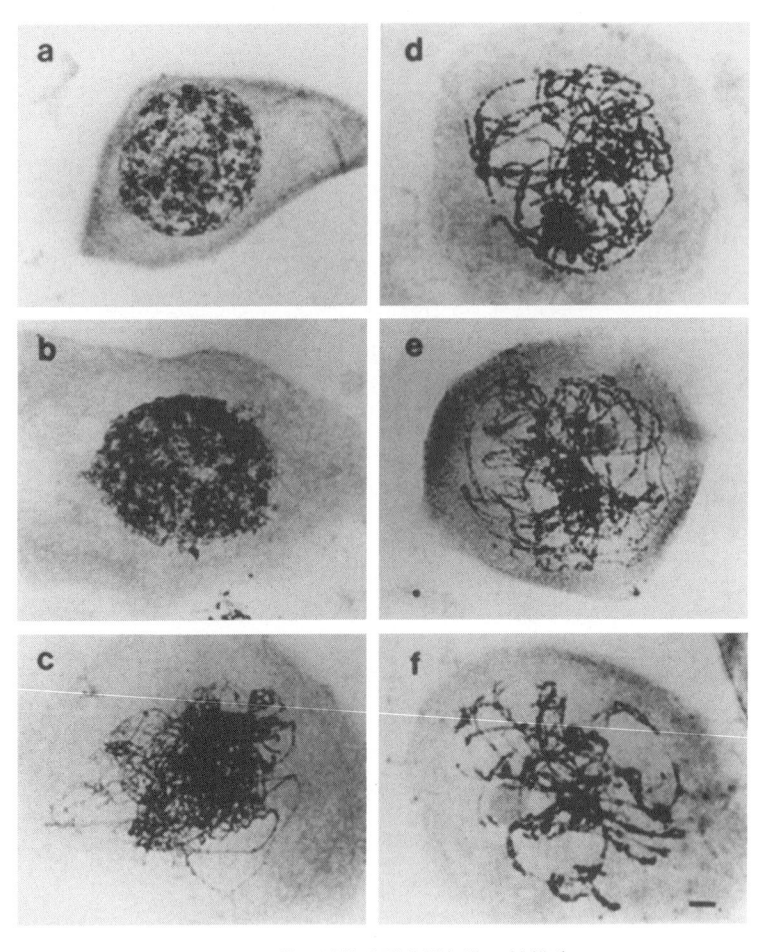

図1.2　第1減数分裂前期細胞の核構造
減数分裂細胞を第1分裂前期の各ステージで固定し染色体をプロピオン酸オルセインで染色した．各ステージはaが前減数分裂間期，bがレプトテン期，cがザイゴデン期，dがパキテン期，eがディプロテン期初期で，fがディプロテン期後期である．（大山利夫博士提供）

図1.3　キアズマの構造
ディプロテン期後期からディアキネシス期に見られる染色体の構造を示す．染色体上に交差が数ヶ所見られキアズマが形成されているのがよくわかる．（堀田康雄博士提供）

はずれ，姉妹染色体が見分けられるようになる．その後，染色体はさらに太さ増しながら赤道板上に移動する（ディアキネシス期）．このころになるとキアズマの観察が容易になる（図1.3）．この後核膜が消失し第1分裂中期に入り，組換えの完了した父系および母系由来の姉妹染色体の間で分離が起こり第1分裂期を終え，第2分裂に入る．第2分裂では有糸分裂で見られるように姉妹染色体の分離が起こる．

　第1減数分裂前期では体細胞で見られないような高頻度で遺伝子の組換えが起こるが，これにはシナプトネマ複合体が重要な機能を持っていることが知られている．シナプトネマ複合体は，パキテン期になると，相同染色体の側面全長にわたって電子顕微鏡でもはっきりと観察されるジッパー状の非常に大きな複合体であり，きれいな3重構造をとっており，相同染色体を緊密に対合させるために必要である（図1.4）．姉妹染色体分体のクロマチンと直接結合している線上の構造体は，ラテラルエレメント（lateral element；LE）と呼ばれており，レプトテン期にその重合が核膜周辺から開始すると考えられている（図1.5と1.6）．ザイゴテン期に入るとトランスバースフィラメント（transverse filament；TF）と呼ばれる構造体がLE間に形成される．このTFにより，父系および母系由来の姉妹染色体に結合したLEが，ジッパーのようにつなぎ合わされ対合が開始すると考えられている．この時LEの間の中央にもう一つの構造体であるセントラルエテメント（central element；CE）が形成される[1]．電子顕微鏡で見られるシナプトネマ複合体の3重構造は，この2本のLEとCEである（図1.4）．CEとLEは，主にタンパク質性成分から形成されていることがわかっているが，分子レベルでは現在まだSCP（synaptonemal complex protein）1，SCP2とSCP3の，3種類のタンパク質の遺伝子がクローン化されているのみである[2,3]．シナプトネマ複合体には，これら規則正しい構造体とは別に，各染色体の末端と染色体上に電子密度の高い構造体が存在することが知られている（図1.6）．染色体の末端の構造はアタッチメントプラーク（attachement plaque）と呼ばれており，染色体はこの構造体を介して核膜と結合していると考えている．レプトテン期からザイゴテン期にかけて，染色体末端は核膜上を移動して，核膜のある領域にクラスターを形成し，染色体はブーケ様に配置（bouquet arrangement）をとることが知られている．パキテン期に入り対合が完了すると，染色体末端は核膜に結合したまま核膜上に広がってブーケの配置は解消される[4]．このブーケ様の配置は，対応する相同染色体どうしの選別を促進するために重要ではないかと考えられている．もう一つのシナプトネマ複合体上に観察される構造体は，組換え小節（re-

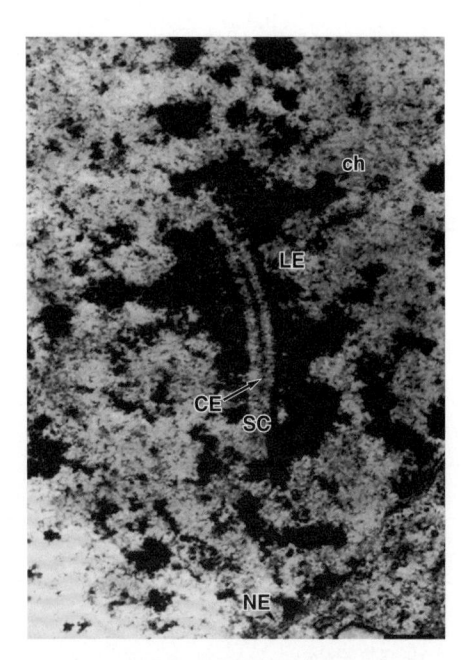

図1.4　パキテン期細胞に見られるシナプトネマ複合体の構造
パキテン期細胞の核の電子顕微鏡写真．姉妹染色体分体由来のクロマチン（Ch）に沿ってシナプトネマ複合体（SC）が存在している．2本のラテラルエレメント（LE）と中央の1本のセントラルエレメント（CE）より3重構造を形成しているのがわかる．（大山利夫博士提供）

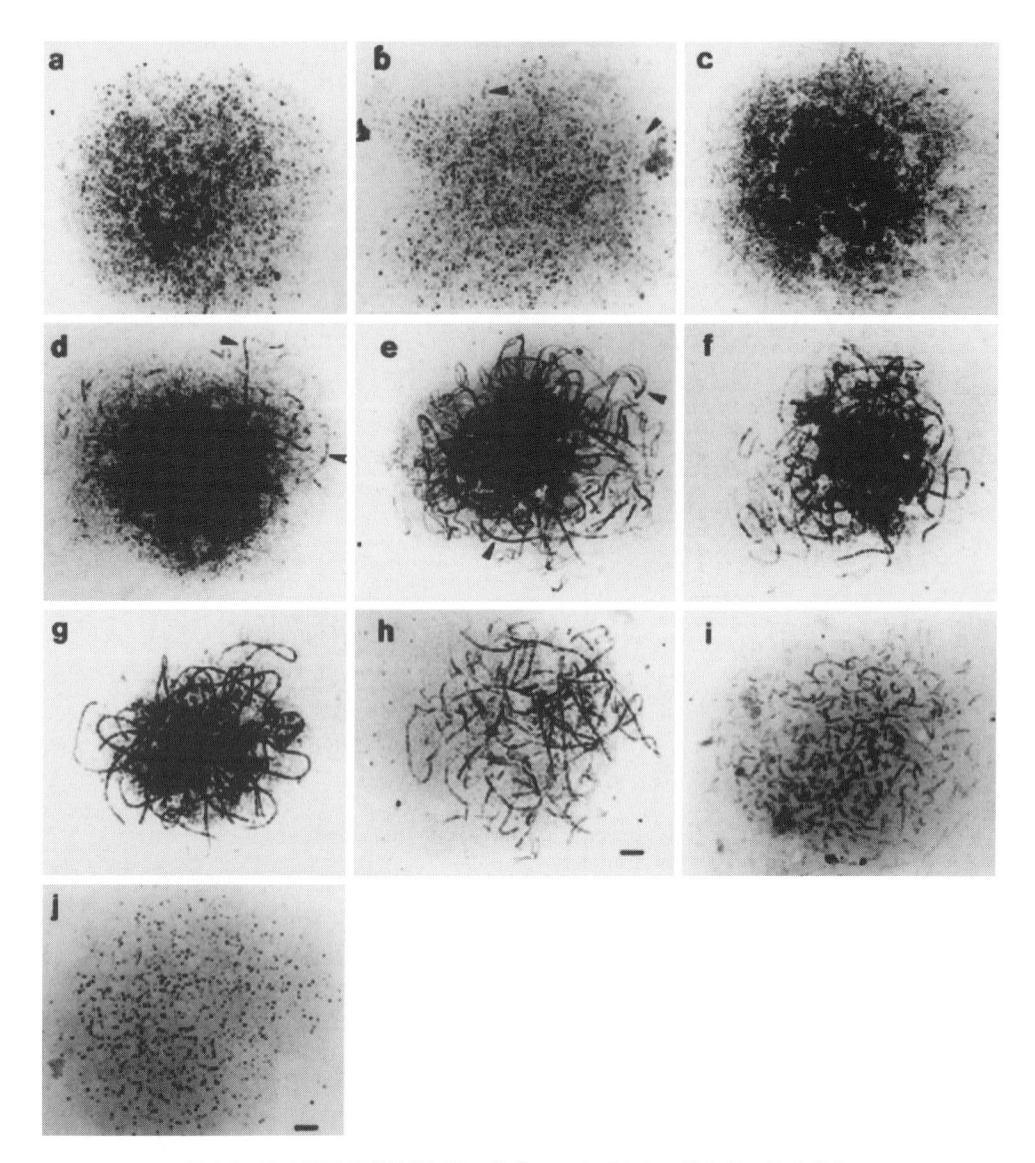

図1.5 第1減数分裂前期細胞の核内のシナプトネマ複合体の構造変化
減数分裂細胞を第1分裂前期の各ステージで銀染色法を用いシナプトネマ複合体を染色し構造変化の様子を示した．aは前減数分裂間期，bはレプトテン期初期，cがレプトテン期後期，dがザイゴテン期初期，eがザイゴテン中期，fがザイゴテン期後期，gがパキテン期，hがディプロテン期初期，iがディプロテン期中期で，jがディプロテン期後期である．b中の矢印は重合を開始しはじめたLEの断片を示している．dとe内の矢印は対合を開始したシナプトネマ複合体が示されている．レプトテン期にシナプトネマ複合体の形成が部分的に始まりその後伸長していく様子がわかる．一方ディプロテン期に入るとシナプトネマ複合体は全体に分解が起こり断片化していく様子がよくわかる．（大山利夫博士提供）

combination nodule；RN）と呼ばれており，直径およそ90 nmほどで直接遺伝子の組換えに関与している．これは現在レプトテン期からザイゴテン期に現れる前期組換え小節（Early RN；ERN）と，パキテン期に出現する後期組換え小節（LateRN；LRN）の2種類に区別されている[5]．ERNはLRNと比較すると数も多く，その形態もLRNとは異なっている．ERNは第1減数分裂前期の

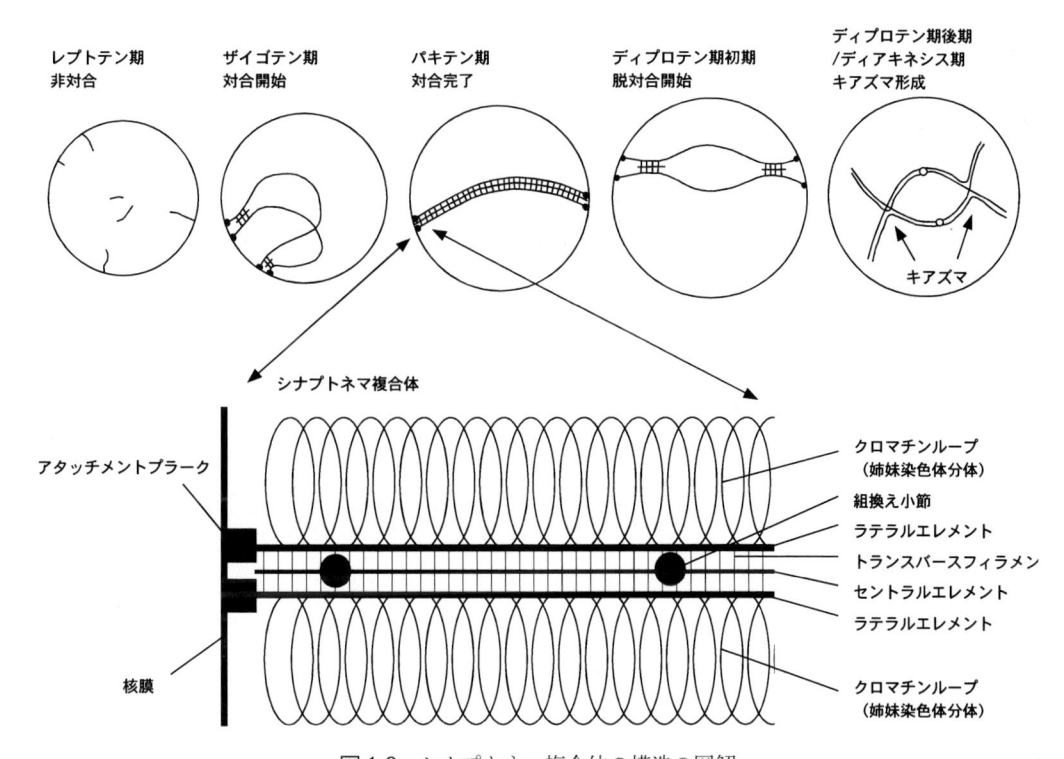

図1.6　シナプトネマ複合体の構造の図解
図1.4と5にて観察されたシナプトネマ複合体の構造と構造変化の様子を模式的に図解した．ザイゴテン期には相同染色体の末端が核膜上の特定の領域に集合し本文にも述べたように，3次元的にはブーケ様配列を形成している．（詳細は本文参照）

初期に現れ，組換えを直接触媒する酵素群が局在していると考えられている．パキテン期に現れるLRNは，その数と分布が染色体上に見られる交差の数と分布に一致していることから，LRNは組換えを起こした染色体をほどいて交差を解消し，キアズマの形成を行う複合体ではないかと考えられている．組換えが完了しディプロテン期に入るとシナプトネマ複合体の分解が始まる（図1.5と1.6）．ディプロテン期の初期では，まず始めにTFが消失し，引き続き後期およびディアキネシス期に入るとLEがなくなり，染色体末端も核膜から離れる．このように第1減数分裂の前期の核内では，シナプトネマ複合体を介して遺伝子の組換えを行うため，非常に複雑な反応が起きている．実際にこれが複雑であることは，この第1減数分裂前期を経過するために必要な時間が，第1分裂のその他の期間（中期，後期および終期）と，第2減数分裂期全体を合わせた期間よりもはるかに長い時間が必要とされることからも推測できる．減数分裂期のほとんどの期間が，第1分裂前期に費やされる．これはどの生物にも共通した現象である．

哺乳類の場合は始めに述べたように，雌および雄の生殖腺内の生殖原細胞から由来する生殖母細胞で減数分裂が起こる．雄の場合は，精巣内の精原細胞より生じた第1精母細胞がこれにあたる．第1精母細胞は第1減数分裂を行って二つの第2精母細胞になり，引き続き第2減数分裂を行い，四つの異なる遺伝形質を持つ精細胞が生じる（図1.1）．一方，卵の場合は多少異なっている．雌の生殖巣内で卵原細胞から生じた卵母細胞は著しい不等分割を行う．その結果，第1回目の減

数分裂で，第1卵母細胞は大きな第2卵母細胞と核を有する小さな第一極体を形成する．第2卵母細胞は，引き続き第2回目の減数分裂を行い，第2極体を放出するため，最終的に1個の卵母細胞から1個の卵しかできない．また雄の精巣では，2次成長後精原細胞が幹細胞として分裂増殖し，減数分裂が連続して起こり，精子の形成が常時見られるが，雌の卵の場合は出生前後でしか減数分裂は行われない．このことはマウスでよく調べられている[6]．

　マウスの雌では，妊娠8日目前後に出現した始原生殖細胞は，妊娠後9～10日頃までに生殖隆起へ移動し，妊娠11日後ぐらいまで増殖を続ける．その後一旦分裂は止まるが，妊娠13日目に入ると卵原細胞の増殖が再び始まるとともに，一部の細胞は第1卵細胞となり減数分裂を開始する．妊娠14～15日目になると，レプトテン期またはザイゴテン期にまで達した卵母細胞が観察できるようになる．妊娠後16～17日目から出生までの期間で，多くの卵母細胞はパキテン期まで移行する．その後一部の卵母細胞では，ディプロテン期またはディアキネシス期まで移行しているものも観察されている．最終的に出生3日目までに第1減数分裂前期の後期まで達した卵母細胞は，前期を完了することなくディクテイト期（網状期）と呼ばれる卵母細胞のみに見られる特殊な期間に入り，休止した状態になる．ディクテイト期に入った細胞は，排卵が起こる数時間前までこの状態で維持されている．排卵が誘導された卵母細胞では第1減数分裂を再開し，6時間ほどで第2分裂に入る．しかし第2分裂は再び中期で停止し受精することにより再誘導が起こり，減数分裂の全ての過程を完了し卵子となる．一方，雄のマウスでは妊娠8日目に出現した始原生殖細胞は，妊娠11～12日目頃までに生殖隆起への移動が完了し，妊娠18日目前後ごろまで細胞は増殖し，その後分裂が止まる．出生後3日目の精巣では，大きなタイプAの精原細胞がはじめて見られるようになり，このタイプA細胞は幹細胞としてこの後増殖し，マウスの生涯を通して常時精巣に存在するようになる．このタイプA細胞はタイプB細胞に分化し第1精母細胞になり，減数分裂を経て精子となる．出生後およそ8日目前後の精巣で初めて減数分裂の開始が確認されている．その後は表1.1に示したスケジュールに従って減数分裂が繰り返され，多くの精子が作られる[7]．精巣で見られる減数分裂は卵巣で見られるものと異なり，かなり同調して減数分裂が進む．また精巣では，一旦減数分裂が始まると卵巣で見られたような分裂の途中で中断されることはなく，配偶子形成は最後まで進む．マウスにおいては表1.1に示すように，精子形成のうち半分以上の時間は減数分裂に費やされている．さらに全減数分裂期間の大半が第1減数分裂前期を完

表1.1

時間 (hr)	精原細胞			第1精母細胞（第1減数分裂）						第2精母細胞	精細胞
	タイプA	中間体	タイプB	前レプトテン期	レプテン期	ザイゴテン期	パキテン期	ディプロテン期	ディアキネシス期と中期		
各ステージ	常時存在	27.3	29.4	31.0	31.2	37.5	175.3	21.4	10.4	10.4	229.2
各期間	～57（～2.4日）			～296（～12.4日；第1減数分裂前期）						～229（～9.5日）	
				～317（～13.2日；全減数分裂期間）							

了するために必要とされる．

参考文献

1) Von Wettstein, D., Rasmussen, S. W., and Holm, P. B.: The synaptonemal complex in genetic segregation. Annu. Rev. genet., 18: 331-413 (1984).
2) Lammers, J. H. M., Offenberg, H. H., Van Aalderen, M., Vink, A. C. G., Dietrich, A. J. J., and Heyting C.: The gene evcoding a major component of synaptonemal complexes of the rat is related to X-linked lymphocyte-regulated genes. Mol., Cell Biol., 14: 1137-1146 (1994).
3) Meuwissen, R. L. J., Offenberg, H. H., Dietrich, A. J. J., Riesewijk, A., Van lersel, M., and Heyting, C.: A coiled-coilrelated protein specific for synapsed regions of meiotic prophase chromosomes. EMBO J., 11: 5091-5100 (1992).
4) Dermburg, A. F., Sedat, J. W., Cande, W. Z., and Bass, H. W.: Cytology of telomerase. In Telomeres. (ed. Blackburn E.H.and Griedir C.W.) pp.295-337. Cold Spring Harbor Lab. Press, Cold Spring Harbor, NY. (1995).
5) Carpenter, A. T. C.: The recombination nodule story-seeing what you are looking at. Bioessays, 16: 69-74 (1994).
6) Roberts, R.: Reproductive system of adult mice. pp. 7-43. In The Mouse. Oxford University Press, Oxford, NY. (1990).
7)-Oakberg, E. F. : Duration of spermatogenesis in the mouse. Nature, 180: 1137-1139, 1497., (1957).

1.3 卵子のエピジェネティクス*

はじめに

　哺乳動物の個体発生には，受精した卵子に共存する父方ゲノム（精子）と母方ゲノム（卵子）の協調した働きが不可欠である．卵子と精子は，唯一減数分裂により半数体の細胞となって次世代を残す役目を担う．それでは，半数体ゲノムであることが，生殖細胞の特性を備えたことを意味するのであろうか．生殖細胞ゲノムがその本来の使命である次世代を生産する能力を持つためには，さらに巧妙に仕組まれた修飾を受けなければならないのである．ここでは，雌の生殖細胞である卵子に焦点を当て，この問題を見てみよう．

卵子の分化

　雌の生殖系列細胞は始原生殖細胞に始まり，卵原細胞，卵母細胞，卵子へと分化して，生殖細胞としての完成された能力，すなわち受精により減数分裂を完了して個体発生を達成できる能力を獲得する[1]．マウスの始原生殖細胞は，胎齢7日の原腸陥入胚の後方部位の中胚葉由来細胞として出現し，活発に増殖しながら生殖巣へ移動する．雌雄生殖巣の形態的差異が明らかとなる12.5日齢の雌胎仔では，卵巣原基内の始原生殖細胞は卵原細胞となる．次いで胎齢13日ごろに，卵原

---

* 河野　友宏

細胞は増殖を停止して第一減数分裂前期へと移行し卵母細胞となり，18日齢胎仔で複糸（diplotene）期に達すると細胞周期の進行を停止する．この間に，姉妹染色体は対合して交差（キアズマ，chiasma）が生じ，両親由来の染色体間で相同組換えが行なわれる．ところが，その後卵母細胞の細胞周期は進行せず，性成熟を迎える4週齢になるまで停止している．そのために，直径僅か20μmにも及ばない卵母細胞と発達した卵胞内に包まれる直径80μmの卵母細胞の核は，同一細胞周期にあることになる．

それでは，小型の卵母細胞の核（ゲノム）は，成長した卵母細胞のように減数分裂を再開して成熟し，受精して個体発生を支持できるのであろうか．

遺伝子刷り込み

卵母細胞のゲノムの機能を考える上で，成長過程で行われる後天的遺伝子修飾機構を避けて通ることはできない．この機構は哺乳類で特異的な現象である"遺伝子刷り込み（genomic imprinting）"として捉えられている[2]．まず，この現象を簡単に説明しておこう．

一般に，2倍体細胞では，父親および母親から由来した相同染色体上に同じ遺伝子あるいはその対立遺伝子が同一順序で配列されており，両親のアレルから同等に遺伝子発現が行なわれ，個体の形質発現に携わっている．しかし，哺乳動物では，メンデルの法則に従わず，父方あるいは母方どちらか一方のアレルのみから発現している遺伝子が存在する．このような片親性遺伝子発現を生じさせるためには，アレルが父方と母方のどちらの親に由来するのかを明確に識別するマーキング機構が必要である．そのための後天的遺伝子修飾機構を"遺伝子刷り込み（genomic imprinting）"と呼ぶのである．この機構があるために，哺乳動物の母性ゲノムと父性ゲノムは互いに決定的に異なる機能を持つことになる（図1.7）．このことは，哺乳動物だけが母性ゲノムあるいは父性

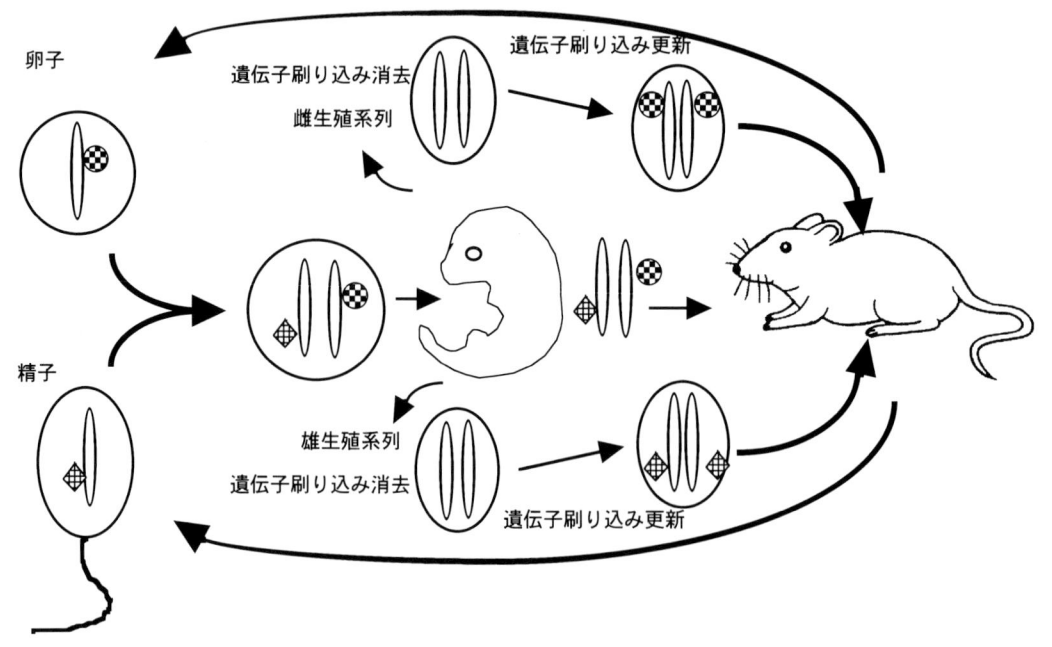

図1.7 遺伝子刷り込みの成立

ゲノムのみからなる雌核発生胚および雄核発生胚が個体発生を完遂できないことからも理解できる．

　これまでに 40 余りのインプリント遺伝子（刷り込みを受けた遺伝子）が同定されているが，100 以上存在すると考えられている刷り込み遺伝子の全体像を知るには至っていない[3]．主なインプリント遺伝子を表 1.2 に示した．その機能は多岐にわたり，1) 成長因子とその受容体，2) 転写因子，3) スプライシング因子，4) 細胞周期調節因子，5) タンパクをコードしない RNA，の五つに大別される．また，刷り込み遺伝子の中にはヒトの遺伝病や発ガン等の原因遺伝子があることも分かってきた．

　遺伝子刷り込みは，哺乳類で特異的に獲得された遺伝子発現制御機構であるが，その生物学的な意味付けは必ずしも明確でない．Moore & Haig[4] は，胎生である哺乳類では，母性ゲノムは胎仔をできるだけ小さく発生させたいのに対し，逆に父性ゲノムは大きく強い子供なるように働くとする父性ゲノムと母性ゲノム間のコンフリクト（争い）説を唱えた．確かに，刷り込み遺伝子として最も早く同定された父方アレルから発現するインスリン様成長因子 II 型遺伝子（$Igf2$）が，胎仔の成長を促すのに対し，母方アレルから発現するインスリン様成長因子 II 型受容体遺伝子（$Igf2r$）は，$Igf2$ と結合して成長促進機能を発揮させないように働いて胎仔の成長を抑制するので，両遺伝子の関係にはコンフリクト説が良く当てはまる．しかし，その後に同定された遺伝子の機能は，すでに述べたように彼らの説で必ずしもうまく説明できるわけではない．

遺伝子刷り込みの更新

　遺伝子刷り込みが成立するには，生殖細胞のゲノム（DNA）に父母どちらの親に由来するのかを識別するためのマークが必要となる．その情報に基づいて，父方アレルおよび母方アレルに特異的な遺伝子発現が確立され，生涯を通じて体細胞で維持されることになる．一方，生殖系列に分

表 1.2　主な刷り込み遺伝子の発現アレルと作用

遺伝子	遺伝子発現			機能
	父方アレル	母方アレル	非成長期卵アレル	
$Igf2$	+	−	−	胎仔成長因子
$Ins2$	+	−	?	血糖調節
$Peg1/Mest$	+	−	+	加水分解酵素
$Peg3$	+	−	+	Zn フィンガータンパク質, アポトーシスに関与
$Snrpn$	+	−	+	スプライシング
$U2afbp\text{-}rs$	+	−	+	スプライシング？
$Znf127$	+	−	+	Zn フィンガータンパク質
$Impact$	+	−	+	?
$Xist$	+	−	+	X 染色体の不活性化
Mas	+	−	?	原癌遺伝子
$Grf1/Cdc25^{Mm}$	+	−	?	Ras の活性化
Mm	+	−	+	RNA
Ipw	−	+	−	細胞増殖抑制因子
$p57^{KIP2}$	−	+	?	転写因子
$Mash2$	−	+	+	RNA
$H19$	−	+	−	$Igf2$ の分解（受容体）

化した細胞では，少なくとも相同組換えの前までに親の世代（父母）でDNA上に刷り込まれた記憶が消去され，新たにその個体の性に従い，遺伝子刷り込みが行われなければならない（図1.7）．その結果，生殖細胞は，卵子であれ精子であれ，常にその個体の性に特有の後天的遺伝子修飾が施されていることになる．このように世代毎に新たなマーキングを行う必要があるために，遺伝子刷り込みによるゲノム上のマークは，可逆的でなければならないことになる．それでは，アレルが父母どちらの親に由来しているのかを識別するための遺伝子上のマーキングはいつ行われるのであろうか．父性ゲノムと母性ゲノム間で異なるマーキングを行うためには，両ゲノムが独立して存在する時期，すなわち生殖細胞の形成過程で行われると考えるのが最も合理的である．最近の研究により，雌生殖細胞での遺伝子修飾は卵母細胞の成長過程で遺伝子刷り込みが行われていることを示す有力な証拠が得られてきている．

DNAのメチル化調節

さて，遺伝子刷り込みは，後天的かつ可逆的な遺伝子修飾機構でなければならないとすると，具体的にはどのような修飾が考えられるのであろうか．DNAのメチル化が遺伝子の転写活性に影響することは，広く知られている（図1.8）[5]．ゲノム全体ではDNAのシトシン残基の30％以上がメチル化されている．たとえば，トランスポゾンおよびレトロウイルスに由来する内在性のDNA配列では，シトシン残基の90％が高メチル化されており，不活性である．また，CpGジヌクレオチド（シトシン-グアニン配列）が，プロモーター領域でクラスターを形成しているCpGアイランドのメチル化と転写活性の間には，一般的に負の相関が認められる．発生過程においても，時空間的にダイナミックなメチル化パターンの変化が見られる．アレルの由来に依存して母方あるいは父方発現をするインプリント遺伝子においても，どちらか一方のCpGアイランド（インプリントボックス）が，高度にメチル化されていることが知られている．マウス卵母細胞の成長過程における二つのインプリント遺伝子，*U2afbp-rs*と*Igf2r*の発現調節領域にあるCpGアイランドのメチル化パターンの例をあげよう．*U2afbp-rs*遺伝子の発現調節領域のメチル化は，小型の卵母細胞の段階では低メチル化状態にあるが，卵母細胞が成長して直径70μm以上になると，高メチル化に変化する．一方，*Igf2r*のメチル化領域では，直径40μm程度の卵母細胞の段階ですでに高メチ

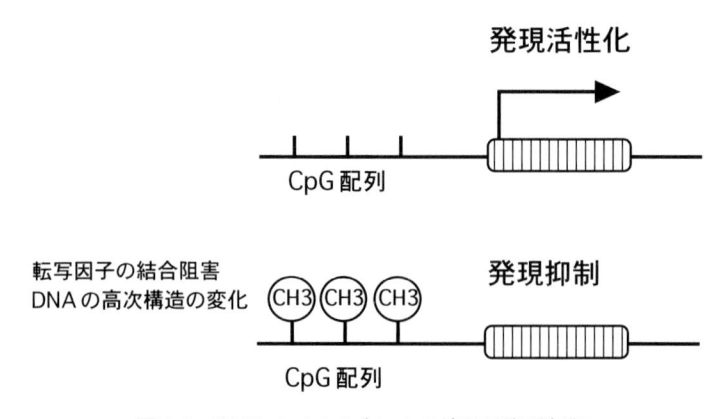

図1.8 DNAのメチル化による遺伝子発現制御

ル化に転じている．どうやらインプリント遺伝子の発現調節領域は，遺伝子ごとに卵母細胞の成長過程でメチル化というマーキングを受けているようである．

　卵母細胞の成長過程で DNA のメチル化が生じることは，メチル化を触媒する酵素活性からも裏付けられる．DNA の CpG のシトシン残基にメチル基を付加する酵素として，メチルトランスフェラーゼ（Dnmt 1）が知られている．この酵素は，DNA 複製時にもともとメチル化されていた CpG サイトから複製されたメチル化されていない CpG サイトに働き，これをメチル化する維持メチル化活性が強い．しかし，Dnmt 1 は全くメチル化されていない CpG サイトのシトシン残基をメチル化する新規（de novo）メチル化活性も併せ持っている．この酵素の卵母細胞内での局在を見ると，成長過程にある卵母細胞では核に高濃度で局在していることから，さかんに雌ゲノムの修飾を行っていることが推察される[6]．したがって，上述したインプリント遺伝子における発現調節領域の DNA のメチル化の変化と上手く対応していることがわかる．このほか，つい最近，強い新規メチル化活性を持つメチル化酵素 Dnmt 3 α および β が同定されたが，生殖系列細胞における活性については今のところ不明である．

遺伝子刷り込みが胚発生に及ぼす影響

　ここでは，卵母細胞の成長過程で行われる遺伝子刷り込みが，胚の発生支持に不可欠であることを示したマウスの実験例を紹介しよう．前述したように，新生仔の非成長期卵母細胞および成熟個体の成長を完了した卵母細胞は，いずれも第一減数分裂前期の diplotene 期にある[1]．本来，卵母細胞が減数分裂を再開するためには成長期を経て直径 60 μm を越える大きさにまで成長する必要があるのだが，成長した卵母細胞の細胞質を一時的に借りることにより，直径 20 μm の非成長期卵母細胞の核に減数分裂を再開させ，半数体ゲノムを構築する方法が考案された（図 1.9）[7]．この卵母細胞への核移植を使い，さまざまな成長段階にある卵母細胞のゲノムを持つ成熟卵子が構築され，体外受精後の発生能が丹念に調べられた．その結果，遺伝子刷り込みを受けていないことが想定される非成長期卵母細胞のゲノムを持つ構築卵子は，正常に受精して発生を開始し，受精卵と同様に胚盤胞に発生するにもかかわらず，着床後の発生能を全く欠いていることが判明した[8]．さらに，卵母細胞ゲノムが持つ着床後の発生支持能は，卵母細胞の成長に伴い向上し，一次卵胞から回収された直径 40－49 μm の卵母細胞のゲノムでは 10 日齢胎仔以降の発生を支持できず，直径 50－59 μm の成長期卵母細胞になってはじめて個体発生を完全に支持できる能力を獲得することがわかった．また，これとは逆に，非成長期卵由来と成長を完了した卵母細胞由来の半数体ゲノムを持つ 2 倍体雌核発生卵では，形態的には受精卵由来の胎仔と同等の器官形成をほぼ遂げた体長 10 mm の 13.5 日齢の胎仔にまで発生する[7]．これらのことから，母性ゲノムは卵母細胞の成長過程で遺伝子修飾を受けて，はじめて胚の個体発生を支持する遺伝子発現調節ができるようになること，および卵母細胞ゲノムは卵母細胞が完全に成長を遂げる以前に個体発生支持能を獲得していることがわかる（図 1.10）．

刷り込み遺伝子の発現制御

　卵母細胞ゲノムが受ける修飾により実際に遺伝子発現が決定される具体的な証拠を提示しよう．

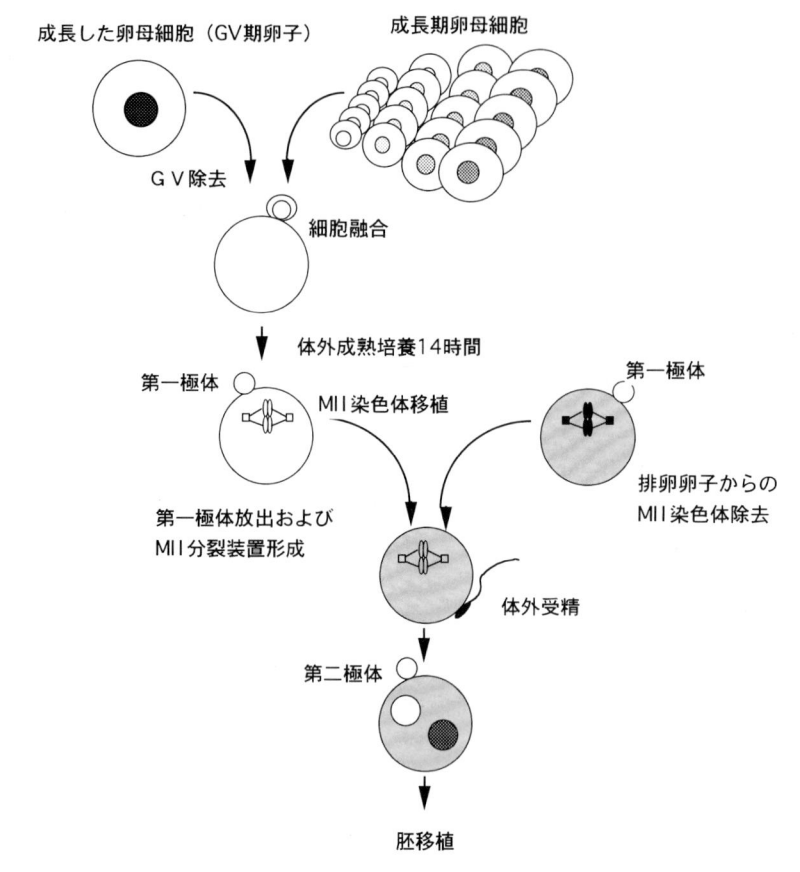

図1.9　卵母細胞への核移植による成熟卵子の構築

遺伝子刷り込みの進行

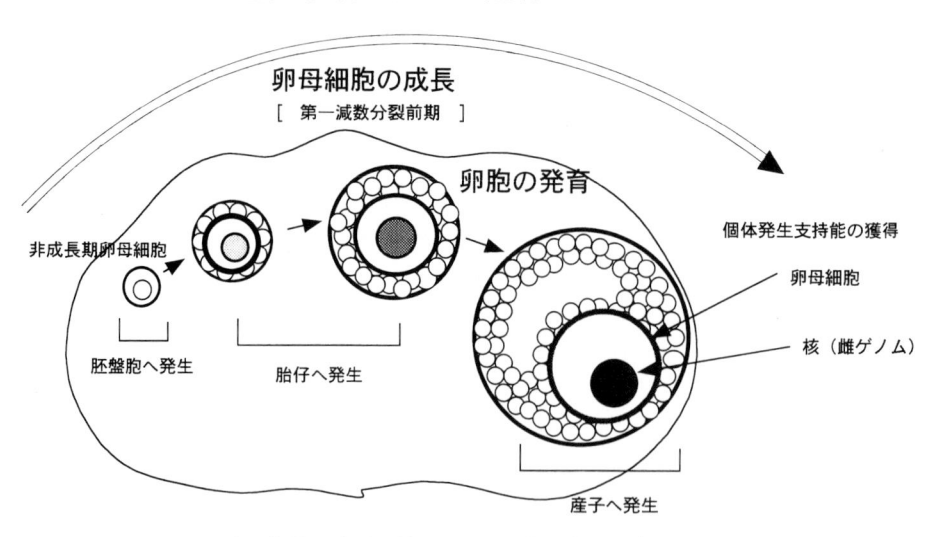

図1.10　卵母細胞の成長に伴うゲノムの機能獲得（遺伝子刷り込み）

表1.2に主なインプリント遺伝子が父方・母方どちらのアレルから発現するのかを示した．この発現パターンは，修飾を受ける前の卵母細胞ゲノムでは本当に異なるのであろうか．この疑問に答えるため，遺伝子上に多型をもつマウスを用いて非成長期卵母細胞由来のゲノムを持つ単為発生胚が作出され，遺伝子発現が解析されている．その結果，解析された12のインプリント遺伝子のうち10遺伝子が，非成長期卵由来のゲノムと成長した卵母細胞由来ゲノムとの間で異なる発現を示していたのである．表1.2の非成長期卵アレルの欄に示したように，*Peg1*/Mest, *Peg3*, *Snrpn*, *U2afbp-rs*，あるいは*Impact*など本来父方アレルからのみ発現する遺伝子が非成長期卵母細胞ゲノム由来のアレルから発現していること，逆に，本来発現しているはずの母方発現遺伝子である*Igf2r*や$p57^{Kip2}$は発現していないことがわかった[9]．したがって，卵母細胞の成長過程では，父方発現する遺伝子は発現が抑制されるように後天的遺伝子修飾が行われ，一方，母方発現する遺伝子は発現を活性化するように修飾されるものと想像できる．前述した*Igf2r*や*U2afbp-rs*遺伝子の発現調節領域のメチル化パターンが，卵母細胞の成長過程で低メチル化から高メチル化状態に変化することも，後天的な遺伝子修飾による発現制御との関係を裏付けている．

おわりに

卵母細胞の成長過程では，形態ばかりでなくゲノム上にも隠された変化が生じ，そしてその変化こそ卵子が生殖細胞として機能するために不可欠な遺伝子発現パターンを成立させている．現在，この遺伝子修飾機構についてはようやく研究が途に着いたところで，解明されなければならないことが数多く残されている．まして，それを人為的に調節する術は全くない．生殖細胞の隠された機能を解明する上で，遺伝子刷り込み機構が重要な意味を持つことは明らかである．遺伝子発現の分子機構のみならず，雄に比べ圧倒的に少数の雌生殖細胞の高度利用の観点からも，今後の研究の進展に大きな期待が持たれる．

参考文献

1) Hogan, B., Beddington, R., Costantini, F., and Lacy, E.: Manipulating the mouse embryo (2nd ed.) CSHL Press. (1994).

2) Tilmamm, S. M.: The sins of the farthers and mathers: Genomic imprinting in mammalian development. Cell, 96: 185-193 (1999).

3) Nakao, M., and Sasaki, H.: Genomic imprinting: significance in development and diseases and the molecular mechanisms. J. Biochem. 120: 467-473 (1996).

4) Moore, T., Haig, D.: Genomic imprinting in mammalian development: a parental tug-of-war. Trend in Genetics, 7: 45-49 (1991).

5) Razin, A.: Biochemistry and biological significance. in DNA methylation, Springer Verlag, Berlin. (Rasin, A., Cedar, H., Riggs, A. D. eds.), 343-357 (1984).

6) Mertineit, C., Yoder, J. A., Taketo, T., Laird, D. W., Trasler, J. M., and Bestor, T. H.: Sex- specific exons control DNA methyltransferase in mammalian germ cells, Development 125: 889-897 (1998).

7) Kono, T., Obata, Y., Yoshimzu, T., Nakahara, T., and Carroll, J.: Epigenetic modifications during

oocyte growth correlates with extended parthenogenetic development in the mouse. Nature Genet 13: 91-94 (1996).

8) Bao, S., Obata, Y., Carroll, J., Domeki, I., and Kono, T.: Epigenetic modifications necessary for normal development are established in during oocyte growth in mice. Biol Reprod., 62: 000-000 (2000).

9) Obata, Y., Kaneko-Ishino, T., Koide, T., Takai, Y., Ueda, T., Domeki, I., Shiroishi, T., Ishino, F., and Kono, T.: Disruption of primary imprinting during oocyte growth leads to the modified expression of imprinted genes during embryogenesis. Development, 125: 1553-1560 (1998).

1.4 卵子の形態*

はじめに

卵子は排卵により卵胞より放出され，精子と受精して胚を形成する．イヌ，キツネ以外の通常の哺乳動物では，排卵時の卵は第1極体を分離した第2次卵子 secondary oocyte である．卵子は受精するまで第2減数分裂中期の状態にとどまり，染色体は第2次紡錘糸により赤道面に並ぶ．受精後には第2極体が分離され，精子と卵子に由来する雄性および雌性前核が形成される．この両前核の核膜が消失して，父母由来の染色体がともに赤道面に配置し，第1回目の体細胞分裂が開始する．

哺乳動物の卵子は直径70〜120μmの球形の細胞で，糖タンパクよりなる透明帯によりおおわれている．透明帯の外側は卵丘の顆粒膜細胞で取り囲まれている．卵子は排卵後より着床までの間，卵管・子宮液中に浮かび母体血液から栄養補給を受けないため，受精，分裂，分化に必要な成分を細胞質内に蓄えている．クローン動物の研究により，卵子の細胞質は，分化した成体の体細胞の核にあらゆる細胞に分化する全能性を与える体細胞のもたない特殊機能を有することが明らかにされた．

卵子の細胞質は，細胞膜で区分され，核または染色体と多くの細胞小器官を含む．細胞小器官には，表層顆粒，微小管，小胞，顆粒などさまざまのものがあり，動物種により種類，大きさ，数が異なる．主な細胞小器官には，ミトコンドリア，小胞体，ゴルジ体がある（図1.11）．

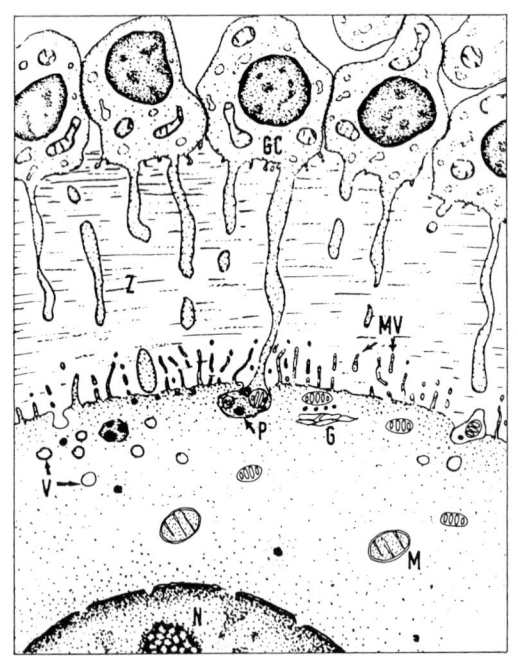

図1.11 卵胞卵の微細構造
GC：顆粒膜細胞　MV：微繊毛　P：細胞突起
V：表層顆粒　M：ミトコンドリア

* 北井　啓勝

卵子にみられる形態学的特徴（表）

ラメラ構造（格子様構造）　マウス，ハムスター，ラットなどの受精卵で見られる構造で，とくにマウスの受精卵に著明である．すなわち，軽く彎曲した繊維状のスジが並列し，拡大像ではシマ状を呈していることがわかる．しかし，この構造はウサギ，サル，ヒトなどの受精卵には存在しない．この構造はRNAとタンパクであることが明らかにされており，卵自体のリボゾーム機能が形成されるまでの間，タンパク生成に関与する母体由来のリボゾームであるといわれる．

ウイルス様粒子　卵子細胞質内のA型と，卵子表面あるいは囲卵腔内のC型が知られている．前者はA型ウイルスに類似し，未受精卵の時期から胞胚期にいたる間に存在している．しかし，この構造は成熟分裂期間中には認められず，2細胞期に再び出現し，8細胞期にいたる間は著明に存在し，胞胚期には少なくなる．粒子の大きさは約100 mμで，マウス受精卵では細胞質内に遊離して存在している．この粒子の意義については，卵母細胞から2細胞期まではリボゾームRNAの生成がなされず，また2細胞期卵をアクチノマイシンD添加培養液中で培養すると，A型粒子が出現しないことから，リボゾームRNA生成との関連が示唆されているが，発生学上の機能は不明である．また，C型粒子はA型粒子とほぼ同じ大きさで，白血病疾患動物組織のC型RNAウイルスと類似している．マウス白血病ウイルス抗原が，桑実胚期から胞胚期の卵の核の中に免疫組織化学的に見いだされているが，このウイルス粒子との関連は明らかでない[1]．

雲状体（nuage）　卵子細胞質中の細顆粒状または格子様構造もしくは太い繊維状構造である．前者はミトコンドリアの周辺に，後者は遊離して存在している．雲状体の形態は核小体に類似しているが，その機能は不明である．また，この構造は哺乳動物以外の昆虫，両生類などの卵子にも存在しており，また原始生殖細胞，精祖細胞などにも認められる[2]．

結晶様物質　この物質構造はマウスでは2細胞期より見られ，4細胞期から数が増加し，胞胚期まで存在する．しかし，着床期以後は急速に減少する．ウサギでは受精直後にも存在し，胞胚期ではこの構造は5 μm以上の大きさとなり，光学顕微鏡レベルでも観察される．さらにこの構造は，受精約4カ月後のウサギ子宮内膜細胞にも出現することから，着床前の子宮内膜分泌物に由

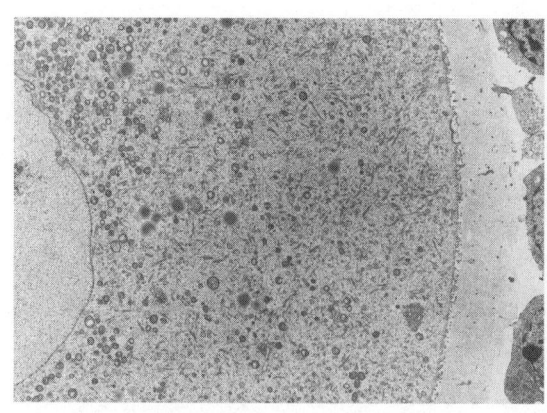

図1.12　マウス卵胞卵
囲卵腔は狭く表層顆粒は少い．透明層内に微絨毛を認める．格子状構造は少い．

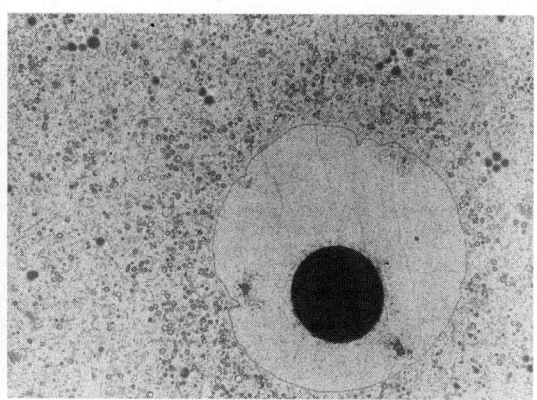

図1.13　マウス卵胞卵
小円形のミトコンドリアと凝縮した核小体を認める．

来するものと考えられている．桑実胚では，粗面小胞体に隣接して存在し，組織化学的にもタンパクであることから，この物質は以後の発生および着床に必要な貯蔵タンパクと推定される．

細胞内小器官の変化

核小体 成長中の卵胞内卵子には2から3個の核小体があり，卵子とともに増大する．これにともない網状の構造から成熟卵子では均一に濃染する球状構造となる．

受精直後の卵の核小体は，球状でオスミウム酸によく染まり，原線維の基質からなっている．受精卵の分割とともに顆粒状の成分が出現し，核小体は網状化あるいは空胞化する．この変化はウサギでは核小体周辺部から，マウス，ラットでは中央部より進行し，桑実胚後期から胞胚初期には，全体が網状化してくる．

卵子細胞質中のリボゾームおよびポリゾームは，初期の受精卵には少ないが，核小体の分化と並行してリボゾームRNAの合成が増加し，マウスでは2から4細胞期，ウサギでは胞胚期初期より目立つようになる．

ミトコンドリア 卵子の成長とともにミトコンドリアの数は増加する．未熟卵子では通常の細胞と同様に杆状のミトコンドリアが見られるが，成熟卵子では縮小し球状から楕円状となり，空胞をもつことがある．1個の卵子には約10万個のミトコンドリアがある．精子のミトコンドリアは受精により卵の細胞内に移動するが，受精後に変性して母親由来のミトコンドリアのみが子孫に伝えられる．

卵子由来のミトコンドリアの形態は，卵の代謝活性と並行して変化する．受精直前より2細胞期までの卵子では，ミトコンドリアは小球状で，内部の膜構造であるクリスタは少なく球の周辺に分布する．ウサギ受精卵では16細胞期，マウスでは8細胞期以降は細長く，円筒状，層状となってくる．これはウサギでは桑実胚後期から胞胚初期，マウスでは桑実胚中期に見られる酸素消費量の増加する時期と一致している．

胞胚に見られる細長いミトコンドリアは，電子密度の低い基質をもち，柵状で長軸と直角に配列した多数のクリスタを有するものと，基質の電子密度が高く，透明な部分に囲まれた拡張したクリスタを有する空胞状ミトコンドリアがある．ウサギおよびマウスでは，前者は栄養芽細胞に後者は内細胞塊に多い．ミトコンドリアの代謝活性は個々のクリスタの数と，基質濃度の低下と相関するといわれているが，受精卵におけるミトコンドリアの機能上の相違は不明である．

粗面小胞体 粗面小胞体の出現は，前述のように核小体の網状化，リボゾームRNA合成，リボゾームおよびポリゾームの増加と並行する．初期胚は粗面小胞体に乏しいが，

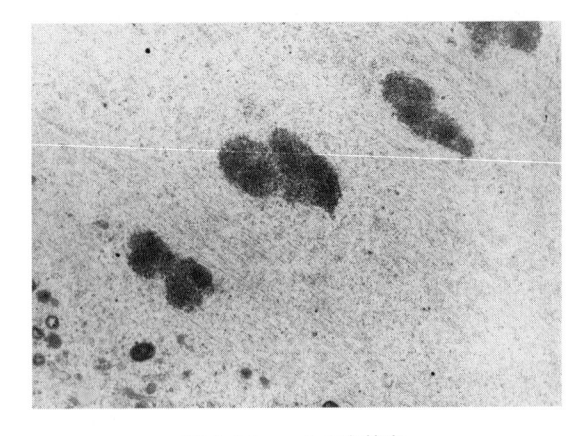

図1.14 マウス卵管卵
染色体および紡錘糸（微小管）を認める．微小管付近に密度の低いミトコンドリアがみられる．

表 1.3 卵の構造の変化

	未受精卵	受精卵	2細胞胚	4細胞胚	8細胞胚 uncompact	8細胞胚 compact	桑実胚	胞胚
核	卵核胞 減数分裂	雄・雌性前核						
核小体		濃密・球状	空胞化	顆粒状	網状化		網状(顆粒、細線維)	網状(顆粒、細線維)
ゴルジ体	+(ER付近)							+(小空胞あり)
ミトコンドリア	成熟すると小円形	小円形・クリスタ少・濃				杆状・クリスタ 多・淡		
滑面小胞体(SER)	+	+	+	+	少	+	+	+ (germ cell)
粗面小胞体(PER)	成熟すると減少	少	少	少	増加(種差あり)			
リボソーム	多, polyribosome 少	少	少	増加	減少			
格子状構造	齧歯類の卵	多	多					消失
雲状体	+	+	+	+	+	+	+	+ (germ cell)
結晶様物質	+	+	+	増加	増加(数・大きさ)	増加	多(RER周囲)	多
ウイルス様微粒子	+(RNAもつ, マウスではA型)	+	+	+	+	+	+	+ (trophoblast)
微小管						細胞膜に並行		
微絨毛	均一(極体放出部除く, 透明帯を貫通)	均一(極体放出部除く)	均一に分布	均一に分布	均一に分布	apical, junctional, basal	apical	apical, blastocoele側
tight junction	−	−	−	−	−	+ (focal)	+ (zonular)	+ (zonular)
gap junction	−	−	−	−	−	−	−	+ (ICM, trophectoderm)
desmosome	−	−	−	−	−	−	−	+ (ICM, trophectoderm)

マウスでは8細胞期以後，ウサギでは桑実胚後期から胞胚期初期に増加する．

滑面小胞体はこれと対照的に，初期胚の前半期には認められるが，後半期には減少し，胞胚期ではほとんど認められない．粗面小胞体の機能は分泌タンパクの合成にあり，初期胚の粗面小胞体は，卵子細胞膜の成分や細胞間結合形成に関与することが想定される．

その他，膜－顆粒複合物と呼ばれる，渦状の膜と濃い顆粒の集合体がある．ウサギの桑実胚中期より胞胚期初期に核周辺に多く見られる．その機能は不明であるが，ゴルジ体の小嚢や毛状物質を入れた囊胞（floculent vesicle）と形態が類似していることから，これらに由来すると考えられている．

ゴルジ体 卵胞内での卵子の成長とともに，ゴルジ体の膜構造が増加し，内部に貯留した液体が増え，多くの小胞体をもつようになる．この変化はゴルジ体が卵子の構成タンパクとともに，透明帯および表層顆粒の形成に関与することを示唆している．成熟卵子から受精卵になるとゴルジ体の膜は減少し小胞体が増加する．

表層顆粒 小型の球状の一枚の膜でおおわれた細胞小器官であり，卵細胞膜の内側に一層に並んで認められる．成熟マウス卵子では直径200～600μmで約4,500個あり，多精子受精を抑制するための酵素を含んでいる．卵の成熟とともに増加し，排卵および受精時に最も多くなる．ゴルジ体により産生され，滑面小胞体および粗面小胞体が付近にある．

中心体 中心体は細胞の微小管を形成し，細胞分裂，細胞運動，受精などのさまざまな細胞機能に関与する．中心体は受精時に精子から構成されると考えられてきた．しかし中心体に対する抗体を用いたマウス卵の観察では，第2減数分裂の紡錘糸の極に中心体が認められ，また精子には中心体が認められない．精子の受精しない単為生殖のマウス卵にも中心体構造が認めれている．これらの報告からマウスでは中心体は母親に由来すると考えられる[3]．

微小繊維 卵の細胞表層に存在し，極体の放出，細胞分裂，精子尾部の取込みに関与するとされる．マウスでは第2減数分裂の紡錘糸の付近には微小繊維が見られず，この近くの細胞膜には微絨毛および表層顆粒がない．ヒトでは，このような微小繊維，表層顆粒，微絨毛の偏りはなく，卵細胞には極性がないと考えられる．微小繊維の分布は卵の他の細胞小器官の分布と関係する．

微絨毛 球状の卵の，細胞表面積を拡大して卵の代謝に寄与するとともに，受精時の精子の付着を促進すると考えられる．排卵の以前には卵細胞膜上の微絨毛は，透明帯を貫通し顆粒膜細胞と接触する．卵と顆粒膜細胞の境界にはギャップ結合の形成を認める．排卵の刺激により微絨毛は透明帯より後退し，囲卵腔も拡大して，顆粒膜細胞と卵子の接触は失われる．

卵の構成タンパクは約半分は卵自身が合成し，残りの半分は周囲の顆粒膜細胞が産生した後卵に輸送される．卵細胞質に螢光色素を注入すると，顆粒膜細胞へ移行するが，RNAおよびタンパクは顆粒膜細胞より卵に移行すると推測されている．

細胞間結合 初期胚における細胞間結合は，胞胚腔形成の接点として働くだけではなく，細胞の位置による極性polarityを決めることによりその後の分化に関与する[4]．キメラを用いた実験により，受精卵の中で中央にある分割球は内細胞塊，外側にある分割球は栄養芽細胞となることが知られている[5]．

受精後8細胞期初期までの受精卵は，均一な微絨毛によりおおわれており，分割球の間には細

胞結合は特に存在していない．この時期では，ミトコンドリア，リボゾーム，結晶様物質，細線維は細胞内に均一に分布している．マウスでは8細胞後期にcompactionとよばれる変化が起こり，位相差顕微鏡で観察しても細胞の境界が不明瞭となり，分割球は互いに面で接し，走査電子顕微鏡においても細胞境界が密着するのが認められる．

compactionをおこした胚では，局所性のtight junctionが受精卵の囲卵腔側に形成され，微絨毛は細胞の頂部と境界周囲に局在する．この時期の分割球間には，タンニン酸-オスミウム固定に染色性の物質の架橋が見られる．tight junctionは次第に帯状になり，胞胚になるとdesmosomeが形成される[6]．

細胞小器官の配置も変化し，細胞境界に並行する微小管が観察され，ミトコンドリアが細胞表層の結合部位近くに分布してくる[7]．compaction現象は，Caイオンによる細胞の接着に依存し，cadherinおよびATPが介在する．この現象は受精卵に見られる最初の極性の出現であり，生じた細胞間結合により受精卵の内側と外側が決定される．胞胚を構成する内細胞塊と栄養芽細胞は，この細胞を取り囲む微小環境により決定されると考えられている．このような分化が進行するためには胞胚にはある程度の細胞数が必要である．

内細胞塊は原始外胚葉と原始内胚葉に分化し，原始外胚葉の一部が将来の胎児を形成し，また栄養芽細胞は絨毛膜となることが決定されている．内細胞塊には，微絨毛が少なく細胞間はgap junctionにより結ばれ，tight junction, desmosomeの存在はまれである．これから分化した原始内胚葉には粗面小胞体が多く存在する．栄養芽細胞はこれと対照的に，帯状のtight junction, gap junction, desmosomeのいわゆるjunctional complexで結ばれ，胞胚腔の内容を外界と区分している．微絨毛は栄養芽細胞の外側に多く，内側には少ない．イオンは能動輸送により，タンパクは選択的に取り込まれて胞胚腔に移行する．その結果胞胚腔は拡張してくる．栄養芽細胞と内細胞塊の間はgap junctionにより結ばれ，前者の細胞質突起も結合に関与する．

受精卵の透明帯からの脱出zona sheddingは，マウスおよびラットでは着床の直前，ウサギでは着床初期に起こる．透明帯のsheddingには，栄養芽細胞および子宮分泌液由来のプロテアーゼ[8]の他に胞胚腔の物理的拡張が関与する．

おわりに

卵は球状の巨大な細胞であり，排卵後着床までの間に栄養に乏しい卵管液の中での発育に必要な栄養成分と細胞小器官とともに含んでいる．表面の細胞膜は風船の膜とは異なり，内部の細胞小器官と構造上および機能的にも密接に関わり合っており，膜に大きな裂傷を作ることなくピペットを刺入することが可能である．ヒト卵の細胞小器官に関しては未知の部分が多いが，ICSIなどの手技をより安全に，しかも効率よく実施するためには，倫理的な同意を得た上での微細構造の研究が必要とされる．

参考文献

1) Piko, L.: Immunocytochemical detection of murine leukamia virus related nuclear antigen in mouse oocytes and early embryo. Cell. 697-707 (1977).

2) Eddy, E. M.: Fine structural observations on the form and distribution of nugac in germ cells of the rat. Anat. Rec. 178: 731-758 (1974).

3) Schatten, G., Stmerly, C., and Schatten, H.: Maternal inhertance of centrosomes in mammals ? Studies on parthenogenesis and Poly spermy in mice. Pro. Natl. Acad. Sei: 88: 6785-9 (1991).

4) Tarkowski, A. K. and Wroblewska, J.: Development of blastmeres of mouse eggs isolated at the 4- and 8- cell stage. J. Embryol. Exp. Morph. 18: 155-180 (1967).

5) Hillman, N., Sherman, M. I., and Graham, C. F.: The effect of spatial arrangement on cell determination during mouse development. J. Embryol. Exp. Morph. 28: 263-278, 1972.

6) Ducibella, T.: Surface changes of the developing trophoblast cell. In: Development in Mammals. ed. by Johnson, M.H., pp. 5-30 (1975).

7) Ducibella, T., Ukena, T., Karnovsky, M., and Anderson, E.: Changes in cell surface and cytoplasmic organization during early embryogenesis in the preimplantation mouse embryo. J. Cell Biol. 74: 153-167 (1977).

8) Pinsker, M. C., Sacco, A. G., and Mintz, B.: Implantation associated proteinase in mouse uterine fluid. Dev. Biol. 38: 265-290 (1974).

2. 卵子の成熟

2.1 核成熟*

はじめに

多くの多細胞生物の一生は生殖細胞である卵子と精子の合体（受精）から始まり，種の維持や進化は生殖細胞の連続性により成立している．卵母細胞内で卵成熟促進因子（maturation-promoting factor：MPF）が形成されることで，卵子は最終的に成熟し，受精可能となる．1988年にMPFの分子構造が解明されて以来，本研究分野は急速な進展を遂げた．本稿では卵核胞崩壊（germinal vesicle breakdown：GVBD）から第2減数分裂中期に至る核成熟の誘起機構について，特にMPFの形成機構に焦点を絞り，解説する．

卵成熟・核成熟とは

脊椎動物では一般に，卵巣内に存在する第1減数分裂前期の卵母細胞は，卵黄蓄積を終えて完全に成長したものでも，受精・発生能をもたない未成熟な卵である．未成熟卵が受精・発生可能になる過程を卵成熟と呼ぶ．卵成熟は複数の因子の相互作用により誘起される[1]．最初の引き金

---

* 吉田　徳之・山下　正兼

2. 卵子の成熟

は，脳下垂体からの生殖腺刺激ホルモン（gonadotropic hormone：GTH）の分泌である．GTH は卵母細胞に直接作用するわけではなく，卵母細胞を取り囲む濾胞細胞に働き，卵成熟誘起ホルモン（maturation-inducing hormone：MIH）を合成，分泌させる．MIH は卵母細胞の細胞膜に作用し，卵内で MPF を生成させる．この MPF により卵成熟は最終的に誘起される（図 1.15）．減数分裂の観点からすると，卵成熟は第 1 前期で停止していた未成熟卵が減数分裂を再開し，GVBD を起こし，第 1 中期を経て第 1 極体を放出し，第 2 中期で再停止する過程である．この過程を特に核成熟と呼ぶ．成熟した卵子は媒精（付活）されると，第 2 中期で

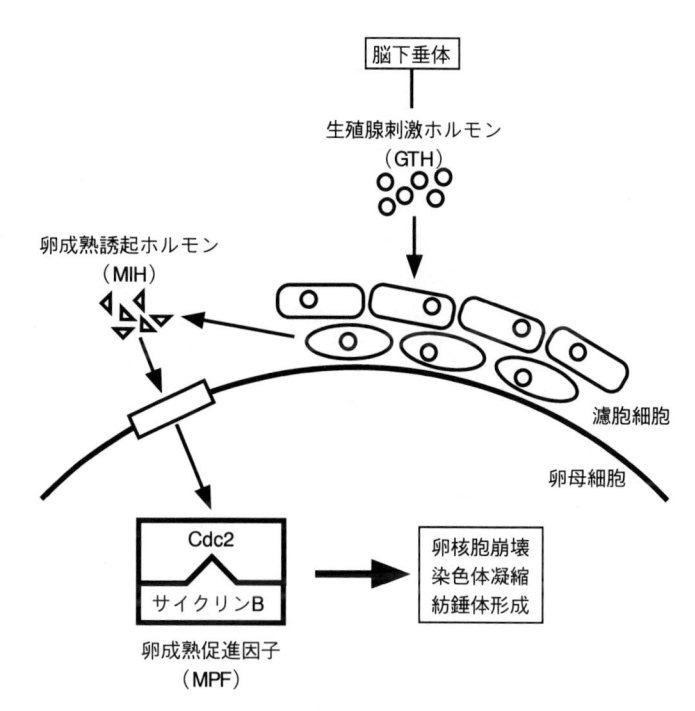

図 1.15 卵成熟誘起機構
卵成熟は三つの因子の作用によって誘起される．脳下垂体から生殖腺刺激ホルモン（GTH）が分泌される．GTH は卵母細胞を取り囲む濾胞細胞に働き，卵成熟誘起ホルモン（MIH）を合成，分泌させる．MIH は卵母細胞の細胞膜に作用し，卵内で卵成熟促進因子（MPF）を生成させ，MPF により卵成熟は最終的に誘起される．

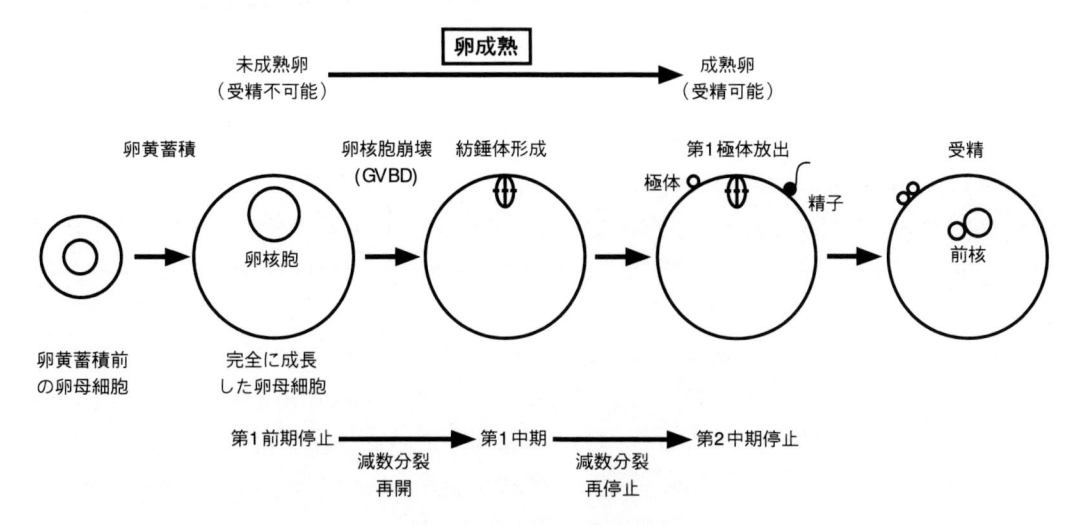

図 1.16 卵成熟と減数分裂
卵黄蓄積を終え完全に成長した卵母細胞は第 1 減数分裂前期で停止している．この状態の卵は未成熟で受精能はない．ホルモン刺激後，未成熟卵は減数分裂を再開し，卵核胞崩壊，染色体凝縮，紡錘体形成，第 1 極体放出などの形態的変化を経て，第 2 減数分裂中期で再停止し，受精を待つ．

停止していた減数分裂を再開し、第2極体を放出した後、雌性前核を形成する。一方、卵子に進入した精子は雄性前核となり、雌雄前核が融合することで受精は完了する（図1.16）。本稿では卵成熟の最終引き金を引くMPFの形成機構を、魚類、両生類、哺乳類を例に、解説する。卵子の第2中期での再停止機構と精子進入によるその解除機構については既刊の総説を参考にされたい[2,3]。

脊椎動物の中で、哺乳類は例外的な卵成熟誘起機構を持つ。哺乳類の卵成熟は、生殖腺刺激ホルモンの一つである黄体形成ホルモン（luteinizing hormone：LH）により誘起されるが、MIHの存在を示す強い実験証拠は今のところない。完全に成長した哺乳類の卵子は卵胞から単離されることでMIH刺激なしに自発的に成熟する。したがって、それまで卵胞中に存在し、卵成熟の進行を阻止する物質（卵成熟抑制因子 oocyte maturation inhibitor：OMI）の作用が、LH刺激で無効になるために卵成熟が誘起されるという考えが支配的である。LHの作用機序の詳細は不明だが、卵母細胞を取り囲む卵丘の構築や機能がLH作用により変化することが明らかになっている。マウスにおいては、卵丘細胞で産生されたサイクリックAMP（cAMP）が卵丘細胞と卵母細胞の結合装置（ギャップ結合）を通過して卵母細胞へ移行することで、卵胞中の卵母細胞の成熟は抑制されている。LHが作用すると、ギャップ結合が消失し、cAMPの移行が不可能となり、卵母細胞はcAMPの阻害作用から解放されて卵成熟が誘起される[4]。逆に、ブタ、ヒツジ、ウサギではcAMPの減少よりも一過性の増加が必要と考えられ、このような種では卵成熟過程の初期でcAMPは成熟を促進する働きをしているのかも知れない[4,5]。

MPF形成機構

MPFはGTHやMIHとは異なり、その機能および分子構造が種を越えて共通している。MPFは卵成熟の最終誘起因子として機能するのみならず、全真核生物においてM期促進因子（metaphase-promoting factor）としても機能する[6]。MPFは、触媒サブユニットのCdc 2（またはcyclin-dependent kinase 1：Cdk 1）と調節サブユニットのサイクリンBからなるセリン/スレオニンリン酸化酵素である。その活性は、複合体形成後に起こる2種のリン酸化修飾で調節されている[7]。一つはMyt 1によるCdc 2の14番目のスレオニン/15番目のチロシン（T 14/Y 15）の抑制的リン酸化修飾、もう一つはCdk 7とサイクリンHの複合体であるCdk活性化リン酸化酵素（Cdk-activating kinase：CAK）による161番目のスレオニン（T 161）の活性的リン酸化修飾である。MPF形成機構は種により異なり、ツメガエル型とキンギョ型の二つに大別可能である[8,9]。

ツメガエル型MPF形成機構 アフリカツメガエル未成熟卵には、サイクリンBとCdc 2のMPF複合体が存在する。この複合体中のCdc 2は、卵形成・卵成熟過程で常時活性があるCAKにより、T 161がリン酸化されているが、Myt 1でT 14/Y 15もリン酸化されているため活性はない。この不活性型MPFをPre-MPFという。プロゲステロン（両生類のMIH）刺激後、T 14/Y 15脱リン酸化酵素であるCdc 25が活性化するとともに、Myt 1が不活性化することでT 14/Y 15が脱リン酸化され、Pre-MPFは活性化する。さらに、Cdc 25を活性化する正のフィードバックによりMPFは増幅される（図1.17）。ツメガエル型MPF形成機構では、Cdc 25の活性化とMyt 1の不活性化によるPre-MPFの活性化が重要である。

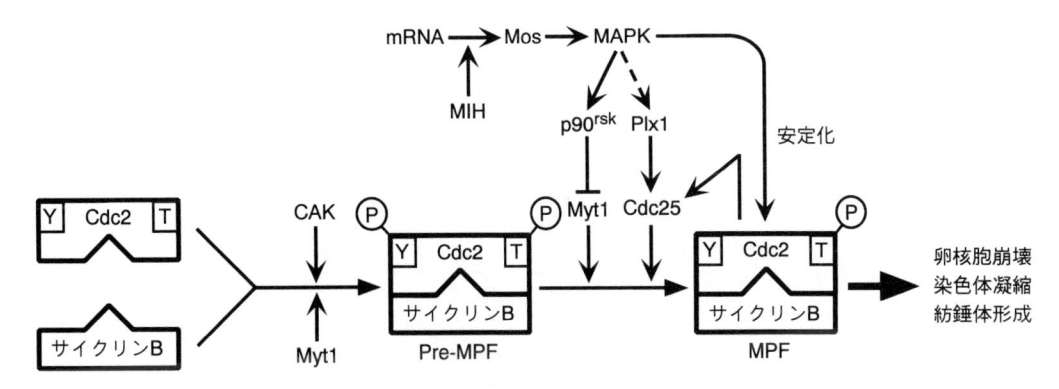

図1.17 ツメガエルにおけるMPF形成機構

未成熟卵にはサイクリンBとCdc2の複合体が存在し、そのCdc2はCAKによりT161（T）がリン酸化されている。しかし、Myt1でT14/Y15（Y）もリン酸化されているため活性はない。MIH刺激後に合成されるMosはMAPKを活性化する。活性型MAPKはMyt1の不活性化とCdc25の活性化を介してCdc2のT14/Y15脱リン酸化を誘起し、Pre-MPFを活性化させる。MAPKはMPFを安定化することでも、その形成を促す。MPFはCdc25を活性化し、Cdc25がPre-MPFを活性化する正のフィードバックにより、MPFは増幅する。

キンギョ型MPF形成機構 キンギョ未成熟卵にはサイクリンB mRNAは存在するが、mRNAの翻訳抑制（マスキング）のため、サイクリンBタンパク質はなく、Cdc2は単量体で存在する。$17\alpha, 20\beta$-ジヒドロキシ-4-プレグネン-3-オン（多くの魚類のMIH）刺激後、mRNAの翻訳抑制が解除（アンマスキング）されてサイクリンBタンパク質が合成される。新規合成されたサイクリンBは既存の単量体Cdc2とすぐに複合体を形成する。サイクリンBと結合したCdc2はCAKによりT161がリン酸化され、MPFが形成される（図1.18）。この過程でPre-MPFは存在せず、Myt1とCdc25によるT14/Y15のリン酸化と脱リン酸化は関与しない。つまり、キンギョ型MPF形成機構では、サイクリンB mRNAの翻訳開始による新規のMPF形成が重要である。他の魚類（コイ、ドジョウ、ゼブラフィッシュ、ナマズ、ヤツメウナギ）やツメガエル以外の両生類（アカガエル、ヒキガエル、イモリ）でも、キンギョ型MPF形成機構を採用している。

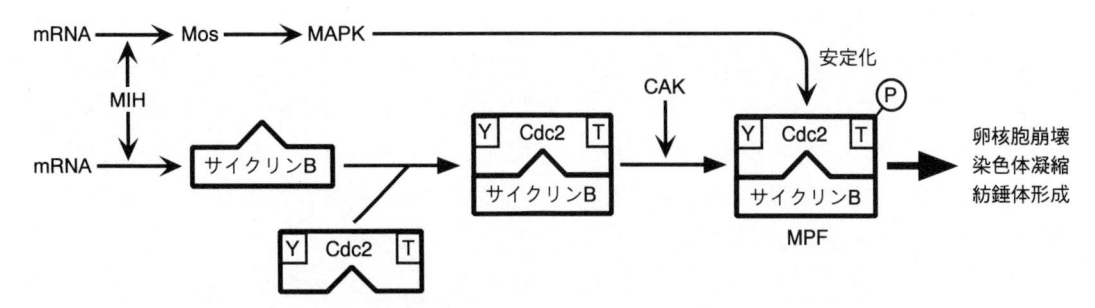

図1.18 魚類・両生類（ツメガエルを除く）におけるMPF形成機構

未成熟卵にはサイクリンBは存在せず、Cdc2は単量体で存在する。MIH刺激後、mRNAの翻訳によりサイクリンB蛋白質が合成され、Cdc2と複合体を形成する。複合体を形成したCdc2のT161（T）がCAKによりリン酸化されることでMPFが形成される。この時、T14/Y15（Y）のリン酸化・脱リン酸化は起こらない。MIH刺激により合成されるMosはMAPK活性を介してMPFの安定化を促す。だだし、この作用はMPFの形成に必要でもなければ十分でもない。

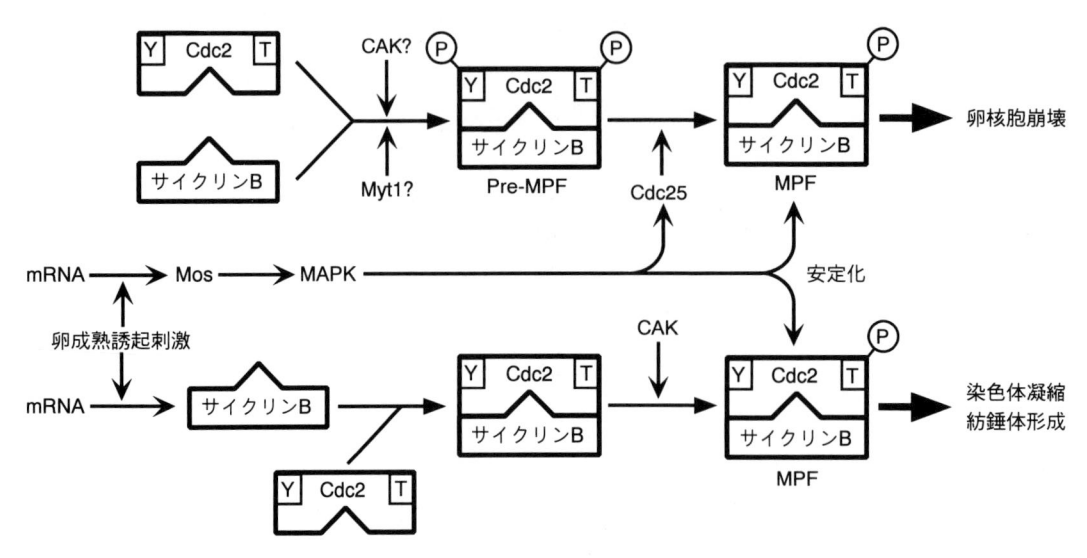

図 1.19 マウスにおける MPF 形成機構
未成熟卵には少量の Pre-MPF が存在し，ツメガエル型とキンギョ型の融合型と考えることができる．GVBD を誘起するには Pre-MPF で十分であるが，染色体凝縮や紡錘体形成など，その後の変化には新規に合成されたサイクリン B による新規 MPF が必要である．T14/Y15（Y），T161（T）．

哺乳類の MPF 形成機構　哺乳類では卵子が小さいことと得られる数が限られることから，魚類や両生類と比べると MPF 形成機構の解析はあまり進んでいない．卵成熟過程における MPF の挙動はマウス[10,11]，ブタ[12,13]，ウシ[14,15]，ヤギ[16]，ウマ[17]で調べられている．これらの未成熟卵には Pre-MPF は少量存在するが，ウシでは検出限界以下のものもある[14]．

マウス卵成熟過程で Pre-MPF を構成している Cdc 2 が脱リン酸化される[18]．また，チロシン脱リン酸化酵素の阻害剤であるバナデイトで卵成熟が阻害される[19]．これらのことから，マウス卵成熟では Cdc 2 の Y 15 脱リン酸化酵素（おそらく Cdc 25）が関与すると考えられる．マウス卵成熟過程での Cdc 2 の T161 リン酸化状態に関するデータはないが，未成熟卵中に存在する単量体の Cdc 2 と新規合成されるサイクリン B との複合体が，GVBD 以降の核成熟の進行に必要なことから[20]，少なくとも GVBD 後は Cdc 2 の T 161 リン酸化が必要と考えられる．また GVBD 後，バナデイトは Cdc 2 の活性化を阻害しないことから[19]，Cdc 2 の T 14/Y 15 リン酸化は GVBD 以降は起こらないと考えられる．つまり，GVBD 以前は Cdc 25 が重要で，GVBD 以降は CAK が MPF 形成において重要な役割を果たす（図 1.19）．マウスにおける MPF 形成機構は，ツメガエル型とキンギョ型の融合型と推測される．

イニシエーター

最終的に MPF が形成されなければ卵子は成熟しない．マウスを除く哺乳類，両生類，魚類の MPF 形成には，MIH 刺激後に新規合成されるイニシエーターと呼ばれるタンパク質が必要である．本稿ではその候補として Mos とサイクリン B に注目する．

Mos　Mos は原ガン遺伝子（c-mos）によってコードされるセリン/スレオニンリン酸化酵素で

ある．以下の実験結果から，Mos がツメガエル卵成熟においてイニシエーターとして機能することが示された[21]：1) Mos は MIH 刺激後，すぐに合成される，2) c-mos mRNA または Mos タンパク質を未成熟卵に注射すると，GVBD が誘起される，3) c-mos アンチセンスオリゴヌクレオチドにより MIH 刺激による Mos の合成を阻害すると，GVBD が阻害される．Mos はマイトジェン活性化リン酸化酵素（mitogen-activated protein kinase : MAPK）を活性化することから，Mos のイニシエーター機能は MAPK を介することが予想される．実際，ツメガエル未成熟卵の MAPK を強制的に活性化すると GVBD が誘起される．逆に，Mos/MAPK を阻害すると，MIH による GVBD が遅れる，あるいは阻害される．Mos/MAPK は 90 kDa リボゾーム S 6 リン酸化酵素（90 kDa ribosomal S 6 kinase : p90^{rsk}）を介して Myt 1 を不活性化することで Pre-MPF を活性化すると考えられている[22,23]．また，Polo 様リン酸化酵素（polo-like kinase : Plx 1）を介した Cdc 25 の活性化[24〜26]も，Mos/MAPK の下流にあると予想されている（図 1.17）．ただし，ごく最近，一部のツメガエル卵では Pre-MPF の活性化や GVBD に MAPK は必要ではないことが示された[27]．これについては最後に考察する．

キンギョ型 MPF 形成機構を持つアカガエルにおいても，ツメガエルと同様，Mos/MAPK はイニシエーターとして機能するのだろうか？ 未成熟卵中に Mos を導入し，MAPK を活性化させても MPF 形成・GVBD は誘起されず，c-mos アンチセンス RNA や MAPK 脱リン酸化酵素である CL 100 で Mos/MAPK の活性化を阻害しても，MPF 形成・GVBD は誘起された[28]．キンギョにおいても同様の結果が得られた[29]．つまり，アカガエルやキンギョでは Mos/MAPK はイニシエーターではない．

多くの哺乳類卵成熟過程でも MAPK は活性化される．しかし，マウス未成熟卵で Mos を過剰発現させ，MAPK を活性化させると，クロマチンが凝縮し，卵核胞の一部が崩壊するが[30]，c-mos ノックアウトマウス卵では MAPK は活性化しないが GVBD が起こる[31,32]．したがって，少なくともマウスでは，Mos/MAPK はイニシエーターとして機能していないことは明らかである．ただし，ブタ卵母細胞の卵核胞内に活性型 MAPK を注射すると GVBD が誘起される（ただし細胞質への注射は効果がない）[33]．Mos の注射でウシ未成熟卵中の MAPK を活性化すると，GVBD が促進される[34]．これらの結果はブタやウシでは Mos/MAPK はイニシエーターとして機能している可能性を示す．

脊椎動物において，Mos/MAPK のイニシエーターとしての明確な機能は，ツメガエルに限定される．Mos/MAPK がイニシエーターとなりうるか否かは，少なくとも脊椎動物では未成熟卵中の Pre-MPF 量と関係する[9]．すなわち，Pre-MPF が十分量存在する未成熟卵（ツメガエル）では Mos/MAPK はイニシエーターとして働き，Pre-MPF がないか，あるいは少ない未成熟卵（魚類，ツメガエル以外の両生類，多くの哺乳類）では機能しない．この事実は Mos/MAPK の普遍的機能を考察する上で，重要である[9,28]．

サイクリン B サイクリン B mRNA をアカガエル未成熟卵に注射すると GVBD を誘起し，アンチセンス RNA でサイクリン B 合成を阻害するとプロゲステロンによる GVBD が阻害される[35]．したがって，アカガエル卵成熟ではサイクリン B はイニシエーターとして機能する．Pre-MPF が未成熟卵に存在しない魚類，ヒキガエル，イモリでも同様と推測される．

サイクリンBがツメガエル卵成熟でイニシエーターとして機能するかどうかは定かではない．確かにツメガエル卵成熟過程でサイクリンBは合成され，未成熟卵でのサイクリンBの強制発現はGVBDを誘起するが，未成熟卵中にPre-MPFとしてサイクリンBはすでに存在し，アンチセンスオリゴヌクレオチドでその合成を阻害してもプロゲステロンによるGVBDは阻害されない[36]．これらの結果は，サイクリンBはツメガエルではイニシエーターとして機能しないことを示唆する．しかし，優性不能型Cdc2や抗Cdc2中和抗体を用いた実験により，ツメガエルでもCdc2と結合するサイクリン様タンパク質の合成がPre-MPFの活性化に必要であることが示された[37]．サイクリン様タンパク質の候補としてp33^{ringo}が最近報告されたが[38]，サイクリン様タンパク質はサイクリンBそのものである可能性も示されている[27,39]．

マウス卵はタンパク質合成阻害下でもGVBDを起こすことから，未成熟卵に蓄積されているPre-MPFは少なくともGVBDの誘起には十分である．しかし，GVBD後の核成熟の進行には，新規合成されるサイクリンBが必要である[20,40]．一方，ブタ，ウシ，ヤギ，ヒツジ卵のタンパク質合成阻害はGVBDを阻害する[41～43]．これらの卵子の成熟に必要なタンパク質の分子的実体は未解明であるが，サイクリンBである可能性が高い．この証明には，アンチセンス法を用いた特異的なサイクリンB合成阻害等の実験が必要と考えられる．

脊椎動物におけるMPF形成機構の新仮説

卵成熟過程でのサイクリンBの新規合成は，これまで調べられた全ての種で確認されており，未成熟卵でのサイクリンBの強制発現はGVBDを誘起する．また，これまでサイクリンBではなくMos/MAPKがイニシエーターとして機能すると考えられていたツメガエルにおいても，Pre-MPFの活性化やGVBDにMAPKが必要でないこと[27]や，プロゲステロンはMos/MAPKに依存せずサイクリンB合成を誘起することが示された[39]．これらのことから，サイクリンBは多くの種でイニシエーターとして卵成熟の開始，および卵成熟の正常な進行に貢献していると考えられる．

これまで述べてきたことをもとに，脊椎動

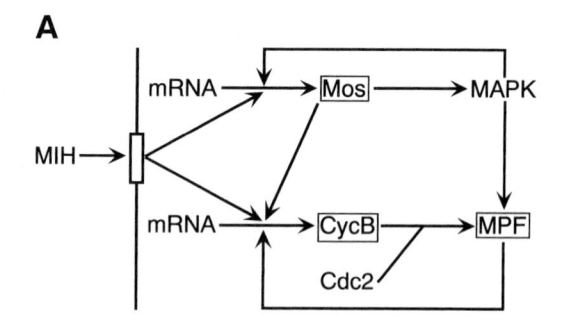

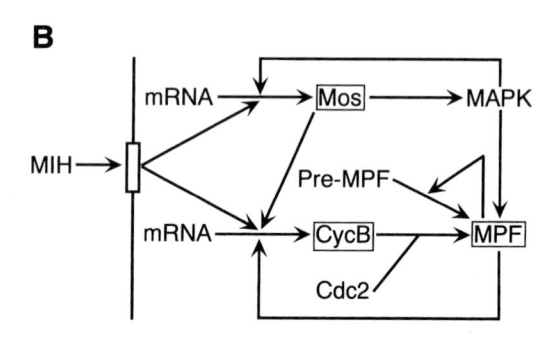

図1.20 脊椎動物に共通のMPF形成機構（仮説）
A：Pre-MPFのない未成熟卵．B：Pre-MPFのある未成熟卵．卵成熟誘起ホルモン（MIH）刺激によりサイクリンB（CycB）が合成される．合成されたサイクリンBは既存のCdc2と結合し，MPFを形成する．MPF活性はサイクリンBの合成を促進し，さらなるMPFの形成を誘起する．MIH刺激はMosの合成も誘起する．MosはMAPK活性を介してMPFを安定化することでMPF形成に貢献する．Mosの合成はMAPK活性による正のフィードバックで促進される．Pre-MPFが存在する場合，新たに形成されたMPFによるPre-MPFの活性化のため，MPFの形成が早まる．枠で囲んだタンパク質は，MIH刺激後に出現するもの．

物における MPF 形成機構に関する新仮説を提出したい（図 1.20）．この仮説では MIH 刺激によるサイクリン B の新規合成が MPF 形成の主要経路になっている．すなわち，MIH 刺激後，サイクリン B が合成される．合成されたサイクリン B は Cdc 2 と結合し，MPF を形成する．MPF 活性はサイクリン B 合成を促進する[44]．MIH 刺激により Mos も合成され，サイクリン B 合成を促進する[28]（サイクリン B 合成が Mos または Mos 以外の経路にどの程度依存しているかは，種によって異なるのかも知れない）．また Mos は MAPK を活性化し，MAPK 活性は MPF を安定化することで MPF 形成を助け[28]，さらに Mos 合成を促進することで間接的に MPF 形成を促す[44]（ただしこれらは卵成熟に必須ではない）．さらに MIH 刺激により卵母細胞内が T 14/Y 15 脱リン酸化を促す環境に変わることも（図 1.17 参照），MPF の形成を容易にすると思われる．このようにして MPF 形成が続き，ある閾値を超えると卵成熟が誘起される．十分量の Pre-MPF が存在する場合，新たに形成された MPF による Pre-MPF の活性化が起こるため，少量の新規 MPF で卵成熟を開始させるのに必要な MPF を形成できる．つまり，この仮説では Pre-MPF は卵成熟を促進する役割を果たすが，その存在は卵成熟誘起そのものには必須ではない．

Pre-MPF が卵成熟誘起に不要であることは，Pre-MPF の存在しないツメガエル未成熟卵でもプロゲステロン処理をすると成熟することから確認された[45]．それでは Pre-MPF の生物学的意味は何なのか？ 実験室内ではツメガエルを 20〜25 ℃ の恒温で飼育し，年中採卵させているが，野生の生息地はアフリカ大陸でも高地で，気候は 10 ℃ 以下から 25 ℃ と変動し，繁殖時期も年に一度か二度の雨期に限られる．さらに，ツメガエル卵母細胞のホルモンへの反応性は個体によりかなり異なり，これを是正するため妊馬血清性生殖腺刺激ホルモン（PMSG）を注射（プライミング）する場合が多い．Pre-MPF が正常では存在しないアカガエルでも，低温飼育により繁殖時期を越えて排卵を抑制すると，Pre-MPF を持つ卵母細胞が出現する[35]．Pre-MPF はこのような人為的環境による人工産物である可能性が高い[45]．これが事実ならば，ツメガエルでも本来は Pre-MPF が存在しない場合の MPF 形成機構を採用していることになり，脊椎動物における MPF 形成機構は図 1.20 A に集約される．

おわりに

脊椎動物卵成熟における MPF の形成機構を概説した．MPF は Cdc 2 とサイクリン B の複合体で，卵成熟（核成熟と細胞質成熟）の最終誘起因子である．その構造と機能は種を越え普遍的だが，形成機構は種により異なる．この違いは未成熟卵での Pre-MPF の存在量に依存しているようである．しかし，少なくともツメガエル未成熟卵の Pre-MPF は人為的環境による人工産物で，野生では存在しない可能性がある．一見，種により異なって見えていた MPF 形成機構は，統一的なモデルで説明できる可能性がある．

MPF の構造と機能は全真核生物で共通のため，その活性調節も共通であろうという先入観から，酵母や哺乳類培養細胞の体細胞分裂における調節機構や，ツメガエルという 1 モデル生物の卵成熟における調節機構が，すべての種の卵成熟でも同様に機能しているという短絡的な発想がこれまであったことは否定できない．体細胞分裂と異なり，減数分裂過程を含む卵成熟の場合，種の保存と密接に関わることから，そこで機能している機構も種による特異性は十分考えられる．今

後,多くの生物種を用いた比較研究により,機構の普遍的部分と種特異的部分を明らかにしていくことが,統一的な MPF 形成機構の構築や,より包括的な MPF 形成機構の理解に結びつくと考えられる.

参考文献

1) 山下正兼:卵成熟,「生殖細胞-形態から分子へ-」(岡田益吉,長濱嘉孝編),共立出版,143-170 (1996).
2) Handel, M. A. and Eppig, J. J.: Sexual dimorphism in the regulation of mammalian meiosis. Curr. Topics Dev. Biol., 37: 333-358 (1998).
3) 佐方功幸:減数分裂,「生殖細胞-形態から分子へ-」(岡田益吉,長濱嘉孝編),共立出版,186-201 (1996).
4) Downs, S. M.: Control of the resumption of meiotic maturation in mammalian oocytes. *In*: Grudzinskas, J. D., Yovich, J. L., editors. Gametes — The Oocyte. Cambridge: Cambridge University Press. p 150-192 (1995).
5) Mattioli, M., Galeati, G., Barboni, B., and Seren, E.: Concentration of cyclic AMP during the maturation of pig oocytes *in vivo* and *in vitro*. J. Reprod. Fert., 100: 403-409 (1994).
6) Kishimoto, T.: Regulation of metaphase by a maturation-promoting factor. Dev. Growth Differ., 30: 105-115 (1988).
7) Nigg, E.A.: Cyclin-dependent protein kinases: key regulators of the eukaryotic cycle. Bioessays, 17: 471-480 (1995).
8) Taieb, F., Thibier, C., and Jessus, C.: On cyclins, oocytes, and eggs. Mol. Reprod. Dev., 48: 397-411 (1997).
9) Yamashita, M., Mita, K., Yoshida, N., and Kondo, T.: Molecular mechanisms of the initiation of oocyte maturation: General and species-specific aspects. In: Meijer, L., Jézéquel, A., Ducommun, B., editors. Progress in Cell Cycle Research. Vol. 4. New York: Plenum Press. p 115-129 (2000).
10) Chesnel, F. and Eppig, J. J.: Synthesis and accumulation of p34^{cdc2} and cyclin B in mouse oocytes during acquisition of competence to resume meiosis. Mol. Reprod. Dev., 40: 503-508 (1995).
11) de Vantéry, C., Gavin, A.C., Vassalli, J. D., and Schorderet-Slatkine, S.: An accumulation of p34^{cdc2} at the end of mouse oocyte growth correlates with the acquisition of meiotic competence. Dev. Biol., 174: 335-344 (1996).
12) Christmann, L., Jung, T., and Moor, R. M.: MPF components and meiotic competence in growing pig oocytes. Mol. Reprod. Dev., 38: 85-90 (1994).
13) Naito, K., Hawkins, C., Yamashita, M., Nagahama, Y., Aoki, F., Kohmoto, K., Toyoda, Y., and Moor, R. M.: Association of p34^{cdc2} and cyclin B1 during meiotic maturation in porcine oocytes. Dev. Biol., 168: 627-634 (1995).
14) Wu, B., Ignotz, G., Currie, W. B., and Yang, X.: Expression of Mos proto-oncoprotein in bovine oocytes during maturation *in vitro*. Biol. Reprod., 56: 260-265 (1997).

15) Lévesque, J. T. and Sirard, M. A.: Resumption of meiosis is initiated by the accumulation of cyclin B in bovine oocytes. Biol. Reprod., 55: 1427-1436 (1996).

16) Hue, I., Dedieu, T., Huneau, D., Ruffini, S., Gall, L., and Crozet, N.: Cyclin B_1 expression in meiotically competent and incompetent goat oocytes. Mol. Reprod. Dev., 47: 222-228 (1997).

17) Goudet, G., Belin, F., Bézard, J., and Gérard, N.: Maturation-promoting factor (MPF) and mitogen activated protein kinase (MAPK) expression in relation to oocyte competence for *in vitro* maturation in the mare. Mol. Human Reprod., 4: 563-570 (1998).

18) Choi, T., Aoki, F., Mori, M., Yamashita, M., Nagahama, Y., and Kohmoto, K.: Activation of $p34^{cdc2}$ protein kinase activity in meiotic and mitotic cell cycles in mouse oocytes and embryos. Development, 113: 789-95 (1991).

19) Choi, T., Aoki, F., Yamashita, M., Nagahama, Y., and Kohmoto, K.: Direct activation of $p34^{cdc2}$ protein kinase without preceding phosphorylation during meiotic cell cycle in mouse oocytes. Biomed. Res., 13: 423-427 (1992).

20) Hampl, A. and Eppig, J. J.: Translational regulation of the gradual increase in histone H1 kinase activity in maturing mouse oocytes. Mol. Reprod. Dev., 40: 9-15 (1995).

21) Sagata, N.: What does Mos do in oocytes and somatic cells? BioEssays, 19: 13-21 (1997).

22) Gavin, A. C., Ni Ainle, A., Chierici, E., Jones, M., and Nebreda, A. R.: A $p90^{rsk}$ mutant constitutively interacting with MAP kinase uncouples MAP kinase from $p34^{cdc2}$/cyclin B activation in *Xenopus* oocytes. Mol. Biol. Cell, 10: 2971-2986 (1999).

23) Palmer, A., Gavin, A. C., and Nebreda, A. R.: A link between MAP kinase and $p34^{cdc2}$/cyclin B during oocyte maturation: $p90^{rsk}$ phosphorylates and inactivates the $p34^{cdc2}$ inhibitory kinase Myt1. EMBO J., 17: 5037-5047 (1998).

24) Abrieu, A., Brassac, T., Galas, S., Fisher, D., Labbé, J. C., and Dorée, M.: The Polo-like kinase Plx1 is a component of the MPF amplification loop at the G2/M-phase transition of the cell cycle in *Xenopus* eggs. J. Cell Sci., 111: 1751-1757 (1998).

25) Karaïskou, A., Jessus, C., Brassac, T., and Ozon, R.: Phosphatase 2A and Polo kinase, two antagonistic regulators of Cdc25 activation and MPF auto-amplification. J. Cell Sci., 112: 3747-3756 (1999).

26) Qian, Y. W., Erikson, E., Li, C., and Maller, J. L.: Activated polo-like kinase Plx1 is required at multiple points during mitosis in *Xenopus laevis*. Mol. Cell. Biol., 18: 4262-4271 (1998).

27) Fisher, D. L., Brassac, T., Galas, S., and Dorée, M.: Dissociation of MAP kinase activation and MPF activation in hormone-stimulated maturation of *Xenopus* oocytes. Development, 126: 4537-4546 (1999).

28) Yoshida, N., Mita, K., and Yamashita, M.: The function of the Mos/MAPK pathway during oocyte maturation in the Japanese brown frog *Rana japonica*. Mol. Reprod. Dev., 57: 88-98 (2000).

29) Kajiura-Kobayashi, H., Yoshida, N., Sagata, N., Yamashita, M., and Nagahama, Y.: The Mos/MAPK pathway is involved in metaphase II arrest as a cytostatic factor but is neither necessary nor sufficient for initiating oocyte maturation in goldfish. Dev. Genes Evol., 210: 416-425 (2000).

30) Choi, T., Rulong, S., Resau, J., Fukasawa, K., Matten, W., Kuriyama, R., Mansour, S., Ahn, N., and Vande Woude, G. F.: Mos/mitogen-activated protein kinase can induce early meiotic phenotypes in the absence of maturation-promoting factor: a novel system for analyzing spindle formation during meiosis I. Proc. Natl. Acad. Sci. USA, 93: 4730-4735 (1996).

31) Colledge, W. H., Carlton, M. B. L., Udy, G. B., and Evans, M. J.: Disruption of c-*mos* causes parthenogenetic development of unfertilized mouse eggs. Nature, 370: 65-68 (1994).

32) Hashimoto, N., Watanabe, N., Furuta, Y., Tamemoto, H., Sagata, N., Yokoyama, M., Okazaki, K., Nagayoshi, M., Takeda, N., Ikawa, Y., and Aizawa, S.: Parthenogenetic activation of oocytes in c-*mos*-deficient mice. Nature, 370: 68-71 (1994).

33) Inoue, M., Naito, K., Nakayama, T., and Sato, E.: Mitogen-activated protein kinase translates into the germinal vesicle and induces germinal vesicle breakdown in porcine oocytes. Biol. Reprod., 58: 130-136 (1998).

34) Fissore, R. A., He, C. L., and Vande Woude, G.F.: Potential role of mitogen-activated protein kinase during meiosis resumption in bovine oocytes. Biol. Reprod., 55: 1261-1270 (1996).

35) Ihara, J., Yoshida, N., Tanaka, T., Mita, K., and Yamashita, M.: Either cyclin B1 or B2 is necessary and sufficient for inducing germinal vesicle breakdown during frog (*Rana japonica*) oocyte maturation. Mol. Reprod. Dev., 50: 499-509 (1998).

36) Minshull, J., Murray, A., Colman, A., and Hunt, T.: *Xenopus* oocyte maturation does not require new cyclin synthesis. J. Cell Biol., 114: 767-772 (1991).

37) Nebreda, A. R., Gannon, J. V., and Hunt, T.: Newly synthesized protein(s) must associate with $p34^{cdc2}$ to activate MAP kinase and MPF during progesterone-induced maturation of *Xenopus* oocytes. EMBO J., 14: 5597-5607 (1995).

38) Ferby, I., Blazquez, M., Palmer, A., Eritja, R., and Nebreda, A. R.: A novel $p34^{cdc2}$-binding and activating protein that is necessary and sufficient to trigger G_2/M progression in *Xenopus* oocytes. Genes Dev., 13: 2177-2189 (1999).

39) Frank-Vaillant, M., Jessus, C., Ozon, R., Maller, J. L., and Haccard, O.: Two distinct mechanisms control the accumulation of cyclin B1 and Mos in *Xenopus* oocytes in response to progesterone. Mol. Biol. Cell, 10: 3279-3288 (1999).

40) Polanski, Z., Ledan, E., Brunet, S., Louvet, S., Verlhac, M. H., Kubiak, J. Z., and Maro, B.: Cyclin synthesis controls the progression of meiotic maturation in mouse oocytes. Development, 125: 4989-4997 (1998).

41) Kubelka, M., Rimkevicova, Z., Guerrier, P., and Motlik, J.: Inhibition of protein synthesis affects histone H1 kinase, but not chromosome condensation activity, during the first meiotic division of pig oocytes. Mol. Reprod. Dev., 41: 63-69 (1995).

42) Tatemoto, H. and Horiuchi, T.: Requirement for protein synthesis during the onset of meiosis in bovine oocytes and its involvement in the autocatalytic amplification of maturation-promoting factor. Mol. Reprod. Dev., 41: 47-53 (1995).

43) Inoue, M., Naito, K., Nakayama, T., and Sato, E.: Mitogen-activated protein kinase activity and microtubule organization are altered by protein synthesis inhibition in maturing porcine oocytes. Zygote, 4: 191-198 (1996).
44) Howard, E. L., Charlesworth, A., Welk, J., and MacNicol, A. M.: The mitogen-activated protein kinase signaling pathway stimulates Mos mRNA cytoplasmic polyadenylation during *Xenopus* oocyte maturation. Mol. Cell. Biol., 19: 1990-1999 (1999).
45) Yoshida, N., Mita, K., and Ymashita, M.: Comparative study of the molecular mechanisms of oocyte maturation in amphibians. Comp. Biochem. Physiol. Part B, 126: 189-197 (2000).

2.2 細胞質成熟*

はじめに－細胞質成熟とは何か？

「核成熟（nuclear maturation）」とは第一減数分裂前期後半の複糸期に静止している卵子が減数分裂を再開し，第二減数分裂中期に達することである．核成熟については前項に詳しく述べられているが，一般に「卵子の成熟」という場合は，この核成熟を指し，「成熟卵子」とは核成熟の完了した卵子を指す．この成熟卵子が，精子の侵入により活性化されて受精を敢行する．減数分裂は生体内では黄体形成ホルモンの感作を受けて再開され，卵子の成熟が進行する．生体外においても，成熟を誘起させ効率よく成熟卵子を作出する手法が確立しつつある．例えば，グラーフ卵胞より採取した未成熟卵子を体外培養により成熟させる「体外成熟」の技術が，近年の生殖工学技術の進展に伴い多くの動物種で確立されている．ところが，これらの卵子は核成熟が完了しているにも関わらず，受精やその後の初期発生の能力が，体内で成熟した卵子よりも劣る．これらの体外成熟卵子は，核相から判断すると受精や初期発生を引き起こされるのに十分な状態であるにもかかわらず，実際にはそれらの現象を敢行されるだけの能力が細胞質に備わっていない．このような卵子の状態は「細胞質の不十分さ（cytoplasmic incompetence）」として受け止められている．このように，細胞質には，核とは別に受精を完了させ初期発生を維持する能力が存在する．「細胞質成熟（cytoplasmic maturation）」とは，卵子が成熟するに伴って獲得する，卵子の受精されうる能力および初期胚へと発生する能力（多くの場合，胚盤胞期胚へ発生する能力）を指す[1,2]．

哺乳動物において，雌性配偶子である卵子はもともと卵巣に存在している数が少ないため，あるいは凍結保存が困難であることなどから，体外成熟培養の重要性が高い．体外受精，顕微授精，形質転換あるいはクローン動物の作成といった場面では，質のよい成熟卵子が求められる．しかしながら，体外成熟培養では核成熟は完了しても細胞質成熟は不十分であるという例もあることから，成熟卵子では核成熟と細胞質成熟の調和が求められている[1]．本項では，卵子における受精能あるいは発生能とは何かということについて若干説明するとともに，細胞質成熟という現象について，あるいはそれを機能的に修飾する方法について，最近の知見を紹介する．

---

* 菊地　和弘

卵子の受精・発生能の獲得と喪失

　細胞質成熟とは，成熟の進行にともなって受精ならびに発生能が細胞質に備わっていくことである．ここで，卵子の受精・発生能について，もう少し広い角度で検証すると，特に卵子の受精・発生能の獲得に関しては，減数分裂再開前の卵胞発育，ならびに核成熟と平行する減数分裂の進展の２段階に大きく依存すると考えられている[3]．例えば，前者では卵胞腔を形成しない卵胞から採取した卵子を体外で発育させた場合である．現在のところマウス[4,5]，ブタ[6]やヒツジ[7]で研究が進んでいる．それらを利用してマウスでは産仔が得られている[4]ので，未発育な卵子でも人為的に受精・発生能を獲得させることは十分可能である．また，卵巣内の卵子を有効に利用することが可能となるので，この技術の完成も期待されている．しかしながら，この時期の卵子の発育にはまだまだ未解決な部分が多い．特に，卵胞の発育や卵胞を構成する細胞の機能とも密接に関わるので，卵子そのものの能力よりも卵胞の発育あるいは機能との関係で論議されている．一方，後者ではある程度発育した初期の胞状卵胞から卵子を取り出し，卵子を成熟させる場合にあたる．卵子を卵胞より摘出し体外で培養することで，卵子そのものについての解析が進んでいる．一般に細胞質成熟という場合，この時期に限局して議論されることが多い．一方，これらとは反対に，成熟し第二減数分裂中期で静止している卵子においては，ひとたび獲得した受精能や発生能は，静止時間の経過とともに徐々に喪失する．具体的には，卵子の活性化能力の亢進[8,9]，受精を伴わない自発的な活性化[10]，異常受精[11,12]や無核の小割球を含む不等卵割いわゆるフラグメンテーション[13,14]が観察される．成熟培養時間の延長によって，時として卵子そのものに形態的な変化を伴いながら，卵子の細胞質の機能に何らかの修飾が起こるものと考えられている．このような現象は卵子のエイジングとしてとらえられており，受精・発生能の喪失の一因として重要である．成熟卵子において受精・発生能を論議する場合，プラス側の要因として細胞質成熟が，マイナス側の要因としてエイジングにおける細胞質の変化を合わせて議論する必要がある．

核成熟と細胞質成熟の関わり合い

　減数分裂が再開することで核成熟が進行する．核成熟とは，卵核胞崩壊の後，第一減数分裂中期を経て第一極体を放出し第二減数分裂中期に達することであり，その経過は卵子の核相を直接観察することにより容易に把握できる．また，卵子における核の挙動は細胞質の制御下にある[15,16]．例えば，卵子の細胞質の量が核成熟の成否を左右し[17]，細胞質因子としての成熟促進因子（MPF）や mitogen-activated protein kinase（MAPK）が核の成熟に重要である[18]．特に，MAPK活性をその上流域で支配する c-mos タンパクの発現に関しては，母体由来の mRNA の蓄積とその転写活性の発現が，減数分裂の再開に重要であることがここ数年の研究で明らかとなってきている[19~21]．しかしながら，細胞質成熟という現象を考える場合，それ自体は細胞質の変化であるために，容易には観察されない．また，次に述べるように，その成熟度を特定の指標で判定することは困難である．したがって，細胞質で何が起こっているのかを明確に把握することはできない．さらに，これまでは核成熟を完了したものについて細胞質成熟が議論されてきたが，未成熟卵子でも活性化や受精が可能であるので[22]，初期発生の可能性もある．つまり，細胞質成熟は核成熟に依存するものの，すべてがその制御下にあるものではない．

細胞質成熟によって何が起こるか？

　細胞質成熟の際にどのような現象がみられるのであろうか．細胞質成熟においても，核成熟にほど明瞭ではないにしろ形態的な変化が認められる．細胞質の分布が不均一なものほど受精能が高い[23]，あるいは細胞質成熟にともなって表層顆粒が集合し[24,25]，このことが成熟度ならびに受精能の指標となりうる[26,27]．また，細胞質成熟が不十分なものでは，多精子侵入防止機構の低下，精子核の膨化能の低下やM期核板の不十分な発達が観察され，初期卵割の不能へとつながる[28]．さらに，微細な構造物の変化をとらえたものとして，微細管の表層分布が指標となりうる[29]．一方，形態学的に観察されないような細胞質成熟にともなう細胞質の変化が解明されている．そのなかでも，近年注目されているのは，成熟時の細胞質内の遊離カルシウムイオン（$[Ca^{2+}]i$）の動態である．もともと$[Ca^{2+}]i$は，受精時に卵子の活性化を誘起・維持し初期発生を引き起こす原動力である[30]が，成熟卵子の活性化のみならず成熟の際にも重要である[31]．例えば，成熟の進行とともにカルシウムに対するレセプターの感受性が高まり，またMPF・MAPK活性との関連がある[32]．マウスでは，成熟の際に，$[Ca^{2+}]i$に関与するイノシトール三リン酸のレセプターの数や感受性の相違・カルシウム貯蔵放出様式・放出能力が相違し，このことがその後の卵子の活性化や初期胚への発育に関与する[33]．また，核成熟に関係して，MPF活性やMAPK活性が重要であるが[18]，これらの酵素活性も細胞質成熟に重要である．例えば，MPF活性に関しては，卵子の受精前のMPF活性のレベルが受精後の前核形成率に関連することが明らかになっており[34]，受精ならびに初期胚の発生に影響を及ぼす．細胞内のグルタチオンの重要性が受精，中でも雄性前核形成[35〜38]や，それに続く初期胚の発生に重要な役割を担う[39,40]．グルタチオン濃度の上昇が細胞質成熟の一端を成す．グルタチオンは細胞内に存在する還元物質の一種であり，精子侵入卵においては精子の核タンパクであるプロタミンのS-S結合を-SHに還元し，頭部の膨化とそれに引き続く雄性前核形成を引き起こし，体細胞の核タンパクであるヒストンへの置換を容易にする．グルタチオンの他にも，種々の抗酸化作用のあるものが認識されている．卵子の体外成熟培養や初期胚の体外培養では，活性酸素が悪影響を及ぼす．この活性酸素から卵子を守るために，抗酸化作用を示す catalase, Cu-Zn-superoxide dismutase, Mn-superoxide dismutase, glutathione peroxidase, γ-glutamylcysteine synthetase などの酵素があり，その存在が細胞質成熟に関与する．事実，これらの酵素の活性が卵核胞期卵子と成熟卵子で異なり，細胞質成熟のよい指標となる[41]．以上述べたように，現在報告されているものを個別に調べると細胞質成熟と関連性が明らかであるが，細胞質成熟についてその成熟度を効率よく示す指標ではない．また，様々な要因が複合して細胞質成熟という概念を生み出している可能性がある．私たちが卵子を実際に使う場合，その卵子の細胞質成熟がどの程度進んでいるかを把握し，期待される受精率や発生率をあらかじめ知る必要がある．細胞質成熟の明確な定義付け，指標化が求められる．一方，受精・発生能の喪失に関しては卵子のエイジングにおける細胞質の変化が明らかになりつつある．MPF活性は成熟卵子の減数分裂静止（M期の維持）に重要であるが，ブタ卵子のエイジングの過程でMPF活性が徐々に低下していくこと[42]，MPFの不活化はそのサブユニットである$p34^{cdc2}$のリン酸化よるものであること[43]が明らかにされた．細胞質成熟のメカニズムの解明や成熟度の維持するための技術確立への応用が期待される．

細胞質成熟は何により修飾されるか？

では，どのようにすれば細胞質成熟が修飾可能であろうか．例えば，成熟培養液に添加することにより細胞質成熟を人為的に亢進させることは可能であれば，受精・発生能を有する高品質の成熟卵子の作出が可能となる．細胞質成熟に関与するものとして種々の物質が報告されている．ハムスターの卵子において，エネルギー源（グルコース，ピルビン酸，ラクトース）ならびにアミノ酸，ゴナドトロピン（FSH, LH），血清タンパク（BSA，ビクニン），炭水化物，脂肪酸が関与する[29]．初回発情後に採取したウシ卵子を体外成熟させる場合，培養液中にウシ胎仔血清あるいはウシ卵胞液を添加すると，その中の何らかの因子が細胞質成熟に関与する[44]．種々の成長因子等の培養液への添加も試みられている．中でも近年注目を集めている物質として epidermal growth factor（EGF）があげられる．ブタ[45~48]やマウス[49]では，卵子の成熟培養時にEGFを添加すると受精率ならびに胚盤胞への発生率が向上する．その作用機序は明らかではないが，成熟過程にあるツメガエル卵子では EGF レセプターの発現が polyadenylation により調節を受けており[50]，哺乳動物においても同様な発現機序があるのかについて興味がもたれる．また，すでに述べたように成熟に関与する可能性のある $[Ca^{2+}]i$ が，EGFが存在すると誘起される[51]．以上から，細胞質成熟には EGF が深く関与する．そのほかの物質として，ウシ卵子における成長ホルモンの添加[52]や，マウス卵胞液中の meiosis-activating sterol（FF-MAS）[53]などがある．これらの物質は，細胞質成熟に関わるものとして注目されている．しかしながら，成熟のステージ特異的に作用する可能性があり，核成熟の進行との関連性に注目することが重要である．

おわりに

近年の発生工学技術の進展において，細胞質成熟が十分である卵子，すなわち受精能および発生能を具備した品質のよい成熟卵子が求められている．しかしながら，現在のところ，細胞質成熟の度合いを客観的に判定することが難しく，また人為的にかつ的確にその能力を修飾あるいは制御することは不可能である．今後の研究成果が期待される．

参考文献

1) Eppig, J. J.: Coordination of nuclear and cytoplasmic oocyte maturation in eutherian mammals. Reprod. Fertil. Dev., 8: 485-489 (1996).

2) Driancourt, M. A. and Thuel, B.: Control of oocyte growth and maturation by follicular cells and molecules present in follicular fluid. Reprod. Nutr. Dev., 38: 345-362 (1998).

3) Schramm, R. D. and Bavister, B. D.: Macaque model for studying mechanisms controlling oocyte development and maturation in human and non-human primates. Human Reprod., 14: 2544-55 (1999).

4) Eppig J. J. and Schroeder, A. C.: Capacity of mouse oocytes from preantral follicles to undergo embryogenesis and development to live young after growth maturation and fertilization *in-vitro*. Biol. Reprod. 41: 268-276 (1989).

5) Cortvrindt, R., Smitz, J., and Van Steirteghem, A. C.: *In-vitro* maturation, fertilization and embryo development of immature oocytes from early preantral follicles from prepuberal mice in a simplified

culture system. Human Reprod., 11: 2656-2666 (1996).

6) Hirao, Y., Nagai, T., Kubo, M., Miyano, T., Miyake, M., and Kato, S.: *In vitro* growth and maturation of pig oocytes. J. Reprod. Fertil., 100: 333-339 (1994).

7) Cecconi, S., Barboni, B., Coccia, M., and Mattioli, M.: *In vitro* development of sheep preantral follicles. Biol. Reprod., 60: 594-601 (1999).

8) Nagai, T.: Parthenogenetic activation of cattle follicular oocytes *in vitro* with ethanol. Gamete Res., 16: 243-249 (1987).

9) Kubiak, J.Z.: Mouse oocytes gradually develop the capacity for activation during the metaphase II arrest. Dev. Biol., 136: 537-545 (1989).

10) Yanagimachi, R. and Chang, M. C.: Fertilizable life of golden hamster ova and their morphological changes at the time of losing fertilizability. J. Exp. Zool., 148: 185-197 (1961).

11) Jedlicki, A., Barros, C., Salgado, A. M., and Herrera, E.: Effect of *in vivo* oocyte aging on sperm chromatin decondensation in the golden hamster. Gamete Res., 14: 347-354 (1986).

12) Chian, R. C., Nakahara, H., Niwa, K., and Funahashi, H.: Fertilization and early cleavage *in vitro* of ageing bovine oocytes after maturation in culture. Theriogenology, 37: 665-672 (1992).

13) 佐藤英明, 入谷 明, 西川 義正：培養ブタ卵胞卵における"核の形成"と"分割"について. 日本家畜繁殖学誌, 25: 95-98 (1979).

14) Juetten, J. and Bavister, B. D.: Effects of egg aging on *in vitro* fertilization and first cleavage division in the hamster. Gamete Res., 8: 219-230 (1983).

15) Lohka, M. J.: Nuclear responses to MPF activation and inactivation in Xenopus oocytes and early embryos. Biol. Cell, 90: 591-599 (1998).

16) Duesbery, N. S., and Vande Woude, G. F.: Cytoplasmic control of nuclear behavior during meiotic maturation of frog oocytes. Biol. Cell, 90: 461-166 (1998).

17) Karnikova, L., Urban, F., Moor, R., and Fulka, J. Jr.: Mouse oocyte maturation: the effect of modified nucleocytoplasmic ratio. Reprod. Nutr. Dev., 38: 665-670 (1998).

18) Polanski, Z.: Strain difference in the timing of meiosis resumption in mouse oocytes: involvement of a cytoplasmic factor(s) acting presumably upstream of the dephosphorylation of p34^{cdc2} kinase. Zygote, 5: 105-109 (1997).

19) Gebauer, F. and Richter, J.and D.: Mouse cytoplasmic polyadenylylation element binding protein: An evolutionarily conserved protein that interacts with the cytoplasmic polyadenylylation elements of c-mos mRNA. Proc. Natl. Acad. Sci. USA, 93: 14602-14607 (1996).

20) Barkoff, A., Ballantyne, S., and Wickens, M.: Meiotic maturation in Xenopus requires polyadenylation of multiple mRNAs. EMBO J., 17: 3168-3175 (1998).

21) Kuge, H., Brownlee, G. G., Gershon, P. D., and Richter, J. D.: Cap ribose methylation of c-mos mRNA stimulates translation and oocyte maturation in Xenopus laevis. Nucleic Acids Res., 26: 3208-3214 (1998).

22) Kikuchi, K., Nagai, T., Ding, J., Yamauchi, N., Noguchi, J., and Izaike Y,: Cytoplasmic maturation for

activation of pig follicular oocytes cultured and arrested at metaphase I. J. Reprod. Fertil., 116: 143–156 (1999).

23) Nagano, M., Takahashi, Y., and Katagiri, S.: *In vitro* fertilization and cortical granule distribution of bovine oocytes having heterogeneous ooplasm with dark clusters. J. Vet. Med. Sci., 61: 531–535 (1999).

24) Thibault, C., Szollosi, D., and Gerard, M.: Mammalian oocyte maturation. Reprod. Nutr. Dev., 27: 865–896 (1987).

25) Cran, D. G.: Cortical granules during oocyte maturation and fertilization. J. Reprod. Fertil., Suppl., 38: 49–62 (1989).

26) Sathananthan, A. H. and Trounson, A. O.: Ultrastructural observations on cortical granules in human follicular oocytes cultured *in vitro*. Gamete Res., 5: 191–198 (1982).

27) Long, C. R., Damiani, P., Pinto-Correia, C., MacLean, R. A., Duby, R. T., and Robl, J. M.: Morphology and subsequent development in culture of bovine oocytes matured *in vitro* under various conditions of fertilization. J. Reprod. Fertil., 102: 361–369 (1994).

28) Hill, J. L., Hmmar, K., Smith, P. J. S., and Gross, D. J.: Stage-dependent effects of epidermal growth factor in Ca^{2+} efflux in mouse oocyte. Mol. Reprod. Dev., 53: 243–253 (1999).

29) Kito, S. and Bavister, B. D.: Gonadotropins, serum, and amino acids alter nuclear maturation, cumulus expansion, and oocyte morphology in hamster cumulus-oocyte complexes *in vitro*. Biol. Reprod., 56: 1281–1289 (1997).

30) Miyazaki, S. and Igusa, Y.: Ca-dependent action potential and Ca-induced fertilization potential in golden hamster eggs. In Ohnishi ST, Endo M (eds): "The Mechanisms of Gated Calcium Transport across Biological Membrane." 1981; pp 305–311. Academic Press, New York. (1981).

31) Carroll, J. and Swann, K.: Spontaneous cytosolic calcium oscillations driven by inositol trisphosphate occur during *in vitro* maturation of mouse oocyte. J. Biol. Chem., 267: 11906–11201 (1992).

32) He, C. H., Damiani, P., Parys, J. B., and Fissore, R. A.: Calcium, calcium release receptors, and meiotic resumption in bovine oocyte. Biol. Reprod., 57: 1245–1255 (1997).

33) Fissore, R. A., Longo, F. J., Anderson, E., Parys, J. B., and Ducibella, T.: Differential distribution of inositol trisphosphate receptor isoforms in mouse oocytes. Biol. Reprod., 60: 49–57 (1999).

34) Naito, K., Daen, F. P., and Toyoda, Y.: Comparison of histone H1 kinase activity during meiotic maturation between two types of porcine oocytes matured in different media *in vitro*. Biol. Reprod., 47: 43–47 (1992).

35) Perreault, S. D., Barbee, R. R., and Slott, V. L.: Glutathione levels in maturing hamster oocytes increase as the oocytes acquire sperm nuclear decondensing ability. Biol. Reprod. Suppl., 36: 51 (1987).

36) Yoshida, M.: Role of glutathione in the maturation and fertilization of pig oocytes *in vitro*. Mol. Reprod. Dev., 35: 76–81 (1993).

37) Yoshida, M., Ishigaki, K., Nagai, T., Chikyu, M., and Pursel, V. G.: Glutathione concentration during maturation and after fertilization in pig oocytes: relevance to the ability of oocytes to form male

pronucleus. Biol. Reprod., 49: 89-94 (1993).

38) Funahashi, H., Stumpf, T. T., Cantley, T. C., Kim, N. H., and Day, B. N.: Pronuclear formation and intracellular glutathione content of *in vitro*-matured porcine oocytes following *in vitro* fertilisation and/or electrical activation. Zygote, 3: 273-371 (1995).

39) Abeydeera, L. R., Wang, W. H., Cantley, T. C., Rieke, A., and Day, B. N.: Coculture with follicular shell pieces can enhance the developmental competence of pig oocytes after *in vitro* fertilization: Relevance to intracellular glutathione. Biol. Reprod., 58: 213-218 (1998).

40) Abeydeera, L. R., Wang, W. H., Cantley, T. C., Prather, R. S., and Day, B. N.: Glutathione content and embryo development after *in vitro* fertilisation of pig oocytes matured in the presence of a thiol compound and various concentration of cysteine. Zygote, 7: 203-210 (1999).

41) Mouatassim, S. E., Guerin, P., and Menezo, Y.: Expression of genes encoding antioxidant enzymes in human and mouse oocytes during the final stages of maturation. Mol. Human Reprod., 5: 720-725 (1999).

42) Kikuchi, K., Izaike, Y., Noguchi, J., Furukawa, T., Daen, F. P., Naito, K., and Toyoda, Y.: Decrease of histone H1 kinase activity in relation to parthenogenetic activation of pig follicular oocytes matured and aged *in vitro*. J. Reprod. Fertil., 105: 325-350 (1995).

43) Kikuchi, K., Naito, K., Noguchi, J., Shimada, A., Kaneko, H., Yamashita, M., Tojo, H., and Toyoda, Y.: Inactivation of p34^{cdc2} kinase by the accumulation of its phosphorylated forms in porcine oocytes matured and aged *in vitro*. Zygote, 7: 172-179 (1999).

44) Khatir, H., Carolan, C., Lonergan, P., and Mermillod, P.: Characterization of calf follicular fluid and its ability to support cytoplasmic maturation of cow and calf oocytes. J. Reprod. Fertil., 111: 267-275 (1997).

45) Wang, W. and Niwa, K.: Synergetic effects of epidermal growth factor and gonadotrophins on the cytoplasmic maturation of pig oocytes in a serum-free medium. Zygote, 3: 345-350 (1999).

46) Grupen, C. G., Nagashima, H., and Nottle, M. B.: Role of epidermal growth factor and insulin-like growth factor-I on porcine oocyte maturation and embryonic development *in vitro*. Reprod. Fertil. Dev., 9: 571-575 (1997).

47) Singh, B., Meng, L., Rutledge, J. M., and Armstrong, D. T.: Effects of epidermal growth factor and follicle-stimulating hormone during *in vitro* maturation on cytoplasmic maturation of porcine oocytes. Mol. Reprod. Dev., 46: 401-407 (1997).

48) Abeydeera, L. R., Wang, W. H., Cantley, T. C., Rieke, A., Prather, R. S., and Day, B. N.: Presence of epidermal growth factor during *in vitro* maturation of pig oocytes and embryo culture can modulate blastocyst development after *in vitro* fertilization. Mol. Reprod. Dev., 51: 395-401 (1998).

49) de La Fuente, R., O'Brien, M. J., and Eppig, J. J.: Epidermal growth factor enhances preimplantation developmental competence of maturing mouse oocytes. Human Reprod., 14: 3060-3068 (1999).

50) Culp, P. A. and Musci, T. J.: Translational activation and cytoplasmic polyadenylation of EGF receptor-1 are independently regulated during Xenopus oocyte maturation. Dev. Biol., 193: 63-76

51) Izadyar, F., Hage, W. J., Colenbrander, B., and Bevers, M. M.: The promotory effect of growth hormone on the developmental competence of *in vitro* matured bovine oocytes is due to improved cytoplasmic maturation. Mol. Reprod. Dev., 49: 444-453 (1999).

52) Hegele-Hartung, C., Kuhnke, J., Lessl, M., Grondahl, C., Ottesen, J., Beier, H. M., Eisner, S., and Eichenlaub-Ritter, U.: Nuclear and cytoplasmic maturation of mouse oocytes after treatment with synthetic meiosis-activating sterol *in vitro*. Biol. Reprod., 61: 1362-1372 (1999).

3. 排　卵

3.1　小動物（マウス，ラット，ハムスター，モルモット，ウサギ）*

　排卵は成熟した雌において老化するまでの一定期間，種固有の様式で周期的に繰り返される生殖現象である．間脳-下垂体-卵巣系の巧みな支配と調節によって，卵胞の発育と成熟（それに伴った卵子の成熟），排卵，黄体化，黄体の退行などの一連の変化が卵巣で繰り返され，これを性周期と呼んでいる．霊長類以外の動物では性周期に伴って雄を許容する時期が決められており，多くの場合は排卵が近づいた時期に発情し交尾する．したがって，交配に視点を当てた場合には発情周期が重要となり，この場合には発情前期，発情期，発情後期，発情休止期に区分される．

　排卵の様式は動物の種によって異なっているがいくつかのパターンに分類することができる．マウス，ラット，ハムスターは同じタイプであるが，モルモットとウサギはそれぞれ別なタイプに分類される．ここでは各タイプにおける性周期の特徴と排卵の内分泌動態および卵胞破裂の機構につい述べるが，過排卵の誘起についても簡単にふれる．

性周期

1）マウス・ラット・ハムスター（不完全性周期型）

　マウス・ラット・ハムスターの性周期は4〜7日と短く，黄体期が極めて短い不完全性周期を示す（図1.21）．性周期における卵胞の発育についてラットを例にあげると，排卵前19日（性周期が4日として4週期前）から卵胞の発育が開始され，リクルートメントされた卵胞群の中から一部の卵胞が二次卵胞まで発育する．発育した二次卵胞は，排卵予定の前週にゴナドトロピンのサージを受けて，その一部が排卵卵胞として選択される．排卵予定の卵胞は次のゴナドトロピンのサージを受けて

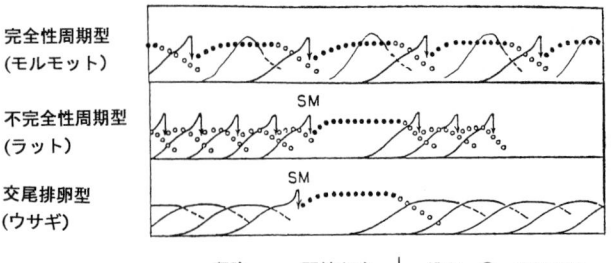

図1.21　ラット，モルモット，ウサギの性周期パターン

---

*　伊藤　雅夫

排卵する[1]．マウスやハムスターの発情と排卵のタイミングもラットに類似している．

マウス・ラット・ハムスターにおいては交尾刺激が加わらないと完全な黄体を形成しない．したがって，発情期に交尾をしなかった場合，黄体の機能は短時間で失われ持続的なプロゲステロンの分泌は見られない．しかし，交尾をした場合には，妊娠が成立しなかった場合においても黄体が形成され完全性周期型となり，性周期は12～14日に延長される．この状態を偽妊娠といい，おおよそ10日で発情が回帰する．妊娠した場合においては，分娩直後に来る発情を後分娩発情といい性周期中の発情と区別される．この時の排卵は分娩後12～18時間で起こり，雄が同居していれば交尾し妊娠が成立する．

マウス・ラットの性周期は膣スメアの検査により判定することができる．マウスの場合は4～7日周期で一般的に不規則であるが，5日周期の動物が多い．ラットではほとんどの個体が4ないし5日周期でマウスに比べて安定している．マウスの場合，発情開始後2～3時間で排卵が生じるのに対し，ラットでは発情開始後8～10時間で排卵する．

ハムスターの性周期は発情期に見られる膣排泄物（postovulatory vaginal discharge）によって簡単に判定することができる．ハムスターの性周期は安定しており，飼育条件が整っていれば規則正しく4日の周期を繰り返す個体がほとんどである．発情は発情前期の18時頃より開始し，発情期の朝の2～4時にかけて排卵が起こる．

マウス・ラット・ハムスターの性周期はいろいろな条件で変動する．環境要因で特に影響の大きいのは光（照明）と匂いの条件である．通常14時間明，10時間暗あるいは12時間明，12時間暗の条件で飼育されるが，もし，ラットを24時間連続照明で飼育すると連続発情状態となり，いつでも雄を許容するようになる．また，マウスを雌だけで群飼すると性周期が乱れ，長期にわたると集団全体が発情休止期の状態に陥るが（Lee-Boot effect），この集団に雄を加えると発情が回帰し，多くの雌が3日間で交尾をし，90%の雌が5日以内に交尾することが知られている（Whitten effect）．この様な現象はいずれもフェロモンによって誘起されることが確かめられている[2]．

なお，マウス・ラット・ハムスターの排卵数はいずれも10前後であり，系統による大きな差が認められている．

2）モルモット（完全性周期型）

モルモットは交尾の有無にかかわらず，排卵後，黄体の機能が一定の期間持続する動物であり，ウシ，ウマ，ヤギ，ヒツジなどの草食動物が示す完全性周期型に属する．

モルモットにおいては1性周期中に卵胞発育の山が二つ見られる（図1.21）．性周期の初期から中期にかけて発育する卵胞群は潜在的な発育で以後閉鎖に向かう．これに対して，黄体退行が始まる中期から排卵期にかけて発育する卵胞群においては，一部の卵胞が選択され，LHサージを受けて排卵に至る．

モルモットの膣口には膣閉塞膜が存在し，非発情期には膣が閉鎖している．発情が近づくと開口し，ラット・マウスと同様に膣スメアによる発情期の判定が可能となる．性周期は13～21.5日で平均16日であるが，膣が開口しているのはそのうちの3～8日間である．この間に発情が開始し，約6～10時間持続する．排卵は発情開始後約10時間で起こり，排卵数は4～9個とばらつきがある．また，モルモットにおいても後分娩発情が認められ，分娩後10時間程度で発情が開始し，

その2～5時間後に排卵が起こる．

3）ウサギ（交尾排卵型）

ウサギは交尾刺激によって排卵が誘起される交尾排卵動物である．交尾排卵動物にはウサギの他にもネコやフェレットなどが有るが，卵胞の発育・退行の動態はウサギと他の動物では異なっている．ネコやフェレットでは繁殖期に周期的な卵胞発育が認められるのに対して，ウサギの卵巣では卵胞の発育，退行が常に繰り返されており，排卵可能な成熟卵胞が常時存在する．そのため，明確な発情期の発現は見られないが雄を許容する時期はおおよそ4～6日で繰り返される（図

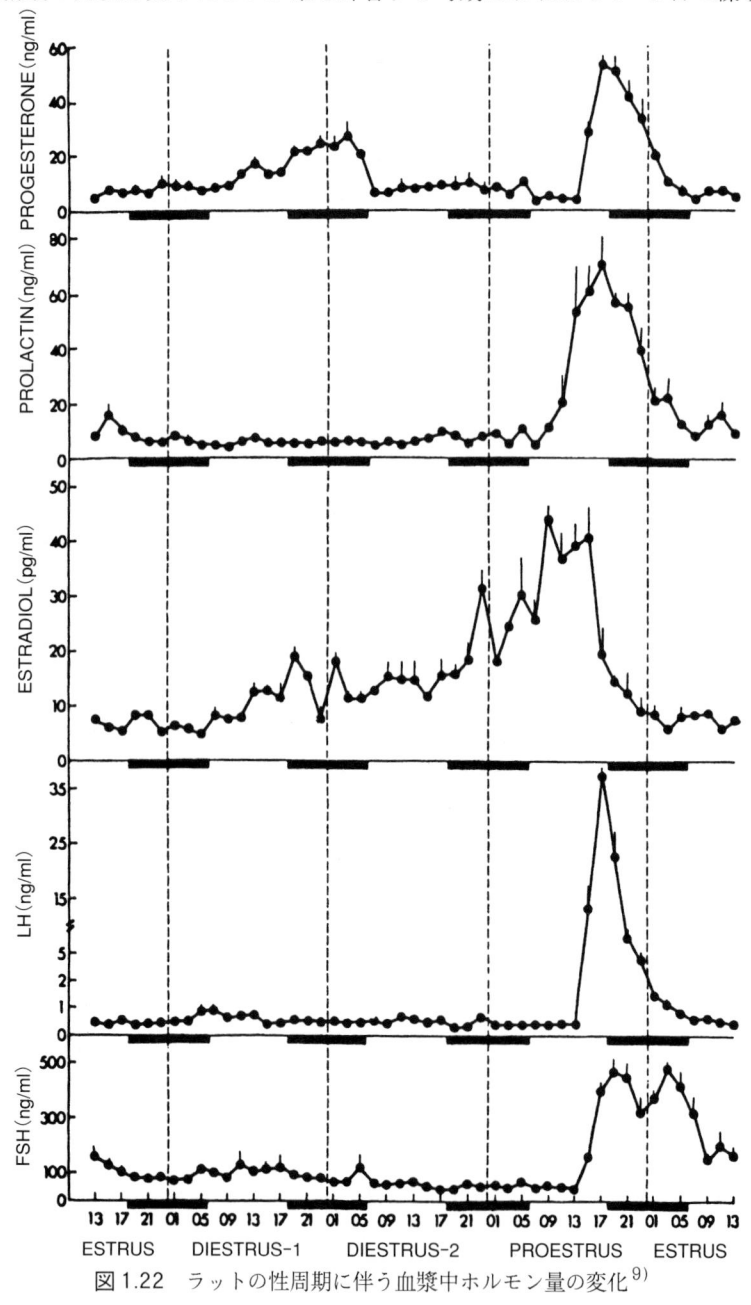

図1.22 ラットの性周期に伴う血漿中ホルモン量の変化[9]

1.21). 交尾すると，その刺激により LH サージが起こり排卵する．排卵は通常交尾後 10～13 時間で生じ，排卵数は 6～10 である．交尾しなかった場合，卵巣の成熟卵胞の寿命はおおよそ 10～13 日である[3]．交尾しても妊娠が成立しなかった場合には偽妊娠（期間は 14～18 日）となり，卵巣に黄体が形成される．

排卵の内分泌機構
1）卵胞の発育と LH サージ

先に述べたようにラット，マウス，ハムスターでは不完全性周期型であり，モルモットでは完全性周期型であるが，いずれも卵胞の発育・成熟と排卵が繰り返されることに変わりはない．卵胞の発育は排卵の直前に起こる本来の LH，FSH サージの数時間後に起こる第2の FSH サージ（図 1.22）によって開始されると考えられている．第1の FSH サージによって発育を開始した卵胞群は発情休止期の深夜に見られる E_2 のピーク時を境に閉鎖に向かう．一方，第2の FSH サージに

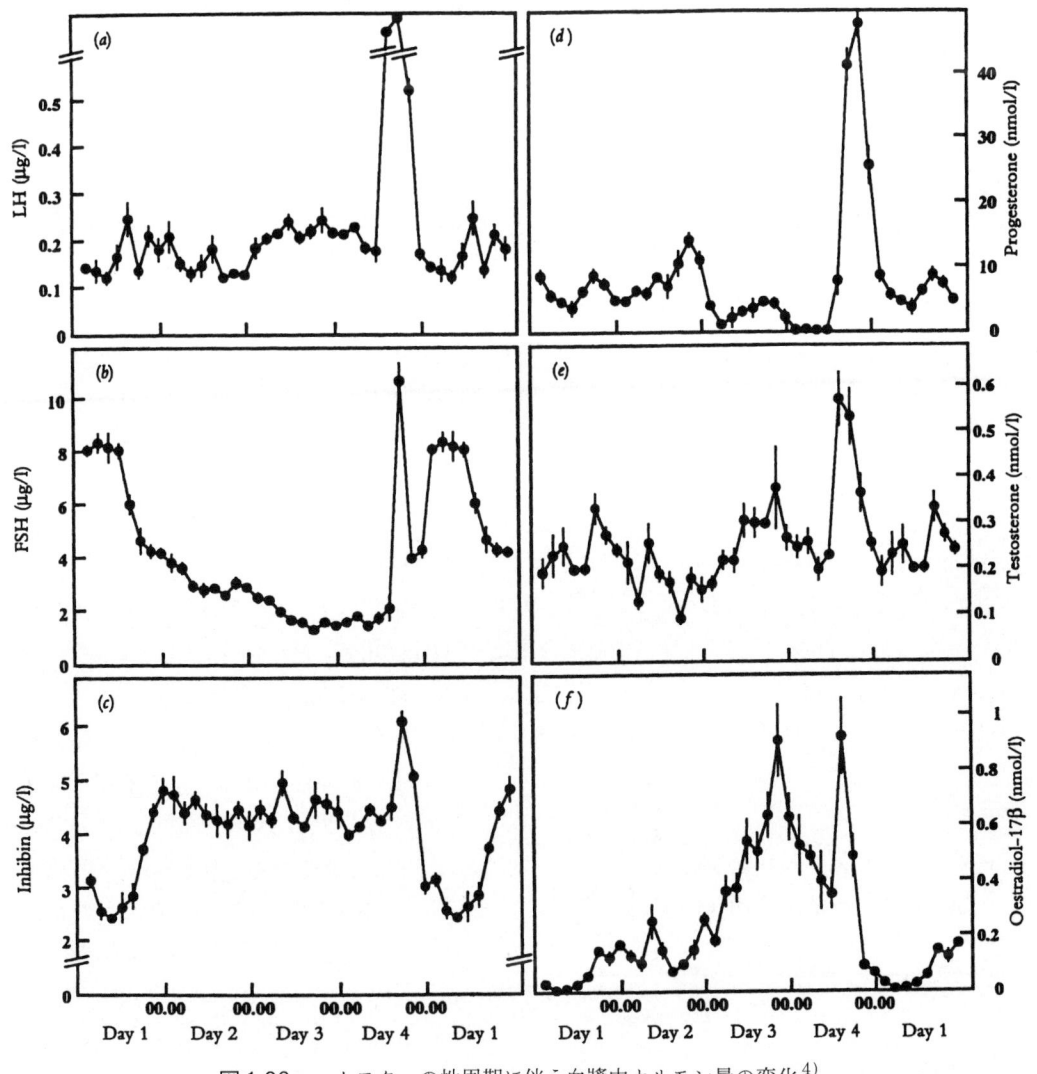

図 1.23 ハムスターの性周期に伴う血漿中ホルモン量の変化[4]

よって発育を開始した卵胞群は発情前期に成熟し，LHのサージを受けて排卵するとされている．第1のゴナドトロピンサージに引き続いて起こる第2のFSHサージは，ハムスターや完全性周期型のウシにおいても認められ，インヒビンの急激な低下に随伴したものであることが知られているが（図1.23）[4]，ヒトや霊長類では認められていない．

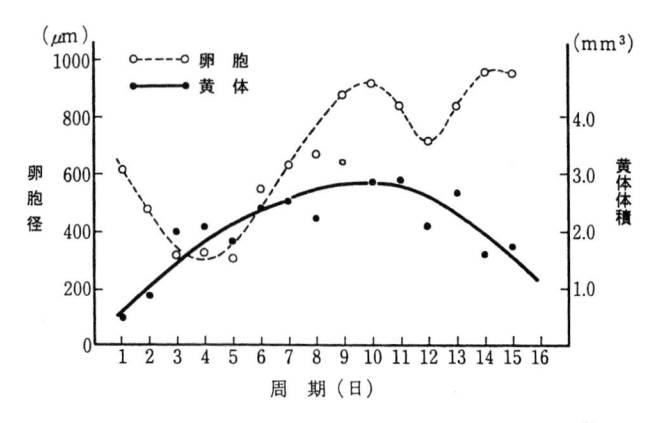

図1.24　モルモットの性周期に伴う卵胞・黄体の消長[6]

インヒビンはモルモットなどの完全性周期型の黄体期で見られる数次の卵胞発育にも関与している．第1時の卵胞群が成熟すると血中インヒビン濃度が上昇し，FSHが抑制されて第1次の成熟卵胞は閉鎖に向かう．卵胞が閉鎖すると再びFSHが上昇して第2次の卵胞群の発育が開始する[5]．モルモットでは第2次の卵胞群が排卵するが（図1.24）[6]，ウシでは第3次の卵胞群が排卵する[5]．

血中のE_2濃度は発情休止期から発情前期にかけ漸増し，これにより，下垂体におけるLH-RHに対する感受性が高まってくる．LHサージが近づくとE_2は高いピーク値を示す．E_2の上昇は視床下部のサイクルセンターを介してLH-RHを放出し，下垂体におけるLH分泌を促進する．ピークを形成したE_2は急激に減少し，下垂体からのLHサージが惹起され，成熟卵胞では卵胞が破裂して排卵が起こる．ラットのゴナドトロピンサージは発情前期にペントバルビタールなどの麻酔薬を投与する事によって阻止され，排卵は24時間延長される．これはLHサージが明暗リズムの影響を受けるためとされており，ヒトやサルでは認められない．

ウサギは交尾排卵動物であり，妊娠していない状態でも周期的な自然排卵は見られない．ウサギの卵巣では卵胞の発育と退行が繰り返されており，複数の卵胞群が存在している．Nalbandov (1976)[7]は，卵胞群の発育に伴うエストロゲン分泌の亢進，エストロゲンレベルの上昇によるGTH分泌の抑制，GTHの減少による卵胞群の閉鎖，卵胞群の閉鎖に伴うエストロゲンの低下，エストロゲンレベルの低下によるFSH分泌の亢進，FSH上昇による新しい卵胞群の発育，というプロセスで交尾排卵動物の卵胞発育について説明している（図1.25）．交尾が成立すると，交尾刺激は末梢神経を介して中部基底視床下部に集約され，視床下部からLH-RHの放出を引き起こす．LH-RHの放出後直ちにFSHとLHサージが生じ，排卵が起こる．交尾後30分でLHの分泌が認められ，120分で最高値を示す[8]（図1.26）．排卵は交尾後約10〜13時間で起こる．排卵後の第2のFSHサージはウ

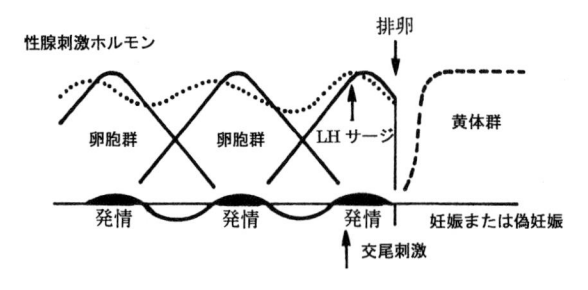

図1.25　交尾排卵動物の卵胞周期の模式図[7]

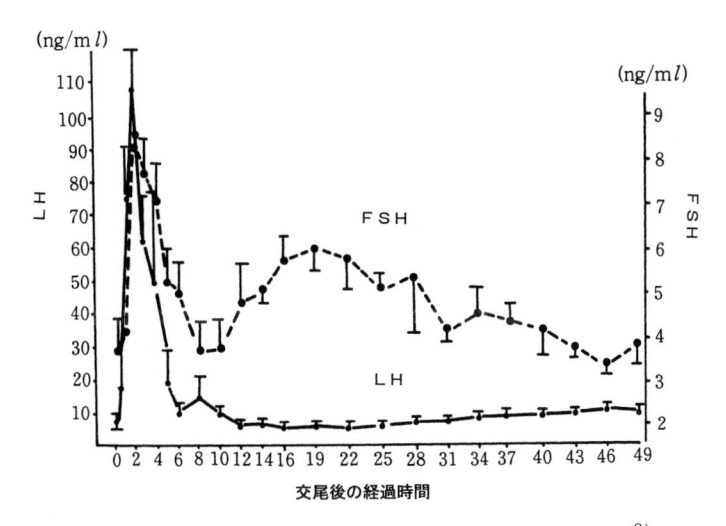

図1.26 ウサギにおける交尾後のFSHおよびLHの変動[8]

サギにおいても認められるが，プロラクチンの上昇は見られない．

2）排卵後の黄体形成

図1.22に示すように，ラットではLH，FSHサージに先駆けて，発情前期にプロラクチンが高まってくる．マウス・ラットなどの齧歯類ではプロラクチンが妊娠・偽妊娠中の黄体刺激作用を持っているが，交尾刺激が加わらないと，その分泌は排卵後直ちに低下する．プロラクチンの低下にともなって，黄体細胞内に20α-HSD（20α-水酸化ステロイドデヒドロゲナーゼ）が発現し，黄体ホルモン値も低下する．このように，交尾が成立しない場合には機能的な黄体が形成されず次の周期に入る．一方，交尾刺激が加わると，子宮頸管の刺激に対する内分泌反応によってプロラクチンが分泌され，黄体が維持される．偽妊娠時におけるプロラクチンの分泌は異なる機構によって生じる1日2回のサージによってなされことが知られているが[9]，いずれのサージも偽妊娠8日および10日で消失し，性周期は回帰する．

モルモットにおいては，排卵後に血漿中のプロゲステロンが上昇し，6日目に最高値を示す．その後，11日目まで高い値を維持するが，黄体の退行に伴って減少する．黄体の退行が始まると血漿FSHが上昇し始めて次の周期に入る[10,11]．

ウサギは交尾排卵動物であり，交尾した場合あるいはhCGや銅塩などによる排卵誘起や人為的な子宮頸管刺激を施した場合にのみ，黄体が形成される．交尾しても妊娠しなかった場合および人為的に排卵を誘起した場合には偽妊娠を起こし，黄体は16，17日間黄体ホルモンを分泌する[12]．また，偽妊娠中の黄体を維持するためにLHの刺激による卵胞からのエストロゲンの分泌が要求される[13]．

卵胞破裂の機構

受精可能な成熟卵子が卵胞壁を破って卵管内に放出されて排卵は終了する．排卵が最終的に達成されるためには多くの体系的な要因が要求される．E.W. Edward[14]は排卵の過程に包含される

関連現象を次のように挙げている．

① 卵胞周囲の血管複合体の変化．② 卵巣基底部平滑筋の収縮．③ 卵胞壁および表面上皮におけるタンパク分解酵素（排卵酵素）の変化．④ 卵胞の成熟によるプロスターグランジン（PGs），ヒスタミン，ブラディキニン（BK）の放出．⑤ 卵胞壁における炎症的な反応．

排卵前における卵胞周囲の血管変化は排卵に必要な毛細血管の透過性を亢進させる．この血管変化には PGs，BK，ヒスタミンあるいは卵巣ステロイドホルモンの関与があると考えられている．排卵の直前になると卵胞は大きくなり，その頂部の毛細血管は欠損した状態となり，血管内容物が漏出するようになる[15,16]．

排卵前に薬物よって平滑筋を遮断すると排卵がブロックされる[17,18]．しかし，外科的に神経を遮断したウサギの卵巣でも排卵が起こることから[19]，卵巣基底部の平滑筋収縮が排卵に必須なのかは明らかでない．

排卵酵素については多くの研究がなされている．これらの研究によると，排卵に先立って生じるゴナドトロピンサージは顆粒層細胞で生成されるプラスミノーゲンアクチベーターの卵胞内濃度を増加させ，卵胞内でプラスミン成分の上昇が図られる．卵胞内のプラスミンおよび他のプロテアーゼは卵胞の結合組織における潜在的なコラゲナーゼを活性化する．活性化されたコラゲナーゼは卵胞壁の構造を変え，卵胞の破裂を容易にする[14]．

排卵前のウサギの卵胞では顆粒層細胞由来の PGs が増加し[20]，hCG を投与したウサギの成熟卵胞中でも PGE，PGF が増加する[21]．また，PGs の合成阻害剤のインドメサシンで排卵が阻害され，PGF2α の投与で回復すること[17,22]などのいくつかの研究により PGs の排卵との係わりが明らかにされている．PGs は排卵の過程においていくつかの機能をもっており，向平滑筋作用，卵胞周囲における毛細血管の透過性の亢進，タンパク分解酵素の活性化などが挙げられている[23]．

卵巣中のヒスタミン含量は LH サージに引き続いて上昇する[24]ことから排卵に関連した役割があると思われるが，否定的な報告も有り[25,26]はっきりしたことは解明されていない．

過排卵の誘起

実験材料として排卵した卵子を得る場合，人為的に排卵を誘起する場合が多い．多くの場合は性腺刺激ホルモンによる過排卵処理を行うが，交尾排卵動物であるウサギの卵子を自然に近い形で得る場合や，ラット・マウス・ハムスターの場合でも短時間で卵子を得たい場合は単なる排卵誘起を行う方法がある．ここでは過排卵誘起の概略を述べるが，モルモットにおいては，未だ有効な過排卵法が確立されていないので省かせてもらう．各動物の過排卵誘起方法を図1.27に示す[27]．

マウスでは 5～10 IU の PMS と 5～10 IU の hCG を 48～50 時間間隔で皮下または腹腔内に投与する．hCG 投与後 10～14 時間で排卵する．性周期をチェックできる場合には，発情後期に PMS を投与するのが理想であるが，発情前期を避ければ問題はない．hCG 投与後の排卵時間にはずれが見られ[28]，排卵後の時間が重要となる実験においては注意を要する．排卵数には系統差が見られるが PMS 5 IU，hCG 5 IU の組み合わせでおおよそ 20 前後である．40 日齢の幼若動物を使う場合も同じ方法で良い．

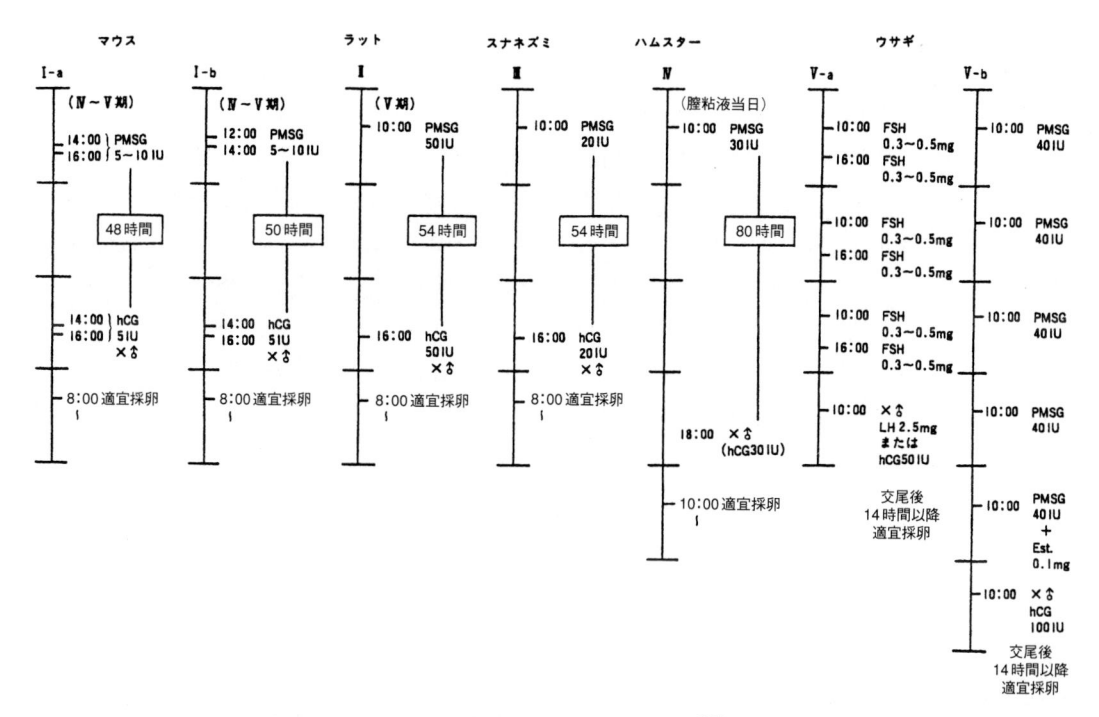

図 1.27 実験動物の過排卵誘起法[27]

　ラットはPMSに対する反応性がマウスほど良くないために，自然排卵に同調する方法が取られている．すなわち，排卵予定の66時間前にPMS 50 IU，その54時間後にhCG 50 IUを皮下注射する方法である．性周期の正しい動物であれば，発情期の朝2時ごろが排卵予定となるので，発情後期の10時にPMSを投与することになる．ウィスター系では50前後の卵子が得られるが，系統によっては良好な成績は得られないので，系統の選択に注意する．幼若ラット（21〜29日齢）を用いるときはPMS，hCGの投与量は10 IUとし，40〜50時間間隔で投与する．

　ハムスターの過排卵では比較的安定した成績が得られる．ハムスターは飼育条件が整っていれば，ほとんどの動物が4日の性周期を示す．しかも，排卵後に見られる膣粘液の分泌で簡単に性周期をチェックすることができる．膣粘液（day 1）の当日の午前10時にPMS 30 IUを皮下注射すると，day 4の18時には発情が開始し，day 1の2時前後に排卵する．排卵時刻を調節したい場合にはday 1にPMSを投与し，day 3にhCG 20 IUを投与すればhCG後10〜11時間で排卵する．卵子を得たい時間から逆算してhCGを投与すれば良い．

　ウサギの過排卵は幾通りかの方法が用いられている．FSHを用いる場合は，0.5〜0.6 mgを1日2回（午前9時，午後3時）ずつ3日間（合計3.0〜3.6 mg）皮下注射し，4日目にLH 2.5 mgまたはhCG 50 IUを静脈注射する．PMSを用いる場合は40 IU/日のPMSを5日間皮下注射する．PMSの最終日に0.1 mgのエストラジオールを筋肉注射し，最終PMSの翌日hCGを50〜100 IU静脈注射する．いずれの場合も，受精卵を得る場合にはhCGの投与前に交配させる必要がある．

参考文献

1) Richards, J. S. and Mdgley, A. R.: Protein hormon action: a key to understanding ovarian follicule and luteal cell development. Biol Reprod; 14:82 (1976).

2) 猪 貴義：繁殖現象の内分泌支配. 実験動物学（猪 貴義著）, pp.138-142. 養賢堂 (1982).

3) 辻紘一郎・富樫 守：ウサギ. 実験動物学（田嶋嘉雄監修）, pp.292. 朝倉書店 (1991).

4) Kishi, H., Taya, K., Watanabe, G.,and Sasamoto, S.: Follicular dynamics and secretion of Inhibin and oestradiol-17β during the oestrous cycle of the hamster. J. Endocrinol; 146: 169-176 (1995).

5) 田谷一善：性周期. 哺乳類の生殖生物学（高橋迪雄監修）, pp.40-48. 学窓社 (1999).

6) 米田嘉重郎：モルモット. 実験動物ハンドブック, pp.214-217. 養賢堂 (1983).

7) Nalbandov, A. V.: Reproductive physiology of mammals and birds. 3rd ed. Freeman & Co., San Francisco. (1976).

8) Bolet, G. *et al*.: Blockade of the final phase of ovulation has no effect on the post-ovulatory surge of serum FSH In the rabbit. J. Endocrinol. 112: 57-61 (1987).

9) Smith, M. S., Freeman, M. E. *et al*.: The control of progesterone secretion during the estrous cycle and ea pseudopregnancy in the rat. Endocrinol; 96: 219-226 (1976).

10) Croix, D. and Franchimont, P.: Changes in serum levels of gonadotropins, progesterone and estradiol during the estrous cycle of the guinia pig. Neuroendocrinology; 19 : 1-11 (1975).

11) Blatchley, F. R., Donovan, B. T., and Ter Haar, M. B.: Plasma progesterone and gonadotropin levels during the estrous cycle of the guinia pig. Biol. Reprod.; 15 : 29-38 (1976).

12) Hilliard, J., Scaramuzzi, R. J., Penardi, R., and Sawyer, C. H.: Serum progesterone levels in hysterectomized pseudpregnant rabbits. Proc. Soc. Exp. Biol. Med.; 145: 151-153 (1974).

13) Bill, C. H. II and Keyes, P. L.: 17β -Estoradiol maintains normal function of corpora lutea throughout pseudpregnancy in hypophysectomized rabbits. Biol. Reprod.; 28 : 608-617 (1983).

14) Edward, E., Wallach, S., J., Atlas Rosemary, Santulli, Karen H Wright, A M Dharmarajan, T Miyazaki, and Jane Oski.: Mechanisms of ovulation. Gamete Physiology, Serono Symposia, USA ; 163-171 (1990).

15) Okuda, Y., Okamura, H., Kanzaki, H., Takenaka, A., Morimoto, and K., Nishimura, T.: An ultrastructuaral study of capillary permeability of rabbit ovarian follicles during ovulation using carbon tracer. Acta. Obstet. Gynaecol. Jpn.; 32 : 859-867 (1980).

16) Bjersing, L. and Cajander, S.: Ovulation and the mechanism of follicle rupture. VI. Ultrastructuare of theca interna and the inner vascular network surrounding rabbit graafian follicles prior to induced ovulation. Cell. Tissue. Res.; 153 : 31-44 (1974).

17) Wallach, E. E., Wright, K. H., and Hamada, Y.: Investigation of mammalian ovulation with an *in vitro* perfused rabbit ovary preparation. Am J Obstet Gynecol ; 132 : 728-738 (1978).

18) Martin, G. G. and Talbot, P.: Drugs That block smooth muscle contractions inhibit *in vivo* ovulation in hamsters. J. Exp. Zool.; 216: 483-491 (1981).

19) Weiner, S., Wright, K. H., and Wallach, E. E.: Lack of effect of ovarian denervation on ovulation and

pregnacy in the rabbit. Fertil Steril; 26: 1083-1087 (1975).

20) Challis, J. R. G., Erickson, G. F., and Ryan, K. J.: Prostaglandin F production in vitro by granulosa cells from rabbit pre-ovulatory follicles. Prostaglandins; 7: 183-189 (1974).

21) LeMaire, W. J., Yang, N. S. T., Behrman, H. R., and Marsh, J. M.: Pre-ovulatory changes in the concentration of prostaglandins in rabbit graafian follicles. Prostaglandins; 3: 367-376 (1973).

22) Hamada, Y., Wright, K. H., Wallach, E. E.: *In vitro* reversal of indomethacin-blocked ovulation by prostaglandin $F_2\alpha$. Fertil Steril; 30: 702-706 (1978).

23) Okuda, Y., Okamura, H., Kanzaki, H., Fujii, S., Takenaka, A., and Wallach, E. E.: An ultrastructural study of ovarian perifollicular capillaries in the indomethacin-treated rabbit. Fertil Steril; 39: 85-92 (1983).

24) Szego, C. M. and Gitin, E. S.: Ovarian histamine depletion during acute hyperaemic response to luteinizing hormone. Nature; 201: 682-684 (1964).

25) Kobayashi, Y., Wright, K. H., Santulli, H., and Wallach, E. E.: Effect of histamine and histamine blockers on the ovulatory process in the *in vitro* perfused rabbit ovary. Biol Reprod; 28: 385-392 (1983).

26) Espey, L. L., Stein, VI, and Dumitrescu, J.: Survey of antiinflammatory agents and related drugs as inhibitors of ovulation in the rabbit. Fertil Steril; 38: 238-247 (1982).

27) 石島芳郎：過排卵誘起法．動物バイオテクノロジーの基礎実験(石島芳郎編)，pp.74-80．三共出版 (1995).

28) 伊藤雅夫：誘起排卵の異常．産婦人科MOOK; 19: 234-244 (1982).

3.2 中・大動物（ブタ，ヒツジ，ウシ，ウマ）*

　排卵は，卵巣のグラーフ卵胞から雌性生殖細胞である卵母細胞（卵子）が卵管に放出される現象である．通常，排卵直前の卵胞は卵巣の表面から外側に突出し，血管の入る卵巣門以外の卵巣のどこからでも排卵されうる．ただし，ウマは他の家畜と異なり卵巣門の反対側に見られる凹んだ部分（排卵窩）からのみ排卵される．排卵現象は，脳下垂体からLHが一過性に放出されることにより引き起こされ，一般に，性成熟後，発情周期中の発情期に起こる．動物によって，自然排卵型と交尾排卵型に分かれる．本節で取り扱う動物（ブタ，ヒツジ，ウシ，ウマ）はすべて自然排卵型動物である．

　通常，排卵時の卵子は卵細胞膜（卵黄膜），透明帯および卵丘細胞に囲まれている．透明帯はムコタンパク質からなる構造を持ち卵細胞膜を取り囲んでいるが，これは卵巣で卵胞発育中に卵子と卵細胞膜間に物質が蓄積することにより形成される．排卵時，卵子はイヌおよびキツネを除く多くの哺乳動物の場合，第2減数分裂中期の細胞周期にあり，排卵後，精子と受精することによりその減数分裂を完了する．すなわち，排卵は第1極体放出の直後に起こる．排卵後の卵子の生

---

* 佐々田 比呂志・佐藤 英明

表 1.4 繁殖周期と排卵の特徴（1 より改写）

動物種	性成熟期（月齢）	繁殖季節	周期の型	排卵時の卵胞直径（mm）	卵子の受精能保持時間（排卵後, h）	精子の受精能保持時間（射精後, h）	発情周期（日）	発情期間	排卵時間	妊娠期間（日）	平均産子数
ウシ	18〜19	周年	多発情・自然排卵	12〜20	8〜12	28〜50	21〜22	18〜19時間	発情終了後10時間後	280	1
ウマ	18〜24	春	多発情・自然排卵	35〜45	6〜8	72〜120	22	4〜8日	発情終了1〜2日前	335	1
ブタ	6〜11	周年	多発情・自然排卵	8〜12	8〜10	24〜48	21	2〜3日	発情開始後35〜45時間	115	4〜14
ヒツジ	6〜7	秋	多発情・自然排卵	5〜12	16〜24	30〜48	16〜17	24〜36時間	発情開始後24〜30時間	150	1〜3

存時間（受精能保持時間）は短く，おおむね 24 時間以内である（表 1.4）．以下，それぞれの動物の発情周期，発情期，排卵時期および排卵率に及ぼす要因について記述する．

1）ブタ

性成熟後の初回発情は，4〜9 カ月齢で見られるが，品種や系統による遺伝的なものと飼養管理の環境などによって影響される．未経産のブタでは，通常発情周期の長さは 21 日である．この周期に変動は少なく，したがって，発情が回帰する日を予想することが容易である．交尾した場合でも，発情が回帰する場合，交尾後 21 日であることが最も多く，次に 25 から 30 日後の範囲に集中する．

発情周期中の雌ブタの性行動には特徴がある．早期の発情前期に雄に興味を示し始め，発情期には，雌ブタ特有の不動姿勢をとる．これは，人間が背後から発情雌を押しても静止している反応である．雄ブタのフェロモンである，5α androst-16-en-3-one を噴霧しても同様な反応を示し，

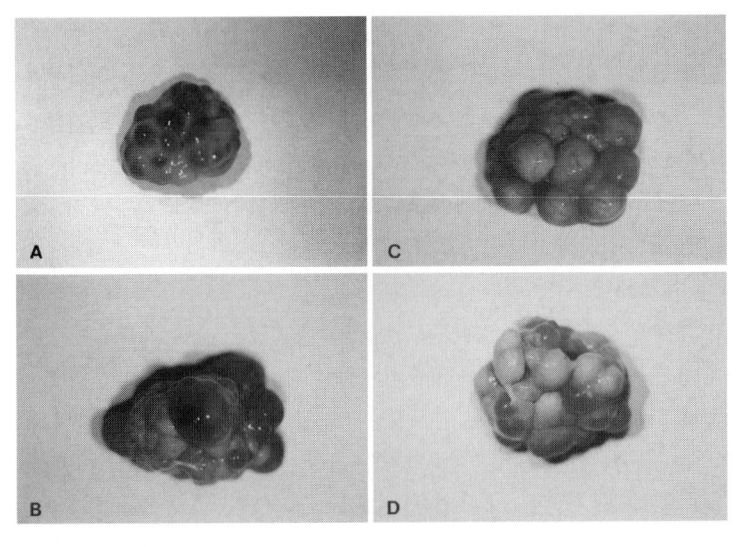

図 1.28 ブタ卵巣
A：未成熟卵巣，B：排卵直後，C：黄体期，D：黄体退行期

発情期を発見することができる．非発情時は，雌は雄を全く受け付けない．

　発情周期中のホルモンの変動は顕著で，エストロジェンは卵胞期に上昇し発情開始時の LH ピークを引き起こす．プロジェステロン濃度は，排卵後最初の 10 日間は徐々に上昇し，16 日頃には下降する周期パターンを示す．排卵後 15 日頃に黄体の退行と卵胞の発育が始まる．非妊娠時の成熟ブタ卵巣はブドウ房状の形状をしており（図 1.28），片側重量が 3〜7 g，成熟黄体の直径は 10〜15 mm，グラーフ卵胞直径は 8〜12 mm である．発情期は 2〜3 日間続き，排卵は発情終了近くに起こり，LH 放出から約 40 時間後にあたる．hCG を注射しても排卵は 41±1 時間後に起こる．

　排卵数は初回発情の若雌では 8〜10 個であるが，3 周期目くらいの発情では 12〜14 個に増加する．経産では 15〜20 個程度である．ブタのような多胎動物では，最初の排卵から最後の排卵まで 6 時間かかるといわれており，この場合，排卵間隔は一定ではない．正常受精を得るためには，排卵後数時間以内に受精する必要がある．ブタの交尾時間は数分〜数十分と長く，射精する精液量も多く，50 から 400 ml に達する．1 射精あたりの精子数は，10×10^9〜100×10^9 である．交尾後数時間で，子宮内の精子は消失し，精子は子宮卵管接合部に貯留する．排卵時，精子は卵管膨大部に移動し受精する．卵子の受精能保持時間は排卵後 8〜10 時間で，精子では射精後 24〜48 時間である．

2）ヒツジ

　ヒツジは，世界に最も広く分布している反芻家畜である．したがって，いろいろな環境に適応し生存している．一般に，この動物は繁殖季節を持ち，秋に交尾し，春に分娩する短日性季節繁殖型である．ヒツジの発情には発情前期あるいは発情後期がなく，雄が存在していない場合，発情徴候を把握することは難しい．したがって，ヒツジの発情周期は，発情期とそれ以外（非発情期）に区分される．発情周期中，卵巣の状態は 2〜3 日間の卵胞期（排卵に至る卵胞が発育し，卵子を発育成熟させる）と 1〜2 個の黄体が存在する黄体期に分けられる．非妊娠時の成熟ヒツジ卵巣の形状は卵円形で，片側重量は 2〜4 g，グラーフ卵胞直径は 5〜10 mm，成熟黄体の直径は約 10 mm である．発情周期の長さは，約 17 日である．ある品種では，雄を導入することにより発情周期を短縮あるいは同期化できる．排卵後黄体が形成されないと，6〜8 日の短い周期になる．このような短い周期は，繁殖季節の開始時および終了時にも見られる．

　ヒツジでは，排卵を伴わない発情が見られるが，特に若い雌あるいは分娩直後の成熟雌に多い．エストロジェン投与により発情を引き起こすことができる．この場合，プロジェステロンを 6〜8 日間先行させて投与し，その後除去することにより外因性のエストロジェンに対する反応が増加し，発情が誘起される．逆に，排卵後に黄体が形成されずプロジェステロンの分泌がない場合は，例えば，繁殖季節開始直後の初回排卵では発情行動を伴わない．また，プロジェステロンは胚の生存や発育に必要である．

　発情期の長さは，24 から 36 時間であるが，かなり変動的で若い雌は加齢の雌より短く，繁殖季節中は繁殖季節開始あるいは終了時より長い．ヒツジは自然排卵であるが，雄を持続的に同居させていると発情時間は約 12 時間短くなり，排卵時間も短くなる．発情持続時間と排卵時間は必ずしも一定していないが，多くの場合，発情終了時に排卵する傾向がある．しかしながら，正確に排卵する時間を予測することは難しく，人工授精の至適時間帯については報告の中で一定してい

ない．ヒツジでは，胎子期の約20日齢から卵胞発育が始まっており，原始卵胞から排卵に至る卵胞発育が入れ替わるには約6カ月を要する．栄養条件によりFSHが上昇し排卵率が上がる．温度による影響も大きく，亜熱帯や熱帯地域では，1回の排卵あたりの数が増す．卵子の受精能保持時間は排卵後16～24時間で，精子では射精後30～48時間である．

3）ウ　シ

性成熟開始時期（春機発動日齢）は受精可能な卵子が卵巣から排出される時期，すなわち排卵の開始によって確認される．乳牛，肉牛および熱帯種ゼブーの平均的な春機発動日齢は，それぞれ300～360日，320～360日および500～800日である．ホルスタイン種の場合は10カ月齢で体重約270kgに達すると初回発情が現れる．

発情周期の長さは，未経産ウシで20日で経産ウシで21日である．発情期は，*Bos taurus*種で12から24時間である．乳牛と肉牛を比較すると，発情期は前者で13～17（平均15）時間，後者で13～20（平均20）時間である．発情開始から排卵までの間隔は前者で25～30（平均29）時間，後者で18～48（平均31）時間である．*Bos indicus*種では*Bos taurus*種よりもエストロジェンに対して感受性が弱く，発情期を短くその程度も弱い．排卵後に生じる黄体は*Bos indicus*種で小さく，プロジェステロンも少ない．

非妊娠時の成熟ウシ卵巣の形状は卵円形で，片側重量は10～20g，グラーフ卵胞直径は12～20mm，成熟黄体直径は20～30mmである．発情周期中，卵胞の発育と退行が連続して起きる．排卵に至る主席卵胞の発育は，胞状卵胞から排卵時のグラーフ卵胞まで，すなわち，直径0.13mmから8.56mmまでに二つのサイクルから発育する．0.13mmから初期胞状卵胞0.4mmまで約20日を要し，0.4mmから8.56mmまでに22日を要する．三つのサイクルが報告されている例もあり，この場合，4から13日，13から18日そして18日から排卵時までに区分される．

排卵に至る卵胞からエストロジェンが分泌され，視床下部を刺激し，GnRHのパルス頻度と高さを増加させる．このことがLHとFSHを上昇させ，その結果，卵胞の発育・成熟が促進されエストロジェンのサージが起きる．このサージ後24時間に発情が起こり，同時にLHの排卵サージが起きる．LHサージ後30時間で排卵が起きる（図1.29）．すなわち，排卵は発情終了後約10時間あるいはスタンディング発情を示した後28～31時間に起きる．*Bos indicus*種は*Bos taurus*種よりも若干早い．

ウシでは排卵は自然に起きるが，交尾により早まったり日周性に影響を受けることもある．通常，1個が排卵され，左側の卵巣より右側の方が排卵される頻度が高い．双子である頻度は乳牛で2％，肉牛で0.5％である．卵子が受精場である卵管膨大部まで達するには約6

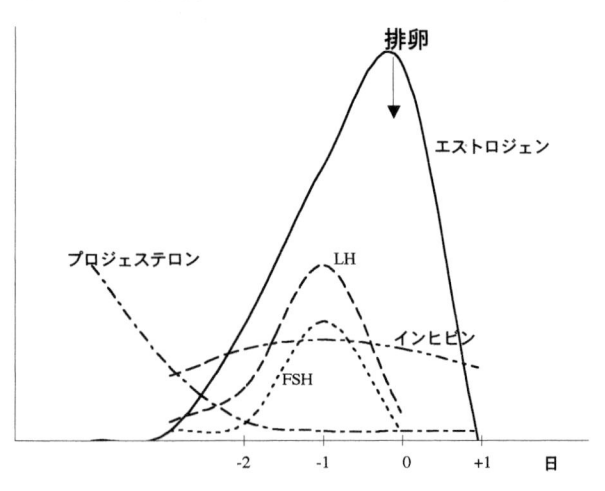

図1.29　ウシにおける排卵時のホルモン動態の模式図（排卵日を0日と起算）

時間を要する．人工授精をする場合，発情を発見したときが夕方である場合はその日と翌日の午前中に，午前中である場合にはその日の午前と午後2回行うことにより高い受精率が得られる．卵子の受精能保持時間は排卵後8～12時間で，精子では射精後28～50時間である．

4) ウマ

多くの場合，卵巣機能は季節（光周性）の影響を受け，日長時間が長くなるにつれ活発になる長日性季節繁殖型である．卵巣機能が活動する期間は2から6カ月で，地理的な緯度あるいは気候に影響される．北半球，南半球いずれでも，緯度が高くなるにつれ季節性が明瞭になる．赤道帯地域でも光周性の影響を受けるが，光周性は絶対的でなく一年中周期性を示すことがある．性成熟もこの影響を受ける．性成熟は15～18カ月齢であるが，通常子馬は春に生まれるので，性成熟に達する時期が秋冬の非繁殖季節にあたる．したがって，生後20～24カ月齢で初回発情を示すものが多い．

発情周期の長さは平均21から22日であるが，数日から30日以上の例も報告されている．発情期は4から8日で，繁殖季節開始時よりも終了時の方が短くなる傾向がある．他の家畜では卵胞発育が黄体退行時に始まっているが，ウマでは，黄体退行開始時に最も大きい卵胞がその後も発育し，最終的に排卵時の主席卵胞になる．すなわち，黄体退行時に存在する2～3個の卵胞が排卵時に優位な卵胞となり，6～7日で排卵時の卵胞の大きさに発育する．そのうちの1個が急速に発育して直径20～30 mmに達すると発情が発現する．実際，241例の排卵中226（93％）例で排卵卵子が黄体退行時の主席卵胞由来であったことが報告されている．

発情開始とLHの最初の上昇から排卵までの時間は4～5日である．排卵日には，GnRHのパルス状分泌によるLHのパルス頻度と振幅も増加する．ウマでは正確な排卵時間を予測することは難しい．発情中に卵胞はさらに発育して直径60 mm前後に達するものもあるが，大部分は直径35～45 mmに発育して排卵する．排卵は，発情終了後24時間（全体の45％）から48時間（全体の32％）に起こる．ウマ以外の家畜では，卵巣の中心部が髄質でその周囲に皮質が存在するが，ウマでは皮質の大部分が髄質に囲まれ表面はほとんど腹膜で被覆されている．したがって，ウマの排卵は排卵窩と呼ばれる凹んだ部分に限られており，発育した卵胞の一部が排卵窩に達しないと排卵が起こらない．排卵数は通常1個であるが，2個の例も報告されている．双子の発生率は1～3％でウシ（3～5％）に比べて低い，黄体期でも排卵が観察されており，最初の排卵後2ないし15日に起きる．hCGや$PGF_{2\alpha}$の投与により排卵時間を促進することができる．卵子の受精能保持時間は排卵後6～8時間で，精子では射精後72～120時間である．

参考文献

1) 入谷 明・正木淳二・横山 昭編，家畜家禽繁殖学，養賢堂，(1982).
2) P. T. Cupps編：Reproduction in domestic animals, 4th edition, Academic press, (1991).
3) Foxcroft, G. R., Geisert, R. D., and Doberska, C.: Control of pig reproduction, J. Reprod. Fert. Suppl. 52 (1997)
4) Cahill, L. P. and Mauleon, P. J.: Reprod. Fert., 58: 321-328 (1980).
5) Hunter, R. H. F. and Wilmut, I.: Reprod. Nutr. Develop., 24: 5597-608 (1984).

6) Pierson, R. A. and Ginther, O. J.: Anim. Reprod. Sci., 14: 219–231 (1987).

3.3 ヒ ト*

卵子形成 oogenesis[1〜3]

出生時までの卵子形成

ヒト卵子の起源は，精子と同様に，性腺（gonad）が形成される前の胎生23〜26日頃に卵黄嚢後上壁に出現する始原（原始）生殖細胞（primordial germ cells, PGCs）にもとめられる（図1.30）．このPGCsは胎生28〜32日頃になると，卵黄嚢が胚内に陥入して原始腸管を形成するのに伴い，背側腸間膜を通って，多くはアメーバ様運動によって，一部は血管を介して性腺原基（生殖隆起，genital ridge, gonadal ridge）に移動し，胎生6週にはすべての移動が完了し，以後ここで生殖細胞（germ cell）へと分化する（図1.31）．

胎生期にPGCsは卵祖細胞となり，胎生期卵巣の皮質の中で盛んに有糸分裂によって増殖し，妊娠5カ月頃になると卵祖細胞の数は最も多くなり，600万〜700万個にまで達し

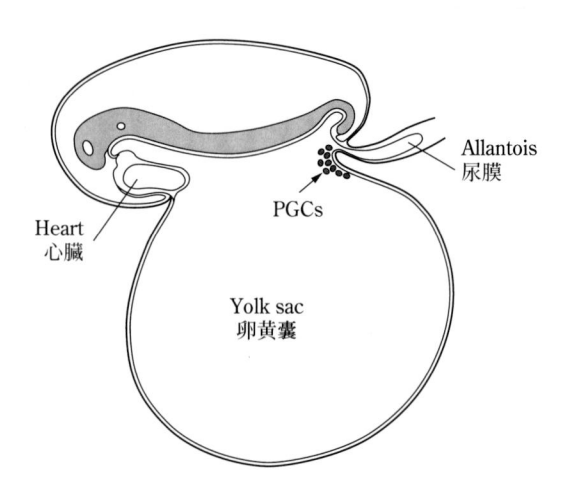

図1.30 胎生3〜4週（卵黄嚢期）のPGCs

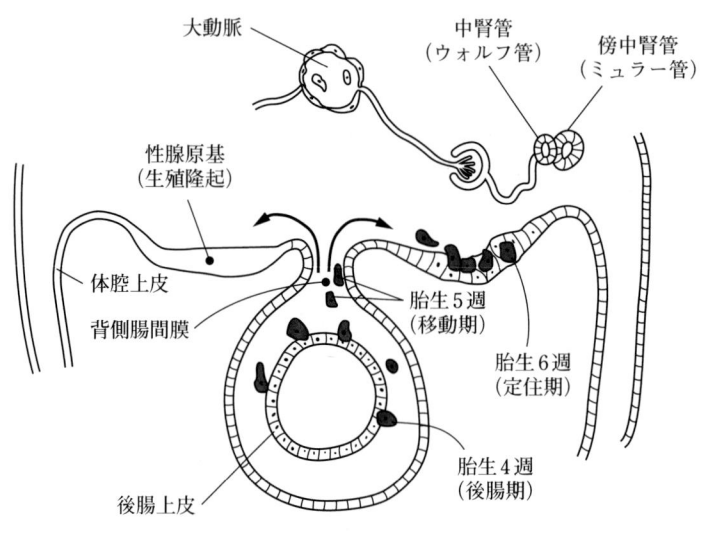

図1.31 胎生4〜6週頃のPGCsの移動
（PGCsは灰色にて示した）

---

* 竹林　浩一・高倉　賢二・増田　善行・後藤　栄・野田　洋一

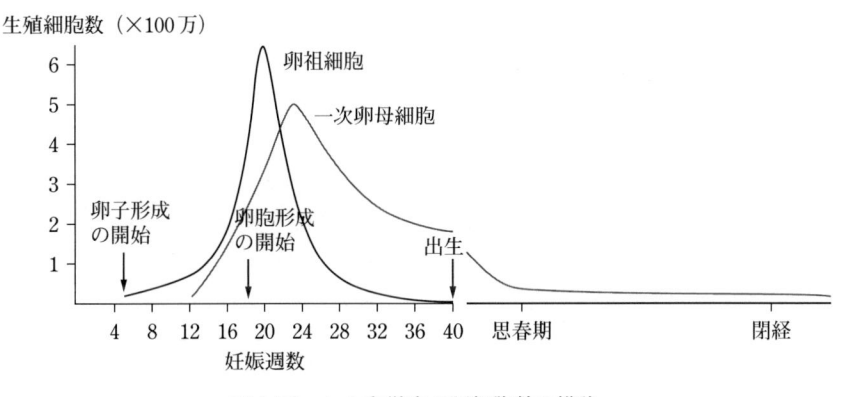

図1.32 ヒト卵巣中の胚細胞数の推移

て，索状の細胞集塊，すなわち卵球（oospheres, egg ball）を形成する．胎生15週には卵巣の皮質と髄質の境界領域に存在する卵祖細胞は，既に第一減数分裂（first meiotic division）の前期（prophase）に入り，胎生20週頃には卵祖細胞の増大とともに卵巣間質細胞がこれを取り囲み，一層の卵胞上皮細胞層が形成され，原始卵胞（primordial follicle）となる（この原始卵胞中の卵子のことを一次卵母細胞（primary oocyte）と呼び，第一減数分裂が終了して一次極体が放出された後の卵子のことを二次卵母細胞（secondary oocyte）と呼んで区別している）．しかし卵巣の表層に近い層では，増殖を続ける卵祖細胞や卵胞上皮細胞に囲まれていない卵祖細胞は次々と細胞死に陥り，卵子の数は劇的に減少していく．出生時には裸の卵祖細胞はみられず，すべて原始卵胞となり，その数は70〜200万個となる（図1.32）．一層の卵胞上皮細胞層からは卵子を第一減数分裂の前期のまま停止させる因子（meiosis inhibiting substance）が分泌されており，これによりほぼ出生時には，すべての原始卵胞が第一減数分裂前期の中の休止期（網状期（dictyotene）または複糸期（diplotene stage）ともいう）にとどまり，中期には進まない．

2）思春期までの卵子形成

思春期までは原始卵胞の中の卵子は第一減数分裂を完了することがなく，静止状態にある．この休止期の状態は排卵まで続き，思春期以降排卵に至らないものはこの休止期の状態が持続し，長いものでは約40年も保たれる．

出生前より一部の原始卵胞は成長を開始しようとするがこの時期にはFSHが分泌されていないため次々と細胞死すなわち卵胞閉鎖に至り，思春期に至る頃には全卵胞数は約5〜40万個となる．

3）思春期以後の卵子形成（図1.33）

FSHとは無関係に，思春期になってはじめて各卵巣周期（後述）ごとに5〜15個の原始卵胞が成熟を開始し，成長サイクルに入る．休止期が終了し卵子の分化が始まると卵子の成熟に必要な遺伝子部位が活性化される．卵子が大きくなるとともにこれを取り囲む卵胞上皮細胞（後の顆粒膜細胞）は扁平細胞から立方細胞に変化し，一次卵胞が形成される．この時期には卵子の表面に糖タンパク質の層，すなわち透明帯が形成され，卵子の大きさも直径100μm程度に成長する．さらに卵胞上皮細胞が増殖して重層化し，4〜8層の顆粒膜細胞層が形成され，二次卵胞（secondari follicle）となる．この時期には卵胞の周りに莢膜細胞が出現し，個々の卵胞は独立した血液供給を

受ける．顆粒膜細胞層の中には Call Exner Bodies がみられるが，その生物学的意義はまだ不明である．そして次に，卵胞がおよそ直径 400 μm に達すると卵胞上皮細胞の間に分泌液に満たされた腔（卵胞腔 antrum）が形成され（これは cavitation と呼ばれる），三次卵胞となる．cavitation の頃には顆粒膜細胞間にギャップ結合（gap junction）が多く出現する．この gap junction はコネクシン（connexin）と呼ばれるユニークなタンパク質によって形成され，顆粒膜細胞間だけでなく卵子と放射冠顆粒膜細胞との間の細胞質も，このチャンネルタンパク質によって直接連結されており，これらのすべての細胞は電気的・代謝的に同調することができる．すべての三次卵胞は性腺刺激ホルモンの作用によってホルモン産生を行なうが，卵巣周期の 7〜14 日の間に 1 個の卵胞を残して他は閉鎖に陥る．残った 1 個の卵胞はさらに成熟すると直径が 15 mm 以上となり，主席卵胞あるいはグラーフ卵胞と呼ばれるようになる．この卵胞は排卵直前には最大径 20〜30 mm にも達し，大量の性ステロイドを産生する．このようにして各卵巣周期ごとに多数の卵胞が発育を開始するが，グラーフ卵胞に達して排卵されるのは通常 1 個だけであり，他のものは変性し，閉鎖卵胞となる．結局，生涯において排卵に至るのは約 400 個であり，50 歳頃の閉経とともに卵胞は消滅する．

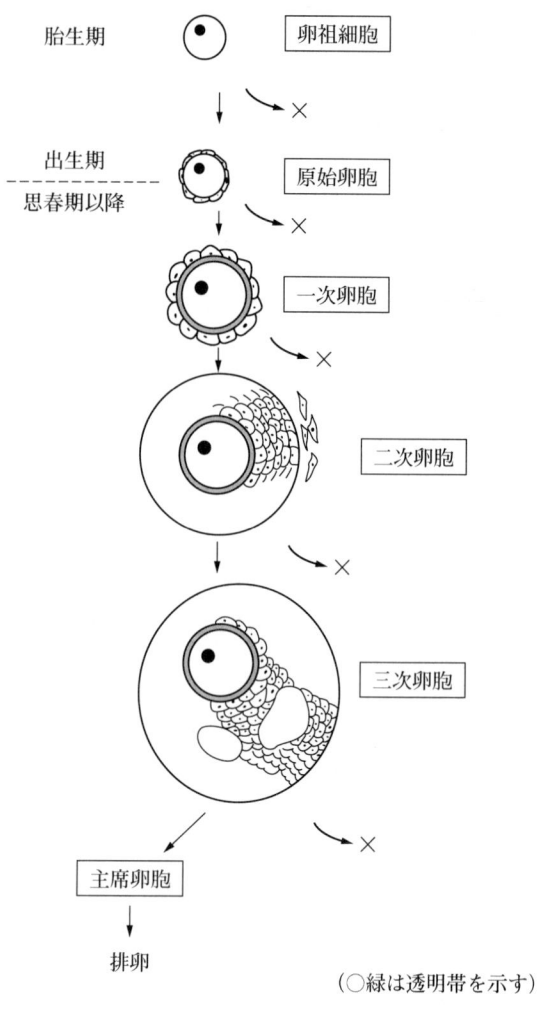

図 1.33 ヒトの卵胞発育（＼×は大部分が消滅にむかうことを示す）
（○緑は透明帯を示す）

卵巣周期

性成熟期婦人においては視床下部-下垂体-卵巣-子宮内膜機能連関と呼ばれる精緻な制御機構により，種の保存に向けた排卵周期（月経周期，性周期）が約 28 日の周期でくりかえされている．卵巣は・卵子を提供し，また・性ステロイドを産生することにより子宮内膜を着床の成立および妊娠の維持に適した環境にする（図 1.34）．

性腺刺激ホルモンの作用で原始卵胞のいくつかが発育を開始し，その中の 1 個の卵胞だけが発育を継続し（主席卵胞），ついには排卵に至り，他の卵胞は変性する（卵胞閉鎖）．発育卵胞と閉鎖卵胞の卵胞液中のホルモン濃度を中心にした内分泌学的な特性を表 1.5 と表 1.6 に示した[4〜6]．卵胞の発育とともに顆粒膜細胞から産生されるエストロゲンが上昇し，ついには positive feedback により LH の急峻な上昇（LH サージ）が起こり，これが排卵を促す（図 1.35）．LH サージにより第

3. 排卵

—減数分裂の複糸期にとどまっていた卵子は長い眠りからさめて減数分裂を再開する．この機構には c-mos タンパクの関与が示唆されている（詳細は他項参照）．排卵直前に第一減数分裂は完了し，一次卵母細胞は二次卵母細胞と一次極体にわかれる．これらはそれぞれ複製された 23 本の染色体を有する．第一減数分裂の完了後ただちに第二減数分裂が開始し，排卵後受精すれば第二減数分裂が完了し，受精卵と二次極体にわかれる．二次極体は 23 本の複製されていない染色体を有し，受精卵は卵子と精子由来の複製されていない 23 本の染色体を一対有することになるが，ひきつづ

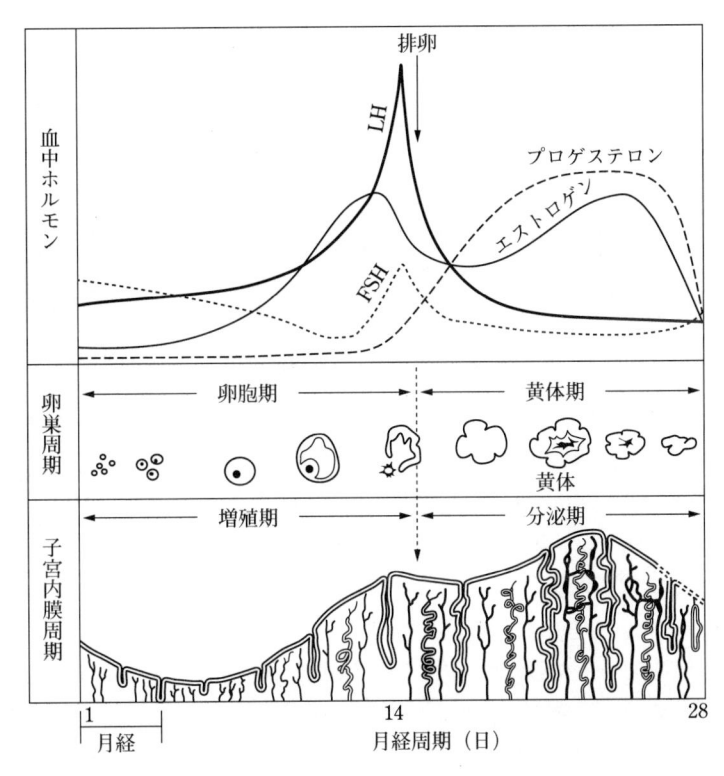

図 1.34 性成熟婦人の性周期における血中ホルモンの推移と卵巣周期および子宮内膜周期

表 1.5 正常ヒト卵胞の微小環境（文献 4 より）

月経周期	卵胞径 (mm)	卵胞液量 (μl)	顆粒膜細胞数 ($\times 10^6$)	卵胞液中のホルモン濃度 (mIU or ng/ml)				
				FSH	LH	PRL	E_2	P
第 1 日目	4	30	2	2.5	(−)	60	100	(−)
第 4 日目	7	150	5	2.5	(−)	40	500	100
第 7 日目	12	500	15	3.6	2.8	20	1000	300
第 12 日目	20	6500	45	3.6	6	5	2000	2000

E_2 : estradiol, P : progesterone, （−）：検出限界以下

表 1.6 増殖期中期における発育卵胞と閉鎖卵胞の相違（文献 5 より）

	顆粒膜細胞数（卵胞1ケあたり）	卵胞液中のホルモン濃度 (mIU or ng/ml)			
		FSH	E_2	Androstenedione	DHT
発育卵胞	$>1\times 10^6$	2−4	1000	800	100
閉鎖卵胞	$<5\times 10^5$	(−)	<100	800	100

E_2 : estradiol, DHT : dihydrotestosterone, （−）：検出限界以下

いてそれぞれ複製された後，共通の紡錘体上に並び，2 細胞へと分裂する．卵子は受精しなければ第二減数分裂が完了しないまま約 24 時間で変性する．排卵後の卵胞は黄体に変容し，大量のエストロゲンとプロゲステロンを産生するようになり，子宮内膜を胚の着床に適した分泌期に導く．

卵胞閉鎖

卵胞閉鎖は卵胞の全ての発育段階で起こりうるが，ヒトでは特に二次から三次卵胞に至る前後の過程で閉鎖するものが多く，また，卵胞の大きさ，発育のステージによってその形式は異なっている．ヒトにおいて卵胞閉鎖の開始機構については，実験的に証明することが困難であり，未解明の点が多いが，動物実験からは閉鎖因子（atretogenic factors）としてアンドロゲン，IGFBPs（Insulin-like growth factor binding proteins），TGF-β，IL-6，GnRH，Fas，Bax，Bad，Bokなどが有力視されている．事実，ヒトにおいてsteroid-3β-ol dehydrogenaseがなく，十分なaromatizing enzymeをもたない顆粒膜細胞に包まれた三次卵胞はLHによるアンドロゲンの蓄積とともに閉鎖することが知られており[7]，ホルモンや成長因子によって制御されたアポトーシスが密接に関与していると考えられている．形態学的には閉鎖に至る三次卵胞では顆粒膜細胞層の細胞分裂の頻度が減少し，次第に層の厚さが菲薄化し，卵胞腔内にcell debrisや白血球がみられるようになり，基底膜は肥厚していき，顆粒膜細胞は基底膜より剥離する．卵子の染色質は凝集，変性，融解し，細胞質内には空胞が見られ，卵子は縮小して卵周囲腔は拡張し，ついには卵子は消滅する．

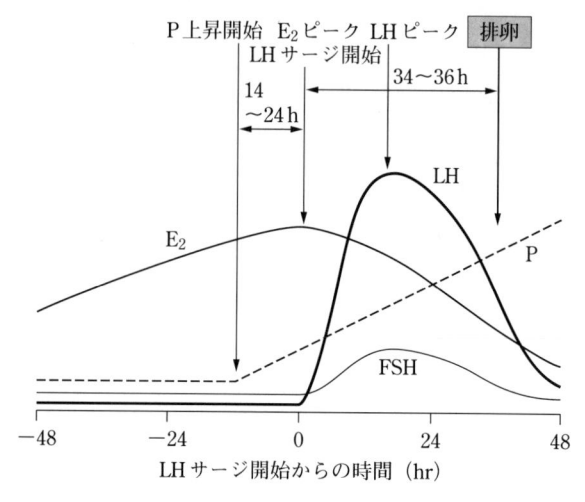

図1.35 排卵前後の内分泌動態

参考文献

1) Baker, T. G. and Sum, O. W.: Development of the ovary and oogenesis. Clin. Obstet. Gynecol. 3: 3 (1976).
2) Ulrich Drews: Color Atlas of Embryology Thieme Medical Publishers, Inc. New York (1995).
3) Edwards, R. G.: Studies on human conception. Am. J. Obstet. Gynecol. 117: 587 (1973).
4) McNatty, K. P., Smith, D. M., Makris, A. et al.: The microenvironment of the human antral follicle: Interrelationships among the steroid levels in antral fluid, the population of granulosa cells, and the status of the oocyte. J. Clin. Endocrinol. Metab. 49: 851 (1979).
5) McNatty, K. P., Smith, D. M., Osathanondh, R. et al.: The human antral follicle: Functional correlates of growth and atresia. Ann. Biol. Anim. Biochem. Biophys. 19: 1547 (1979).
6) Gougeon, A. and Lefevre, B.: Evolution of the diameters of the largest healthy and atretic follicles during the human menstrual cycle. J. Reprod. Fertil. 69: 497 (1983).
7) Friedrich, F., Kemeter, P., Salzer, H., and Breitenecker, G.: Ovulation inhibition with human chorionic gonadotropin. Acta endocr. (Kbh.) 78, 332 (1975).

2）排卵の内分泌調節*

はじめに

排卵機構は中枢神経系（主として視床下部），脳下垂体，卵巣の3者が機能環を形成することにより作働することはよく知られている．本章では，排卵に至る過程に視床下部，下垂体がどのように関わっているかを最新の知見を含めて概説する．

神経内分泌的調節

性腺刺激ホルモン放出ホルモン（gonadotropin-releasing hormone；GnRH）は性周期中の性腺刺激ホルモン（gonadotropin；ゴナドトロピン）の分泌の調節に中心的な役割をする．排卵周期中に見られる性腺刺激ホルモンの分泌パターンは主席卵胞より分泌されるステロイドおよびペプチドホルモンの視床下部-下垂体へのフィードバックによって調節されている．エストロゲンはGnRH分泌，下垂体のGnRHに対する反応の両レベルで性腺刺激ホルモンの分泌に負のフィードバックをかけている．一方で，エストロゲンは黄体形成ホルモンサージ（luteinizing hormone surge；LHサージ）を起こすことでわかるように，条件によっては視床下部-下垂体の両レベルで性腺刺激ホルモン分泌に促進的（positive feedback）に働く．

性腺刺激ホルモンによる卵巣機能の調節においては，黄体形成LH，卵胞刺激ホルモン（folliclar stimulating hormone；FSH）が間欠的に分泌されること（pulsatile secretion）が基本的に重要である．性腺刺激ホルモンの分泌パターンは卵巣機能低下症や閉経後では高振幅，高頻度となり，排卵周期中には卵胞期の低振幅，高頻度パターンから黄体期の高振幅，低頻度パターンへと変化する．こうした分泌パターンの変化は卵巣性ステロイド，ペプチドの作用によりフィードバックを受ける．

こうした性腺刺激ホルモンの間欠的分泌が視床下部のGnRH分泌の分泌パターンに起因していることは次のような事実より知られる．サルやヒツジの下垂体門脈血液中のGnRH濃度は明らかな間歇性を示す[1,2]．

門脈血中のGnRH濃度は0〜400 pg/mlの間の変化を示す．同様のGnRH濃度の周期的変化は脳脊髄液中でも認められる．脳脊髄液中のGnRHの生理学的意義は不明である．サルを用いた一連の実験により視床下部のGnRH分泌が一時間程度の間隔で周期的，律動的に起こること，その分泌を司る中枢がmedio-basal hypothalamus（MBH）に存在する弓状核にあることが証明されている．GnRHの分泌リズムとMBHの電気生理学的活動および末梢血中のLH分泌リズムには密接な関連があることが示されている．そのため，超概日的な視床下部の機能変化がゴナドトロピンの律動性分泌に最も重要な要因として影響する．霊長類における実験においても，またヒトMBHを用いた *in vitro* の実験においても，MBH自体が他の視床下部とは独立してGnRHの律動性分泌に関するを調節機能を内在していることが推察される．*in vitro* における単離されたMBHのGnRH分泌頻度は胎児MBHでおよそ60分に一度，成人MBHで60〜100分の周期性を示す．こうしたGnRH分泌の周期性がMBHのGnRH分泌ニューロンそれ自体の機能のみによるものか，他のニューロンとの共同作用によるものかについては解明されていない．

---

* 石塚　文平

下垂体前葉の性腺刺激ホルモン産生細胞ではGnRHによる律動的刺激によりゴナドトロピン各サブユニットの合成，結合，糖化およびGnRHレセプターの誘導が起こる．GnRHが先天的に欠乏している症例（Kallmann症候群）ではLH，FSHの分泌を欠くが，外因性GnRHを律動的に投与することにより正常に近い性腺刺激ホルモン分泌が得られる．その際，適当な投与間隔，量は60～90分，5～10μg程度であり，それ以上頻回の投与ではdown regulationが働き，LH，FSH分泌は低下する．低頻度のGnRH投与はFSH優位な性腺刺激ホルモン分泌を惹起する．各性腺刺激ホルモンサブユニットのmRNAも同様にGnRHの律動性によって制御される．生理的なGnRHの分泌リズムでは3種のサブユニットが同程度に発現するが，低頻度ではFSH-β mRNAの発現が優位となる．高頻度のGnRH分泌頻度では，LH-α mRNAとともにLH-β mRNAの発現が高くなる．

GnRHは下垂体前葉のGnRHレセプターの発現を促進する．この過程はカルシウム非依存性に起こる．これは，ホルモンよりレセプターがup-regulationを受ける他の系と共通の現象である．低濃度のGnRHは下垂体前葉のGnRH合成，貯蔵を促し，より多量では放出を促す[3]．

以上より弓状核より正中隆起を経て下垂体門脈中に放出されるGnRHの律動的分泌が性腺刺激ホルモンの分泌を調節する基本的要因であることは論を待たないが，GnRHの分泌は上位中枢および末梢よりの様々な神経内分泌的支配を受けている．

―中枢性支配―

① **α-アドレナリン作働性支配** ノルアドレナリンは視床下部GnRH分泌に促進的に働く．ラットにおいては発情前期にノルアドレナリン代謝回転の亢進が認められ，α-アドレナリン拮抗剤によりLHサージは阻止される．脳幹と中脳の青斑より上向性のノルアドレナリン性ニューロンが視床下部の視床下部GnRHニューロンに向かっている．ノルアドレナリン作働性ニューロンは直接GnRHニューロンを支配せず，γ-aminobutyric acid（GABA）作働性ニューロンを介してGnRHニューロンを支配しているものと思われる．しかし，GnRHに対するα-アドレナリン作働性支配が排卵期のLHサージの発現にどのように関連しているかは未だ明らかでない．

② **ドーパミン作働性支配** ドーパミン作働性神経系がGnRH分泌にどのように影響しているかは，古くより議論されている問題であるが，未だに明確な結論は得られていない．ヒトMBHの潅流実験やラットのGnRHニューロンの電気生理学的モニター実験ではドーパミンがGnRH分泌に促進的に働くことが示唆されているが[4,5]，他の条件下では抑制的効果が示されている[6]．ドーパミンニューロンと後述の内因性オピオイド（エンドルフィン）系の関連が注目されている．ドーパミンはエンドルフィンの活性を高め，エンドルフィンがGnRHの分泌を抑制するとの説明もなされている．免疫組織化学的および電顕的にドーパミンニューロンとGnRHニューロンが接していること[7,8]，ドーパミンレセプターD_1タイプがGnRHニューロン上に証明されており，ドーパミンによるGnRH分泌調節はいくつかのことなる経路によってなされているものと思われる．

③ **内因性オピオイド作働性支配** 内因性オピオイドはGnRH分泌を抑制的に支配することが多くの実験結果により明らかになっている．卵巣摘出ラットにモルフィンを投与すると

GnRH律動的分泌は強く抑制される．ヒトへのβ-エンドルフィンの投与および摘出MBH灌流液中へのβ-エンドルフィンの投与は，GnRH/LHの律動的分泌を抑制する．視床下部のオピオイド作動性ニューロンは弓状核と組織学的にも密接に関連している．GnRHニューロンへのオピオイドニューロンの神経支配は高エストロゲン，特に高エストロゲン＋プロゲステロン環境においてより顕著に観察される[9]．オピオイドのGnRH/LH分泌に対する抑制的作用はオピオイド拮抗剤であるナロキソンの投与によりLHの律動的分泌の頻度および振幅が増幅されることによっても明らかである[10]．閉経後婦人ではナロキソンによるGnRH/LH分泌増幅作用は認められない．これらの事実は卵巣ステロイドがオピオイドのGnRH/LH分泌抑制作用を亢進させることを示唆する．エストロゲン，プロゲステロンによる性腺刺激ホルモン分泌の抑制は少なくとも一部はオピオイド系によるGnRH分泌抑制を介した現象であると考えられる．排卵期のLHサージの発現に関しても，内因性オピオイドの関与を示唆する知見が報告されている．卵胞後期の女性にナロキソンを一定の量（30μg/kg/hr）で24時間投与するとLHサージに類似したLH，FSH分泌の著明な亢進が認められる．実際のLHサージ発現に際し，内因性オピオイド活性の低下が，レセプターの感受性低下によるのか，濃度の低下によるのかなどの点は不明である．

卵巣ホルモンによる調節

① 抑制的調節（negative feedback） LH, FSHのtonic持続的な分泌が卵胞より分泌されるエストラディオール（E_2）によってnegative feedbackを受けていることはよく知られている．卵巣摘出によりこのnegative feedbackを断ち切ると，性腺刺激ホルモン分泌は速やかに，かつ著明に亢進する．術後，性腺刺激ホルモン血中濃度は3週間程でプラトーとなるまで上昇し，術前の10倍に達する．卵巣機能不全でも同様に性腺刺激ホルモン値は上昇するが，エストロゲンの投与は性腺刺激ホルモン値を速やかに減少させる．

低エストロゲン状態においてLH, FSHの分泌は高振幅となるが，パルス頻度は正常卵胞期とほぼ同様である．エストロゲン投与はLHの分泌振幅を減少させる．

エストロゲンによるnegative feedbackは時間的にいくつかの相に分かれ，常に一定の状態を保つのではない．卵巣機能低下症例へのE_2投与は最初の数日間は性腺刺激ホルモン分泌を低下させるが，その後性腺刺激ホルモンの多少の上昇を起こす．これは，エストロゲンによる促進的調節（positive feedback）機構が同時に作動し始めるためと考えられる．プロゲステロンは単独投与では，かなりの大量でも性腺刺激ホルモン分泌に著明な影響を与えない．しかし，エストロゲンの作用の存在下では黄体期の性腺刺激ホルモン分泌に見られるように，律動的分泌の頻度を著明に減少させ，同時に振幅を増大させる．こうしたプロゲステロンの性腺刺激ホルモン分泌に与える影響は視床下部のβ-エンドルフィン系を介した作用であると考えられる．視床下部のLH, FSHの律動的分泌に抑制的影響を与える因子として，エストロゲンとプロゲステロンは最も重要なものであり，両者は相乗的な作用を示す．

② 促進的調節（positive feedback） 排卵期のLHサージは卵胞後期におけるE_2血中濃度の急速な上昇を契機として起こる．卵巣機能不全の状態のヒト[11]，サル[12]に外因性E_2約300 pg/mlの濃度を2〜3日間保つように投与するとゴナドトロピンサージが惹起される．プロゲステロン濃

度が同時に上昇することにより E_2 の positive feedback 効果は増強される．ヒトにおいては排卵を起こすのに有効な LH サージを惹起するためには，プロゲステロン分泌の増加が必要であるが，サルではそうしたプロゲステロンの作用は必要ないようである．ゴナドトロピン分泌に及ぼす E_2 の主な作用部位は下垂体前葉であるが，同時に視床下部および他の中枢神経系にも作用する．

エストロゲンは GnRH/LH 分泌に対して条件により抑制的，促進的の両方の作用をする．促進的調節作用を発揮するためには，それ以前に抑制的調節が働く時期が必要である．E_2 のこうした作用の主たる場は前述のように下垂体前葉で，GnRH に対する下垂体前葉の反応が LH サージの主因であると思われる．しかし，視床下部の神経伝達系を介した GnRH の亢進がゴナドトロピンサージに影響している可能性も否定できない．

また，視床下部にもエストロゲン，プロゲステロンのレセプターが存在する．MBH においても他の組織と同様，E_2 はプロゲステロンレセプターを誘導することが知られている．さらに視床下部のドーパミン，β-エンドルフィン，GnRH ニューロンにはエストロゲン，プロゲステロンのレセプターが存在する．

すなわち，排卵を起こす LH サージの発現のタイミングは卵巣性ステロイドの分泌によって支配されている．すなわち排卵のタイミングはいわゆる卵巣時計（ovarian clock）によって司られる．

③ 黄体期　黄体期には黄体より分泌されるプロゲステロンの作用により LH，FSH の分泌は抑制され，卵胞発育は停止する．黄体機能の減衰（luteolysis）によりこのゴナドトロピンに対する negative feedback が解除されるとともに次の周期の卵胞発育が開始する．

おわりに

卵胞発育の過程とその終局の目的である排卵には，下垂体前葉の性腺刺激ホルモンの分泌が最も直接的で重要な働きをしているが，その性腺刺激ホルモンの分泌は卵巣性ステロイドによる feedback 機構を通じて卵巣機能に支配されている．特にヒトにおいてはこうした卵巣時計が排卵周期の維持に中心的な位置を占めている．

引用文献

1) Carmel, P. W., Araki, S., and Ferin, M.: Prolonged stalk portal blood collection in rhesus monkeys: Pulsatile release of gonadotropin-releasing hormone (GnRH). Endocrinology, 99: 243-248 (1976).

2) Clarke, I. J. and Cummins, J. T.: The temporal relationship between gonadotropin releasing hormone (GnRH) and luteinizing hormone (LH) secretion in ovariectomized ewe. Endocrinology, 111: 1737-1739 (1982).

3) Hoff, J. D., Lasley, B. L., and Yen, S. S.: The functional relationship between priming and releasing actions of luteinizing hormone-releasing hormone. J. Clin. Endocrinol. Metab., 49: 8-11 (1979).

4) Rasmussen, D. D., Liu, J. H., Swartz, W. H., Tueros, V. S., and Yen, S. S.: Human fetal hypothalamic GnRH neurosecretion: Dopaminergic regulation in vitro. Clin. Endocrinol. (Oxf.), 25: 127-132 (1986).

5) Kaufman, J. M., Kesner, J. S., Wilson, R. C., and Knobil, E.: Electrophysiological manifestation of luteinizing hormone-releasing hormone pulse generator activity in the rhesus monkey: Influence of

alpha-adrenergic and dopaminergic blocking agents. Endocrinology, 166: 1327-1333 (1985).

6) Ramirez, V. D., Feder, H. H., and Sawyer, C. H.: The role of brain catecholamines in the regulation of LH secretion: A critical inquiry. In Martini, L., Ganong, W. F.: Frontiers in Neuroendocrinology. New York, Raven Press, p27 (1984).

7) Leranth, C., MacLusky, N. J., Shanabrough, M., and Naftolin, F.: Catecholaminergic innervation of luteinizing hormone-releasing hormone and glutamic acid decarboxylase immunopositive neurons in the rat medial preoptic area. An electron-microscopic double immunostaining and degeneration stydy. Neuroendocrinology, 48: 591-602 (1988).

8) Kuljis, R. O. and Advis, J. P.: Immunocytochemical and physiological evidence of a synapse between dopamine- and luteinizing hormone releasing hormone-containing neurons in the ewe median eminence. Endocrinology, 124: 1579-1581 (1989).

9) Melis, G. B., Cagnacci, A., Gambacciani, M., Paoletti, A. M., Caffi, T., and Fioretti, P.: Chronic bromocriptine administration restores luteinizing hormone response to naloxone in postmenopausal women. Neuroendocrinology, 47: 159-163 (1988).

10) Quigley, M. E. and Yen, S. S.: The role of endogenous opiates in LH secretion during the menstrual cycle. J. Clin. Endocrinol. Metab., 51: 179-181 (1980).

11) Liu, J. H. and Yen, S. S.: Induction of midcycle gonadotropin surge by ovarian steroids in women: A critical evaluation. J. Clin. Endocrinol Metab., 57: 797-802 (1983).

12) Knobil, E.: The neuroendocrine control of the menstrual cycle. Recent Prog. Horm. Res., 36: 53-88 (1980).

3）排卵とパラクライン*

　原始卵胞では排卵は不可能であり，したがって子孫を残すことはできない．すなわち卵胞発育がなければ排卵は起こらず，妊娠も成立しない．そこで，卵胞発育は排卵が起きるためには必須の現象といえる．

　原始卵胞から排卵可能な大きさの卵胞にまで発育するためには，性腺刺激ホルモンに依存しない時期以降（すなわち preantral stage 以降）は，すべて性腺刺激ホルモンに依存して発育することはよく知られている．性腺刺激ホルモン，特に卵胞刺激ホルモン（follicle-stimulating hormone, FSH）の刺激により卵胞が発育することは *in vivo* においてもまた *in vitro* においてもよく知られた事実である．しかしこのような中枢性の調節以外に，最近では卵胞内において性腺刺激ホルモンの作用を修飾する種々の局所因子の存在が知られている．そこで本稿ではこの卵胞発育の局所因子による調節（paracrine または autocrine regulation）に関して概説する．

卵胞発育と排卵，黄体化

　卵胞発育とは，たった一層の顆粒膜細胞を有した原始卵胞から，顆粒膜細胞が数千万個も存在

---

* 田辺　清男・白石　悟・荘　隆一郎・中川　博之

するといわれている排卵直前のいわゆるグラーフ卵胞にまで発育することである．ヒトにおける卵胞発育は通常顆粒膜細胞の数と卵胞の大きさにより分類されている．このうち preantral follicle 以降は，前述のように適当な性腺刺激ホルモンの刺激がなければ卵胞は発育できない．

　FSH の刺激に従って卵胞発育が促進される．この卵胞発育は主として顆粒膜細胞の細胞数の増加（増殖）によって起こる．すなわち FSH は顆粒膜細胞の増殖をもたらす．同時に黄体化ホルモン LH (luteinizing hormone, LH) 刺激により内莢膜細胞で作られた androstenedione から，顆粒膜細胞において estrogen 合成酵素 aromatase によって estrogen に変換される．aromatase は FSH の刺激によって生成される．また顆粒膜細胞には卵胞が発育するのに伴い LH 受容体をその細胞膜に獲得していく．さらに顆粒膜細胞数が増えると卵胞内に卵胞液が貯溜して，いわゆる antral follicle となる．その後ヒトでは月経周期の約 7 日目頃に主席卵胞が選択されるが，そうすると他の卵胞は閉鎖に陥る．次いで卵胞発育と共に増加した estrogen による positive feedback 作用により LH サージが起き，この LH の刺激により卵胞破裂（排卵）が惹起される．その後は，顆粒膜細胞と莢膜細胞が黄体化して受精卵の着床を助けるべく progesterone を産生する．

　以上の過程，特に顆粒膜細胞の増殖と分化等に，性腺刺激ホルモン以外に種々の局所因子が関与している[1]．

局所因子の種類

　現在までに，性腺刺激ホルモン以外に卵胞発育に関与しているといわれている卵巣内局所因子の種類について表 1.7 に示した[2]．

表 1.7　非ステロイド性卵巣内調節因子

1) 卵子成熟抑制因子 oocyte maturation inhibitor (OMI)
2) ゴナドトロピンレセプター結合抑制因子 gonadotropin receptor binding inhibitor (GnRBI)
   FSH レセプター結合抑制因子 (FSHRBI)
   LH レセプター結合抑制因子 (LHRBI)
3) インヒビン inhibin/アクチビン activin
4) 成長因子 growth factors
   epidermal growth factor (EGF)
   transforming growth factor (TGF)
   insulin-like growth factor (IGF)
   fibroblast growth factor (FGF)
5) follicular regulatory proteins (FRP)
6) 黄体化調節因子 regulators of luteinization
   luteinization stimulator (LS)
   lutenization inhibitor (LI)
7) ゴナドトロピン放出ホルモン様ペプチド GnRH-like peptide
8) サイトカイン
9) その他の非ステロイド性調節因子
   神経調節物質 neurotransmitter（カテコラミン，VIP など）
   神経下垂体ホルモン（オキシトシン，バゾプレシンなど）
   pro-opiomelanocortin (POMC)
   アデノシン
   eicosanoides
   エンドセリン

このうち，インスリン様増殖因子（insulin-like growth factor, IGF）その結合タンパク（IGF binding protein, IGFBP），上皮性成長因子（epidermal growth factor, EGF），TGF（transforming growth factor）αとTGFβ，エンドセリン，種々のサイトカイン，アクチビン，卵胞液中にあるまだ同定されていない物質等について主として述べる．

インスリン，インスリン様成長因子（IGF）とその結合タンパク（IGFBP）

インスリンは膵臓から分泌され，血糖を調節する際に細胞に対しても種々の作用を引き起こす．顆粒膜細胞にはインスリン受容体が存在する．そして顆粒膜細胞の増殖を in vitro では軽度促進する（未発表）．一方顆粒膜細胞のLH受容体を誘導し，分化の方向へ進める[3]．

成長ホルモンの刺激により肝で生成されるIGF以外に，局所で生成されるIGFが重要な役割を果たしている．IGFにはIGF-IとIGF-IIが存在するが，卵巣内局所因子としてはIGF-Iが重要である．

ヒトでは莢膜細胞でIGF-Iが産生され，顆粒膜細胞にその受容体があることが知られている[4]．IGF-IのmRNAはviable follicleに強く発現し，閉鎖卵胞では認められない[5]．また顆粒膜細胞のIGF-I受容体はFSHによって増加する[6]．IGF-Iは顆粒膜細胞におけるestrogenやprogesterone産生を促進し，FSHによるLH受容体の誘導を促進する[7]．また，LH作用による莢膜細胞におけるandrostenedione産生作用を促進する[8]．

IGF結合タンパクは1から6までの6種類が存在し，IGFと結合することによりIGFの作用を減弱させる．ラットでは顆粒膜細胞がIGFBP-4, -5を，莢膜細胞がIGFBP-2, -3 (-6)を産生することが知られている[9]．ヒト卵胞液中にはIGFBP-1から-4までが存在し，IGFBP-3は卵胞発育に伴い減少する．またFSHはIGFBP産生を抑制することが知られている．主席卵胞の卵胞液中にはIGFBPは認められず，閉鎖卵胞にIGFBP，特にIGFBP-4と-5が多く認められる[10,11]．

ところでIGFはどのような機序で卵胞発育を促進するのであろうか．我々の予備的研究によれば，FSHによる顆粒膜細胞の増殖促進作用は in vitro では著明ではないが，IGFが共存すると増殖促進作用がsynergisticに強まることがわかっている（未発表）．そこで我々はFSHが顆粒膜細胞あるいは内莢膜細胞でのIGF産生を促進し，局所で産生されたIGFが顆粒膜細胞の増殖を促進すると考えていた．しかし，最近FSH受容体ノックアウトマウス，IGF-1ノックアウトマウスでの解析結果より，FSHは卵胞におけるIGF-1のmRNAを調節していないことが明らかになった[12]．しかし，IGFが存在しない卵胞では卵胞発育は抑制されていることが明らかであった．IGFはインシュリン，成長ホルモンさらにはプロラクチンなどと同様に，細胞の全般的な代謝に関与してはいるが，特異的な作用はしていないのかも知れない．

上皮性成長因子（EGF）

EGFとTGF-αは約40％類似しており，受容体を共有している．ヒト卵巣ではEGFもその受容体も卵胞発育と共に顆粒膜細胞や莢膜細胞に誘導される[13]．EGFは小卵胞由来の顆粒膜細胞の増殖を促進するが，大卵胞由来の顆粒膜細胞ではestrogen産生を抑制し，progenstrone産生を促進するといわれている[14]．TGF-αは莢膜細胞増殖促進作用とLH受容体誘導作用をもつ[15]．

我々の研究では，チロジンキナーゼ受容体を有するリガンドの代表である EGF は，*in vitro* において顆粒膜細胞の増殖を，FSH より強力に促進することが明らかとなっている（未発表）．

TGF-β

TGF-β には β1 から β3 まで存在することが知られている．ヒト卵巣では TGF-β1 が主として分布しているが，TGF-β2 は莢膜細胞と黄体細胞に発現する．TGF-β の卵巣における役割はまだはっきりしていないが，増殖や分化を抑制することが示唆されている．

アクチビン

下垂体からの FSH 分泌を抑制するインヒビンは卵胞の顆粒膜細胞から産生される．一方インヒビンの精製過程で発見された FSH 分泌促進因子も精製されアクチビンと名付けられた．インヒビンは α-subunit と β-subunit から成る．一方アクチビンはインヒビンの β-subunit の homodimer であり，AとBが存在する．一般に増殖因子の受容体はチロシンキナーゼ型であるのに対して，アクチビン受容体はセリン/スレオニン型をとる．

アクチビンは培養顆粒膜細胞の FSH 受容体 mRNA とタンパクの発現を用量依存性に促進する．またアクチビンは顆粒膜細胞の aromatase 活性を上昇させ，さらに FSH 受容体を増加させて FSH 作用を増強させるとともに，LH 受容体を誘導することが報告されている[16,17]．しかしながら我々の実験結果では，アクチビンは培養顆粒膜細胞からの progesterone 産生を単独では変化させないが，FSH および LH により促進された progesterone 産生を抑制することが明らかになっている（未発表）．この作用機序としてはコレステロール側鎖切断酵素と3β水酸化ステロイド脱炭酸酵素を共に抑制していることが明らかになっている（未発表）．

サイトカイン

サイトカインは顆粒膜細胞や莢膜細胞の増殖や分化，排卵に関与していることが知られているが，その中でも特に IL-1 と TNF について本稿では述べる．

IL-1β はヒトとブタの卵胞液に多量に存在し，ヒト卵巣内に IL-1β の mRNA や受容体が存在し，下垂体性性腺刺激ホルモンにより調節されている[18]．またヒト培養顆粒膜細胞の estrogen 産生と progesterone 産生を抑制することが知られている[19]．その他卵胞破裂（排卵）への関与も示唆されている．

TNF (tumor necrosis factor) の産生とその受容体がラットやヒトの顆粒膜細胞，莢膜細胞に認められている[20]．TNF-α は *in vitro* の実験において顆粒膜細胞における FSH による aromatase 活性促進を抑制し，莢膜細胞における LH による progesterone 産生を促進する[21]．そして，このような機序により，卵胞閉鎖に関与していることが示唆されている．

plasminogen activator-plasmin 系

卵胞内線溶系酵素であるプラスミノーゲンアクチベータ（PA）あるいはプラスミンは，LH サージ後にその活性が上昇する．すなわち排卵（卵胞破裂）時に LH サージ開始から卵胞頂部破裂に至

るまでに，卵胞内で生じる種々の過程における酵素作用の一種と解釈でき，本来の意味での局所因子と考えるべきか疑問もあるが，一応本稿では触れておく．

卵巣灌流実験より，PAおよびプラスミンの産生阻害剤を添加したり，プラスミン阻害剤を添加すると排卵が抑制され，この系に再度プラスミノーゲンを加えることにより回復することから，PA-プラスミン系が排卵機序に関与していることが明らかとなっている．特にLHサージ後早い過程に関与している可能性が示唆されている．

卵が排卵されるためには卵胞壁が破れる必要がある．そのためには卵胞壁にあるコラーゲンが融解されることが必須である．LHサージによって上昇したプラスミンはプロコラゲナーゼを活性化し，プラスミン阻害剤によりこの活性化が抑制されることが知られている．

エンドセリン（endothelin）

血管平滑筋収縮作用を有するエンドセリン（ET）にはET-1，ET-2，ET-3の3種が存在する．卵巣ではET-1が重要であると考えられている．すなわち卵胞液中にET-1活性が認められ，卵胞直径が15mm以下の卵胞，つまり未熟な卵胞中ほど活性が高いことが知られている[22]．ET-1は培養顆粒膜細胞の増殖を促進し[23]，FSHによるestrogen産生やLHによるprogesterone産生を抑制する[24]．

レニン（renin）-アンギオテンシン（angiotensin）系

レニンはまずプレプロレニンとして産生され，それがプロセシングを受けてプロレニンとなり，さらに活性型のレニンとなる．レニンは基質であるアンギオテンシノーゲンを水解して不活性のアンギオテンシンIを遊離する．アンギオテンシンIはアンギオテンシン変換酵素（ACE）によって活性型のアンギオテンシンIIに変換される．このアンギオテンシンIIは半減期が短く，アミノペプチダーゼによってアンギオテンシンIIIに代謝される．

卵巣中のレニンは卵胞内の内莢膜細胞から産生され，未熟卵胞の顆粒膜細胞では産生されないが成熟卵胞の顆粒膜細胞には存在すると考えられている[25]．またアンギオテンシノーゲンの主たる産生部位も内莢膜細胞であることが知られている．

内莢膜細胞で産生されたアンギオテンシンIIはautocrine機構を介して内莢膜細胞におけるandrostendione産生を促進する[26]．さらにこのアンギオテンシンIIは顆粒膜細胞に存在する受容体に結合して，顆粒膜細胞におけるestrogen産生を促進すると解されている．一方アンギオテンシンIIは卵胞の閉鎖を促進するとの報告もある．

また卵巣内で産生されたアンギオテンシンは卵胞破裂機構に関与している．この作用はアンギオテンシンIIが卵巣内プロスタグランディン産生を亢進させることによると考えられている．LHサージ後組織プラスミノーゲンアクチベータ等の活性が上昇し，これらによりアンギオテンシンII生合成を促進し，その後卵胞破裂が生じると考えられている．同時にLHサージ後内莢膜細胞でレニン活性が高まり，アンギオテンシンIIの産生亢進も起こる．

卵胞液中の種々の物質

我々は卵胞液中の非ステロイド性物質について研究してきた．ブタ卵胞を大と小に分け，それぞれから得た卵胞液をチャーコール処理してステロイドホルモンを除去した後，種々の研究に用いた．

まずブタ顆粒膜細胞を培養し，小卵胞由来の卵胞液を添加すると細胞数は増加したが，大卵胞由来の卵胞液は何ら作用を及ぼさなかった（未発表）．

また顆粒膜細胞を培養してprogesterone産生に及ぼす卵胞液の影響を検討したところ，小卵胞液はprogesterone産生を抑制し（luteinization inhibitor），大卵胞液はprogesterone産生を促進する（luteinization stimulator）ことが明らかになった[27]．

おわりに

以上，局所因子について概説した．

その他にも卵成熟抑制因子（oocyte maturation inhibitor），性腺刺激ホルモンレセプター結合阻止因子（FSHレセプター結合阻止因子とLHレセプター結合阻止因子），さらには主席卵胞より分泌され他の卵胞を閉鎖に陥らせると考えられている因子，あるいはエイコサノイドなども局所因子と考えられる．これら以外にもさらに多数の局所因子がまだまだ存在する可能性がある．

今後の検討が待たれる．

参考文献

1) 田辺清男・北岡芳久・中川博之・菊地正晃・荘 隆一郎，林 明徳・野澤志朗：顆粒膜細胞の増殖ならびに分化の調節機構．臨床婦人科産科，48: 339-348 (1994).

2) 田辺清男・岸 郁子・北岡芳久・野澤志朗：卵胞成熟/排卵に関与する因子「成長ホルモン」．図説産婦人科 VIEW-19「排卵機構とその障害－分子内分泌学的研究からその応用まで－」，メジカルビュー社．p64-p69 (1995).

3) Otani, T. *et. al.*: Effect of insulin on porcine granulosa cells: Implications of possible receptor mediated action. Acta Endorcrinol (Copenh), 108: 104-110 (1985).

4) Hernandez, E. R., *et. al.*: Expression of the genes encoding the insulin-like growth factors and their receptors in the human ovary. J. Clin. Endocrinol. Metab., 74: 419-425 (1992).

5) Erickson, G. F. and Danforth, D. R.: Ovarian control of follicle development. Am J Obstet Gynecol, 172: 736-747 (1995).

6) Levy, M. J., et al: Expression of the insulin-like growth factor(IGF)-I and -II and the IGF-I and -II receptor genes during postnatal development of the rat ovary. Endocrinology 131: 1202-1206 (1992).

7) Erickson, G. F., *et. al.*: Insulin-like growth factor-I regulates aromatase activity in human granulosa and granulosa luteal cells. J. Clin. Endocrinol. Metab., 69: 716-724 (1989).

8) Bergh, C., *et. al.*: Regulation of androgen production in cultured human thecal cells by insulin-like growth factor-I and insulin. Fertil Steril, 59: 323-331 (1993).

9) Nakatani, A., et al: Tissue-specific expression of four insulin-like growth factor-binding proteins (1, 2,

3, and 4) in the rat ovary. Endocrinology, 129: 1521-1529 (1991).

10) Erickson, G. F., *et. al.*: Cyclic changes in insulin-like growth factor-binding protein-4 messenger RNA in the rat ovary. Endocrinology, 130: 625-636 (1992).

11) Erickson, G. F., *et. al.*: Localization of insulin-like growth factor-binding protein-5 messenger RNA in the rat ovaries during the estrous cycle. Endocrinology, 130: 1867-1878 (1992).

12) Zhou, J., Kumar, T. R., *et al.*: Insulin-like growth factor regulates gonadotropin responsiveness in the murine ovary. Mol. Endocrinol, 11: 1924-1933 (1997).

13) Maruo, T., *et al.*: Expression of epidermal growth factor and its receptor in the human ovary during follicular growth and regression. Endocrinology, 132: 924-931 (1993).

14) 平松晋介ほか：顆粒膜細胞の増殖，分化の EGF による autocrine 調節．日産婦誌，44: 55-61 (1992).

15) Roberts, A. J., *et. al.*: Transforming growth factor-alpha and -beta differentially regulate growth and steroidogenesis of bovine thecal cells during antral follicle development. Endocrinology, 129: 2041-2048 (1991).

16) Nakamura, M., Minegishi, T., *et. al.*: Effect of an activin-A on FSH receptor messenger ribonucleic acid in cultured rat granulosa cells. Endocrinology, 133: 538-544 (1993).

17) Nakamura, K. and Nakamura, M., *et. al.*: Effect of activin on LH/hCG receptor messenger ribonucleic acid in granulosa cells. Endocrinology, 134: 2329-2335 (1994).

18) Hurwitz, A., *et. al.*: Human intra-ovarian interleukin-1 (IL-1) system: highly compartmentalized and hormonally dependent regulation of the genes encoding IL-1, its receptor, and its receptor antagonist. J Clin Invest, 89: 1746-1754 (1992).

19) Fukuoka, M., *et. al.*: Interactions between interferon γ, tumor necrosis factor QL, and inteleukin-1 in modulating progesterone and oestradiol production by human luteinized granulosa cells in culture. Hum Reprod, 7: 1361-1364, (1992).

20) Roby, K. F. and Terranova, P. F.: Localization of tumor necrosis factor (TNF) in the rat and bovine ovary using immunohistochemistry and cell blot: evidence for granulosal production. In: Hirshfield AN, ed. Growth factors and the ovary. New York Plenum Press, 273-278 (1989).

21) Darbon, J. M., *et. al.*: Tumor necrosis factor-α inhibits follicle-stimulating hormone-induced differentiation in cultured rat granulosa cells. Biochem. Biophys. Res. Commun., 163: 1038-1046 (1989).

22) Kamada, S., Kubota, T., *et. al.*: High levels of immunoreactive endothelin-1 in human ovarian follicular fluids. Hum Reprod, 8: 674-677 (1993).

23) Kamada, S., Kubota, T., *et. al.*: Endothelin-1 is an autocrine/paracrine regulator of porcine granulosa cells. J. Endocrinol. Invest., 16: 425-431 (1993).

24) Iwai, M., Imura, H., *et. al.*: Endothelins inhibit luteinization of cultured porcine granulosa cells. Endocrinology, 129: 1909-1914 (1991).

25) Palumbo, A., *et. al.*: Immunohistochemical localization of renin and angiotensin II in human ovaries.

Am. J. Obstet. Gynecol., 160: 8-14 (1989).
26) Bunpus, F. M., et. al.: Angiotensin II : an intraovarian regulatory peptide. Am. J. Med. Sci., 295: 406-408 (1988).
27) Takehara, Y., Kido, S. and Tanabe, K., et. al.: Luteinization stimulator and luteinization inhibitor in ovarian follicular fluid: Effect on steroidogenic enzymes in porcine granulosa cell. Biochem. (Life Sci Adv), 11: 261-271 (1992).

4）排卵卵子のトランスポート[*]

はじめに

　生殖補助医療（ART）の進歩とともに胚の発生・発育における卵管の役割や特異性が改めて注目されている[1]．卵管は，精子の輸送，卵の捕獲，受精，受精卵の発育とその輸送など一連の巧妙な機構を営む．卵管の生理機能は，卵管の各部位，すなわち卵管采，卵管膨大部，卵管膨大部−峡部接合部，卵管峡部，卵管間質部，子宮-卵管接合部が複雑かつ多彩な機能を分担かつ協調して担っていると考えられる．受精卵の移送に関する報告については，ほとんどが動物実験によるものでヒトについては研究に対する倫理的な問題もあり不明な点が多い．
　ここでは，排卵卵子のトランスポートを検討するためノンストレス生体計測法による卵管内圧の連続測定法について述べる．

卵管の卵子捕獲とそのトランスポートに関する考察

　卵管は，漿膜（外膜），筋層および粘膜の3層からなる7〜13 cmの管状の臓器で，筋層は，外縦，内輪の二層の平滑筋から成る．卵管内膜上皮は，線毛細胞（ciliated cell），線毛を欠く分泌細胞（secretary cell）ならびに小桿細胞（栓細胞，peg cell）から成る一層の円柱上皮に被われ縦走する卵管ひだを形成する．受精卵の移送には，卵管筋による収縮運動（蠕動運動）や内膜上皮の線毛運動にホルモンの影響ならびに神経などが関与し卵管粘液の流動とともに子宮腔に向かって運ばれる[2]．一方，精子は，卵子とは逆方向，すなわち卵管采に向かって移動する．卵管膨大部の卵子（家

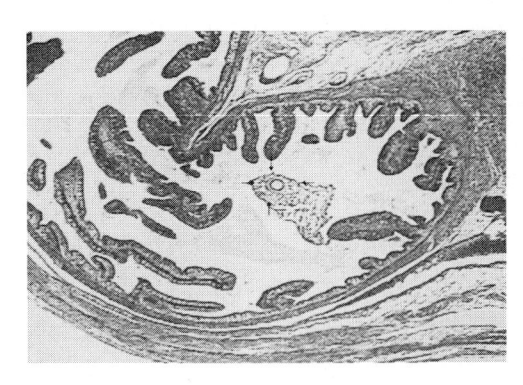

図 1.36　卵管膨大部の顆粒膜細胞に覆われた卵子（家兎）

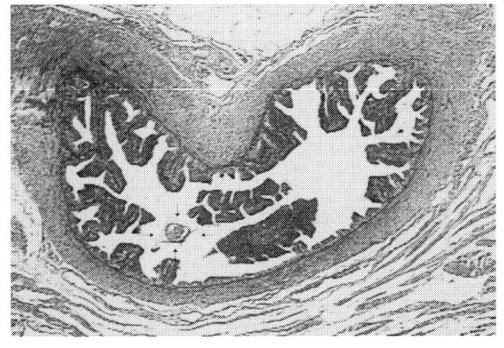

図 1.37　卵管膨大部−峡部付近の2分割卵（家兎）

[*] 長田　尚夫

兎）は，顆粒膜細胞に被われているが（図1.36），卵管膨大部−峡部接合部（AIJ）付近では，2分割卵（図1.37），卵管峡部では4分割卵（図1.38）となり，いずれも顆粒膜細胞を欠如し，卵管粘液内に浮遊し子宮に向かって輸送される．

　排卵卵子の捕獲には，卵管采が卵巣表面に被いかぶさることがヒト卵管において観察されている[3]．家兎においては，膨大部卵管ならびに卵管采の運動性の亢進によって排卵卵子は取り込まれる[4,5]．またヒト卵管内圧をカテーテル挿入によって測定したところ1 mmHgの陰圧を証明し，卵管内の陰圧は排卵卵子の卵管内への捕捉に関与しているとしている[6]．

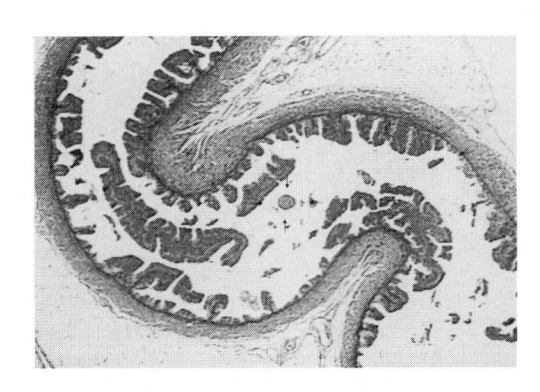

図1.38　卵管峡部の4分割卵（家兎）

　受精卵が子宮腔内に到達するのに要する時間や受精卵の分割状態は，ヒトや各種動物によって異なる．ヒトの受精卵は3〜4日かかって桑実胚の状態まで分割し，子宮腔内に到達するとされている．また家兎では56〜60時間が，犬では7〜10日を要して子宮腔内に到達する．卵管膨大部は，受精部位，卵管峡部は初期受精卵の発育の場として重要な意義を担っている．受精卵の輸送には，卵管膨大部の卵管平滑筋と線毛運動とが重要な要因となり得ることが知られている[7]．また卵子の輸送には，顆粒膜細胞の粘着性[8]やプロスタグランディンなどの薬剤が関与しているとする報告は非常に多い[9〜11]．

　卵管腔内での卵管粘液の流動方向を決定する要因は複雑である．卵管内における卵管粘液の流動方向を決定する主な要因の一つに卵管峡部粘膜の浮腫がある．これらは，エストロゲンによって支配され，排卵とともに血中プロゲステロンの増加によって減衰する．線毛細胞，卵管峡部やAIJの平滑筋の弛緩程度によって卵管粘液の流動方向は影響される．これらは，ステロイドホルモンによって調節されていることが考えられる[12]．著者らは，生理的媒体である肺表面活性類似物質（SF様物質）が，線毛細胞，分泌細胞からアポクリン様式で周期性にかつ排卵期に旺盛に分泌されることを形態的に認めている．本物質は，精子の妊孕性獲得とともに卵管表面の表面張力を減少させることによって卵管内環境を良好に保っているものと思われる[13]．

ノンストレス生体計測法による卵管内圧の連続測定

　排卵とそれに連動した卵管の運動性の亢進や収縮性の亢進に卵管平滑筋の収縮が重要な役割を演じていることは諸家の報告から推察できる．排卵卵子捕獲ならびに排卵卵子のトランスポートについて検討するためにノンストレス生体計測法（テレメトリー自動計測システム）による家兎卵管内圧測定法について述べる[14,15]．

実験方法
a）準備するもの
1）供試動物：圧測定用ウレタンカテーテルの直径は約2 mmであるので，ある程度の卵管の太

さが必要．体重3.0〜3.5 kgの日本白色在来種家兎以上の小動物で本実験は可能である．
2) 麻酔剤：静脈麻酔（ネンブタール®）または吸入麻酔（ハローセン®）
3) 手術機具：開腹機具ならびに圧センサーを卵管に固定するためのマイクロサージェリー用手術機具
4) テレメトリー自動計測システム

圧測定用ウレタンカテーテル（直径約2 mm, Primetech社），送信器（センサー，増幅・送信回路，バッテリーからなる15 mmϕ×20 mm，キャリブレーション付送信器，PhysioTelTA11PA-CA4, Primetech社），受信ボード（RLA 1020, Primetech社），校正機能付信号変換装置（校正アナログ信号変換装置 R11CPA, Primetech社）

5) データの記録ならびに分析：増幅機 Bioelectric amplifier（NEC-San Ei 1253 A）, Pen recorderならびにデータレコーダー（NEC-San Ei 7 R 41），コンピューターシステム（NEC-San Ei Signal processor 7T18, Dataquest-Primetech社）．

b) 方　法

1) テレメトリー自動計測システム（図1.39）の装着．
(1) 送信器の装着

麻酔下に開腹，卵管内に圧センサー付ウレタンカテーテル（発信器）を装着する．卵管は出血しやすい臓器であることからマイクロサージェリーによって行うことが好ましい．圧センサー付ウレタンカテーテルは，耐圧性で noncompressable fluid で満たされ，先端は，加塑性膜からなり，Biocompatible gell で密封され体液の進入を防ぐ仕掛けになっている（図1.40）．ウレタンカテーテルの長さは18 cmあり，送信器は腹腔内埋め込み型であるので腹部皮下または腹膜外に固定する．送信器は，2カ月間連続発信が可能である．

(2) 送信器からの信号の受信

送信器からの信号は，受信ボードで受信し校正機能付信号変換装置をもちいてアナログ信号に変換する．

2) 情報の収集は，2〜4週間の手術侵襲の回復期間を見てから行う．

誘起排卵は，hCG 100-150 iuを耳静脈内に投与する．

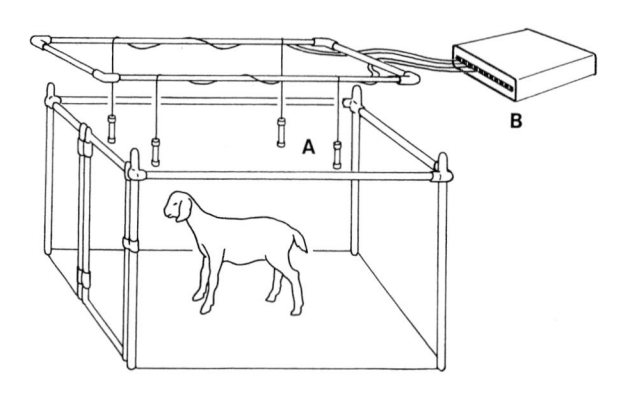

図1.39　テレメトリー自動計測システム
A：受信ボード，B：校正機能付信号変換装置

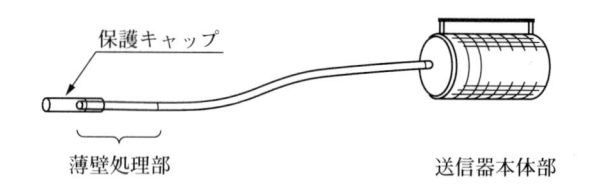

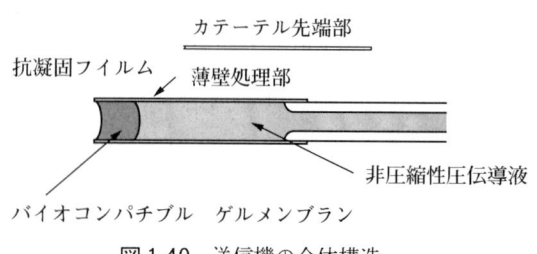

図1.40　送信機の全体構造

3) データの記録

家兎体内から送信されたテレメトリーデータは，Bioelectric amplifier で増幅，Pen recorder ならびにデータレコーダーに記録する．波形分析は，データレコーダーで記録した電位をコンピューターシステムを用いてアナログーデジタル変換してから First fourier transform 処理する．

c）卵管内圧測定の具体例

1）排卵に伴う卵管膨大部の卵管内圧変化

テレメトリー自動計測システムによって得られた排卵時の卵管内圧の具体的例を紹介する．卵管膨大部に留置した圧センサーで測定された正常な卵管内圧は，約 5 mmHg で，収縮圧と弛緩圧の差 2〜3 mmHg とほぼ安定性を持続していたが，hCG による排卵誘起から平均 10 時間 5 分に膨大部卵管内圧は，一過性に下向後，急激に上昇した．排卵前と排卵後の卵管内圧は，約 10 mmHg と約 2 倍，収縮圧と弛緩圧の差異も 7〜10 mmHg と約 3 倍に増幅した．この卵管内圧の上昇は，約 5 分間にわたり持続し正常に戻った．この卵管内圧の上昇ならびに卵管の運動性の亢進は，20〜30 分にわたって数回観察された．排卵現象に連動した卵管膨大部の収縮性の亢進を証明したもので排卵に同調して誘発したものと考えられる．排卵に同調して卵管膨大部の収縮性を亢進させる要因については，特定することはできないが，高濃度の $PGF_{2\alpha}$ を含む卵胞液が排卵に伴い卵管膨大部に流入することによって卵管膨大部平滑筋の収縮を誘発したと考えられる．

図 1.41 は，hCG 投与後から連続して卵管内圧と運動性を観察した一例で，hCG 100 iu 投与後

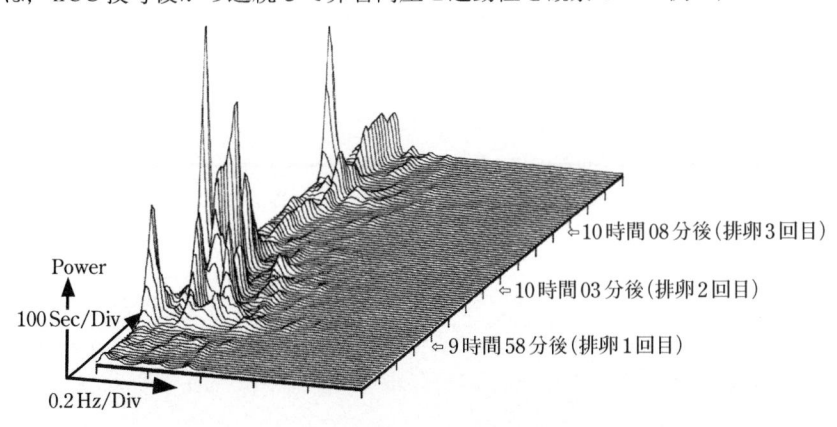

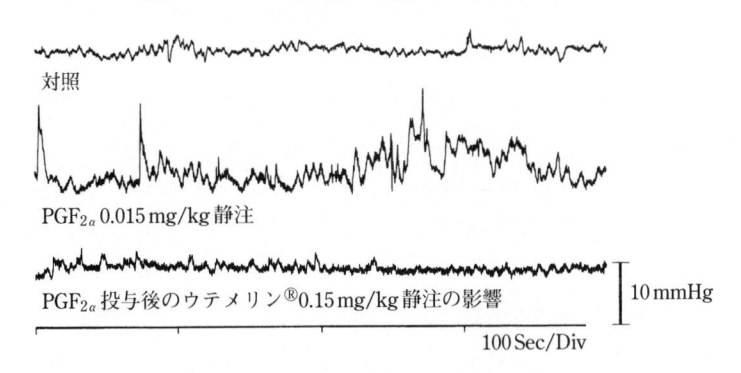

図 1.41　hCG 投与後の排卵時の卵管内圧変化

図 1.42　ウテメリン®，$PGF_{2\alpha}$ の卵管運動への影響

9 時間 58 分に膨大部卵管内圧は，約 2 倍に上昇し，収縮圧と弛緩圧の差も約 3 倍に増幅している．

2) 各種薬剤の卵捕獲ならびに卵移送に対する影響

テレメトリー自動計測システムによる卵管内圧の測定法によって卵管膨大部の運動性の亢進ならびに卵管内受精卵の移送について β_2-Adrenorecepter stimulant である Ritodrine hydrochloride（ウテメリン®）ならびに Prostaglandin $F_{2\alpha}$（プロスタグランディン®），下垂体後葉ホルモンである Oxytocin（アトニン-O®）の影響について検討した[14]．その結果，プロスタグランディン®，アトニン-O® によって卵管の運動性が亢進し，ウテメリン® によって抑制されることを認めた（図 1.42）．また排卵前にウテメリン® を投与することによって卵管采の卵捕獲は抑制されること，ウテメリン® によって卵管采の卵捕獲抑制後にプロスタグランディン® を投与することによって卵捕獲は回復することを認めた．

またウテメリン® を 44 時間連続投与によって卵管の運動性を長時間抑制し卵輸送に対するの影響を検討した結果では，卵輸送に抑制的に働くものの卵の輸送を完全に停止するまでには至らなかった．このことは，卵子や受精卵の移送に卵管の線毛運動が大きく関与をしていることが示唆された．

おわりに

受精卵の移送に関する報告については，ほとんどが動物実験によるものでヒトについては倫理的な問題もあり研究の限界がある．ここで述べた卵管内圧の連続測定法はノンストレス生体計測法であって，より自然な条件下で卵管内環境を知ることが可能である．本法によって種々の卵管機能がさらに解明されることを期待する．

参考文献

1) Osada, H., Watanabe, Y., Fujii, T. K., *et. al.*: Surfactant-like Materials (SF-phospholipids) in Fallopian Tubal Secretions and their Physiologic Role in Reproduction. J. Mamm. Ova. Res. 16: 98–103 (1999).

2) Black, D. L. and Davis, J.: A blocking mechanism in the cow oviduct. J. Reprod. Fertil. 4: 21–26 (1962).

3) Doyle, J. B.: Tubo-ovarian mechanism observation at laparoscopy. Obstet. Gynecol. 8: 686–690 (1956).

4) Halbert, S. H., Conral, J. T.: *In vitro* contractile activity of the mesotubarium superius from the rabibit oviduct in various endocrine status. Fertil. Steril. 26: 248–251 (1975).

5) Croxatto, H. B., Ortiz, M. E., Diaz, S., Hess, R., *et. al.*: Studies on the duration of egg transport by the human oviduct. II. Ovum location at various intervals following luteinizing hormone peak. Am. J. Obstet. Gynecol. 15: 629–634 (1978).

6) Harper, M. J. K.: Transport of eggs in cumulus through the ampulla of the rabbit oviduct in relation to day of pseudopregnancy. Endocrinol. 77: 114–123 (1965).

7) MacComb, P., Gomel, V.: The effect of segmental ampullary reversal on the subsequent fertility of the rabbit. Fertil. Steril. 31: 83–85 (1979).

8) Blandau, R. J.: Gamete transport. The Mammalian oviduct: Comparative Biology and Methodology (Hafez, E. S. E., Blandau, R. J., eds.). pp129-162, Univ. Chicago Press, Chicago (1969).
9) Challis, J. R. G., Erickson, G. F., Ryan, K. J.: Prostaglandin F production in vitro by granulosa cells from rabbit preovulatory follicles. Prostaglandins. 7: 183-193 (1974).
10) Armstrong, D. T., Grinwich, D. L., Moon, Y. S., and Zanecnik, J.: Inhibition of ovulation in rabbits by intrafollicular injection of indomethacin and PGF2 (anti-serum. Life Sci. 14: 129-140 (1974).
11) Spilman, C. H., Shaikh, A. A., and Harper, M. J. K.: Oviductal motility amplitude and ovarian steroid secretion during egg transport in the rabbit. Biol. Reprod. 18: 409-417 (1978).
12) Eddy, C. A., Balmaceda, J. P., Pauerstein, C. J.: Effect of resection of the ampullary isthmic junction on estrogen induced tubal locking ova in the rabbit. Biol. Reprod. 18: 105-109 (1978).
13) Osada, H., Watanabe, Y., Fujii, T. K., *et. al.*: Stimulation of Early Embryonic Development in the Cattle by Co-culture with Surfactant. J. Assist. Reprod. Genet. 16: 310-314 (1999).
14) Osada, H., Tsunoda, I., Matsuura, M., *et. al.*: Investigation of Ovum Transport in the Oviduct: the Dynamics of Oviductal Fluids in Domestic Rabbits, J. Int. Med. Res. 27: 176-180 (1999).
15) Osada, H., Fujii, T. K., Tsunoda, I., *et. al.*: Fimbrial Capture of the Ovum and Tubal Transport of the Ovum in the Rabbits, with Emphasis on the Effects of (2-Adrenoreceptor Stimulant and Prostaglandin F₂(on the Intraluminal Pressures of the Tubal Ampullae. J. Assist. Reprod. Genet. 16: 373-379 (1999).

5）卵子の質と影響因子[*]

生殖補助技術における妊娠率は採取された精子，卵子の状態，初期胚の発生能，子宮体部内膜の着床への準備状態および胚移植技術などにより大きく左右される．これらの因子の中で最も決定的な影響力を持つ卵子の質とその影響因子（年齢，排卵誘発法，FSH基礎値，PCOS，hCG投与時の卵胞径，卵巣子宮内膜症，前培養時間，hCG投与後採卵までの時間，未分割卵の受精状態，未成熟卵子の体外培養，ICSI時の卵細胞膜の抵抗性）について，ICSI症例を用いて臨床の立場より検討してみた．

卵のqualityの判別法
（1）採卵時の卵子の形態とquality

卵胞卵の成熟度分類　採卵時卵胞卵を実体顕微鏡下に直ちに観察した．卵胞卵の成熟度は，卵の形態，放射冠のexpansionの状態，卵丘魂の大きさ，卵丘細胞の結合状態などをもとに判別した．G1は，卵の細胞質が丸く大きくなめらかで，放射冠は十分に放射状に広がり，卵丘魂は3〜4mm以上の大きさがあり，ゼラチン状で分散している．G3は，卵の細胞質が中等度の大きさで，放射冠はcompactで明瞭ではなく，卵丘塊は2mm以下で，compactである．G2は，G1とG3の中間のものとした[1]（図1.43）．

---

[*] 田中　温

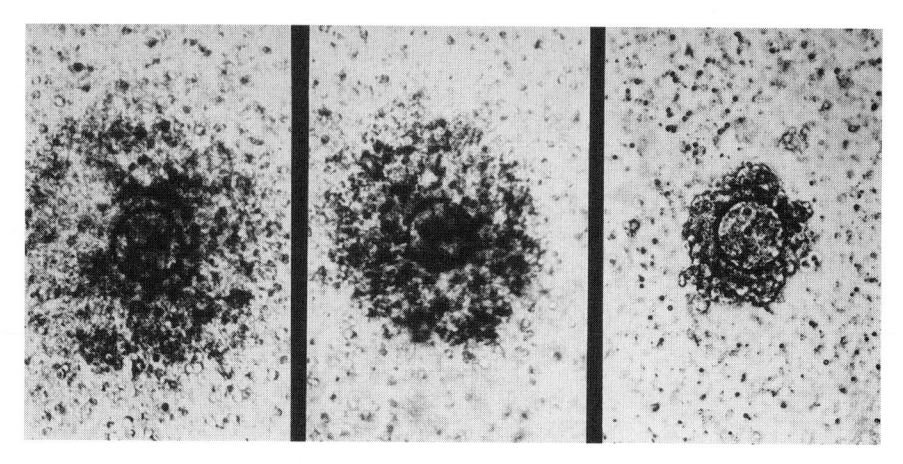

図1.43 卵胞卵の成熟度分類
成熟度の高い順に左より，G1，G2，G3と分類した．

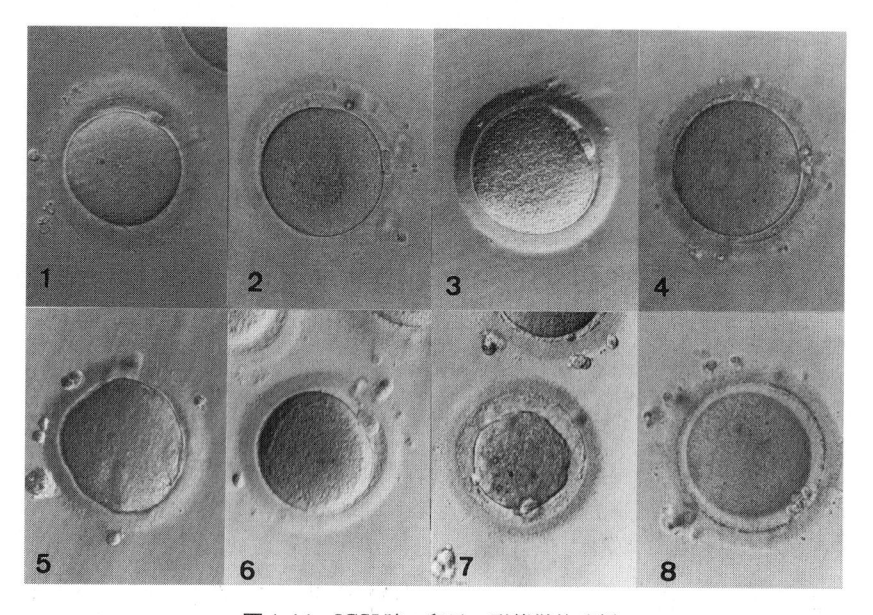

図1.44 ICSI時の卵子の形態学的分類
1：良好，2：中央部陥凹，3：粗顆粒状，4：空胞，5：不整細胞質膜，6：中央部褐色，
7：萎縮，8：第一極体不整

(2) ICSI時の卵子の形態とquality

ICSI時の成熟度分類 採取した卵胞卵子を5～6時間培養後，0.1％ヒアルロニダーゼ内に3～5分注入，顆粒膜細胞を除去し，マイクロピペットで透明帯に付着した放射冠をとり除き，裸化卵子とした．第一極体および卵核胞（GV）の有無によりM-Ⅱ期卵子，M-Ⅰ期卵子，GV期卵子を各々判別した．M-Ⅱ期卵子を細胞質の状態により，良好（1），中央部陥凹（2），粗顆粒状（3），空胞（4），不整細胞質膜（5），中央部褐色（6），萎縮（7），第一極体不整（8）に便宜上分類した（図1.44）．

ICSI時における各種M-Ⅱ期卵子の受精率および分割率を比較してみると，形態学上良好な卵子

表1.8 各種 M-II 期卵子の受精率・分割率

	良好 n=27	中央部陥凹 n=24	粗顆粒状 n=22	空胞 n=15	細胞膜不整 n=13	中央部褐色 n=11	萎縮 n=16	第一極体不整 n=21
受精率 (%)	81.5 (22/27)	75.0 (18/24)	72.7 (16/22)	73.3 (11/15)	76.9 (10/13)	63.6 (7/11)	37.5 (6/16)	81.0 (17/21)
分割率 (%)	86.4 (19/22)	72.2 (13/18)	75.0 (12/16)	72.7 (8/11)	80.0 (8/10)	57.1 (4/7)	33.3 (2/6)	82.4 (14/17)

第一極体不整のグループ，萎縮のグループ，それ以外のグループの3群に大きく分類することができ，各々をG1，G3，G2，およびA（退行卵，M-I期卵子およびGV期卵子）とした（表1.8）．

採卵時とICSI時の一致率，不一致率 採卵時とICSI時の成熟度判定の一致率は68.3％となり，内訳は，ともに良好が38.1％，ともに不良が30.2％となった．一方，不一致率は31.7％で，その内訳は，採卵時良好，ICSI時不良が8.9％，採卵時不良，ICSI時良好が22.8％という結果となり，このことから採卵時不良と思われた卵子でも，裸化卵子にしてみると良好な卵があることが判明した

卵子の質に対する影響因子
(1) 年　齢

年齢層別（20～29歳，30～34歳，35～39歳，40歳以上）における卵子の成熟度（G1，G2，G3，A）の割合は（35.9％，30.9％，19.1％，14.1％），（29.0％，26.9％，26.1％，18.1％），（12.0％，31.3％，32.8％，24.0％），（4.8％，23.8％，40.5％，31.0％），採卵数は，13.1，11.9，9.6，4.2，受精率・分割率・妊娠率は（82.7％，84％，46.6％），（80.5％，82.1％，32.3％），（75.3％，75.5％，30.7％），（70.6％，68.3％，16.1％）であった．以上の結果より年齢が高くなるに従い卵子の成熟度は低下し，採卵数が減少し，妊娠率が低値となることが判明した．この加齢に伴う卵子の質の低下は35歳以上よりその傾向を示し，40歳以上では顕著となった．

(2) 排卵誘発法

妊娠率向上には，いかに良質な卵子を多数獲得できるかが重要であり，このための排卵誘発法の検討が世界中で行われている．現在使用されている排卵誘発法は，大きく分けるとGnRH analogue（GnRH-a）を使用する群と使用しない群に分けられる．GnRH-a群はさらに使用方法により，Short I 法（S_1）：月経初日よりGnRH-aを開始し，3日目よりpure FSH + HMGを使用，Short II 法（S_2）：月経3日目よりGnRH-aとHMGを同時に開始，Long法（L_1）：先行月経周期の黄体中期よりGnRH-aを開始し，月経3日目よりHMG使用，Long II 法（L_2）：月経初日よりGnRH-aを2W使用，その後よりHMGを使用の4種類に区別される．GnRH-aを使用しない群には，月経3日目よりClomiphene投与（CL），ClomipheneとHMGを同時開始する（CL+HMG）および排卵誘発剤を全く使用しない（natural）方法がある．

① 35歳以下：各GnRH-a使用群間には卵子の成熟度，受精，分割率，妊娠率において明らかな差は認められなかったが，Long法よりShort法の方が良好な成績となる傾向を示した．

表1.9 各種排卵誘発法と卵子の質との関連について－1（35歳以下）

	S_1	S_2	L_1	L_2	CL + HMG	CL
採卵総数（平均）	1741 (16.6) (n = 105)	1027 (12.4) (n = 83)	205 (9.8) (n = 21)	132 (10.2) (n = 13)	53 (6.6) (n = 8)	11 (5.5) (n = 2)
G_1 (%)	530 (30.4)	308 (30.0)	67 (32.7)	34 (25.8)	12 (22.6)	2 (18.2)
G_2 (%)	540 (31.0)	329 (32.0)	61 (29.8)	39 (29.5)	11 (20.8)	4 (36.4)
G_3 (%)	331 (19.0)	185 (18.0)	38 (18.5)	25 (18.9)	14 (26.4)	2 (18.2)
A (%)	340 (19.5)	205 (20.0)	39 (19.0)	34 (25.8)	16 (30.2)	3 (27.2)
受精率 (%)	80.1 (1122/1401)	78.8 (648/822)	77.7 (129/166)	74.5 (73/98)	67.6 (25/37)	50.0 (4/8)
分割率 (%)	82.2 (922/1122)	80.1 (519/648)	78.3 (101/129)	75.3 (55/73)	68.0 (17/25)	50.0 (2/4)
妊娠率 (%)	34.3 (36/105)	28.9 (24/83)	28.6 (6/21)	23.1 (3/13)	25.0 (2/8)	50.0 (11/21)

表1.10 各種排卵誘発法と卵子の質との関連について－2（36歳～40歳）

	S_1	S_2	L_1	L_2	CL + HMG	CL
採卵総数（平均）	625 (9.3) (n = 67)	704 (9.5) (n = 74)	287 (8.2) (n = 35)	226 (9.4) (n = 24)	182 (8.7) (n = 21)	18 (3.6) (n = 5)
G_1 (%)	158 (25.3)	212 (30.1)	58 (20.2)	44 (19.5)	35 (19.2)	5 (27.8)
G_2 (%)	181 (29.0)	204 (29.0)	75 (26.1)	45 (19.9)	24 (13.2)	6 (33.3)
G_3 (%)	148 (23.7)	140 (19.9)	75 (26.1)	74 (32.7)	62 (34.1)	3 (16.7)
A (%)	138 (22.1)	148 (21.0)	79 (27.5)	63 (27.9)	61 (33.5)	4 (22.2)
受精率 (%)	73.1 (356/487)	78.1 (434/556)	64.4 (134/208)	60.1 (98/163)	63.6 (77/121)	64.3 (9/14)
分割率 (%)	75.0 (267/356)	82.0 (356/434)	82.8 (111/134)	78.6 (77/98)	75.3 (58/77)	66.7 (/9)
妊娠率 (%)	26.9 (18/67)	27.0 (20/74)	28.6 (10/35)	29.2 (7/24)	28.6 (6/21)	20.0 (1/5)

CL+HMG，CL群では卵子の成熟度が低下し，受精率・分割率が低値となった（表1.9）．

②36歳～40歳：35歳以下の群とほぼ同様の結果であったが，Long法がShort法より成績が高くなり，また，CL+HMG法およびCL法での卵子の成熟度および受精率・卵割率が35歳以下の群より少し高値となる傾向を示した（表1.10）．

③41歳以上：各種誘発法における卵子の成熟度，受精率，分割率は若年層群に比べ，全てが低下したが，その下降の程度はGnRH-a使用群で著明であった．CL法および，CL+HMG法がGnRH-a使用群より良好な成績となる傾向を示した（表1.11）．

表1.11 各種排卵誘発法と卵子の質との関連について-3（41歳以上）

	S_1	S_2	L_1	L_2	CL + HMG	CL	Natural
採卵総数（平均）	41 (3.7) (n = 11)	73 (5.2) (n = 14)	14 (2.8) (n = 5)	21 (3.5) (n = 6)	97 (3.6) (n = 27)	58 (3.9) (n = 15)	5 (1.0) (n = 5)
G_1 (%)	4 (9.8)	7 (9.6)	2 (14.2)	3 (14.3)	14 (14.4)	10 (17.2)	0
G_2 (%)	8 (19.5)	14 (19.2)	4 (28.6)	6 (28.6)	25 (25.8)	13 (22.4)	1 (20.0)
G_3 (%)	16 (39.0)	27 (37.0)	4 (28.6)	7 (33.3)	30 (30.9)	15 (25.9)	2 (40.0)
A (%)	13 (31.8)	25 (34.2)	4 (28.6)	5 (23.8)	28 (28.9)	20 (34.5)	2 (40.0)
受精率 (%)	71.4 (20/28)	68.8 (33/48)	60.0 (6/10)	62.5 (10/16)	59.4 (41/69)	55.3 (21/38)	66.7 (2/3)
分割率 (%)	55.0 (11/20)	63.6 (21/33)	50.0 (3/6)	50.0 (5/10)	65.9 (27/41)	61.9 (13/21)	100.0 (2/2)
妊娠率 (%)	18.1 (2/11)	21.4 (3/14)	20.0 (1/5)	16.7 (1/6)	14.8 (4/27)	13.3 (2/15)	0

表1.12 月経周期3日目のFSH値と卵子の質との関係について（35歳以下，SⅡ法）

	採卵総数 （平均）	G_1 (%)	G_2 (%)	G_3 (%)	A (%)	受精率 (%)	分割率 (%)	妊娠率 (%)
FSH < 15 miu/ml (n = 6)	97 (16.2)	28 (28.9)	27 (27.8)	23 (23.7)	19 (19.0)	82.1 (64/78)	81.3 (52/64)	50.0 (3/6)
FSH ≧ 15 miu/ml (n = 5)	54 (10.8)	15 (27.8)	11 (20.3)	14 (25.9)	14 (25.9)	77.5 (31/40)	77.4 (24/31)	20.0 (1/5)

（3）FSH基礎値

過排卵処理後に発生する卵子の質を予知する内分泌検査としては月経周期初期のE_2（エストラジオール），FSH，インヒビンB，hCG投与時のP（黄体ホルモン）およびLHの各種濃度測定を行ってきた．今回，我々は臨床的見地より，月経周期3日目のFSH値とその後の過排卵処理にて採取された卵子の質とについて検討してみた．FSHが15 miu/ml未満の群では，15 miu/ml以上の群に比べ卵子の成熟度，受精率および分割率において優位な差異は認めなかったが，平均採卵数が明らかに高値となった（表1.12）．

（4）多嚢胞性卵巣（PCOS）

排卵障害患者の中で最も頻度の高いPCOSの内分泌学的異常が過排卵処理後に発生してくる卵子の質にどのような影響を与えるかを検討してみた．PCOSは①排卵障害，②月経初期における経膣超音波断層像で左右卵巣にネックレス状の多数の小卵胞を認める，③血中基礎LH値がFSH値より高い，LH・RHテストでLHの過剰反応の3点より診断した．

平均採卵数は35.6，（G1，G2，G3，A）の割合および受精率，分割率は（28.1 %，23.4 %，24.6 %，23.8 %），75.5 %および87.7 %であり，良好な成績を示した．35歳以下のS_1の群と優位な差は認めなかった．卵巣過剰刺激症候群（OHSS）を防止するために分割胚は全て凍結保存し，

表1.13 卵胞径と卵子の質との関連について（35歳以下，short法，正常排卵機能）

卵胞径	17 mm 以下 (n = 5)	18〜20 mm (n = 14)	21 mm 以上 (n = 6)
採卵数（平均）	61 (12.2)	201 (14.4)	87 (15.0)
G_1 (%)	11 (18.0)	61 (30.3)	9 (10.3)
G_2 (%)	13 (21.3)	66 (32.8)	17 (19.5)
G_3 (%)	20 (32.8)	36 (17.9)	28 (32.2)
A (%)	17 (27.9)	38 (18.9)	33 (37.9)
受精率（%）	75.0 (33/44)	81.0 (132/163)	72.2 (39/54)
分割率（%）	75.8 (25/33)	81.8 (108/132)	71.8 (28/39)
妊娠率（%）	20.0 (1/5)	35.7 (5/14)	33.3 (2/6)

自然周期に移植した場合の妊娠率は83.3 % と高値を示した[2]．

（5）hCG 投与時の卵胞径

排卵誘発の成功の鍵を握るポイントの一つに，いつ hCG に切り替えるかのタイミングがあげられる．hCG 切り替えのタイミングを決定する因子としては，主席卵胞径，血中 E_2 値および，子宮内膜厚が一般的である．その中で最も影響力のある卵胞径と卵子の質とについて正常排卵機能を有する 35 歳以下で short 法を用いた症例を対象とし検討してみた．主席卵胞径が 17 mm 未満，18〜20 mm，21 mm 以上の 3 群間では 18〜20 mm の群で卵子の成熟度が他の 2 群より優位に高くなり，また，受精率，分割率，妊娠率も高くなる傾向を示した．17 mm 以下と 21 mm 以上の 2 群間では，優位な差は認められなかったが，異常卵子の発生率が 21 mm 以上の群でやや高値となった（表1.13）．

（6）卵巣子宮内膜症の有無

少なくとも一側の卵巣に子宮内膜症が認められた症例で，35 歳以下で Short 法にて排卵誘発を行った 15 例の平均採卵数，卵子の成熟度の割合，受精率，分割率および妊娠率は 6.9，(26.2 %，24.6 %，23.0 %，26.2 %) 74.0 %，84.4 % および 33.3 % であり，子宮内膜症が認められなかった群（表1.10 の S_1 の群）に比べ，平均採卵数が低値を示した以外に優位な差は認められなかった．

（7）前培養時間

Trounson ら[3]は，体外受精において採卵された卵胞卵子の未熟性に着目し，採卵後に 5〜6 時間の前培養を追加することにより，受精率が上昇すると報告した．中潟ら[4,5]もマウスを用いた同様の実験を行い，卵胞卵子の成熟度が飛躍的に向上することを確認した．我々は，ICSI における前培養時間の長さと卵子の質との関連について（hCG 投与 37 時間後採卵，35 歳以下，short 法，正常排卵機能）の症例で再度検討してみた．前培養時間を 1〜2 時間，4〜7 時間，10 時間以上の 3 群に分け卵子の成熟度の割合，受精率および分割率について比較した結果，前培養時間が 1〜2 時間の群では卵子の成熟度が低下し，退行卵，M-I 期卵子および GV 期卵子の発生頻度が高くな

表1.14 前培養時間の長さと卵子の質との関連について（HCG投与37時間後採卵，35歳以下，short法，正常排卵機能）

前培養時間	1～2 (n = 2)	4～7 (n = 32)	10以上 (n = 24)
採卵総数（平均）	19 (9.5)	347 (10.8)	291 (12.1)
G_1 (%)	4 (21.1)	100 (28.8)	82 (28.2)
G_2 (%)	5 (26.3)	108 (31.1)	110 (37.8)
G_3 (%)	4 (21.1)	62 (17.9)	54 (18.6)
A (%)	6 (31.6)	77 (22.2)	45 (15.5)
受精率 (%)	76.9 (10/13)	80.4 (217/270)	77.2 (190/246)
分割率 (%)	80.0 (8/10)	83.9 (182/217)	83.2 (158/190)
妊娠率 (%)	50.0 (1/2)	32.5 (12/32)	33.3 (8/24)

った．受精率および分割率には3群内で優位な差は認められなかったが，前培養時間が10時間以上の群における分割卵の割球が不揃いとなる傾向を認めた（表1.14）．

(8) hCG投与後採卵までの時間

hCG投与後，採卵までの時間は約36時間が一般的である．最高の質の卵子を得るためには，できる限り排卵近くまで採卵を待った方がよい．HMG+hCG法における排卵誘発法における排卵時間はhCG投与後，40～42時間に集中していることがわかっているが[6]，我々は，通常36～38時間の間に採卵している．このhCG投与後採卵までの時間差と採取された卵子の質との関連につい

表1.15 HCG投与後採卵までの時間差と卵子の質との関連について

HCG投与後採卵までの時間	34未満 (n = 12)	34～35 (n = 21)	36～38 (n = 35)
採卵総数（平均）	117 (9.8)	263 (12.5)	389 (11.5)
G_1 (%)	24 (20.5)	60 (22.8)	116 (29.8)
G_2 (%)	23 (19.7)	68 (25.9)	121 (31.1)
G_3 (%)	26 (22.2)	56 (21.3)	79 (20.3)
A (%)	34 (29.1)	79 (30.0)	73 (18.8)
受精率 (%)	72.3 (60/83)	79.9 (147/184)	81.6 (258/356)
分割率 (%)	75.0 (45/60)	79.6 (117/147)	80.2 (207/258)
妊娠率 (%)	25.0 (3/12)	33.3 (7/31)	34.3 (12/35)

表 1.16 ICSI 時の卵細胞膜の抵抗の状態と卵子の質との関連について

	正常	抵抗が弱い	抵抗が強い
ICSI 施行卵数	67	43	31
G_1 (%)	43 (64.2)	1 (2.3)	20 (64.5)
G_2 (%)	22 (32.9)	14 (32.6)	9 (29.0)
G_3 (%)	2 (3.0)	28 (65.1)	2 (6.5)
受精率 (%)	86.6 (58/67)	58.1 (25/43)	77.4 (24/31)
分割率 (%)	79.3 (46/58)	36.0 (9/25)	70.8 (17/24)

て 34 時間未満, 34〜35 時間, 36〜38 時間の 3 時間で検討してみた. 36〜38 時間の群が他の 2 群に比べ, 卵子の成熟度, 受精率, 分割率および妊娠率において最も良好な値を示したが, 3 群間に優位差は認められなかった (表 1.15).

(9) ICSI 時の卵細胞膜の抵抗の状態

ICSI に習熟された方ならば, injection pipette を卵細胞質内に刺入する際に, 細胞膜が非常に切れにくい症例, 逆にスーッと抵抗なく入ってしまう症例および通常の症例の 3 通りあることに気づいていることと思う. これらの細胞膜の抵抗性の状態と卵子の質とについて検討してみた. 抵抗が弱い群では他の 2 群に比べ明らかに卵子の成熟度は低く, その後の胚発生能も極端に低値となることが判明した. 抵抗の強い群は, 通常の群と卵子の成熟度および胚発生能において同様の結果であった (表 1.16).

(10) ICSI 後の未分割卵の受精状態

ICSI 後の未分割卵の受精の状態を前核および極体の数を観察し, 卵子の質との関連について検討してみた. 未分割卵は, 2PN, 2PB の正常受精, 雌性前核が第 II 極体放出不全 (digynic), 雄性前核形成不全の 3 群に分類した. 未分割の原因としては主に精子側に問題があると考えられているが, 今回我々は卵子の質との関連について検討してみた (図 1.45). その結果, 卵子の成熟度が低下するに従い, 雌性前核の第 II 極体放出不全群の割合が明らかに高値となった. 以上の観察結果より,

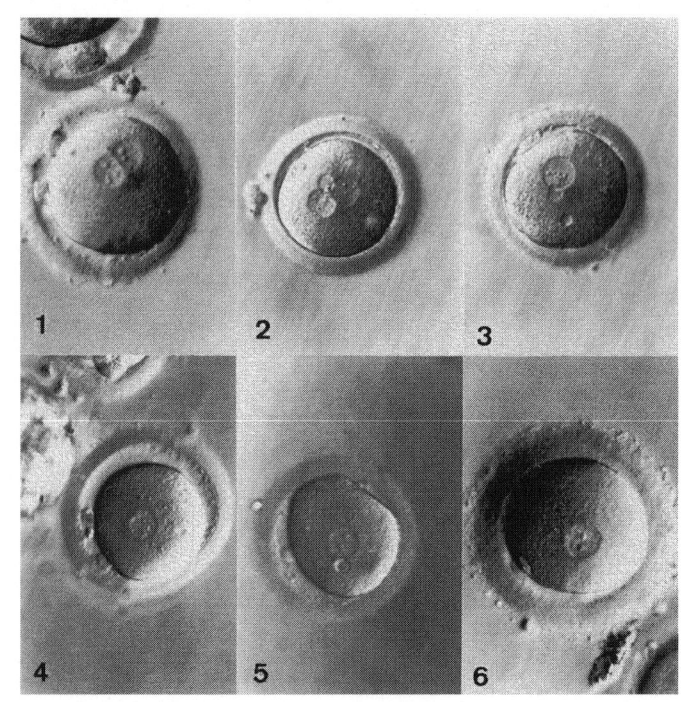

図 1.45 ICSI 後の未分割卵の受精状態
1 : 2PN, 2PB　2 : 3PN, 1PB　3 : 2PN (large PN, Small PN) 1PB
4 : 1PN, 2PB　5 : 2PN (different sizes) 2PB　6 : 1PN, 1PB

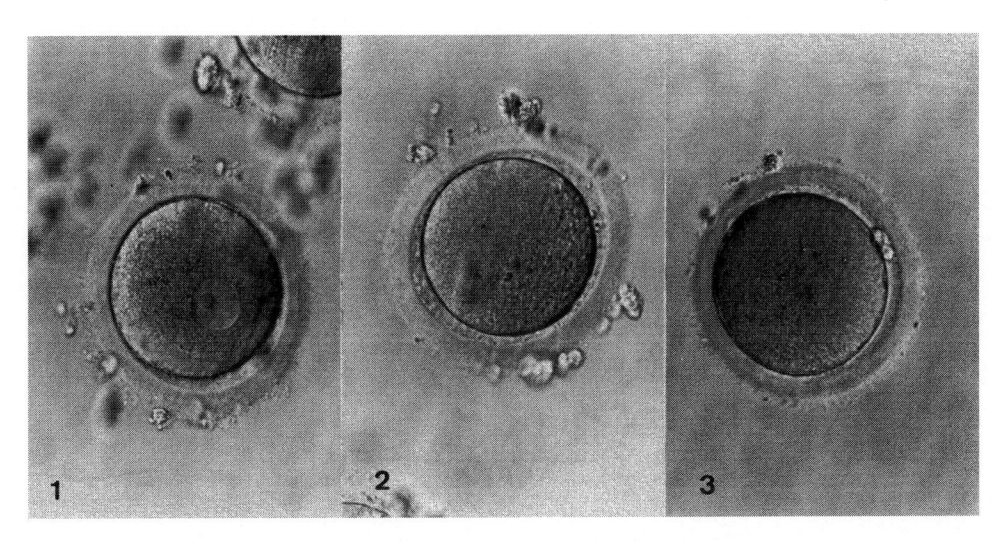

3. 排 卵 (91)

図 1.46 未成熟卵子の体外培養
1：GV 期卵子　2：M-Ⅰ期卵子　3：M-Ⅱ期卵子

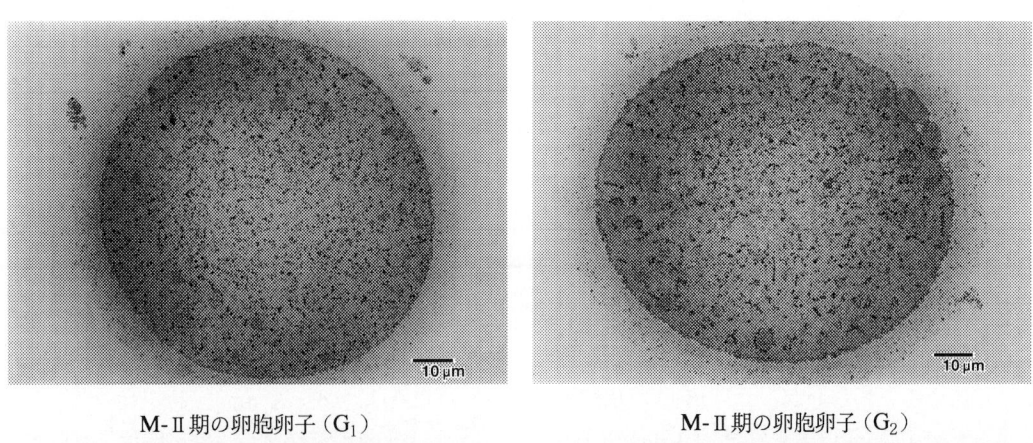

M-Ⅱ期の卵胞卵子（G_1）　　　　　　　M-Ⅱ期の卵胞卵子（G_2）

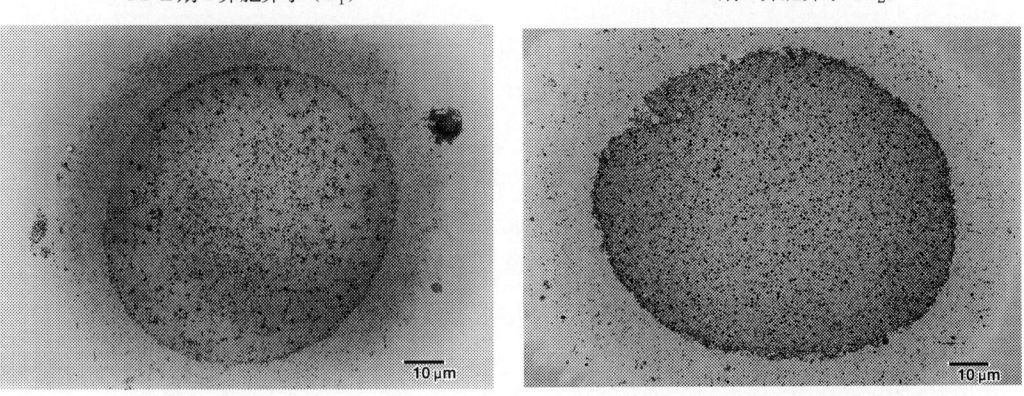

M-Ⅱ期の卵胞卵子（G_3）　　　　　　　体外培養後の M-Ⅱ期卵子

図 1.47　G_1, G_2, G_3 および体外培養後の M-Ⅱ期卵子の電顕像

ICSI 後の未分割卵の原因として，卵子自身の成熟度の低下も関与していることが示唆された．

（11）未成熟卵子の体外培養

　hCG 投与後の ICSI 症例の卵子の中で，第2成熟分裂中期に至らない異常卵子（M-I 期卵子，GV 期卵子および退行卵子）は，通常約2〜3割である．しかし，症例によってはこの異常卵子を占める割合が8〜9割となることがあり，M-I 期卵子および GV 期卵子を体外で培養し，M-II 期卵に成熟できないものかと試みた（図 1.46）．その結果，GV 期卵子および M-I 期卵子の第1極体放出率は 48.2 % および 58.8 % であった．体外培養後に M-II 期に至った卵子に ICSI を行った後の GV 期卵子はおよび M-I 期卵子の受精率，分割率は，（59.9 %，26.0 %），（57.9 %，26.3 %）と低値ながらも満足いく結果であったが，この分割した胚の胚盤胞までの発生率を調べてみると 3.1 % および 3.9 % と極端に低値となった．以上の結果より，体外で培養し第一極体を放出した M-II 期卵子の質は，M-II の卵胞卵子（G1，G2，G3）の質より著明に劣ることが判明した．これらの卵子を透過電顕像で形態学的に比較してみると，G1，G2 の成熟卵子は G3 および体外培養後の M-II 期卵子に比べ，細胞内小器官が全体的に均等に分布し，電子密度が高くなっており，また，透明帯が緻密でコンパクトとなっている点が認められた（図 1.47）．

まとめ

　ART の成績を左右する卵子の質とその影響因子について臨床的見地より比較検討してみた．影響因子としては，妻の年齢が最も甚大であり，年齢が高くなるに従い，卵子の質は明らかに低下することが観察され，35 歳までに ART を開始すべきであることが証明された．次は，排卵誘発法の選択であり，35 歳以下の群では Short 法，36〜40 歳の群では Long 法，41 歳以上では CL+HMG 法または，CL 法が有効であった．また，過排卵処理後の卵子の質を予知する為の月経周期3日目の FSH 値の測定はあまり意味はなかったが，採卵数の予測には有用であった．多嚢胞性卵巣の過排卵処理後の卵子の質はコントロール群と差がなく良好であり，全胚凍結後，自然周期に移植し，高率に着床することがわかった．hCG 切り替え時の主席卵胞径は，18〜20 mm で高い質の卵子が採取できたが 17 mm 以下または，21 mm 以上でも明らかな差は認められなかった．卵巣子宮内膜症は，排卵誘発後の卵子の質には影響しなかったが，発生する卵胞の数を減少させた．現在ルーチン化されている卵子の4〜7時間の前培養は ICSI においても有用であった．10 時間以上となると fragmentation が増加する傾向を示した．hCG 投与後，採卵までの時間の差による卵子の質には大きな差異は観察されなかったが，通常通りの hCG 投与 36〜38 時間で良好な卵子が採取された．ICSI 時の細胞膜の抵抗の状態は卵子の質とよく相関しており，ICSI の針が抵抗なく入ってしまう卵子のその後の発生能は，かなり低くなることが予測できた．ICSI 後の未分割卵の原因としては卵子の質が低いことが示唆され，また ICSI 症例における未成熟卵子の体外培養は現在のところ臨床上価値が低いと考えられた．

　以上の諸因子を念頭におき，質の高い卵子を数多く誘発することが我々臨床医にとっての使命である．しかしながら，重症子宮内膜症患者などにおける卵子の low（poor）quality に対しては，有効な対処法がなく，最終的には卵子提供が必要となってくるであろう．

参考文献

1) 田中　温・戸枝通保・長沢　敢・山本　勉・中潟直己：授精前培養卵子を用いた配偶子卵管内移植法 (New GIFT法) の開発とその臨床成績の検討. 日産婦誌, 40: 1859-1866 (1988).
2) 永吉　基・田中　温・田中威づみ・栗田松一郎・馬渡善文：重症OHSSにおける全胚凍結の試み. 産婦人科治療, 78: 426-429 (1999).
3) Trounson, A. O., Mohr, L. R., Wood, C., and Leeton, J. F.: Effect of delayed insemination on *in vitro* fertilization, culture and transfer of human embryos. J. Reprod. Fertil., 64: 285-292 (1982).
4) 中潟直己・田中　温：排卵直前のマウス卵胞卵の受精能および初期発生能に及ぼす卵子前培養の効果について. 日不妊会誌, 33: 160-165 (1988).
5) 中潟直己・田中　温：排卵直前のマウス卵胞卵の新生子に及ぼす卵子前培養の効果について. 日不妊会誌, 33: 415-418 (1988).
6) 岩佐　剛・田中　温・戸枝通保・金子隆弘・長沢　敢・山本　勉・竹内久弥・高田道夫：採卵時期はHCG投与後35~36時間が最適なのだろうか. 第33回日本不妊学会学術講演会抄録, p.259 (1988).

4. 受　精

4.1　精子との接着，融合のメカニズム*

はじめに

受精は二つの配偶子 (精子と卵子) の対等な関係から成り立つ複雑なそして連続する現象である. 受精を完遂するために, おのおのの配偶子は先ず成熟しなければならないし, タイミングよく遭遇する必要もある.

哺乳動物の精子は, 射出されたとき運動性は有するものの卵に受精できる状態にはない. 受精能力を持つためには, 雌性生殖管内で受精能獲得 (capacitation) と呼ばれる生理的な変化を経ねばならず, その後卵の透明帯に接着して先体反応 (acrosome reaction) という特異的な反応を起こす. 先体反応の結果, 精子の先体部から酵素が放出され透明帯を溶解させるとともに, 精子運動の活発化 (hyperactivation) による物理的な因子の助けも借りて精子は透明帯を通過し, やがて卵表面に到達して卵子と接着・融合して受精を完了することになる.

精子の受精能獲得

精子は射出直後には受精能力を有しておらず, 女性生殖路内において一定の時間が経過した後に, はじめてその受精能を顕在化させるようになる. この現象は, 1951年に, Austin[1]ならびにChang[2]によりはじめて報告され, Austinにより「受精能獲得」と命名された[3]. 受精能獲得は, 精子が女性生殖路内を移動する過程で精子自身に生ずる一連の変化の総称であり[4,5], その結果, 射出精子は, 卵子透明帯への接着の準備を完了すると同時に, 透明帯の通過および卵細胞との融

---

* 星　和彦・平田　修司・内田　雄三

合に必要な精子運動の活発化ならびに「先体反応」を起こすことが可能となる．この受精能獲得は，男性生殖路内で安定に保存されていた精子の活性化過程[6]，あるいは，特に複数の卵子を排卵する動物においては，生殖路内で精子の受精能の獲得速度を調節し，排卵した卵子に受精能を獲得した直後の「新鮮な」精子を供給することを可能にする過程[4]であると理解されている．

受精能獲得による精子の変化

受精能獲得は，精子が女性生殖路内を移動する過程で生ずる一連の変化の総称であるが[4,5]，この過程で，精子のすべての構成成分（頭部と尾部の細胞膜，細胞質ならびに細胞骨格）の変化，精巣上体液や精漿を起源とする諸因子の除去ないし再分布，ならびに細胞膜の脂質やタンパクの再構築が生ずると同時に，細胞内イオン濃度の変化，活性酸素の産生，細胞内情報伝達機構による情報伝達，などが起きるものと考えられている[7]．

（1）精子細胞膜のコレステロール/リン脂質比

射出されたばかりの精子細胞膜には，精巣上体ならびに精漿由来のコレステロールが取り込まれており，その結果，細胞膜が「安定化」している[4]．精子培養液中で精子のコレステロール含有量が次第に減少することから[8]，受精能獲得の過程で精子細胞膜のコレステロールが細胞外に遊離すると考えられている[9]．また，精子培養液中に通常添加されているアルブミンは，コレステロールと結合して精子細胞膜のコレステロール含有量の減少を引き起こすほか，アルブミン標品にしばしば含まれている lipid transfer protein-I が膜の脂質の移動を促進することにより細胞膜のコレステロール含有量の減少を惹起することが明らかにされている[10]．

種々の動物を比較検討すると，精子細胞膜のコレステロール/リン脂質比が高いものほど受精能獲得に要する時間が長い[11]．また，ヒト精子について検討した場合でも，精子細胞膜のコレステロール/リン脂質比が高いものほど受精能獲得に要する時間が長い[12]ことが明らかになっている．これらの成績から，精子細胞膜のコレステロール含有量が精子の受精能獲得の直接的な調節因子であることが示唆される．精子細胞膜のコレステロールが精子機能を調節する機構はまだよくわかっていないが，膜のコレステロール含有量の減少により細胞内の pH が上昇して先体反応が惹起されやすい状態になる[13]，や，透明帯の構成成分であるマンノースに対する受容体が精子細胞表面に露出する結果，透明帯との接着のシグナルが細胞内に伝達されるようになる[14]，などの機序によって，精子の先体反応の準備が完了することが示唆されている．

（2）精子細胞内 Ca^{2+} 濃度

哺乳類においては，精子細胞内への Ca^{2+} の流入が先体反応の誘起に必要かつ十分であることは，動物種にかかわりなくすでに確立した事象である[15]が，受精能獲得の過程における精子細胞内 Ca^{2+} 濃度の変化については，種々の動物種で上昇するとの報告や変化しないとの報告があり一定の結論に至っていない[4]．しかしながら，ヒトにおける検討では，精子細胞内 Ca^{2+} 濃度の増加によって精子の受精能を獲得させ得る[16,17]，ある種の培養液中での受精能獲得により精子細胞内 Ca^{2+} 濃度が増加する[18]，などの成績から，精子において細胞内 Ca^{2+} が重要な役割を果たしていることが明らかになっている．精子の細胞内 Ca^{2+} は，主にアデニル酸シクラーゼ/cAMP/PK-A 系の活性化を介して受精能獲得に関与しているものと考えられている[19]．なお，Ca^{2+} にはフォス

フォジエステラーゼ活性化作用によるこの系の抑制作用もあり[20]，その作用機構の詳細は未解明である．

（3）精子細胞内pH

ウシやマウスにおいては受精能獲得に伴って精子細胞内pHが上昇すること，精子細胞内pHを上昇させないと受精能獲得が進行しないことが報告されている[21,22]．ヒト精子についての検討でも，受精能獲得に伴って精子細胞内pHが上昇すること[13]，精子細胞内pHの上昇はコレステロール添加により抑制されること[13]，精子細胞内pHの低下により受精能獲得が進行しないこと[23]，などが明らかになっている．培養液中のHCO_3^-を除去すると精子細胞内pHの上昇が生じなくなる[23]ことから，受精能獲得に伴う精子細胞内pHの上昇は，細胞外のHCO_3^-の細胞内への移行によるものと考えられている[23]．なお，HCO_3^-には精子のアデニル酸シクラーゼが活性化作用があるので[24]，HCO_3^-の細胞内への移行により細胞内pHが上昇すると同時にアデニル酸シクラーゼ／cAMP／PK-A系が賦活化されるものと考えられる．

先体反応

精子が受精能を発揮する上で重要な現象は先体反応である．先体反応とは，精子先端の細胞膜に小孔が開き，透明帯を溶解する酵素が放出する現象である．Ca^{2+}チャンネルを介して細胞内に流入したCa^{2+}がホスホリパーゼを活性化し，細胞膜のリン脂質を分解する．これが細胞膜の安定性を喪失させ，先体反応が進行するという説が考えられている．細胞内に流入したCa^{2+}自身も先

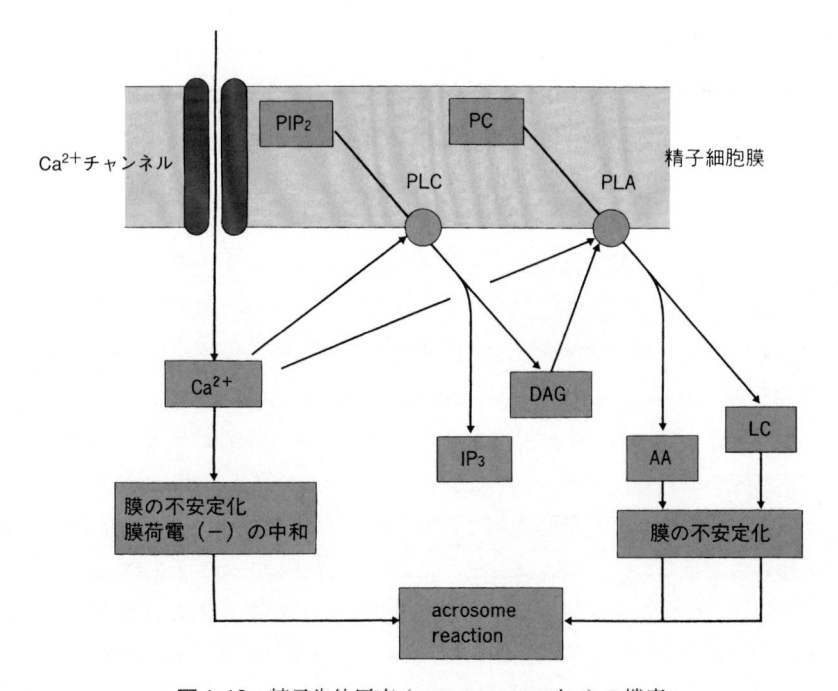

図1.48 精子先体反応（acrosome reaction）の機序
PIP2 : phosphatidyl inositol diphosphate, PC : phosphatidyl choline, PLC : phospholipase C, PLA : phospholipase A2, dag : diacylgycerol, IP3 : inositoltriphosphate, LC : lysophosphatidyl choline, AA : arachidonic acid

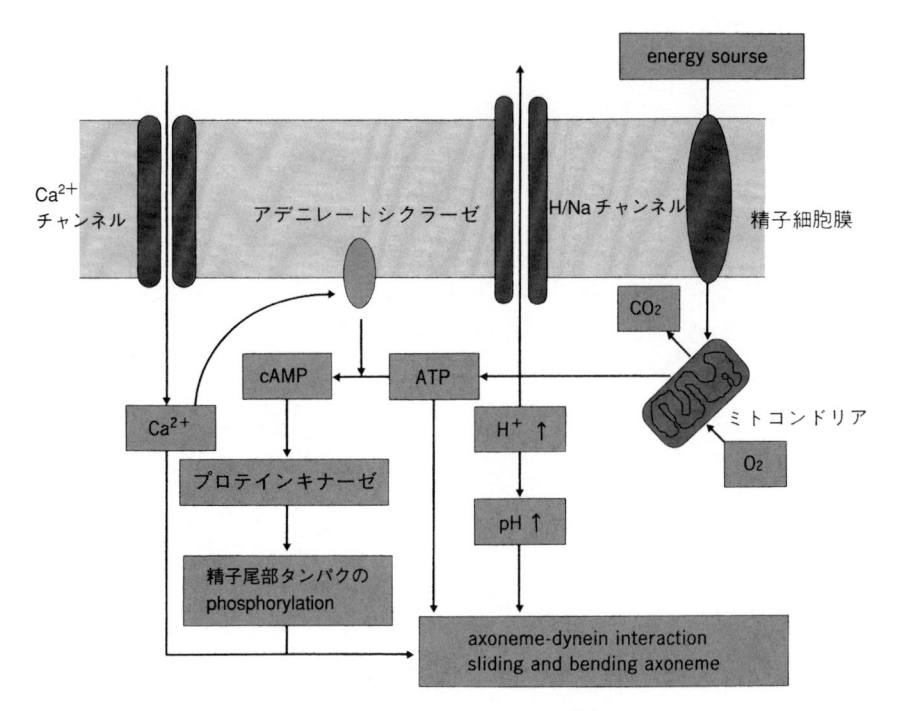

図1.49 Hyperactivationの機序

体を覆う2枚の膜（形質膜と先体外膜）を接近・接着させる働きをして先体反応を誘導する（図1.48）．先体反応と並んで精子が受精するとき重要な役割を果たす精子運動の活発化の発現にも細胞内へ流入したCa^{2+}が引き金となる[4]（図1.49）．

精子の受精能発現を促す生理的な物質として現在最も注目されているのはプロゲステロンである．それはプロゲステロンを培養液に添加することでハムスターテストが促進されることからも明らかであり，プロゲステロン添加により精子内のCa^{2+}が上昇することも報告されている[25]．精子に対するプロゲステロンの作用は極めて短時間に起こること，細胞膜を通過できないようにウシ血清アルブミン（BSA）を結合させたプロゲステロンを作用させても，同じような反応が認められる[26]ことから，プロゲステロンの作用部位は精子の細胞膜との説がある．精子の細胞膜にはGABA受容体に似た受容体（GABA-receptor like receptor）が存在し，プロゲステロンは協同性に作用して，この受容体と複合体を形成しているCl^-チャンネルを開かせる．細胞外からCl^-が流入し，これが細胞膜のCa^{2+}チャンネルを開かせるのではないかと，Meizelは考えている[27]．

われわれは子宮や乳腺のような細胞内型受容体とは異なるプロゲステロン受容体が細胞膜に存在していても良いのではないかと考えている．ヒトのプロゲステロン受容体は八つのエキソンから構成されている．プロゲステロン受容体のB型mRNAやA型mRNAはエキソン1から転写されるが，乳癌組織で確認されたC型のmRNAはエキソン2の途中から翻訳される．ヒト精子の細胞膜型と考えられるプロゲステロン受容体mRNAは，プロゲステロン結合領域は有するが，DNA結合領域をもたないC型mRNA類似の構造をもつ新たなmRNAであることをつきとめ，この構造を明らかにするために，細胞内型プロゲステロン受容体cDNAをプローブとしてヒト精巣の

cDNA ライブラリーからスクリーニングし，陽性クローンの塩基配列を解析した．陽性クローンはエキソン4の上流にこれまで未報告の新たな塩基配列をもつことが明らかにされ，われわれはこれをプロゲステロン受容体 mRNA S 型と命名した．さらに，この陽性クローンの塩基配列を解析した結果，この新たな塩基配列は，独立した一つのエキソンに由来すること，そしてこれはエキソン4の上流に存在していることを確認した（エキソンSと命名）．プロゲステロン受容体 S mRNA はヒト精子で子宮内膜よりも高レベルで検出されており[28]，この mRNA がコードするタンパク（すなわち S 型 PR）が精子細胞膜の受容体と関連性を有していることが強く示唆される．

しかし，卵管内でのプロゲステロンの生理的濃度を考えると，プロゲステロンが直接先体反応を惹起させているとは考えにくく，先体反応直前の状態（すなわち受精能獲得）に準備させているのではないかと思われる．そしてこの状態で，透明帯に存在するリガンドが精子表面の受容体に結合すると，精子細胞内への多量の Ca^{2+} 流入が生じ一気に先体反応が進行する（透明帯誘導による先体反応）と推測される．ヒト卵の透明帯は三つの異なるタンパク，ZP-1，ZP-2，ZP-3 から構成されているが，先体反応に関与するリガンドは ZP-3 分画に含まれ，精子の受容体は グリシン受容体/ Cl^- チャンネルではないかとの報告がある[27]．

精子運動の活発化

多くの哺乳動物の精子では，受精する直前にその尾部を以前にも増して活発に動かし始めることが知られている．これは精子が卵の保護層，特に透明帯を突破するのに必要な運動変化で精子運動の活発化と呼ばれている[29]．精子運動の活発化があらゆる哺乳動物の精子にみられるかどうかは不明であるが，筆者らの検討ではヒト精子にも観察され[30]，妊孕力と強い関連性を持つことが臨床的に観察されている．

精子-卵融合

透明帯を通過し，速やかに卵表面に達した精子頭部は，強く卵細胞膜と接着する．頭部先端が最初に卵表の微絨毛に捕捉されるが，融合の開始する部位は頭部の赤道部で，そこから次第に卵細胞質内に引き込まれていく[31]．精子尾部はその全体が囲卵腔に侵入するまでは波状運動を続けるが，精子と卵の原形質膜融合が完了すると同時に突然その強い動きを止める．またその直後，核を取り囲んでいる精子核膜が消失し，凝縮状態の核が膨化し始める．この過程には卵細胞質内に存在する S-S 還元物質とタンパク分解酵素様物質が関与するといわれている．第2成熟分裂の中期で代謝的静止状態にあった卵は精子の侵入開始に伴って再び活動状態へと変化（卵の賦活）し，染色体の半数は第2極体となって卵の外に放出され，残った半数が雌性前核になる．同時に膨化精子核も雄性前核に発達し，やがて両前核は中心部に移動して融合が起こり受精が完了する．

参考文献

1) Austin, C. R.: Observations on the penetration of the sperm into the mammalian egg. Aust. J. Sci. Res. [B] 4: 581–596 (1951).
2) Chang, M. C.: Fertilizing capacity of spermatozoa deposited in fallopian tubes. Nature 168: 997–998

(1951).

3) Austin, C. R.: The "capacitation" of the mammalian sperm. Nature 170: 326 (1952).

4) Yanagimachi, R.: Mammalian fertilization. Physiology of Reproduction (Knobil, E., O'Neill, J. D., eds), 2nd ed. pp189-317, Raven Press, New York (1994).

5) Eddy, E. M. and O'Brien, D. A.: The spermatozoon. Physiology of reproduction (Knobil, E., O'Neill, J. D., eds), 2nd ed. pp29-78, Raven Press, New York (1994).

6) Bedford, J. M.: The contraceptive potential of fertilization: a physiological perspective. Hum. Reprod. 9, 842-858 (1994).

7) de Lamirande, E., Leclerc, P., and Gagnon, C.: Capacitation as a regulatory event that primes spermatozoa for the acrosome reaction and fertilization. Mol. Hum. Reprod. 3: 175-194 (1997).

8) Zarintash, R. J. and Cross, N. L.: The unesterified cholesterol content of human sperm regulates response of the acrosome to the agonist, progesterone. Biol. Reprod. 55: 19-24 (1966).

9) Cross, N. L.: Role of cholesterol in sperm capacitation. Biol. Reprod. 59: 7-11 (1998).

10) Ravnik, S. E., Zarutskie P. W., Muller, C. H.: Purification and characterization of a human follicular fluid lipid transfer protein that stimulates human sperm capacitation. Biol. Reprod. 47 :1126-1133 (1992).

11) Davis, B. K.: Timing of fertilization in mammals: sperm cholesterol/phospholipid ratio as a determinant of the capacitation interval. Proc. Natl. Acad. Sci. USA 78: 7560-7564 (1981).

12) Hoshi, K., Aita, T., Yanagida, K., *et. al*.: Variation in the cholesterol/phospholipid ratio in human spermatozoa and its relationship with capacitation. Hum. Reprod. 5: 71-74 (1990).

13) Cross, N. L. and Razy-Faulkner, P : Control of human sperm intracellular pH by cholesterol and its relationship to the response of the acrosome to progesterone. Biol. Reprod. 56: 1169-1174 (1997).

14) Chen, J.-S., Doncel, G. F., Alvarez, C., et al.: Expression of mannose-binding sites on human spermatozoa and their role in sperm-zona pellucida binding. J. Androl. 16: 55-63 (1995).

15) Florman, H. M., Arnoult, C., Kazam, I. G., et al.: A perspective on the control of mammalian fertilization by egg-activated ion channels in sperm: a tale of two channels. Biol. Reprod. 59: 12-16 (1998).

16) DasGupta, S., Mills, C. L., and Fraser, L. R.: Ca^{2+}-related changes in the capacitation state of human spermatozoa assessed by a chlorotetracycline fluorescence assay. J. Reprod. Fertil. 99: 135-143 (1993).

17) Perry, R. L., Barratt, C. L., Warren, M. A., et al.: Response of human spermatozoa to an internal calcium ATPase inhibitor, 2, 5-di (tert-butyl) hydroquinone. J. Exp. Zool. 15; 279:284-290 (1997).

18) Baldi, E., Casano, R., Falsetti, C., et al.: Intracellular accumulation and responsiveness to progesterone in capacitating human spermatozoa. J. Androl. 12: 323-330 (1991).

19) Visconti, P. E. and Kopf, G. S.: Regulation of protein phosphorylation during sperm capacitation. Biol. Reprod. 59: 1-6 (1998).

20) Luconi, M., Krausz, C., Forti, G., et al.: Extracellular calcium negatively modulates tyrosine phosphorylation and tyrosine kinase activity during capacitation of human spermatozoa. Biol. Reprod.

55: 207-216 (1996).

21) Vredenburgh-Wilberg, W. L. and Parrish, J. J.: Intracellular pH of bovine sperm increases during capacitation. Mol. Reprod. Dev. 40: 490-502 (1995).

22) Zeng, Y., Oberdorf, J. A., and Florman, H. M.: pH regulation in mouse sperm: identification of Na^+-, Cl^--, and HCO_3^--dependent and arylaminobenzoate-dependent regulatory mechanisms and characterization of their roles in sperm capacitation. Dev. Biol. 173: 510-520 (1996).

23) Akiten, R. J., Harkiss, D., Knox, W., et al.: On cellular mechanisms by which the bicarbonate ion mediates the extragenomic action of progesterone on human spermatozoa. Biol. Reprod. 58: 186-196 (1998).

24) Rojas, F. J., Bruzzone, M. E., and Moretti-Rojas, I.: Regulation of cyclic adenosine monophosphatase synthesis in ejaculated human spermatozoa. II. The role of calcium and bicarbonate ions on the activation of adenylyl cyclase. Hum. Reprod. 7: 1131-1135 (1992).

25) Brucker, C., Kaβner, G., Loser, C., Hinrichsen, M., and Lipford, G. B.: Progesterone-induced acrosome reaction: potential role for sperm acrosome antigen-1 in fertilization. Hum. Reprod. 9: 1897-1902 (1994).

26) Sebeur, K., Edwards, D. P., and Meizel, S.: Human sperm plasma membrane progesterone receptor(s) and the acrosome reaction. Biol. Replod. 54:993-1001 (1996).

27) Meizel, S.: Amino acid neurotransmitter receptor/chloride channels of mammalian sperm and the acrosome reaction. Biol. Reprod. 56:569-574 (1997).

28) 黄　朋子・平田修司・星　和彦: ヒト精子におけるプロゲステロンならびにエストロゲン受容体 mRNA の解析. 第3回 Testis workshop 精子形成・精巣毒性研究会 抄録集 pp 24 (1998).

29) Hoshi, K., Katayose, H., Yanagida, K., Kimura, Y., and Sato, A.: The relationship between acridlne orange fluorescence of sperm nuclel and the fertillzing abillty of human sperm. Fertillity 66: 634-639 (1996).

30) 水野薫子・平田修司・笠井　剛・小川恵吾・内田雄三・大田昌治・山中智哉・星　和彦: 還元型 glutathlone (GSH) を用いたマウス精子の酸化還元反応および透明帯接着能の検討. 日本産科婦人科学会雑誌, 52: 331 (2000).

31) Yanagimachi, R.: The movement of golden hamster spermatozoa before and after capacitation. J. Reprod. Fertil. 23: 193-196 (1970).

32) Hoshi, K., Yanagida, K., Aita, T., Yoshimatsu, N., and Sato, A.: Changes in the motility pattern of human spermatozoa during in vitro incubation. The Tohoku J. Exp. Med. 154:47-56 (1988).

33) Tsuiki, A., Hoshiai, H., Takahashi, K., Suzuki, M., and Hoshi, K.: Sperm-egg interactions observed by scanning electron microscopy. Archives of Andrology 16: 35-47 (1986).

4.2 卵子におけるシグナル伝達系*

はじめに

精子-卵子の融合(細胞膜融合とそれにつづく細胞質連絡)により最初に卵子で起こる現象は,細胞内カルシウムイオン(以下 Ca^{2+})濃度の著明な上昇である.この Ca^{2+} 増加反応は,これまで調べられた全ての動物種で観察される普遍的な現象であり[1〜3],近年 Ca^{2+} 画像解析法により詳細に解析されている. Ca^{2+} 増加は,卵表層顆粒の開口分泌を誘発して多精拒否を成立させるとともに(次章参照),停止していた減数分裂を再開させ,受精カスケードを進行させる[4].すなわち卵活性化(egg activation)の引き金となる.卵内に取り込まれた精子核は雄性前核となり,卵子の雌性前核と合同して受精が完結する[5].本章では,これらの受精過程におけるシグナル伝達について記述する.

精子の卵活性化因子

卵子の Ca^{2+} 増加反応を誘発する精子の物質はすなわち卵活性化因子であるといえるが,未だ同

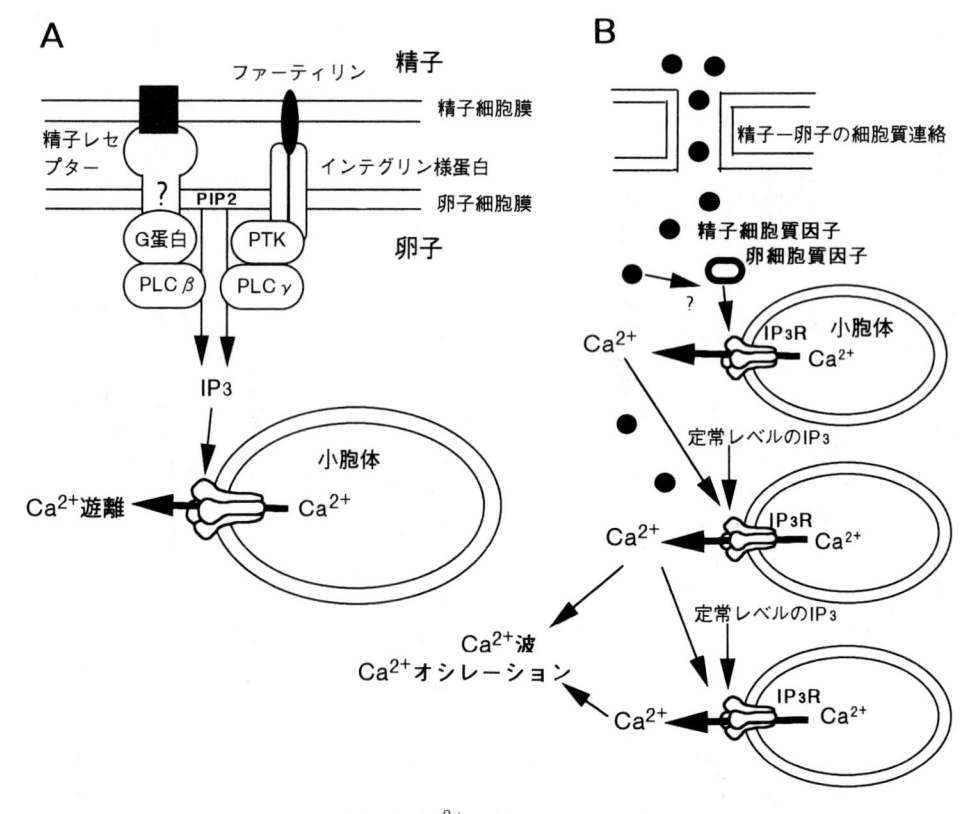

図1.50 Ca^{2+} 増加反応誘発機序
A:精子レセプター説,B:精子細胞質因子説.略語は本文中.PIP2:ホスファティジルイノシトール4,5二リン酸

* 宮崎 俊一

定されていない．Ca^{2+} 増加反応誘発機序に関して二つの仮説がある[1]．「精子レセプター説」[6]は，精子-卵子表面分子間の結合→ホスホリパーゼC（PLC）の活性化→イノシトール3リン酸（IP_3）の産生→Ca^{2+} 遊離（後述）というシグナル伝達系を想定する（図1.50 A）．卵子にはGタンパクを介するPLC-βの活性化，プロテインチロシンキナーゼ（PTK）を介するPLC-γの活性化のシグナル伝達系が備わっていることは確かである[6]．しかし，哺乳類精子-卵接着・融合に関わる精子細胞膜上のfertilin[7]，卵細胞膜上の$\alpha 6\beta 1$ integrin[8]，CD9[9]などの分子が，細胞内へのシグナル伝達に関与しているかに関する実験結果は否定的である．

これに対し，細胞質連絡により精子細胞質因子が卵細胞質に移行してCa^{2+}遊離を惹起すると考える「精子細胞質因子説」[1,10]があり，哺乳類で有力である（図1.50 B）．精子抽出物の未受精卵内注入により，受精時に類似したCa^{2+}増加反応が誘発される[11]．精子を直接卵内へ注入した場合も（intracytoplsmic sperm injection, ICSI），Ca^{2+}増加反応が起こり，卵子は活性化されて胚発生が可能である[12]．すなわち精子-卵表面接着なしで注入された精子の細胞膜が壊れて細胞質因子が卵細胞質に漏出し，Ca^{2+}増加反応を誘発したと考えられる．これらの所見は精子細胞質因子説を支持する．

精子細胞質卵活性化因子の候補としてParringtonらは33 kDのタンパク質オシリン（oscillin）を報告したが[11]，これは間違いであることが判明した．彼等は次に，精子抽出物にはPLC活性があり，卵にIP_3の産生とCa^{2+}遊離を誘発することを示唆する結果を示している[14]．Setteらは，精子に存在するc-kitレセプターの細胞内ドメイン（phosphotransferase domain）の卵内注入によって卵活性化が起こることを報告している[15]．Kimuraらは精子核周縁物質（perinuclear material）に卵活性化因子があると提起している[16]．このように卵活性化因子は必ずしも一義的でなく，複数の物質の協同作用によって卵活性化因子として機能する可能性もある．受精時に機能する精子の卵活性化因子を同定することは，受精のメカニズム解明の重要課題である．

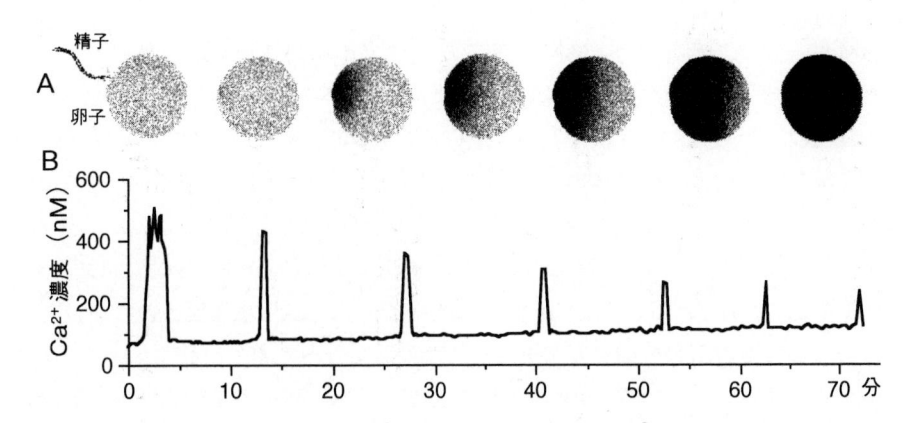

図1.51 ハムスター卵受精時のCa^{2+}波（A）とマウス卵のCa^{2+}オシレーション（B）．
A：Calcium Greenを予め注入し，Ca^{2+}上昇による蛍光強度上昇を共焦点レーザー顕微鏡でとらえた赤道断層面での2秒毎の画像．卵子の直系70ミクロン．B：Fura-2を用いた細胞内Ca^{2+}濃度測定．精子付着時をゼロ時間としている．

細胞内 Ca^{2+} の時・空間シグナル

受精時の卵内 Ca^{2+} 増加は，棘皮動物，原索動物，脊椎動物など後口動物卵では精子結合部位直下から起こり始め，卵細胞質を伝播して反対極に至る[1]．これは Ca^{2+} 波（Ca^{2+} wave）と呼ばれる（図1.51 A）．精子による一点刺激に対するシグナルが Ca^{2+} 波として増幅され，卵細胞質表層（卵皮質）のみならず深部をも横断して減衰せずに卵細胞全体に伝播される．

哺乳動物受精卵はウニ卵やカエル卵とは著しく異なり，一過性の Ca^{2+} 増加反応が繰り返し起こる[1〜3]．この現象は体細胞刺激時にも起こる「Ca^{2+} 振動」あるいは「Ca^{2+} オシレーション」と呼ばれる．ハムスター，マウス，ウサギ，ブタ，ウシ，ヒトで記録されており，哺乳動物卵に共通の特性である[1〜3]．最初の Ca^{2+} 増加反応は Ca^{2+} 波を伴う比較的大きな増加で（ハムスター卵では3〜4回連続して起こる），その後は比較的小さく短い一過性の増加（Ca^{2+} spike）がほぼ一定の時間間隔で発生する（ヒト，ハムスターで数分，マウスで10〜15分，ウシで16〜20分）（図1.51 B）．マウス卵の Ca^{2+} オシレーションは数時間持続し，前核が形成されるころに消失する[17]．ウシでは17〜18時間持続する[18]．個々の Ca^{2+} 増加反応を詳細に画像解析すると，ヒト卵では周辺部細胞質→中心部のパターンを示す[19]．マウス卵では何れも皮質の一部域から Ca^{2+} 波を呈し，Ca^{2+} 波始点は精子結合部位から外れ，植物半球の皮質から起こるようになる[20]．Ca^{2+} 波の伝播速度は，1回目が20 μm/s程度であるが，後期には80〜100 μm/sに速くなる[20]．

Ca^{2+} 画像解析法

受精時の Ca^{2+} 増加反応は透明帯を除去した卵に媒精して記録される．精子-卵細胞質連絡は，卵内に取り込ませた（あるいは注入した）クロマチン染色用蛍光色素（Hoechst, DAPIなど）が精子に移行して精子核を染めることで判定できる．マウス卵での解析では，最初の Ca^{2+} 濃度上昇は細胞質連絡ができてから1〜3分後に起こる[21]．Ca^{2+} 増加反応を記録することは哺乳類卵子が受精したか否かを即時的に判定するよい方法である．現在 Ca^{2+} 画像解析法は広く普及し，Ca^{2+} 指示蛍光色素も（Fura-2, Calcium Greenなど），記録装置も開発されているので，比較的簡単に実施できる．以下に方法について簡単に触れる（詳細は文献[22]を参照）．

Fura-2 AMは，マウス卵では5 μMの濃度で5〜10分で細胞外から取り込まれる．励起光は340 nmと380 nmの紫外線を交互に照射し，蛍光510 nmを高感度カメラでとらえ，ディジタル画像上で蛍光強度の比（F340/F380）で表わす．F340/F380と Ca^{2+} 濃度の関係は Ca^{2+} 標準液を用いて校正曲線を得る．速い Ca^{2+} 濃度変化は，画像のサンプリングタイムを短くして記録できる高速画像解析装置がよい[20]．細胞深部や核内の Ca^{2+} 濃度変化を記録するには，共焦点レーザー走査顕微鏡を用いる．哺乳類卵子にはCalcium Green Dextran（CGD）を注入し，488 nmのアルゴンレーザーで励起する方法が良い[23]．CGDは単波長なので，Ca^{2+} 増加反応の直前の画像をとり，これを分母として個々の画像を割る方法をとる．ただし視野内の卵子が動かないことが前提となる．卵細胞質周辺部の Ca^{2+} 画像はartifactを含むので，結果の解釈には十分な注意が必要である．また励起光の累積照射時間が長いと，1) Ca^{2+} 増加反応が起こりにくくなる，2) 卵子のダメージが起りやすい，3) 蛍光が消退しやすいなどの問題が起こる．

Ca^{2+} 増加機構

 Ca^{2+} 波を示す後口動物卵での Ca^{2+} 増加反応は，細胞外からの Ca^{2+} 流入ではなく，細胞内 Ca^{2+} 貯蔵器官である小胞体からの Ca^{2+} 遊離による[1]．一般に Ca^{2+} 遊離は，小胞体膜の IP_3 レセプター（IP_3R）／Ca^{2+} 遊離チャネルか（図1.50），リアノジンレセプター（RyR）／Ca^{2+} 遊離チャネルを介して起こる．カエル（*Xenopus*）卵やハムスター卵では IP_3R のみを介して Ca^{2+} 遊離が起こる[2]．ウニ，マウス，ヒト卵では IP_3R と RyR の両者で Ca^{2+} 遊離が起こるが，前者が主要である．マウス卵では IP_3R type 1 が type 2, 3 に比べ圧倒的に多く[24]，受精時の Ca^{2+} オシレーションは type 1 に対する単クローン抗体 18 A 10 で完全にブロックされる[2]．IP_3R の分布は卵細胞質の皮質に局在[25]，一様に分布[24] という両報告がある．IP_3 に対する感受性が type 1 より高い type 2，および RyR の機能的役割は不明である．

 IP_3R は細胞内 Ca^{2+} 濃度の上昇によって IP_3 に対する感受性が増強する特性をもつ[26]．したがって Ca^{2+} 遊離が局所的に起こって Ca^{2+} 濃度が上昇すると，近隣の IP_3R は定常レベルの IP_3 でも Ca^{2+} 遊離を起こしうる（図1.50 B）．この Ca^{2+} 増加-Ca^{2+} 遊離間のポジティブフィードバックにより，精子結合部直下で誘発された Ca^{2+} 遊離が次々に伝播性に Ca^{2+} 遊離を誘引し，Ca^{2+} 波を形成すると考えられる（図1.50 B）．

 Ca^{2+} オシレーションは IP_3R を介する反復性の Ca^{2+} 遊離による[2]．その条件は，1) 細胞内 IP_3 を高濃度に保つか（IP_3R の非分解性アゴニストである adenophostin をマウス未受精卵に注入すると，長時間持続する Ca^{2+} オシレーションが誘発される[27]），2) IP_3R の感度を上げて定常レベルの IP_3 でも Ca^{2+} 遊離が起こるようにするか（SH 修飾剤 thimerosal を未受精卵に投与すると Ca^{2+} オシレーションが起こる[10]）である．注目すべきことは，受精卵では未受精卵に比べ僅か 1/10 量の Ca^{2+} 注入によって Ca^{2+} 遊離が誘発されることである[3]．すなわち精子によって IP_3R が著明に感作されて Ca^{2+} 遊離が起こり易い状態になっている．同様の現象は，精子抽出物を注入した卵でも起こる[11]．精子因子は直接 Ca^{2+} 遊離チャネルに作用するのではなく，卵細胞質の因子を仲介して作用することが示唆されている（図1.50 B）[28]．

Ca^{2+} 増加後のシグナル伝達

 Ca^{2+} 増加がもたらす即時反応として，卵表層顆粒が開口分泌を起こす表層反応がある（図1.52）．マウス卵では分泌物中の N-acetylglucosaminase が透明帯の糖タンパク質 ZP 3 を修飾して次の精子が ZP 3 と結合するのを妨げ，多精拒否が成立する[29]．

 脊椎動物の未受精成熟卵は第二減数分裂中期（MⅡ）に停止しており，受精によって MⅡ 停止から解除され，第二極体が放出される（図1.52）[5]．ついで雌雄前核が形成されたのち合同し，第一卵割に進行する．MⅡ 停止からの解除，すなわち卵活性化は細胞内 Ca^{2+} 増加によって誘発される[4]．未受精卵に Ca^{2+} イオノホアやエタノールを投与した場合，あるいは高電圧パルスにより一瞬の細胞膜傷害（Ca^{2+} の流入）を与えた場合，卵活性化は人為的に誘発できる（単為受精）[3,30]．

 MⅡ 停止解除は M 期促進因子（M-phase promoting factor, MPF；cdc 2 産物と G 2 サイクリンの複合体）の不活性化によってもたらされる（図1.52）[31]．受精時の MPF の不活性化は，ユビキチン/プロテアソーム系がサイクリンを分解することによると考えられている[32]．単為受精法によ

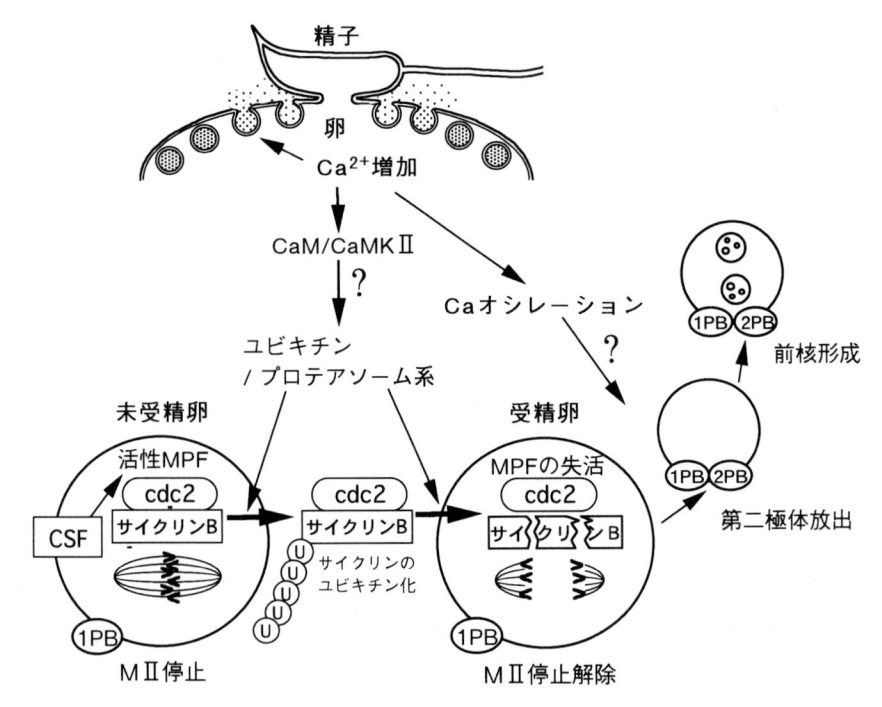

図1.52 Ca^{2+} 増加による卵活性化の模式図
略語は本文中. 1PB：第一極体, 2PB：第二極体

る Ca^{2+} 増加により, Ca^{2+}/カルモデュリン依存性キナーゼ（CaMKII）とプロテアソームの活性が上昇する[32]. したがって Ca^{2+} 増加→CaMKII の活性化→サイクリンの分解→MPF の不活性化→MII 停止解除という図式が示唆される（図1.52）. MPF の不活性化を保護している cytostatic factor（CSF）が分解されることも MII 停止解除の要因であるが[31], 哺乳類では分解の時期と Ca^{2+} 増加反応との関係が明らかでない.

単為受精の刺激を与えた際の Ca^{2+} 増加は持続数分程度の1回の反応であり，それでも卵活性化が起こる[30]. 排卵直後の新鮮な卵は単為受精が起こり難く，古い卵は起こしやすいが[33], 普通の IVF では新鮮な卵でも高率に卵活性化がおこる. このことから，受精時の反復性の Ca^{2+} 増加反応は MPF の不活性化を確実に起こすことに必要なのであろうと推論されている[33]. 数時間あるいはそれ以上続く Ca^{2+} オシレーションの生物学的意義は未だ定説はないが[3], 4時間にわたって高電圧パルスを反復与えて受精時の Ca^{2+} オシレーションを模すると，ほとんどの卵が活性化されて前核形成に至る[29]. パルス頻度が低いと成功率は減少する. したがって長時間の反復性 Ca^{2+} 増加はやはり受精後期〜初期胚の発達に必要な意義を有していると考えられる（図1.52）[3,33].

おわりに

哺乳類卵子受精時のシグナル伝達について概説した. Ca^{2+} 増加を誘発する精子因子の同定と, Ca^{2+} 増加によって誘発される卵活性化のメカニズムの解明が，今後の重要な課題である.

参考文献

1) Stricker, S. A.: Comparative biology of calcium signaling during fertilization and egg activation in animals. Dev. Biol., 211: 157-176 (1999).

2) Miyazaki, S., Shirakawa, H., Nakada, K., and Honda, Y.: Essential role of the inositol 1, 4, 5-trisphosphate receptor/Ca^{2+} release channel in Ca^{2+} waves and Ca^{2+} oscillations at fertilization of mammalian eggs. Dev. Biol., 158: 62-78 (1993).

3) 尾田正二・宮崎俊一: 受精とカルシウム. 細胞工学, 16: 87-93 (1997).

4) Kline, D. and Kline, J. T.: Repetitive calcium transients and the role of calcium in exocytosis and cell cycle activation in the mouse egg. Dev. Biol., 149: 80-89 (1992).

5) Yanagimachi, R.: Mammalian fertilization. In The Physiology of Reproduction. (eds. Knobil, E. and Neill. J. D.) pp. 189-317, Raven Press, New York (1994).

6) Jaffe, L. A.: Egg membranes during fertilization. In Mol. Biol. of Membrane Transport Disorders (ed. Schultz, S. G. et. al.), pp. 367-378, Plenum Press, New York (1996).

7) Cho, C., Bunch, D. O., Faure, J. E., Goulding, E.. H., Eddy, E. M., Primakoff, P., and Myles, D. G.: Fertilization defects in sperm from mice lacking fertilin b. Scence, 281: 1857-1859 (1998).

8) Almeida, E. A. C., Huovila, A.-P. J., Sutherland, A. E., Stephens, L. E., Calarco, P. G., Shaw, L. M., Mercurio, A. M., Sonnenberg, A., Primakoff, P., Myles, D. G., and White, J. M.: Mouse egg integrin $\alpha 6 \beta 1$ functions as a sperm receptor. Cell. 81: 1095-1104 (1995).

9) Kaji, K., Oda, S., Shikano, T., Ohnuki, T., Uematsu, Y. Sakagami, J., Tada, N., Miyazaki, S., and Kudo, A.: Gamete fusion process is defective in CD9 knock-out mice. Nature Gen., 24: 279-282 (2000).

10) Swann, K. and Lai, F. A.: A novel signalling mechanisms for generating Ca^{2+} oscillations at fertilization in mammals. Bio. Essays. 19: 371-378 (1997).

11) Swann, K.: Ca^{2+} oscillations and sensitization of Ca^{2+} release in unfertilized mouse eggs injected with a sperm factor. Cell. Calcium. 15: 331-339 (1994).

12) Tesarik, J., Sousa, M., and Testart, J.: Human oocyte activation after intracytoplasmic sperm injection. Human. Reprod., 9: 511-518 (1994).

13) Parrington, J., Swann, K., Shevchenko, V. I., Sesay, A. K., and Lai, F. A.: Calcium oscillations in mammalian eggs triggered by a soluble sperm protein. Nature, 379: 364-368 (1996).

14) Jones, K. T., Cruttwell, C., Parrington, J., and Swann, K.: A mammalian sperm cytosolic phospholipase C activity generates inositol trisphosphate and causes Ca^{2+} rerelase in sea urchin egg homogenates. FEBS Lett., 437: 297-300 (1998).

15) Mangia, F., Geremia, R., and Rossi, P.: Parthenogenetic activation of mouse eggs by microinjection of a truncated c-kit tyrosin kinase present in spermatozoa. Development, 124: 2267-2274 (1997).

16) Kimura, Y., Yanagimachi, R., Kuretake, S., Bortkiewicz, H., Perry, A. C. F., and Yanagimachi, H.: Analysis of mouse oocyte activation suggests the involvement of sperm perinuclear material. Biol. Reprod., 58: 1407-1415 (1998).

17) Jones, K. T., Carroll, J., Merriman, J. A., Whittingham, D. G., and Kono, T.: Repetitive sperm-induced

Ca^{2+} transients in mouse oocytes are cell cycle dependent. Developmentm, 121: 3259~3266 (1995).

18) Nakada, K., Mizuno, J., Shiraishi, K., Endo, K., and Miyazaki, S.: Initiation, persistence, and cessation of the series of intracellular Ca^{2+} responses during fertilization of bovine eggs. J. Reprod. Dev., 41: 77-84 (1995).

19) Tesarik, J., Sousa, M., and Mendosa, C.: Sperm-induced calcium oscillations of human oocytes show distinct features in oocyte center and periphery. Mol. Reprod. Dev., 41: 257-263 (1995).

20) Deguchi, R., Shirakawa, H., Oda, S., Mohri, T., and Miyazaki, S.: Spatiotemporal analysis of Ca^{2+} waves in relation to the sperm nucleus and animal-vegetal axis during Ca^{2+} oscillations in fertilized mouse eggs. Dev. Biol., 218: 299-313 (2000).

21) Lawrence, Y., Whitaker, M., and Swann, K.: Sperm-egg fusion is the prelude to the initial Ca^{2+} increase at fertilization in the mouse. Development 124, 233-241 (1997).

22) 白川英樹・宮崎俊一：卵細胞のカルシウム．「細胞内カルシウム実験プロトコール」159-168, 羊土社 (1996).

23) Oda, S., Deguchi, R., Mohri, T., Shikano, T., Nakanishi, S., and Miyazaki, S.: Spatiotemporal dynamics of the $[Ca^{2+}]i$ rise induced by microinjection of sperm extract into mouse eggs: preferential induction of a wave from the cortex mediated by the inositol 1, 4, 5-trisphosphate receptor. Dev. Biol., 209, 172-185 (1999).

24) Fissore, R., Longo, F. J., Anderson, E., Parys, J. B., and Ducibella, T.: Differntial distribution of inositol trisphosphate receptor isoforms in mouse oocytes. Biol. Reprod., 60, 49-57 (1999).

25) Mehlmann, L. M., Mikoshiba, K., and Kline, D.: Redistribution and increase in cortical inositol 1, 4, 5-trisphosphate receptors after meiotic maturation of the mouse oocyte. Dev. Biol., 180, 489-498 (1996).

26) Iino, M.: Dynamic regulation of intracellular calcium signals through calcium release channels. Mol Cell. Biochem., 190: 185-90 (1999).

27) Sato, Y., Miyazaki, S., Shikano, T., Mitsuhashi, N., Takeuchi, H., Mikoshiba, K., and Kuwabara, Y.: Adenophostin, a potent agonist of the inositol 1, 4, 5-trisphosphate receptor, is useful for fertilization of mouse eggs injected with round spermatids leading to normal offspring. Biol. Reprod., 48: 867-873 (1998).

28) Galione, A., Jones, K. T., Lai, F. A., and Swann, K.: A cytosolic sperm protein factor mobilizes Ca^{2+} from intracellular stores by activating multiple Ca^{2+} release mechanisms independently of low molecular weight messengers. J. Biol. Chem., 272: 28901-28905 (1997).

29) 宮崎俊一・白川英樹：精子-卵相互作用のシグナル伝達メカニズム．生体の科学, 45: 79-90 (1994).

30) Swann, K. and Ozil, J.-P.: Dynamics of the calcium signal that triggers mammalian egg activation. Int. Rev. Cytol., 152: 183-222 (1994).

31) Sagata, N.: Meiotic metaphase arrest in animal oocytes : its mechanisms and biological significance. Trends in Cell. Biol., 6 : 22-28 (1996).

32) Lorca, T., Cruzalegui, F. H., Fesquet, D., Cavadore, J. C., Mery, J., Means, A., and Doree, M.: Calmodulin-dependent protein kinase mediates inactivation of MPF and CSF upon fertilization of Xenopus eggs. Nature, 366: 270-273 (1993).
33) Jones, K. T.: Ca^{2+} oscillations in the activation of the egg and development of the embryo in mammals. Int. J. Dev. Biol., 42: 1-10 (1998).

4.3 多精子受精防御[*]

はじめに

受精は通常1個の卵子に対し1個の精子が融合する過程であるが，まれに2個以上の精子が融合することがあり，これを多精子受精という．多精子受精は胚のゲノム構成の異数性をもたらすと考えられ，動物個体の発生にとって多くの場合致死的である．これを排除するのが多精子受精防御機構である．図1.53にヒトの多精子受精の例を示した．卵子細胞質内に3個の前核が形成され，そのうち2個は精子に由来すると考えられる．

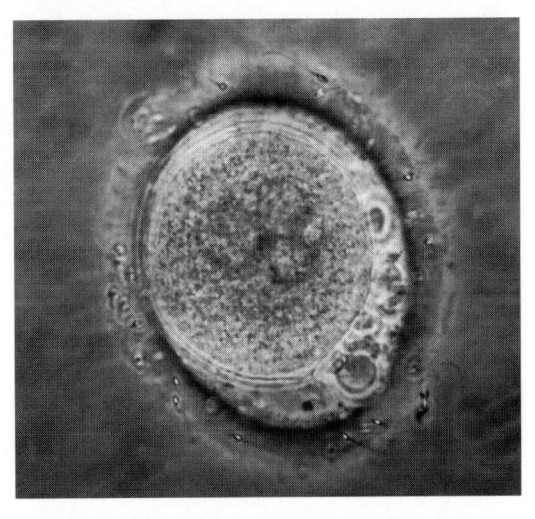

図1.53 ヒト体外受精により発生した多精子受精卵子．卵子細胞質内の中央に3前核が認められる．

体外で受精する水棲無セキツイ動物では，卵子は膨大な数の精子にさらされるので多精子受精防御のメカニズムは著明である[1]．最も研究の進んでいるウニでは，1個の精子が卵子細胞膜と融合すると1秒以内に急速な膜の脱分極が起こり，余剰の精子の融合をブロックする．しかし，これだけでは完全に多精子受精を防御することができない．第一の精子との膜融合が引き金となって卵子細胞膜直下に存在する表層顆粒が崩壊し，卵膜から受精膜が形成され，多精子受精防御が完成する．受精膜は精子進入部を基点として形成され，表層顆粒から放出される ovoperoxidase によるチロシン残基の架橋が受精膜には存在することが知られている．また同じく表層顆粒から放出されるグルタミナーゼも，グリシンとリシンを架橋することにより，多精子受精防御の完成に関与している．

哺乳類の多精子受精

体内で受精する哺乳類においては，卵子に到達する精子の数が雌性生殖管内で非常に制限されるので，ウニにおけるような卵子の著明な変化は観察されない．しかし体内で受精したマウス胚にも多精子受精はまれに観察され，このような胚では多精子受精防御機構に異常があると推測される．また in vitro の受精では体内に比較して100～1,000倍の精子を必要とし，多精子受精の頻度も高くなるが，培養条件を適切に設定することで多くの単精子受精卵子を得ることが可能であ

---

[*] 長谷川 昭子・香山 浩二

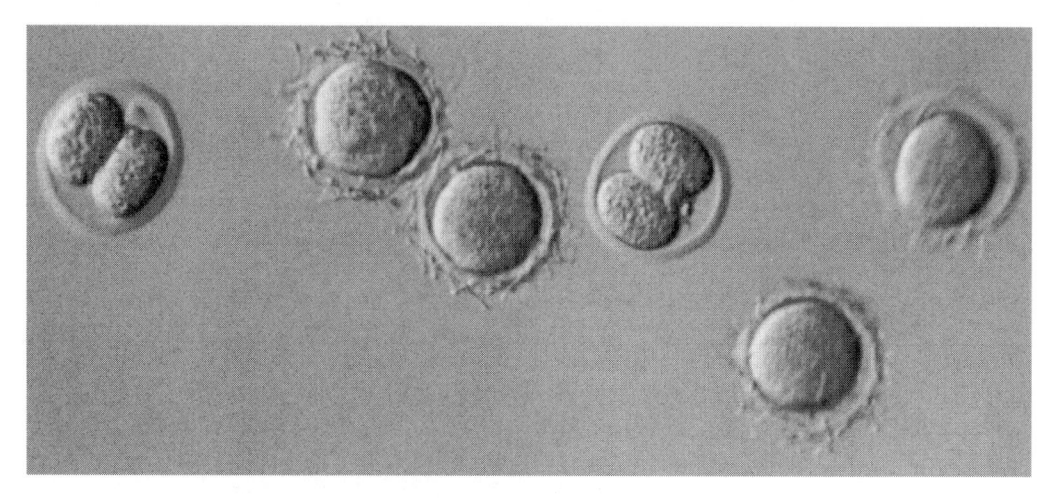

図1.54 マウス未受精卵子と2細胞期胚の透明帯への精子結合の比較
未受精卵子には多数の精子の結合が見られるが，2細胞期胚の透明帯にはほとんど精子の結合がない．

る．すなわち，哺乳類においても何らかの多精子受精防御機構は存在すると考えられる．図1.54にマウス未受精卵子と2細胞期胚を精子と混合し，1時間後，軽くピペッティングした状態の写真を示した．未受精卵子透明帯の表面には多数の精子が結合しているが，2細胞期胚の透明帯には，ほとんど精子の結合が見られず，透明帯に多精子受精防御が成立していると判断できる．透明帯はタンパク分解酵素やS-S還元剤により溶解するが，受精した胚の透明帯は未受精卵子の透明帯と比較して溶解に要する時間が延長し，これらの変性剤に対する抵抗性が増加する．これは透明帯の硬化（hardening）と呼ばれ，多精子受精防御に関連した透明帯変化の一つと考えられる．

　一方，透明帯を通過した精子のすべてが，卵子細胞膜と融合するわけではない．卵子細胞質内に2個の前核が形成され，受精が成立しているにもかかわらず，囲卵腔内に余剰精子が存在する現象を観察することがある．ウサギでは著明で，*in vitro* のみならず *in vivo* においても数10個の精子が透明帯を通過する場合がある．図1.55 a に卵子細胞膜と融合に至らなかった複数の精子

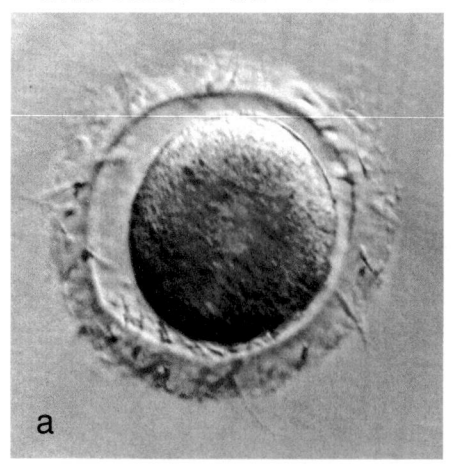

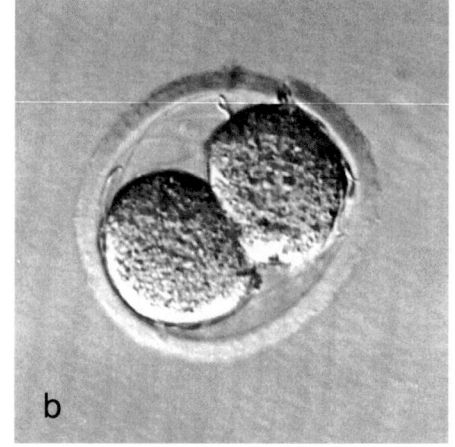

図1.55　(a) 囲卵腔内に多数の精子が認められるウサギの前核期胚．(b) 囲卵腔内に複数の精子が認められるマウスの2細胞期胚．

が，囲卵腔内に存在するウサギ前期胚の例を示した．また，図1.55bはマウス2細胞期胚であるが，囲卵腔内に多数の精子が侵入している．これらの観察から，卵子細胞膜にも多精子受精防御機構が存在することは明らかである．すなわち，哺乳類の卵子は多精子受精防御の場として，透明帯と卵子細胞膜の両方を用いているが，そのどちらにより効果的な機能が備わっているかは動物の種によって異なると考えられる[1]．

透明帯における多精子受精防御メカニズム

透明帯は，主に哺乳類の発育中の卵母細胞によって合成される硫酸化糖タンパクから構成され，受精においていくつかの重要な機能を担っている．現在知られている範囲では，これら糖タンパクはすべての哺乳類で，*zpA*, *zpB*, *zpC* の3種の遺伝子によりコードされる[2]．動物種属の間で対応する配列の類似性は高く，アフリカツメガエルの卵細胞周囲のゼリー層やメダカの egg envelope にも，同一祖先に由来すると考えられる相同の配列が見出されている[3]．

哺乳類の中で研究の最も進んでいるマウスにおいては，*zpA*, *zpB*, *zpC* の遺伝子でコードされる糖タンパクはそれぞれ ZP2, ZP1, ZP3 と呼ばれる．このうち，精子が透明帯と最初に接着（primary binding または attachment とよばれる）する分子は，ZP3の α-ガラクトースを非還元末端とする O-結合型の糖鎖（分子量3900）であることが示されている[4]．他の動物においても primary binding には糖鎖が関与するという報告が多い．糖鎖構造は透明帯上で高度に繰り返されているので，精子がこれに結合すると細胞膜上の分子に凝集を引き起こす．これが引き金となって精子に先体反応が誘導される．したがって，ZP3のO-結合型の α-ガラクトースを非還元末端とする糖鎖の除去または修飾は，多精子受精防御の分子レベルでの制御の一つと考えられる．

つぎに，先体反応を完了した精子は，頭部の先体内膜に表出された分子を介して，透明帯タンパク ZP2 と結合する（secondary binding または tight binding とよばれる）ことが知られている．このことは単離した ZP2 が精子先体内膜と特異的に反応すること，および先体反応を起こした精子のみが ZP2 に結合することにより証明されている[5]．したがって，透明帯における多精子受精防御は ZP2 の修飾によっても，もたらされる可能性がある．事実，未受精卵子と活性化卵子からそれぞれ透明帯を単離し，電気泳動で分析すると活性化卵子の透明帯の ZP2 が低分子化（ZP2f）していることが報告されている[6]．同様のことはブタ，ウシおよびヒトにおいても証明されている[7〜9]．

ブタでは，*zpA* によりコードされるのは ZP1 糖タンパクであるが，マウスと同様卵子の活性化や受精によって，133番のアラニンと134番アスパラギン酸の間で二つのペプチドに切断される．これら二つのペプチドは，還元条件下の電気泳動ではじめて分離することから，ZP1には分子内S-S結合が存在すると考えられる．その移動度から二つのペプチドはそれぞれ ZP4（分子量 23 K），ZP2（分子量 69 K）とよばれ，ZP4 がアミノ末端側に位置することがわかっている[10]（図1.56）．また ZP1 の遺伝子組換体タンパクは先体反応を起こした精子とのみ反応することが示されている[11]．この現象が多精子受精防御と関係するかどうかの直接の証拠はまだないが，受精前後における透明帯の分子レベルでの変化として注目される．

また ZP4, ZP2 糖タンパクのうち，ZP4 に対する抗血清のみが精子の透明帯への結合を阻害

I. 卵子の基礎

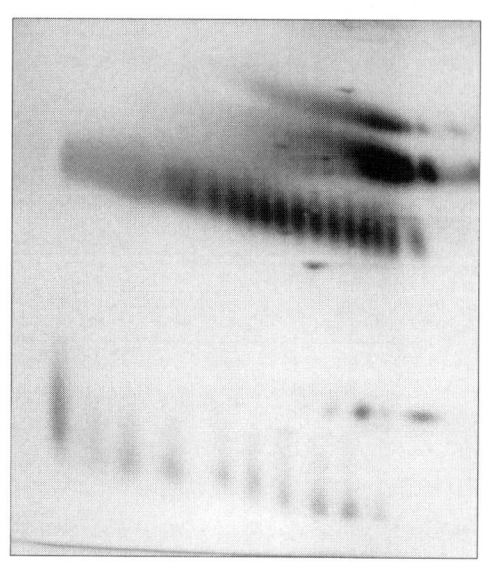

図1.56　ブタ透明帯の二次元電気泳動（等電点・SDS）
ブタ透明帯は等電点の異なる多数のisomerを含む四つのグループ（ZP1, ZP2, ZP3, ZP4）に分離される．ZP4とZP2はZP1に由来する．ZP3には，異なる遺伝子によってコードされるZP3αとZP3βが含まれる．

することから，ZP4に精子の結合に関与する配列が含まれると予測される．さらに，ZP4の50〜67番アミノ酸の配列（CTYVLDPENLTLKAPYA）を認識するモノクローナル抗体でも，精子の透明帯への結合が阻害されることが報告されている[7]．この配列にはS-S結合に関係するC（システイン）と，N型糖鎖が結合するコンセンサス配列であるNXT（アスパラギン，X，スレニオオン）が含まれ，生化学的に修飾を受ける可能性を含んでいる[12]．したがって，この配列を含む領域は，精子と透明帯の相互作用や多精子受精防御などの機能と関係しているかもしれない．

卵子細胞膜における多精子受精防御メカニズム

卵子と精子の細胞膜における接着と融合に関わる卵子側分子として研究が進められているものにintegrinがある．integrinは動物細胞に広く分布し，細胞接着や細胞外マトリックスからの情報を細胞内にシグナルとして伝達する機能を持つ．一般に，α，βサブユニットからなり，マウス卵子の微絨毛にはα6β1とαvβ3が存在することが知られている[13]．この分子に反応するdisintegrin domainが，精子膜タンパクのfertilinに存在することから，integrin-disintegrin分子の相互作用と，卵子と精子の膜融合との関わりが注目されている[14]．fertilinはADAM（a disintegrin and metalloproteinase）ファミリーのメンバーで，α，βサブユニットを構成している．α（ADAM 1），β（ADAM 2）ともに膜貫通領域と複数の機能ドメイン構造（metalloprotease, disintegrin, cysteine-rich, EGF motif）を含んでいる．モルモット精子のfertilin βでは，integrinを特異的に認識して結合するTDE（スレオニン，アスパラギン酸，グルタミン酸）の配列が見つかっており，この配列を含む合成ペプチドは精子の卵子細胞膜への結合を阻害するという．しかし，最近のノックアウトマウスを用いた研究では，integrin βの欠損が必ずしも卵子細胞膜と精子の結合を阻害しないこと

から，この分子の関与に否定的なデータが示された[15]．また，精子にはADAMファミリーの他のメンバーであるシリテスチンや，フィブロネクチン，ビトロネクチン，ラミニン，エクアトリン，membrane cofactor protein (CD 46) などが存在することが報告されているが，これらの分子に対応する卵子側の分子は，まだ同定されていない．ごく最近，CD 9欠損マウスのメスは不妊で，このマウスより採取された卵子の細胞膜には，精子との結合能がないことが報告された[16]．多精子受精防御メカニズムは，これらの膜タンパク分子との関わりから明らかにされると考えられる．

表層顆粒

透明帯における多精子防御機構の誘導には，表層顆粒に含まれる物質が密接に関与していると考えられる．表層顆粒はゴルジ装置で作られる，膜で囲まれた小胞で，排卵直前に卵母細胞の細胞膜直下に局在するようになる．受精の最終過程で卵子と精子の細胞膜が融合すると，卵子細胞質内のカルシウムイオン濃度が急上昇し，これが次に続く卵子の活性化の引き金となる．つまり，第二減数分裂の再開と，胚としての第一分裂の準備が始まる．またこれとほとんど同時に表層顆粒の崩壊が起こり，ここに含まれる物質が細胞外に放出され，多精子受精防御機構が成立すると考えられる．表層顆粒の崩壊は顆粒小胞の膜と卵子細胞膜が融合して起こり，表層反応 (cortical reaction) とも呼ばれる．表層反応はヒトを含む多くの哺乳類で，膜融合後10分以内に起こり，これに伴って透明帯における多精子受精機構もほぼ完了すると考えられる．表層顆粒にはタンパク分解酵素，糖分解酵素，糖タンパク，ovoperoxidase，N-acetylglucosaminidaseなどが含まれることが証明されているが，多精子受精防御機構との関係は仮説の域を出ない．

分子レベルにおける多精子受精防御機構の一つとして，精子との接着に関わるマウス透明帯ZP3のO-結合型糖鎖 (分子量3900) が，表層顆粒から放出される糖分解酵素により除去されることが考えられる．実験的な証明はまだなされていないが，余剰精子を透明帯レベルで排除する分子メカニズムとして魅力的な仮説である．一方マウス，ウシ，ブタ，ヒトにおいては表層顆粒が崩壊することにより，*zpA* でコードされる透明帯タンパクが二つのペプチドに解裂することを前に述べた．この反応は，表層顆粒に含まれるタンパク分解酵素によるものと考えられる．この分子の解裂がどのようなメカニズムで進入中の精子を停止させるのかは解明されていない．

卵子細胞膜レベルにおける多精子受精防御については，表層顆粒との関係を示す報告はない．卵子細胞膜での多精子受精防御が成立するには1～2時間程度の時間を要することや，人為的に表層顆粒を崩壊した単為発生卵子では細胞膜における多精子受精防御が認められないことから，卵子細胞膜における多精子受精防御反応は表層顆粒の崩壊だけでは説明がつかない．このことから，表層顆粒の崩壊は卵子細胞膜より透明帯における多精子受精防御に，密接に関わっているものと考えられる．多精子受精防御機構を分子レベルで明らかにするためには，まず表層顆粒に含まれる物質の種類と生化学的性質の解明が不可欠である．また，今後ノックアウトマウスなどの遺伝子改変動物を用いた研究から事実が明らかになるものと考えられる．

おわりに

卵子細胞質内に2個以上の精子が進入し多精子受精になってしまった場合，その後の胚の発育

は可能だろうか．マウスにおいて2個の雄性前核が形成された前核期胚から，1個をマイクロマニプレーション法で除去することにより，正常な産仔が得られたという報告[17]がある．しかし，そのまま胚にとりこまれた場合は3倍体の核型をもつことになるが，形態的にはblastocystまで正常の2倍体胚と区別がつかないことが多い．ヒト流産症例では高率に3倍体胎児が存在することから，一般に3倍体胚はその発育に重篤な障害を起こすと考えられる．しかし多精子受精に由来する胚が必ずしも発育不能というわけではなく，低率ではあるが正常の2倍体胎児あるいは異数体とのモザイクとして存在することが報告されている[18]．これは，胚の第一分裂時に，雌雄両前核が1個づつ融合した正常融合前核が形成され，2個の割球を形成する一方で，余剰の雄性前核のみを半数体として含む割球が生じることにより説明される．後者の割球は雌雄両前核の融合した2倍体を含む割球より分裂が遅いため，胎仔を構成する細胞への寄与が少なくモザイク個体として成育できると考えられる．そして半数体割球に由来する細胞群の全てが胎児細胞として寄与しない場合には，正常2倍体となる．3倍体となるか，2倍体と半数体とのモザイクになるかは，卵子細胞内で形成された3前核の位置に関係するとされている[18]．

　また多精子受精となった場合でも，余剰の精子は脱凝縮を起こさず，胚の発生に関与しないとの報告や，卵子細胞質に余剰精子を排除する機構を認めたとする報告もある[19]．卵生動物の鳥類やハ虫類では，通常の受精でも複数の精子が卵子細胞質内に進入するが，雌性前核と融合するのは1個のみである．このメカニズムのアナロジーが哺乳類の卵子にも存在する可能性はある．多精子受精となった雄性前核のゆくえは卵細胞質内の核の分裂に関わる中心体との位置関係，あるいは細胞骨格を形成するマイクロフィラメントの機能と密接に関連していると考えられる．

　以上述べたように，多精子受精防御の分子機構については充分解明されていないが，今後受精のしくみの分子レベルでの解明につれて明らかになってゆくものと考えられる．

参考文献

1) Yanagimachi, R.: Mammalian fertilization. In The Physiology og Reproduction. Second Edition (Knobil K. and Neil, J. D. eds.) 189-317 Raven Press, New York (1994).

2) Harris, J. D., Hibler, D. W., Fontenot, G. K., Hsu, K. T., Yurewicz, E. C., and Sacco, A. G.: Cloning and characterization of zona pellucida genes and cDNAs from a variety of mammalian species: the ZPA, ZPB and ZPC gene families. DNA. Seq., 4 : 361-393 (1994).

3) Hedrick, J. L.: Comparative structure and antigenic properties of zona pellucida glycoproteins. J. Reprod. Fertil., 9-17 (1996).

4) Wassarman, P. M.: Profile of a mammalian sperm receptor. Development, 108 : 1-17 (1990).

5) Bleil, J. D., Greve, J. M., and Wassarman, P. M.: Identification of a secondary sperm receptor in the mouse egg zona pellucida: role in maintenance of binding of acrosome-reacted sperm to eggs. Dev. Biol., 128: 376-385 (1988).

6) Bleil, J. D. and Wassarman, P. M.: Structure and function of the zona pellucida: identification and characterization of the proteins of the mouse oocyte's zona pellucida. Dev. Biol., 76 : 185-202 (1980).

7) Koyama, K., Hasegawa, A., Inoue, M., and Isojima, S.: Blocking of human sperm-zona interaction by

monoclonal antibodies to a glycoprotein family (ZP4) of porcine zona pellucida. Biol. Reprod., 45: 727-735 (1991).

8) Noguchi, S., Yonezawa, N., Katsumata, T., Hashizume, K., Kuwayama, M., Hamano, S., Watanabe, S., and Nakano, M.: Characterization of the zona pellucida glycoproteins from bovine ovarian and fertilized eggs.Biochim. Biophys. Acta, 1201: 7-14 (1994).

9) Bauskin, A. R., Franken, D. R., Eberspaecher, U., and Donner, P.: Characterization of human zona pellucida glycoproteins. Mol. Hum. Reprod., 5: 534-540 (1999).

10) Hasegawa, A., Koyama, K., Okazaki, Y., Sugimoto, M., and Isojima, S.: Amino acid sequence of a porcine zona pellucida glycoprotein ZP4 determined by peptide mapping and cDNA cloning. J. Reprod. Fertil., 100 : 245-255 (1994).

11) Tsubamoto, H, Hasegawa, A, Nakata, Y, Naito, S, Yamasaki, N, and Koyama, K: Expression of recombinant human zona pellucida protein 2 and its binding capacity to spermatozoa. Biol. Reprod., 61: 1649-1654 (1999).

12) Hasegawa, A., Yamasaki, N., Inoue, M., Koyama, K., and Isojima, S.: Analysis of an epitope sequence recognized by a monoclonal antibody MAb-5H4 against a porcine zona pellucida glycoprotein (pZP4) that blocks fertilization. J. Reprod. Fertil., 105 : 295-302 (1995).

13) Almeida, E. A., Huovila, A. P., Sutherland, A. E., Stephens, L. E., Calarco, P. G., Shaw, L. M., Mercurio, A. M., Sonnenberg, A., Primakoff, P., Myles, D. G., et al.: Mouse egg integrin alpha 6 beta 1 functions as a sperm receptor. Cell., 30 :1095-1104 (1995).

14) Myles, D. G., Kimmel, L. H., Blobel, C. P., White, J. M., and Primakoff, P.: Identification of a binding site in the disintegrin domain of fertilin required for sperm-egg fusion. Proc. Natl. Acad. Sci. U S A., 91: 4195-4198 (1994).

15) Cho, C., Bunch, D., Faure, J. E., Gonlding, E. H., Primakoff, P., and Myles, D. G.: Fertilization defects in sperm from mice laking fertilin beta. Science, 140: 1857-1859 (1998).

16) Miyano, K., Yamada, G., Yamada, S., Hasuwa, H., Nakamura, Y., Ryu, F., Suzuki, K., Kosai, K., Inoue, K., Ogura, A., Okabe, M., and Mekada, E.: Reguirement of CD9 on the egg plasma membrane for fertilization. Science, 287: 321-324 (2000).

17) Feng, Y. L. and J. W. Gordon.: Birth of normal mice after removal of the supernumerary male pronucleus from polyspermic zygotes. Hum. Reprod., 11: 341-344 (1996).

18) Han, Y. M., Wang, W. H., Abeydeera, L. R., Petersen, A. L., Kim, J. H., Murphy, C., Day, B. N., and Prather, R. S.: Pronuclear location before the first cell division determines ploidy of polyspermic pig embryos. Biol. Reprod., 61: 1340-1346 (1999).

19) Yu, S. F., Wolf, D. P.: Polyspermic mouse eggs can dispose of supernumerary sperm. Dev. Biol., 82 : 203-210 (1981).

II. 卵子の体外培養法

1. 始原生殖細胞の培養法*

はじめに

　始原生殖細胞は卵や精子のもとになる細胞で，胚発生の初期過程で現れる．この細胞を体外培養することにより，これまでにその増殖や生存がどのような環境因子により制御されているかが明らかにされ，また特定の培養条件下で，始原生殖細胞から胚盤胞由来の ES 細胞同様，全能性をもつ胚幹細胞株である EG 細胞が得られることが見い出されている．このように始原生殖細胞の培養系はその発生の分子機構の研究や，発生工学への応用を考える上で重要である．本稿では，マウス始原生殖細胞の初代培養と EG 細胞の樹立法について紹介する．

マウス始原生殖細胞培養法の概略

　始原生殖細胞の培養下での増殖・生存は，フィーダー細胞の有無や培地に加える増殖因子により大きく影響を受け，また発生段階により増殖の特性が異なる．始原生殖細胞は胚発生の進行にともない胚の中を移動し，マウスでは 8.5 日胚では尿膜基部，9.5 日胚では後腸，10.5 日胚では背部腸間膜，11.5 日胚以降では生殖隆起に存在している．始原生殖細胞の初代培養では，通常これらの始原生殖細胞を含む組織片をトリプシン処理により細胞を解離し培養する．フィーダー細胞を用いない場合は組織片に含まれる体細胞がまず培養皿に付着し，その上で始原生殖細胞が維持されるが，このような培養条件では始原生殖細胞の数はほとんど増えない．培地に Steel factor 等の増殖因子を添加すると，1～2 日間，多少増える場合があるが[1]，より長期間にわたり持続的に増殖を維持するためには，フィーダー細胞を用いる[2]．フィーダー細胞にはマウス胎仔由来繊維芽細胞株の STO 細胞や，マウス胎仔肝臓由来の S1/S1$_4$-m 220 細胞等を，放射線照射やマイトマイシン C 処理により分裂能を失わせたものをあらかじめ培養皿に単層にまきこんだものを使う．フィーダー細胞は始原生殖細胞の接着や生存を助け，また細胞により増殖を促進する因子を供給する．例えば，STO 細胞や S1/S1$_4$-m 220 細胞をフィーダーにすると培地に増殖因子を添加しなくても始原生殖細胞は増えることができるが[1,2]，これはこれらの細胞が Steel factor や LIF を産生していることによる．始原生殖細胞は位相差顕微鏡で見る限り，一緒に培養された体細胞と区別がつかないが，培養後，始原生殖細胞を特異的に検出できる染色を行い，同定することができる．通常は染色法の簡便さから，始原生殖細胞での活性が高いアルカリ性フォスファターゼを検出する染色を行うが，SSEA-1 や 4C9 などのモノクローナル抗体による染色も有効である．

　始原生殖細胞の増殖を支持する因子としては，Steel factor[1,3,4]，LIF (leulemia inhibitory

---

* 松居　靖久

factor)[1,5]，bFGF[2,6]，IL-4（interleukin-4）[7]，TNF-α（tomor necrosis factor α）[8]，PACAP（pituitary adenylate cyclase-activatibg peptide）[9]，Gas 6[10]，Neuregulin[11]，forskolin[12]，retinoic acid[13]などが報告されている．これらは多くの場合，単独で作用した場合に比べて，いくつかの因子が同時に作用すると，大きな増殖促進効果を示す．特に膜結合型 Steel factor を発現している Sl/Sl$_4$-m 220 細胞をフィーダーとして，培地に LIF および bFGF を添加すると，それ以外の培養条件では最大 4 日程度で細胞数の増加が停止するのに対して，増え続けるようになり，さらに継代培養も可能になり，最終的に ES 細胞と同様の全能性を持つ胚幹細胞株である EG 細胞として樹立できることが明らかになった[2,6]．

マウス始原生殖細胞は 14 日胚ころに増殖を停止し，通常の培養条件ではどの発生段階から得た始原生殖細胞も大体これに対応する期間だけ増殖する．例えば 8.5 日胚の始原生殖細胞を培養すると，4 日間にわたり数が増加するのに対して，10.5，11.5 日胚のものではそれぞれ 2，1 日間だけ増える．また 8.5～10.5 日胚の移動中の始原生殖細胞を数日間培養すると，移動形態を示す細胞が点在した細胞群がフィーダー上に形成されるが，それ以降の，生殖隆起に入ったのちの始原生殖細胞を培養した場合は，細胞が移動能を失うため，1～2 個の丸い細胞がフィーダー全体に点在したような状態になる．

実験法
a）準　備
1．器具・機械
炭酸ガスインキュベーター，クリーンベンチ，実体顕微鏡，倒立顕微鏡，ウォウターバス，遠心機，オートクレーブ，冷蔵庫，冷凍庫，マイクロピペット，プラスチック製器具（培養皿，遠沈管，ピペット），解剖用器具（5 型ピンセット，眼科用はさみ，柄に固定した彎曲縫合針，柄に固定したタングステン針）

2．試　薬[1,2]
フィーダー細胞用培地（ハイグルコース DMEM，10％ ウシ血清，100 iu/ml ペニシリン，100 μg/ml ストレプトマイシン），始原生殖細胞用培地（ハイグルコース DMEM，15％ ウシ胎仔血清，1.8 mg/ml グルタミン，0.22 mg/ml ピルビン酸，100 iu/ml ペニシリン，100 μg/ml ストレプトマイシン），EG 細胞用培地（ハイグルコース DMEM，15％ ウシ胎仔血清，0.3 mg/ml グルタミン，86 μM 2-メルカプトエタノール，0.1 mM 非必須アミノ酸，100 iu/ml ペニシリン，100 μg/ml ストレプトマイシン），PBS，2 mg/ml マイトマイシン C，0.05％ トリプシン-EDTA 溶液，1％ ゼラチン溶液，増殖因子（Steel factor，LIF，bFGF 等），4％ パラフォルムアルデヒド溶液，アルカリ性フォスファターゼ染色液（使用する直前に調製．25 mM Tris-maleate pH 9.0，0.4 mg/ml sodium α-naphtyl phosphate，8 mM $MgCl_2$，1 mg/ml Fast Red TR）

b）方法
フィーダー細胞の調整[1,2]
操　作

1. STO 細胞，Sl/Sl$_4$-m 220 細胞などのフィーダー用の細胞は，通常 90 mm 培養皿で培養し，

サブコンフルーエントになったら，5倍程度に希釈して新しい培養皿に継代すると，2〜3日で再びサブコンフルーエントになる．

2. コンフルーエントになったフィーダー用細胞の培地に終濃度5 μg/ml マイトマイシンCを加え，炭酸ガスインキュベーターで2時間程度培養する．

3. 培地を除き，PBSで2回洗った後，トリプシン-EDTA溶液（2 ml/90 mm dish）を加え，炭酸ガスインキュベーターで数分間保温する．培地8 ml を加えてピペッティングにより細胞を解離する．1,000回転で3分間遠心し，沈澱した細胞を 1×10^6 cells/ml 程度になるように培地に再懸濁する．

4. ゼラチンコートした24穴培養皿に，$1\sim3\times10^5$ cells/穴となるように，上記処理をした細胞をまきこむ．少なくとも2〜3時間は炭酸ガスインキュベーターで培養して，細胞が培養皿に付着してから，フィーダーとして使用する．

5. 24穴培養皿はあらかじめ，1%ゼラチン溶液を培養皿に適量入れ，1時間放置後ゼラチンを除き，乾燥させておく．

マウス胚からの始原生殖細胞の回収，培養，検出[1,2,14]

操 作

1. 妊娠マウスから子宮を取り出し，フィーダー細胞用培地中で，子宮の筋肉層をピンセットで取り除く．次に，脱落膜，卵黄嚢，胎盤などをとりのぞき胚を露出させる．

2. 8.5日胚では尿膜の基部周辺，9.5，10.5日胚では後腸，背部腸間膜，11.5日胚以降では生殖隆起を，ピンセット，手術用彎曲針，タングステン針などを使って単離する．

3. 集めた組織片を，始原生殖細胞用培地，次にトリプシン-EDTA溶液を2 ml を入れた35 mm 培養皿に，ガラスキャピラリー，ピペットマンなどで順次移し洗う．最後に35 mm 培養皿に滴下したトリプシン-EDTA溶液 200 μl に移し，炭酸ガスインキュベーターで5〜10分間保温する．次にピペットマンで20〜30回程度ピペッティングし，単一細胞に解離した後，始原生殖細胞用培地を 200 μl/胚となるように加え，よく懸濁する．

4. 始原生殖細胞懸濁液を，あらかじめフィーダー細胞をまきこんだ24穴培養皿に，始原生殖細胞用培地1 ml とともにまきこむ．8.5日胚では0.5〜1胚，9.5，10.5日胚では0.2〜0.5胚，11.5日胚以降では0.1〜0.2胚相当分の細胞を一つの穴にまきこむ．増殖因子は，それぞれ終濃度でSteel factorは30〜60 ng/ml，LIF，bFGFは10〜20 ng/ml になるように加える．培地交換は毎日行う．

5. 始原生殖細胞をアルカリ性フォスファターゼ染色により検出する．培養皿をPBSで洗った後，4%パラフォスムアルデヒド/PBSで15分間，室温で固定する．次にPBSで洗い，染色液を加え30分間程度放置し，赤く染色される始原生殖細胞を確認する．再びPBSで洗い，発色反応を停止させる．

EG細胞の樹立[2,6]

操 作

1. 8.5日胚始原生殖細胞を Sl/Sl_4-m 220 細胞フィーダー上でLIFおよびbFGF存在下で6日間培養したものについて，培地を除き，トリプシン-EDTA溶液で洗い，さらにトリプシン-EDTA

溶液を 200 μl/穴加え，炭酸ガスインキュベーターで 5 分間程度保温する．

2. 800 μl の始原生殖細胞用培地を加えて，ピペッティングにより細胞を解離し，細胞懸濁液を得る．

3. 24 穴培養皿に新たに調製した S1/ Sl$_4$-m 220 細胞フィーダー上に，上記細胞懸濁液 500 ul を等量の始原生殖細胞用培地とともにいれ，LIF，bFGF（10 ng/ ml）を加えて培養する．1 日おきに培地を交換する．

4. 5〜10 日程で，始原生殖細胞由来の，細胞が凝集して盛り上がったコロニーを位相差顕微鏡下で確認できるようになる．これらコロニーをガラスキャピラリーで拾い，エッペンドルフチューブに 10〜20 コロニー分プールする．

5. 1,000 回転で 2 分間遠心後，上清を除き，トリプシン-EDTA を 200 μl 加え，37 ℃ で 5 分間保温する．

6. 始原生殖細胞用培地 800 μl を加え，ピペッティングにより細胞を解離する．

7. 24 穴培養皿に新たに調製した S1/ Sl$_4$-m 220 細胞フィーダー上に，上記細胞懸濁液 500 μl を等量の始原生殖細胞用培地とともにいれ培養する．1 日おきに培地を交換する．

8. 5 日ほどでコロニーが大きくなるので，トリプシン処理をして継代する．この際，フィーダーは STO 細胞またはマウス胚繊維芽初代培養細胞に，また培地は EG 細胞用培地に変え，増殖因子は LIF のみ加える．

c）具体的例

8.5 日胚尿膜基部 0.5 胚分を S1/ Sl$_4$-m 220 細胞フィーダー上で初代培養すると，培地のみの場合は培養開始後 4 日目に 200 細胞程度の始原生殖細胞が検出される．培地に LIF および bFGF を添加すると，4 日目で 800 細胞，6 日目で 1,700 細胞程度にまで増える．おわりに，本稿で紹介した方法で，マウスに限らずいろいろな動物種の始原生殖細胞の培養が可能と考えられるが，増殖因子に種特異性がある可能性に留意する必要があると思われる．例えば，Steel factor はヒトのものはマウスでは非常に効きが悪い．また，フィーダー細胞もできれば同じ種の胚繊維芽細胞等を使うのが望ましいように思われる．

参考文献

1) Matsui, Y., Nishikawa, S., Nishikawa, S.-I., Williams, D., Zsebo, K. and Hogan, B. L. M.: Effect of Steel factor and leukemia inhibitory factor on murine primordial germ cells in culture. Nature 353: 750-752 (1991).

2) Matsui, Y., Zsebo, K. and Hogan, B. L. M.: Derivation of pluripotential embryonic stem cells from murine primordial germ cells in culture. Cell 70: 841-847 (1992).

3) Dolci, S., Williams, D. E., Ernst, M. K., Resnick, J. L., Brannan, C. I., Lock, L. F., Lyman, S. D., Boswell, H. S. and Donovan. P. J.: Requirement of mast cell growth factor for primordial germ cell survival in culture. Nature 352: 809-811 (1991).

4) Godin, I., Deed, R., Cooke, J., Zsebo, K., Dexter, M. and Wylie, C. C.: Effect of the Steel gene production on mouse primordial germ cells in culture. Nature 352: 807-809 (1991).

5) De Felici, M. and Dolci, S.: Leukemia inhibitory factor sustains the survival of mouse primordial germ cells cultured on TM feeder layers. Dev. Biol. 147: 281-284 (1991).

6) Resnick, J. L., Bixler, L. S., Cheng, L. and Donovan, P. J.: Long-term proliferation of mouse primordial germ cells in culture. Nature 359: 550-551 (1992).

7) Cooke, J. E., Heasman, J. and Wylie, C. C.: The role of Interleukin-4 in the regulation of mouse primordial germ cell numbers. Dev. Biol. 174: 14-21 (1996).

8) Kawase, E., Yamamoto, H., Hashimoto, K. and Nakatsuji, N.: Tumor necrosis factor-α (TNF-α) stimulates proliferation of mouse primordial germ cells in culture. Dev. Biol. 161: 91-95 (1994).

9) Pesce, M., Canipari, R., Ferri, G.-L., Siracusa, G. and De Felici, M.: Pituitary adenylate cyclase-activating polypeptide (PACAP) stimulates adenylate cyclase and promotes proliferation of mouse primordial germ cells. Development 122: 215-221 (1996).

10) Matsubara, N., Takahashi, Y., Nishina Y., Mukouyama, Y., Yanagisawa, M., Watanabe, T., Nakano, T., Noumura, K., Arita, H., Nishimune, Y., Obinata, M. and Matsui, Y.: A receptor tyrosine kinase, Sky, and its ligand Gas6 are expressed in gonads and support primordial germ cell growth or survival in culture. Dev. Biol. 180: 299-510 (1996).

11) Toyoda-Ohno, H., Obinata, M. and Matsui, Y.: Members of the ErbB receptor tyrosine kinases are involved in germ cell development in fetal mouse gonads. Dev. Biol. 215, 399-406 (1999).

12) De Felici, M., Dolci, S. and Pesce, M.: Proliferation of mouse primordial germ cells in vitro: A key role for cAMP. Dev. Biol. 157: 277-280 (1993).

13) Koshimizu, U., Watanabe, M. and Nakatsuji, N.: Retinoic acid is a potent growth activator of mouse promordial germ cells in vitro. Dev. Biol. 168: 683-685 (1995).

14) Hogan, B. L. M. Beddington, R., Costantini, F. and Lacy, E.: Manipulating the mouse embryo. A laboratory manual. 2 nd ed. Cold Spring Harbor, NY: Cold Spring Harbor Laboratory Press (1995).

2. 前胞状卵胞・卵子の体外発育法*

はじめに

卵巣内にはマウスで数千個，ウシ，ブタ，ヒツジなどの家畜では十万から数十万個もの前胞状卵胞が存在しており，卵胞内の卵子と卵胞の発育・成長は同時に起こることが知られている．従って，前胞状卵胞・卵子の体外発育培養が可能となれば，卵子の発育・成長および卵胞形成の機序の解析が可能となるほか，体外受精卵移植での卵子供給，体細胞等クローン動物作製に用いるレシピエント卵子の供給，希少野生動物の卵子資源の保存，ヒト不妊治療への応用等が期待される．

---

* 伊藤　丈洋・星　宏良

前胞状卵胞・卵子の体外発育培養法の概略

 発育途上卵子の体外発育および成長培養に用いる卵子の単離方法として,卵胞のまま単離する方法と,顆粒膜細胞-卵子複合体を卵胞より取り出す単離方法が知られている[1].初期前胞状卵胞は,卵胞のまま単離して培養され,比較的サイズの大きい後期前胞状卵胞の場合,細い針などを利用して卵胞から顆粒膜細胞-卵子複合体を取り出して培養されることが多い.前胞状卵胞をマウスやラット,ハムスターなど実験小動物から単離する場合,コラゲナーゼ,プロナーゼ,DNaseなどの酵素処理法が用いられている[2,3].しかし,ウシ,ブタなどの家畜卵巣は,間質組織の線維化が進んでいるため,酵素を至適条件で作用させることが難しく回収効率が低いこと,さらに,酵素処理によって高頻度に卵子に傷害が起こることも報告されている.最近では,機械的に卵巣を細切し,卵胞回収液中で組織片をピペッティングして前胞状卵胞を剥離させ,メッシュサイズの異なるナイロンフィルターを段階的に通して前胞状卵胞を回収する機械的単離方法が,効率的回収法として利用されている[4,5].

 実験小動物の前胞状卵胞の体外発育培養の例として,Eppigら[6]が新生児マウス卵巣の原始卵胞を二段階培養法により,約3週間で卵子を完全に発育・成長させた後,体外成熟,体外受精,胚発生培養および胚移植を行ない,産仔を得ることに成功している.これは,哺乳動物原始卵胞由来の卵子を体外培養で完全に発育・成長させ,その卵子を利用して産仔を得た唯一の報告となっている.ウシ,ブタ,ヒツジなど家畜の前胞状卵胞の完全な体外発育培養については成功例の報告はない.困難な理由としては,マウスの卵胞発育に比べて家畜やヒトの場合,生体内での卵胞発育に長期間必要とされ,したがって,体外培養系でも長期間卵胞を生存したまま維持しなければならないからである.家畜の前胞状卵胞を完全に発育・成長させるために,培養期間が30~60日以上にもなり,その間に卵胞の構造が破壊され,顆粒膜細胞等が過剰に増殖,卵子の退行現象や死滅がよく観察される.家畜やヒトなど中・大型哺乳動物体外卵子発育培養は,卵子細胞質の十分な発育を行わせるために,減数分裂再開を抑制しながら長期間卵子を生存培養できることが重要と考えられる.ウシ前胞状卵胞を長期間生存させる体外培養例としてItohら[7]の報告がある.卵胞直径40~70μmの前胞状卵胞(主に一次卵胞)をヒポキサンチンを培地に添加して卵子の減数分裂再開を抑制し,ウシ卵巣由来間質細胞を共培養に用いることで,卵子を30日間も生存させることに成功している.また,ごく最近,Newtonら[8]は,卵胞直径が190~240μmのヒツジ前胞状卵胞から単離した卵子・顆粒膜細胞複合体を,無血清培地で30日間培養したところ,卵胞腔を保有する胞状卵胞まで発育することを報告している.同様に,ヒツジ前胞状卵胞を,FSH添加培地で5%の低酸素条件で培養したところ,卵胞腔形成が起こり,卵胞液中に発達卵胞の顆粒膜細胞の特徴であるエストラジオール分泌が増加することが報告されている[9].本稿では,著者らが行っているウシ前胞状卵胞の体細胞との共培養による長期間培養の方法について紹介する.

実験法

a)準 備

1.器具・機械

 炭酸ガスインキュベーター,クリーンベンチ,実体顕微鏡,倒立蛍光顕微鏡,加温板,ウオーターバス,遠心機,オートクレーブ,マイクロピペット,ポリスチレン製器具等(培養皿や試験管

2. 前胞状卵胞・卵子の体外発育法

表2.1 前胞状卵胞回収液の組成

成分	濃度 (g/l)
NaCl	8.0
KCl	0.2
$CaCl_2$ (anhyd.)	0.1
$MgCl_2 \cdot 6H_2O$	0.1
KH_2PO_4	0.2
$Na_2HPO_4 \cdot 12H_2O$	2.9
Glucose	1.0
Na-Pyruvate	0.138
Na-Heparin	0.015
Gentamycin Sulfate	0.010
Phenol Red	0.008

表2.2 ウシ前胞状卵胞用培地とウシ体細胞 (BOM) 増殖用培地の組成

成分	共培養用培地 (mg/l)	体細胞 (BOM) 増殖用培地
HP-M199 medium[1]	1.0 L	0.8 L
BSA	1000	—
FBS	—	0.2 L
Hypoxanthine	25.0	—
Aprotinin	10.0	—
Insulin	6.25	—
Transferrin	6.25	—
Selenium	0.00625	—

[1] HP-M 199 培地はオリジナル TCM 199 培地から Tween-80 とパラ安息香酸を除いた培地.

等), ガラス製器具類 (ビーカーや, メスシリンダー等), ろ過滅菌用フィルター, 卵巣輸送用ジャー, 金おろし (3号タイプ), ナイロン製メッシュ (250 μm, 40 μm 口径)

2. 試　薬

リン酸緩衝液 (PBS (−)), 生理食塩水, HP-M 199 培地 (機能性ペプチド研究所製), タイプⅠコラーゲン溶液, ヒポキサンチン, 100 培濃度 ITS 混合物, ウシ血清アルブミン (BSA), アプロチニン, 卵子回収液 (機能性ペプチド研究所製), ウシ胎児血清 (FBS), ヘキスト 33258, トリパンブルー

3. 培　地

表 2.1 に前胞状卵胞回収液, 表 2.2 に前胞状卵胞用培地および体細胞 (ウシ卵巣間質由来細胞; BOM) 増殖用培地の組成を示す.

b) 方　法

前胞状卵胞の単離

屠場で採取したウシ卵巣を 20 ℃ 前後に保温して実験室に持ち帰る. 卵巣を滅菌生理食塩水, 消毒用エタノールで洗浄, 消毒を行なった後, 18 ゲージの注射針とシリンジを用いて胞状卵胞から未成熟卵子・顆粒膜細胞複合体を吸引除去する. 少量の前胞状卵胞回収液を滴下したおろし金上で卵巣の表層をすり下ろした後, 組織片を速やかに前胞状卵胞回収液 (1 卵巣当たり約 50 ml) に回収する. 10 ml ディスポーザブルシリンジを用いて吸引, 吐出を繰り返し, 組織片を分散する (40 回程度). 分散した組織を含む前胞状卵胞回収液を目開き 250 μm のナイロンメッシュでろ過し, 粗大組織片を除去する. ろ過液をさらに 40 μm のナイロンメッシ

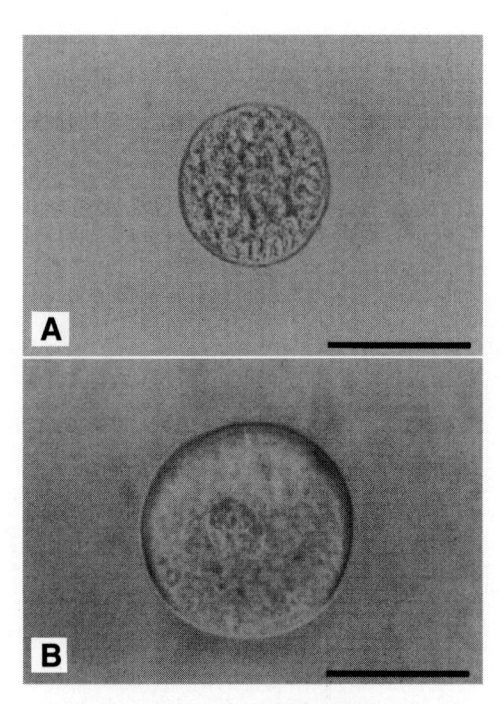

図 2.1 ウシ前胞状卵胞
A: 単離直後の正常形態前胞状卵胞, B: BOM 共培養 21 日目の正常形態前胞状卵胞. スケールバーは 50 μm を示す.

ュでろ過し，分散した前胞状卵胞を含む組織片をメッシュ上にトラップする．この組織片を前胞状卵胞回収液で 90 mm 角シャーレに回収し，実体顕微鏡下にてガラス製マイクロピペットを使用して，前胞状卵胞を採取し，前胞状卵胞回収液中にて保存する．採取する前胞状卵胞は，輪郭が鮮明で，構成する顆粒膜細胞ならびに卵子に暗黒色の凝集像が見られないもの（正常形態卵胞）を培養に用いる（図 2.1 A）．

共培養用体細胞（BOM）の分離と培養

洗浄，消毒を行なった卵巣表層部を外科用メスで 1 mm^3 程度のブロックに細切する．細切組織片を直径 6 cm の培養ディッシュの底面に 3 個ずつ置いて，はりつくまでしばらく放置する．少量の体細胞増殖用培地（表 2.2）を培養ディッシュに入れ，組織片が浮き上がってこないことを確認してから，残りの培地を加える（5 ml/培養ディッシュ）．37 ℃ の炭酸ガスインキュベーター内（5 % CO_2, 95 % air）で培養する．数日から 1 週間後までに，組織片のまわりに細胞が遊走し，増殖してくる．細胞が培養ディッシュの半分以上を占有するようになった時に，増殖した細胞を PBS（−）で 2 回洗浄した後，トリプシン/EDTA 液で細胞を分散させる．1,500 回転/分，5 分間遠心操作により細胞ペレットを調製し，体細胞増殖用培地 5 ml を加えてピペッティングにより単個細胞（single cell）の細胞懸濁液とする．25 cm^2 培養フラスコに播種し，培養後，細胞が増殖してコンフルエント（培養表面に細胞が増殖して単層で飽和状態）になった時をもって初代培養とする．初代培養の BOM 細胞は上記の方法により，1:2 ないし 1:4 分割法で継代培養を行う．実験には 2～4 継代した細胞を用いる．

体細胞（BOM）とウシ前胞状卵胞の共培養

BOM 細胞は体細胞増殖用培地に 5 × 10^4 細胞/ml になるように懸濁し，24 ウェル培養ディッシュに 0.5 ml ずつ播種後，37 ℃ の炭酸ガスインキュベーター内（5 % CO_2, 95 % air）で培養する．数日間培養後，細胞がコンフルエント状態になったところで共培養用培地（表 2.2）に交換する．培地交換後 24 時間経た時点で，前述の方法により単離したウシ前胞状卵胞を体細胞上に各ウェル 10 個ずつ播種

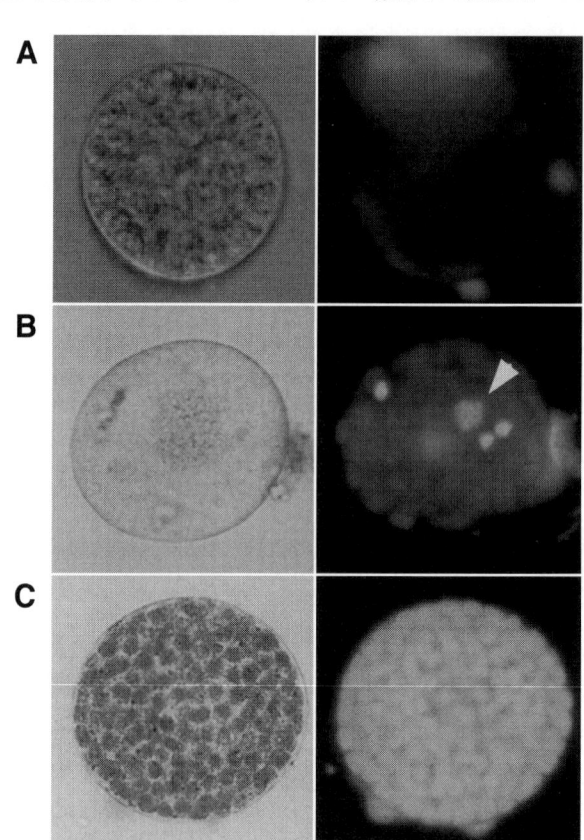

図 2.2 Hoechst33258/トリパンブルー染色によるウシ前胞状卵胞の生死判別
左はトリパンブルー染色像，右は Hoechst33258 染色像を示す．A は顆粒膜細胞，卵核胞ともに染色（発光）されない生存卵胞を示す．B は一部の顆粒膜細胞と卵核胞の染色（発光）が観察される死卵胞，C はほとんどの顆粒膜細胞が染色（発光）された死卵胞を示す．

し，培養する．対照実験としてコラーゲン処理（タイプ1）を行った24ウェル培養ディッシュ上に前胞状卵胞を播種し，同様にして培養を行う．培養期間中の培地交換は2日ごとに行う．

前胞状卵胞の生存判定

前胞状卵胞の生存判定は，Hoechst 33258とトリパンブルーを用いた色素排除法にて行う．Hoechst 33258とトリパンブルーは，死細胞の傷害を受けた細胞膜を通過し，Hoechst 33258は核内の核酸に結合して蛍光を発し，トリパンブルーは細胞質内に蓄積して染色される（図2.2）．Hoechst 33258とトリパンブルーはそれぞれ10μg/ml，180μg/mlになるように培地に添加して前胞状卵胞を15分間処理し，蛍光顕微鏡下で観察を行う．卵胞を構成する顆粒膜細胞の10％以上が染色（発光）されたものや，卵核胞が染色（発光）されたものを死卵胞と判定する．

c）具体的例

本方法を用いて単離されたウシ前胞状卵胞数は1卵巣あたり157±29.3個で，直径は40～70μmの一次から初期二次卵胞であった．また，単離直後の生存率は61.2％であった．前胞状卵胞を培養ディッシュだけで培養すると14日後には生存率が0％と，ほとんどの卵胞が死滅するのに対して，BOM細胞と共培養法を用いることによって30日後においても18.6％の生存率が得られ，生存卵胞においては15.4％の卵胞径の増大（66.8μmから77.1μm）も観察された（図2.1 B）．

おわりに

マウスでは原始卵胞由来卵子からマウス産仔を得たものの，その生産効率はきわめて低いこと，家畜やヒトなどでは実際に原始卵胞由来卵子が発育・成熟して受精可能な卵子（MII期）までも到達したという報告はなく，さらなる体外発育培養法の開発が望まれる．

参考文献

1) Telfer, E. E.: The development of methods for isolation and culture of preantral follicles from bovine and porcine ovaries. Theriogenology, 45: 101-110 (1996).
2) Grob, H. S.: Enzymatic dissection of the mammalian ovary. Science, 146: 73-74 (1964).
3) Daniel, A. J., Armstrong, D.T. and Gore-Langton, R. E.: Gamete Res., 24: 109-121 (1989).
4) Figueiredo, J. R., Hulshof, S. C. J., Van den Hurk, R., Ectors, F.J., Fontes, R.S., Nusgens, B., Bevers, M. M. and Beckers, J. F.: Development of a combined new mechanical and enzymatic method for the isolation of intact preantral follicles from fetal, calf and adult bovine ovaries. Theriogenology, 40: 789-799 (1993).
5) Nuttinck, F., Mermillod, P., Massip, A. and Dessy, F.: Characterization of in vitro growth of bovine preantral ovarian follicles: A preliminary study. Theriogenology, 39: 811-821 (1993).
6) Eppig, J. J. and O'Brien, M. J.: Development in vitro of mouse oocytes from primordial follicles. Biol. Reprod., 54: 197-207 (1996).
7) Itoh, T. and Hoshi, H.: Efficient isolation and long-term viability of bovine small preantral follicles in vitro. In Vitro Cell. Dev. Biol., 36: 235-240 (2000).
8) Newton, H., Picton, H. and Gosden, R. C.: *In vitro* growth of oocyte-granulosa cell complexes isolated

from cryopreserved ovine tissue. J. Reprod. Fertil., 115: 141-150 (1999).
9) Cecconi, S., Barboni, B., Coccia, M. and Mattioli, M.: *In vitro* development of sheep preantral follicles. Biol. Reprod., 60: 594-601 (1999).

3. 卵胞細胞の体外培養法[*]

はじめに

　自然界にはサケのように一生にただ一度だけ全卵子を成熟・排卵させる動物，哺乳類のように性周期毎に限られた一定数を成熟・排卵させる動物など多様な生殖戦略をとる動物が存在する．哺乳類の片側卵巣には，胎児期から減数分裂前期後半（卵核胞期）で休止し続けている卵母細胞が5〜10万個含まれているが，これらの99％以上が排卵過程で消滅してしまい，選抜された1％以下が排卵に至る．この選抜過程では卵母細胞と卵胞の分化・発育・成熟は相互に緊密に関連しており，卵母細胞選抜と卵胞選抜（卵胞閉鎖）は同義の現象と考えられている[1]．ブタ卵巣では選択的卵胞閉鎖に際して，最初に卵胞腔内側の顆粒層細胞にアポトーシスが観察され，続いて基底膜側顆粒層と卵胞内膜細胞のアポトーシスが観察されるようになり，最後に基底膜が破綻して大食細胞が卵胞腔内に集簇して急速に卵胞が消滅する[2,3]．しかしこの卵胞閉鎖過程で顆粒層細胞と同じ卵胞上皮細胞由来であるが卵母細胞を直接取り囲む卵丘細胞にはアポトーシスが観察されず，また，大食細胞による処理には顆粒層細胞自身が積極的に表層糖鎖構造を作り替えることが必須であることがわかってきている[4]．このように成熟した雌性哺乳類の卵巣では優秀で強靭な子孫を残す戦略として性周期毎に選択的な卵胞閉鎖が繰り返されている．これまでの研究から，卵胞上皮細胞である顆粒層細胞にはFas/Apo-1/CD 95[5]やPFG-1[6]などの細胞死受容体とその囮受容体[7]が局在し，卵胞の選択的閉鎖に支配的に関与していることがわかってきているが，その制御機構の詳細は未解明である．このような卵胞の選択制御機構の研究のためのみならず，卵母細胞の成熟にも顆粒層細胞が深く関与していることから，顆粒層細胞を中心とする卵胞細胞の体外培養は生殖生理学的研究にとって必須の技術である[8]．

ブタ顆粒層細胞の体外培養法の概要

　一般に卵母細胞を除いて卵胞を構成する細胞，外側から卵胞外膜細胞，卵胞内膜細胞，顆粒層細胞および卵丘細胞，を卵胞細胞と呼び慣わしている．しかしながら卵胞基底膜の外側に位置する卵胞外膜および卵胞内膜には結合組織や血管系がよく発達しており，実質細胞である卵胞外膜細胞および卵胞内膜細胞のみならず線維芽細胞，血管内皮細胞，内網系細胞，神経系細胞，血液細胞などの実に多様な細胞から構成される複合体である．このため実質細胞のみを高純度に調製することは困難であり，未だ試行錯誤が繰り返されている段階にある．近年，密度勾配遠心法とエルトリエターローター遠心法を組み合わせることで，かなり純度の高い実質細胞を調製することが可能となってきているが，未だ満足できるものではないので本稿ではふれない．逆に卵胞基

---

[*] 眞鍋　昇・中山　瑞穂・山口　美鈴

底膜の内側には血管系も神経系も存在せず，卵母細胞とそれを取り囲む卵胞上皮細胞（すなわち卵丘細胞と顆粒層細胞）のみが存在しているので，容易に高純度の顆粒層細胞および卵丘細胞を得ることができる．本稿では著者らが実際に行っている顆粒層細胞の初代培養法について詳述するが，それに先だって強調しておきたい点がある．多くの初代培養顆粒層細胞を用いた古典的な内分泌学研究は，未成熟の齧歯類にヒトやウマのゴナドトロピンを投与して過排卵せしめた卵胞に注射針を差し込んで顆粒層細胞を注射筒内に吸引して得られた細胞を用いて行われている（吸引法）．また，ウシやブタなどの家畜の顆粒層細胞を用いた実験においても，吸引法にて得られた細胞をステンレスメッシュ濾過させた後供試していることが多い．このような吸引法は短時間に多量の細胞を得られるという利点があるのでこの方法にて調製した細胞を用いた研究を一概に否定するものではないが，細胞集団を漫然と扱うのではなく個々の細胞単位で生命現象を解析しようとする現代の細胞学的視点から俯瞰するなら，卵胞の発育ステージを厳密に観察・判定できず，かつ卵胞基底膜外に位置する線維芽細胞をも含む細胞集団しか調整できない吸引法は優れた方法とは考えられないので推奨できない．著者らは，実体顕微鏡下に切り出した卵胞を個別に健常な卵胞か閉鎖過程にある卵胞であるかを判別した後，外科的に顆粒層を厳密に分離して調製した細胞を供試する手法（切出法）が優れていると考えるので，以下に紹介する．

ブタ顆粒層細胞の培養方法

a）準　備

I）試薬の準備：

i) 培養液などの調製に用いる蒸留水：一般に溶液として市販されている Medium 199（M 199）培養液，Eagle's minimum essential 培養液などの培養液を用いたほうが実験の再現性が高いが高価である．自分で調製する場合には Gibco Lab，日水製薬などから市販されている細胞培養液用粉末調製薬剤を購入し，注射用蒸留水（大塚製薬製はパイロジェンフリーであるので優れている）あるいはミリQ水を用いて溶解・調製する．

ii) 卵巣の滅菌液：屠場にて採取するブタ卵巣は様々な雑菌に汚染されているので，卵巣標本採取直後の素早い滅菌・洗浄が必須である．著者らは卵巣を 0.2 % cetylmethylammonium bromide (CETAB) 溶液（あらかじめ CETAB 50 g を特級 EtOH 250 ml に溶解後，ミリQ水にて 1 l にメスアップした 5 % CETAB stock 液を準備しておき，用時毎に 5 % CETAB stock 液 1 容とミリQ水 24 容を混合）にて滅菌している．

iii) 卵巣の洗浄液：卵巣を 0.2 % CETAB 溶液にて滅菌後，オートクレーブ滅菌した 0.1 % poly-vinyl alcohol 含有リン酸緩衝生理食塩水（PVA-PBS, pH 7.4：NaCl 8,000 mg/l，KCl 200 mg/l，Na$_2$HPO$_4$ 2,900 mg/l，KH$_2$PO$_4$ 200 mg/l，PVA，平均分子量 30,000〜70,000；Sigma，1 g/l を注射用蒸留水に溶解後オートクレーブ滅菌して用時まで室温保存）にて洗浄する．これで細菌汚染がなく，数週間培養に供し得る細胞を得られる．

iv) 顆粒層細胞採取用培養液：卵巣からメスで切り出した卵胞を開いて，顆粒層細胞を調整する過程で用いる顆粒層細胞採取用培養液として，5 % ウシ胎児血清含有 M 199 培養液を用いる．これは，下記の炭酸ガス培養器内にて培養する際に用いる細胞培養液とは異なり，クリーンベンチ

内などの気相中で操作している過程でも溶液のpHを一定に保つために25 mM HEPESを添加したHEPES-M 199である．これは，Medium 199 powder（Gibco Lab）9.8 gを約900 mlの注射用蒸留水に溶解した後，NaHCO₃ 2,200 mg（10 mM），HEPES 5,960 mg（25 mM），ゲンタマイシン50 mgを溶解し，注射用蒸留水で1,000 mlにメスアップし，pH 7.4であることを確認した後（0.5 N HCl水溶液あるいは0.5 N NaOH水溶液にて調整する），ミリポアフィルター（φ 0.22 μm）にて加圧ろ過滅菌後，用時まで専用冷蔵庫内（0〜4℃）に密栓保存する．作製後1カ月以内に使い切る．なお長期間培養しようとする場合には顆粒層細胞採取用培養液にやや高用量のカナマイシン（20 g/l），ゲンタマイシン（10 g/l）などの抗生物質を添加して雑菌の混入を阻止しておくと成績がよい．

実験の目的によってはウシ胎児血清の代わりにウシ血清アルブミンフラクションV（Sigma；4 mg/ml）や0.1 % PVA（PVAを100 g/lとなるように蒸留水に溶解後オートクレーブしておいたPVA保存液を用時に10 ml/l添加する）などを添加する．ブタの顆粒層細胞は，これらを添加していない無血清培地内ではプラスチック表面やガラス表面に粘着して取り扱うのが困難であるので，特に記載しない限り顆粒層細胞の調製過程に用いるM 199培養液にはこれらのうちのいずれかを添加している．

v) 細胞培養液：M 199培養液は，Medium 199 powder（Gibco Lab）9.8 gを約850 mlの注射用蒸留水に溶解した後NaHCO₃ 2.2 g（26.2 mM），カナマイシン100 mg（あるいはゲンタマイシン50 mg）を溶解し，注射用蒸留水で約950 mlにメスアップする．これをミリポアフィルターにて加圧ろ過滅菌後，ろ過滅菌済NaHCO₃溶液にてpH 7.4に調製後，注射用蒸留水で1,000 mlにメスアップする．用時まで冷蔵庫に密栓保存し，作製後1カ月以内に使い切る．血清は用時に適量（5〜10 %）添加する．

vi) 細胞剥離液：0.1 % トリプシン-0.02 % EDTA溶液を用いて長期培養している顆粒層細胞を剥がす．トリプシン（Sigma）をPBS（－）に1 g/lとなるように溶解する．トリプシンは溶けにくいが，冷蔵庫内で一晩かく拌することで完全に溶解できる．別にEDTA 2 Naを注射用蒸留水に20 g/lとなるように溶解し，これをトリプシン溶液に1/100容量加え，pH 7.4に調節後（0.5 N HCl水溶液あるいは0.5 N NaOH水溶液にて調整する），ミリポアフィルターで加圧ろ過滅菌して用いる．

II) 器具の準備：培養液などを入れるガラス瓶などのガラス器具を培養器具専用洗剤に浸漬洗浄後，流水，蒸留水，ミリQ水にて濯いだ後乾燥させ，オートクレーブ滅菌しておく．ピンセットなどの金属器具も同様に洗浄後，滅菌バッグに封入してオートクレーブ滅菌するか乾熱滅菌処理して滅菌箱（常時紫外線ランプを点灯したステンレス製密封容器）内に保存しておく．ポリエチレン瓶などの加熱滅菌処理が困難な器具，クリーンベンチ，炭酸ガスインキュベーターなどの大型器具は，特級EtOHとミリQ水にて調製した70 % EtOHあるいは1.25 % CETAB溶液（5 % CETAB stock液1容とミリQ水3容を混合）にて殺菌処理を施しておく．ガス滅菌は簡便であるが実験者の安全性の観点から使用していない．

III) その他：雑菌によるコンタミネーションを防ぐために実験中は必ず培養室専用の実験着，ディスポのマスクと帽子などを使用する．実験前には手指を石鹸とオスバンなどの逆性石鹸にて

洗浄・殺菌する．クリーンベンチ，炭酸ガスインキュベーターなどへの出し入れに際しては70％EtOH噴霧にて滅菌しながら操作する．

 b）方　法

 I）卵巣の採取：ブタ組織を低温にさらすと様々な障害が認められる．生存率の高い細胞を得るために，ステンレス魔法瓶，発砲スチロール容器などを準備して実験室に持ち帰るまで20〜25℃に保っておくことが肝要である．食肉処理場にてと殺直後の雌ブタから卵管峡部を含む卵巣組織塊を採取し，余分な結合組織などを取り除いた後，卵巣組織を0.2％CETAB溶液に浸して素早くピンセットで数回撹拌して滅菌した後，0.1％PVA-PBSにて3〜4回洗浄し，20〜25℃に保った広口ステンレス魔法瓶内のポリエチレン瓶に入れて実験室まで持ち帰る．

 II）健常卵胞由来顆粒層の調製：室温を20〜25℃に保った実験室内のクリーンベンチ内にて実体顕微鏡下に卵巣を0.1％PVA-PBSを満たしたプラスチック製シャーレ内に置き，メスで直径3〜6mmの胞状卵胞を切り出す．この卵胞をあらかじめ30℃に温めておいた顆粒層細胞採取用培養液を満たしたシャーレ中に移し，時計組立用チタン製ピンセット（No.2あるいは4）を用いて余分な結合組織などをていねいに取り除く．このようにして摘出した健常卵胞は外部から卵母細胞-卵丘細胞複合体を容易に確認でき（図2.3 A：卵母細胞-卵丘細胞複合体を矢印で示す），RIA法にて測定した卵胞液のprogesterone/estradiol-17β比は15以下である[2,3]．次いで，図2.4に示すようにして，卵胞の卵母細胞-卵丘細胞複合体の反対側からNo.4ピンセットを用いて卵胞を開き，丁寧に顆粒層をピンセットで摘んで卵胞基底膜から剥離する．このようにして取り出した顆粒層には卵母細胞-卵丘細胞複合体が付着しているので（図2.3 B：卵母細胞-卵丘細胞複合体を矢印で示す），ピンセットを用いてこの部分をていねいに取り除くと非常に純度の高い健常卵胞由来の顆粒層を調製できる．この細胞層を単離することなくコラーゲンゲル上でより*in vivo* に近い細胞の立体構築を保ったままで培養する方法（本稿のsupplementを参照

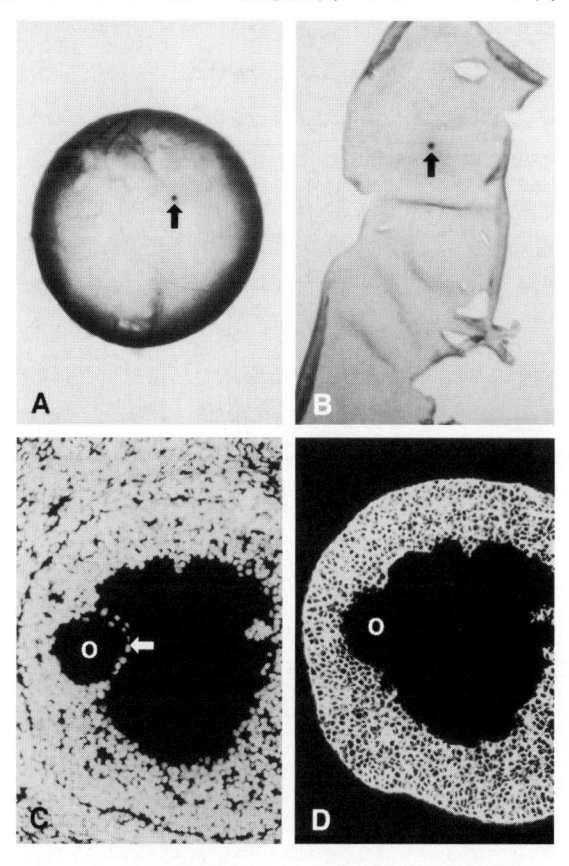

図2.3　A：ブタ卵巣からメスで切り出した健常卵胞．外部から卵母細胞-卵丘細胞複合体（矢印）を容易に確認できる．B：切り出した健常卵胞からピンセットを用いて剥離した顆粒層．顆粒層には卵母細胞-卵丘細胞複合体（矢印）が付着している．C：ブタ卵巣の凍結切片に蛍光抗体染色を施してPFG-1の局在を調べた．D：同一切片にDAPI染色を施して核の局在を可視化した．顆粒層細胞にのみ局在しており，同じ卵胞上皮細胞由来の卵丘細胞，卵胞内膜細胞，卵胞外膜細胞には存在していない．

されたい）もあるが，ここでは，さらに細胞を単離して培養する方法を紹介する．

　III）顆粒層細胞の培養法：剥離した顆粒層を M 199 培養液を満たした 50 ml ポリエチレン製遠心管内に移し，パスツールピペットを用いて静かにピペッティング洗浄後遠心（500 g）して回収する遠沈洗浄を 2〜3 回繰り返す．顆粒層細胞は主にカドヘリンなどのカルシウムイオン依存性細胞接着因子にて互いに結合して細胞層を形成しているので，

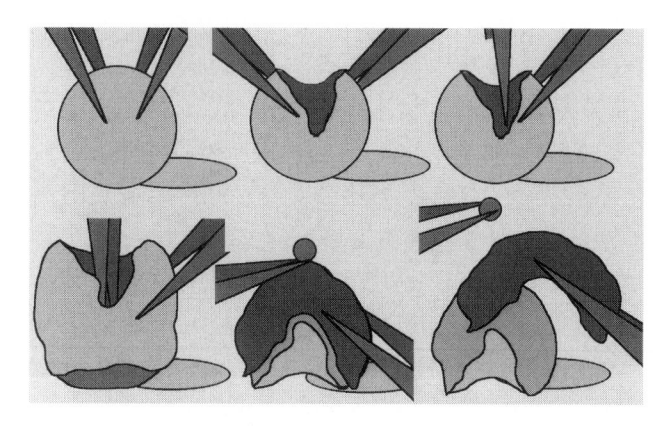

図 2.4　切り出した健常卵胞からピンセットを用いて顆粒層を取り出す方法．卵胞の卵母細胞-卵丘細胞複合体の反対側からピンセットで用いて卵胞を開き，丁寧に顆粒層をピンセットで摘んで卵胞基底膜から剥離する．

顆粒層細胞を単離するために，細胞層ペレットを 6.8 mM EGTA 含有-無血清 M 199 培養液（pH 7.4）に移し，5 ％ 炭酸ガス-気相インキュベーター内にて 38 ℃，15 分間培養する．600 g，5 分間遠心洗浄して細胞を回収後，0.5 M ショ糖-6.8 mM EGTA 含有-無血清 M 199 培養液に移してさらに 5 ％ 炭酸ガス-気相インキュベーター内にて 38 ℃，15 分間培養する．これを M 199 培養液にて 600 g，5 分間遠心洗浄（2〜3 回繰り返す）して細胞を回収する．倒立型培養顕微鏡下にて細胞が完全に単離していることを確認した後，常法に従って血球計算盤を用いて細胞密度を求めるとともに，0.3 ％ トリパンブルー溶液にて染色して細胞生存率（可染細胞は死細胞）も求める．細胞生存率は低くとも 95 ％ 以上の標本を供試するべきである．通常は細胞密度が 5×10^6 cells/ml となるように M 199 培養液（研究目的によって下に示すホルモン，成長因子等を添加する）に浮遊させ，プラスチック製培養皿やフラスコに移して，38 ℃ に設定した 5 ％ 炭酸ガス-気相インキュベーター内にて静置培養する（研究目的によっては炭酸ガス-酸素ガス-窒素ガスインキュベーター内にて培養する．特に長期間培養する場合は低酸素環境で培養すると成績がよい）．長期間培養する場合は，最初は 24 時間後に，次からは 48 時間毎に培養液の半量を取り替える．また，長期間培養した細胞は，0.1 ％ トリプシン-0.02 ％ EDTA 溶液にて剥離処理することで培養容器底面から容易に剥がして回収できる．

　i）細胞培養容器：底面にコラーゲン，ラミニン，フィブロネクチンなどの細胞外マトリックスをコーティングした各種の培養容器が Falcon などから市販されている．これらを用いることでより良好に長期間培養できる．高価な市販品を買わなくても新田ゼラチンなどから市販されている細胞外マトリックス溶液を使用することで比較的容易にコーティングできる．さらに組成を工夫することでより *in vivo* 環境に近い培養系を確立できるので試みるとよい．また，Lab-Tek/Nunk などから市販されている tissue culture chamber スライドのチャンバー内に細胞を播種して培養すれば，各種の細胞化学的染色を施した後，共焦点レーザー走査顕微鏡などを用いて細胞形態をサブミクロン単位で詳細に観察できる．

　ii）細胞培養液への添加物：研究の必要に応じて porcine insulin（Sigma；3 mg/l；1 g/l となる

ように 0.01 M HCl 水溶液に溶解した原液をメンブランフィルター滅菌後，用時まで冷凍保存），hydrocortisone（100 nM），ブタ脳下垂体由来 FSH（10 μg/l；UCB-Bioproducts, Belgium より購入できる．以前はヤギ FSH などの種の異なる FSH を NIH より入手して実験していたが，現在ではブタ FSH を用いない実験は価値が低い），transferrin（5 mg/l）などを添加する．研究の都合で細胞を無血清培地にて培養しなくてはならない場合は，ウシ血清アルブミンフラクション V（Sigma；1 g/l）を培養液に添加する場合が多いが，長期間の培養は難しい．いうまでもないことであるが，使用するウシ胎児血清のロットが異なると細胞の増殖性が大きく異なるので，購入に際しては慎重にロットチェックをしなくてはならない．

IV）Supplement：コラーゲンゲル内培養法

i）コラーゲン含有培地の調製：M 199 powder 9,800 mg を注射用蒸留水に溶解して 100 ml にメスアップした A 液，ならびに M 199 powder 4,760 mg と NaHCO$_3$ 2,200 mg を 0.05 N NaOH 100 ml にメスアップした B 液を調整後，ろ過滅菌する．用時，室温にまで加温した 3% コラーゲン酸性溶液（Cellmatrix Type I-A；新田ゼラチン）9 容，A 液 1 容および B 液 1 容をこの順番で滅菌試験管内に素早く注ぎ入れ，パスツールピペットを用いてコラーゲンゲルを静かに混合後，培養皿に流し込む．この混合比で pH 7.2～7.4 となる．コラーゲンゲルは急速に固まるのでこの操作は速やかに行わなくてはならない．調製した顆粒層をコラーゲンゲル上に軽く押し込むように静置し，5% 炭酸ガス-気相インキュベーター内で 10 分間放置する（この上に再度ゲルを流しかけることも可能である）．この後培養皿に培養液を満たし，通常の方法で 38℃ に設定した 5% 炭酸ガス-気相インキュベーター内にて静置培養する．このように立体構築を保って培養した場合，単離して単層状に培養した場合と細胞形態や様々な因子の産生機能が異なっており，卵胞の生理機能の解析を行うのにより適している[9,10]．

c）具体例

上記のようにして単離・調整した純度の高いブタ健常卵胞由来の顆粒層細胞を抗原としてマウスに尾静脈注射することで感作して作製した抗ブタ顆粒層細胞-IgM モノクローナル抗体は，免疫組織化学的に健常卵胞の顆粒層細胞とのみ反応し，細胞膜画分に局在する糖蛋白（新規な卵胞顆粒層細胞特異的な細胞死受容体 PFG-1）を認識する（図 2.3 C および D）[6,7]．健常卵胞から調製した初代培養顆粒層細胞を 1 μl/l 以上の用量の抗体を添加した培養液中で 3 時間以上培養すると特異的にアポトーシスを誘導できる（図 2.5 A および B）．

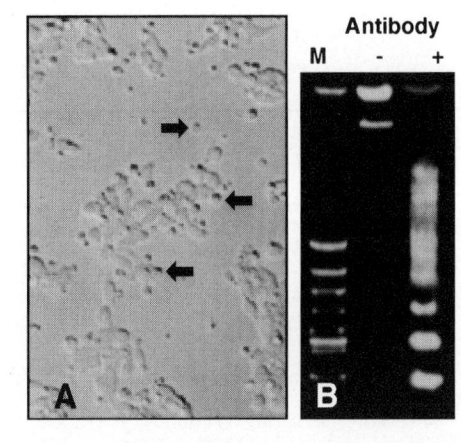

図 2.5 A：抗ブタ顆粒層細胞-IgM モノクローナル抗体を 0.1 μl/l 培養液に添加して初代培養顆粒層細胞を 6 時間培養した場合，アポトーシスのホールマークである核濃縮像を呈する顆粒層細胞が散在性に観察される．B：抗体添加細胞から調整したゲノム DNA（＋）は梯子上に分断しているが，未添加細胞のゲノム DNA（−）は分断されておらず，抗体がアポトーシスを誘導することがわかる．

おわりに

なお，ここで紹介した方法の多くは宮野隆博士（神戸大学農学部）にお教えいただいた．詳細は著者らのホームページ http://j-seitai.kais.kyoto-u.ac.jp/ に記載している．不明な点は manabe@jkans.jkans.kais.kyoto-u.ac.jp まで問い合わせていただきたい．

参考文献

1) Rodgers, R. J., Lavranos, T. C., van-Wezel, I. L. and Irving-Rodgers, H. F.: Development of the ovarian follicular epithelium. Mol. Cell. Endocrinol., 151: 171-179 (1999).

2) Manabe, N., Imai, Y., Ohno, H., Takahagi, Y., Sugimoto, M. and Miyamoto, H.: Apoptosis occurs in granulosa cells but not cumulus cells in the atretic antral follicles in the pig ovaries. Experientia, 52: 647-651 (1996).

3) Manabe, N., Kimura, Y., Myoumoto, A., Matsushita, H., Tajima, C., Sugimoto, M. and Miyamoto, H.: Role of granulosa cell apoptosis in ovarian follicle atresia. In: Apoptosis: Its roles and mechanism, Yamada T, Hashimoyto Y. eds., Jpn. Acad. Soc., Tokyo, 97-111 (1998).

4) Kimura, Y., Manabe, N., Nishihara, S., Matsushita, H., Tajima, C., Wada, S. and Miyamoto, H.: Up regulation of the $\alpha 2,6$-sialyltransferase messenger ribonucleic acid increases glycoconjugates containing $\alpha 2,6$-linked sialic acid residues in granulosa cells during follicular atresia of porcine ovaries. Biol. Reprod., 60: 1475-1482 (1999).

5) Sakamaki, K., Yoshida, H., Nishimura, Y., Nishikawa, S., Manabe, N. and Yonehara, S.: Involvement of Fas-antigen in ovarian follicular atresia and leuteolysis. Mol. Reprod. Dev., 47: 11-18 (1997).

6) Myoumoto, A., Manabe, N., Imai, Y., Kimura, Y., Sugimoto, Y., Okamura, Y., Fukumoto, M., Sakamaki, K., Yonehara, S., Niwano, Y., and Miyamoto, H.: Monoclonal antibodies against pig ovarian follicular granulosa cells induce apoptotic cell death in cultured granulosa cells. J. Vet. Med. Sci., 59: 641-649 (1997).

7) Manabe, N., Myoumoto, A., Tajima, C., Fukumoto, M., Kimura, Y., Uchio, K., Sugimoto, M. and Miyamoto, H.: Immunochemical characteristics of a novel cell death receptor and a decoy receptor on granulosa cells of porcine ovarian follicles. Cytotechnology, 33: 189-201 (2000).

8) Folore, J. A. and Veldhuis, J. D.: Culture of ovarian granulosa cells. In: Cell biology: A laboratory handbook. Academic Press, New York, NY, 170-176 (1994).

9) Xiangju, S., Miyano, T. and Kato, S.: Promotion of follicular antrum formation by pig oocytes *in vitro*. Zygote, 6: 47-54 (1998).

10) Jibak, L., Hata, K., Miyano, T., Yamashita, M., Yanfeng, D. and Robert, M. M.: Tyrosine phosphorylation of p34cdc2 in metaphase II-arrested pig oocytes results in pronucleus formation without chromosome segregation. Mol. Reprod. Dev., 52: 107-116 (1999).

4．未成熟卵子，排卵卵子，受精卵の採取法

4.1 マウス，ラット[*]

はじめに

マウス，ハムスター等の小実験動物の卵子をモデルにしてヒトを含む哺乳類の卵子成熟，受精あるいは初期発生に関する機構について多くの基礎が蓄積されてきた．小実験動物に関して，特にマウスがそうであるが，遺伝的な情報が豊富であり受精・初期発生の研究に好んで使用され，また，ヒト卵子のモデルとしてマウス卵子が使用されている．受精および初期発生などの研究は精子は勿論のこと，卵子を一度の実験に多数使用できることが理想である．実験の目的に応じて使用する卵子の条件が異なるが，本稿ではマウスおよびラットの未成熟卵子，排卵卵子および受精卵子の採取について述べる．

未成熟卵子の採取法

マウスおよびラットの生殖器官は類似点が多いので一緒にして説明する．図2.6（a）に示したように卵巣は薄い膜に覆われており，いわゆる卵巣嚢を形成している．未成熟な卵胞卵子を採取する方法は，成熟雌の卵巣から直接採取する方法と，妊馬血清性性腺刺激ホルモン（PMSG）を腹腔内に注射して卵胞の発育を刺激してから採取する方法がある．卵胞を刺激した方が多数の卵胞卵子を得ることができる．以下に，PMSGを投与したマウスあるいはラットの未成熟卵子の採取法について述べる．

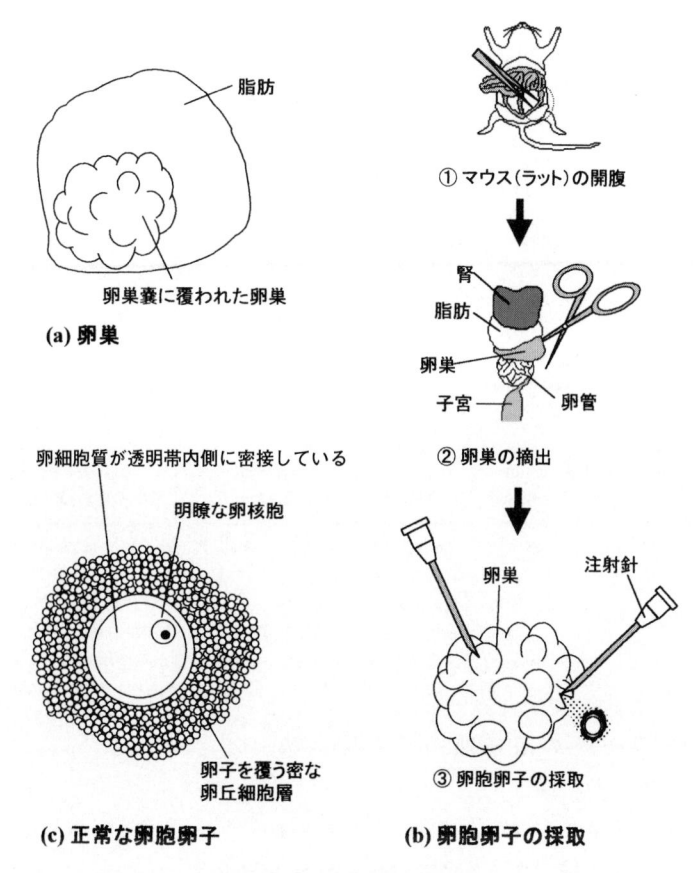

図2.6　未成熟卵子の採取

---

[*] 佐藤　嘉兵

マウスの未成熟卵子の採取法
a）準　備
1. 動物；成熟したマウス
2. 培養液；表2.3に示したものに10％のウシ胎児血清を加えたものが通常使用される．
3. 採取方法；摘出した卵巣から次の手順で卵子を回収する（図2.6 (b) 参照）．
   1) 成熟マウスにPMSG 5～7 IUを腹腔内に注射する．
   2) PMSG投与48時間目以後に卵巣を取り出し，抗生物質を加えた生理食塩水あるいは培養液の入ったホールグラスに入れる．卵巣表面を実体顕微鏡で観察する．
   3) 発育良好な卵胞を注射針を用いて破砕し，内容物を静かに取り出す．
   4) 採取した卵胞卵子を集めて新鮮な培養液で洗浄し，顕微鏡下で卵丘細胞に密に包まれたもののみを使用する．卵丘細胞が既に脱落していたり，完全に裸化しているものは異常になるものが多いので通常実験には使用しない．未成熟卵子は成熟用培養液中で培養して成熟させる．目安としては第1極体の放出とする（詳細は次の項を参照）．

表2.3　卵子の体外培養に通常使用される培養液とその組成（mM）

	HTF[a]	TYH[b]	CZB[c]
NaCl	101.60	119.37	81.62
KCl	4.69	4.78	4.83
$CaCl_2$	2.04		
$CaCl_2 \cdot 2H_2O$		12.60	1.70
$MgSO_4$	0.20		
$MgSO_4 \cdot 7H_2O$		1.19	1.18
KH_2PO_4		1.19	1.18
K_2HPO_4	0.37		
$NaHCO_3$	25.00	25.07	25.12
Glucose	2.78	5.56	
Na-pyruvate	0.33	1.00	0.27
Na-lactate	21.4		31.30
Glutamine			1.00
Penicillin	100 IU/ml	0.075 mg/ml	100 IU/ml
Streptomycin	0.005 mg/ml	0.005 mg/ml	0.007 mg/ml

[a] Tervit, H.R et al., 1972,　[b] Toyoda, Y et al.,　[c] Chatot, C.L et al., 1989

（注）各培養液は使用直前に塩類溶液（ストック溶液）の一定量に所定量の有機化合物，抗生物質を加えて混合する．10分程度CO_2ガスの下において，それからpHを7.2に調整する．水は超純水を用いる．最後にBSA（牛血清アルブミン）を加えて溶解させて培養液を作製する．これを37℃，5％ CO_2-空気の条件下においてから使用する．

ラットの未成熟卵子の採取法
a）準　備
1. 動物；成熟したラット（ウイスター系，スプラグドウリー系，ドンリュウ系等）．
2. 培養液；表2.3に示したものが通常使用されるが，m-KRB液（Toyoda and Chang, 1974）を用いる場合もある．
3. 採取方法；摘出した卵巣から次の手順で卵子を回収する（図2.6 (b)，(c) 参照）．

1) 成熟ラットにPMSG 40 IUを腹腔内に注射する．
2) PMSG投与48時間以後に卵巣を取り出し，抗生物質を加えた生理食塩水あるいは培養液の入ったホールグラスに入れる．卵巣表面を実体顕微鏡で観察する．
3) 発育良好な卵胞を注射針を用いて破砕し，内容物を静かに取り出す．
4) 採取した卵胞卵子を集めて新鮮な培養液で洗浄し，顕微鏡下で卵丘細胞に密に包まれたもののみを使用する．卵丘細胞がすでに脱落していたり，完全に裸化しているものは異常になるものが多いので通常実験には使用しない．成熟卵子は成熟用培養液中で培養して成熟させる．目安としては第1極体の放出とする．
5) ラットの卵子はマウスの卵子に比較して細胞質が若干透明感があり，培養液の物理的，化学的な変化に敏感に反応する傾向があるので，扱いに注意する必要がある．

排卵卵子の採取法
マウスの排卵卵子の採取法
1. 動物；未成熟あるいは成熟したマウス．
2. 培養液；表2.3に示したものに，4 mg/mlのBSA（牛血清アルブミン）を加えたものが通常使用される．
3. 採取方法；摘出した卵巣から次の手順で卵子を回収する（図2.7 (a) 参照）．
   1) 成熟マウスにPMSG 5〜7 IUを腹腔内に注射する．
   2) PMSG投与48〜50時間後に，排卵誘発のためにhCG 5〜7 IUを腹腔内に注射する．
   3) hCG注射後15〜16時間後に動物を供試して，卵巣-卵管を取り出し，抗生物質を加えた生理食塩水あるいは培養液の入ったホールグラスに入れる．卵巣表面の排卵点を実体顕微鏡で観察する．さらに，卵管膨大部を観察して排卵されているか否かを観察する．
   4) 卵管を卵巣から切り離して，卵管采を探してピンセットで保定する．
   5) 毛細ガラス管を作製して極少量の培養液を吸引し，卵管采から挿入して培養液を吐き出して灌流する．内容物が培養液と共に卵管の子宮端から排出される．
   6) 採取した卵胞卵子を集めて新鮮な培養液で洗浄し，顕微鏡下で卵丘細胞に密に包まれたもののみを使用する．卵丘細胞が既に脱落していたり，完全に裸化しているもの，第一極体が放出されていないもの，あるいは形態異常なものは通常実験には使用しない．

ラットの排卵卵子の採取法
1. 動物；未成熟あるいは成熟したラット．
2. 培養液；表2.3に示したものが通常使用されるが，mHECM-1（HECM-1（Schini and Bavister, 1988）からアミノ酸を除去したもの）を用いる場合もある．
3. 操作；摘出した卵巣から次の手順で卵子を回収する（図2.7 (b) 参照）．
   1) 成熟雌ラットにPMSG 40 IUを腹腔内に注射する．
   2) PMSG投与48〜50時間後に，排卵誘発のためにhCG 40 IUを腹腔内に注射する．
   3) hCG注射後15〜16時間後に動物を供試して，卵巣-卵管を取り出し，抗生物質を加えた生理食塩水に入れるか，あるいは培養液の入ったホールグラスに入れる．卵巣表面の排卵点

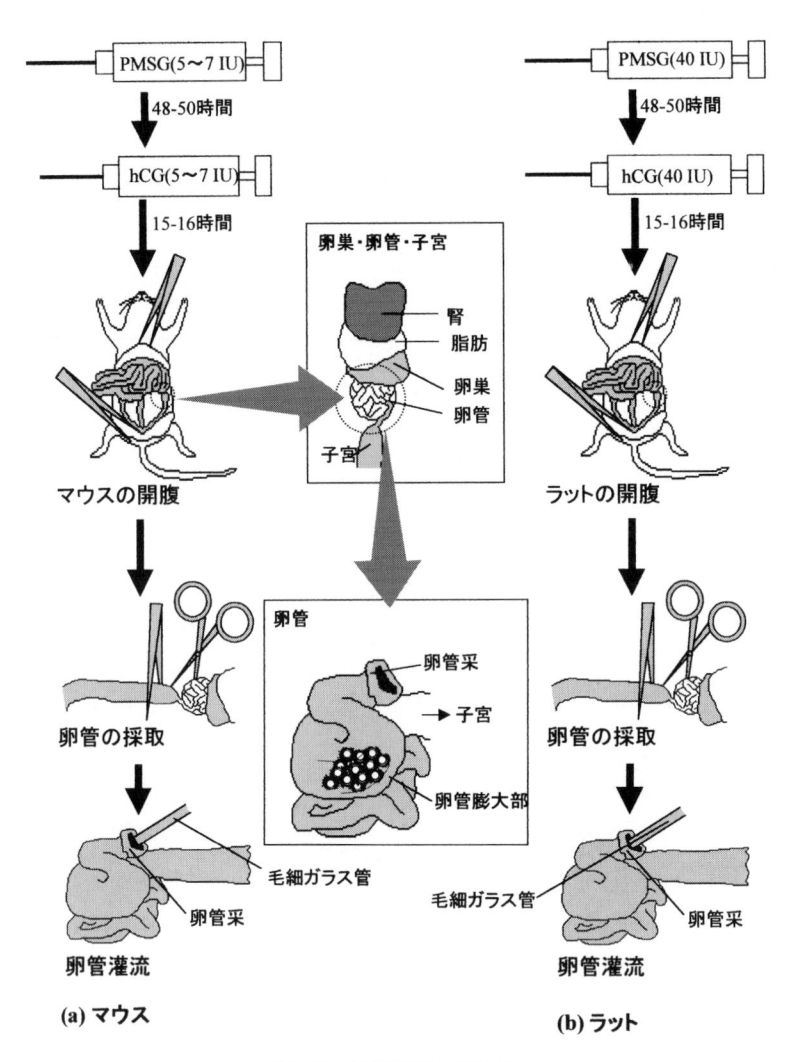

図 2.7 排卵卵子の採取法

を実体顕微鏡で観察する．さらに，卵管膨大部を観察して排卵されているか否かを観察する．

4) 卵管を卵巣から切り離して，卵管采を探してピンセットで保定する．
5) 毛細ガラス管を作製して極少量の培養液を吸引し，卵管采から挿入して培養液を吐き出して灌流する．内容物が培養液と共に卵管の子宮端から排出される．
6) 採取した卵胞卵子を集めて新鮮な培養液で洗浄し，顕微鏡下で卵丘細胞に密に包まれたもののみを使用する．卵丘細胞がすでに脱落していたり，完全に裸化しているもの，第一極体が放出されていないもの，あるいは形態異常なものは通常実験には使用しないことはマウスの場合と同じである．

受精卵(胚)の採取法

ラットおよびマウスの受精卵(胚)を採取して実験に使用するケースは発生工学の進歩とともに,その必要性が増してきた.普通,交配をさせた雌から各発生ステージに合わせて受精卵を卵管あるいは子宮から採取して使用する.胚の発生ステージと交配後の時間については,種あるいは系統によって異なることがあるので注意を要する.発生ステージと受精後の時間の関係を図2.8に示した.

1) 性周期を膣スメアを指標として発情前期の日の夕刻に成熟雄と同居させて成熟マウスあるいはラットと交配させる.翌朝に交配の確認をするために,スメアを採取して膣内に精子の有無を確認する.プラグの有無によっても確認できる.
2) また,PMSG投与48〜50時間後に,排卵誘発のためにhCGを腹腔内に注射し,hCG投与直後に成熟雄と同居させて,交配させる方法もある.翌朝,交配の確認を行う.
3) 動物を供試して,卵管あるいは子宮を取り出して,抗生物質を加えた生理食塩水に入れるか,あるいは培養液の入ったホールグラスに入れる.実体顕微鏡下で,培養液を用いて灌流して胚をホールグラス内に回収する.灌流方法その他の操作は未受精卵子の回収方法に準じて行う.
4) 採取した胚を集めて新鮮な培養液で洗浄し,顕微鏡下で観察する.形態異常なものは実験には使用しないことは未受精卵子の場合と同様である.

図2.8 受精卵子の発生と時間
この図は我々の研究室で使用している体内での胚発生(主としてマウス,ラットも参考になる)の時間と発生ステージの関係を示したものである.

おわりに

哺乳類卵子を採取することはもちろんのこと,体外で成熟させる方法がいろいろな培養液を用いて行われてきている.ヒト卵子の成熟が不妊治療に欠かすことができないことから,特に卵子成熟に関する研究が進展してきた側面がある.しかし,マウス,ラットの卵胞卵子を効率的に成熟させる方法は確立されているとはいえ,現在のところ十分とはいえない.また,ブタにおいては周知のように,卵子の体外成熟は未完成である.今後,望ましい卵子の成熟用培養液を含めた方法の開発は卵子の成熟機構の解明につながり,その効用は大きいと思われる.

参考文献

1) Tervit, H. R., Whittingham, D. G. and Rowson, L. E. A.: Successful culture in vitro of sheep and cattle ova. J. Reprod. Fertil., 30: 493–497 (1972).

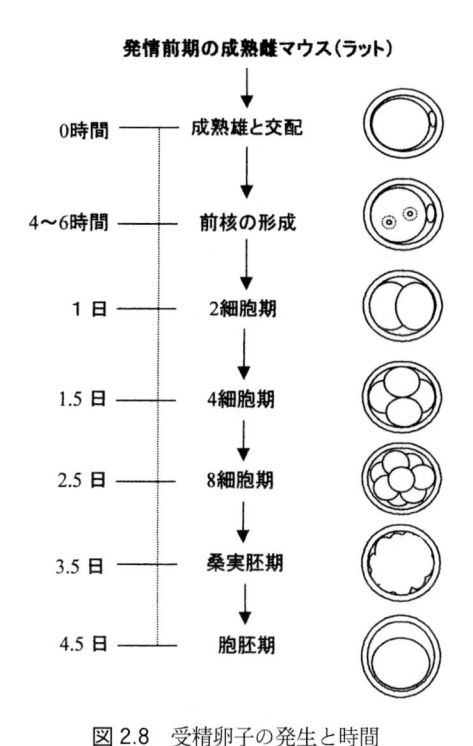

2) Toyoda, Y., Yokoyama, M. and Hoshi, T.: Studies on the fertilization of mouse eggs in vitro. Jpn. J. Anim. Reprod., 16: 147-157 (1971).

3) Chatot, C. L., Ziomek, C. A. and Barister, B. D.: An improved culture medium supports development of randam-bred 1-cell mouse embryos *in vitro*. J. Reprod. Fertil., 86: 679-688 (1989).

4.2 ウ サ ギ*

はじめに

1960年前後よりウサギ卵子の生殖器道内移動についての研究が盛んとなり，卵管内通過時間や発生状態などが調べられるようになった．それに伴って卵子採取も活発になり，現在の採取法が確立した[2,4,5]．ウサギの採卵は対象にする卵巣，卵管，子宮などが大きく扱いやすいため，だれでも簡単に行なえる利点がある．

卵子採取にあたっては，採卵手技そのものもさることながら，その前段階の動物の準備が重要である．

通常，卵子を得るためには，自然の排卵動物か，誘起排卵処理動物を準備する．自然排卵卵が必要な場合は，雌ウサギを発情適期に雄と交配させて所定のスケジュールで採卵すればよい．ウサギは交尾排卵動物であるため，未受精卵を得るには結紮雄を交配するか，誘起排卵処理が必要である．誘起排卵法には，正常排卵の排卵数を得る単なる排卵誘起（一般に誘起排卵法という）と，多数の卵子を得る過排卵誘起法とがある．

ウサギの誘起排卵には200 IUのPMSG，100 IUのhCG，50 IUのhMG，2.5 mgのLHまたは200 μgのLH-RHの静脈注射が有効である．これらの注射で12～14時間後に，ほぼ100 %の個体から正常排卵卵に近い卵子が得られる．

ウサギに用いられている過排卵誘起法は，いく通りかの方法が知られている[2,3]．

FSHを用いる場合は，0.5～0.6 mgを1日2回，3日間（合計3.0～3.6 mg）皮下注射し，次いで4日目にLH 2.5 mgまたはhCG 50 IUを静脈注射する．受精卵の必要な場合は，静脈注射の直前に交配を行う．FSHの注射は午前9～10時と午後3～4時に行ない，LHまたはhCGの注射は午前9時から午後4時の間，適宜の時刻を選んで行う．

PMSGを用いる場合は，日量40 IUのPMSGを5日間皮下注射し，PMSGの最終日に0.1 mgのエストラジオールを筋肉注射し，翌日，交配とhCG（50～100 IU）を静脈注射する方法を用いるとよい．未受精卵が必要な場合は交配をやめる．これによってPMSG-hCG処理より高い排卵成績が得られる．

過排卵処理の場合は排卵時期が若干遅れるので，排卵卵子の採取はhCG注射後15時間から行なうのがよい．子宮への移動も少し早くなるため，交配・hCG後60～72時間では卵管と子宮の双方を灌流する必要がある．

---

* 石島　芳郎・亀山　祐一

実 験 法
a）準　備
1．器具・機械

実体顕微鏡，加温板，オートクレーブ，冷蔵庫，マイクロピペット，ポリスチレン製器具類（培養ディッシュや試験管等），ガラス製器具類（時計皿，ビーカー，メスシリンダーなど），卵子操作用ピペット，注射筒，注射針，ろ過滅菌用フィルター，解剖器具，ろ紙，，ガーゼ，バット，採卵器（短くしたパスツールピペットか先端を鈍にした注射針を接続した注射筒，図2.9），カニューレ，手術台．

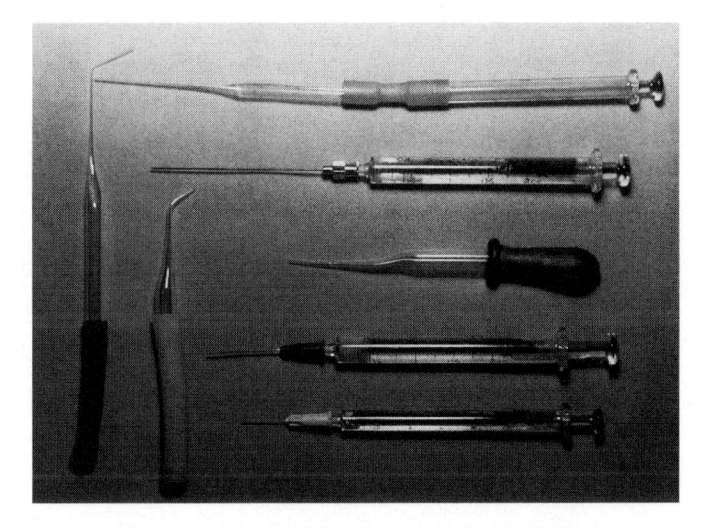

図2.9　ウサギの採卵器（上2本がウサギ用採卵器）

2．薬　品
塩類溶液を作製するために必要な試薬，生理食塩水，麻酔薬（ネンブタールなど），抗生物質（ドウペンなど）．

b）方　法
ダルベッコのPBS，Hanks液などの適当な塩類溶液を作製する．未成熟卵子を採取するだけであれば，生理食塩水でもかまわない．われわれの研究室ではM2液（卵子の体外成熟・体外受精・体外培養法の項参照）を使用している．以下，われわれの研究室で通常行っている未成熟卵子，排卵卵子，受精卵の採取法を紹介する．

未成熟卵子
1. ウサギを安楽死させ，仰向けに置く．
2. 腹部に消毒用のアルコール（70％エタノール）をかけ，被毛の飛散を防ぐ．
3. 外科用のハサミとピンセットを用い，正中線に沿って腹部の皮膚を切開する．
4. 切開した皮膚に切れ込みを入れ，腹部の筋肉を広く露出させる．
5. 皮膚の切開に使用した解剖器具は被毛が付着しているため，新しい外科用のハサミとピンセットに交換する．
6. 下腹部から横隔膜にいたるまでの腹部の筋肉をU字型に広く切開し，臓器を露出させる．
7. 胃や腸などの消化器官を胸部に寄せ上げ，卵巣を検索する．
8. 卵巣を周囲の脂肪，卵管の一部ごと摘出し，生理食塩水で湿らせたろ紙を敷いたバットに移す．
9. 眼科用のハサミとピンセットを用い，脂肪と卵管を切除する．また，血液も十分に除去しておく．
10. 3 ml の塩類溶液を入れた35 mmディッシュに卵巣を移し，落射光の実体顕微鏡下で直径1～

5 mm の正常卵胞を穿刺する．卵胞の穿刺は眼科用のピンセットで卵巣を保定し，24 G の注射針で卵胞の内容物をかきだすようにする．
11. 口径が 1 mm 程度の卵子操作用ピペットを用い，透過光の実体顕微鏡下で卵丘細胞-卵子複合体を検索・回収する．採卵に時間を要するが，卵胞を 1 個ずつ穿刺して卵子を検索すれば高い回収率が得られる．

排卵卵子，受精卵

排卵直後の未受精卵～桑実胚（交尾後 3 日）は，卵管を灌流して採取する．このうち，排卵直後の未受精卵および受精したばかりの 1 細胞期卵は卵管膨大部にあるため，採卵器の卵管采への挿入は慎重に行なう．胚盤胞（交尾後 3.5～4 日）は子宮を灌流して採取する．また，摘出した卵管または子宮を灌流する方法と，生体のまま外科的に卵管または子宮を灌流する方法を選ぶことができる．

a）卵管灌流法

（1）**摘出卵管灌流法**　ウサギを安楽死させ，摘出した卵管を灌流して卵子を採取する．この場合のコツは卵管采を傷めないように扱うことである（図 2.10，2.11）．卵管采を傷めると採卵器の挿入が困難になるだけでなく，回収成績も劣る．

1. 未成熟卵子の項に準じて開腹し，卵巣・卵管・子宮を膣の一部を付けたまま摘出する．摘出した卵巣・卵管・子宮は，バット内に敷いた生理食塩水で湿らせたろ紙の上に置く．
2. 卵管采を傷めないよう留意し，卵管采の端部を卵巣から切り離す．
3. 卵管の末端を子宮への移行部で切断する．
4. 卵管の蛇行している部分の間膜を切り，ていねいに引き伸ばすとともに付着している脂肪を切除する．この際に卵管を傷つけないよう注意する．
5. 卵管を乾いたガーゼに包み，軽くもむようにして水分や付着している血液を取り除く．
6. 7～10 の操作は卵管 1 本ずつ行う．卵管采に近い部分を左手（利き手の逆）でつまみ，

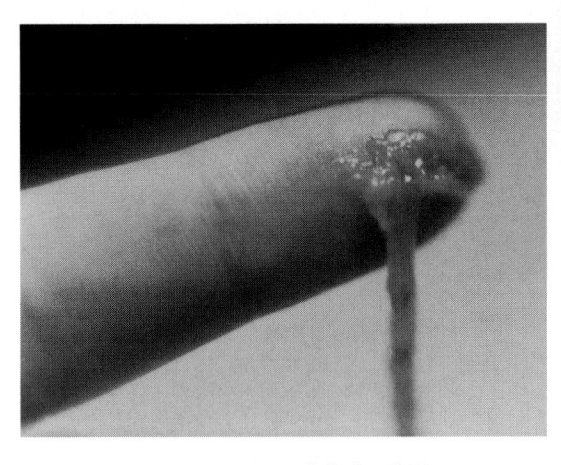

図 2.10　ウサギの卵管采の確認 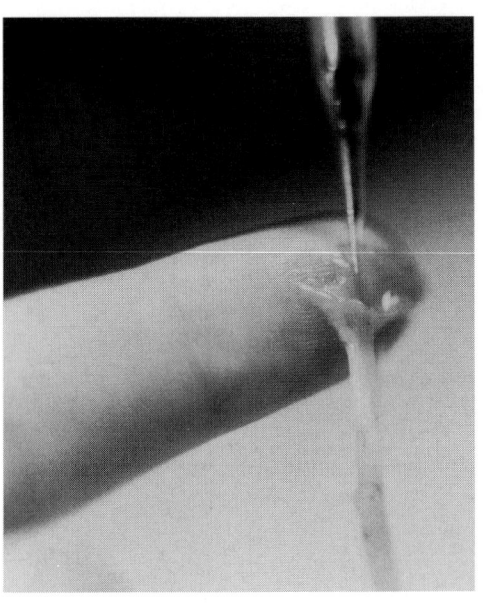　　　図 2.11　ウサギの卵管采からのピペット挿入

時計皿の上で下方をたたむように保定する．次いでピンセットを用い，卵管采の開口部をよく確認する．
7. 採卵器の先端を卵管采から卵管内へ差し込み，しっかりと親指と人差し指で保定する．
8. 卵管の末端部が時計皿から少し浮くまでを持ち上げる．
9. 採卵器から 2～4 ml の塩類溶液を流し，卵管を灌流する．灌流が終了したらピンセットで軽く卵管をしごき，卵管内に残った灌流液も回収する．最初の数滴には多くの卵子が入っているため，こぼさないように十分注意する．
10. 卵子操作用ピペットを用い，透過光の実体顕微鏡下で卵子を検索・回収する

（2）外科的卵管灌流法
1. ウサギを麻酔し，手術台に仰向けに保定する．ネンブタールを使用する場合，0.5～0.7 ml を耳静脈から投与すればよい．
2. 腹部を脱毛し，70％エタノールなどで消毒する．
3. 腹部を切れ込みの入った滅菌ガーゼで覆い，正中線に沿って約 5 cm 切開する．
4. 4～5 の操作は片側ずつ行う．腸管の下にある卵管を探し，卵巣，子宮角の上端とともに切開部から引き出す．滅菌生理食塩水を用い，卵管が乾かないよう注意する．
5. 下向灌流の場合は（図 2.12 b），卵管子宮接合部から下方約 1 cm のところに V 字状の切り口を作り，カニューレを卵管まで挿入する．次いで卵管采側の採卵器から灌流液を流し，このカニューレから灌流液を時計皿に回収する．上向灌流の場合は（図 2.12 a），適当な口径のガラス管またはチューブを卵管采からカニューレとして挿入し，先端を鈍にした注射針を卵管子宮接合部から卵管内に挿入する．次いで注射針に接続した注射筒から灌流液を送り，カニューレから灌流液を回収する．いずれの場合も，カニューレと時計皿の保定は補助者が行う．また，採卵器または注射針の挿入部は，術者の利き手とは逆の手でしっかりと保定する．
6. 開口部を縫合し，適当な抗生物質を投与する．

b）卵管灌流法
（1）摘出子宮灌流法
1. 摘出卵管灌流法に準じ，卵巣・卵管・子宮を摘出する．
2. 卵管，膣，付着している間膜を切除する．

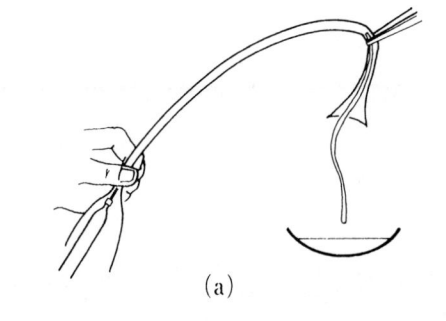

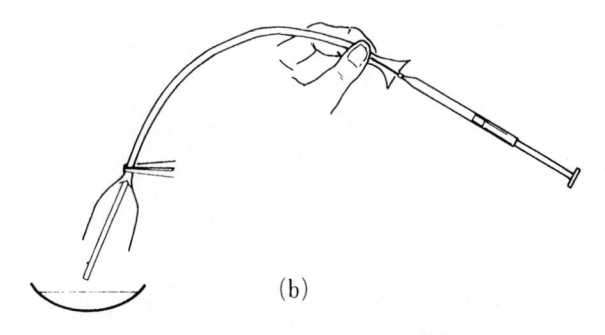

図 2.12　生体のままのウサギの卵管灌流法
　　（a）上向灌流法，（b）下向灌流法

3. 卵管側の末端に子宮腔に達する小さい縦の切り込みを入れる．
4. 子宮を乾いたガーゼに包み，軽くもむようにして水分や付着している血液を取り除く．
5. 採卵器の先端を膣側から子宮腔に差し込み，摘出卵管灌流法に準じて灌流する．灌流する液量は 5 ml 程度でよい．

（2）外科的子宮灌流法

1. 外科的卵管灌流法に準じ，切開部から片側の子宮を引き出す．
2. 子宮角の末端（子宮頚より）に毛細ガラス管のカニューレを装着し，カニューレが抜けないように補助者に保定してもらう．
3. 術者は左手（利き手の逆）で子宮角の先端を持ち，右手で先端を鈍にした注射針を子宮角の先端部付近から子宮腔に挿入する．挿入を終えたら，注射針に注射筒を接続する．

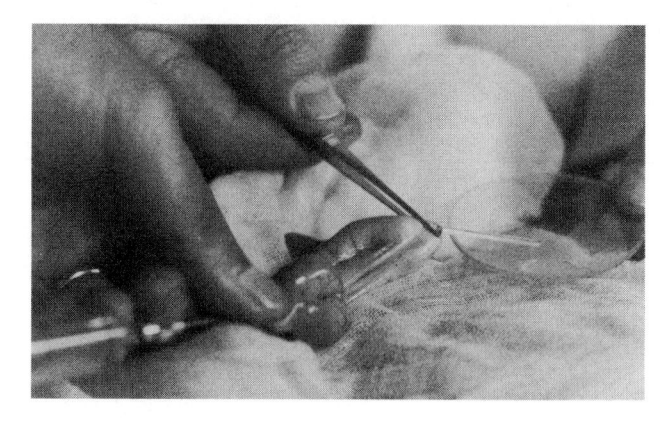

図 2.13 生体のままのウサギの子宮灌流法

4. 左手で注射針の先端を子宮角ごと押さえ，注射筒で灌流液を送り込む（図 2.13）．子宮頚側のカニューレから漏出する灌流液は，時計皿に回収する．
5. 反体側の子宮から採卵した後，開口部の縫合，抗生物質の投与を行う．

b）具体的例

われわれは 40 IU の PMSG を 5 日間皮下注射し，PMSG の最終投与時に 0.1 mg のエストラジオールを筋肉注射して，その 24 または 48 時間後に交配および hCG 100 IU の静脈注射を行う過排卵処理法[1]を常用している．PMSG 最終投与後 48 時間の時点で未成熟卵子の採取を試みた結果，1 卵巣当たり平均 8.7 個の未成熟卵子を採取することができた．また，交配後 48 時間に摘出卵管から採卵した結果，1 頭当たり 30 個程度の 16 細胞期胚を採取することができた[1]．

おわりに

ウサギの卵子採取においては，技術的に難しい問題はない．卵巣からの未成熟卵子の回収はこれまであまり行われていないので，技術的にはさらなる改善が必要であろう．

従来，卵管や子宮からの卵子採取については主としてと殺・摘出して行ってきているが，動物を殺さない生体のままの採取（外科的採卵），さらには子宮からの非外科的採卵を用いる研究も必要であろう．

参考文献

1) 石島芳郎・伊藤雅夫・平林 忠・佐久間勇次：PMS による家兎の過排卵処理における Estrogen 併用の効果．家畜繁殖誌，14: 43-46 (1968).
2) 石島芳郎：過排卵実験法．臨産婦，33: 291-297 (1979).

3) 石島芳郎：実験動物における誘起排卵の諸問題．受精・着床 '84 (飯塚理八ほか編), 191-198, 学会出版センター (1985).
4) 石島芳郎：卵子の採取法．ウサギ－生殖生理と実験手技－ (遠藤 克ほか編), 231-234, 近代出版 (1988).
5) 石島芳郎・佐久間勇次：卵子の採取法．図説哺乳動物の発生工学実験法 (菅原七郎編), 78-85, 学会出版センター (1986).

4.3 ブ タ[*]

はじめに

ブタにおける外科的開腹手術を用いた胚の採取法は，1960年代の前半にはほぼ確立された[1~3]．ウシの胚採取とそれに続く胚移植の技術が，肉用牛における特定品種の増産を目的として発展したのとは対照的に，ブタ胚の採取技術は，主に初期胚を対象とした基礎研究において，実験材料を入手する手段として利用されてきた．さらに，食肉処理場において回収した卵巣から未成熟卵子を採取し，これを体外成熟・体外受精・体外培養することによって胚盤胞にまで発生させ得る技術が確立された[4,5]ことから，ブタを飼育していない機関でも容易に実験材料を得ることができるようになった．本稿では，ブタ未成熟卵子，排卵卵子および受精卵の採取法について紹介する．

実験法

1．未成熟卵子の採取法

a) 準　備

1) 器具・機械

炭酸ガスインキュベーター，クリーンベンチ，実体顕微鏡，加温板，ウォーターバス，オートクレーブ，冷蔵庫，マイクロピペット，ポリスチレン製器具類（培養皿や注射筒等），ガラス製器具類（試験管やメスシリンダー等），注射針，ろ過滅菌用フィルター，卵巣輸送用保温ジャー．

2) 薬　品

リン酸緩衝液 (PBS)，NaCl，脂肪酸除去ウシ血清アルブミン (BSA)．

b) 方　法

培地の作製

1) 生理食塩水

1. 500 ml ガラス瓶に 4.5 g の NaCl を入れ，500 ml のミリQを加えて溶解する．
2. オートクレーブにより滅菌後，4℃で保存する．
3. 使用前にウォーターバスで38℃に加温する．

2) 卵子洗浄液

1. 50 ml 試験管に 0.03 g の BSA を入れ，30 ml の PBS を加えて溶解する．

---

[*] 三好　和睦・佐藤　英明

2. ろ過滅菌後, インキュベーターに入れて温度を平衡させる.

操　作

1) 食肉処理場で採取したブタ卵巣を 33～38℃ に保温して研究室に持ち帰る.
2) 卵巣を生理食塩水で洗浄した後, 同液に浸漬して 38℃ のウォーターバス中で保温する.
3) 10 ml ディスポ注射筒に接続した 18 G 注射針を用いて, 卵巣表面の 2～5 mm の卵胞から内容物を吸引する. 得られた内容物はウォーターバス中で保温した試験管に集める.
4) 卵胞内容物の上清を除去し, 底の沈殿物を 60 mm 培養皿に移す.
5) 3～5 ml の卵子洗浄液を加え, 培養皿を静かに揺すって洗浄した後に, 沈殿物を吸引しないように注意しながら上清を除去する. これを 2 回繰り返す. 洗浄後, 沈殿物を 5 ml の卵子洗浄液に懸濁する.
6) 実体顕微鏡下で 3 層以上の卵丘細胞に覆われた均一な細胞質を有する卵子を選出し, 実験に供する.

2. 排卵卵子の採取法

a) 準　備

1) 器具・機械

炭酸ガスインキュベーター, クリーンベンチ, 実体顕微鏡, 加温板, ウォーターバス, オートクレーブ, 冷蔵庫, マイクロピペット, ポリスチレン製器具類 (培養皿や注射筒等), ガラス製器具類 (試験管やメスシリンダー等), 注射針, ろ過滅菌用フィルター, カテーテル, 手術に必要な器具および機械[6].

2) 薬　品

妊馬血清性性腺刺激ホルモン (eCG), ヒト胎盤性性腺刺激ホルモン (hCG), 生理食塩水, PBS, ペニシリン G, 硫酸ストレプトマイシン, ウシ胎仔血清 (FCS), コンドロイチン硫酸ナトリウム, 手術に必要な薬品[6].

b) 方　法

培地の作製

1) 灌流液

1. 100 ml ガラス瓶に 10,000 IU のペニシリン G および 5 mg の硫酸ストレプトマイシンを入れ, 99 ml の PBS を加えて溶解する.
2. 1 ml の非働化した FCS を加えてろ過滅菌し, 4℃ で保存する.
3. 使用前にウォーターバスで 38℃ に加温する.

操　作

1) 発情誘起処置

卵子を採取するためには, 雌ブタの発情を誘起する必要がある. 発情誘起処置としては, 以下のような方法が用いられている.

自然の発情周期を利用する方法

1. 発情周期の明らかな雌ブタを選択する.
2. 発情周期の 15 あるいは 16 日目に, 1,000 IU の eCG を筋肉内あるいは皮下に注射する.

3. eCG 投与 72 時間後に，500 IU の hCG を筋肉内に注射する．

未成熟雌に eCG および hCG を投与する方法

1. 未成熟雌（体重 90〜120 kg, 5〜7 カ月齢）の筋肉内あるいは皮下に，1,000 IU の eCG を注射する．
2. eCG 投与 72 時間後に，500 IU の hCG を筋肉内に注射する．

妊娠雌（妊娠 12〜40 日目）にプロスタグランジン $F_2\alpha$ ($PGF_2\alpha$) あるいはそのアナログ ($PGF_2\alpha$-A) を投与して流産を誘起し，その後の発情を利用する方法

1. 妊娠雌（妊娠 12〜40 日目）を確保する．
2. 1 回目の投与：$PGF_2\alpha$ (15 mg/ head) あるいは $PGF_2\alpha$ -A (1 mg/ head) を筋肉内に注射する．
3. 2 回目の投与：1 回目の投与の 12 あるいは 24 時間後に，$PGF_2\alpha$ (10 mg/ head) あるいは $PGF_2\alpha$ -A (0.5 mg/ head) を筋肉内に注射する．
4. 1 回目の投与の 24 時間後に，1,000 IU の eCG を筋肉内あるいは皮下に注射する．
5. eCG 投与 72 時間後に，500 IU の hCG を筋肉内に注射する．

離乳後の発情を利用する方法

1. 授乳雌を選択する．
2. 離乳する．
3. 離乳日あるいはその翌日に，1,000 IU の eCG を筋肉内あるいは皮下に注射する．
4. eCG 投与 72 時間後に，500 IU の hCG を筋肉内に注射する．

合成プロジェステロンを経口投与する方法

1. 成熟雌を選択する．
2. 毎日一定の時刻に，合成プロジェステロン（10〜40 mg/ head）を経口投与する．
3. 発情周期の不明な雌には 18 日間，前回の発情が明らかな雌に対しては発情後 14 日目から必要な期間投与する．
4. 最終投与日の翌日に，1,000 IU の eCG を筋肉内あるいは皮下に注射する．
5. eCG 投与 72 時間後に，500 IU の hCG を筋肉内に注射する．

2) 発情の観察

発情誘起処置を施した雌に対して，朝と夕方の 2 回，毎日一定の時刻に発情徴候および雄許容の有無について観察する．外陰部の所見，挙動および背圧反応から雄許容を判断する．発情雌の外陰部は eCG 投与 2 日後には発赤・腫脹を開始し，hCG 投与日には粘液の分泌が観察される．hCG 投与 1 日後には発赤・腫脹は退行するが，粘液の分泌は引き続きみられる．発情雌は，hCG 投与 1 日後には他のブタへの乗駕や佇立姿勢あるいは耳を立てるというような挙動を示す．また，背圧反応に対して不動姿勢をとるようになる．

3) 卵子の採取

hCG 投与 48〜56 時間後に，発情の確認された雌の卵管を灌流することによって卵子を採取する．以下にその方法を示す．

1. 雌に麻酔処置を施した後に開腹し，卵巣，卵管および子宮を露出させる．

2. 排卵数をチェックし，卵管および子宮の状態を観察する．
3. 卵管采からカテーテルを4～5cm挿入し，先端から1～2cmの部位を結さつ（紮）する．反対側の先端を90mm培養皿に入れる．
4. 20～35mlの灌流液を注射筒に充填し，20Gの注射針を接続する．
5. 子宮角上端部の血管を避けて注射針を刺し，子宮卵管接合部から卵管へ針先を挿入する．針の先端を指で押さえながら灌流液を少しずつ注入する．灌流液はカテーテルを通して培養皿に回収される．
6. カテーテルの結紮を解き，その中の灌流液を培養皿に回収する．
7. 反対側の卵管も同じように灌流する．
8. 露出させた生殖器をコンドロイチン硫酸ナトリウムを添加した生理食塩水で洗浄した後に腹腔に戻し，縫合する．
9. 培養皿を実体顕微鏡下に置き，卵子を採取する．

3．受精卵の採取法

a）準　備

「排卵卵子の採取法」を参照．ただし，子宮の灌流にはバルーンカテーテルを用いる．

b）方　法

培地の作製

「排卵卵子の採取法」を参照．

操　作

1)「排卵卵子の採取法」に準じて，発情誘起処置および発情の観察を行なう．

2) 交配・人工授精：通常，発情誘起処置を施した雌は，hCG投与24～28時間後には雄を許容することが多い．朝の発情観察で雄の許容を確認したら，その日の午前中に1回目の交配あるいは人工授精を，その日の夕方に2回目の交配あるいは人工授精を実施する．夕方の発情観察で雄の許容を確認したら，直ちに1回目の交配あるいは人工授精を，翌日の朝に2回目の交配あるいは人工授精を実施する．2回目の交配後の発情観察でまだ雄を許容するようであれば，さらに3回目の交配あるいは人工授精を行なう．

3) 胚の採取：発情雌は，hCG投与後約40時間で排卵を開始する．排卵卵子は卵管膨大部に移動し受精する．排卵後約40時間までは卵管灌流によって1から4-細胞期胚が回収できる．それ以降交配後5日目までは，胚は子宮角上部（子宮角先端から約30cm）に位置するので，この部位を灌流することにより，4-細胞期から胚盤胞期までの胚が回収できる．しかし，雄許容後6日目になると，胚盤胞は子宮下部にも位置することがあるので，交配後6日目以降は子宮全体を灌流する．卵管灌流法は，「排卵卵子の採取法」を参照．以下に卵管・子宮角上部の灌流法および子宮の灌流法を示す．

卵管・子宮角上部の灌流法

1. 雌に麻酔処置を施した後に開腹し，卵巣，卵管および子宮を露出させる．
2. 排卵数をチェックし，卵管および子宮の状態を観察する．
3. 子宮角先端から40cmくらいの部位を血管を避けて小さく切開し，バルーンカテーテルの先

端を子宮角上部に向かって4～5 cm挿入する．カテーテルの空気挿入口から10 ml注射筒を使って空気を入れ，バルーンを固定する．反対側の先端を50～100 ml試験管に入れる．
4. 30～45 mlの灌流液を注射筒に充填し，20 Gの注射針を接続する．
5. 卵管采から卵管へ針先を挿入する．針の先端を指で押さえながら灌流液を少しずつ注入する．
6. 灌流液の注入を終えたら卵管から針をはずし，子宮角先端を持ち上げ，子宮角の先端から軽くマッサージしながら灌流液をカテーテル側に送っていく．
7. 注入量とほぼ同量の灌流液が回収できたらバルーンの空気を抜き，カテーテル中に残った灌流液を試験管内に回収する．カテーテルの挿入口を縫合する．
8. 反対側の卵管・子宮も同じように灌流する．
9. 露出させた生殖器をコンドロイチン硫酸ナトリウムを添加した生理食塩水で洗浄した後に腹腔に戻し，縫合する．
10. 試験管内の灌流液を培養皿に移し，実体顕微鏡下で胚を採取する．

子宮の灌流法

1. 雌に麻酔処置を施した後に開腹し，卵巣，卵管および子宮を露出させる．
2. 排卵数をチェックし，卵管および子宮の状態を観察する．
3. 子宮角の最下部（膣側）を血管を避けて小さく切開し，バルーンカテーテルの先端を子宮角上部に向かって6～7 cm挿入する．カテーテルの空気挿入口から20 ml注射筒を使って空気を入れ，バルーンを固定する．反対側の先端を50～100 ml試験管に入れる．
4. 50 mlの灌流液を注射筒に充填し，18 Gの注射針を接続する．
5. 子宮角最先端の卵管側から子宮角の下部へ向かって注射針を刺し，針の先端を指で押さえながら灌流液を少しずつ注入する．
6. 灌流液の注入を終えたら子宮から針をはずし，子宮角先端を持ち上げ，子宮角の先端から軽くマッサージしながら灌流液をカテーテル側に送っていく．
7. 注入量とほぼ同量の灌流液が回収できたらバルーンの空気を抜き，カテーテル中に残った灌流液を試験管内に回収する．カテーテルの挿入口を縫合する．
8. 反対側の子宮も同じように灌流する．
9. 露出させた生殖器をコンドロイチン硫酸ナトリウムを添加した生理食塩水で洗浄した後に腹腔に戻し，縫合する．
10. 試験管内の灌流液を培養皿に移し，実体顕微鏡下で胚を採取する．

おわりに

ウシにおける卵子・胚採取技術は，単胎動物であるウシを効率的に増産する目的で発展したが，現在では，遺伝子変換動物やクローン動物作出のような発生工学的研究の基礎技術としても重要となっている．ブタの卵子・胚採取はウシと同時期に開始された[7)]にもかかわらず，ウシほど一般的な技術として定着していない．その理由として，ブタは多胎であり，妊娠期間も比較的短いために，ウシのような過剰排卵後の胚採取・胚移植という技術を用いなくても容易に増産し得ることが挙げられる．しかし，近年，実験動物としてのブタの重要性が認識され，ヒト遺伝子の高

次機能解析や臓器移植における代替臓器提供動物作出等への利用が構想されている．それらの研究を効率よく進めるには，実験材料である卵子や胚の安定供給が必須であることから，今後，ブタ卵子・胚の採取技術はより重要になっていくと思われる．なお，外科的手術の手技に関しては優れた著書[6]があるので，そちらを参考にされたい．

参考文献

1) Hancock, J. L. and Hovell, G. J. R.: Egg transfer in the sow. J. Reprod. Fert., 4: 195-201 (1962).
2) Dziuk, P. J., Polge, C. and Rowson, L. E. A.: Intra-uterine migration and mixing of embryos in swine following egg transfer. J. Anim. Sci., 25: 410-413 (1964).
3) Vincent, C. K., Robinson, O. W. and Ulberg, L. C.: A technique for reciprocal embryo transfer in swine. J. Anim. Sci., 23: 1084-1088 (1964).
4) Abeydeera, L. R. and Day, B. N.: Fertilization and subsequent development *in vitro* of pig oocytes inseminated in a modified Tris-buffered medium with frozen-thawed ejaculated spermatozoa. Biol. Reprod., 57: 729-734 (1997).
5) Miyoshi, K., Umezu, M. and Sato, E.: Effect of hyaluronic acid on the development of porcine 1-cell embryos produced by a conventional or new *in vitro* maturation/fertilization system. Theriogenology, 51: 777-784 (1999).
6) 豚の胚移植マニュアル．農林水産省家畜改良センター豚新技術開発研究会編，(1996).
7) Kvasnickii, A. V.: Interbreed ova transplantation. Anim. Breed. Abst. 19: 224 (1951).

4.4 ウ シ*

はじめに

ウシ未成熟卵子，排卵卵子，受精卵の生体での局在と発生段階は，①卵巣内（未成熟卵子〜排卵直前卵子），②卵管（排卵卵子〜32細胞期），③子宮（32細胞期〜胚盤胞期）である[1]．

未成熟卵子は，屠畜卵巣の小卵胞から採取する方法が広く用いられている．食肉処理場で多数のウシ卵巣を採取することが可能であるため，一度に大量の未成熟卵子を確保することは容易である[2]．この方法に加え，1991年Pieterseらがヒトの超音波採卵技術をウシに適用し，生体から卵胞卵子を直接吸引採取する経膣採卵法を開発した[3,4]．この方法では生体から反復して未成熟卵子を採取できるため，各卵胞発育ステージに関連した卵胞卵子の体外成熟能や発生能の研究が活発に進められている[5]．

一方，卵管に存在する排卵卵子や受精直後の初期胚は，外科的に生体の卵管を灌流する方法や外科的または屠殺後に摘出した卵管を灌流する方法で採取できるが，かなりの労力と費用がかかる．

子宮に存在する受精卵は，子宮を洗浄することで採取できる．この方法では，32細胞期から脱

---

* 尾形　康弘・堀内　俊孝

出胚盤胞期までの体内受精胚を非手術的な方法で採取でき，過剰排卵処置と組み合わせることで採卵数も増加する．さらに，胚移植による子牛生産も飛躍的に上昇し，実用技術にまで発展している[6]．

本稿では，我々が行っている屠畜卵巣からの未成熟卵子の採取，超音波画像診断装置を用いた経膣採卵法による未成熟卵子の採取，過剰排卵処置法と32細胞期から胚盤胞期胚の非手術的な採取について紹介する．

未成熟卵子，排卵卵子，受精卵の採取の概要

食肉処理場で廃棄処分されるウシ卵巣を屠殺直後に採取し，卵巣の表層に存在する小卵胞を針付注射器を用いて吸引し，卵丘細胞が緊密に付着した卵胞卵子を集める．この時期の卵胞卵子は卵核胞期で休止している．体外培養によって成熟分裂を再開し，20〜24時間で第一極体を放出し成熟する．多数の屠畜卵巣から大量に卵胞卵子を採取できるため，体外受精の研究やクローンの作出に利用できる．最近開発された，超音波画像診断装置と経膣用プローブの組合せによる経膣採卵法を用いれば生きたウシから未成熟卵子を1回あたり約12個反復して採取することができる[7,8]．未成熟卵子の採取方法にかかわらず，体外成熟卵子は，凍結精液で体外受精し，体外培養を行うことで，媒精30時間後に2細胞期，2日目に8細胞期，3日目に16細胞期，6日目にコンパクション桑実期，6日目から7日目に胚盤胞期へ発生する．

体内受精胚の採取は当初，けん部や正中切開による外科的手法が用いられていた．1949年にRowson and Dowling[9]が非外科的な頸管迂回法で胚回収を行い，1972年に杉江らが3-way推進式

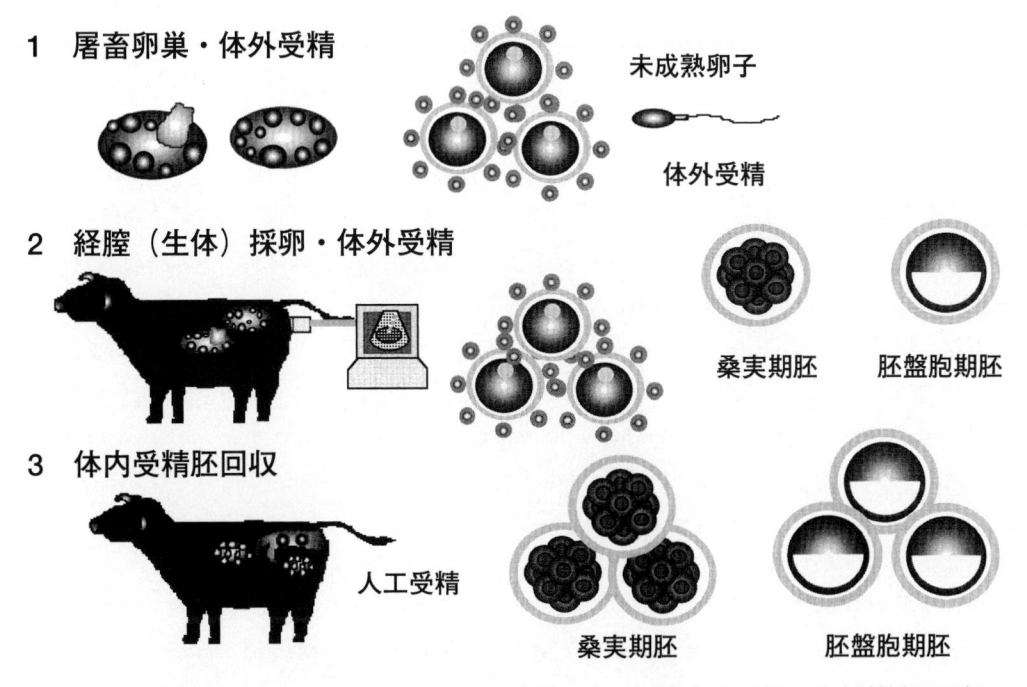

図2.14 屠畜卵巣からの未成熟卵子の採取，経膣採卵による未成熟卵子の採取，体内受精胚の回収の概略

採卵器具を改良し子宮頸管経由法の胚回収法を開発した[10]. 現在では，2-way のバルーンカテーテルで胚回収が行われている[11]. 子宮頸管経由法は，ウシにおいて受精後 5 日目以降の子宮内に存在する桑実期や胚盤胞期の受精卵を採取できる. 子宮灌流法による体内受精胚の回収には，通常，過剰排卵処置が併用される. ウシは単胎動物のため，過剰排卵処置をしなければ 1 個の胚しか得られない. ホルモン剤としては卵胞刺激ホルモン (Follicle Stimulating Hormone : FSH) と妊馬血清性性腺刺激ホルモン (Pregnant Mare Serum Gonadotropin : PMSG) の 2 種類がある[12]. PMSG 投与法では 2〜4 回の投与で卵巣反応が低下してしまうことから，総量 20〜30 AU の FSH 減量 4 日間投与法が広く用いられている. FSH 1 回投与による過剰排卵処置法として FSH を 30% Polyvinylpyrrolidone (PVP) に溶解し投与する方法もある[13]. 最近では，留置型プロジェステロン製剤 CIDR-B を併用した短期間連続採卵も行われている[14,15].

実験法

a）準　備

1．器具・器械

<u>屠畜卵巣からの未成熟卵子の採取</u>

ステンレスポット，ピンセット，恒温槽 (TAITEC, SJ-10)，ディスポーザブル注射器 (テルモ，5 ml シリンジ，21 G×5/8)，インキュベーター (アステック)，ペーパータオル (クレシア，キムワイプ)，アルコール脱脂綿 (川本繃帯材料，キュアレット，カット綿)，ガラス管 (フナコシ，Capillary Tubes PLAIN 75 mm 05-1075-00)，ガラス管 (HIRSCHMANN, ringcaps 100/200 μl Code 9600222 Duran).

<u>経膣採卵法による未成熟卵の採取</u>

超音波画像診断装置 (Aloka, SSD-1200)，経膣用プローブ (Aloka, UST-9109 P-7.5 ALOKA コンベックス探触子)，卵子吸引装置 (Cook, Regulated vacuum pump K-MAR-5000)，卵子灌流装置 (Cook, Flushing system K-MAR-4000)，経膣採卵針 (Cook, 組織サンプリングセット K-OPSD-1760-TOKIBO-AMP 1754 60, 17 G)，卵子保温装置 (富士平，FV-5)，恒温槽 (TAITEC, SJ-10)，卵子検索セルコレクター (富士平工業，CCA-200)，60 mm シャーレ (栄研機材，滅菌 DH シャーレ)，50 ml チューブ (SUMITOMO, スミロン，Centrifuge Tube PP)，実体顕微鏡 (Nikon).

<u>子宮からの受精卵の非手術的な採取</u>

恒温槽，枠場，多孔式バルーンカテーテル (富士平，FA 361, 16〜18 FR)，子宮頸管拡張棒 (富士平，FB 25-1 と FB 25-2, 杉江式)，子宮頸管粘液除去器 (富士平，FA 380 と NJ カテーテル)，受精胚回収チューブ，回収瓶，エムコン，90 mm ディッシュ，マルチディッシュ (Nunc, 4 well 176740)，35 mm ディッシュ (Iwaki, 35 mm/Non-Treated Dish Code 1000-035)，撹拌棒.

2．薬　品

<u>屠畜卵巣からの未成熟卵子の採取</u>

生理食塩水，抗生物質 (硫酸カナマイシン注射液，明治 1 g 力価)，リン酸緩衝液 (日水，Dulbecco's PBS-Code 05913)，ウシ胎児血清，TCM-199 培地 (Sigma, M-2520).

<u>経膣採卵法による未成熟卵の採取</u>

乳酸加リンゲル (日本全薬工業，ハルゼン-V 注射液 1000 ml)，抗生物質 (硫酸カナマイシン注

射液，明治1g力価），ウシ胎児血清，ヘパリンナトリウム（ニプロネオ注，NP-HE 0405），オスバンタオル，アルコール脱脂綿，生理食塩水（大塚製薬，生理食塩水液），局所麻酔薬（理研畜産化薬，アドサン），合成鎮痙剤（藤沢製薬，パドリン注），抗生物質（日本全薬工業，内膜炎用ネオポリシダールA），イソジン（明治），TCM-199培地（Sigma, M-2520）.

子宮からの受精卵の非手術的な採取

乳酸加リンゲル（日本全薬工業，ハルゼン-V注射液1000 ml），ウシ胎児血清，抗生物質，尾椎硬膜外麻酔薬（アドサン），TCM-199（Sigma, M-2520），卵胞刺激ホルモン（デンカ製薬，アントリン10），プロスタグランジン（ファルマシア，プロナルゴンF），イソジン（明治）．

b）方　法

操作の概略を図2.14に示した．以下に，屠畜卵巣からの未成熟卵子の採取，経膣採卵法による未成熟卵子の採取，子宮からの受精胚（32細胞期から胚盤胞期胚）の非手術的な採取の操作法を示す．

屠畜卵巣からの未成熟卵子の採取

操　作

1. 食肉処理場で，35～38℃に保温した抗生物質添加生理食塩水の卵巣を採取し，研究室に持ちかえる．
2. 21G×5/8注射針と5 ml シリンジで2～8 mm卵胞を吸引する．
3. 卵胞液を遠沈管（スミロンチューブ）に入れ10分間程度静置して細胞成分を沈下させる．
4. 上清をパスツールピペットで除去し，細胞成分のみを，方眼した90 mmシャーレに入れ，10 ml 程度1％FCS添加PBS（+）を加え，卵子を検索する．
5. ピペット（DURAN）で10％FCS添加PBS（+）に卵子を集める．
6. 成熟培地（TCM 199＋10％FCS）で洗浄した後，成熟培地に卵子50個程度（Nunc 700 μl）入れ22～24時間成熟培養を行う（38.5℃，5％CO_2／95％空気）．

経膣採卵法による未成熟卵の採取

操　作

1. 乳酸加リンゲルに5 ml のウシ胎児血清と0.1 mg力価の硫酸カナマイシンを添加し，38℃で保温する．
2. ウシを枠場に保定し，外陰部周辺を洗浄した後，尾椎硬膜外麻酔（アドサン：2.5～3.0 ml）の投与もしくは平滑筋弛緩薬（パドリン10 ml／頭）を静注する．
3. 除糞して直腸の内容物を全て出す．
4. 外陰部をオスバンタオルで清拭した後，膣内にプローブを挿入する（図2.15 A）．
5. 子宮頸管後部の上方壁にプローブをあてがい，卵巣を誘導する．
6. 超音波診断装置を用いて卵巣内の黄体や卵胞の大きさをチェックする．
7. 経膣針を膣壁から卵巣へ穿刺し，卵胞液を吸引する（図2.15 B）．
8. 片側15～20 ml 程度を用いて採取する（吸引速度0.2 ml／sec，吸引圧90～110 mmHg）．
9. 採卵が終了したら，子宮外口部に抗生物質を注入しておく（感染予防）．
10. 卵胞液の入ったチューブをセルコレクターを用いて血液成分をろ過し検鏡できるようにする．

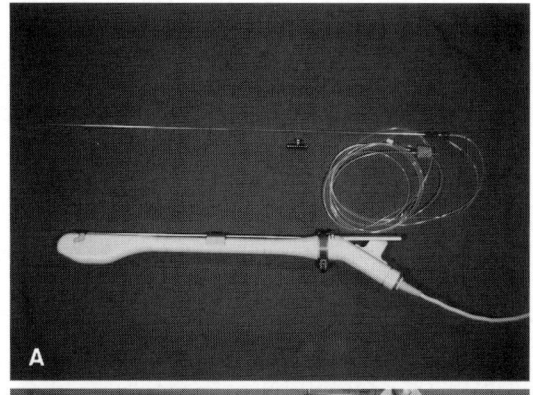

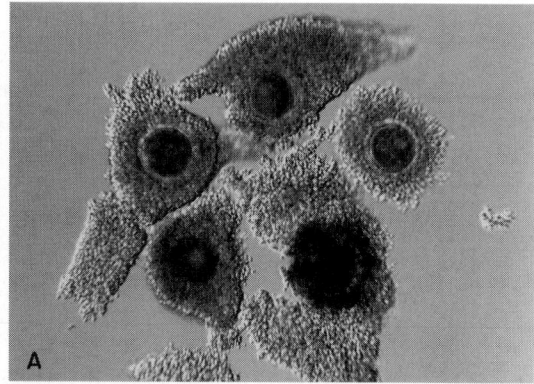

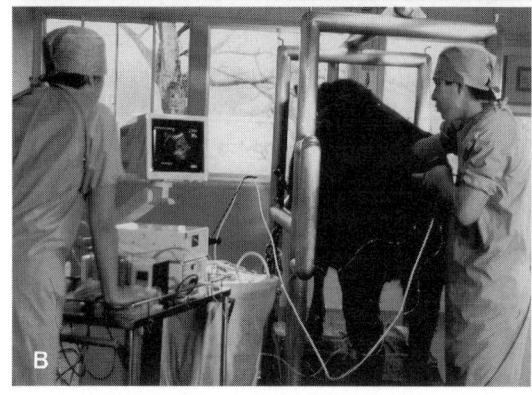

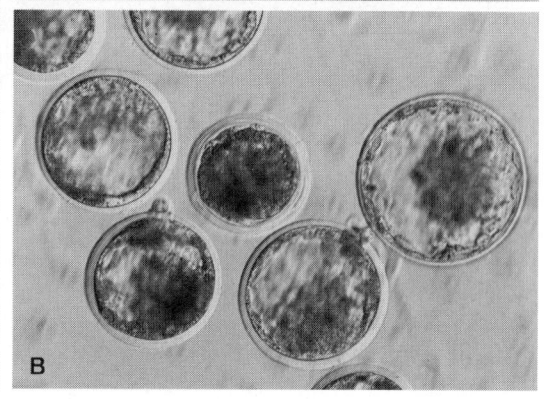

図2.15 経膣採卵法による未成熟卵子の採取.
A：経膣採卵針と超音波プローブ，B：超音波モニターを用いた経膣採卵

図2.16 経膣採卵法で採取された未成熟卵子と体外受精卵.A：未成熟卵子，B：体外受精による胚盤胞期胚

11. 方眼シャーレにろ過液を移し，卵子を検索する（図2.16 A）.
12. 卵子のみをM2液で洗浄した後，成熟培地（TCM 199 + 10 % FCS）で洗浄し，50～100 μl のドロップに10個程度のウシ卵子を入れ成熟培養を行う．
13. 体外成熟卵子は，体外受精後，体外培養することで胚盤胞期へ発生する（図2.16 B）．

<u>子宮からの受精卵の非手術的な採取</u>

過剰排卵処置

1. 性周期9～13日目の黄体期に過剰排卵処置を開始する．
2. 留置型プロジェステロン製剤（CIDR-B，イージーブリード）を用いることで，発情を確認することなく過剰排卵処置を開始できる．約2週間の膣内への挿入後，過剰排卵処理を開始する．プロスタグランジンF2α投与時にCIDR-Bを除去する．
3. 5 mg AUの卵胞刺激ホルモン（FSH，アントリン）から減量しながら，4日間1日2回朝夕に頸部皮下もしくは筋肉内に投与する（5 mgAU×2，4 mgAU×2，3 mgAU×2，2 mgAU×2，全量で28 AU）．
4. 投与開始3日目に黄体退行物質であるプロスタグランジンF2α（PG）を朝夕15 mgずつ筋肉内に投与する．

5. プロスタグランジンF2α（PG）投与後48時間目にウシが発情する．スタンディング発情を確認し，その夕方に人工授精を行う．
6. 排卵に時間的ずれが生じるので，翌朝にもう一度人工授精を行う．

操 作

1. 過剰排卵処置した雌ウシの1回目の人工授精日を0日として，5日目に桑実期胚，7日目に胚盤胞期胚を回収する．
2. 受精胚の回収は，まずウシを枠場に保定し，前肢の部分を30 cm程度台を入れ高くする．このことにより子宮の操作が容易になる．
3. 外陰部を中心に石鹸で入念に汚れを落とす．
4. 尾椎硬膜外麻酔を行う（2.0～3.0 ml程度で40分程度は効いている）．
5. 直腸内の除糞を行ったのち，外陰部を1％オスバンタオルなどで清拭する．
6. 子宮頸管拡張棒で頸管の状況を把握する．
7. 頸管粘液除去器で3回粘液を除去する．
8. バルーンカテーテルを挿入し，片子宮角ずつ約5～10回程度子宮内灌流を行う．
9. 液量は最初5 ml程度で子宮内の空気を除去した後，液量を増やしながら最終的には，20～25 ml程度で完全に回収する．受精胚のほとんどは最初の2～3回で回収される．
10. 子宮内の灌流作業が終了したら，黄体の数を推定するとともに，子宮内にイソジンを注入する．
11. 回収液は，エムコンを使ってろ過し，濃縮する．
12. 方眼した90 mmシャーレに移し，実体顕微鏡下で胚の検索を行う．
13. 受精胚を，20％FCS添加M2液またはD-PBS（＋）の入った4穴シャーレに集めていく．
14. この間なるべく温度変化を少なくするために，加温盤の上にシャーレを置く．
15. 回収した受精胚は20％FCS添加TCM199培地に移し，胚移植や実験開始までインキュベーターで培養する．

c）具体的例

　1999年7月～2000年1月までに延べ183頭のウシに経膣採卵法を適用した結果，2,271個（1頭あたり12.4個）の未成熟卵子が採取された．そのうち1,348個を体外受精した結果，40.8％（550個）が桑実期胚に，38.5％（519個）が胚盤胞期胚にまで発生した．

　これらの経膣採卵・体外受精胚をドナー細胞として核移植を行った結果，39.0％（55/100個）が胚盤胞期にまで発育し，一卵性4つ子も得られている．

　また，過剰排卵処置による体内受精胚の回収法でも，人工授精後5日目採卵で初期桑実期胚が延べ10頭の黒毛和種から151個（1頭あたり15.1個）の胚が回収され，そのうち100個（1頭あたり10.2個）が正常胚であった．これら初期桑実期胚は核移植ドナーとして用いた．

おわりに

　ウシの未成熟卵子の新しい採取法として経膣採卵技術が開発されている．1頭のウシから採取される卵子数は12個程度と多くないが，生体の黄体時期や卵胞波など卵巣状態との関係[16]，あるい

は，卵胞内での発育ステージを人為的にコントロールできるため，多くの情報が得られる．

また，経膣採卵によって採取された未成熟卵子を核移植のレシピエント細胞質に利用することで，ドナー核とレシピエント細胞質を一致させた完全体細胞クローン動物を作出できるほか，ミトコンドリアなどを含めた細胞質と細胞核の相互作用[17]を研究する材料としても用いることができる．

卵胞から採取されたウシ卵子の総てが正常に発生するのではなく，卵巣内の卵胞の発育状態に密接に関係していることが示唆されており[5]，今後，経膣採卵技術を利用することで卵胞卵子の発生能が明らかにされるものと思われる．

経膣採卵法では卵胞発育周期から3〜4日間隔で採卵が可能であるが，1回あたりの採卵個数は少ない．ホルモン投与[19]や主席卵胞の除去により採卵個数を増やす試みもある[20]が，満足な結果は得られていない．今後これらの技術的改善が望まれる．

参考文献

1) 杉江　佶編：家畜胚の移植，養賢堂，(1989).
2) Gordon, I.: Laboratory production of cattle embryos, CAB International, (1994).
3) Pietese, M. C., Kappen, K. A., Kruip, T. A. M. and Taverne, M. A. M.: Aspiration of bovine oocytes during transvaginal ultrasound scanning of the ovaries, Theriogenology, 30: 751-762 (1988).
4) Pietese, M. C., Vos, P. L. A. M., Kruip, T. A. Wurth, M. Y. A., van-Beneden, T. H., Willemse, A. H. and Taverne, A. M.: Transvaginal ultrasound-guided follicular aspiration of bovine oocytes. Theriogenology, 35: 19-24 (1991).
5) Hendriksen, P. J. M., Vos, P. L. A. M., Steenweg, W. N. M., Bevers, M. M. and Dieleman, S. J.: Bovine follicular development and its effect on the in vitro competence of oocytes, Theriogenology, 53: 11-20 (2000).
6) 金川弘司編：牛の受精卵(胚)移植，近代出版，(1988).
7) 家畜受精卵移植技術研究組合(社)家畜改良事業団：受精卵移植の新技術紹介－超音波ガイド・生体卵子吸引法－，(1998).
8) 鹿児島県肉用牛改良研究所新技術開発研究室：超音波採卵技術の応用について，日本胚移植学雑誌，18: 3, 218-222 (1997).
9) Rowson, L. E. A. and Dowling, D. F.: An apparatus for the extraction of fertilized eggs from the living cows. Vet. Rec., 61: 191 (1949).
10) 杉江　佶・相馬　正・福光　進・大槻清彦：牛の受精卵移植に関する研究，特にnon-surgical techniquesによる採卵，畜産試験場研究報告, 25: 27-33 (1972).
11) 家畜改良事業団編：家畜受精卵移植技術マニュアル，(1992).
12) Elsden, P. R., Nelson, L. D. and Seidel, G. E.: Superovulation cows with follicle stimulating hormone and pregnant mares serum gonadotorophin. Theriogenology, 9: 17-26 (1978).
13) Yamamoto, M., Suzuki, T., Ooe, M., Takagi, M. and Kawaguchi, M.: Efficacy of single vs. multiple injection superovulation regimens of FSH using polyvinylpyrolidone, Theriogenology, 37: 325 (1992).

14) Aoyagi, Y., Iwazumi, Y., Wachi, H., Fukui, Y., Ono, H. and Hiroe, T.: Application of progesterone releasing device (PRID) in Holstein cows, J. Vet. Assoc., 38: 641-645 (1985).

15) 沼辺　孝・及川俊徳・菊池　武・伊藤裕之・佐藤秀俊・堀内俊孝：膣内留置型黄体ホルモン製剤(CIDR-B)を用いた黒毛和種における連続過剰排卵処置, J. Reprod. Dev., 43: 6 (1997).

16) Pierson, R. A. and Adams, G. P.: Remote assessment of ovarian response and follicular status using visual analysis of ultrasound images, Theriogenology, 51: 47-57 (1999).

17) Smith, L. C., Bordignon, V., Garcia, J. M. and Meirelles, F. V.: Mitochondrial genotype segregation and effects during mammalian development ; Applications to biotechnology, Theriogenology, 53: 35-46 (2000).

18) D'Occhio, M. J. D., Jillella, D. and Lindsey, B. R.: Factors that influence follicle recruitment, growth and ovulation during ovarian superstimulation in heifers: Opportunities to increase ovulation rate and embryo recovery by delaying the exposure of follicles to LH, Theriogenology, 51: 9-35 (1999).

19) Ooe, M., Rajamahendran, R., Boediono, A. and Suzuki, T.: Ultrasound-Guided follicle aspiration and IVF in Dairy cows treated with FSH after removal of estrous cycle, J. Vet. Med. Sci., 59: 371-376 (1997).

20) Goto, K., Tanimoto,, Y., Fujii, W., Tanigchi, S., Takeshita, K., Yanagita, K., Ookutsu, S. and Nakanishi, Y.: Evaluation of once-versus twice-weekly transvaginal ultrasound-guided follicular oocyte aspiration with or without FSH stimulation from the same cows., J. Reprod. Dev., 41: 303-309 (1995).

4.5　サ　ル*

はじめに

　サル類はヒトに最も近縁な動物であり，ヒトの感染症関連の研究分野においてきわめて重要な動物種である．このことはサル類由来材料を扱うときにはバイオハザードの観点から十分に注意しなければならないということを意味している．感染症新法「感染症の予防及び感染症の患者に対する医療に関する法律(1999年10月2日公布)」に基づき，2000年1月からはサル類のエボラ出血熱とマールブルグ病が国家検疫の対象となり，サル類を取り扱っている関係者はその重要性を再認識した．著者らは，実験に用いるサルの健康状態（各種ウイルス抗体が陽性か陰性か，寄生虫の有無，一般健康状態など）に関するできるかぎり多くの情報を得る努力をしている．サル類を対象として研究を行うとき，バイオハザードについて十分に考慮された飼育室，手術室，実験室等が整備されていることが望まれる．また，サル類は生殖，内分泌，代謝，あるいは神経系などヒトに類似しているところが多く種々の研究分野において重要な動物種である．他の実験動物と比較して寿命も長く加齢性疾患のモデルとしてもその有用性が期待されている．こうしたサル類研究資源の維持，増殖，保存システムを確立すること，さらにトランスジェニック[1]ノックアウトなどの手法や胚性幹細胞[2]を用いた新規な課題に取り組むことの意義は大きく，それを実現す

---

* 山海　直

るためには発生工学的手法を用いた基盤技術の開発が必須である．未成熟卵子，排卵卵子，受精卵の採取は，研究材料を確保するための技術でありこの技術開発をなくして先に進むことはできない．サル類における未成熟卵子，排卵卵子，受精卵の採取法は未だ完成されたものではなく，研究者によって施行錯誤されているところも多い．本稿では，著者の経験を含めたいくつかの具体的手法を紹介する．

未成熟卵子，排卵卵子，受精卵の採取法の概要

多くの場合，哺乳動物における卵子の採取は，外部からホルモン製剤を投与して多数の卵胞発育を誘起したのちに行われる．サル類における卵胞発育誘起には eCG (equine chorionic gonadotropin)[3~6]，FSH (follicle-stimulating hormone)[7~17] あるいは hMG (human menopausal gonadotropin)[5~7,18~23] 製剤が用いられているが，著者のグループではカニクイザルにおいて反応性が優れている eCG を採用し，個体によっては 100 個以上の卵胞を発育させることに成功している．カニクイザルでは 1 回の性周期中に発育する卵胞は 1 個であることを考えると，この数がいかに多いかがわかる．また eCG 最終投与の翌日に hCG (human chorionic gonadotropin) を投与し，その 28～43 時間後に開腹手術により卵胞から成熟卵子を回収している．この eCG と hCG を組み合わせた方法は，卵胞発育を誘起することだけを目的としたとき非常に優れた方法であるが，投与ホルモンに対する抗体が産生される，発育卵胞数に個体差がある，回収できる卵子の質にバラツキがみられる，などの問題点が残されている．成熟卵子の採取を目的としたときには hCG 投与後に卵子採取を行うが，成熟卵子と共に未成熟卵子が含まれることがある．hCG を投与しないで卵子を採取した場合，ほぼ確実に卵核胞期の卵子が得られる．回収卵子は様々な研究に用いられるが，実験の成績に大きく影響するのが卵子の質である．近年，著者らは eCG に代えて hMG を使用し，得られた卵子を用いた体外受精による受精率，受精後の発育率が eCG 投与後に採取した卵子の場合よりも向上している．実験に用いるサル種や研究者によって選択しているホルモン製剤や投与時期などが異なり，これらの検討が進むことで採取卵子の質的向上がはかられるものと思われる．また，未性成熟個体のホルモン処理についても検討されており[8]，著者らも性周期を考慮することなく実験を行うことができる，個体差が少ない，などの利点があることを確認している．また，卵巣摘出が可能な個体や死亡した個体からは，性周期を考慮することなく卵巣を摘出し卵胞卵子を採取している[24]．このときに採取される卵子の状態は，死亡から卵子採取までの経過時間の影響を受けるという結果を得ている．

受精卵を採取する方法としては，*in vivo* で受精した卵子を卵管あるいは子宮から回収することが最も基礎となる技術である．著者らは，カニクイザルで開腹手術を施し生体位で卵管を灌流する方法を確立している．また，子宮からの卵子回収についてはアカゲザル，ヒヒ，マーモセットで報告されている[25~31]．カニクイザルにおいても子宮頸管にゾンデを挿入する技術が確立されており[32]，桑実胚あるいは胚盤胞の採取も可能であると思われる．しかし，通常の性周期内で排卵した卵子を交配により受精させその卵子を回収した場合，1 個の受精卵しか得られない．多くの *in vivo* 受精卵を採取するためには，人為的に多数の卵胞を発育させたあと排卵を誘起しなければならない．現在のところ，カニクイザルでは上記の卵胞発育誘起法と hCG 投与の組み合わせでは

なかなか排卵には至らない．さらに検討を重ねなければならないのが現状である．

　a）準　備
　1．動物飼育室，手術室，実験室
　1）動物飼育室，手術室　サル類から採取した材料を用いて実験を行うとき，病原体の使用の有無に関わらず何らかの病原体が感染する可能性は常にあるということを認識したうえで作業を進めたい．実験材料，ここでは卵子を採取するまでの操作は，動物飼育室，手術室等が実験場所になるが，バイオハザードの観点から空調，消毒，滅菌設備などが整備されていることが望ましい．著者の所属する飼育施設と動物棟入室者の作業スタイルを一例として図2.17に紹介する．
　2）実験室　セーフティキャビネット，オートクレーブを設置したP2レベル以上の実験室を使用することが望ましい．
　2．器具・機械
　1）器　具　ポリスチレン製器具類（滅菌培養皿，遠沈管，培地保存容器など），ガラス製器具類（メスシリンダー，ビーカーなど），ステンレス製器具類（バットなど），薬さじ，薬包紙，ろ過滅菌用フィルター，マイクロピペット，卵子操作用ガラス製注射筒（0.5 ml，1 ml，2 ml），シリコンチューブ（様々な内径のものを揃えておくと便利），ガラスキャピラリー
　2）機　械　セーフティキャビネット，クリーンベンチ，実体顕微鏡，倒立顕微鏡，加温プレート，ウォーターバス，遠心機，オートクレーブ，冷蔵庫（4℃），冷凍庫（−80℃あるいは−20℃），純水製造装置，pHメーター，直示天秤，超音波診断装置，腹腔鏡システム，手術器具一式，手術時の動物の生理状態のモニタリングシステム
　3．薬　品
　培地用試薬（「卵子の体外培養法−卵子の体外成熟・体外受精・体外培養法−サル」の項参照），

図2.17　サル類の飼育施設の一例（国立感染症研究所・筑波医学実験用霊長類センター）．カニクイザルの飼育を目的として設計されている．個別飼育ケージはステンレス製であり吊り下げ方式で設置されている．各ケージにはサルの保定を可能にする狭体装置と自動給水装置がついている．架台の流しは，各サルの糞尿や残餌が混ざり合わないように区分されている．流しのうえの出血痕で月経出血の有無を確認することができる．動物棟入室者は，作業衣，前掛け，ゴム手袋，腕カバー，マスク，頭巾，防護面，長靴を着用する．また，動物棟入室者は動物棟内外の他の作業者と無線で連絡がとれるようになっている．退出時にはシャワーを浴びて衣類を交換する．写真は，体外受精-胚移植により得られたカニクイザルの人工保育を行っているところ．カニクイザル（*Macaca fascicularis*）は，実験動物としての有用性が広く認められているサル種の一つである．

流動パラフィンあるいはミネラルオイル，シリコンオイルなどそれにかわるもの，生理食塩水，麻酔関連薬（ケタミン，キシラジン，アトロピン），ウシ血清アルブミン（BSA），ホルモン製剤（LH, FSH, eCG, hMG, hCG），ヘパリン

b）方　法
未成熟卵子の採取

1）**培地の調製**　採取した卵子の使用目的に応じて培地は選択する．たとえば，卵子の成熟に関する基礎研究や受精系の研究に使用する場合，採取する段階から体外成熟培養に用いる培養液を選択する．卵胞から卵子を採取するときは，混入した血液の凝固を防ぐために培養液にヘパリン（2.5 U/ml）を加える．また HEPES 培養液を用いるなどの工夫も有効である．

2）**卵胞発育誘起**　カニクイザルで著者らが試みている方法を紹介する．同様の方法をニホンザル，アフリカミドリザルにも応用している．eCG 製剤を用いる場合，月経初日から数えて 3～14 日の間に 200 IU/回を計 8 回筋肉内投与する．hMG 製剤を用いる場合，3～8 日の間に 37.5 IU/回を計 12 回（2 回/日）投与する．未性成熟個体を用いる場合，性周期を考慮することなく投与を開始することができる．卵胞の発育状況には個体差が認められるため超音波診断装置による観察，あるいは内視鏡観察を行いながら投与回数を決定することで良質な卵子がより確実に採取できる．

3）**開腹手術による卵胞卵子の採取**　ホルモン製剤最終投与の翌日に採卵する．一般的な手術の手法で開腹し，卵巣を露出させる．21～27 G の注射針（発育卵胞の大きさによってサイズを選択する）にシリンジ，あるいは吸引ポンプを接続し，卵胞一つ一つからていねいに卵胞液を吸引していく．吸引した卵胞液は直ちに培養液内に移す．シリンジを使用する場合は複数のシリンジを用意してすばやく同じ操作を繰り返すとよい．また，卵巣内部から注射針を誘導して卵胞を穿刺することで注射針を刺した瞬間に卵胞液がこぼれでるのを防ぐことができる．卵胞液と共に卵子が採取される．培養液中に回収した卵胞液を培養皿に移し，実体顕微鏡下で卵子を探す．血液や細胞が多量に混入して卵子を探すことが困難な場合，新しい培養液で希釈しながら根気よく，しかしあまり時間をかけないで卵子を探す必要がある．この操作のときに時間をかけすぎると卵子の状態が悪くなってしまうため，ホットプレートを用いて温度変化を少なくしたり，培養液にHEPES を加えるなどの工夫を施すとよい．

麻酔[33]および手術時のモニタリング
著者らが主としてカニクイザルに用いている麻酔法について紹介する．麻酔の前処置として硫酸アトロピン（0.05 mg/kg）を皮下投与する．そして塩酸ケタミン（5～10 mg/kg）あるいは塩酸ケタミンと塩酸キシラジン（0.5～1.5 mg/kg）を混和したものを筋肉内投与する．卵子の採取など一般的な外科手術ではこの方法で操作が可能である．より長時間の手術，侵襲性の強い手術などを実施するときには吸入麻酔を行う．塩酸ケタミンを麻酔導入用として用いて気管チューブを挿入し，イソフルランによって深麻酔に導く．また，手術中は動物の状態を把握するために心拍，呼吸などのモニタリングを行うことが望ましい．

4）**腹腔鏡下での卵胞卵子の採取**　麻酔後，腹腔鏡を操作することにより卵胞卵子を採取することが可能である[34]．術後の動物への負担が少ない点で優れた方法である．しかし，ホルモン投与後の発育卵胞のサイズによってはかなり困難な技術であり，施術者の熟練した技術が必要

である．著者は腹腔鏡操作の経験が少ないため詳細は文献を参照していただきたい．

5) 摘出卵巣からの卵胞卵子の採取　卵巣を摘出することが可能な場合，摘出した卵巣の卵胞から卵子を採取することができる[35]．もっとも簡便な卵胞卵子の採取方法である．卵巣を摘出し滅菌したガーゼあるいはろ紙上で卵巣内の血液を除去する．移動などにより卵子採取までに時間を要するときは，培養液あるいはPBSに浸して卵胞の乾燥を防ぐ．セーフティキャビネット内でろ紙の上に卵巣を安定させ，注射針付きシリンジあるいは吸引ポンプを用いて一つ一つの卵胞から卵胞液を吸引する．卵胞液と共に卵子が採取できる．さらに，培養液中で卵巣を可能なかぎり細かく切り刻むことで，浮遊した未成熟卵子を採取することができる．

成熟未受精卵，排卵卵子の採取

1) 培地の調製　「卵子の体外培養法-未成熟卵子，排卵卵子，受精卵の採取法-サル-未成熟卵子の採取」の項で述べたとおり，採取した卵子の使用目的に応じて培地は選択する．たとえば，体外受精など受精系の研究に使用する場合，採取する段階から媒精のときに用いる培養液を選択する．卵胞から卵子を採取するときには，混入した血液の凝固を防ぐために培養液にヘパリン (2.5 U/ml) を加える．また，HEPES培養液を用いるなどの工夫も有効である．

2) 卵胞発育誘起　「卵子の体外培養法-未成熟卵子，排卵卵子，受精卵の採取法-サル-未成熟卵子の採取」の項で述べた方法，すなわちeCGやhMGなどによりホルモン処理を施し卵胞の発育を誘起する．eCGあるいはhMGの最終投与の翌日に1,000～4,000 IUのhCGを筋肉内投与する．hCGの投与により卵子は成熟しまた顆粒膜細胞は黄体化する．ホルモン投与のスケジュール（例）を図2.18に示した．

Day	例1	例2	例3	例4	例5
1	月経初日	月経初日	月経初日	月経初日	月経初日
2	hMG (10:00, 17:00)				
3	hMG (10:00, 17:00)	hMG (10:00, 17:00)		eCG (10:00)	eCG (10:00)
4	hMG (10:00, 17:00)	hMG (10:00, 17:00)	hMG (10:00, 17:00)		
5	hMG (10:00, 17:00)	hMG (10:00, 17:00)	hMG (10:00, 17:00)	eCG (10:00)	eCG (10:00)
6	hMG (10:00, 17:00)	hMG (10:00, 17:00)	hMG (10:00, 17:00)		
7	hMG (10:00, 17:00)	hMG (10:00, 17:00)	hMG (10:00, 17:00)	eCG (10:00)	eCG (10:00)
8	hMG (10:00, 17:00)	hMG (10:00, 17:00)	hMG (10:00, 17:00)		
9	hMG (10:00, 17:00)	hCG (20::00)	hMG (10:00, 17:00)	eCG (10:00)	eCG (10:00)
10	hCG (20::00)	(卵子採取)	hCG (20::00)		
11	(卵子採取)	(卵子採取)	(卵子採取)	eCG (10:00)	eCG (10:00)
12	(卵子採取)		(卵子採取)	eCG (10:00)	eCG (10:00)
13				eCG (10:00)	hCG (10:00)
14				eCG (10:00)	(卵子採取)
15				hCG (10:00)	(卵子採取)
16				(卵子採取)	
17				(卵子採取)	

図2.18　卵胞発育誘起および卵子成熟のためのホルモン投与スケジュールの例

3) 開腹手術による卵胞卵子の採取　hCG投与後28～43時間目に卵子を採取する．hCG投与から採卵までの時間は得られる卵子の成熟の度合いに影響するためきわめて重要である．著者らの経験では，良好な成熟卵子を得ることを保証する固定した時間をまだ示すことができない．記載した時間帯を目安にしてほしい．卵子の採取は未成熟卵子の採取と同様の方法で行う（「卵子

の体外培養法-未成熟卵子，排卵卵子，受精卵の採取法-サル-未成熟卵子の採取」の項参照）．開腹手術により露出させた卵巣を図 2.19 に示した．

4）腹腔鏡下での卵胞卵子の採取
「卵子の体外培養法-未成熟卵子，排卵卵子，受精卵の採取法-サル-未成熟卵子の採取」の項を参照．

5）開腹手術による卵管灌流 排卵後の卵管内卵子を生体位で採取する方法として開腹手術による卵管灌流法がある．サル類は単一子宮であるため子宮の可動性が少なく，また卵管は細かく湾曲しているため，ウサギなどでの施行に比べてかなり困難な技術である．基本的な操作の方法は同じである．まず，卵管采

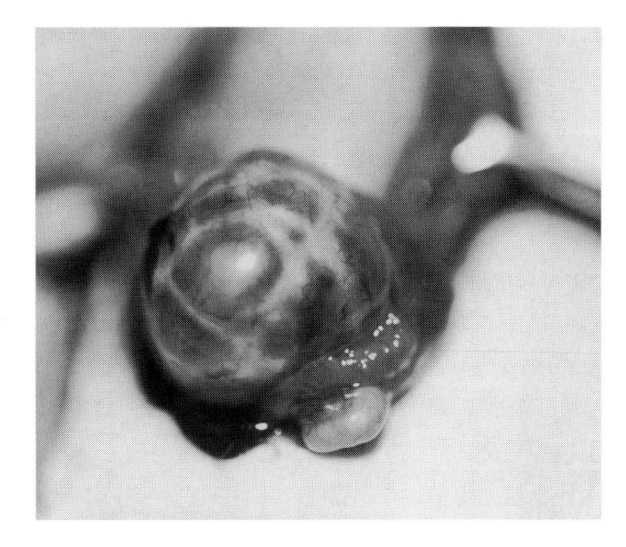

図 2.19 採卵時の卵巣．hMG-hCG によるホルモン処理が施されており，多数の発育卵胞を認めることができる．卵巣の下には卵管采と卵管の一部を見ることができる．

から卵管内にガラスカニューレを挿入し，指，鑷子あるいはクレンメなどを用いてしっかりと保定する．あらかじめガラスカニューレにはシリコンチューブを繋いでおく．ウサギなどでは子宮腔内から卵管子宮接合部を探って灌流することも可能であるが，サル類の場合，子宮との接合部付近の卵管に 26 G の注射針を刺し，連結したシリンジで上向性に灌流液を注入したほうが失敗はない．灌流液（培養液）が卵管内を通過してシリコンチューブの先から滴下してくる．その液をシャーレあるいはチューブで受ける．本法は排卵誘起処理により排卵した卵子，あるいは自然排卵した卵子を採取するために有効である．

受精卵の採取

1）培地の調製 「卵子の体外培養法-未成熟卵子，排卵卵子，受精卵の採取法-サル-未成熟卵子の採取」の項で述べたとおり，採取した卵子の使用目的に応じて培地は選択する．たとえば，受精卵を発育培養系の実験に使用する場合，採取する段階から発育培養のときに用いる培養液（「卵子の体外培養法-卵子の体外成熟・体外受精・体外培養法-サル-体外培養」の項参照）を選択する．卵胞から卵子を採取するときは，混入した血液の凝固を防ぐために培養液にヘパリン（2.5 U/ml）を加える．HEPES 培養液を用いることも有効である．

2）開腹手術による卵管灌流 実験対象となる個体の月経周期を把握し，排卵時期にあわせて交配する．交尾行動の観察，膣内精子の観察などで交配が成立したことを確認する．排卵は末梢血中[36]あるいは糞便中[37]のエストロジェン値の変動を知ることで推察することが可能である．排卵後数日以内の卵管内に存在する受精卵を採取するための方法が卵管灌流法である．具体的な方法は「卵子の体外培養法-未成熟卵子，排卵卵子，受精卵の採取法-サル-成熟未受精卵，排卵卵子の採取」の項で述べたとおりである．マウス，ラット，ハムスターあるいはウサギなどでは過排卵処理個体を交配することで多数の受精卵が採取できる．しかし，カニクイザルなどのサル類で

は卵胞発育を誘起したのちに，確実に排卵を誘発させるための確立された技術はない．

3）子宮灌流 受精卵は分割しながら卵管を下降して，子宮腔へ移動する．子宮腔に存在する桑実胚や胚盤胞を採取する方法が子宮灌流である．サル種によっては子宮頸管にカニューレを挿入することがかなり困難である．アカゲザルなど一部のサル種では子宮内洗浄により胚盤胞が採取されており，ニホンザル，カニクイザルでは金属性ゾンデを用いて子宮内人工授精が試みられている[32]．すなわち，同じ手法を用いることで子宮内洗浄が可能だと考えられ受精卵が採取できる可能性は十分にある．子宮腔へのゾンデの挿入は直腸に指を挿入してゾンデの先を指先で感知しながら頸管口に誘導して行うが，実際に繰り返し試みることが技術習得のための何よりもの近道である．

おわりに

サル類は約200種存在するといわれており，種によって個体の大きさもかなり異なる．個体の大きさが変わればその扱い方も当然変わってくる．実験のために卵子の採取が試みられている多くはアカゲザル，カニクイザルなどが属するマカク属のサル類であり，著者の経験が最も多いカニクイザルを実験対象としたときの基本的手法を紹介した．その他，マーモセット，リスザル，ヒヒ，ゴリラなどでも本分野の研究は試みられているが，サル類におけるこの種の研究は未だ開発段階にある．各研究者がこれまでに開発された技術を基にして新規技術開発に取り組むことが重要であり，そのことが今後の研究の進展に大きく影響するものと考えている．

参考文献

1) Chan, A. W. S., Luetjens, C. M., Dominko, T., Ramalho-Santos, J., Simerly, C. R., Hewitson, L. and Schatten, G.: Foreign DNA transmission by ICSI: injection of spermatozoa bound with exogenous DNA results in embryonic GFP expression and live Rhesus monkey births. Mol. Hum. Reprod., 6: 26-33 (2000).

2) Thomson, J. A., Kalishman, J., Golos, T. G., Durning, M., Harris, C. P., Becker, R. A. and Hearn, J. P.: Isolation of a primate embryonic stem cell line. Proc. Natl. Acad. Sci. USA, 92: 7844-7848 (1995).

3) Boatman, D. E., Morgan, P. M. and Bavister, B. D.: Variables affecting the yield and developmental potential of embryos following superstimulation and in vitro fertilization in rhesus monkeys. Gamate Res., 13: 327-338 (1986).

4) Fujisaki, M., Suzuki, M., Kohno, M., Cho, F. and Honjo, S.: Early embryo culture of the cynomolgus monkey (*Macaca fascicularis*). Am. J. Primatol., 18: 303-313 (1989).

5) Johnson, L. D., Mattson, B. A., Albertini, D. F., Sehgal, P. K., Becker, R. A., Avis, J. and Biggers, J. D.: Quality of oocytes from superovulated rhesus monkeys. Hum. Reprod., 6: 623-631 (1991).

6) Morgan, P. M., Hutz, R. J., Kraus, E. M., Cormie, J. A., Dierschke, D. J. and Bavister, B. D.: Evaluation of ultrasonography for monitoring follicular growth in rhesus monkeys. Theriogenology, 27: 769-780 (1987).

7) Kenigsberg, D., Littman, B. A. and Hodgen, G. D.: Induction of ovulation in primate models. Endoc.

Rev., 7: 34-43 (1986).

8) Koering, M. J., Danforth, D. R. and Hodgen, G. D.: Early follicle growth in the juvenile Macaca monkey ovary: the effects of estrogen priming and follicle stimulating hormone. Biol. Reprod., 50: 686-694 (1994).

9) Kuehl, T. J. and Dukelow, W. R.: Maturation and in vitro fertilization of follicular oocytes of the squirrel monkey (*Saimiri sciureus*). Biol. Reprod., 21: 545-556 (1979).

10) Lanzendorf, S. E., Gordon, K., Toner, J., Mahony, M. C., Kolm, P. and Hodgen, G. D.: Prediction of ovarian response to exogenous gonadotropin stimulation: utilization for collection of primate oocytes for fertilization in vitro. Theriogenology, 44: 641-648 (1995).

11) Lanzendolf, S. E., Zelinski, M. B., Stouffer, R. L. and Wolf, D. P.: Maturity at collection and the developmental potential of rhesus monkey oocytes. Biol. Reprod., 42: 703-711 (1990).

12) Pierce, D. L., Johnson, M. P., Kaneene, J. B. and Dukelow, W. R.: *In vitro* fertilization analysis of squirrel monkey oocytes produced by various follicular induction regimens and the incidence of triploidy. Am. J. Primatol., 29: 37-48 (1993).

13) Schenken, R. S., Williams, R. F. and Hodgen, G. D.: Ovulation induction using "pure" follicle-stimulating hormone in monkeys. Fertil. Steril., 41: 629-634 (1984).

14) Weston, A. M. and Wolf, D. P.: Differential preimplantation development of rhesus monkey embryos in serum-supplemented media. Mol. Reprod. Dev., 44: 88-92 (1996).

15) Zelinski-Wooten, M. B., Hess, D. L., Baughman, W. L. and Molskness, T. A.: Administration of an aromatase inhibitor during the late follicular phase of gonadotropin-treated cycles in Rhesus monkeys: effects on follicle development, oocyte maturation and subsequent luteal function. J. Clin. Endocrinol. Metab., 76: 988-995 (1993).

16) Zelinski-Wooten, M. B., Hess, D. L., Wolf, D. P. and Stouffer, R. L.: Steroid reduction during ovarian stimulation impairs oocyte fertilization, but not folliculogenesis, in rhesus monkeys. Fertil. Steril., 61: 1147-1155 (1994).

17) Zelinski-Wooten, M. B., Lanzendorf, S. E., Wolf, D. P., Aladin Chandrasekher, Y. and Stouffer, R. L.: Titrating luteinizing hormone surge requirements for ovulatory changes in primate follicles. I. oocyte maturation and corpus luteum function. J. Clin. Endocrinol. Metab., 73: 577-583 (1991).

18) Balmaceda, J. P., Gastaldi, C., Ord, T., Borrero, C. and Asch, R. H.: Tubal embryo transfer in cynomolgus monkeys: effects of hyperstimulation and synchrony. Hum. Reprod., 3: 441-443 (1988).

19) Balmaceda, J. P., Pool, T. B., Arana J. B., Heitman, T. S. and Asch, R. H.: Successful in vitro fertilization and embryo transfer in cynomolgus monkeys. Fertil. Steril., 42: 791-795 (1984).

20) Flood, J. T., Chillik, C. F., Uem, J. F. H. M., Iritani, A. and Hodgen, G. D.: Ooplasmic transfusion: prophase germinal vesicle oocytes made developmentally competent by microinjection of metaphase II egg cytoplasm. Fertil. Steril., 53: 1049-1050 (1990).

21) Hatasaka, H. H., Schaffer, N. E., Chenette, P. E., Kowalski, W., Hecht, B. R., Meehan, T. P., Wentz, A. C., Valle, R. V., Chatterton, R. T. and Jeyendran, R. S.: Strategies for ovulation induction and oocyte

retrieval in the lowland gorilla. J. Assist. Reprod. Genet., 14: 102–110 (1997).

22) Joslin, J. O., Weissman, W. D., Johnson, K., Forster, M., Wasser, S. and Collins, D.: *In vitro* fertilization of Bornean orangutan (*Pongo pygmaeus pygmaeus*) gametes followed by embryo transfer into a surrogate hybrid orangutan (*Pongo pygmaeus*). J. Zoo Wildl. Med., 26: 32–42 (1995).

23) VandeVoort, C. A. and Tarantal, A. F.: The macaque model for *in vitro* fertilization: Superovulation techniques and ultrasound-guided follicular aspiration. J. Med. Primatol., 20: 110–116 (1991).

24) Sankai, T., Sakakibara, I., Cho, F. and Yoshikawa, Y.: *In vitro* maturation and in vitro fertilization of eggs recovered from ovaries of cynomolgus monkeys (*Macaca fascicularis*) at necropsy in a indoor breeding colony. J. Mamm. Ova Res., 10: 161–166, (1993) (in Japanese with English summary).

25) Ghosh, D. and Sengupta, J.: Patterns of ovulation, conception and pre-implantation embryo development during the breeding season in rhesus monkeys kept under semi-natural conditions. Acta Endocrinol., 127: 168–173 (1992).

26) Goodeaux, L. L., Anzalone, C. A., Webre, M. K., Graves, K. H. and Voelkel, S. A.: Nonsurgical technique for flushing the *Macaca mulata* uterus. J. Med. Primatol., 19: 59–67 (1990).

27) Seshagiri, P. B., Bridson, W. E., Dierschke, D. J., Eisele, S. G. and Hearn, J. P.: Non-surgical uterine flushing for the recovery of preimplantation embryos in rhesus monkeys: lack of seasonal infertility. Am. J. Primatol., 29: 81–91 (1993).

28) Seshagiri, P. B. and Hearn, J. P.: *In-vitro* development of *in-vivo* produced rhesus monkey morulae and blastocysts to hatched, attached and post-attached blastocyst stages: morphology and early secretion of chorionic gonadotrophin. Hum. Reprod., 8: 279–287 (1993).

29) Pope, C. E., Pope, V. Z. and Beck, L. R.: Nonsurgical recovery of uterine embryos in the baboon. Biol. Reprod., 23: 657–662 (1980).

30) Pope, C. E., Pope, V. Z. and Beck, L. R.: Development of baboon preimplantation embryos to post-implantation stages in vitro. Biol. Reprod., 27: 915–923 (1982).

31) Pope, C. E., Pope, V. Z. and Beck, L. R.: Live birth following cryopreservation and transfer of a baboon embryo. Fertil. Steril., 42: 143–145 (1984).

32) Torii, R. and Nigi, H.: Successful artificial insemination for indor breeding in the Japanese monkey (*Macaca fuscata*) and the cynomolgus monkey (*Macaca fascicularis*). Primates, 39: 399–406 (1998).

33) Flecknell, P. A.: Anaesthesia of common Laboratory species: Laboratory animal anaesthesia. 110–111, Academic Press, London, (1987)

34) Torii, R., Hosoi, Y., Masuda, Y. and Iritani, A., Nigi, H.: Birth of Japanese monkey (*Macaca fuscata*) infant following in vitro fertilization and embryo transfer. Primates, 41: 39–47 (2000).

35) Sankai, T., Shimizu, K., Cho, F. and Yoshikawa, Y.: *In vitro* fertilization using Japanese monkey (*Macaca fuscata*) eggs and cynomolgus monkey (*Macaca fascicularis*) frozen/thawed spermatozoa. Exp. Anim., 43: 45–50 (1994) (in Japanese with English summary).

36) Ogonuki, N., Sankai, T, Tsuchiya, H., Matsumuro, M., Yoshida, T., Cho, F. and Yoshikawa, Y.: Estimation of the day of ovulation in cynomolgus monkys (*Macaca fascicularis*) by measuring serum

estradiol concentrations on the same day as blood-sampling. Jpn. J. Fertil. Steril., 42: 136-140 (1997) (in Japanese with English summary).
37) Matsumuro, M., Sankai, T., Cho, F., Yoshikawa, Y. and Yoshida, T.: A Two-step extraction method to measure fecal steroid hormones in female cynomolgus monkeys (*Macaca fascicularis*). Am. J. Primatol., 48: 291-298 (1999).

4.6 ヒ ト*

はじめに

　ヒトにおける卵子の採取は難治性不妊症に対する生殖補助医療技術の一部として行われることが多い．その代表的なものは体内で成熟した卵子を体外へ取り出し，受精させて得られた胚を子宮へ戻す体外受精・胚移植である．一方，未成熟卵子の体外培養は最近，体外受精・胚移植の種々の弊害が取りざたされるなかで注目されつつあるトピックの一つであるが，ヒトではまだいくつかの課題を残しており広く臨床応用されるには至っていない．また，受精卵の採取は卵子提供法の一つとして行われてきたが，体外受精・胚移植が普及した今日ではあまり実施されなくなっている．しかしながらヒトの *in vivo* での胚発生に関する情報を得るには有力な手段である．本稿では生殖補助医療の中核としてめざましく発展，普及をとげているヒトの体外受精・胚移植における採卵法を中心に紹介することにする．

体外受精・胚移植における採卵法

1）採卵のスケジュール

　体外受精・胚移植では成熟した良好卵を多数採取し，複数の胚を子宮に移植することで妊娠率が高まることが知られている．そこでFSH製剤やhMG製剤による過排卵刺激が行われる．この

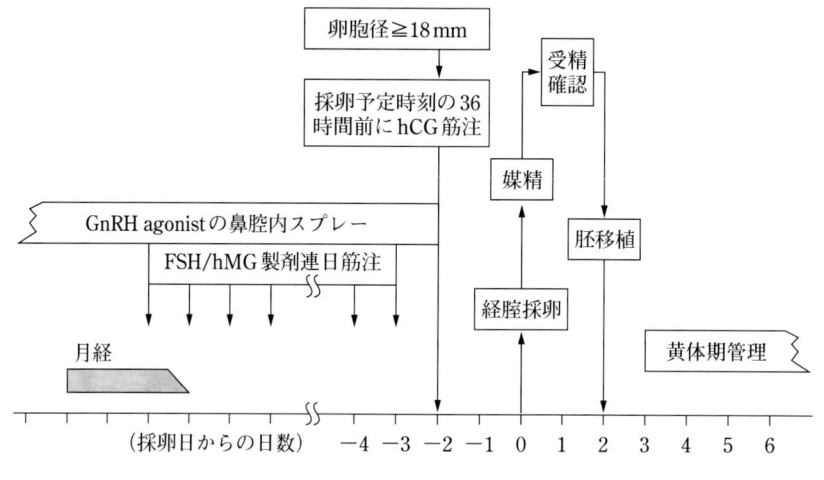

図2.20　ヒト体外受精・胚移植における採卵スケジュール

---

* 正岡　薫・田中 壮一郎・稲葉 憲之

際，内因性ゴナドトロピンの干渉（premature LH surge の発生や主席卵胞の選択機構）を排除した方が良好卵がより多く得られるので，GnRH agonistic analog による下垂体の down-regulation を利用した併用法が繁用されている[1]．具体的には，不妊患者の前周期の黄体期中期から GnRH agonist（buserelin 900 μg/日または nafarelin 400 μg/日）の鼻腔内スプレーを開始し，月経開始後数日経ってから FSH/hMG 製剤を 1 日 150～300 単位，連日筋注する．外来で経膣超音波装置にて卵胞径を計測し，最大径が 18 mm を超える卵胞を複数個認めたらその日の夜（予定採卵時刻の36 時間前）に救急外来で hCG 5000～10,000 単位筋注し，翌々日の午前中に経膣超音波下に採卵する．ヒトの場合，hCG 投与後 36 時間目から排卵が始まるので，このスケジュールによって排卵直前の成熟卵が得られることになる（図 2.20）．

その他の過排卵刺激法として clomiphene 刺激，FSH/hMG 単独刺激，あるいは両者の組み合わせ法などがあり，時に自然周期でも採卵することがあるが施行される頻度は低い．

2）採卵法

体外受精が普及し始めた初期には全身麻酔下に腹腔鏡下で採卵する方法が用いられたが，現在では経膣超音波ガイド下に経膣的に卵胞穿刺，採卵する方法が主流となっている．経膣採卵法は腹腔鏡下採卵法と比べ，患者への侵襲が少なく，安全，確実，簡易に採卵できる大きな利点があり，体外受精を今日のように普及させた立役者でもある．以下，著者の施設で行っている方法の概略を紹介する．

i）**患者の準備** 採卵を受ける患者は夫とともに採卵予定時刻の 30 分前までに救急センターに来院し，排尿をすませ術衣に着替えて小手術室前で待機する．患者は前日の夕食後から絶食とする．手術台に仰臥させ，血管確保後，点滴を開始する．また，O_2 サチュレイション・モニター，血圧自動測定器などを装着させる．必要に応じて O_2 マスクを付けることもある．砕石位をとらせ，外陰部，膣内を 37 ℃ に加温した生理食塩水 500 ml と綿球を使って十分洗浄する．消毒液を使用する施設もあるが，卵への悪影響が懸念されるので使っていない．使わなくても骨盤内感染を起こすことはない．肛門を蔽うように外陰部に三角ドレープ（Steri-Drap®，3 M）を貼り付け，採卵中に膣壁から出血した場合に血液が床にこぼれないようにする．

ii）**採卵器具**

超音波診断装置（ソノビスター ET®，モチダ）の経膣プローブ（膣壁から卵胞までの距離に応じて周波数を 5, 6, 7 MHz の 3 種類に切り替え可能）の先にゼリーを付け，医療用滅菌コンドーム（PROBE COVER・G，不二ラテックス）をかぶせる．穿刺アダプターを経膣プローブに装着し，アダプターを通して 17～18 G，30 cm 長の PTC 針（先端粗面加工付き，八光商事）で卵胞を穿刺する．穿刺針に細い延長チューブ（X 1-50®，トップ）をつなぎ，三方活栓を付けてアーガイル® スペシメン コレクション コンテナー M 型（日本シャーウッド）に接続する．コンテナの容量は約 20 ml で，ここへ吸引した卵胞液をためる．コンテナからはもう一本のチューブが出ており，これに太い延長チューブ（サフィード®）をつなぎ自動吸引ポンプ（K-MAR-5000，Cook Australia Ltd）に接続する（図 2.21，2.22）．三方活栓には卵胞内を洗浄するためのフラッシュ液を入れた 30 ml の注射器を接続する．穿刺針の太さは大きいほど速く吸引できるが，卵胞の穿刺穴も大きくなるのでそこからの卵胞液やフラッシュ液のリークが多くなる．卵胞数が少なく，卵をロスするこ

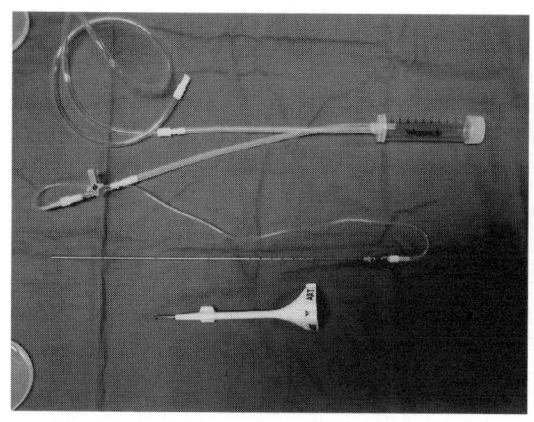

図 2.21　経膣採卵器具－①
穿刺アダプター（下）と 18G, 30 cm 長の PTC 針にスペシメンコレクションコンテナーを連結したもの．途中に三方活栓を付ける．

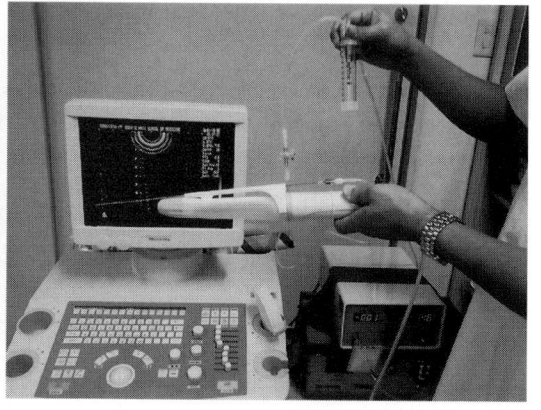

図 2.22　経膣採卵器具－②
経膣プローブに装着した穿刺アダプターに針を通したところ．超音波装置のモニター画面上に見えるガイドラインに沿って針が刺入される．右下に見える自動吸引装置によって卵胞液はコンテナ内に吸引される．

とが許されないケースでは 19 G, 30 cm 長のエラスター針（八光商事）の内針を使うこともある．以上は著者の施設で使用している採卵器具であるが，これらはもともと採卵専用の器具ではなく，目的に応じて流用しているだけである．一方，穿刺針，接続チューブ，コンテナが一体化している採卵専用セットや吸引とフラッシュが同時にできる double lumen 針が Cook Australia Ltd から発売されている．

ⅲ）採卵手技

　患者に二度と採卵したくないと思わせるほどの苦痛を与えてはならないので，麻酔は必要十分にかけたほうがよい．まず，ソセゴン 15 mg とセルシン（ホリゾン）10 mg を静注し，イソゾールを少量追加する．意識のなくなったところで経膣プローブを挿入する．一般に右卵巣の方が左より反応がよく，卵胞数が多いので針の切れのよい最初は右から始めた方がよい．プローブを後膣円蓋に強く押しつけ卵胞と膣壁の距離をできるだけ少なくする．1 回の針の刺入で効率よく多くの卵胞を穿刺したいので，卵胞がモニター画面の穿刺ガイドライン（針の刺入方向）に連続して存在する部位があればそこから穿刺を始めるとよい．針は一気に卵胞内に刺入しようとすると膣壁その他の組織の抵抗によってたわみ，方向がずれることがあるので，まず膣壁を貫通し，卵胞壁の直前でいったん止め，方向を微調整してから卵胞の中心に一気に刺入する，二段階刺入法がよい．針先を常に卵胞の中心に保ち，左右に回転させて卵胞壁のすべての方向に吸引圧がかかるようにする．吸引圧は 120〜150 mmHg が適当である．なお，穿刺針やチューブなどは穿刺中に血液凝固のためつまりやすいのであらかじめヘパリンを加えた温生食を通しておく．最初の吸引に引き続き，30 ml の注射器に入れたヘパリン加 PBS（Dulbecco's phosphate-buffered saline®，Gibco）を三方活栓から卵胞内に注入し，卵胞内をフラッシングして再び吸引する（図 2.23）．このフラッシングを 2〜3 回行ってコンテナ内にたまった卵胞液とフラッシング液を大型プラスチック・シャーレ（FALCON® 1005）に出す．この時，穿刺中の卵胞から針を抜かないで卵が見つかるまで待機す

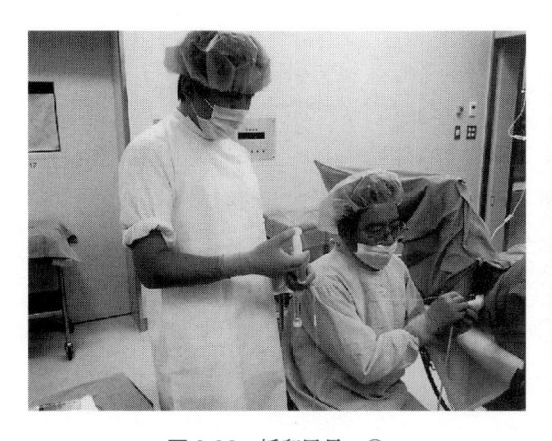

図2.23 採卵風景－①
モニター画面を見ながら卵胞の吸引，フラッシュを繰り返す．助手は三方活栓に付けた30 mlの注射器で卵胞がもとの大きさになるまでフラッシング液を注入する．

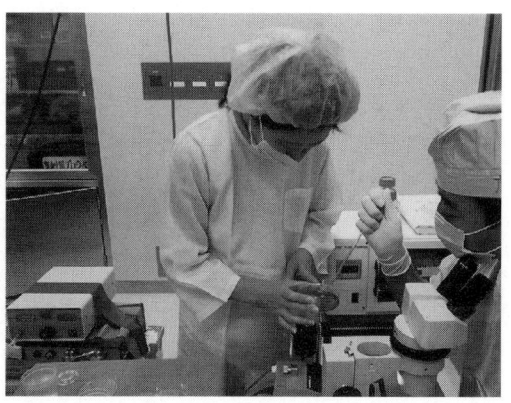

図2.24 採卵風景－②
吸引液を大型シャーレに出し，下から光りを当てながら肉眼で卵丘細胞塊を探す．PBSにphenol redを加えて赤く着色しておくと卵丘塊は白く光って見えるので発見しやすい．ピペットで別のシャーレに移し実体顕微鏡で卵を確認する．

る．シャーレの下から光りを当てながら肉眼で卵丘細胞の塊を探す（図2.24）．PBSにphenol redを加えて赤く着色しておくと卵丘塊は光沢のある白っぽい塊として容易に視認できる．卵丘塊が見つかれば37℃の保温プレート上に置いた小型プラスチック・シャーレ（FALCON® 3037）へ移す．シャーレには10％患者非働化血清またはSSS代替血清®（Irvine Scientific）を加えたmodifid HTF medium®（Hepes-buffered HTF medium, Irvine Scientific）を入れておき，シャーレの外溝で卵丘塊を数回ピペッティングして血液を落としてから内溝に移し，実体顕微鏡下に卵丘に包まれた卵の存在を確認する．卵が確認されれば次の卵胞の穿刺に移る．卵が見つからない場合はさらにフラッシングを3～4回繰り返し同様に探す．採取された卵は10％患者非働化血清またはSSS代替血清®を加えたHTF medium®（Irvine Scientific）の入った小試験管（FALCON® 2003）に移し，半閉鎖状態で37℃の三種混合ガス培養器内へ収納する．

iv）採卵後の処置

卵胞穿刺が終わったら必ずダグラス窩の血液貯留状態をチェックし，貯留した血液を吸引除去する．この時，穿刺穴からリークしてダグラス窩に落ちた卵丘塊を発見することもある．温生食を注入し血液がなくなるまで洗浄，吸引を繰り返す．もし，血液貯留が持続するようであれば入院させ経過観察とするが，そのような例は極めてまれである．経腟プローブ抜去後，まれに動脈性の強出血をみることがあるが腟壁動脈からの出血なのでケリー鉗子でしばらく挟鉗すれば止血できる．縫合止血を要することはまれである．最後にガーゼを2枚つないだものを腟内につめ，3時間程度ベッド上安静とした後，必ず夫と一緒に帰宅させる．採卵後はセフェム系抗生物質を7日間内服させる．

未成熟卵子の採取法

多くの哺乳類では未熟卵を体外培養することで成熟させ，受精させることが可能である．一方，

ヒトの体外受精・胚移植ではゴナドトロピンによる過排卵刺激のため卵巣過剰刺激症候群，ひいては重篤な後遺症を誘発する危険性のあることから，その改善が強く求められている．卵巣を刺激しないで未熟卵を体外に取り出し成熟させることができればこの問題は一気に解決する．

i）卵巣組織からの採卵法

患者の同意を得て婦人科疾患による開腹手術時に卵巣の一部あるいは全部を摘出し，得られた卵巣組織を37℃の生理食塩水で洗浄し血液を除去する．培養液を入れた注射器に21Gの針を付け直径2～5 mmの卵胞を穿刺吸引する．吸引した卵胞液を培養液とともにシャーレに出し実体顕微鏡下に卵を探す．Chaら[2]の報告では平均11個の未熟卵が採取され，成熟卵胞から採取した卵胞液を50％含む培養液中で55.8％が成熟したという．

ii）経腟採卵法

Trounsonら[3]は未熟卵の経腟採卵を行っている．それによると，排卵のある患者では自然周期の卵胞期初期（day 5～10）に，多嚢胞性卵巣のような無排卵症患者では周期にかかわらず経腟超音波下に直径2～10 mmの卵胞が穿刺可能であるという．通常の体外受精・胚移植で使用する針と比べ，短く，針先のbevelがより鈍角で，硬くてたわみの少ない17Gの未熟卵専用針を使用する（K-OPS-1225-WOOD, Cook Australia Ltd）．卵胞液の吸引は通常の場合の半分の圧にし，卵胞液が漏れないように吸引中は常に針先のbevelを下向きに保つことが重要である．卵胞は培養液でいちいちフラッシュはせず，接近して存在する卵胞は針を抜かず連続して吸引する．間質組織や凝血が詰まりやすいので吸引後はよく針の中を培養液でフラッシュする必要がある．吸引液にHepes入りの培養液を加え，孔径50 μmのフィルターにかけて赤血球や他の小細胞を洗い流す．残留物に卵や大型の卵胞細胞，間質細胞のかけらが含まれているのでシャーレに移し実体顕微鏡で調べる．卵が見つかれば洗浄後，体外成熟用の培養液中に移し培養器内に収納する．多嚢胞性卵巣患者では平均15.3個の未熟卵が採取でき，48～54時間体外培養したところ81％が成熟したという．

受精卵の採取法

多くの哺乳類において受精卵は子宮腔内に運ばれてから着床するまでの数日間は子宮内膜に接着していない．ヒトの場合も例外ではなく，この間に子宮腔内を洗浄して受精卵を採取することが可能である．Busterら[4]によると，排卵日を血中LHのピークから推定し，不妊夫婦の夫の精液で人工授精した卵子提供者の子宮腔内を，LHピークの5, 6, 7日後に特別に設計したカテーテルを用いて培養液で還流したところ，人工授精53回のうち25回（47％）に卵子が回収された．採取された25個の卵のうち5個（20％）が胞胚期に達しており，これを移植された不妊夫婦の妻5人のうち3人が妊娠した．また，25個の卵のうち24個はLHピークの5日後の洗浄で得られたという．彼らはWHOのガイドラインに基づき，排卵時刻をLHピークの16.5時間後と設定している．

参考文献

1) 正岡　薫・稲葉憲之：GnRHアナログ併用法．生殖補助医療（久保春海編），新女性医学大系16巻，pp155-164, 中山書店，東京 (1999).

2) Cha, K. Y., Koo, J. J., Ko, J. J., Choi, D. H., Han, S. Y. and Yoon, T. K.: Pregnancy after in vitro fertilization of human follicular oocytes collected from nonstimulated cycles, their culture in vitro and their transfer in a donor oocyte program. Fertil. Steril., 55: 109-113 (1991).

3) Trounson, A., Wood, C. and Kausche, A.: *In vitro* maturation and the fertilization and developmental competence of oocytes recovered from untreated polycystic ovarian patients. Fertil. Steril., 62: 353-362 (1994).

4) Buster, J. E., Bustillo, M., Rodi, I. A., Cohen, S. W., Hamilton, M., Simon, J. A., Thorneycroft, I. H. and Marshall, J. R.: Biologic and morphologic development of donated human ova recovered by nonsurgical uterine lavage. Am. J. Obstetric. Gynecol., 153: 211-217 (1985).

5. 卵子の体外成熟・体外受精・体外培養法

5.1 マウス，ラット*

はじめに

　マウスは一般に広く実験動物として用いられている．特に哺乳類の初期発生に関する研究には汎用され，現在でもヒトの受精・初期胚発生の研究モデルとして重要である．さらに，遺伝子操作と発生工学の研究には欠かすことのできないモデルである．マウスが汎用される背景には，その遺伝学的な解析が進んでおり発生・分化の解析には他の実験動物と比較にならないことが挙げられる．そして，卵子の体外成熟あるいは体外受精（IVF）の検討も多くの報告がある（Yanagimachi, 1985；Bavister, 1995）．

　一方，ラットは実験動物として重要であるが，受精研究の初期から使用されているにもかかわらず，体外受精あるいは胚の培養はかなり難しい面が残っていて，その使用は限定されている．体外受精については Toyoda and Chang（1978）に成功してから研究が進み始めたが，現在のところ発生の研究のモデルとしてはマウスに比べて遅れている．

体外成熟・体外受精・体外培養法の問題点

　上に述べたように，マウスおよびラットは卵子の採集が簡単であることから，受精-初期発生に関する膨大なデーターが蓄積している．特に，マウスでは精子の受精能獲得が簡単にできることから，体外受精系を用いた卵子-精子の Interaction についての解析が行われた．さらに，卵子の成熟についても多くの結果が生み出されてきた．一方，ラットでは Toyoda and Chang（1978）の報告以来，Chang の元で研究を重ねた日本人研究者の体外受精に関する業績が進歩に大きく貢献している（Niwa ら, 1985）．ラットの卵子の成熟に関しては検討は少ないが行われている（Dekel ら, 1990）．その後，1995 年に Kimura and Yanagimachi（Kimura and Yanagimachi, 1995）によって精子形成細胞，つまり円形精子細胞あるいは第二精母細胞を卵子細胞質内に注入することによって，

---

* 佐藤　嘉兵

これらの細胞が受精能を有していることが明らかにされた．さらに，それらの受精卵は体外培養後 recipient への移植によって正常産仔が得られることも報告された．この後，ウサギにおいても円形精子細胞の卵子内への注入によって受精し，正常産仔が得られることが確認された（Tokieda and Sato, 1998）．

マウスあるいはラットの受精卵を体外で培養すると，発生の block が起こることがよく知られている．このため Inbred strain が発生実験にほとんど使用できない状態である．F_1 はこの block がないことから，最近，いくつかの F_1 マウスが卵子の受精－発生系に汎用されている．しかしながら，体外培養条件下における block 現象がなぜ発現するのか，そのメカニズムについての詳細な解明は残されている．トランジェニック（tg）動物あるいはクローン動物などの生産を効率的に行う場合などでは，この解明が重要になってくる．

マウス（ラット）卵子の体外成熟

マウス卵子の体外成熟については多くの報告があるが，ここでは比較的簡単に行える方法について述べる．なお，成熟に使用される培養液は表 2.4 に示した培養液に，10% のウシ胎児血清を加えたものが一般に使用されており，ラットについては m-KRB 液（Tyoda and Chang, 1974）を用いる場合もある．

表 2.4 卵子の体外培養に通常使用される培養液とその組成（mM）

	HTF[a]	TYH[b]	CZB[c]
NaCl	101.60	119.37	81.62
KCl	4.69	4.78	4.83
$CaCl_2$	2.04		
$CaCl_2 \cdot 2H_2O$		12.60	1.70
$MgSO_4$	0.20		
$MgSO_4 \cdot 7H_2O$		1.19	1.18
KH_2PO_4		1.19	1.18
K_2HPO_4	0.37		
$NaHCO_3$	25.00	25.07	25.12
Glucose	2.78	5.56	
Na-pyruvate	0.33	1.00	0.27
Na-lactate	21.4		31.30
Glutamine			1.00
Penicillin	100 IU/ml	0.075 mg/ml	100 IU/ml
Streptomycin	0.005 mg/ml	0.005 mg/ml	0.007 mg/ml

a) Tervit, H.R et al., 1972, b) Toyoda, Y et al., c) Chatot, C.L et al., 1989

（注）各培養液は使用直前に塩類溶液（ストック溶液）の一定量に所定量の有機化合物，抗生物質を加えて混合する．10 分程度 CO_2 ガスの下において，それから pH を 7.2 に調整する．水は超純水を用いる．最後に BSA（牛血清アルブミン）を加えて溶解させて培養液を作製する．これを 37℃，5% CO_2-空気の条件下においてから使用する．

培養操作（図 2.25 参照）

1. 採取した卵胞卵子を抗生物質（通常，ペニシリン G カリウム 50 μg/ml）を加えた滅菌生理食塩水あるいは使用する培養液（ドロップあるいはホールグラス）内で洗浄する（a）．

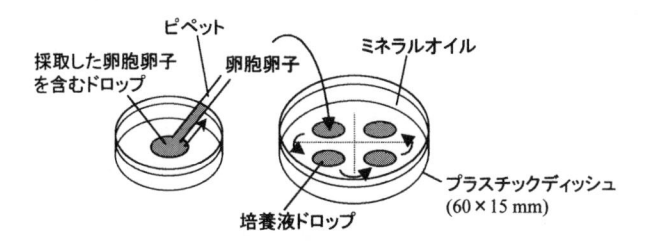

(a) 採取した卵胞卵子の洗浄

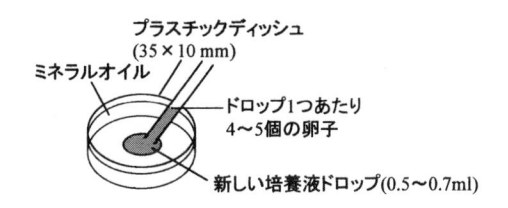

(b) 卵胞卵子の成熟培養

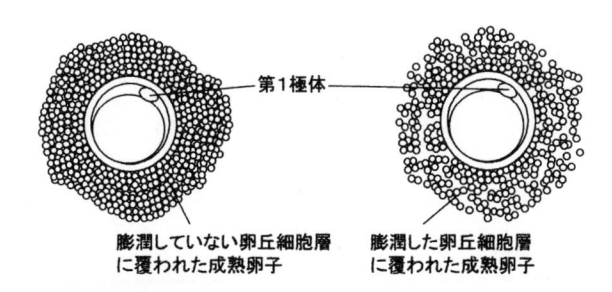

(c) 卵子の成熟の判定

図 2.25　マウス（ラット）卵子の体外成熟（その 1）

2. 洗浄した後，プラスチックディッシュ（35×10 mm）内に培養液 50〜70 μl のドロップを作り，ミネラルオイルでカバーしておく．このドロップ内に 4〜5 個の卵子を加えて培養する．培養は 37 ℃，5 % CO_2-空気の条件下で行う（b）．
3. 培養開始後適当な間隔で，位相差顕微鏡を用いて形態的な変化から成熟度合いを判定する．判定は，1）卵核胞の有無，2）第一極体放出の有無，3）卵丘細胞の膨潤の程度によって行う（c）．
4. 卵子を観察した後に固定標本を作製して，染色によって減数分裂中期の核と第一極体を確認して成熟と判定する（d），（e）．
5. 一部の卵子については体外受精を行って，体外培養での胚の発生を確認し，これを移植によって正常産仔に発生することを確認する．

マウス（ラット）卵子の体外受精
体外受精の方法
1. 精子の採取（図 2.26（a）参照）
　　1）成熟雄マウス（3〜6 カ月齢），ラットを頸椎脱臼法により安楽死させる．

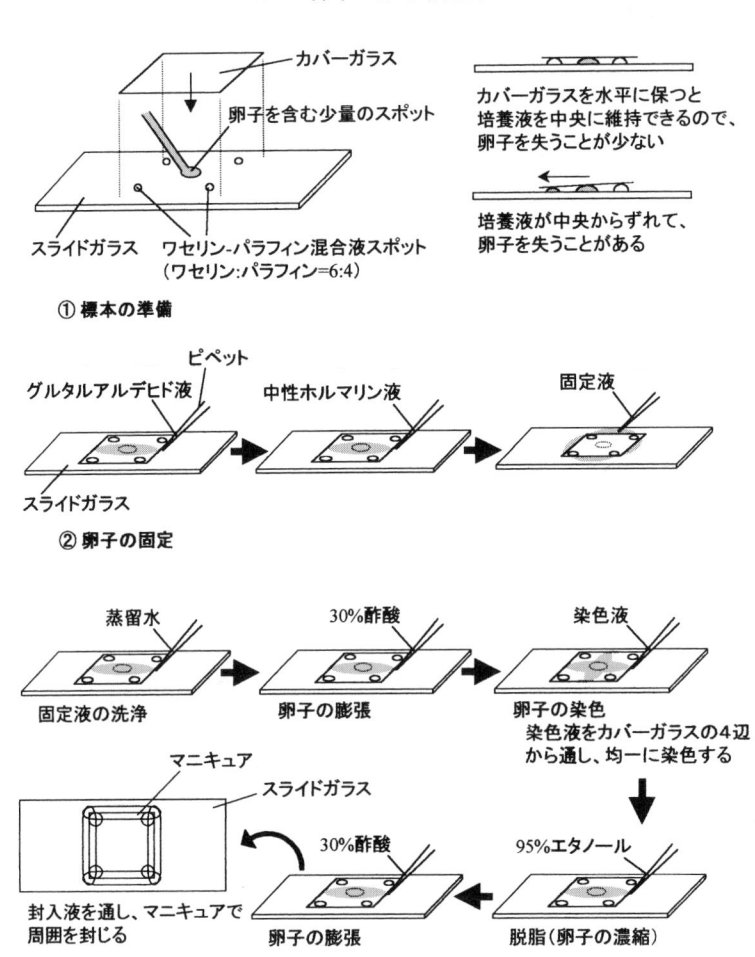

図2.25 マウス（ラット）卵子の体外成熟（その2）

2) 陰部脇の皮膚を眼科用ピンセットと眼科バサミを用いて，縦に2cm程度切開し，精巣を外に露出させる（①）．
3) 精巣を周辺の脂肪とともに採取し，精巣上体尾部を眼科バサミで摘出する（②）．
4) 摘出した精巣上体尾部を，ミネラルオイルで覆った培養液（含 BSA 4 mg/ml）ドロップ（0.4 ml）に移し，眼科バサミを用いて切開する（③）．
5) 37℃，5% CO_2-空気のインキュベーター内に15分以上保持し，精子をドロップ内に拡散させる．
6) 精子を含んだ培養液をサンプルチューブに移し，遠心（250 g，5分）によって精子のみ沈殿させ，上澄みを除去する（④）．
7) 新しい培養液1 mlを，精子層を壊さないようにゆっくりと加え，サンプルチューブを30°傾けて37℃，5% CO_2-空気のインキュベーター内で30〜60分静置させる．これにより運動精子のみ，培養液中を泳いで浮上してくる（⑤）．この方法をSwim up法という．

8) 運動精子を含んだ上澄みを回収し，新しい培養液を加えて濃度を調節する．精子濃度は，マウスでは $2 \sim 3 \times 10^5$ 運動精子/ml，ラットでは $0.2 \sim 1.0 \times 10^6$ 運動精子/ml が望ましい．

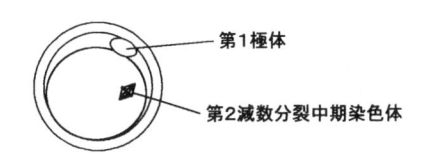

(e) 作製した固定標本の観察による成熟卵子の判定

図2.25 マウス（ラット）卵子の体外成熟（その3）

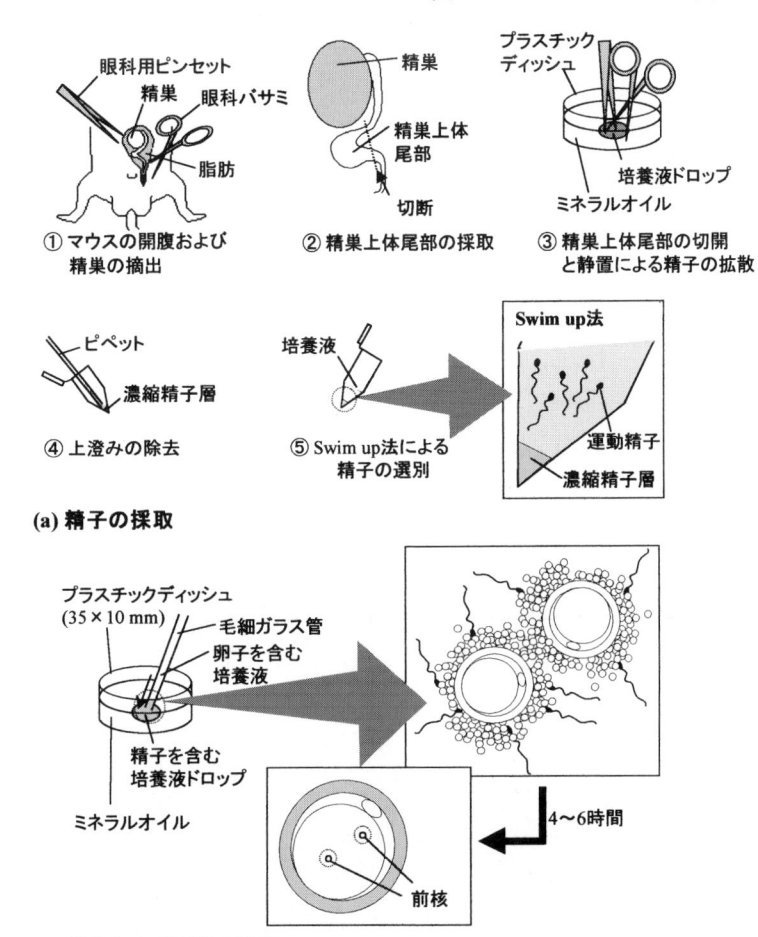

(a) 精子の採取

(b) 媒精および受精の確認

図2.26 マウス（ラット）卵子の体外受精

2. 未受精卵子の採取

マウス，ラットの未受精卵子の採取法については，前項に詳しく述べた．卵胞卵子を体外成熟させたもののほかに，排卵卵子を用いてもよい．排卵卵子の採取法は，4)-(1)に述べた．

3. 媒精および受精の確認（図2.26 (b) 参照）

1) 精子を含む培養液ドロップ（200 μl）に採取した卵子を加え，37℃，5% CO_2-空気のインキュベーターで4～6時間培養する．

2) 媒精から6時間後，受精の確認をするために顕微鏡で前核形成の有無を観察する．受精した卵は，ピペットを用いて新しい培養液ドロップに移し，37℃，5％CO_2-空気のインキュベーターで培養する．

体外培養法

受精卵（胚）の培養による体外発生に関しては多くの報告がある．特に，着床前の初期発生に関する検討は過去30年の間に多くの成果が蓄積された（Bavister, 1995参照）．各種の培養液が開発され，培養法もいろいろと工夫がなされてきた．しかしながら，胞胚へ発生する胚は少なく，発育を停止するものが多いことは，よく経験することである．体外における胚の発育は体内のそれとは異なるため，人為的な変化が起こりやすい．したがって体内の環境に近づけることも一つのアプローチであるが，培養中の胚が正常に発育する培養条件を設定することが大切である．以下に，われわれの研究室で行っている胚の培養法について述べる．

1. 採取した受精卵を使用する培養液（ドロップあるいはホールグラス）内で洗浄する．マウスの培養液については表2.3に示した．ラットについては，この他にmHECM-1（HECM-1（Schini and Bavister, 1988）からアミノ酸を除去したもの）を用いる場合もある．
2. 洗浄した後，プラスチックディッシュ（35×10 mm）内に培養液50〜70 μlのドロップを作り，ミネラルオイルでカバーしておく．このどドロップ内に4〜5個の卵子を加えて培養する．培養は37℃，5％CO_2-空気の条件下で行う．
3. 培養開始後適当な間隔で，位相差顕微鏡を用いて発生ステージを観察する．同時に，新鮮な培養液で作成したドロップ内へ受精卵を移動させ，培養を継続する．

おわりに

哺乳類における体外成熟，体外受精，胚の培養の一連の技術は過去30年間に大きな進歩をみせてきた．これらの技術は基本的な卵子の成熟，受精の機構解明あるいは着床前胚の発生の解析等に大きく寄与してきたことはいうまでもない．今後，これらの技術はARTを含めて，さらに発生学，生殖生理学的な機構の解明はもちろんのこと，生物生産，不妊治療などの応用面で大きな貢献が可能であると考えられる．

参考文献

1) Tervit, H. R., Whittingham, D. G. and Rowson, L. E. A.: Successful culture in vitro of sheep and cattle ova. J. Reprod. Fertil., 30: 493-497 (1972).
2) Toyoda, Y., Yokoyama, M. and Hoshi, T.: Studies on the fertilization of mouse eggs *in vitro*. Jpn. J. Anim. Reprod., 16: 147-157 (1971).
3) Chatot, C. L., Ziomek, C. A. and Barister, B. D.: An improved culture medium supports development of randam-bred 1-cell mouse embryos *in vitro*. J. Reprod. Fertil., 86: 679-688 (1989).
4) Bavister, B. D.: Culture of preimplantation embryos: facts and artifacts. Human Reprod.Update., 1: 91-148 (1995).

5) Kimura,Y. and Yangimachi, R.: Intracutoplasmic sperm injection in the mouse. Biol. Reprod., 52: 709-720 (1995).

6) Tokieda, Y. and Sato, K.: Development of rabbit oocytes injected with round spermatids. Jpn. J. Fertil. Implant., 15: 150-152 (1998).

7) Niwa, K., Ohara, K., Hoshi, Y. and Iritani, A. Early events of *in-vitro* fertilization of cat eggs by epididymal spermatozoa. J. Reprod. Fertil., 74: 657-660 (1985).

5.2 ウサギ*

はじめに

ウサギは中型の実験動物であり，卵巣，子宮などが扱いやすい大きさをしている．このため，ウサギは古くから家畜繁殖学および発生工学の実験で使用されており，卵子の体外成熟，体外受精，体外培養については1930年代から検討されてきた．しかし，未成熟卵子の体外成熟・体外受精・体外培養法は，1990年代になっても完全に確立されていない．その背景には実験動物として販売されているウサギが高価になり，多数の動物を使いにくいことがあると思われる．本稿では，われわれの研究室で実施した体外成熟・体外受精・体外培養法について紹介する．

体外成熟・体外受精・体外培養法確立の概略

ウサギの未成熟卵子が体外で減数分裂を再開することは，1930年代から知られていた[11]．また，ウサギは体外受精がはじめて成功した動物種であり[15]，1959年に排卵卵子を子宮から回収した精子で体外受精して産子が得られている[6]．それにも関わらず，卵子の体外成熟・体外受精・体外培養法がマウスのように確立されなかった理由としては，簡単に採取できる射出精子の受精能獲得が困難であったことが挙げられる．射出精子による産子の作出は，BrackettとOliphant[4]がはじめて報告している．同氏らは射出精子を限定培地（DMまたはBO液と呼ばれている）または浸透圧を上げた限定培地（HIS）で15分間インキュベートし，排卵卵子で40〜50%の受精率を得ている．この方法は精巣上体精子にも適応できるため[5]，現在でも受精能獲得法の基礎となっている．しかし，この方法は雄による個体差が大きいため[1,4]，BO液のインキュベーション時間を精巣上体精子で10〜10.5時間[8]，射出精子で4.5時間[21]に延長する方法が検討されている．この方法で処理した精子は表面に付着した精漿の抗原性物質が除去または変化したと考えられているが[4]，HISで処理した精子は原形質膜の損傷によって非生理的な先体反応を起こしたとする意見もある[7]．また，BO液で長時間インキュベートした精巣上体精子[8]および射出精子[10]は個体差もあるが，生存性の低下が避けられない．近年，血小板活性化因子（PAF）を用いた受精能獲得法が開発され，PAFを添加したBO液で15分間処理した射出精子は排卵卵子においてHISに匹敵する受精率を示すことが報告されている[13,14]．

一方，卵胞から回収した卵子の体外受精についてみると，産子作出の報告は排卵直前の卵胞か

---

* 亀山　祐一・石島　芳郎

ら回収したほぼ成熟の完了した卵子を子宮から回収した精子で体外受精したものに限られている[2,3,18]．ウサギの未成熟卵子は体外で培養すると，容易に成熟第2分裂中期に移行する．しかし，排卵誘起処理後5時間以内に採取して体外で成熟を完了させた卵子は，正常な雄性前核を形成しないことが指摘されてきた[16]．未成熟卵子の完全な成熟には核の成熟だけでなく，細胞質の成熟が必要とされている[17]．体外成熟卵の発生能獲得には，成熟培地へのホルモン添加が有効である．FSH，LH，E2およびPRLを添加したBO液で成熟培養した未成熟卵子は，BO液で10時間インキュベートした精巣上体精子を用いて体外受精すれば，50％以上が桑実胚または胚盤胞に発生することが報告されている[21]．

実験法
a) 準 備
1．器具・機械
炭酸ガス培養器，クリーンベンチ，実体顕微鏡，位相差顕微鏡，加温板，ウォーターバス，遠心機，オートクレーブ，冷蔵庫，冷凍庫，マイクロピペット，ポリスチレン製器具類（培養皿や試験管等），ガラス製器具類（時計皿，ビーカー，メスシリンダーなど），注射筒，注射針，ろ過滅菌用フィルター，解剖器具，ろ紙，バット，人工膣，血球計算盤，カウンター．

2．薬 品
表2.5および2.6に示される試薬，ミネラルオイル，PAF．

b) 方 法
塩類溶液および培地を調整するためのストック液の作製法を表2.5に示した．⑩，⑪以外のストック液は冷蔵保存する．⑥，⑧および⑫は1週間ごと，①〜⑤，⑦および⑨は1カ月ごとに作り替える．凍結保存の⑩と⑪は1年間使用できる．塩類溶液および培地は表2.6の順番でストック液および粉末の試薬を加えて調整し，ろ過滅菌する．調整した塩類溶液および培地は冷蔵保存し，1カ月以内に使用する．以下，各段階ごとに操作法を示す．

体外成熟
1. 35 mmの培養ディッシュに1 mlのBO液を分注し，BO液の表面が露出しないようにミネラルオイルで覆う．BO液のディッシュは2枚を洗浄用，残りを培養用として使用する．作製したディッシュと100 ml程度のBO液を炭酸ガス培養器内に一晩放置し，

表2.5 ストック液の作製法

No.	ストック液	調整法
①	NaCl	9.0 g/1000 ml 純水
②	KCl	1.148 g/100 ml 純水
③	$CaCl_2・2H_2O$	1.617 g/100 ml 純水
④	KH_2PO_4	2.096 g/100 ml 純水
⑤	$MgSO_4・7H_2O$	3.796 g/100 ml 純水
⑥	$NaHCO_3$	2.588 g/200 ml 純水
⑦	乳酸ナトリウム（60％シロップ）	2.876 g/100 ml 純水
⑧	ピルビン酸ナトリウム	0.034 g/200 ml ①液
⑨	HEPES[1]	3.67 g/100 ml 純水
⑩	ペニシリン[2]	1万単位/1 ml ①液
⑪	ストレプトマイシン[3]	5 mg力価/1 ml ①液
⑫	フェノールレッド	0.013 g/10 ml ⑥液

1) 100 mlのビーカーに0.2モルのNaOH 31 ml，純水40 ml，所定量のHEPESを入れて溶解する．0.2モルのNaOHでpHを7.3に調整し，とも洗いしながらメスアップ．
2) 10万単位のバイアル（明治製菓）を10 mlの①液で溶かし，1.2 mlずつセラムチューブに分注して凍結保存．
3) 1 g力価のバイアル（明治製菓）を2 mlの①液で溶かし，その0.5 mlを①液で100倍希釈する．1.2 mlずつセラムチューブに分注して凍結保存．

表 2.6　ストック液による塩類溶液および培地の調整

No.	ストック液もしくは試薬	M2液	BO液	M16液
	純水	0.98 ml	1.24 ml	1.02 ml
①	NaCl	39.58 ml	74.65 ml	39.51 ml
②	KCl	3.23 ml	31.2 mg	3.23 ml
③	$CaCl_2 \cdot 2H_2O$	1.62 ml	2.12 ml	1.62 ml
④	KH_2PO_4	0.80 ml		0.80 ml
⑤	$MgSO_4 \cdot 7H_2O$	0.80 ml		0.80 ml
	$NaH_2PO_4 \cdot H_2O$		11.8 mg	
	$MgCl_2 \cdot 6H_2O$		11.0 mg	
⑥	$NaHCO_3$	1.90 ml	24.15 ml	16.13 ml
⑦	乳酸ナトリウム	15.74 ml		15.72 ml
⑧	ピルビン酸ナトリウム	22.29 ml		22.29 ml
⑨	HEPES	14.18 ml		
	グルコース	104 mg		104 mg
⑩	ペニシリン	1.04 ml	1.04 ml	1.04 ml
⑪	ストレプトマイシン	1.04 ml	0.80 ml	1.04 ml
⑫	フェノールレッド	0.80 ml		0.80 ml
	BSA	416 mg	312 mg	
	合計の液量	104 ml	104 ml	104 ml

* mg 表示の部分は粉末の試薬を秤量して使用する．出典は M2 液が Quinn ら（1982），BO 液が Brackett と Oliphant（1975），M16 液が Whittingham（1971）である．M16 液は原法の BSA（416 mg）に替え，10％の FCS を用時に添加している．

　　温度と気相を平衡しておく．
2. M2液を用い，未成熟卵子を採取する（未成熟卵子，排卵卵子，受精卵の採取法の項参照）．
3. 卵丘細胞が厚く緊密に付着し，均一な細胞質を有する卵子を実体顕微鏡下で選抜する．
4. 選抜した卵丘細胞-卵子複合体を時計皿に入れた 1 ml の M2 液で 2 回，洗浄用の BO 液ディッシュで 2 回洗浄し，培養用の BO 液ディッシュに 20〜30 個ずつ入れる．
5. 培養用のディッシュを炭酸ガス培養器に戻し，37 ℃，5 ％ CO_2／95 ％ 空気の条件で 10 時間培養する．

体外受精
PAF 液の作製
1. 7 ml のクロロホルムに 28 ml のメタノールを加え，1：4 の混合液を作製する．
2. 1 mg の PAF（1-O-Octadecyl-2-O-acetyl-sn-glycero-3-phosphocholine，当研究室では BA-CHEM 社の O-1355 を使用）を取り，2 ml のクロロホルム／エタノール混合液で溶かす．
3. その 30 μl を 30 ml のクロロホルム／エタノール混合液で希釈し，1×10^{-6} M の PAF 液を作製する．
4. 作製した溶液を密栓し，−20 ℃ で保存する．

操　作
1. シリコンコーティングした 10 ml のガラス試験管に 1 ml の PAF 液を入れ，窒素ガスで溶媒を完全に蒸発させる．この操作は精液採取の直前に行う．処理の終了した試験管は密栓し，用時まで冷蔵保存する．

2. 人工膣[9]を用い，2頭の雄から射出精液を採取する．
3. 採取した精液の性状を検査し，90％以上の精子が活発な前進運動をしていることを確認する．
4. 15 mlの試験管に2頭分の精液を入れ，平衡しておいた10 mlのBO液を加えて静かに混和する．
5. 遠心分離（350 g×5分）後に上清を除去し，10 mlのBO液を加えて静かに混和する．
6. 再度遠心分離をしている間に，PAF/BO液を調整する．PAF/BO液は冷蔵保存しておいた試験管に10 mlのBO液を加え，静かに混和して調整する．PAFの最終濃度は10^{-7}Mとなる．
7. 上清を除去した後にPAF/BO液を全量加え，静かに混和する．
8. 炭酸ガス培養器に試験管を入れ，15分間インキュベートする．
9. 遠心分離後に上清を除去し，10 mlのBO液を用いて遠心分離で2回洗浄する．
10. 約1 mlを残して上清を除去し，精子濃度を算定する．精子濃度は精子懸濁液の一部を3％NaClで希釈して算出する．
11. 精子懸濁液を$1.0×10^6$ cell/mlとなるようBO液で希釈し，1 mlずつ35 mmディッシュに分注してミネラルオイルで覆っておく．
12. 10時間成熟培養した卵子をBO液で2回洗浄し，20～30個ずつ精子懸濁液の入ったディッシュに移す．
13. ディッシュを炭酸ガス培養器に入れ，8時間媒精する．

体外培養

1. 体外成熟のための培養ディッシュを作製する際に，体外培養のための培養ディッシュも作製する．9 mlのM 16液に1 mlのFCSを加え，M 16＋10％FCSを作製する．M 16＋10％FCSと35 mm培養ディッシュを用い，洗浄用のディッシュ（2 mlをミネラルオイルで覆ったもの，3枚）と微小滴培養用のディッシュ（100 μl×4スポット，1枚）を作製する．作製したディッシュは炭酸ガス培養器内に放置し，温度と気相を平衡しておく
2. 媒精の終了した卵子をM 16＋10％FCSの洗浄用ディッシュに移し，ピペッティングを繰り返して透明帯に付着した精子を取り除く．
3. 卵子をM 16＋10％FCSでさらに2回洗浄し，M 16＋10％FCSの小滴（100 μl）に20～30個ずつ入れて微小滴培養する．培養1日目で2～4細胞期胚，2日目で4～8細胞期胚，3日目で8細胞期胚～桑実胚が観察される．

b）具体的例

　回収直後の未成熟卵子は退行卵を除けば卵核胞期（図2.27）であった．本稿に示した方法を用いて体外成熟した卵子を培養10時間に固定・染色した結果，65％が第2成熟分裂中期（図2.28）に移行していた．また，媒精8時間に固定・染色標本を作製したところ，72％で卵細胞質への精子侵入が認められた．精子侵入卵の90％以上は単精子侵入であった．体外受精後の卵子は，培養48時間までに76％が2細胞期（図2.29）に発育した．さらに培養を継続すると，15％が8細胞期胚（図2.30），2％が桑実胚に発生した．成熟培地にFSH，LH，E 2およびPRLを添加すれば，発生率は向上すると思われる．

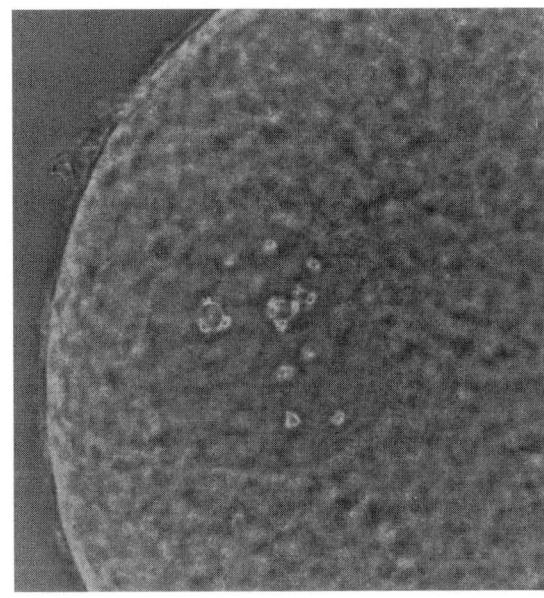

図2.27 体外成熟前に固定・染色したウサギの未成熟卵子（卵核胞期）

図2.28 体外成熟後に固定・染色したウサギの未成熟卵子（成熟第2分裂中期）

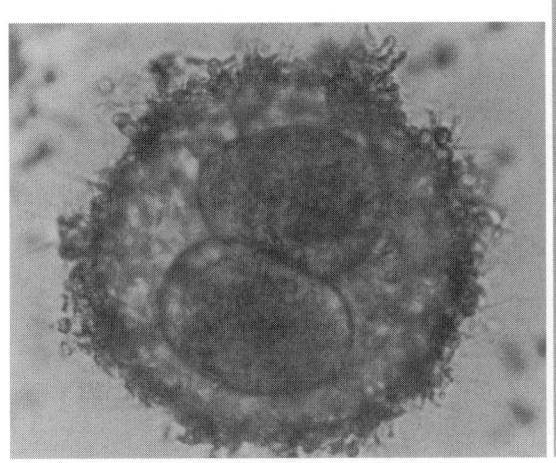

図2.29 体外成熟・体外受精に由来するウサギの2細胞期胚

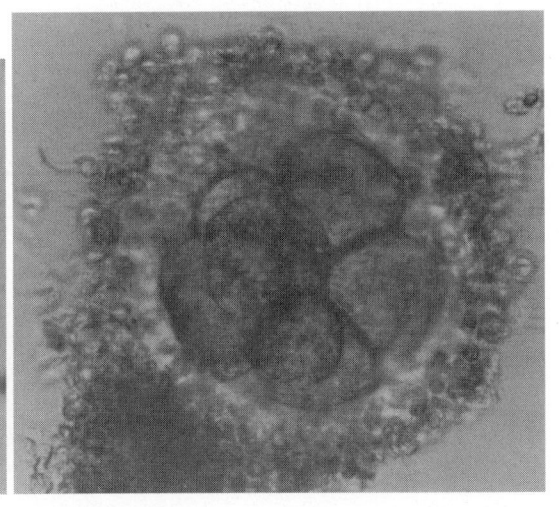

図2.30 体外成熟・体外受精に由来するウサギの8細胞期胚

おわりに

　ウサギ卵子の体外成熟および体外受精は1970～1980年代にかけてさかんに研究されていたが，1990年代になるとあまり報告がみられない．今回，この章を書くにあたってはMEDLINEなどで文献検索を行ったが，体外成熟卵を射出精子で体外受精し，培養して得られた胚盤胞を移植して産子を作出した報告はみつけることができなかった．哺乳動物の体外成熟・体外受精・体外培養における普遍的な知見を得るためには，多くの動物種でその方法を開発することが必要である．そのためにも過去の報告を統合して最良の方法を見いだし，ウサギ卵子の体外成熟・体外受精・体

外培養を確立することが必要と思われる.

参考文献

1) Akruk, S. R., Humphreys, W. J. and Williams, W. L.: In vitro capacitation of ejaculated rabbit spermatozoa. Differentiation, 13: 125-131 (1979).
2) Al-Hasani, S., Trotnow, S., Sadtler, C. and Hahn, J.: In vitro fertilization and embryo transfer of pre-ovulatory rabbit oocytes. Eur. J. Obstet. Gynecol. Reprod. Biol., 21: 187-195 (1986).
3) Brackett, B. G., Mills, J. A. and Jeitles, G. G.: In vitro fertilization of rabbit ova recovered from ovarian follicles. Fertil. Steril., 23: 898-909 (1972).
4) Brackett, B. G. and OliPhant, G.: Capacitation of rabbit spermatozoa in vitro. Biol. Reprod., 12: 260-274 (1975).
5) Brackett, B. G., Hall, J. L. and Oh, Y. K.: In vitro fertilizing ability of testicular, epididymal, and ejaculated rabbit spermatozoa. Fertil. Steril., 29: 571-582 (1978).
6) Chang, M. C.: Fertilization of rabbit ova in vitro. Nature, 184: 466-467 (1959).
7) Fukuda, A., Roudebush, W. E. and Thatcher, S. S.: Platelet activating factor enhances the acrosome reaction, fertilization in vitro by subzonal sperm injection and resulting embryonic development in the rabbit. Hum. Reprod., 9: 94-99 (1994).
8) Hosoi, Y., Niwa, K., Hatanaka, S. and Iritani, A.: Fertilization in vitro of rabbit eggs by epididymal spermatozoa capacitated in a chemically defined medium. Biol. Reprod., 24: 637-642 (1981).
9) 亀山祐一・石島芳郎: 人工膣で採取したウサギ精液の一般性状. 畜産の研究, 43: 71-73 (1989).
10) 亀山祐一・石島芳郎: 射出精子によるウサギ卵胞卵の体外受精. 哺乳卵研誌, 6: 95-107 (1989).
11) Pincus, G. and Enzmann, E. V.: The comparative behavior of mammalian eggs in vivo and in vitro. Ⅰ. The activation of ovarian eggs. J. Exp. Med., 62: 665-675 (1935).
12) Quinn, P., Barros, C. and Whittingham, D. G.: Preservation of hamster oocytes to assay the fertilizing capacity of human spermatozoa. J. Reprod. Fert., 66: 161-168 (1982).
13) Roudebush, W. E., Minhas, B. S., Ricker, D. D., Palmer, T. V. and Dodson, M. G.: Platelet activating factor enhances in vitro fertilization of rabbit oocytes. Am. J. Obstet. Gynecol., 163: 1670-1673 (1990).
14) Roudebush, W. E., Fukuda, A. I. and Minhas, B. S.: Enhanced embryo development of rabbit oocytes fertilized in vitro with platelet activating factor (PAF)-treated spermatozoa. J. Assisted Reprod. Genet., 10: 91-94 (1993).
15) Thibault, C., Dauzier, L. and Wintenberger, S.: Etude cytologique de la fecondation in vitro de l'oeuf de la lapine. C. R. Soc. Biol., Paris, 148: 789-790 (1954).
16) Thibault, C. and Gérard, M.: Cytoplasmic and nuclear maturation of rabbit oocytes in vitro. Annals. Biol. anim. Biochim. Biophys., 13: 145-156 (1973).
17) Thibault, C.: Are follicular maturation and oocyte maturation independent processes? J. Reprod. Fert., 51: 1-15 (1977).
18) Trotnow, S., Al-Hasani, S. and Sadtler, C.: Experience with in vitro fertilization of follicular rabbit

oocytes and embryo transfer. Arch. Gynecol., 231: 41-50 (1981).
19) Whittingham, D. G.: Culture of mouse ova. J. Reprod. Fert., 14 (Suppl.): 7-21 (1971).
20) Yang, X., Chen, J., Chen, Y. Q. and Foote, R. H.: Improved developmental potential of rabbit oocytes fertilized by sperm microinjection into the perivitelline space enlarged by hypertonic media. J. Exp. Zool., 255: 114-119 (1990).
21) Yoshimura, Y., Hosoi, Y., Iritani, A., Nakamura, Y., Atlas, S. J. and Wallach, E. E.: Developmental potential of rabbit oocyte matured in vitro: the possible contribution of prolactin. Biol. Reprod., 40: 26-33 (1989).

5.3 ブ タ*

はじめに

ブタはウシと並んで重要な食用家畜のひとつであるが，ブタ卵子の体外成熟・体外受精・体外培養法の確立は，ウシと比較してかなり遅れている．その背景には，ブタがウシと異なって多胎動物であり，特別の人為的操作をしなくても容易に増産し得るということがあると思われる．しかしながら，ブタ卵子における成熟・受精・発生の分子機構や精子における受精能獲得の分子機構の解明等を目的とする基礎的研究においては，体外成熟・体外受精・体外培養法の確立は不可欠である．また，近年，臓器移植における代替臓器の提供やヒト遺伝子の高次機能解析に貢献し得ることから，培養細胞の核移植によりクローンブタを作出する方法の確立が強く望まれているが，そのような発生工学的研究においても，卵子の体外成熟・体外受精・体外培養法は基盤技術として重要である．本稿では，われわれの研究室で行っているブタ卵子の体外成熟・体外受精・体外培養法について紹介する．

体外成熟・体外受精・体外培養法確立の概略

ブタでは卵巣のグラーフ卵胞から採取した卵母細胞（未成熟卵子）を体外で培養することにより高率に第二減数分裂中期にまで成熟させ得ることが知られている[1]．しかしながら，そのような成熟卵子を体外受精・体外培養して胚盤胞を作出することは困難であった．その主な理由として，体外受精では多精子受精および雄性前核形成不全の頻発により正常受精卵がほとんど得られないことと，ブタ胚の体外発生は4-細胞期において阻害されることが挙げられる．当初は，授精前に精子を卵管上皮細胞と共培養したり[2]，卵胞液を添加した培地中で前培養する[3]ことによって多精子受精を防ぐ試みがなされてきたが，現在では，トリス緩衝液を受精培地として用いることにより高い単精子侵入率が得られるようになった[4]．雄性前核形成不全は体外成熟卵における細胞質成熟が不完全なために生じると考えられ，成熟培養条件の改善が行われてきた．その結果，卵胞液[5]およびシステイン[6]の添加やホルモン添加時期の限定[7]により雄性前核形成率の増加することが明らかにされた．このように，成熟培養条件は成熟卵子の受精能力に大きな影響を及ぼすが，最近，

---

* 三好 和睦・佐藤 英明

受精後の胚発生も成熟条件の影響を受けることが示されている[8]．一方，4-細胞期における発生阻害を解除するために発生におよぼす種々の要因の影響が検討された結果，乳酸およびピルビン酸は不必要であり[9]，グルコース，グルタミン[9]，タウリンおよびハイポタウリン[10]の存在の重要であることが示された．これらの結果を基に開発されたNCSU-23[11]は受精卵の培養に適しているばかりでなく，成熟用の基礎培地としても有効であることが明らかにされている[8]．以上のような研究成果から，現在では体外成熟卵の10～20％を体外受精・体外培養を経て胚盤胞にまで発生させ得るようになっている[12]．

実験法
a）準　備
1．器具・機械

炭酸ガスインキュベーター，クリーンベンチ，実体顕微鏡，倒立顕微鏡，加温板，ウォーターバス，遠心機，オートクレーブ，冷蔵庫，冷凍庫，マイクロピペット，ポリスチレン製器具類（培養皿や試験管等），ガラス製器具類（ビーカーやメスシリンダー等），注射筒，注射針，ろ過滅菌用フィルター，卵巣輸送用保温ジャー

2．薬　品

表2.7に示す培地の作製に必要な試薬，ヒアルロニダーゼ，流動パラフィン，リン酸緩衝液（PBS），生理食塩水

表2.7　各培地の組成

成分	濃度 (mM)				
	成熟培地 (NCSU-23)		受精培地 (TU-培地)	発生培地 (NCSU-23)	
	ホルモン (+)	ホルモン (−)		FCS (−)	FCS (+)
NaCl	108.73	108.73	113.1	108.73	108.73
KCl	4.78	4.78	3.0	4.78	4.78
$CaCl_2 \cdot 2H_2O$	1.70	1.70	10.0	1.70	1.70
KH_2PO_4	1.19	1.19		1.19	1.19
$MgSO_4 \cdot 7H_2O$	1.19	1.19		1.19	1.19
$NaHCO_3$	25.07	25.07	25.07	25.07	25.07
Glucose	5.55	5.55	11.0	5.55	5.55
Na-pyruvate			5.0		
Glutamine	1.0	1.0		1.0	1.0
Taurine	7.0	7.0		7.0	7.0
Hypotaurine	5.0	5.0		5.0	5.0
Cysteine	0.57	0.57			
PMSG (IU/ml)	10				
hCG (IU/ml)	10				
Caffein-benzoate			2.0		
pFF[a] (%, v/v)	10	10			
BSA[b] (mg/ml)			1	4	
FCS[c] (%, v/v)					10

[a] ブタ卵胞液，[b] ウシ血清アルブミン（脂肪酸除去），[c] ウシ胎仔血清

5. 卵子の体外成熟・体外受精・体外培養法 　　　　　　　　　　　　　　(181)

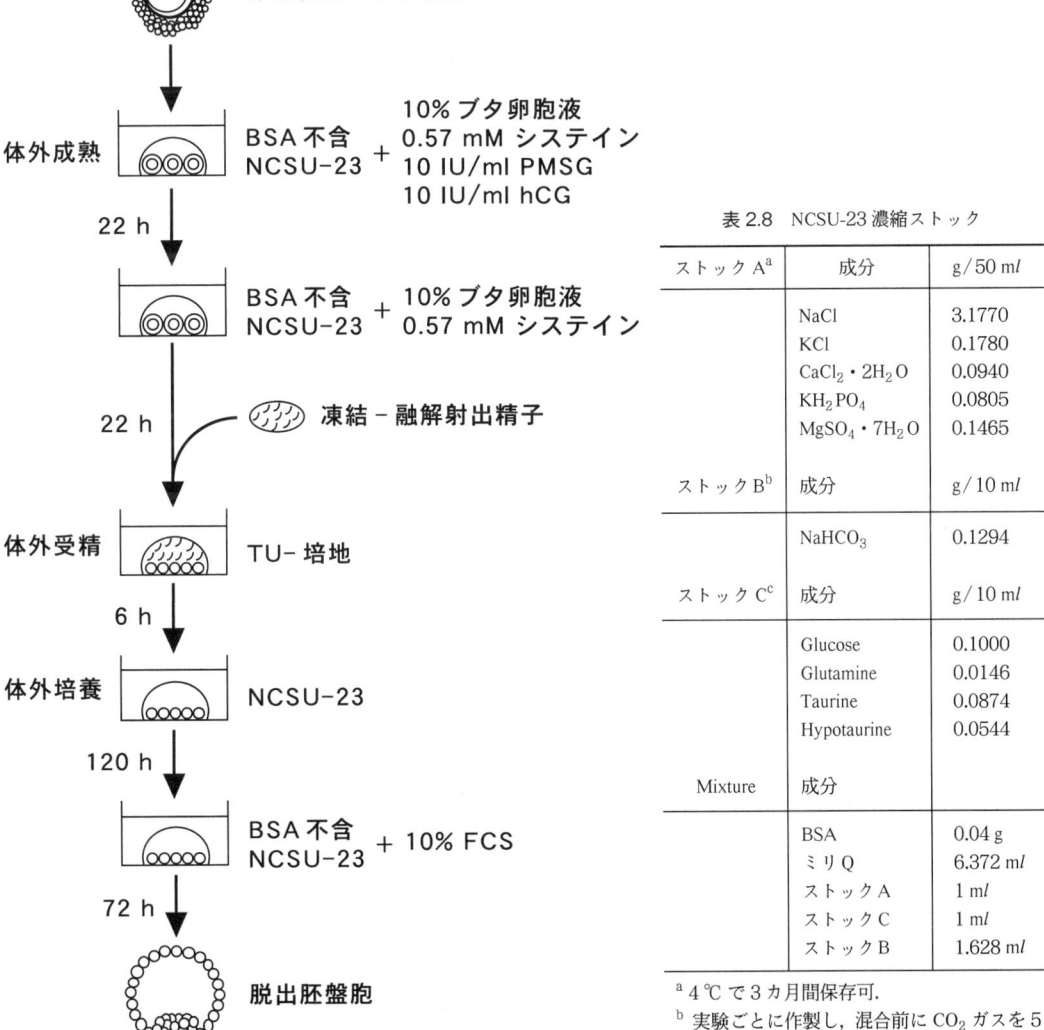

図 2.31 ブタ卵子の体外成熟・体外受精・体外培養法

表 2.8 NCSU-23 濃縮ストック

	成分	g/50 ml
ストック A[a]		
	NaCl	3.1770
	KCl	0.1780
	$CaCl_2 \cdot 2H_2O$	0.0940
	KH_2PO_4	0.0805
	$MgSO_4 \cdot 7H_2O$	0.1465
ストック B[b]	成分	g/10 ml
	$NaHCO_3$	0.1294
ストック C[c]	成分	g/10 ml
	Glucose	0.1000
	Glutamine	0.0146
	Taurine	0.0874
	Hypotaurine	0.0544
Mixture	成分	
	BSA	0.04 g
	ミリQ	6.372 ml
	ストック A	1 ml
	ストック C	1 ml
	ストック B	1.628 ml

[a] 4℃で3カ月間保存可.
[b] 実験ごとに作製し，混合前に CO_2 ガスを5分間通気してpHを下げる.
[c] 1.1 ml ずつ分注して−20℃で保存.

b) 方　法

操作の概略を図 2.31 に，用いる培地の組成を表 2.7 に示した．以下，各段階ごとに培地の作製法および操作法を示す．

体外成熟

培地の作製

1) システイン溶液

　1. 0.01 g のシステインを 1 ml のミリQに溶解する．実験ごとに作製する．

2) ホルモン溶液

　1. 1000 IU の PMSG および 1000 IU の hCG を 1 ml のミリQに溶解する．

2. 60 μl ずつ分注して −20 ℃ で保存する．

3) 卵子洗浄液
1. 50 ml 試験管に 0.03 g の脂肪酸除去 BSA を入れ，30 ml の PBS を加えて溶解する．
2. ろ過滅菌後，35 mm 培養皿に 2 ml ずつ分注してインキュベーター内に静置する．残った卵子洗浄液もふたを閉めてインキュベーターに入れ，温度を平衡させる．

4) 成熟培地
1. 表 2.8 に従って，ストック A, ストック B およびストック C を作製する．Mixture に示された BSA 以外の成分を混合することにより，10 ml の BSA 不含 NCSU-23 を作製する．
2. 9 ml の BSA 不含 NCSU-23 に，1 ml のブタ卵胞液および 100 μl のシステイン溶液を加える．これをホルモン（−）培地とする．
3. 5 ml のホルモン（−）培地を取り，50 μl のホルモン溶液を加える．これをホルモン（＋）培地とする．
4. ホルモン（＋）培地，ホルモン（−）培地ともに，ろ過滅菌して 35 mm 培養皿に 100 μl（培養皿あたり 3 ドロップ）および 500 μl（培養皿あたり 1 ドロップ）ずつ分注し，流動パラフィンで覆う．
5. インキュベーター内に一晩静置し，温度と気相を平衡させる．

操　作
1. 食肉処理場で採取したブタ卵巣を 33～38 ℃ に保温して研究室に持ち帰る．
2. 卵巣を滅菌生理食塩水で洗浄した後，同液に浸積して 38 ℃ のウォーターバス中で保温する．
3. 10 ml ディスポ注射筒に接続した 18 G 注射針を用いて，卵巣表面の 2～5 mm の卵胞から内容物を吸引する．得られた内容物はウォーターバス中で保温した試験管に集める．
4. 卵胞内容物の上清を除去し，底の沈殿物を 60 mm 培養皿に移す．
5. 3～5 ml の卵子洗浄液を加え，培養皿を静かに揺すって洗浄した後に，沈殿物を吸引しないように注意しながら上清を除去する．これを 2 回繰り返す．洗浄後，沈殿物を 5 ml の卵子洗浄液に懸濁する．
6. 実体顕微鏡下で，3 層以上の卵丘細胞に覆われた均一な細胞質を有する卵子を選出し，2 ml の卵子洗浄液を入れた培養皿に移す．
7. 選出した卵丘細胞-卵子複合体を 100 μl のホルモン（＋）培地で 3 回洗浄した後に，500 μl の同培地に 50～60 個ずつ移し，38.5 ℃，5 % CO_2/95

表 2.9 TU-培地濃縮ストック

	成分	g/50 ml
ストック A[a]	NaCl	3.3046
	KCl	0.1116
ストック B[b]	成分	g/10 ml
	$NaHCO_3$	0.1294
ストック C[a]	成分	g/10 ml
	$CaCl_2 \cdot 2H_2O$	0.294
Mixture	成分	
	BSA	0.02 g
	Glucose	0.0396 g
	Na-pyruvate	0.011 g
	Caffein-benzoate	0.0156 g
	ミリ Q	14.744 ml
	ストック A	2 ml
	ストック B	3.256 ml

[a] 4 ℃ で 3 カ月間保存可．
[b] 実験ごとに作製し，混合前に CO_2 ガスを 5 分間通気して pH を下げる．

％空気の条件下で培養する．
8. 22時間培養後，卵丘細胞-卵子複合体を100 μl のホルモン（－）培地で3回洗浄し，500 μl の同培地に移してさらに22時間培養を継続する．

体外受精

培地の作製
1）ヒアルロニダーゼ溶液
　1. 0.08 g のヒアルロニダーゼを 4 ml の PBS に溶解する．
　2. ろ過滅菌後，150 μl ずつ分注して －20 ℃ で保存する．
2）精子洗浄液
　1. 50 ml 試験管に 0.03 g の脂肪酸除去 BSA を入れ，30 ml の PBS を加えて溶解する．
　2. ろ過滅菌後，3本の 15 ml 試験管に均等に分注し，ふたを閉めてインキュベーターに入れ，温度を平衡させる．
3）受精培地
　1. 表 2.9 に従って，ストック A，ストック B およびストック C を作製する．
　2. 2 ml 試験管にろ過滅菌したストック C を 1 ml 取る．Mixture に従い，$CaCl_2$ 不含 TU-培地 20 ml を作製する．ろ過滅菌後，15 ml 試験管に 10 ml を取り，ストック C を 0.5 ml 加える．ふたをゆるめてインキュベーターに入れ，温度と気相を平衡させる．残ったストック C もふたを閉めてインキュベーターに入れておく．
　3. 残った $CaCl_2$ 不含 TU-培地を 35 mm 培養皿に 100 μl ずつ分注し（培養皿あたり3ドロップ），流動パラフィンで覆う．
　4. 一晩インキュベーター内で平衡した後に，各ドロップにストック C を 5 μl ずつ加える．

操　作
1. 卵丘細胞-卵子複合体の入ったホルモン (－) 培地 (500 μl) に，ヒアルロニダーゼ溶液を 25 μl ずつ加えて混合する．
2. 各卵子が単一化されたら受精培地に移し，ピペッティングにより卵子から卵丘細胞を除去する．
3. 卵子を受精培地で3回洗浄後，同培地のドロップ (100 μl) 中に 30〜40 個ずつ移し，授精までインキュベーター内に静置する．
4. 精子洗浄液1本を取り出し，15 ml 試験管に約 2 ml 移す．液体窒素中に保存した精子ペレットを直接この中に入れることにより融解する．残りの精子洗浄液を加え，パスツールピペットでゆっくりと混合した後，遠心 (1,500 g×5分) する．
5. 上清を除去し，2本目の精子洗浄液を加えて混合し，遠心する．この過程を再度繰り返し，合計3回の遠心洗浄を行う．
6. 精子を 1 ml の受精培地に再懸濁し，精子濃度を測定する．
7. 卵子の入った受精培地に，最適濃度となるように精子懸濁液を加える．最適濃度は用いる精子によって異なるので，予備実験を行って決定しなければならない．われわれが用いている精子の最適濃度は 7.5×10^6 cells/ml であるが，この場合，精子懸濁液の濃度が $\square \times 10^6$ cells

/ml であれば，$750 \div (\square - 7.5)\,\mu l$ を加える．

8. インキュベーターに静置し，38.5 ℃，5 % CO_2/95 % 空気の条件下で6時間培養を継続する．

体外培養

培地の作製

1) 発生培地

1. 表2.8に従って，ストックA，ストックBおよびストックCを作製する．Mixtureに従って，10 ml の NCSU-23 を作製する．これを FCS（−）培地とする．また，Mixtureに示された BSA以外の成分を混合することにより，10 ml の BSA不含 NCSU-23 を作製する．
2. 9 ml の BSA不含 NCSU-23 を取り，1 ml の FCS を加える．これを FCS（＋）培地とする．
3. FCS（＋）培地，FCS（−）培地ともに，ろ過滅菌して35 mm培養皿に$100\,\mu l$（培養皿あたり3ドロップ）ずつ分注し，流動パラフィンで覆う．
4. インキュベーター内に一晩静置し，温度と気相を平衡させる．

操　作

1. 受精培地から FCS（−）培地に卵子を移し，ピペッティングにより透明帯に接着した精子をできるだけ取り除く．
2. 卵子を FCS（−）培地で3回洗浄後，同培地のドロップ（$100\,\mu l$）中に20〜30個ずつ移し，38.5 ℃，5 % CO_2/95 % 空気の条件下で120時間培養する．
3. 120時間培養後，卵子を$100\,\mu l$の FCS（＋）培地で3回洗浄し，同培地のドロップ（$100\,\mu l$）中に移してさらに72時間培養を継続する．

c）具体的例

本稿に示した方法を用いて体外成熟・体外受精した卵子を授精12時間後に固定・染色した結果，44 % において卵細胞質への精子侵入が認められた．侵入卵の79 % は単精子侵入であり，90 % において雌雄両前核の形成が観察された．単精子侵入後に雌雄両前核が形成された正常受精卵の割合は69 % であった．同じ精子をトリス緩衝液を用いて授精した場合には，精子侵入卵はほとんど得られなかった（私信）．われわれが用いているTU-培地は，トリス緩衝液中のトリスを $NaHCO_3$ に置き換えたものであるが，用いる精子によってはトリス緩衝液よりも有効であることが示唆された．体外受精後の卵子を培養した結果，48時間後に40 % が分割し，144時間後に15 % が胚盤胞にまで発生した．培養192時間後には胚盤胞の35 % が透明帯から完全に脱出した．

おわりに

現時点では，ブタにおいて体外成熟・体外受精・体外培養により作出した胚盤胞の移植による産仔の生産には成功していない．体内受精および体外受精により作出した胚をそれぞれ胚盤胞にまで体外培養した後に移植した結果，体内受精胚からは産仔が得られたのに対し，体外受精胚を移植した場合には妊娠の成立さえも観察されなかった[13]．しかし一方では，体外成熟・体外受精により作出した胚も，2-細胞期の段階で移植することにより産仔にまで発生し得ることが明らかにされている[14]．これらの結果は，体外成熟・体外受精・体外培養のいずれの段階においても，技術が不完全であるために胚の生存性が損なわれていることを示唆するものと思われる．体外成熟・

体外受精あるいは体外培養のいずれか一方を使用した場合には生存性の低下が比較的小さいので産仔へ発生し得るが，その両方を使用した場合には生存性が著しく損なわれて発生しなくなるのだろう．よって，体外成熟・体外受精・体外培養のすべての段階において，最適条件のさらなる検討が必要と考えられる．

参考文献

1) Niwa, K.: Effectiveness of *in vitro* maturation and *in vitro* fertilization techniques in pigs. J. Reprod. Fertil. Suppl., 48: 49-59 (1993).

2) Nagai, T. and Moor, R. M.: Effect of oviduct cells on the incidence of polyspermy in pig eggs fertilized *in vitro*. Mol. Reprod. Dev., 26: 377-382 (1990).

3) Funahashi, H. and Day, B. N.: Effects of follicular fluid at fertilization *in vitro* on sperm penetration in pig oocytes. J. Reprod. Fertil., 99: 97-103 (1993).

4) Abeydeera, L. R. and Day, B. N.: Fertilization and subsequent development *in vitro* of pig oocytes inseminated in a modified Tris-buffered medium with frozen-thawed ejaculated spermatozoa. Biol. Reprod., 57: 729-734 (1997).

5) Funahashi, H. and Day, B. N.: Effects of different serum supplement in maturation medium on meiotic and cytoplasmic maturation of pig oocytes. Theriogenology, 39: 965-973 (1993).

6) Yoshida, M., Ishigaki, K., Nagai, T., Chikyu, M. and Pursel, V. G.: Glutathione concentration during maturation and after fertilization in pig oocytes: relevance to the ability of oocytes to form male pronucleus. Biol. Reprod., 49: 89-94 (1993).

7) Funahashi, H. and Day, B. N.: Effects of the duration of exposure to supplemental hormones on cytoplasmic maturation of pig oocytes *in vitro*. J. Reprod. Fertil., 98: 179-185 (1993).

8) Wang, W. H., Abeydeera, L. R., Cantley, T. C. and Day, B. N.: Effects of oocyte maturation media on development of pig embryos produced by *in vitro* fertilization. J. Reprod. Fertil., 111: 101-108 (1997)

9) Petters, R. M., Johnson, B. H., Reed, M. L. and Archibong, A. E.: Glucose, glutamine and inorganic phosphate in early development of the pig embryo *in vitro*. J. Reprod. Fertil., 89: 269-275 (1990)

10) Petters, R. M. and Reed, M. L.: Addition of taurine or hypotaurine to culture medium improves development of one-and two-cell pig embryos *in vitro*. Theriogenology, 35: 253 (1991).

11) Reed, M. L., Illera, M. J. and Petters, R. M.: *In vitro* culture of pig embryos. Theriogenology, 37: 95-109 (1992).

12) Miyoshi, K., Umezu, M. and Sato, E.: Effect of hyaluronic acid on the development of porcine 1-cell embryos produced by a conventional or new *in vitro* maturation/ fertilization system. Theriogenology, 51: 777-784 (1999).

13) Rath, D., Niemann, H. and Torres, C. R. L.: *In vitro* development to blastocysts of early porcine embryos produced *in vivo* or *in vitro*. Theriogenology, 43: 913-926 (1995).

14) Funahashi, H., Cantley, T. C. and Day, B. N.: Synchronization of meiosis in porcine oocytes by exposure to dibutyryl cyclic adenosine monophosphate improves developmental competence following

in vitro fertilization. Biol. Reprod., 57: 49-53 (1997).

5.4 ウ　シ*

はじめに

ウシは，肉やミルク・チーズなど動物性タンパク質を生産する食用家畜である．人工授精や胚移植の繁殖技術を利用した遺伝的改良と増産が効率的に進められてきた．近年，遺伝子導入動物による医薬品の生産も産業的には重要なターゲットと考えられ，ウシのクローンやトランスジェニックに関する研究が急激に発展を続けている[1]．この研究を支える基礎技術のひとつは卵子の体外成熟・体外受精・体外発生の技術である．ウシにおいては，この技術で大量の未受精卵や受精卵を扱うことが可能になり，この分野での研究開発も大幅にスピードアップした．現在，屠畜の卵巣から得られた卵胞卵子や生体から超音波診断装置で吸引採取された卵胞卵子を体外成熟後，体外受精・体外培養によって移植胚（胚盤胞期）を生産することが可能である．また，これらの胚は非手術的な胚移植によって子牛に発育する．

ウシの体外成熟・体外受精・体外培養については，多くの総説がある[2〜7]．本稿では，我々の研究室で発展させてきたウシの体外成熟・体外受精・体外培養法（非共培養）について紹介する．

体外成熟・体外受精・体外培養の歴史と方法の概要

ウシの体外成熟卵子の体外受精による最初の成功は，1977年 Iritani & Niwa が報告し[8]，彼らはウシ射出精子を雌ウシの摘出子宮内で前培養することで受精能獲得させた．1982年排卵卵子の体外受精による世界最初の産子が Brackett らの先駆的研究の結果として生まれた[9]．1983年にはカナダで，Lanbert らによって内視鏡で採取した卵子の体外受精による産子が得られた[10]．体外成熟卵子の体外受精による最初の産子は，1986年 Hanada らによって報告された[11]．彼らは，体外成熟・体外受精した卵子をウサギ卵管で胚盤胞期まで発生させ，レシピエントへ胚移植し産子を得た．同年アメリカの First のグループでも，体外成熟・体外受精した卵子をヒツジ卵管で胚盤胞期まで発生させ，レシピエントへの胚移植で1頭の妊娠に成功したことを Critser らが報告している[12]．1988年には，Lu らが体外成熟，体外受精，体外培養（ウシ卵管上皮細胞との共培養）による双子の分娩を報告している[13]．また，Fukuda らは卵丘細胞との培養によって発生したウシ体外受精卵子から産子の生産を報告し[14]，Goto らはウシ体外受精卵の卵丘細胞との共培養系を確立した[15]．さらに，体外受精卵子が卵丘細胞，卵管細胞，BRL (Buffalo Rat Liver) cells, Vero cells との共培養によって胚盤胞期まで発生することが報告された[16]．

その後，共培養での発生率の変動や培養細胞を準備する手間，さらに血清等の生物試料の使用によるロット差が指摘され[17,18]，非共培養系の開発が試みられた．その結果，CR1aa[19] や mSOFaa[20〜22] の培養液が開発され，気相の酸素分圧[23] や培養液中のグルコース濃度[24] を低下させることで非共培養系においても胚盤胞期が安定して発生することが報告された．

---

* 堀内　俊孝

このような歴史的背景から，体外成熟培地としては，TCM 199 培地がベースの子牛血清，FSH，EGF 添加培地，精子洗浄液としては，Hepes-TLP のペントキシフィリン添加培地[25]，受精培地としては，Hepes-TALP のヘパリン添加培地，体外発生培地としては，CR 1 aa にウシ血清アルブミンあるいは子牛血清を添加した培地を用いたウシ卵子の体外成熟・体外受精・体外培養法を我々は確立し，胚移植によって産子を得ている[26]．

実験法

a) 準　備

1. 器具・機械

炭酸ガスインキュベーター，マルチガスインキュベーター（アステック），クリーンベンチ，実体顕微鏡，倒立顕微鏡，恒温水槽，遠心機，オートクレーブ，乾熱滅菌器，超純水製造装置（ミリQ），冷蔵庫，冷凍庫，マイクロピペット，培養皿，試験管，卵巣輸送用ステンレスボトル．

2. 薬　品

培養液の作製に必要な試薬は表 2.10〜2.12 に記載した．非動化処理子牛血清（GIBCO），滅菌生食，硫酸カナマイシン，ダルベッコ PBS（日水製薬），Hepes buffered TCM 199（GIBCO, Cat.#

表 2.10　ウシの体外受精培地の組成

Compound	units	MW	SP Wash (SP-TLP-Pent)		IVF Medium (SP-TALP-Hepa)	
			mM	mg/100 ml	mM	mg/100 ml
NaCl	mM	58.44	100.0	584.4	100.0	584.4
KCl	mM	74.55	3.1	23.1	3.1	23.1
$CaCl_2$	mM	110.99	2.0	22.2	2.0	22.2
$MgCl_2 \cdot 6H_2O$	mM	203.3	0.4	8.1	0.4	8.1
$NaH_2PO_4 \cdot H_2O$	mM	137.99	0.3	4.1	0.3	4.1
Hepes	mM	238.3	10.0	238.3	10.0	238.3
$NaHCO_3$	mM	84.01	25.0	210.0	25.0	210.0
Na-Pyruvate	mM	110	1.0	11.0	1.0	11.0
Na-Lactate	mM	60% syrup	21.6	0.399 ml	21.6	0.399 ml
Pentoxifylline	mM	278.3	10.0	278.3 mg	—	—
Heparin-Na	μg/ml	170 – 190 unit/mg	—	—	20 μg/ml	2 mg
Bovine serum albumin	mg/ml		—	—	20mg/ml	100 mg/5 ml
Gentamicin	μg/ml	10 mg/ml stock	5 μg/ml	0.5 ml	5 μg/ml	0.5 ml
Phenol red	μg/ml		1 μg/ml	0.1 mg	1 μg/ml	0.1 mg
			317 mOsm		305 mOsm	

1) Parrish et al. (Biol. Reprod. 38, 1171-1181, 1988) の SP-TALP を基礎培地とした．
2) NaCl (313-20), KCl (285-14), $CaCl_2$ (067-29), $MgCl_2 \cdot 6H_2O$ (209-09), $NaHCO_3$ (312-13) は Nacalai tesque の特級試薬，$NaH_2PO_4 \cdot H_2O$ (6346-0500) は Merk の試薬を用いた．HEPES (H-9136), Na-Pyruvate (P-5280), Na-Lactate (L-4263), Pentoxifylline (P-1784), Bovine serum albumin (A-6003), Gentamicin (G-1272), Phenol red (P-5530) は Sigma の試薬を用い，Na-Heparin (085-00134) は Wako Pure Chemical の試薬を用いた．

表2.11 ウシ卵子操作液 (M2)

Compound	MW	mM	mg/100 ml	mg/500 ml	Product.	Company
NaCl	58.44	94.66	553.2	2766.0	313-20	Nacalai
KCl	74.55	4.78	35.6	178.2	238-14	Nacalai
$CaCl_2・2H_2O$	147.02	1.71	25.1	125.7	067-31	Nacalai
$MgSO_4・7H_2O$	246.48	1.19	29.3	146.7	210-03	Nacalai
KH_2PO_4	136.09	1.19	16.2	81.0	287-21	Nacalai
Hepes	238.30	20.85	496.9	2484.3	H-3375	Sigma
$NaHCO_3$	84.01	4.15	34.9	174.3	312-13	Nacalai
Glucose	179.86	5.56	100.0	500.0	G-5146	Sigma
Na-Pyruvate	110.0	0.33	3.6	18.2	P-5280	Sigma
Na-Lactate	60 % syrup	23.28	0.43 ml	2.15 ml	L-4263	Sigma
Gentamicin	10 mg/ml stock	5 μg/ml	0.5 ml	2.5 ml	G-1272	Sigma
Phenol red		1 μg/ml	0.1 mg	0.5 mg	P-5530	Sigma
		280-290 mOsm				

1) Quinn, P. et al. : J. Reprod. Fert., 66, 161, 1982
2) 4 N NaOH を 0.9 ml を添加し,pH を 7.4(薄いピンク色)に調整する.
調整が終わったら試験管に 10 ml ずつ分注して −20 ℃ に保存する.

12340-030),FSH (アントリン,デンカ製薬),rhEGF (Upstate Biotech., 和光純薬,Cat. #567-1800),ミネラルオイル (Sigma, M-8410),ゲンタマイシン (Sigma, G-0889: 10 mg/ml)

b) 方　法

操作の概略を図 2.32 に,用いる培地の組成を表 2.10~2.12 に示した.以下,各段階ごとに培地の作製法および操作法を示す.

体外成熟

培地の作製

1) ホルモン溶液

1. FSH (アントリン,デンカ製薬) 10 mgAU (119.1 IU) を 1 ml の滅菌生食に溶解し,10 μl ずつ分注して −20 ℃ に保存する (1.5 ml マイクロチューブ使用,1.2 IU/マイクロチューブ)(Stock C).
2. rhEGF (Upstate Biotech., 和光純薬) 100 μg を 2 ml の滅菌生食に溶解し,10 μl ずつ分注して −20 ℃ に保存する (1.5 ml マイクロチューブ使用,500 ng/マイクロチューブ)(Stock D).

2) 卵子洗浄液

1. 100 ml の滅菌 D-PBS (+) の一部を 1 ml の子牛血清に加え,ろ過滅菌し,この D-PBS (+) に添加する (D-PBS (+) + 1 % CS).
2. 9 ml の D-PBS (+) に 1 ml の子牛血清を添加し,ろ過滅菌する (D-PBS (+) + 10 % CS).

表2.12 ウシ受精卵の体外培養液

Compound	units	MW	CRIaa[1] mM	CRIaa[1] mg/100 ml	mSOF[2] mM	mSOF[2] mg/100 ml
NaCl	mM	58.44	114.7	670.3	107.70	629.4
KCl	mM	74.55	3.1	23.1	7.2	53.4
KH_2PO_4	mM	136.09	-	-	1.2	16.2
1/2 Ca-lactate	mM	109.10	5.0	54.6	-	-
$CaCl_2$	mM	110.99	-	-	1.7	19.0
$MgCl_2 \cdot 6H_2O$	mM	203.3	-	-	0.5	10.0
$NaHCO_3$	mM	84.01	26.2	220.1	25.1	210.6
Na-Pyruvate	mM	110.0	1.0	11.0	0.3	3.3
Na-Lactate	mM	60 % syrup	-	-	3.3	0.05 ml
glutamine	mM	146.1	1.0	14.6	1.0	14.6
MEM Non-Essential amino acids (x100)				1 ml		1 ml
BME amino acids (x50)				2 ml		2 ml
Bovine serum albumin	mg/ml		3 mg/ml	30 mg/10 ml	6 mg/ml	60 mg/10 ml
Gentamicin	μg/ml	10 mg/ml	5 μg/ml	0.5 ml	5 μg/ml	0.5 ml
Phenol red	μg/ml		1 μg/ml	0.1mg	1 μg/ml	0.1 mg

1) Rosenkrans CF et al. : Biol. Reprod., 49.459, 1993
2) Takahashi Y & First NL : Theriogenology, 37, 963, 1992
3) NaCl (313-20), KCl (285-14), KH_2PO_4 (287-21), $CaCl_2$ (067-29), $MgCl_2 \cdot 6H_2O$ (209-09), $NaHCO_3$ (312-13) は Nacalai tesque の特級試薬を用いた. 1/2 Ca-lactate, (L-4388), Na-Pyruvate (P-5280), Na-Lactate (L-4263), Glutamine (G-1517), MEM Non-essential amino acids (M-7145), BME amino acids (B-6766), Bovine serum albumin (A-6003), Gentamicin (G-1272), Phenol red (P-5530) は Sigma の試薬を用いた.

3）成熟培地

1. 500 ml の 25 mM Hepes buffered TCM 199 (GIBCO) に 11 mg (0.2 mM : 2.2 mg/100 ml 培養液) のピルビン酸ナトリウム (Sigma) と 2.5 ml (50 μg/ml 培養液) のゲンタマイシン (Sigma, 10 mg/ml stock) を添加し, 9 ml ずつ分注して -20 ℃ に保存する (Stock A).

＊成熟培地は基本的には凍結保存すべきでないが, 同一研究室で技術レベルが異なる複数人数が体外受精実験を行う場合, 培養液を 4 ℃ で保存し使用するよりも凍結保存した培養液を 1 回のみ融解し使用するほうが体外受精胚を安定して生産できるため, あえて培養液を凍結保存し使用している. しかし, 凍結保存培養液は 3 カ月以内の使用とする.

2. 子牛血清を加熱処理 (56 ℃ 30 分) し, 1 ml で分注し -20 ℃ に保存する (Stock B).

3. Stock A (9 ml Hepes buffered TCM 199) に Stock B (1 ml CS), Stock C (1.2 IU FSH), Stock D (500 ng rhEGF) を加え溶解し, ろ過滅菌後 100 μl × 5 drops/1 dish (IWAKI, 無処理 35 mm 培養皿使用) を作製し, ミネラルオイル (Sigma) で上層を覆う.

4. インキュベーター内に一晩静置し, 温度と気相を平衡させる.

操作

1) 屠場からウシ卵巣を 30〜35 ℃ に保温した滅菌生食の入った真空ジャーで研究室に持ち帰る．
2) 21 G 5/8 の注射針付き 10 ml 注射筒で直径 2〜8 mm の卵胞から内容物を吸引し，50 ml コニカルチューブ（Falcon）に吸引液を集める（注射筒内液を移すときは，注射針を外す）．
3) 1,000 rpm × 1 min で遠心し，上清を捨てる．
4) 沈殿物を 90 mm シャーレ（底裏面に格子の傷付）にパスツールピペットで移し，D-PBS（＋）＋ 1 % CS でこのコニカルチューブを洗浄し，その液をシャーレに加える．
5) 実体顕微鏡で卵丘細胞-卵子複合体（Cumulus-Oocyte Complexes, COCs）を探し，COCs のサイズより大きい内径の卵操作ピペットで COCs を D-PBS（＋）＋ 10 % CS（35 mm 培養皿，Falcon, 1008）に集める．成熟培地（flat dish：卵子洗浄の成熟培地）で洗浄後，100 µl 成熟培地のドロップに 10〜15 個の COCs を配置する．
6) 38.5 ℃，5 % CO_2/95 % 空気の条件下で 22〜24 時間培養する（図 2.33 A：体外成熟直前の COCs，図 2.33 B：体外成熟後の COCs）．

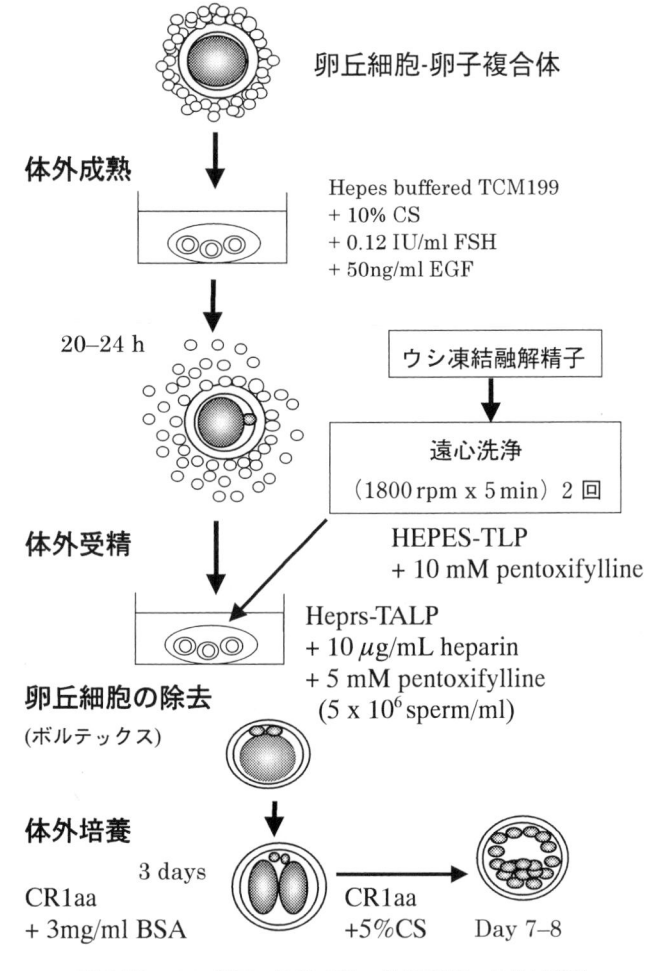

図 2.32　ウシ卵子の体外成熟・体外受精・体外培養法

体外受精

培地の作製

1) 精子洗浄液
1. 精子洗浄液 SP Wash（SP-TLP-Pent）の組成と試薬は表 2.10 に示した．この精子洗浄液は 10 ml の滅菌ディスポーザブル試験管にろ過滅菌し，−20 ℃ で保存した（使用期限 3 カ月以内）．
2. 使用時は，恒温水槽で融解し温め，インキュベーターに静置した．

2) 受精培地
1. 受精培地 IVF Medium（SP-TALP-Hepa）の組成と試薬は表 2.10 に示した．この受精培地はメスピペットで 5 ml ずつディスポーザブル試験管に分注し，−20 ℃ で保存した（使用期限 3 カ

月以内).

2. 使用時は，恒温水槽で融解し温め，100 mg の BSA（Sigma, A-6003）を加え，溶解した．
3. クリーンベンチでろ過滅菌し，50 μl×5 drops/1 dish でドロップを作製し，38.5℃，5% CO_2/95% 空気の条件下で一晩，温度と気相を平衡させた．

操　作

1. 凍結精液ストロー（0.5 ml）1 本を 35℃の温水中に 30 秒間静置し，完全に融解する．
2. 凍結精液ストローを消毒用アルコールで湿らせたキムワイプで拭く．
3. クリーンベンチ内で凍結精液ストローをハサミでカットし，遠心管に精子を移す．
4. 約 2 ml の予め温めた精子洗浄液（SP Wash）をパスツールピペット（乾熱滅菌済）で加え，1,800 rpm（500 g）で 5 分間遠心する．
5. パスツールピペット（乾熱滅菌済）で上清を捨てる．
6. 再度，SP Wash を約 2 ml 加え，1,800 rpm で 5 分間遠心する．
7. パスツールピペット（乾熱滅菌済）で再度上清を捨てる．
8. SP Wash を 5～6 ml 加え，精子濃度を 5～10 × 10^6 sperm/ml に調整する．
9. 体外成熟させた 20～30 個の卵丘細胞-卵子複合体（Cumulus-Oocyte Complexes, COCs）を 50 μl/1 drop の体外受精培地（IVF Medium）に配置する．
10. 精子洗浄液 50 μl をこの受精培地ドロップに加え，COCs を媒精する．
11. インキュベーターに静置し，38.5℃，5% CO_2/95% 空気の条件下で 5 時間培養を継続する．

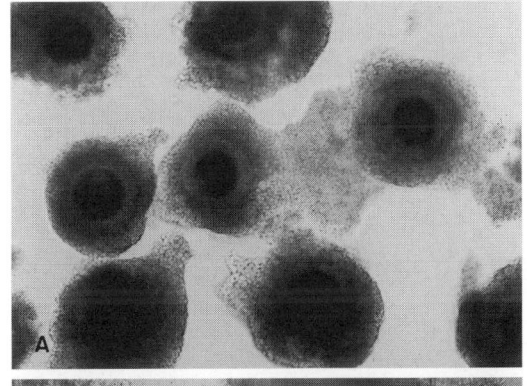

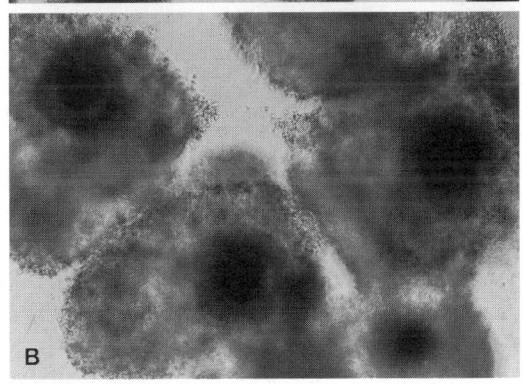

図 2.33　体外成熟前後のウシ卵丘細胞－卵子複合体（COCs），A：体外成熟開始直後の COCs，B：体外成熟後の COCs，卵丘細胞は膨潤している．

体外培養

培地の作製

1) 卵子操作培地

1. ウシ卵子操作液としては M2 培地を用いた．M2 培地の組成と試薬は，表 2.11 に示した．
2. M2 培地は，10 ml ずつディスポーザブル試験管に分注し，−20℃で保存した．
4. 使用時，恒温水槽で融解し温め，1 ml の子牛血清を加え，ろ過滅菌した（M2＋10% CS）．

2) 発生培地

1. 発生培地である CR1aa と mSOF の組成と試薬を表 2.12 に示す．ここでは，CR1aa 培地に

よる方法を述べる.
2. これらの培養液は毎週調整し，4℃に保存し1週間のみの使用とした．超純水は18.3 MΩ のものを使用する．
3. 媒精後72時間までは，10 ml の CR 1 aa に 30 mg の BSA を加えた培養液とし，それ以降は 9.5 ml の CR 1 aa に 0.5 ml の子牛血清を加えた培養液（CR 1 aa + 5 % CS）を用いた．各培養液はろ過滅菌後 50 μl × 5個/1 dish とし，上層をミネラルオイルで覆う.
4. 38.5 ℃，5 % CO_2/7 % O_2/88 % N_2 の条件下で一晩，温度と気相を平衡させる．

操 作
1. 媒精後5時間で体外受精卵子を 10 % CS + M 2 に集め，1.5 ml マイクロチューブ（シリコン処理）内に移し，1分間ボルテックスをかけ，卵丘細胞を除去する．
2. 組織培養 Dish（Falcon, 3037）の中央に卵子を集め，残っている卵丘細胞をピペットで物理的に除去する．
3. 卵子を発生培地（3 mg/ml BSA + CR 1 aa または 8 mg/ml BSA + mSOF）に約 10個/1 ドロップ（50 μl/1 drop）で配置する．
4. 媒精後72時間後に，≥2細胞期 ≥8細胞期への発生を記録し，5 % CS + CR 1 aa または 5 % CS + mSOF の発生培地ドロップ（50 μl/1 drop）に卵割卵子のみを約 10個で再配置する．
5. 媒精日を0日として，6日目に桑実期と胚盤胞期，7〜8日目に胚盤胞期への発生を記録する（図2.34 A）．

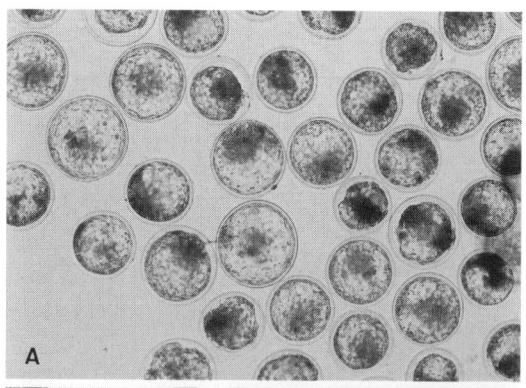

図2.34 非共培養系で発生した胚盤胞期胚と胚移植によって生まれた子牛，A：体外受精によるウシ胚盤胞期胚，B：体外受精による産子（広島県畜試との共同試験）

c）具体的例
　本稿に示した方法を用いて体外成熟した卵胞卵子を3頭の種雄牛の精子で体外受精し，CR 1 aa で体外培養した結果を以下に示す．種雄牛 A の精子では，675個の体外成熟卵子を体外受精し65.5 %（442個）が卵割し，24.3 %（164個）が胚盤胞期へ発生した．種雄牛 B の精子では，715個の体外成熟卵子を体外受精し，80.1 %（573個）が卵割し，33.6 %（240個）が胚盤胞期へ発生した．種雄牛 C の精子では，793個の体外成熟卵子を体外受精し，73.8 %（585個）が卵割し，33.3 %（264個）が胚盤胞期へ発生した．この培養系で発生した胚の移植成績では，137頭に移植して58頭が妊娠し（42.3 %），52頭（38.0 %）が分娩した（宮城県畜試との共同研究[26]）．

おわりに

ウシ卵胞卵子は体外成熟・体外受精・体外培養，そしてその後の胚移植によって子牛まで発育する（図2.34 B：広島県畜試との共同試験）．しかし，すべての卵胞卵子が最終的に子牛まで発育するわけではない．ウシの体外成熟・体外受精・体外培養法は，いまだ完成した技術ではない．卵巣での卵胞の閉鎖による卵胞卵子の発生能への影響[27]，各種雄牛の精子の受精率や発生率のバラツキ（雄性遺伝子の胚発生への影響），最適な体外培養条件による大量胚の生産と正常な子牛に発育する高い品質の viable な胚の生産技術の開発など多くの問題にアプローチが続けられている．

近年，ウシ卵子の体外成熟・体外受精・体外培養系での無血清培地の開発が活発に進められており，機能性ペプチド研究所では成長因子を添加した体外成熟・体外受精・体外培養用の培地を報告し[28]，市販している．この方法で発生した胚盤胞期胚の耐凍性は高いことが知られている．また，SOFをベースにした無タンパク培地の研究も進んでいる[21]．さらに今後も体外成熟・体外受精・体外培養法は，発生率が高く，産子へ発生する viable な胚生産系の開発に向け改良が進められるものと思われる[29,30]．卵胞の体外発育に関する研究も着実に進んでいる[31]．子牛の生産に反映する卵子研究の発展が期待される．

参考文献

1) Brink, M. F., Bishop, M. D. and Pieper, F. R.: Developing efficient strategies for the generation of transgenic cattle which produce biopharmaceuticals in milk, Theriogenology, 53: 139-148 (2000).

2) 菅原七郎編，佐久間勇次・正木淳二監修：図説 哺乳動物の発生実験法，学術出版センター，pp.180-189 (1986).

3) Leibfried-Rutledge, M. L., Crister, E. S., Parrish, J. J. and First, N. L.: In vitro maturation and fertilization of bovine oocytes, Theriogenology, 31: 61-74 ().

4) Gordon, I.: Laboratory production of cattle embryos, CAB International, (1994).

5) 永井 卓：畜産における最新技術(17)，体外受精による牛胚の生産，畜産の研究，49: 622-628 (1995).

6) 菅原七郎・尾川昭三編：生殖機能細胞の培養法．学会出版センター，5. ウシ，pp.78-89 (1993).

7) 辻井弘忠・高橋寿太郎・梅津元昭編，菅原七郎監修：動物生殖機能実験の手引き，川島書店，pp.144-146 (1996).

8) Iritani, A. and Niwa, K.: Capacitation of bull spermatozoa and fertilization in vitro of cattle follicular oocytes matured in culture, J. Reprod. Fertil., 50: 119-121 (1977).

9) Brackett, R. G., Bousquet, D., Boice, M. L., Donawick, W. J., Evance, J. F. and Dressel, M. A.: Normal development following in vitro fertilization in the cow, Biol. Reprod., 27: 147-158 (1982).

10) Lambert, R. D., bernard, C., Rioux, J. E., Eeland, R., D'Amours, D. and Montreuil, A.: Endscopy in cattle by the paralumbar route: technique for ovarian examination and follicular aspiration, Theriogenology. 20: 149-161 (1983).

11) Hanada, A.: In vitro fertilization I cattle, with particular reference to sperm capacitation by ionophore A23187, Jap. J. Anim. Reprod., 31: 21-26 (1985).

12) Critser, E. S., Leibfried-Rutledge, M. L., Eyestone, W. H., Northey, D. L. and First, N. L. : Acquisition of developmental competence during maturation *in vitro*, Theriogenology, 25: 150 (1986).

13) Lu, K. H., Gordon, I., Gallagher, M. and McGovern, H.: Pregnancy established in cattle by transfer of embryos derived from in vitro fertilization of follicular oocytes matured *in vitro*, Vet. Rec., 121: 259-260 (1988).

14) Fukuda, Y., Ichikawa, M., Naito, K. and Toyoda, Y.: Birth of normal calves resulting from bovine oocytes matured, fertilized, and cultured with cumulus cells *in vitro* up to the blastocyst stage, Bio. Reprod., 42: 114-119 (1990).

15) Goto, K., Kajiwara, Y., Kosaka, S., Koba, N., Nakanishi, Y. and Ogawa, K.: Pregnancies after co-culture of cumulus cells with bovine embryos derived from *in vitro* fertilization of *in vitro* matured follicular oocytes, J. Reprod. Fertil., 83: 753-758 (1988).

16) Trounson, A., Pushett, D., Maclellan, L. J., Lewis, I. and Gardner, D. K.: Current status of IVM/IVF and embryo culture in humans and farm animals, Theriogenology, 41: 57-66 (1994).

17) Rorie, R. W., Miller, G. F., Nasti, K. B. and McNew, R. W.: *In vitro* development of bovine embryos as affected by different lots of bovine serum albumin and citrate, Theriogenology, 42: 397-403 (1994).

18) Bavister, B. D.: Culture of preimplantation embryos: facts and artifacts, Hum. Reprod. Update, 1: 91-148 (1995).

19) Rosenkrans, C. F., Zeng, G. Q., Mcnamara, G. T., Schoff, P. K. and First, N. L.: Development of bovine embryos *in vitro* as affected by energy substrates, Biol. Reprod., 49: 459-462 (1993).

20) Takahashi, Y. and First, N. L.: *In vitro* development of bovine one-cell embryos: influence of glucose, lactate, pyruvate, amino acids and vitamines, Theriogenology, 37: 963-978 (1992).

21) Holm, P., Booth, P. J., Schmidt, M.H., Greve, T. and Callesen, H.: High bovine blastocyst development in a static *in vitro* production system using SOFaa medium supplemented with sodium citrate and myo-inositol with or without serum-proteins, Theriogenology, 52: 683-700 (1999).

22) Steeves, T. E. and Gardner, D. K.: Temporal and differential effects of amino acids on bovine embryo development in culture, Biol. Reprod., 61: 731-740 (1999).

23) Thompson, J. G. E., Simpson, A. C., Pugh, P. A., Donnelly, P. E. and Tervit, H. R.: Effect of oxygen concentration on *in-vitro* development of preimplantation sheep and cattle embryos, J. Reprod. Fertil., 89: 573-578 (1990).

24) Kim, J., Niwa, K., Lim, J. and Okuda, K.: Effects of phosphate, energy substrates, and amino acids on development of *in vitro*-matured, *in vitro*-fertilized bovine oocytes in a chemically defined, protein-free culture medium, Biol. Reprod., 48: 1320-1325 (1993).

25) Lanzafame, F., Chapman, M. G., Guglielmine, A., Gearon, C. M. and Forman, R. G.: Pharmacological stimulation of sperm motility, Hum. Reprod., 9: 192-199 (1994).

26) Numabe, T., Oikawa, T., Kikuchi,T. and Horiuchi, T.: Production efficiency of Japanese black calves by transfers of bovine embryos produced *in vitro*, Theriogenology, (2000) (in press).

27) Hendriksen, P. J. M., Vos, P. L. A. M., Steenweg, W. N. M., Bevers, M. M. and Dieleman, S. J.: Bovine

follicular development and its effect on the *in vitro* competence of oocytes, Theriogenology, 53: 11–20 (2000).

28) 星　宏良：無血清培地による牛体外受精卵の生産と移植，畜産の研究，49: 981–98 (1995).

29) Gardner, D. K. and Lane, M.: Culture of viable human blastocysts in defined sequential serum-free media, Hum. Reprod., 13 (Suppl. 3): 148–159 (1998).

30) Krisher, R. L., Lane, M. and Bavister: Developmental competence and metabolism of bovine embryos cultured in semi-difined and defined culture media. Biol. Reprod., 60: 1345–1352 (1999).

31) Yamamoto, K., Otoi, T., Koyama, N., Horikita, N., Tachikawa, S. and Miyano, T.: Development to live young from bovine small oocytes after growth, maturation and fertilizatiion *in vitro*, Theriogenology, 52: 81–89 (1999).

5.5　サル*

はじめに

　サル類から採取した材料を用いて実験を行うとき，病原体の使用の有無に関わらず何らかの病原体が感染する可能性があることを心がけて作業を進めたい（「卵子の培養法-未成熟卵子，排卵卵子，受精卵の培養法-サル」の項参照）．そのような観点からP2レベル以上の実験室を使用することが望まれる．サル類は約200種存在するといわれているが，1984年3種のサル類で体外受精・胚移植によりはじめて産児が得られている[1〜3]．ヒトでの成功例[4]が報告されてから6年後のことである．近年，胚性幹細胞の樹立[5]，卵分割クローン[6]さらにトランスジェニック[7]についての報告が相次ぎサル類を用いた新しい技術の開発研究および応用研究が大きく展開しようとしている．これらの研究において，卵子の体外成熟，体外受精，受精卵の発育培養法の確立は不可欠である．本技術は，卵子の体外操作実験の基盤となるものであり，再現性の高い技術が要求される．本稿では著者のグループが行っている方法を中心に，サル類の卵子の体外成熟，体外受精，受精卵の発育培養法について紹介する．サル類を使った本分野の研究は急速に進展しているため，常に新しい文献をあわせて参照していただきたい．また，これまでの研究をまとめた総説[8〜10]を参考文献として紹介しておく．

体外成熟・体外受精・体外培養法の概要

　サル類未成熟卵子の成熟培養には10% FCS添加TCM-199や10% FCS添加CMRL-1066にeCG, FSH, hCG, LHなどを加えたものが用いられている．著者らは，カニクイザルの卵核胞期の卵子の成熟培養を試み，体外で成熟した卵子の体外受精に成功している．その成績は，培養開始後24〜72時間の間に成熟卵子が確認されるというものであり，ある一定の時間帯に卵子の成熟を認めるものではない．そういった点でまだ実用的ではない．アカゲザルにおいては卵子の成熟培養についての優れた成績が報告されており[11〜20]，一部のサル種においては，未成熟卵子の成熟

---

* 山海　直

培養技術が成熟卵子を確保するための有効な手段になるものと思われる.

体外で受精卵を作出する技術として二つの方法が広く知られている. 最も一般的なものが体外受精である. サル類の体外受精は, アカゲザルを用いた多くの研究成果が報告され, 現在では数種のサル類で成功している. 著者らは, カニクイザルで凍結精子による体外受精を可能にし, 得られた受精卵は体外培養により脱出胚盤胞にまで発育している[21] (図 2.35). また, 1997 年にはニホンザル[22], アフリカミドリザル[23] の体外受精について報告しているが, それぞれのサル種でのはじめての成果である. さらに, アカハラタマリンにおいても体外受精を試みたが, 今のところ受精卵は得られていない[24]. このとき用いた精子は, 安楽殺されたサルの精巣上体から採取して凍結保存されていたものであり融解後, 前培養を施したのちに媒精に使用した. 卵子は, やはり安楽殺されたサルの卵巣から回収したもので, 体外成熟培養により第 1 極体の放出が確認された卵子を体外受精実験に供した. 媒精後, 前核形成は観察されなかったが, 精子, 卵子ともに採取から受精の判定までにいくつかの処理過程を経ており, なぜ受精しなかったのか, 明確な答えを出すには各過程での詳細な検討が必要である. 対象動物がサル類となると, 十分な例数で検討を重ねることが困難な場合が多い. そのため各段階での実験結果を正確に判定できる経験と, ひとつひとつの実験をていねいに積み重ねていくことが, サル類で実験を行うときには特に重要になってくる.

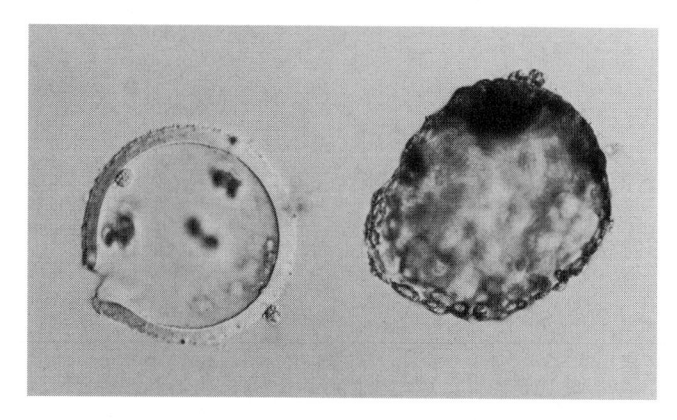

図 2.35 カニクイザルの凍結精子を用いた体外受精で得られた受精卵. 体外発育培養により発生した脱出胚盤胞.

受精卵作出のためのもう一つの方法として, 卵子に顕微操作を加える顕微授精が試みられている. 著者らもカニクイザル精子による顕微授精に成功しており[25], 種々の条件さえ整えれば体外受精と同等かそれ以上の受精率が得られる技術になり得るものと期待している. また, マウスを用いた研究では, 精細胞の顕微授精により作出された受精卵の胚移植で産児が得られることが報告され[26], 受精に関わる生理学的研究に新たな展開が見られるようになってきた. 自然界では起こり得ない受精の形式ではあるが, 精細胞および卵細胞に関する多くの新知見が得られている. ここでは倫理的側面にはふれないが, この技術はすでにヒトでも応用されている[27]. 精細胞の顕微注入による受精卵作出技術の確立は, オス遺伝子資源の保存を精細胞レベルで行うことを可能にし, また新しい遺伝子操作技術の開発の可能性を今まで以上に拡大するものである. 著者らは, 精細胞の顕微授精はサル類においても有用な技術になり得るものと考えており, 卵子の活性化, 注入後の前核形成, 核の融合, その後の発生などについての情報を蓄積している.

受精卵の発育培養については, アカゲザル, カニクイザル, アフリカミドリザルなどで体外で受精した卵子の体外培養により, 胚盤胞へ発育することが確認されている. 著者らのカニクイザルを用いた経験では, アカゲザル卵子で報告された CMRL-1066 で Buffalo rat liver cell (BRL 細

胞) と共培養するという技術を応用することにより急激な進展を見た.

a) 準　備

1. 実験室

セーフティキャビネット, オートクレーブを設置した P2 レベル以上の実験室を整備することが望ましい.

2. 器具・機械

1) 器　具　ポリスチレン製器具類 (滅菌培養皿, 遠沈管, 培地保存容器など), ガラス製器具類 (メスシリンダー, ビーカーなど), ステンレス製器具類 (バットなど), 薬さじ, 薬包紙, ろ過滅菌用フィルター, マイクロピペット, 卵子操作用ガラス製注射筒 (0.5 ml, 1 ml, 2 ml), シリコンチューブ (様々な内径のものを揃えておくと便利), ガラスキャピラリー

2) 機　械　炭酸ガスインキュベーター, セーフティキャビネット, クリーンベンチ, 実体顕微鏡, 倒立顕微鏡, 加温プレート, ウォーターバス, 遠心機, オートクレーブ, 冷蔵庫 (4℃), 冷凍庫 (-80℃あるいは-20℃), 純水製造装置, pH メーター, 直示天秤

3. 薬　品

培地用試薬, ヒアルロニダーゼ, 流動パラフィンあるいはそれにかわるもの, ウシ血清アルブミン (BSA), ホルモン製剤 (LH, FSH, eCG, hCG), カフェイン, dibutyryl cyclic AMP (dbcAMP).

b) 方　法

体外成熟

1) 培地の調製　卵子の成熟培養用の培養液として TCM-199 や CMRL-1066 が使用されている. いずれも市販されている. 溶解して使用する場合は水質に注意する. 著者らはミリQを使用している.

1. FCS を添加して 10% FCS 添加 TCM-199 あるいは 10% FCS 添加 CMRL-1066 を作成する.
2. ホルモンを添加するとき, eCG, FSH, hCG, LH はあらかじめ溶解, 分注して-20℃で保存しておく. 最終的に eCG (10 IU/ml) あるいは FSH (0.5~10 μg/ml) と hCG (5~50 IU/ml) あるいは LH (10 μg/ml) の組み合わせで培養液に加える. 選択する組み合わせおよび濃度は研究者によって異なっているようである.
3. ろ過滅菌後, 直径 35 mm の培養皿に 50 あるいは 100 μl のドロップを作成し, 流動パラフィンで覆う.

2) 成熟培養

採取した卵胞卵子 (「卵子の体外培養法-未成熟卵子, 排卵卵子, 受精卵の採取法-サル」の項参照) をていねいに洗浄する. 洗浄は卵子を成熟培地のドロップに移し, 3 個以上のドロップを順次移動させることで行う. CO_2 インキュベーター内に静置し 37℃, 5% CO_2, 95% 空気の条件下で培養する. 6, 12, あるいは 24 時間間隔で倒立顕微鏡を用いて観察する. 倒立顕微鏡は, ホフマン装置あるいはノマルスキー装置が付いているものを用いる. ノマルスキー装置付き顕微鏡を用いる場合は, 培養皿の底面の一部をガラスに加工して (市販品もある), その上にドロップを作成する. 卵核胞期のカニクイザル卵子を培養したとき, 24~72 時間で第 1 極体の放出を認めるこ

体外受精

1）培地の調製 著者らは精液採取，卵子採取，また媒精時に TYH 培養液（表 2.13）[28] を用いている．アカゲザルでは TALP 培養液を基礎培地としている報告が多い．

表 2.13 TYH 培養液

成 分	mM
NaCl	119.37
KCl	4.78
$CaCl_2 \cdot 2H_2O$	12.60
$MgSO_4 \cdot 7H_2O$	1.19
KH_2PO_4	1.19
$NaHCO_3$	25.07
グルコース	5.56
ピルビン酸ナトリウム	1.00
ペニシリンGカリウム	10,000 IU
ストレプトマイシン	0.05 mg/ml
BSA	4 mg/ml

1. 常法により TYH 培養液を調製する．
2. BSA（5 mg/ml）を添加する．
3. ろ過滅菌後，60 mm 培養皿に 100 あるいは 200 μl のドロップを作成し，流動パラフィンで覆う．
4. 後で説明しているが，前培養開始時からカフェイン，dbcAMP を添加するときは，それぞれ 1 mM になるよう調製し，同様にドロップを作成する．
5. 著者らは卵子採取のときには HEPES-TYH 培養液を用いている．HEPES は 20 mM の $NaHCO_3$ と置換する．

2）精子の採取 サル類精子の採取には，電気刺激法，用手法，人工膣法，交配後の子宮から回収する方法などがある．電気刺激法には，直腸刺激法と陰茎刺激法があり，著者らはカニクイ

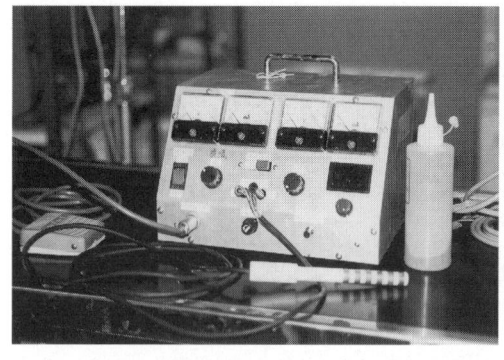

(1) 電気採精器一式　　　　　　　　　(2) 雄ザルの保定台

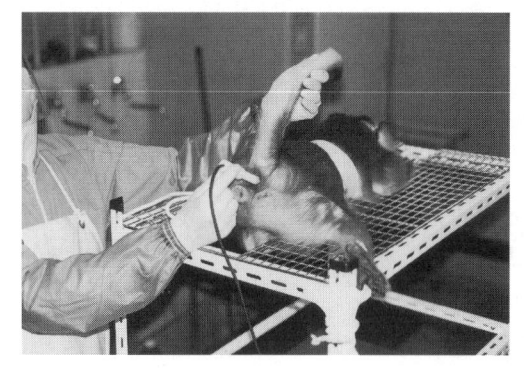

(3) カニクイザルの直腸にプローブを挿入し精液を採取しているところ．

(4) 電気刺激により勃起したカニクイザルの陰茎．

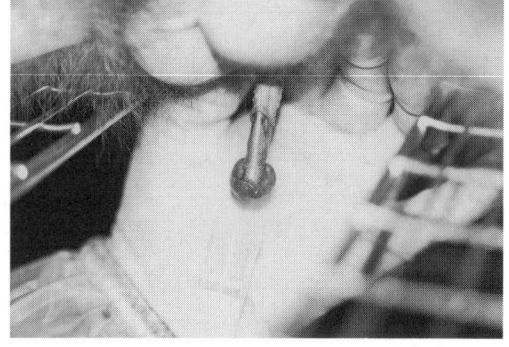

図 2.36 精液の採取

ザル精子の採取のために直腸刺激法を採用している．本稿ではその手順を紹介する（図2.36）．

雄カニクイザルを麻酔し（「卵子の体外培養法-未成熟卵子，排卵卵子，受精卵の採取法-サル-未成熟卵子の採取」の項参照），精液採取用金属製ネットに背位に保定する．精液採取用ネットは胴体の部分が安定するよう溝があり，頭部が位置する部分は歯が引っかからないよう縦の棒だけになっている．また，陰茎，陰嚢が位置する部分にはネットがなく，肛門，陰茎への操作の妨げにならないよう工夫されている．保定したサルの陰茎を露出させる．電気採精器に繋がれた直腸プローブの先に潤滑用ゼリーを塗布し，ゆっくりとプローブを直腸内に挿入する．このとき，直腸を傷つけないように注意する．電圧を徐々に上げ，陰茎が勃起した状態を数秒から数分間保つ．電圧の目安は10 V，40回/秒（交流）とし，30秒程度の間隔でこの操作を繰り返す．電圧および刺激時間はサルの状態を見ながら適宜調節する．プローブの位置は陰茎の状態を見ながら肛門から5～10 cmの範囲で移動させる．個体差はあるが，本法により0.1～1 mlの精液を採取することができる．精液は15あるいは50 mlの遠沈管でうける．精液の凝固を防ぐため，遠沈管には2～5 mlの培養液を入れておき，精液を採取したら直ちに撹拌する．

3）精子の前培養 著者らはカニクイザル精子の洗浄に90 % パーコールを用いた遠心法を採用している．浸透圧を調整した90 % パーコールを準備する．サル種によっては精子の比重が異なっているために，90 % パーコールを用いた遠心では十分な沈殿が認められないことがあるが，そのようなときには80 % あるいはそれ以下の濃度のパーコールを用いる．15 mlの遠沈管に3 mlのパーコールを入れそのうえに採取した精子の浮遊液を静かに注入する．2,000 rpmで10分間遠心する．上清およびパーコールを吸引除去し沈殿した精子を回収する．鏡検により活性良好な精子が観察される．活性良好精子はすぐに浮遊してくるため，遠心後ただちに上清を除去しなければならない．また，swim up法も有効であり，swim up法を用いるときは常法により処理すればよい．回収した精子をあらかじめ準備しておいた100あるいは200 μl の前培養用ドロップに滴下する．精子濃度は $5 \times 10^7 / ml$ とし37 ℃，5 % CO_2，95 % 空気の条件のインキュベーター内に静置する．前培養用の培養液はカフェイン，dbcAMP非添加のTYH培養液とし5～8時間培養したのちにカフェインとdbcAMPを添加する．カフェイン，dbcAMPの濃度はそれぞれ1 mMになるよう調整する．それらを添加してから30分間隔で鏡検し，ハイパーアクチベーションの誘起状態を観察する．カニクイザル精子の場合，添加後1～2時間でハイパーアクチベーションが誘起される[29]．また，著者らは培養開始時からカフェイン，dbcAMP添加培養液を用いることもあるが，その場合カニクイザル精子では6～8時間，アフリカミドリザル精子では4～6時間でハイパーアクチベーションが誘起される[21,23,30]．凍結融解精子の場合，その時間が短縮されることがある[21]．

4）媒　精 前培養を施した精子をドロップの上の部分（運動性のない精子，弱い精子は下のほうにある）からマイクロピペットで採取し，精子濃度を確認する．成熟卵子の入ったTYHあるいはWhitten培養液（後述）100あるいは200 μl のドロップ内に精子浮遊液を添加する．このとき，ドロップ内の精子濃度が300/ μl になるように調整する．培養皿を37 ℃，5 % CO_2，95 % 空気の条件下のインキュベーター内に静置する．

5）顕微授精 受精卵の作出技術としていくつかの動物種で顕微授精が応用されるようになっ

てきた．著者らはカニクイザルを用いた顕微授精により受精卵を得ている[25]．研究の目的に応じて体外受精と顕微授精の技術を使い分けることでこれらの技術はより有効に利用できるものと考えている．また，カニクイザルの円形精子細胞は卵子活性化能を有していることを見いだしており，円形精子細胞を使った顕微授精に成功している．基本的な操作方法は，他の動物種で試みられている方法と変わらないが，具体的な方法については文献を参照していただきたい．

6）受精の判定　受精の判定は，卵子内に形成される雄性前核の状態，第2極体放出の有無を確認する方法がもっとも簡便かつ確実である．サル類の場合，雄性前核形成までの時間がマウスなどの場合と比べて長い．媒精後15〜18時間目に倒立顕微鏡により鏡検する．倒立顕微鏡にはホフマン装置あるいはノマルスキー微分干渉装置がついていることが望まれる．雄性前核の形成，第2極体の放出を認めた卵子は受精していると判断できる．精子頭部の膨化，尾部の存在を確認するためには観察する時間帯を早くする必要がある．また，実験目的に応じてラクモイド，オルセインなどで染色する．

体外培養

1）培地の調製　著者らは受精卵の発育培養にWhitten培養液（表2.13）[31]あるいはCMRL-1066を基本培地にしたものを用いている．

1. Whitten培養液は常法に従って調製する．CMRL-1066は市販されている．
2. FCSを10％になるよう添加する．
3. ろ過滅菌後，50あるいは100 μl のドロップを作成し，流動パラフィンで覆う．

表2.13　Whitten培養液

成　分	mM
NaCl	87.67
KCl	4.83
乳酸Ca・5H$_2$O	1.72
MgSO$_4$・7H$_2$O	1.17
KH$_2$PO$_4$	1.18
NaHCO$_3$	22.62
グルコース	5.56
ピルビン酸ナトリウム	0.31
乳酸ナトリウム（60％シロップ）	22.20
ペニシリンGカリウム	10,000 IU
ストレプトマイシン	0.05 mg/ml
BSA	1 mg/ml

2）受精卵の発育培養　研究者によって様々な培養液が用いられており，サル種によっても至適条件は異なっている可能性がある．著者らは，カニクイザル受精卵の発育培養にWhitten培養液を用いて胚盤胞[32]あるいは脱出胚盤胞[21]にまで発育させることに成功している．また，最近，培養液にCMRL-1066を用いてBRL細胞と共培養することでより良好な発育成績を得ている．アカゲザル受精卵の発育培養に使われている方法[29,33〜36]をカニクイザルに応用したものであるが，ここではその手順を紹介する．

凍結保存されているBRL細胞を融解し，PBSで2回遠心洗浄する．100あるいは200 ml のCMRL-1066のドロップに細胞を浮遊させ，37℃，5％ CO$_2$，95％ 空気の条件下のインキュベーター内に静置する．数時間後，細胞が培養皿に定着したことを確認し培養をつづける．培養開始時のBRL細胞の濃度は細胞の株，保存状態で異なるが，24あるいは48時間後に培養液ドロップの底面全体に細胞が増殖する濃度をあらかじめ確認しておくとよい．底面全体に細胞が増殖したときに前核期の受精卵を移動できるように実験計画を企てておく．前核期の受精卵は発育培養用の培養液で十分に洗浄したのちあらかじめ準備しておいたドロップに移動し，インキュベーター内で静置する．24あるいは48時間ごとにドロップの培養液を交換する．卵子およびBRL細胞を傷つけないよう注意しながら培養液を吸引除去し，除去した量と同量の新しい培養液を静かに加

える．この操作を数回繰り返すことで培養液を交換する．この培養条件下で体外受精卵および顕微授精した卵子を胚盤胞まで発育させることが可能である．

おわりに

本稿で紹介した内容は卵子，精子などの生殖細胞を体外で操作するための基本技術である．サル類におけるこれらの技術は，マウスやウシなどで行われている技術レベルに近づいてきたと考えられるが，安定した成果を得るためにはまだ検討しなければならない課題は多い．決して豊富ではないサル類の研究資源から少しでも多くの情報を得て，その情報を基に新規技術の開発に取り組むという研究者の姿勢が重要であると感じている．

参考文献

1) Bavister, B. D., Boatman, D. E., Collins, K., Dierschke, D. J. and Eisele, S. G.: Birth of rhesus monkey infant after *in vitro* fertilization and nonsurgical embryo transfer. Proc. Natl. Acad. Sci. USA, 81: 2218-2222 (1984).
2) Clayton, O. and Kuehl, T. J.: The first successful *in vitro* fertilization and embryo transfer in a nonhuman primate. Theriogenology, 21: 228 (1984).
3) Balmaceda, J. P., Pool, T. B., Arana J. B., Heitman, T. S. and Asch, R. H.: Successful *in vitro* fertilization and embryo transfer in cynomolgus monkeys. Fertil. Steril., 42: 791-795 (1984).
4) Steptoe, P. C. and Edwards, R. G.: Birth after the reimplantation of a human embryo. (letter) Lancet, 2: 366 (1978).
5) Thomson, J. A., Kalishman, J., Golos, T. G., Durning, M., Harris, C. P., Becker, R. A. and Hearn, J. P.: Isolation of a primate embryonic stem cell line. Proc. Natl. Acad. Sci. USA, 92: 7844-7848 (1995).
6) Chan, A. W. S., Dominko, T., Luetjens, C. M., Neuber, E., Martinovich, C., Hewitson, L., Simerly, C. R. and Schatten, G. P.: Clonal propagation of primate offspring by embryo splitting. Science, 287: 317-319 (2000).
7) Chan, A. W. S., Luetjens, C. M., Dominko, T., Ramalho-Santos, J., Simerly, C. R., Hewitson, L. and Schatten, G.: Foreign DNA transmission by ICSI: injection of spermatozoa bound with exogenous DNA results in embryonic GFP expression and live Rhesus monkey births. Mol. Hum. Reprod., 6: 26-33 (2000).
8) Dukelow, W. R., Pierce, D. L., Roudebush, W. E., Jarosz, S. J. and Sengoku, K.: *In vitro* fertilization in nonhuman primates. J. Med. Primatol. 19: 627-639 (1990).
9) Wolf, D. P., Thomson, J. A., Zelinski-Wooten, M. B. and Stouffer, R. L.: *In vitro* fertilization-embryo transfer in nonhuman primates: the technique and its applications. Mol. Reprod. Dev., 27: 261-280 (1990).
10) Sankai, T.: *In vitro* manipulation of nonhuman primate gametes for embryo production and embryo transfer. Exp. Anim. 49: 69-81 (2000).
11) Alak, B. M., Smith, G. D., Woodruff, T. K., Stouffer, R. L. and Wolf, D. P.: Enhancement of primate

ooxyte maturation and fertilization *in vitro* by inhibin A and activin A. Fertil. Steril., 66: 646-653 (1996).

12) Alak, B. M. and Wolf, D. P.: Rhesus monkey oocytes maturation and fertilization *in vitro*: roles of the menstrual cycle phase and of exogenous gonadotropins. Biol. Reprod., 51: 879-887 (1994).

13) Flood, J. T., Chillik, C. F., Uem, J. F. H. M., Iritani, A. and Hodgen, G. D.: Ooplasmic transfusion: prophase germinal vesicle oocytes made developmentally competent by microinjection of metaphase II egg cytoplasm. Fertil. Steril., 53: 1049-1050 (1990).

14) Lanzendorf, S. E., Gordon, K., Mahony, M., Boyd, C. A., Neely, B. and Hodgen, G. D.: The effect of coculture on the postfertilization development of *in vitro*-matured monkey oocytes. Fertil. Steril., 65: 420-425 (1996).

15) Morgan, P. M., Warikoo, P. K. and Bavister, B. D.: *In vitro* maturation of ovarian oocytes from unstimulated rhesus monkeys: assessment of cytoplasmic maturity by embryo development after in vitro fertilization. Biol. Reprod., 45: 89-93 (1991).

16) Sankai, T., Sakakibara, I., Cho, F. and Yoshikawa, Y.: *In vitro* maturation and *in vitro* fertilization of eggs recovered from ovaries of cynomolgus monkeys (Macaca fascicularis) at necropsy in a indoor breeding colony. J. Mamm. Ova Res., 10: 161-166 (1993) (in Japanese with English summary).

17) Schramm, R. D. and Bavister, B. D.: Granulosa cells from follicle stimulating hormone-primed monkeys enhance the developmental competence of *in-vitro*-matured oocytes from non-stimulated rhesus monkieys. Hum. Reprod., 11: 1698-1702 (1996).

18) Schramm, R. D., Tennier, M. T., Boatman, D. E. and Bavister, B. D.: Chromatin configurations and meiotic comperence of oocytes are related to follicular diameter in nonstimulated rhesus monkeys. Biol. Reprod., 48: 349-356 (1993).

19) Smith, G. D., Sadhu, A. and Wolf, D. P.: Transient exposure of rhesus macaque oocytes to calyculin-A and okadaic acid stimulates germinal vesicle breakdown permitting subsequent development and fertilization. Biol. Reprod., 58: 880-886 (1998).

20) Yeoman, R. R., Helvacioglu, A., Williams, L. E., Aksel, S. and Abee, C. R.: Restoration of oocyte maturational competency during the nonbreeding season with follicle-stimulating hormone stimulation in squirrel monkeys (Saimiri boliviensis boliviensis). Biol. Reprod., 50: 329-335 (1994).

21) Sankai, T., Terao, K., Yanagimachi, R., Cho, F. and Yoshikawa Y.: Cryopreservation of spermatozoa from cynomolgus monkeys (*Macaca fascicularis*). J. Reprod. Fertil., 101: 273-278 (1994).

22) Sankai, T., Shimizu, K., Cho, F. and Yoshikawa Y.: *In vitro* fertilization of follicular oocytes by frozen-thawed spermatozoa in Japanese monkeys (*Macaca fuscata*) Lab. Anim. Sci., 47: 58-62 (1997).

23) Sankai, T., Cho, F., Yoshikawa, Y.: In vitro fertilization and preimplantation embryo development of African green monkeys (*Cercopithecus aethiops*) Am. J. Primatol., 43: 43-50 (1997).

24) Sankai, T., Tsuchiya, H., Ogonuki, N., Cho, F. and Yoshikawa, Y.: A trial of oocyte maturation and *in vitro* fertilization by frozen-thawed spermatozoa in the red-bellied tamarin (*Saguinus labiatus*). J. Mamm. Ova Res., 14: 205-208 (1997).

25) Ogonuki, N., Sankai, T., Cho, F., Sato, K. and Yoshikawa, Y.: Comparison of two methods of assisted fertilization in cynomolgus monkeys (*Macaca fascicularis*): Intracytoplasmic sperm injection and pertial zona dissection followed by insemination. Hum. Reprod., 13: 2555-2560 (1998).

26) Ogura, A., Matsuda, J. and Yanagimachi, R.: Birth of normal young following fertilization of mouse oocytes with round spermatids by electrofusion. Proc. Natl. Acad. Sci. USA, 91: 7460-7462 (1994).

27) Fishel, S., Green, S., Bishop, M., Thornton, S., Hunter, A., Fleming, S. and al-Hassan, S.: Pregnancy after intracytoplasmic injection of spermatid. Lancet, 24: 1641-1642 (1995).

28) Toyoda, Y., Yokoyama, M. and Hoshi, F.: Studies on the fertilization of mouse eggs *in vitro*. I. *In vitro* fertilization of eggs by fresh epididymal sperm. Jpn. J. Anim. Reprod., 16: 147-151 (1971) (in Japanese with English summary).

29) Meng, L., Ely, J. J., Stouffer, R. L. and Wolf, D. P.: Rhesus monkey produced by nuclear transfer. Biol. Reprod., 57: 454-459 (1997).

30) Sankai, T., Ogonuki, N., Tsuchiya, H., Shimizu, K., Cho, F. and Yoshikawa, Y.: Comparison of results from IVF-related studies for cynomolgus monkeys, Japanese monkeys, African green monkeys, and red-bellied tamarins. J.Fertil. Implant. (Tokyo), 15: 177-179 (1998).

31) Whitten, W. K.: Nutritional requirements for the culture of preimplantation embryos *in vitro*. Adv. Biosci., 6: 129-139 (1971).

32) Sankai, T., Fujisaki, M., Ida, S., Wakabayashi, T., Cho, F. and Honjo, S.: Successful *in vitro* culture to the blastocyst stage of cynomolgus monkey (Macaca fascicularis) eggs fertilized *in vitro*. J. Fertil. Implant. (Tokyo), 8: 76-78 (1991) (in Japanese with English summary).

33) Boatman, D. C.: *In vitro* growth of nonhuman primate pre- and peri- implantation embryos. pp. 273-308. In: The mammalian preimplantation embryo (Bavister, B. D. ed.), Prenum Press, New York, USA, (1987).

34) Schramm, R. D. and Bavister, B. D.: Development of *in-vitro*-fertilized primate embryos into blastocysts in a chemically defined, protein-free culture medium. Hum. Reprod., 11: 1690-1697 (1996).

35) Weston, A. M. and Wolf, D. P.: Differential preimplantation development of rhesus monkey embryos in serum-supplemented media. Mol. Reprod. Dev., 44: 88-92 (1996).

36) Zhang, L., Weston, A. M., Denniston, R. S., Goodeaux, L. L., Godke, R. A. and Wolf, D. P.: Developmental potential of rhesus monkey embryos produced by *in vitro* fertilization. Biol. Reprod., 51: 433-440 (1994).

5.6 ヒ ト[*]

はじめに

1950年代以降,受精能獲得現象(Austin & Chang)の解明により,哺乳動物の体外受精(IVF)の研究は加速度的に増加していった.

一方,ヒトIVFの場合,Rock & Menkin(1948),Shettles(1953 1955),林ら(1962)の初期の報告が見られるが,本格的なヒトIVFの研究が行われるようになってきたのは,1960年代後半から1970年にかけてである.

そして,これには多くの哺乳動物卵子を用いた実験,なかでも卵子の体外成熟法,精子の受精能獲得法そしてIVFの成功による実験生殖生理学が大きく貢献したことは間違いない.

イギリスのEdwards & Steptoeらは1969年[1],1971年[2]に相次いでヒトIVFの成功をNature誌に報告した.最初は自然周期における未熟な卵胞卵を採取して36時間体外成熟させてから,洗浄射精精子を媒精してIVFを行い11個の前核期卵を得ている.その後,未熟な卵胞卵を採取して体外成熟させるかわりに,LHサージを確認後,腹腔鏡下で排卵直前の成熟卵胞から卵子を採取してIVFを行った.培養液は20%ウシ胎仔血清を加えたHam F 10が最も有効であり,その浸透圧は300 mOsmが最適であったと報告している.これらの条件を設定するために,彼等はハムスター精子の受精能獲得条件が,最もヒトのIVFに適していることにヒントを得たと述べている.

その結果ヒトIVF卵がはじめて胞胚期まで発生したとNature誌に報告している[2].その後も相次いでヒトIVFの成功例が報告され,著者[3]も1977年に分割卵を得ている.まさに1970年代は実験動物より得られた生殖生理学の基礎に基づく,ヒト生殖医療の黎明期であった.そしてついにSteptoe & Edwardsによって,1978年7月に世界最初のIVF-ET児が誕生したのである.

このようにヒトも哺乳動物であり,卵子の体外成熟,受精,培養法も基本的には同じであるが,初期発生の過程における栄養要求度などが多少異なる.そこで本項ではわれわれのIVFセンターにおける培養方法を紹介し,また一般的に行われているヒト卵子の体外成熟,体外受精,体外培養法についても解説する.

ヒト体外受精・体外培養法の概略

ヒトIVF-ETでは通常卵巣刺激法(COH)による卵胞成熟を促して,経腟超音波下による採卵法を行う.自然周期採卵はヒトIVFが開始された1980年代には行われていたが,採卵率が悪く現在ではあまり行われていない.

COHには当科ではGnRHアナログによるlong protocol下にhMG 300 IU/日筋注を7日間行う7-days methodをルチンに採用している[4].採卵後,卵胞液を実体顕微鏡下に鏡検して顆粒膜細胞に被包された卵子を成熟培養液に移し,数時間培養する.培養後,第1極体放出卵(Meta-Ⅱ)に媒精を行う.媒精後6〜12時間で雌雄前核形成による受精卵の確認を行い,受精卵を発生培地に移す.この際euploidy以外の受精卵もその後の培養によりdiploidを確認できることもあるので,

---

[*] 久保 春海・安部 裕司

培養して観察する．Diploid 受精卵が24〜72時間で4〜8 cell期に達したら早期胚移植であればD2/D3-ETを実施する．しかし桑実胚／胞胚期移植であれば4細胞期より胞胚形成培地に移し，96〜120時間培養後D4/D5あるいはD6にETを実施する．

培養法
a）準　備
1．器具・機械
1）器　具　培養用フラスコ，シャーレ，培養皿，メスピペット，短試験管，パスツールピペット，マイクロピペット，分注チップ，注射器，注射針，ろ過滅菌用フィルターなど．

2）機　械　CO_2 培養器，クリーンベンチ，実体顕微鏡，倒立位相差顕微鏡，加温板，温浴恒温漕，遠心分離器，オートクレーブ，pHメーター，浸透圧計，マグネチックスターラー，分注器，超純水製造装置，冷凍・冷蔵庫，CO_2，混合ガス（5％ CO_2，5％ O_2，90％ N_2）ボンベなど．

2．薬　品
抗生剤，重炭酸 Na，ヒアルロニダーゼ，フェノールレッド，ピルビン酸塩，乳酸塩アルブミン製剤（プラスマネート），NaOH，HCl など．

3．培　地
ヒト IVF に用いられる培地の組成は比較的単純であり純水装置，化学天秤などがあれば各組成の保存液をあらかじめ作製して冷凍保存しておき，使用時に各組成を混合，調整して自家製造することが可能である．

しかし，現在ヒト IVF 用には多少高価ではあるが ready-made の培地が 100 m*l* 単位のボトルで各社から市販されており，ほとんどの施設で多忙な ART 臨床医はこれらを購入して使用している．したがって培養液の自家製造法は頁数の関係で他項を参照していただきたい．

購入した ready-made 培養液は使用前に 24 時間インキュベーター中でガス平衡化し，温度調節さえしておけばタンパク質添加して，ろ過滅菌後，培養皿に分注するだけで使用可能となる．これらの市販培地には Human tubal fluid（HTF, Quinn）[5]，mHTF，HTFw／HEPES，BASAL XI，MenezoB 2，Whitten，G 1 培地，P 1 培地，α-MEM 培地，HamF 10 培地などが受精・早期胚培養用として提供されている．また胞胚期培養用としては Blastocyst medium（Irvine），D 3 + HTF（ART Inc.），G 2，G 2.2 などがある．またタンパク添加物とし

表 2.15　受精・早期胚用培地の組成（Irvine Scientific）

Component (mM)	HTF	mHTF	P-1
NaCl	101.6	101.6	101.6
KCl	4.69	4.69	4.69
KH_2PO_4	0.37	0.37	0.20
$MgSO_4 \cdot 7H_2O$	0.20	0.20	2.04
$CaCl_2$	2.04	2.04	25.0
$NaHCO_3$	25.0	4.0	
HEPES		21.0	
Glucose	2.78	2.78	0.33
Na Pyruvate	0.33	0.33	21.4
Na Lactate	21.4	21.4	0.05
Taurine			0.15
Na citrate (mg/*l*)	0.15	0.15	5
Phenol red (mg/*l*)	10	10	
Penicillin G (u/m*l*)	100	100	
Streptomycin (μg/m*l*)	50	50	
Gentamycin			10
pH	7.4 ± 0.1	7.4 ± 0.1	7.4 ± 0.1
Osmolality (mOsm/kg)	280 ± 8	280 ± 8	280 ± 8

表 2.16 後期胚用合成培地の組成

Component (mM)	Blastocyst Medium (Irvine)	D3 + HTF (ART Inc.)	Ham F10 (mg/l)
NaCl	116.6	97.6	7400
KCl	3.8	4.7	285
KH_2PO_4	0.6		83
$MgSO_4 \cdot 7H_2O$	1.10	0.20	74.62
$CaCl_2$	0.3	2.04	33.29
$NaHCO_3$	20.0	25.0	
HEPES			
Glucose	6.1	0.5	1100
Na Pyruvate	0.33	0.33	110
Na Lactate		21.4	
KH_2CO_3	5		
Ca Lactate	1	0.15	
$FeSO_4$	0.003		0.834
Na_2HPO_4	1.1	10	153.7
$CuSO_4 \cdot 5H_2O$	0.00001		0.0025
$ZnSO_4 \cdot 7H_2O$	0.00001	100	0.0288
Taurine			
Na citrate (mg/l)		50	
EDTA		0.01	10
Amino acids	+	+	+
Vitamins etc	+		+
Phenol red (mg/l)	0.01	0.0003 %	+
Penicillin G (μg/ml)			
Streptomycin (μg/ml)			
Gentamycin (μg/ml)	15.43	10	
PH	7.4 ± 0.1	7.4 ± 0.1	
Osmolality	280 ± 8	280 ± 8	

て，Synthetic Serum Substitute（合成代用血清，SSS），ヒト血清アルブミン，補体を不活化した自己血清，臍帯血清などが用いられる．

4．培地調整法

上記の培地中，HTF，mHTF，BASAL XI，P-1，G1培地などは出荷の段階ですでに $NaHCO_3$ 濃度調整によりpH調整，浸透圧調整がされており，また抗生剤，フェノールレッドも含まれている．したがってpH 7.2～4 ± 0.1，浸透圧 280～290 mOsm/kg になっている．これ以外の培地では抗生剤が不含のものもあるので，添加する必要がある．抗生剤としてペニシリンG 100 u/ml，硫酸ストレプトマイシン 50 μg/ml，硫酸ゲンタマイシン 10 μg/ml，その他カナマイシン，エリスロマイシンまた抗カビ剤としてファンギゾン，マイコスタチンなどが用いられる．またPH指示薬不含培地として売られているものはフェノールレッド 5～10 mg/l を添加しなければならない．

α-MEM や HamF10 などの培地ではもともとヒト以外の細胞培養用に開発された培地であり，ヒト細胞用にpHおよび浸透圧を調整する必要がある．

これらの培地ではpHは $NaHCO_3$-CO_2 緩衝系に依存しており，pHを上げる場合には6% $NaHCO_3$ 溶液または注射用の 7 w/v% 炭酸水素ナトリウム液，メイロン注液あるいは 1N NaOH などを用い，pHを下げたい場合には1NのHCl溶液を少量づつ滴下瓶にてpH指示薬の色を見な

から滴下する．

　フェノールレッドは pH 7.0 以下では黄色，pH 7 台では種々の程度の橙色～赤色，pH 8.0 以上では深赤色を呈する．一般的に pH が 7.0 より低くなれば卵の代謝活性が低下するので培養液を交換する必要がある．また mHTF, HTFw/HEPES 培地では重炭酸緩衝系ではなく，大気相でも安定に pH を保つ HEPES（N-2-hydroxyethylpiperazine-N'-ethane sulfonic acid；分子量 238.3）が 21 mM 濃度で緩衝系として用いられており，37℃で生理的条件下でも緩衝作用が強い．HEPES は培養細胞に対して 20 mM 程度の濃度では細胞毒性を示さない．当科では HTFw/HEPES 培地を卵の運搬（Transport ART）用などの大気相での解放系に用いて効果を上げている．

　浸透圧は卵の培養環境として重要な因子である．ヒト正常血清の浸透圧は氷点降下法で 275～290 mOsm/kg であり，卵を含めヒト正常 2 倍体細胞の培養ではこの範囲に浸透圧を調整する．したがって市販のヒト IVF 用培地では浸透圧を 280～290 mOsm/kg に調整してある．自家製培地の浸透圧を上げたい場合にはグルコース溶液や塩類組成，その他の培地中の組成濃度をバランス良く増加させる．また浸透圧を下げる場合には培地用の滅菌蒸留水などを用いて希釈することによって調整する．

　粉末培地として購入した場合あるいは自家製造の各組成を冷凍保存した培地であれば，数カ月の保存期間は可能であるが，ready-made の市販培養液を購入した場合にはそのバッチの使用期限を確かめる必要がある．溶液状態では培養液中の組成は塩類を除き，作製後 1～2 週間で分解してしまうと考えるべきである．期限が多少過ぎても早期胚までの培養であれば影響は少ないが，胞胚期までの培養を試みる場合にはできる限り新鮮培地を用いることが大事である．調整した培養液の性質を判定するために，無菌試験，エンドトキシン測定，マウス胚培養試験，ヒト精子活力維持試験などをそれぞれのバッチで実施することが必要である．これらの試験で結果が悪ければ，ヒト IVF 用には用いられない．タンパク無添加，無血清培養でも受精から胞胚期まで培養可能であるが，通常はこれらを添加して用いた方が胚に対しての栄養源，ホルモン，サイトカイン，増殖因子，接着因子，抗酸化，解毒作用および未知の発生促進因子，栄養素担体として，また培地の緩衝剤の効果などを期待できる．調整された培地中にタンパク製剤，血清，合成代用血清などを 10～20％ 添加後，ミリポア型ろ過器（孔径 0.2 μm）でろ過滅菌を行い，培養皿に分注して使用直前まで CO_2 インキュベーター内に静置しておく．

b）培養方法
1）体外成熟

培地の作製（HTF 培地の場合）

1. ART 前日に採卵 1 件あたり，市販の HTF 100 ml, mHTF 100 ml を各 1 本づつ CO_2 インキュベーター中で加温しておく．ただし HTF はスクリュー栓をゆるめ，mHTF は密栓しておく．また Transport ART の場合は HTFw/HEPES 100 ml を密栓したまま加温しておく．

2. ART 当日

   ① 精子洗浄用培地として mHTF 20 ml に SSS 1 ml を最終濃度 5％ になるように添加する．また血，膿精液の場合にはエリスロシン，ゲンタシンなどの抗生剤を添加する．

   ② 卵胞 flushing, 卵子選別用に mHTF 80 ml に SSS 8 ml を最終濃度 10％ になるように，また

ヘパリン 5 IU/ml を添加する．
③体外成熟・受精培地として HTF 100 ml に SSS 10 ml を最終濃度 10 % となるように添加する．
　ろ過滅菌後，培養皿（Falcon 3037）に分注（外枠 3 ml，内枠 1 ml）し，採卵までインキュベーター内で静置する．

操　作

1. 採卵は静脈麻酔下に 17 G-double lumen 採卵針（K-OPSD-1635, Cook）を用いる．
2. 卵胞液吸引後，2〜3 回 mHTF ＋ 10 % SSS ＋ヘパリンで flushing を行う．
3. 卵胞液の回収，保存はヒートブロック内の短試験管（Falcon 2001）で，卵子の選別は加温板上のシャーレ（Falcon 3002）で行う．

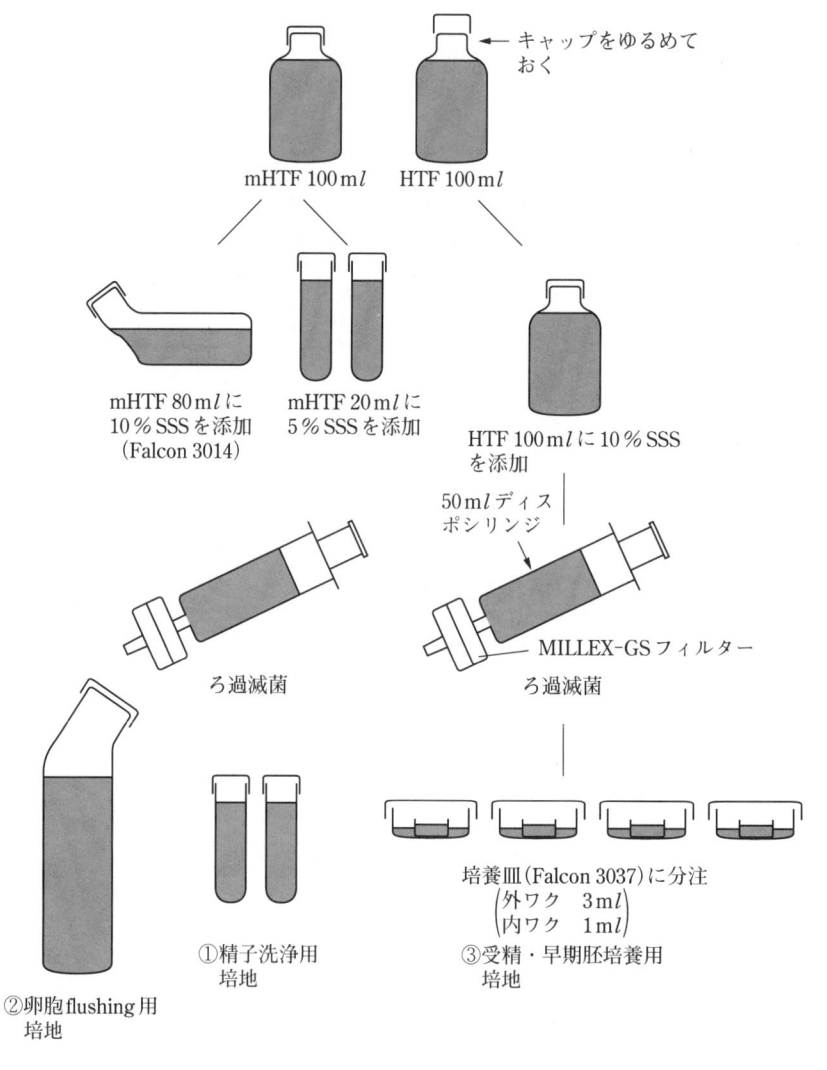

図 2.37　培地の調整法

4. 卵子は前日よりインキュベーター中で加温，平衡化された HTF＋10％ SSS 中に移し，成熟追加培養（Meta-II）として前培養を 4〜6 時間行う．この間に細胞質の成熟も起こると考えられ，特に MPF の蓄積や表層顆粒の卵細胞膜直下への移動は成熟卵の機能として重要である．培養皿は Organ culture dish（Falcon 3037）を使用し，外枠でパスツールピペット（CORNING 7077）を用いて卵子を選別・洗浄し，内枠で 3〜4 個の卵子ごとに前培養を行う．インキュベーター内ガス相としては一般に嫌気性環境（≦5％ O_2）の方が活性酸素の影響が少なく，初期胚発生に適しているといわれているが，当科ではガス相は 5％ CO_2 in air（≧20％ O_2）を用いており，混合ガスは用いていない[6]．また 蒸散を防ぐためのミネラルオイルの重層も行っていない．これらの使用はわれわれの比較対照実験で胚の分割率，妊娠率に有意差を認めず，簡便性，コストパフォーマンスの観点より否定的である．

2）体外受精

培地の作製

1. 精子洗浄用に①液を，swim up には③液を用いる．
2. 受精培地には培養皿に分注した③液を用いる．

操　作

1. 前培養により Meta-II 卵が得られたら，精子浮遊液を遠心洗浄＋swim up 法で作製する．
2. 精液は室温（20℃）にて約 30 分間液化させる．洗浄には短試験管（10 ml）に mHTF＋5％ SSS＋エリスロマイシン 100 μg を用い，精液：培地＝1：1 となるように入れ，キャップ後よく振って混和し，5 分間静置する．
3. 沈殿した debris を除き，ピペットで上清を別の短試験管に移す．総量を 10 ml となるように培地で調節し，遠心洗浄する（1500 RPM，10 min）．
4. 上清を捨て，沈渣を培地 10 ml でかく拌，溶解し，第 2 回目の遠心洗浄を行う．
5. 上清を捨て，沈渣を 0.5〜1 ml の③液で溶解，希釈する．
6. swim up には短試験管（容量 5 ml）に③液を 0.5〜1 ml 入れ，培地下層に精子浮遊液を layering する．swim up はインキュベーター内で 45〜60 分行い，活力精子のいる上清を別の短試験管に移す．
7. 媒精は精子最終濃度 0.5〜1×10^5/ml となるようにマイクロピペットで調節する．インキュベーターに静置し，37℃，5％ CO_2 in air の条件下で培養を継続する．
8. 6〜12 時間で実体顕微鏡下に卵を卵丘細胞層からピペットで裸化し受精を確認する．

3）体外培養

最近，培養液中のグルコースとリン酸イオンの存在下では胚発生が阻害されることがマウスやハムスターで報告されるようになり[7]，ヒトでもこれらを除いた培地などが用いられている[8]．高濃度のグルコース存在下で起こるこの現象はクラブトリー（Crabtree）効果と呼ばれ[9]，細胞内の解糖系が促進されることでミトコンドリアの呼吸量が減少し，結果的にエネルギー産生が低下することによるといわれている．このためヒト胚でもグルコースとリン酸イオンを含まないか（P-1，BASAL IX 培地），低濃度に修正した培地（D3＋HTF 培地）の使用が一般的になりつつある．しかし 8 細胞期までは in vivo 卵管内に存在する早期胚であり，これらを子宮内に ET することは非生

理的環境下に胚を置くことになる．このため着床期にいたる胚の減少を補う意味で，途もすると過剰胚移植（＞3胚）を行い多胎妊娠の原因になっていた．

培　地
1. 新鮮 HTF ＋ 10 ％ SSS または P-1 ＋ 10 ％ SSS

操　作
1. 受精の確認された卵は上記培養液中に移し，4～8細胞期まで同一条件下で培養する．
2. これらの早期胚は D 2 / D 3 移植に供することもある．

胞胚期培養

近年，ヒト子宮内膜上における implantation window は他哺乳動物と異なり，比較的幅が広いことがわかり[10]，早期胚移植に代わって桑実胚/胞胚期移植を行う late ET が盛んになってきた．これにともない従来,支持細胞層（feeder layer）を用いた共培養法[11]が用いられてきたが，支持細胞を作製すること自体が煩雑であり，継代培養細胞や動物細胞を用いることは感染や遺伝子交雑を起こす可能性もあってなかなか発展しなかった．

最近，支持細胞を使わなくても，順次培地（Sequential media）を用いて早期胚と後期胚（8細胞期以降）を別々の組成の培地によって培養して，高率に胞胚形成を行うことが明らかになってきた．

培　地
0. Blastocyst medium ＋ 10 ％ SSS または D 3 ＋ HTF medium ＋ 10 ％ SSS

操　作
1. 媒精後72時間で4細胞期以降になった胚を上記培地に移し，同一条件下で培養を継続する．
2. Blastocyst medium, G 2 培地ではアミノ酸の代謝によるアンモニアに細胞毒性がある．したがって胚を静かにローテートさせ，培地を1/2ずつ新鮮培地に交換する．

c）具体的例

Gardner らは早期胚用の G 1 培地にグルコースを除き，代わりに非必須アミノ酸，グルタミン，ピルビン酸，乳酸塩を添加し，後期胚用の G 2 培地にはこれらに必須アミノ酸，グルコースを添加して胞胚期まで培養して 70 ％ の胞胚形成率と 50 ％ の妊娠率を報告している[12]．われわれも通常の早期胚移植による IVF-ET の反復不成功例に対し D 3 ＋ HTF 順次培地を用いて D 4 / D 5 ET を行い，30 ％ の胞胚形成率と 40 ％ 以上の臨床的妊娠率を報告している[13]．また HTF/ Ham F 10 ＋ 20 ％ HS の順次培養による後期胚の発生を経時的に観察してみた．媒精後8細胞期までは 60～72 時間，桑実胚期までは 92～114 時間，後期胞胚までは 120～170 時間であった．また後期胞胚が hatching 後裸化するまでは胞胚形成後平均 7.5 時間，裸化卵が接着するまでは平均 24 時間，トロホブラストの伸展には平均 39.5 時間であった[6]．

おわりに

ヒト IVF-ET における胚培養法の概略を述べた．ヒトでは前核期卵から胞胚にいたるまでの全ステージで，子宮内移植により，生児が誕生している．しかし，早期胚 ET では子宮内の非生理的環境のため，良好胚を ET しても着床率は 20 ％ 前後である．このため体外で着床周辺期まで培養する技術が求められ続けてきた．支持細胞層を用いた共培養法により胚発生能は改善されたが，欠

点もあり普遍化するにはいたらなかった．近年，ヒト胚の栄養要求性が早期胚と後期胚で異なることが詳細に検討され，順次培地が次々に開発され市販されるようになった．このため胚の発生能（4 cell block 解除，胞胚形成率）が飛躍的に改善され，胞胚期移植（D5/D6 ET）が手軽に可能になってきた．

しかし，着床率そのものは胞胚期移植を行っても ET 胚あたり 30～40 ％ 前後である．

体外培養されたヒト胞胚の hatching 率は約 40 ％ [14] といわれており，今後 hatching 現象を含めた着床機構の解明が待たれるところである．

参考文献

1) Edwards, R. G., Bavister, B. D. and Steptoe, P. C.: Early stages of fertilization *in vitro* of human oocytes matured *in vitro*., Nature, 221: 632-635 (1969).
2) Steptoe, P. C., Edwards, R. G. and Purdy, J. M.: Human blastocysts grown in culture. Nature, 229: 132-133 (1971).
3) 久保春海：ヒト卵胞卵の体外受精, 日不妊会誌, 22: 182-190 (1977).
4) 安部裕司・池永秀幸・中野英之：ARTプログラムにおける採卵日固定刺激法の効果について, 日不妊会誌, 40: 211-215 (1995).
5) Quinn, P., Kerin, J. F. and Warnes, G. M.: Improved pregnancy rates in human *in vitro* fertilization with the use of a medium based on the composition of human tubal fluid. Fertil. Steril., 44: 493-498 (1985).
6) 久保春海・安部裕司・池永秀幸・中野英之：体外受精におけるクオリテイー・コントロール, p94-101, 改訂版体外受精, 編 鈴木秋悦, MEDICAL VIEW社, (1996).
7) Schini, S. A. and Bavister, B. D.: Two-cell block to development of cultured hamster embryos is caused by phosphate and glucose. Biol. Reprod., 39: 1183-1192 (1988).
8) Carrillo, A. J., Lane, B. L. and Pridham, D. D.: Improved clinical outcomes for *in vitro* fertilization with day of embryo transfer from 48 to 72 hours after oocyte retrieval; use of glucose- and phosphate-free media. Fertil. Steril., 69: 329-3334 (1998).
9) Crabtree, H. G.: Observations on the carbohydrate metabolism of tumors. Biochem. J., 23: 536-545 (1929)
10) Rogers, P. A. W., Murphy, C. R. and Yoshinaga, K.: Uterine receptivity for implantation: human studies in blastocyst implantation. Blastocyst Implantation, Adams Publishing Group LTD, p231-240 (1989).
11) Menezo, Y., Guerin, J. F. and Czyba, J. C.: Improvement of human early embryo development *in vitro* by coculture on monolayers Vero cells. Biol. Reprod., 42: 301-306 (1990).
12) Gardner, D. K., Vella, P., Lane, M., Wagley, L., Schlenkerr, T. and Schoolcraft, W. B.: Cultur and transfer of human blastocysts increases implantation rates and reduces the need for multiple embryo transfers. Fertil. Steril., 69: 84-88 (1998).
13) 安部裕司・中野由起子・渋井幸裕・塩川素子・橋田 英・伊藤嘉奈子・中野英之・雀部 豊・池永秀幸・間崎和夫・菅 睦雄・久保春海・平川 舜・高梨安弘：ヒト桑実胚/胞胚期移植の臨床的検討. 日不妊会誌, 45: 37-41 (2000).

14) Dokras, A., Sargent, I. L. and Barlow, D. H.: Human blastocyst grading:an indicator of developmental potential. Human Reprod., 8: 2119-2127(1993).

III. 卵子の解析法

1. 卵子の形態解析法

1.1 組織化学*

はじめに

 卵子の形態や機能を明らかにすることは，応用面に対処する際の基礎知識として必要なことと考えられる．しかし，哺乳動物の卵子について，存在する物質の種類や量ならびにそれらの代謝機構を生化学的に究明することは，卵子の大きさからして容易なことではない．特に，卵巣内で発育中の卵子や着床しつつある胚の摘出は難しく，このような試料で物質の検出や代謝を測定することは非常に困難である．組織化学は，卵子と胚の物質含量や酵素活性を数値で表せない欠点はあるものの，物質や酵素の局在を形態と関連づけて的確に把握するには優れた手法である．

 図3.1に示したように，組織化学を実施するにあたり，卵子と胚をそのまま使用する場合と切片にした後に使用する場合とがあるとともに，卵子と胚を固定する場合と固定しない場合とがある．一般に，代謝を観察するような場合には未固定の卵子と胚をそのまま使用するが，物質を検出するような場合には固定した卵子と胚を使用する．本稿では，光学顕微鏡を用いて行う組織化学の各種方法を，切片の作成操作ならびに固定の操作の有無に分けて説明する．

卵子と胚をそのまま使用して行う組織化学

a) 未固定試料

 未固定の卵子と胚をそのまま使用できる組織化学としては，図3.1に示したように酵素組織化学があげられる．表3.1に示したように，我々が活性を検出している酵素の種類は多く，それらの酵素のほとんどは未固定の卵子と胚をそのまま用いて検出を試みたものである．ここでは，ステロイド代謝に関係している Δ^5-3β-Hydroxysteroid dehydrogenase の酵素組織化学的検出方法[1]について説明する．

 1. 器具・機器

 実体顕微鏡，写真撮影装置付光学顕微鏡，恒温器，キャピラリー，時計皿，シャーレ，小試験管，漏斗，ろ紙，メスピペット，ワセリン・パラフィンのスポット付スライドガラス，カバーガラス，有柄針

 2. 試 薬

 デヒドロエピアンドロステロン，NAD，ニトロブルーテトラゾリウム，0.1 M リン酸緩衝液（pH

---

* 新村 末雄

III. 卵子の解析法

```
            卵子と胚をそのまま使用して行う                    卵子と胚を含む卵巣，卵管あるいは子宮の
                   組織化学                                    切片を使用して行う組織化学
            ┌──────────┴──────────┐                        ┌──────────┴──────────┐
         未固定試料              固定試料                  未固定試料              固定試料
            │                      │                          │                      │
         酵素組織化学          一般組織化学                 酵素組織化学*          一般組織化学
                               酵素組織化学               (*可能ではあるが，      レクチン組織化学
                               レクチン組織化学             奨められない)          免疫組織化学
                               免疫組織化学
```

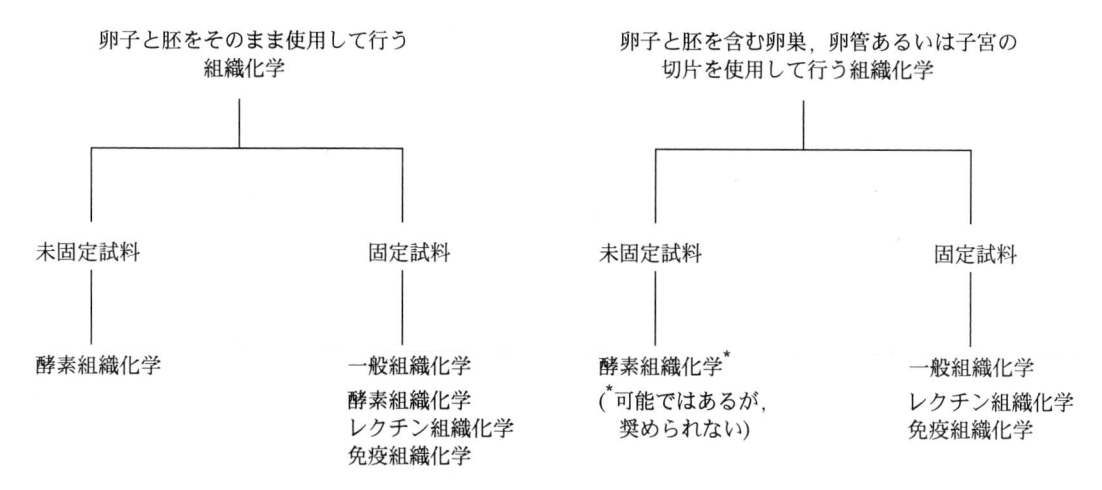

図3.1　光学顕微鏡下で使用可能な組織化学的手法

表3.1　哺乳動物の卵子と胚で検出した酵素の種類と使用した基質

酵素の分類	酵 素 名	基 質 名
加水分解酵素	Alkaline phosphatase	Naphthol AS-BI phosphate
	Acid phosphatase	Naphthol AS-BI phosphate
	Adenosine triphosphatase	Adenosine triphosphate
	Adenylate cyclase	Adenylylimido diphosphate
	Cyclic AMP phosphodiesterase	Adenosine 3′, 5′-cyclic monophosphoric acid
	Esterase	Naphthol AS-LC acetate
	Strypsin (Trypsin-like proteinase)	N-α-Benzoyl-D, L-arginine β-naphthylamide
転移酵素	Phosphorylase	α-D-Glucose-1-phosphate
	UDPG-Glycogen transferase	Uridine-5′-diphosphoglucose
酸化還元酵素	Monoamine oxidase	Tryptamine hydrochloride
	Cytochrome oxidase	p-Aminodiphenylamine
	Succinate dehydrogenase	Sodium succinate
	Lactate dehydrogenase	Sodium DL-lactate
	Malate dehydrogenase	Sodium DL-malate
	Isocitrate dehydrogenase	Sodium DL-isocitrate
	Glucose-6-phosphate dehydrogenase	D-Glucose-6-phosphate
	6-Phosphogluconate dehydrogenase	6-Phosphogluconate
	β-Hydroxybutyrate dehydrogenase	DL-β-Hydroxybutyric acid
	α-Glycerophosphate dehydrogenase	DL-α-Glycerophosphate
	Glutamate dehydrogenase	Sodium L-glutamate
	15-Hydroxyprostaglandin dehydrogenase (Type I)	PGA_1, PGA_2, PGB_1, PGB_2, PGE_1, PGE_2, $PGF_{1\alpha}$, $PGF_{2\alpha}$
	Prostaglandin synthetase	Arachidonic acid
	Δ^5-3β-Hydroxysteroid dehydrogenase	Dehydroepiandrosterone, Pregnenolone 17α-Hydroxypregnenolone
	17β-Hydroxysteroid dehydrogenase	Estradiol-17β, Testosterone
	20α-Hydroxysteroid dehydrogenase	20α-Hydroxyprogesterone
	20β-Hydroxysteroid dehydrogenase	20β-Hydroxyprogesterone, 17α-Hydroxyprogesterone
	$NADH_2$-Dehydrogenase	NADH
	$NADPH_2$-Dehydrogenase	NADPH

7.5），PBS，アセトン

3．検出方法

観察したい卵子あるいは胚を採取し，PBSで数回洗浄後，酵素活性検出のための基質液に，37℃で60ないし90分間浸漬する．基質液は，デヒドロエピアンドロステロン1.8 mg，NAD 4.0 mgおよびニトロブルーテトラゾリウム2.0 mgを0.1 Mリン酸緩衝液（pH 7.5）10.0 mlに溶解して作成するが，基質であるデヒドロエピアンドロステロンはあらかじめ0.5 mlのアセトンに溶解したものを使用する．これらは，小試験管内で混合し，時計皿にろ過して使用する．基質液に浸漬後，卵子あるいは胚をPBSで洗浄し，スライドガラスにマウントして顕微鏡下で観察と写真撮影を行う．この方法により，酵素の活性部位には，青色のジホルマザン顆粒が沈着する（図3.2）．

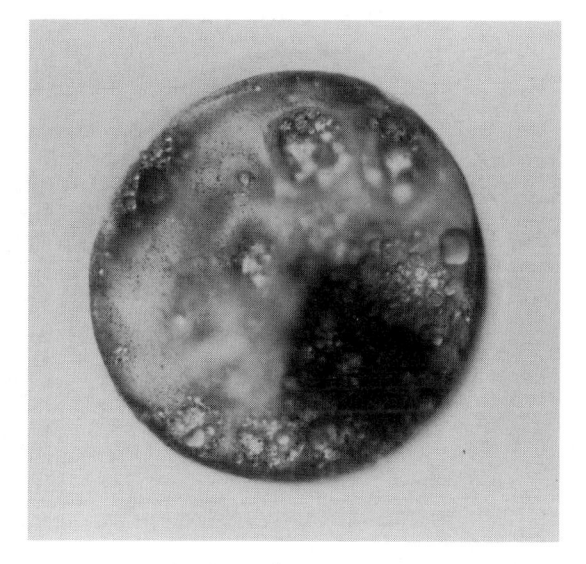

図3.2　ブタ胚盤胞の $\triangle^5$-3β-Hydroxysteroid dehydrogenase活性．ホールマウント標本の光学顕微鏡像．栄養膜細胞と内細胞塊細胞の細胞質に酵素活性の存在を示すジホルマザン顆粒がみられる．

このような酵素組織化学を実施するにあたり，いずれの種類の酵素の検出においても，基質を除いた液に浸漬した卵子あるいは胚を必ず対照として用い，これらに反応産物が出現しない最長の浸漬時間を反応時間とすることが必要である．また，酵素活性の強さの判定は，反応産物の沈着量によって行うのが一般的である．

b）固定試料

固定した卵子と胚をそのまま使用できる組織化学の種類は，図3.1に示したように多く，固定の方法によっては，このような試料についても酵素組織化学の実施が可能である．我々は，固定した卵子と胚をそのまま用いて，脂質とグリコゲンの一般組織化学的検出，表層粒のレクチン組織化学的検出，ゴナドトロピン（GTH），プロスタグランジンおよび接合装置関連タンパク質の免疫組織化学的検出，加水分解酵素の酵素組織化学的検出を行っている．ここでは，閉鎖帯に関連するタンパク質であるZO-1の免疫組織化学的検出方法について説明する．なお接合装置は，胚盤胞形成過程の初期胚に出現するので，その時期の胚について検出を試みる．

1．器具・機器

実体顕微鏡，写真撮影装置付蛍光顕微鏡，キャピラリー，時計皿，ウェル付スライドガラス（Cell-Line/Erie Scientific Co.），シャーレ，ピペットマン一式，ワセリン・パラフィンのスポット付無蛍光スライドガラス，カバーガラス，暗箱，有柄針，冷蔵庫

2．試　薬

PLP液（メタ過沃素酸ナトリウム0.01 M，リジン0.075 M，パラホルムアルデヒド2％，リン酸緩衝液（pH 7.4）0.075 M），BSA，Triton X-100，PBS，ラット抗ZO-1抗体（Chemicon International Inc.)，FITC標識ウサギ抗ラットIgG（Biosys），正常ラット血清，プロナーゼ

3．検出方法

　観察したい胚盤胞形成過程の胚を採取し，プロナーゼで処置して透明帯を溶解する．これらの胚は，0.1％のBSAを含むPBS（BSA-PBS）で数回洗浄し，PLP液に，4℃で60分間固定する．固定後，胚を，BSA-PBSで洗浄し，0.1％のTriton X-100を含むPBSに，4℃で5分間浸漬する．次いで胚をBSA-PBSで洗浄し，PBSで100倍に希釈したラット抗ZO-1抗体に，室温で60分間浸漬する．一次抗体処置した胚は，BSA-PBSで洗浄し，PBSで100倍に希釈したFITC標識ウサギ抗ラットIgGに，室温で30分間浸漬する．これらの処置を施した胚は，BSA-PBSで洗浄した後，無蛍光のスライドガラスにマウントし，落射蛍光顕微鏡装置で観察と写真撮影を行う．この方法により，ZO-1の存在を示す緑色の特異蛍光が細胞膜直下の細胞質に出現する（図3.3）．また，このような免疫組織化学的手法を用いて，デスモソームおよび接着帯の構成要素であるサイトケラチンあるいはアクチン（図3.4）の検出も可能である[2]．

　このような蛍光抗体法を用いて行う免疫組織化学の注意点として，反応は，すべて暗箱内で，加湿したシャーレの内で行い，対照には，一次抗体のかわりにPBSおよび正常動物血清で処置した卵子と胚を用いることが必要である．我々は，反応には12個のウェルがコーティングされたスライドガラスを用い，1ウェルあたり200μl程度の抗体を使用している．また，写真撮影用のフィルムには，ISO感度の高いもの（我々は400のもの）を使用し，撮影は，できる限り光源を絞った条件下で，数秒から10秒以内の露光時間で行っている．なお，蛍光抗体法に関する各種処理の条件については文献3）を参照されたい．

　一方，免疫組織化学では，抗体の浸透を

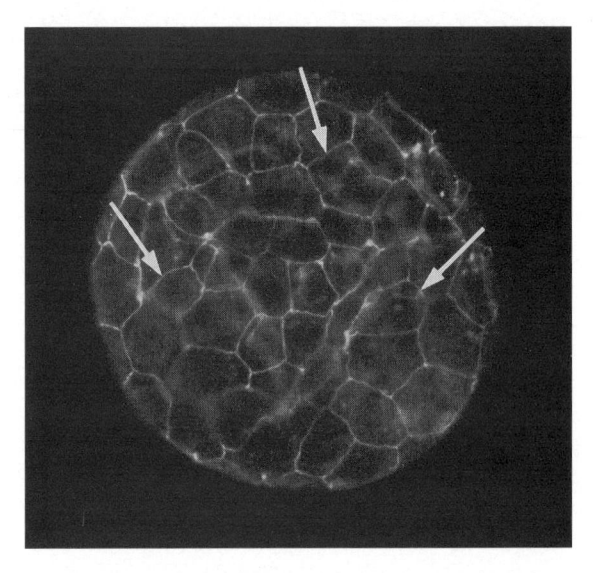

図3.3　マウス胚盤胞のZO-1．ラット抗ZO-1抗体とFITC標識抗ラットIgGで処理したホールマウント標本の蛍光顕微鏡像．栄養膜細胞の細胞膜直下の細胞質にZO-1の存在を示す特異蛍光（矢印）がみられる．

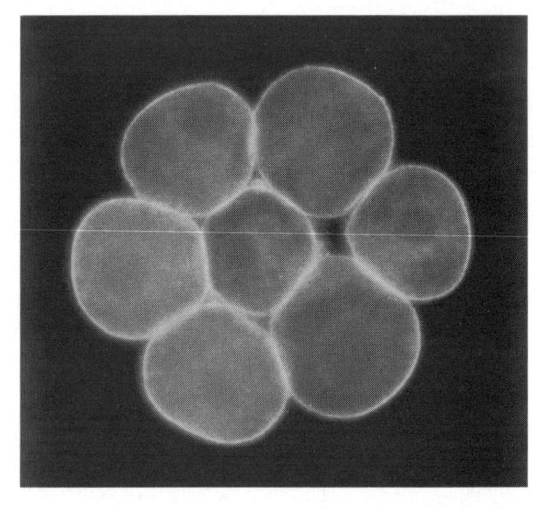

図3.4　マウス8細胞胚のアクチン．NBD標識phallacidinで染色したホールマウント標本の蛍光顕微鏡像．割球の細胞質周辺部にアクチンの存在を示す特異蛍光がみられる．

よくするために，一次抗体で処理する前にTween-20やTriton X-100などを用いて5分間程度の透過処置が一般に施されるが，この処置は，実体顕微鏡下で卵子と胚を観察しながら行わないと，5分に満たない処理時間でも卵子と胚が崩壊してしまい，使いものにならなくなってしまう恐れがあるので注意を要する．

卵子と胚の切片を使用して行う組織化学
a）未固定試料

卵巣内の卵子や卵管・子宮内の卵子と胚を未固定のまま，卵巣や卵管・子宮とともに凍結包埋し，切片を作成して酵素の活性を検出することは可能であるが，きれいな標本を作るのが大変難しいので，未固定の試料を切片にして組織化学を行うことは奨められない．しかし，卵巣内で発育中の小型卵子や着床しつつある胚で酵素活性を検出しなければならないような場合には，これらの試料を摘出することは困難なので，この方法によるしかない．

b）固定試料

卵子と胚を含む卵巣，卵管あるいは子宮を固定し，それらとともに作成した卵子と胚の切片で使用できる組織化学には，一般組織化学，レクチン組織化学および免疫組織化学がある．我々は，このような試料について，タンパク質，グリコーゲン，酸性多糖類の一般組織化学的検出，細胞表面の糖鎖のレクチン組織化学的検出，GTHの免疫組織化学的検出を行っている．ここでは，卵子と胚の表面に存在する複合糖質のレクチン組織化学的検出方法[4]について説明する．我々の研究室では，表3.2に示したような各種のレクチンを用いて細胞表面の複合糖質の状態を解析しているが，このような研究に使用されているレクチンは表3.2に掲げたもの以外にも十数種類ある．

1．器具・機器

写真撮影装置付光学顕微鏡，ミノー型ミクロトーム，切片伸展乾燥器，染色用バット，染色用かご，キャピラリー，シャーレ，ピペットマン一式，スライドガラス，カバーガラス

表3.2 哺乳動物の卵子と胚で複合糖質の検出に使用したレクチンの種類

レクチン	略号	親和性のある糖	阻害糖
Bauhinia purpurea agglutinin	BPA	ガラクトース, N-アセチルガラクトサミン	N-アセチル-D-ガラクトサミン
Canavalia ensiformis agglutinin	Con A	マンノース	α-メチル-D-マンノシド
Dolichos biflorus agglutinin	DBA	N-アセチルガラクトサミン	N-アセチル-D-ガラクトサミン
Lotus tetragonolobus agglutinin	FBP	フコース	L-フコース
Griffonia simplicifolia agglutinin I	GS-I	ガラクトース	D-ガラクトース
Griffonia simplicifolia agglutinin II	GS-II	N-アセチルグルコサミン	N-アセチル-D-グルコサミン
Limulus polyphemus agglutinin	LPA	N-アセチルノイラミン酸	N-アセチルノイラミン酸
Maclura pomifera agglutinin	MPA	ガラクトース, N-アセチルガラクトサミン	N-アセチル-D-ガラクトサミン
Glycine max agglutinin	SBA	ガラクトース, N-アセチルガラクトサミン	N-アセチル-D-ガラクトサミン
Ulex europeus agglutinin I	UEA-I	フコース	L-フコース
Triticum vulgaris agglutinin	WGA	N-アセチルグルコサミン, N-アセチルノイラミン酸	N-アセチル-D-グルコサミン
Lens culinaris agglutinin	LCA	マンノース	α-メチル-D-マンノシド
Peanut agglutinin	PNA	ガラクトース, N-アセチルガラクトサミン	D-ガラクトース

2. 試　薬

Bouin液（ピクリン酸の飽和水溶液15 ml，ホルマリン5 ml，氷酢酸1 ml），ジアミノベンチジン（DAB），パーオキシダーゼ標識GS-Ⅰ（E-Y Laboratories），BSA，PBS，H_2O_2，キシレン，70％・80％・90％・95％・100％エタノール

3. 検出方法

観察したい卵子あるいは胚の存在している卵巣，卵管および子宮を採取し，Bouin液に室温で1日程度固定する．すぐに包埋しない場合には，試料を，10％ホルマリン・PBSに移し，包埋するまでの期間保存する．これらの試料は，常法に従って脱水し，パラフィンに包埋する．6 μm程度の連続切片を作成し，切片からパラフィンを除去した後に，切片を水に浸し，乾燥させないように卵子と胚が存在するもののみを光学顕微鏡下で素早く選び出す．卵子と胚の存在する切片は，BSA-PBSに，室温で30分間浸漬する．次いで切片を，BSA-PBS 1 ml中に100 μgのパーオキシダーゼ標識GS-Ⅰを含む液に，室温で30分間浸漬する．切片を，PBSで洗浄し，0.02％のDABを含むPBS（DAB-PBS）

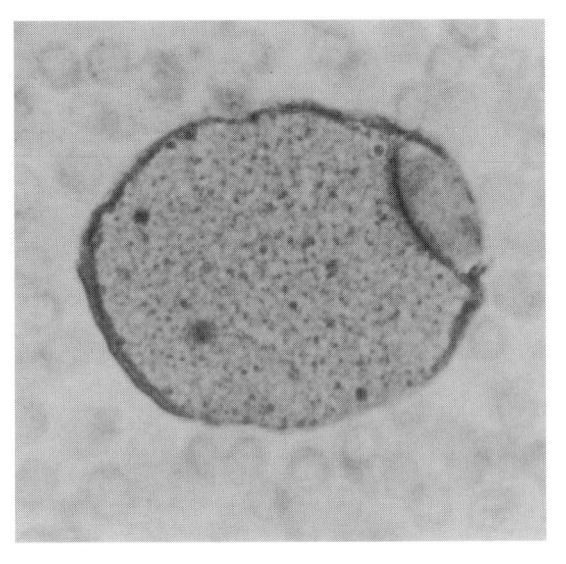

図3.5　マウス1細胞卵子のレクチン結合．パーオキシダーゼ標識GS-1とDABで処理したパラフィン切片の光学顕微鏡像．細胞表面にGS-1の結合を示すDABの反応産物がみられる．

に，室温で10分間浸漬した後，さらに，5％H_2O_2を100 μl含む100 mlのDAB-PBSに，室温で10分間浸漬する．染色した切片は，アルコールで脱水してバルサムで封入し，光学顕微鏡下で観察と写真撮影を行う．この方法により，レクチンの結合部位には，DABの褐色の反応産物が沈着する（図3.5）．なお，レクチン結合から存在が考えられる糖の種類は表3.2に示した通りである．対照には，レクチンを含まないBSA-PBSに浸漬した切片，0.2 Mの阻害糖を含むBSA-PBSおよびレクチンとその阻害糖（0.2 M）の両者を含むBSA-PBSに，それぞれ室温で30分間浸漬した切片を用いる．阻害糖の種類は表3.2に示したとおりである．

このような固定試料の切片を用いて行う組織化学の注意点として，作成した切片をスライドガラスに載せて乾燥させる場合に，十分に伸展させるとともに，乾燥を十分に行う必要がある．これらが不十分だと，切片に皺がよって見にくい標本になったり，操作中に切片がはげ落ちることがある．また，採取した卵巣と卵管は，周囲の余分な組織を取り除いて固定すれば十分であるが，子宮については，採取したままの状態で固定すると，固定中に曲折し，薄切しにくくなる．そこで，採取した子宮は，間膜をきれいに取り去り，まっすぐに伸ばした状態で厚紙などに貼り付けて固定するとよい．さらに，固定をよりよくするために，固定液から数時間後に子宮を取り出し，二，三の小片にして新しい固定液に浸漬すると良好な結果が得られる．

一方，卵子と胚表面の複合糖質は，電子顕微鏡的にも検出することが可能である．電子顕微鏡

観察によるレクチン結合は，DAB酸化物が四酸化オスミウムを還元することによって形成される高電子密度のオスミウム黒（Osmium black）の沈着によって確かめることができる（図3.6）．

おわりに

最近の組織化学的手法の進歩に伴って，検出し得る物質や酵素の種類もかなり広範囲になっており，上記以外の物質の検出も組織化学的に可能になってきている．さらに，そのような方法のいくつかは電子顕微鏡を用いた観察にも応用されている．このような組織化学的方法の飛躍的な進歩によって，卵子と胚に存在する物質と物質代謝の局在が明らかにされ，各種の物質や酵素が果たす細胞生理学的な役割も解明されてきている．今後，卵子研究の手法として，組織化学は，さらに使用範囲が広がるとともに，その果たす役割も大きくなることが予想される．

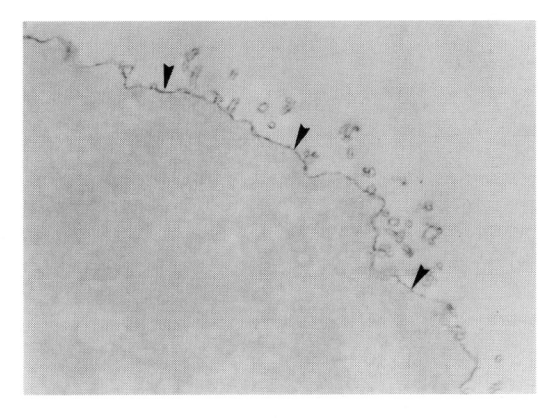

図3.6 マウス1細胞卵子のレクチン結合．パーオキシダーゼ標識FBPとDABで処理した切片の電子顕微鏡像．細胞表面にFBPの結合を示すオスミウム黒（矢頭）がみられる．

参考文献

1) Niimura, S. and Ishida, K.: Histochemical studies of Δ^5-3β-, 20α- and 20β-hydroxysteroid dehydrogenases and possible progestagen production in hamster eggs. J. Reprod. Fert., 48: 275–278 (1976).
2) Yotsutani, I., Niimura, S. and Ishida K.: Histochemical observations on actin and cytokeratin in mouse embryos in the course of blastocyst formation. Jpn. J. Fertil. Steril., 38: 177–182 (1993).
3) 川生 明：図説蛍光抗体法．ソフトサイエンス社，東京，1–242 (1983).
4) Niimura, S. and Narita, A.: Age-related changes of lectin bindings on the cell surface of unfertilized mouse ova. J. Mamm. Ova Res., 12: 79–83 (1995).

1.2 連続撮影*

はじめに

卵子と初期胚の発生の過程で起こる現象，すなわち，卵割，割球の変形，コンパクション，胚盤胞形成，胚盤胞ハッチングなどは，卵子あるいは胚を，*in vivo* から，あるいは培養液から経時的に採取しても観察できないことはないが，1個の卵子あるいは胚の発生の過程を連続して観察するにはタイムラプスシネマあるいはタイムラプスビデオで撮影・記録した映像を用いて解析するのが適当である[1〜4]．

本稿では，我々の研究室で行っている連続撮影法について紹介する．

---

* 新村 末雄

Ⅲ. 卵子の解析法

連続撮影法の実際

ここでは，2細胞期から胚盤胞期までのマウス胚の発生過程を，タイムラプスビデオを用いて観察する方法を示す．

a）装　置

必要な装置一式は，図3.7に示したとおりである．すなわち，倒立位相差顕微鏡，保温チャンバー，培養チャンバー，炭酸ガス注入装置，保温装置，炭酸ガスボンベ，炭酸ガスレギュレーター，CCDカラーカメラ，タイムラプスビデオカセットレコーダーおよびモニターである．また，撮影したテープから写真を作るためのビデオプリンターとその用紙も必要である．なお最近では，マイクロマニピュレーターを装着できるような大型の保温チャンバー（図3.8）も市販されている．

b）方　法

あらかじめ，培養チャンバーに加湿用の水が入っていることを確認するとともに，顕微鏡のステージ上に取り付けた培養チャンバー内の温度が37℃，CO_2濃度が5％になるように調整しておく．採取した2細胞胚を，M16培養液を満たしたディッシュ（直径16 mmのNuncの4ウェルディッシュを使用）に10ないし15個程度入れ，培養チャンバーに移す．我々は，培養液の表面をオイルで覆うことはしていないので，ディッシュのウェルの周囲にも加湿用の滅菌蒸留水を注入している．数分間放置してから，弱拡大の倍率で胚を探し，ステージを前後左右に移動させて胚を中心部に集める．胚を集め終わったら，CCDカラーカメラとビデオカセットレコーダーの電源を入れるとともに，ビデオカセットレコーダーのモードをタイムラプスに切り換える．対物レンズを20倍のものに換え，胚の位置を若干修正して撮影を開始する．撮影したビデオテープを再生し，各種の情報を得るとともに，必要な像をプリントして組写真（図3.9）を作成する．

c）注意点

（1）対物レンズに20倍のものを使用していると，わずかな振動でも撮影中に胚がモニターから

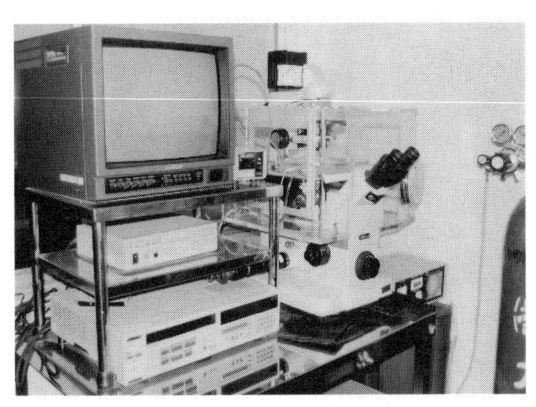

図3.7　連続撮影のための装置一式 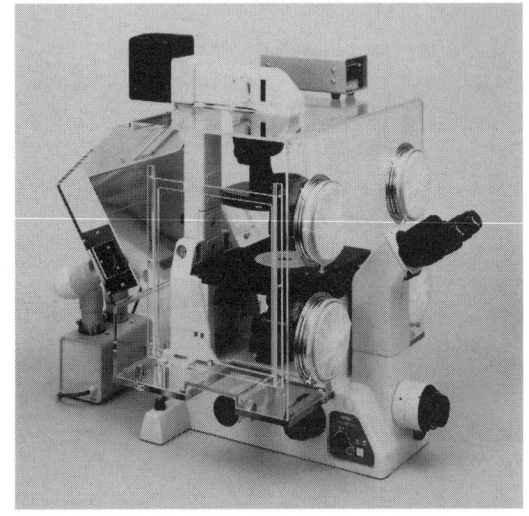　　　　図3.8　倒立顕微鏡と大型保温チャンバー

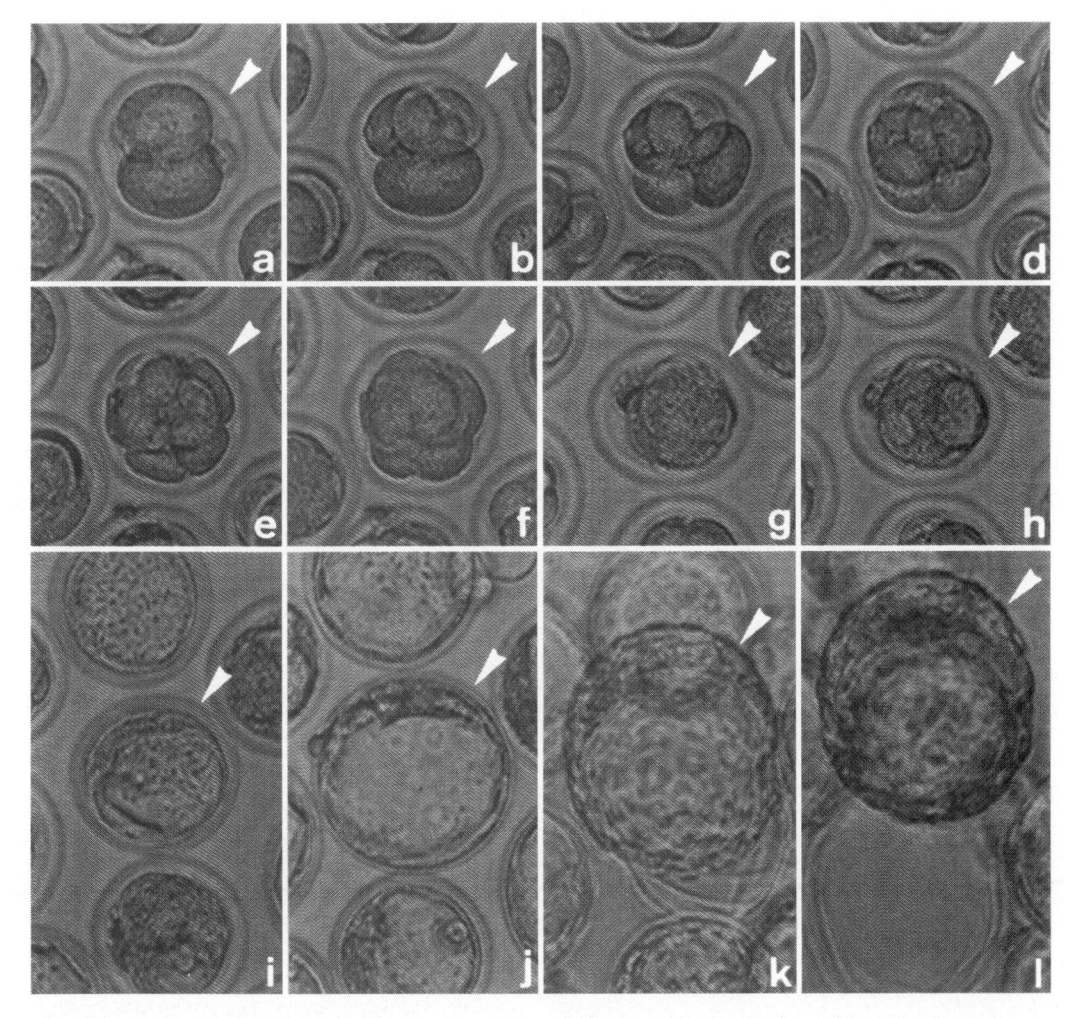

図 3.9　初期発生過程のマウス胚（矢頭）のタイムラプスビデオ像
 a. 2 細胞胚.
 b. 3 細胞胚（培養後 2 時間 59 分）.
 c. 4 細胞胚（培養後 5 時間 42 分）.
 d. 6 細胞胚（培養後 13 時間 37 分）.
 e. 8 細胞胚（培養後 15 時間 39 分）.
 f. 変形割球を持つ 8 細胞胚（培養後 20 時間 3 分）.
 g. 小型化した桑実胚（培養後 37 時間 23 分）.
 h. 初期の胚盤胞（培養後 39 時間 19 分）.
 i. 拡張中の胚盤胞（培養後 47 時間 21 分）.
 j. ハッチングを開始した胚盤胞（培養後 62 時間 13 分）.
 k. ハッチング中の胚盤胞（培養後 82 時間 3 分）.
 l. ハッチングを完了した胚盤胞（培養後 82 時間 5 分）.

消えてしまうので，極力顕微鏡台には触れないことと，顕微鏡台に振動を吸収するような工夫が必要である．我々は，厚さ 1 cm 程度の比較的柔らかいゴムの板を数枚重ねて顕微鏡の下に敷いて使用している．またこの倍率では，いずれの動物でも初期の胚盤胞までは 10 個程度がモニター内に入るが，ウサギ，ブタ，ウシなどの拡張した胚盤胞では 1 個程度，ハッチングを完了したマウスの胚盤胞でも 3～5 個程度しかモニターに入らないので，注意が必要である．

（2）卵子と胚によっては光に著しく敏感な動物種（特にハムスター）があるので，そのような卵子と胚の撮影に当たっては，光源を最大限絞るとともに，赤色フィルターを使用する必要がある．

（3）撮影途中に顕微鏡に振動を与えない限り，卵子あるいは胚はその位置を移動することはない

が，発生時期によって，特に，ハッチング開始後の胚は動きが活発になるので，頻繁に位置を修正しないと，モニターからはずれてしまう恐れがある．

(4) 発生の各時期での大きさや体積に関する情報を得るときには，胚を撮影する倍率で，あらかじめ対物マイクロメーターを数分間撮影しておくと便利である．

(5) 我々の使用しているタイムラプスビデオでは，4秒間に1コマの割合で撮影しているので，通常の120分用のVHSテープを用いると，10日間は撮影可能である．これ以上の長時間にわたる撮影には，途中でテープを交換しなければならないが，時期を考慮してテープ交換を行わないと，必要な部分が欠けたりすることもあるので要注意である．

おわりに

哺乳動物卵子や胚の初期発生の過程を連続的かつ動的に観察することによって，従来の観察方法では解明できなかった事柄が徐々に明らかにされつつある．このような連続撮影法の利用の一例として，胚盤胞の収縮運動に関する観察があげられる（図3.10）．すなわち，各種哺乳動物の培養胚盤胞は，拡張期以降に各種程度の収縮と拡張を繰り返し行うことが知られている[1,2,5〜8]．この運動の生理的役割については未だ明らかではないが，これまでの研究成果からして，胚盤胞ハッチングに関係しているのであろうと考えられている．実際に，マウスでは，ハッチングを完了した胚盤胞とハッチングを完了できなかった胚盤胞との間で，この運動に相違がみられることも報告されている[8]．したがって，収縮運動から胚盤胞の質の判定も可能のように思われる．このような胚盤胞の収縮運動を観察することによって，より短時間に胚の質の判定が可能になれば，凍結融解後や核操作後の胚移植の際の胚の選別に有効な手段になり得るものと思われるので，連続撮影法の利用価値は今後増すものと考えられる．

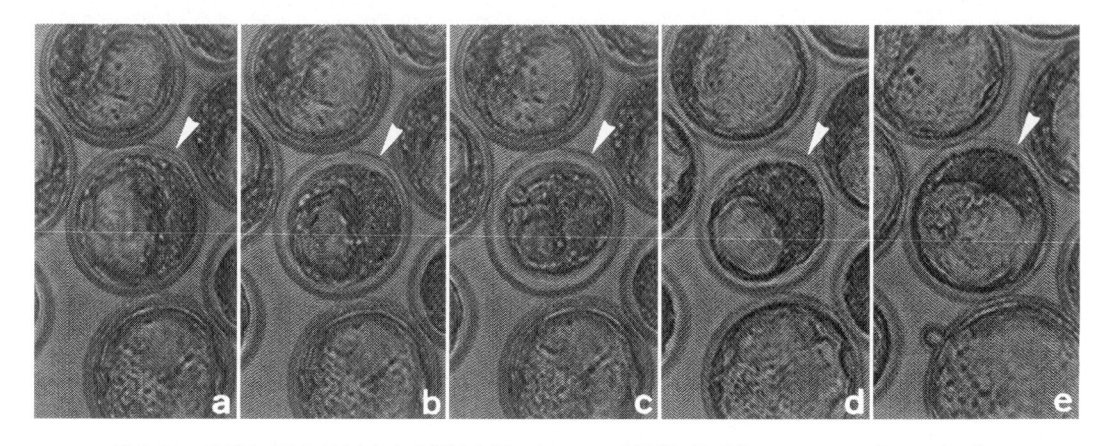

図3.10 体積が52.7%減少する収縮を行ったマウス胚盤胞（矢頭）のタイムラプスビデオ像
  a. 収縮前．   b. 収縮中（収縮開始後1分）．
  c. 収縮時（収縮開始後6分）．   d. 拡張中（収縮開始後2時間3分）．
  e. 拡張時（収縮開始後7時間10分）．

参考文献

1) Cole, R. J. and Paul, J.: Properties of cultured preimplantation mouse and rabbit embryos, and cell strains derived from them. In: Preimplantation Stages of Pregnancy (Wolstenholm, G.E.W. and O'Connor, M., eds.), J. & A. Churchill LTD., London, 82−112 (1965).

2) Checiu, M., Schlechta, B., Checiu, I. and Sandor, S.: In vitro studies on preimplantation development. Ⅰ. Event of normal and pathological development as revealed by microcinematography. Morphol. Embryol., 36: 101−111 (1990).

3) Niimura, S. and Fujii, M.: A morphological study of blastocyst hatching in the mouse and rat. J. Reprod. Dev., 43: 295−302 (1997).

4) Niimura, S. and Futatsumata, N.: Time-lapse videomicrographic observations of parthenogenetic mouse embryos during early development. J. Mamm. Ova Res., 16: 124−129 (1999).

5) Borghese, E. and Cassini, A.: Cleavage of mouse egg. In: Cinemicrography in Cell Biology (Rose, G.G., ed.), Academic Press, New York and London, 263−277 (1963).

6) Blandau, R. J.: Culture of guinea pig blastocyst. In: The Biology of the Blastocyst (Blandau, R. J., ed.), The Univ. of Chicago Press, Chicago and London, 59−70 (1971).

7) Bavister, B. D.: Studies on the developmental blocks in cultured hamster embryos. In: The Mammalian Preimplantation Embryo: Regulation of Growth and Differentiation In Vitro (Bavister, B. D., ed.), Plenum Press, New York and London, 219−249 (1987).

8) 新村末雄・高橋英太：培養マウス胚盤胞における収縮運動のタイムラプスビデオによる観察．日畜会報，66: 713−719 (1995).

1.3 電子顕微鏡（透過型，走査型）*

はじめに

　卵細胞の透過型（TEM），走査型（SEM）電子顕微鏡の試料作成法と観察法は，組織における方法と基本的に変わらない．試料作りは卵細胞の大きさが50〜200μmと小さいので浮遊細胞の取り扱いに準ずる．その特徴は，卵細胞を遠心や実体顕微鏡下でピペットで移動し，液交換の時に溶液が比較的多量に移動したり残存することである．本稿では，免疫法や組織化学法などをのぞいた一般形態観察のための標本作成法とその留意点について紹介する．

TEM試料の作成法

1．器具・機器

　1. マイクロピペット，2. 秤量瓶，3. ペトリ皿，4. ビーカー，5. 解剖針，6. pHメーター，7. 砕氷と恒温箱，8. 電子レンジ，9. 振盪器，10. カプセル，包埋板，11. 包埋用恒温器，12. ガラスナイフ（ダイヤモンドナイフ），13. ウルトラミクロトーム，14. ミリポアフィルターとホルダー，

---

* 岡田　詔子・村上　邦夫・五十嵐 広明・黒田　優

15. 透過電子顕微鏡
２．試　薬
1. 生理食塩水，2. 緩衝液（カコジル酸緩衝液，リン酸緩衝液など），3. パラホルムアルデヒド，4. 25％グルタールアルデヒド，5. 2％の酸化オスミウム水溶液，6. 脱水剤（エチルアルコール，アセトンなど），7. モレキュラーシーブス，8. 置換剤（酸化プロピレン，QY1など），9. 樹脂，10. 酢酸ウラニール，11. 硝酸鉛，12. クエン酸鉛，13. 酢酸鉛，14. クエン酸ナトリウム，

Ａ．TEM用試料の作成法
操作：以下操作の各段階毎に溶液などの作成法を示す．

緩衝液の作成
0.2 M リン酸緩衝液
　　　　A液：NaH_2PO_4 $2H_2O$　3.12 g/100 ml 蒸留水
　　　　B液：Na_2HPO_4　2.84 g/100 ml 蒸留水
　　　　B液にA液を加えてpH 7.2〜7.4 とする．
0.2 M カコジル酸緩衝液
　　　　A液：カコジル酸 4.28 g/80 ml 蒸留水
　　　　B液：0.2 M の HCl
　　　　A液にB液を滴下してpH 7.2〜7.4とし，蒸留水を加えて100 ml とする．

固定液の作成
0.1 M カコジル酸緩衝液による3％グルタールアルデヒド，1％パラホルムアルデヒド 100 ml の作り方（0.1 M リン酸緩衝液による固定液も使用される）．

①30 ml の 60〜70℃に暖めた蒸留水，1 g のパラホルムを入れて攪拌する．
②0.1 N の NaOH を 1〜2 滴加えて清澄になるまで攪拌し，流水で冷やす．
③室温に戻してろ紙（No 2）でろ過し，0.2 M のカコジル酸緩衝液を 50 ml 加える．
④③の液に25％のグルタールアルデヒド（酸化，重合してないもの）を 12 ml 加える．
⑤0.2 M の HCl 液を加えて pH 7.2〜7.4 に調整した後，蒸留水を加え 100 ml にする．
⑥使用時に 48 mg の $CaCl_2$ を加える．
　（この液の保存はできない）．

1）固　定：
a. 前固定
（1）回収した卵細胞を生理食塩水で洗浄する．
（2）4℃の固定液が 1 ml 入った秤量瓶に卵細胞を移す（この時，一度固定液の中に

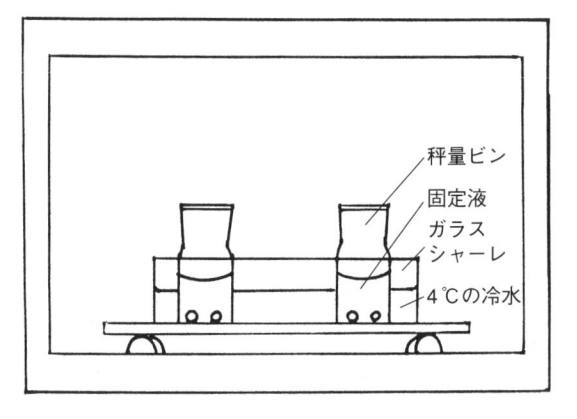

図 3.11

入れたピペットは取り替える).
(3) 直ちに秤量瓶の蓋をとり，4℃の冷水中に入れて電子レンジで10秒照射する（液温は40℃以上に上がらないよう注意). 冷水で冷やしながら2〜3回照射すると迅速に浸透し，さらに4℃で浸漬固定を1時間続けると灌流固定に近い結果が得られる[2]. 電子レンジは固定のみでなく脱水，染色時にも有効で電顕専用のレンジが市販されている. レンジがない時は4℃で浸浸固定を1時間).
(4) 洗浄　0.1 M 緩衝液（4℃）で10分間3回
　　卵細胞は移さず，卵を瓶底に集めて上清を棄てる（棄てる液の中に卵がないかペトリ皿で確認する). 固定に用いた緩衝液を入れて洗浄する（ここで1夜放置することができる).
b. 後固定　1%オスミウム添加緩衝液（4℃）で1時間
2) 洗浄：
緩衝液（4℃）で10分間2回
硬質タイプ樹脂の調合（吸湿，重合してないもの）
　① エポン812　　29.9 g
　② DDSA　　　 13.5 g
　③ MNA　　　　18.2 g
　④ DMP-30　　　1.5 %
ビーカーに①-③の順に樹脂（総量61.6 g）を正確に追加計量したら，スターラーで白く泡立つほど強く20分攪拌し，加速剤のDMP-30を加えて5分，強く攪拌する（吸湿に注意).
3) 脱　水：
(1) 50%, 70%, 80%, 90%の4℃の上昇アルコール系列で脱水する. 各10分間1回.
(2) 室温で100%アルコール，10分間2回（1週間位前にアルコールにモレキュラシーブスを加えて水分を除去しておく).
4) 置　換：
酸化プロピレン10分間2回（交換時に液が暖まり，卵が対流しないうちに液を交換し乾燥しないよう注意する).
5) 樹脂の浸透：
下記の割合で混合したもの
　(1) 樹脂1容+置換剤3容で30分間
　(2) 樹脂1容+置換剤1容で30分間
　(3) 樹脂3容+置換剤1容で45分間
　(4) 100%樹脂で60分間
　(5) 新しい秤量瓶に樹脂を入れ細いガラス棒に卵を引っかけて移し置換剤をとばすために，デシケターに包埋用の樹脂と共に入れ一晩放置する.
　　（固定から樹脂の浸透までの全課程を振盪器で行う).
6) 樹脂包埋：
翌朝カプセルか包埋板の先端に樹脂を少し置き，卵を1個入れてから樹脂を追加する.

7) 樹脂の重合：
   60℃の恒温器で48時間
8) 薄切：
   (1) カミソリで卵周囲の樹脂を切り捨てる．試料は台形〜四角形に，上下が平行になるようにトリミングして切り出し面の上下とナイフが平行になるようにセットして薄切する．
   (2) 超ミクロトームで60 nmの超薄切片を得てグリットに載せる．
9) 電子染色：
   (1) 70%エチルアルコール100 mlを褐色瓶に入れ，そこに8 gの酢酸ウラニールを入れて半日攪拌し，4℃で保存（1カ月以内）したもので5〜8分前染色する．
   (2) ミリQ水で充分洗浄（約50 ml）．
   (3) 下記の鉛染色液で室温で7〜10分染色する．
   (4) ミリQ水で洗浄．

鉛染色液（佐藤）の作成法
   ① 82 mlの蒸留水に硝酸鉛を1 g，クエン酸鉛を1 g，酢酸鉛を1 g，クエン酸ナトリウム2 gをコルベンに入れ1分間強く振盪すると白く乳濁する．
   ② 4%のNaOHを18 ml加え5分振盪し，溶解したら密栓して保存する．この液は1年近く保存できる（各染色液は汚れを除くため，染色の前に0.2 μm穴のミリポアでろ過するとよい）．
10) 観察：

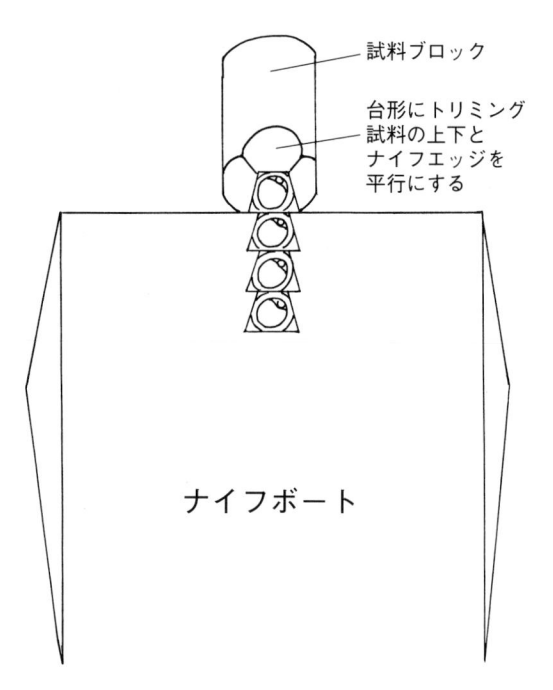

図3.12

B．SEM用試料の作成法
1．器具，機器
1. TEM用器具の1〜8番まで，2. カバーグラス，3. 臨界点乾燥包埋カゴ，4. SEM用試料台，5. 導電性テープ，6. 銀ペースト（導電性接着剤），7. 金，8. 臨界点乾燥器，9. イオンコーター，10. 走査電子顕微鏡

2．試　薬
1. TEM用試薬の1〜6番まで，2. タンニン酸，3. 酢酸イソアミル，4. ポリ-L-リジン，5. ヒアルロニダーゼ，6. 透明帯溶解液（0.2%プロナーゼ，0.1%トリプシン，pH 2.5の酸性塩類液[1]），7. 牛血清アルブミン（BSA），8. ポリビニールピロリドン（PVP-40）

1) 裸出卵の回収：
(1) 卵丘細胞は $300\,\mu g/ml$ のヒアルロニダーゼで除き，透明帯は 0.2 % プロナーゼで溶解後直ちに 3 回洗浄する．透明帯が酵素では溶けにくい種や受精卵には酸性溶液を用いる[1]．
(2) 透明帯除去卵は，付着防止のために 0.3 % BSA と 0.4 % の PVP を加えた生理食塩水で 4 回洗浄する．

2) 固定：
前固定　既述の透過電顕の操作に準ずる．

3) 洗浄：
4 ℃のミリQ水で 10 分間 3 回洗浄．

4) 導電処理：
2 % タンニン酸水溶液で室温 1 時間．

5) 後固定：
1〜2 % オスミウム緩衝液 4 ℃で 1 時間．

6) 脱水：
(1) 50 %，70 %，80 %，90 % の 4 ℃の上昇アルコール系列で脱水する．各 10 分間 1 回．
(2) 室温で 100 % アルコール，10 分間 3 回．

7) 中間液処理：
酢酸イソアミル 15 分間 2 回．

8) 臨界点乾燥：
(1) 洗浄したカバーグラスをアルコールに浸けておく．乾燥後ポリ-L-リジンを掛ける．
(2) 乾燥カゴにカバーガラスを入れ，酢酸イソアミル内の卵をピペットでカバーガラスの上に滴下する．
(3) 臨界点乾燥装置で乾燥させる．
(4) SEM 用試料台に導電性両面テープを貼り，卵の載ったカバーグラスを

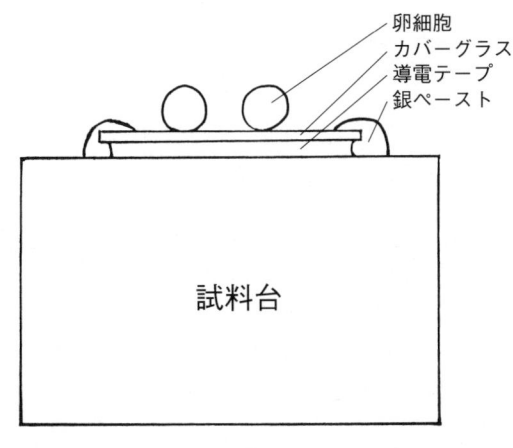

図 3.13

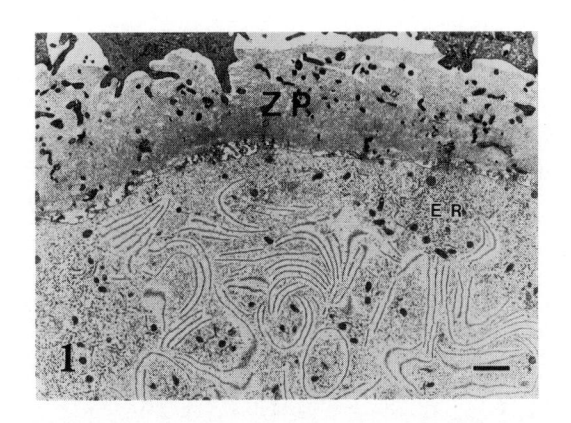

図 3.14　ゴールデンハムスターの一次卵母細胞．一次減数分裂前期の分離期（diakinesis）．この時期には，まだ透明帯と卵細胞質の間に囲卵周囲腔が観察されない．細胞質に豊富な細胞骨格が認められる．
ZP：透明帯，ER：滑面小胞体，bar = 1 μm

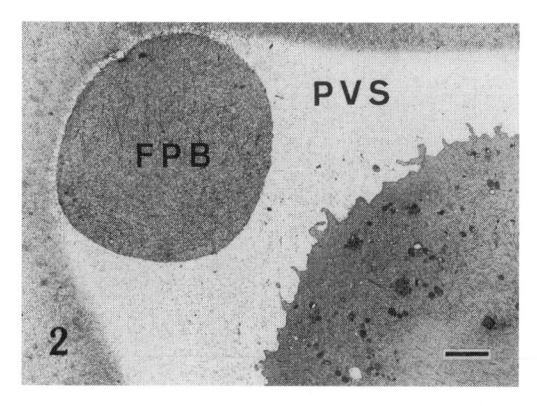

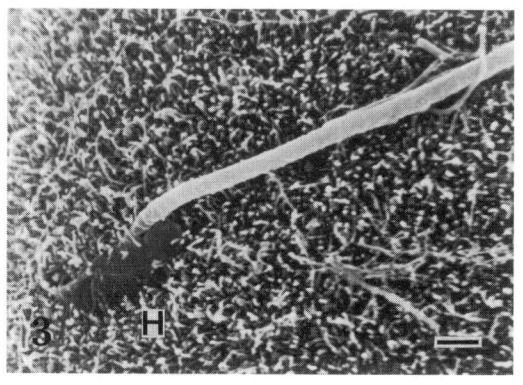

図3.15 マウスの二次卵母細胞．一次減数分裂終了後間もない時期のもので，第一極体の周囲に囲卵周囲腔が形成されはじめている．
FPB：第一極体，PVS：囲卵周囲腔，
Bar＝5μm

図3.16 透明帯除去後に媒精したマウス卵．精子頭部と尾部の一部は微絨毛に取り囲まれている．
H：精子頭部，bar＝5μm

　　　試料台に貼る．
　(5) 銀ペーストをカバーグラスと試料台に塗布する．
9) 金属被膜：
　　イオンコーターを用いて金をスパッターコーティングする．
10) 検鏡：

参考文献

1) Naito, K. et al.: Production of normal mice from oocytes fertilized and developed without zonae pellucidae. Human Reprod., 7: 281–285 (1992)
2) Notoya, M. et al.: New tissue fixation methods for cytochemistry by the aid of microwave irradiation. II. Details. Acta Histochem. Cytochem., 23: 525–536 (1990).

1.4 共焦点レーザー顕微鏡*

はじめに

　共焦点レーザー顕微鏡が実用化されて十数年が経つ．この間の改良も著しく，基本性能だけでなく，観察の際の使用環境やソフトウェアの開発が進み，使いやすくなっている．また普及も進んでおり，メンテナンス面やコスト面でも扱いやすくなってきている．蛍光プローブは卵子の研究においてすでに広く使われており，その有用性から今後もますます利用されていくであろう．これまで蛍光プローブの観察，検出には蛍光顕微鏡が使われてきたが，共焦点レーザー顕微鏡は蛍光顕微鏡の弱点を広くカバーしている．そのため，共焦点レーザー顕微鏡は蛍光プローブを用いた卵子の研究において，現在，最も威力を発揮している装置である．共焦点レーザー顕微鏡の原

＊ 松本　浩道・梅津　元昭・佐藤　英明

理は物理的，光学的な理論に基づくのでここでは論じない．成書を参照されたい[1]．共焦点レーザー顕微鏡の特長をあげると，

1. 共焦点であること．任意の切断面の観察ができる．厚みのある試料の観察ができる．連続切片を作成することなく，連続した切断面の観察が可能であり，3次元の画像作成もできる．生体内で最大の細胞である卵子の研究に有効である．
2. 2重染色以上の多重染色が容易である．核相とタンパクの分布の関係などを詳細に比較できる．現在はコンピューターにより制御し，画像データーとしてメディアに保管するため，多重染色であっても単独の蛍光のみを検討することが容易である．
3. 定量ができる．蛍光強度の測定ができるので発現量の測定ができる．培養系と組み合わせれば経時的な変化を測定することもできる．

上記の特長は，卵子研究においては以下のような利点となる．

(ア) 卵子の切片を作成することなく卵子細胞質内の局在を観察できる．蛍光顕微鏡では全ての蛍光をとらえてしまうため，卵子内に検出目的のタンパクが発現しているかどうかの検出はできるが，細胞質内の局在を詳細に検討するには不向きであった．

(イ) 連続した切断面の観察が可能であるため，各割球内の局在や移動の様子が良くわかる．胚の立体構造を観察することが容易にできる．

(ウ) 透明帯を外す必要がない．透明帯を外すことなく固定し，免疫蛍光染色後に観察することができる．そのため取扱いが楽である．割球の位置関係を維持した状態で観察できるので2細胞期や4細胞期の割球間の接着が弱い時期の胚において，より真の状態に近い結果が得られる．コンパクション期胚の細胞接着面の観察などにも有効である[2,3]．

現在，以上の特長・利点を活かした卵子研究が盛んに行われている．

ここでは，免疫蛍光染色法を細胞骨格についての報告[2〜4]を例に取り卵子研究への応用について説明する．

実験方法

a) 準 備

ダルベッコのPBS(−)，固定液(3.7% formaldehyde-PBS(−))，透過液(2.5% Tween 20-PBS(−))，保存液(0.02% NaN_3，0.1% BSA-PBS(−))，洗浄液(0.5% Triton X-100, 0.5% BSA-PBS(−))，1次抗体，FITC標識2次抗体，propidium iodide，保湿箱，無蛍光スライドグラス，カバーグラス，ろ紙，ピンセット，ワセリン，10 ml 注射筒

b) 卵子の固定，透過処理および保存

1. 洗浄　　ダルベッコのPBS(−)で2回，室温
2. 固定　　3.7% formaldehyde-PBS(−)，室温で30分
3. 洗浄　　PBS(−)で3回，室温
4. 透過　　2.5% Tween 20-PBS(−)，室温で5分
5. 洗浄　　PBS(−)で3回，室温

6. 保存　　0.02 % NaN₃, 0.1 % BSA-PBS（−），4℃で1週間まで

洗浄，固定，透過処理は0.5〜1 m*l*．保存はエッペンチューブを用い0.5 m*l*．固定液は市販のホルマリン液を10倍希釈したもので十分であるが，使用直前に準備する．上記の方法では，ラット・サルで良好な結果が得られている[2〜4]．細胞質内脂質が多く，脂肪滴が大きいブタ卵子では，2 % formaldehyde で4℃，30分間固定する[5]．これ以上のホルムアミド濃度あるいは固定時間で行うと自家蛍光を発する場合がある．

c）免疫蛍光染色

1. 洗浄　　　　　　保存液より回収し，PBS（−）で3回，室温
2. 1次抗体反応　　37℃で90分
3. 洗浄　　　　　　0.5 % Triton X-100, 0.5 % BSA-PBS（−）（以下，洗浄液）で3回
4. 2次抗体反応　　37℃で60分
5. 洗浄　　　　　　洗浄液で3回
6. 核染色　　　　　10 μg/m*l* propidium iodide-PBS（−），37℃で60分
7. 洗浄　　　　　　洗浄液で3回

このステップはあらかじめ温めておいた保湿箱内で行う．保湿箱は密閉できるもので，蛍光プローブを扱うため遮光できるものが良い（図3.17）．2次抗体はFITC標識したものを用いている．免疫蛍光染色ではブロッキングを行うのが通常であるが，本プロトコールでは洗浄液にBSAを含んでおり，ブロッキングを省略しても良好な結果が得られている．抗体の希釈はPBS（−）で行う．実験を行う際は，1次抗体を含まないコントロール処理区を必ず行う．これは1次抗体反応で非特異的な反応が起きていないかを確認するためである．また，共焦点レーザー顕微鏡では，照射するエネルギーの設定，ゲイン，共焦点ピンホールなどの設定が容易であるので，コントロール処理区でバックグランドを確認することでより鮮明な画像を得ることができる．抗体の希釈倍率は，データーシートを参考にする．市販のものではサンプルによりデーターシートどおりの力価でないことも多い．必ず事前にタイターチェックを行っておく．propidium iodide は 1 mg/m*l* のストック液を作成し冷蔵保存しておき，使用直前に希釈すると良い．このプロトコールでは，観察までを一日で行える．

d）スライドグラスにマウント

1. 無蛍光のスライドグラスを70 % エタノールで拭く
2. カバーグラスの4隅にあたる部分にワセリンのスポットを作る（図3.18）
3. できるだけ少量の液とともに卵子を中央におく
4. カバーグラスをスポットの上に水平になるように載せる
5. ピンセットでカバーグラスが水平を保つように，4隅を均等に押していく（図

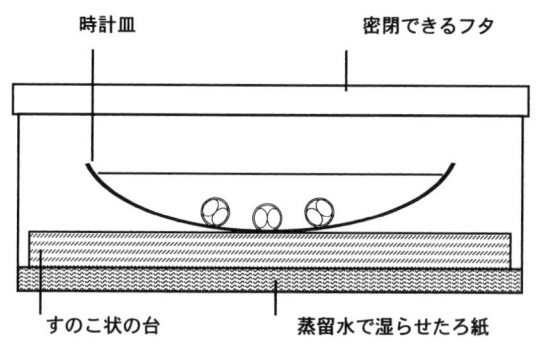

図3.17　保湿箱の構成

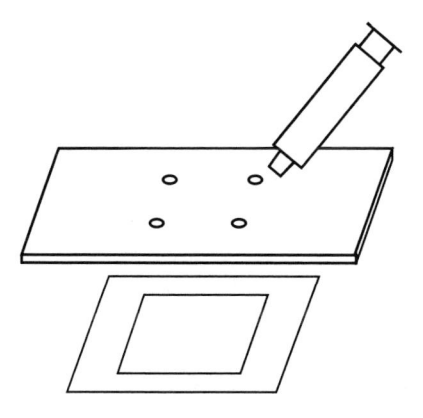

1. 卵子の形態解析法

カバーグラスの縁取りを書いた紙の上で
ワセリンスポットを作成する．

図 3.18 スライドグラス上へのワセリンスポットの置き方

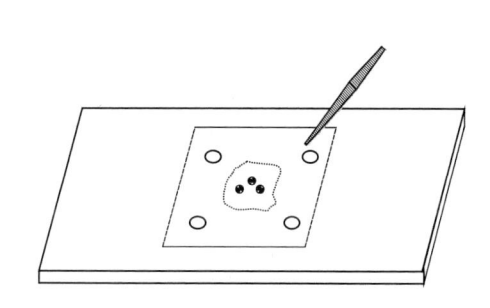

できるだけ少量の液とともに卵子を中央に置く．ピンセットでカバーグラスが水平を保つように，四隅を均等に押していく．

図 3.19 卵子のスライドグラス上への置き方

3.19)
6. カバーグラスが透明帯に接したら，注意深く卵子が動かなくなるまで押していく（図 3.20）
7. 押し過ぎると卵子がつぶれてしまうので注意する
8. 卵子が動かなくなったら液をカバーグラスの全体になるまで入れる（図 3.21）
9. 観察するまで保湿箱に保存し，できるだけ早く観察する

マウントの液には洗浄液を用いる．このステップは習得するまでに若干の経験を必要とするが，透明帯を除去しないので卵子内の立体構造や割球間の位置関係などの観察に適している．カバーグラスは押し過ぎると卵子がつぶれてしまうが，押さえが足りないと観察中に移動してしまう．また，液量が少ないとレーザーを照射中に卵子が移動してしまうことがあるので，できるだけ大量に入れるが，カバーグラスよりはみ出るくらいに入れすぎると，液の力でカバーグラスが浮いてしまい，観察中に卵子が移動するので適量を入れる．観察時に洗浄液を準備しておき，必要に応

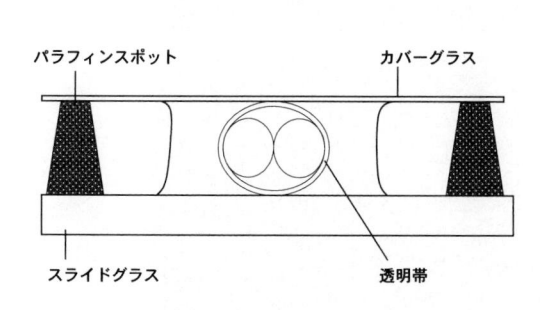

カバーグラスが透明帯に接したら，注意深く卵子が動かなくなるまで押していく．

図 3.20 カバーグラス下での卵子の保定法

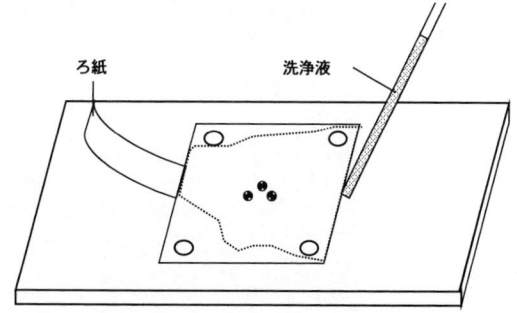

卵子が動かないことを確認し，ろ紙で液を吸いながら，液をカバーグラスの全体になるまで入れる．

図 3.21 スライドカバーグラス間の卵子の洗浄法

じて補充すると良い．保湿箱中に入れておけば長時間の乾燥を防ぐことができる．ワセリンは 10 ml の注射筒に詰め，室温で保存しておくと便利である．室温が高めの時には冷蔵庫に入れておくと扱いやすくなる．それでも軟らかくて扱いにくいときにはワセリンとパラフィンを 9：1 に混ぜ，ビーカーに入れ加熱したものを金属棒で垂らすという方法がある[6,7]．この方が固めなので初心者には向いているかもしれない．

e) 参考例

ラットでは 2 細胞期に無機リン酸を添加した培地で培養すると 2 細胞から 4 細胞への発生が阻害される．リン酸を除いた培地で培養すると胚盤胞にまで発生する．ここでは，培地にリン酸の添加：Pi（＋）または Pi（－）により培養された 2 細胞期のラット胚における微小管の変化を示す．

Pi（－）で培養された発生阻害を受けない胚では，0〜18 時間の培養後，薄い繊維状の微小管が

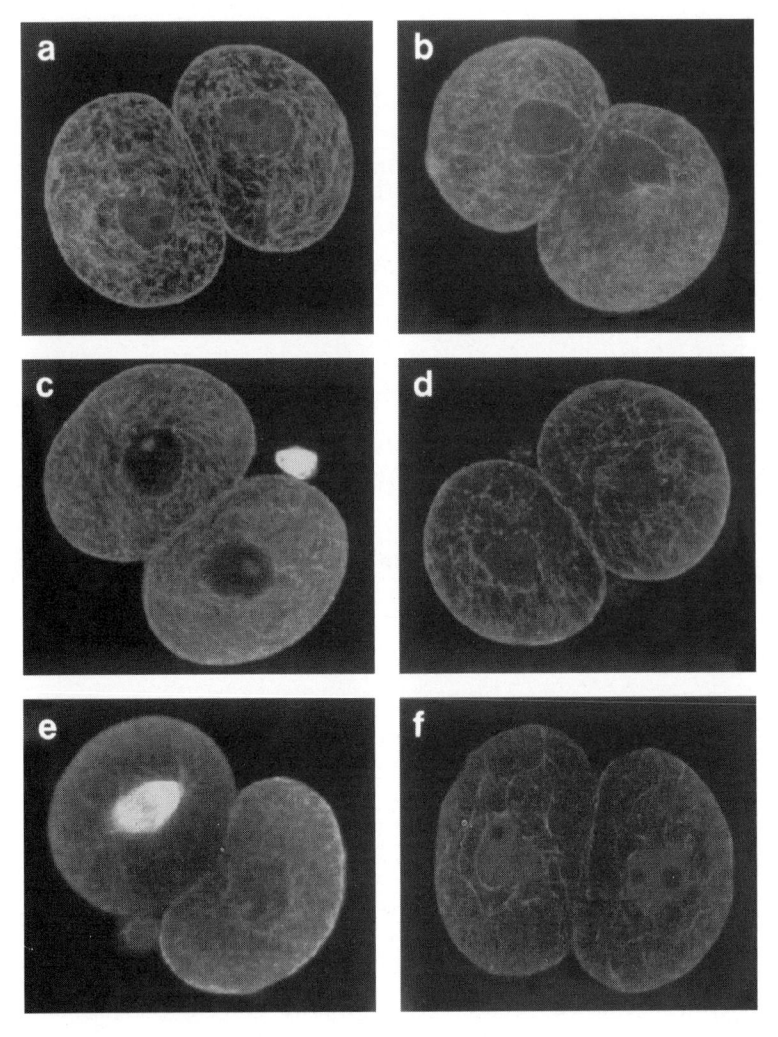

図 3.22　培地にリン酸の添加または無添加により培養された 2 細胞期のラット胚における微小管の変化（参考例：本文参照）

2細胞期の間期の過程で細胞質に均一に分布している（図3.22 a, c）．24時間の培養後，胚は中期に達し，微小管は分裂紡錘体に分布する（図3.22 e）．Pi（+）で培養されたとき，初期2細胞期の胚は発生阻害を受けない胚に類似の微小管の分布を示す（図3.22 b）．培養18時間後，後期2細胞胚では，多くのより厚い繊維状の微小管が形成され，細胞質に粗い網状構造として分布する（図3.22 d）．培養の30時間後，この異常な構造は完全に発生阻害を受けた胚で残っている（図3.22 f）[2]．

参考文献

1) 新しい光学顕微鏡 —第2巻— 共焦点レーザー顕微鏡の医学・生物学への応用（藤田哲也監修），(1995).
2) Matsumoto, H., Shoji, N., Umezu, M. and Sato, E.: Microtubule and microfilament dynamics in rat embryos during the two-cell block *in vitro*. J. Exp. Zool., 281: 149-153 (1998).
3) Matsumoto, H., Shoji, N., Sugawara, S., Umezu, M. and Sato, E.: Microscopic analysis of enzyme activity, mitochondrial distribution and hydrogen peroxide in two-cell rat embryos. J. Reprod. Fertil., 113: 231-238 (1998).
4) 松本浩道：カニクイザル卵母細胞の体外成熟培養．http://ceres.bios.tohoku.ac.jp/seisyoku/monkey.html
5) 木村直子：私信
6) 福田芳詔：生殖機能細胞の培養法（菅原七郎，尾川昭三編）: 27-31 (1993).
7) 丹羽晧二：生殖機能細胞の培養法（菅原七郎，尾川昭三編）: 49-53 (1993).

2. 卵子の分子生物学的・生化学的解析法

2.1 遺伝子の発現解析法*

はじめに

細胞の発生，分化の過程で働く様々な遺伝子は，① DNA量と構造変化，② mRNAの転写効率，③ 転写後mRNAのプロセッシング効率や安定性，④ タンパクの翻訳効率，⑤ 翻訳されたタンパクのプロセッシング効率等のレベルで発現制御されている．これら諸段階のうちで，ある特定遺伝子の発現解析にmRNAの検出および発現動態（発現量，発現部位，発現時期）の解析が広く行われている．mRNAの検出法としてノーザンブロット法，ドットブロット法，S1ヌクレアーゼ解析法，RNaseプロテクションアッセイ法，RT-PCR（reverse transcription-polymerase chain reaction）法[1~7]，*in situ*ハイブリダイゼーション法などがあげられる．一般的に培養細胞や組織を用いたmRNAの解析に比較して卵子では準備可能な卵子数が限られており，得られるmRNA量に限界がある．したがって上記の解析法の中で微量サンプルでも検出可能な感度のよさ（ノーザンブロット法の約10^6倍），手技の簡便さ，迅速さの点で優れているRT-PCR法が卵子における遺伝子の発現解析に特に有効とされている[8,9]．RT-PCR法は逆転写（RT）反応によりmRNAから1st strand cDNA合成を行った後，それを鋳型にPCRを行うもので定性的，定量的に解析可能である[10,11]．

---

* 木村　直子・佐藤　英明

最近では反応効率がより改善された逆転写酵素が比較的安価に手に入るようになってきているほか，RT-PCRで必要な試薬が全て含まれたキットが各メーカーから販売されているなど，より容易に行えるようになっている．以下に我々の研究室で行っている各キットを用いた卵子におけるRT-PCRによるmRNA検出法について紹介する．

RT-PCR法の原理と留意すべきポイント

RT-PCR法によるmRNAの検出には細胞や組織からのRNAの抽出・精製，RT反応，PCRおよび結果の解析の四つのステップが上げられるが，ここではRT-PCR法の基本原理（図3.23）と留意すべきポイントについて以下に述べる．

a）精製されたRNAの品質とDNA混入の対策

分析に供するRNAサンプルの品質はその後のRT反応，PCRの効率および最終的にはPCR産物の量を左右する．特に微量mRNAの発現を定量的に解析する場合，これらの反応効率が最大限かつサンプル間で斉一であることが重要であり，できるだけ完全なRNAサンプルを得る必要がある．そのためには自然界の至るところに存在するリボヌクレアーゼ（RNase）の混入によるRNAサンプルの変性・分解をいかにして避けるかがポイントとなる．外因性RNaseの混入を防ぐには，①できるだけ滅菌済みの使い捨てプラスチック器具類を使用し，ガラス器具は乾熱滅菌してから使用する，②トリスバッファーを除くすべての溶液はDEPC（diethylpyrocarbonate）処理を行う，③器具類，試薬類ともにRNA用とDNA用は区別する，④RNaseは我々の汗や唾液にも存在することから，作業中は使い捨て手袋（必要であればマスクも）を着用するなどの点を厳守する．またRNAサンプルはRNA抽出に供する細胞の内因性RNaseによっても分解されるため，これを速やかに失活させる必要がある．そのため強力なタンパク変性剤であるグアニジン塩が細胞の変性・可溶化およびRNaseの失活に用いられる．主な抽出方法には酸グアニジニウムチオシアネート-フェノール-クロロホルム法（acid guanidinium thyocyanate-phenol-chloroform, AGPC）法とグアニジニウム-塩化セシウム超遠心法がある．AGPC法は超遠心機を必要とせず比較的簡単に高品質のRNAを得ることができ，種々の材料にも応用可能であり微量サンプルでも抽出可能であるので，現在広く用いられている．AGPC法を改良したRNA抽出試薬としてIsogen（ニッポンジーン），RNA extraction kit（Amersham Pharmacia Biotech）およびTRIzol（GIBCO BRL）などが現在市販されている．

微量のmRNAを検出する場合，ゲノムDNAがRNA溶液にわずかでも混入しているとそれがPCRの鋳型となり本来発現していない遺伝子を誤検出してしまう可能性がある．このような誤判定を防ぎRT-PCRで得られたバンドが確実にmRNA由来のものであることを示すためには，①抽出されたRNAサンプル溶液のDNase処理，②イントロンを挟んだ（異なるエキソン上への）プライマー対の設定，③ネガティブコントロール（RNA溶液を逆転写反応を行わず直接PCRに用いる）の設定などの対策が必要となる．

b）RT反応に用いる逆転写酵素（reverse transcriptase, RTase）

cDNA合成のためのRT反応に用いるRTaseにはニワトリ骨髄芽球症ウイルス（avian myeloblastosis virus, AMV）由来とモロニーマウス白血病ウイルス（moloney murine leukemia virus,

M-MLV) 由来のものがあり，いずれも 1 本鎖 RNA や DNA を鋳型に cDNA 合成を行う．両者を比較して AMV 由来は RNase H 活性をもつため，完全長の cDNA は得られにくく，ジデオキシ DNA シークエンシングによく使用される．一方 M-MLV 由来は DNA エンドヌクレアーゼ活性がなく RNase H 活性も低いため，cDNA ライブラリーの作製に向くが，至適反応温度が 37 ℃ と AMV 由来より低いため高次構造をもつ mRNA の cDNA 合成が阻害される．RT-PCR では効率的な 1 st strand cDNA 合成が行われることが重要であり，その意味では M-MLV 由来の方が使用に適している．しかし最近それぞれの RTase の改良型が市販されており，どちらでも使用可能である．

c）RT 反応に用いるプライマー

RT 反応による 1 st strand cDNA 合成の際に目的に応じてプライマーを選択する必要があり，用いるプライマーにより以下の 3 種類に分類できる．通常は (1) あるいは (2) 法が薦められる．

（1）Oligo dT 法　Oligo dT プライマーがポリ (A) 鎖を持つ mRNA のみを特異的に cDNA に変換するため，total RNA をそのまま用いても rRNA の相補鎖が合成されず反応効率がよい．しかし目的とする領域が RNA の 5' 付近にある場合や増幅したい領域との間に GC リッチな配列がある場合は逆転写反応酵素の伸長能力により cDNA 合成が途中で止まってしまい，目的の領域の cDNA が得られないことがある．

（2）Random Primer 法　ランダムヘキサマーを用いた場合，mRNA 由来の cDNA 合成と同時に total RNA 中に大量に存在する rRNA の相補鎖も合成されてしまい反応効率は (1) に比較して低くなる．しかし cDNA のどの領域も同程度に合成されていると予想されるため，RNA の上流付近に増幅したい領域がある場合はこの方法が適している場合がある．

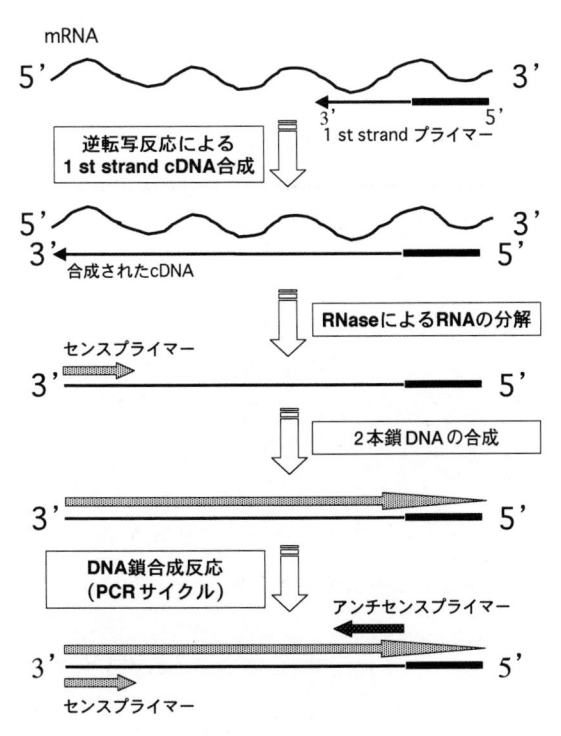

（3）Antisense Primer 法　増幅したい領域の RNA の一部と相補的なプライマーを用いて，特異的に cDNA 合成を行うもので原理的には最も反応効率がよいはずであるが，RT 反応温度の低さ（42 ℃ 前後）から実際は非特異的な反応がかなり起こっている．そのため 1 st strand cDNA 合成後，異なるプライマーで nested PCR を行う方が好ましい．

図 3.23　RT-PCR 法の原理

実験方法

a）準　備

（1）器具・機械

小型冷却遠心機，ボルテックスミキサー，分光光度計，サーマルサイクラー，電気泳動装置一

式，UVイルミネーター，ゲル用写真撮影装置，ピペットマン一式，滅菌済み使い捨てプラスチック製品（マイクロチューブ・チップほか），使い捨てゴム手袋

（2）試薬

RNA抽出キット（RNeasy Mini Kit, QIAGEN）[1]，RNase-Free DNase Set（QIAGEN）[2]，Recombinant RNasin® Ribonuclease Inhibitor（Promega），70％エタノール，DEPC処理水，RT-PCRキット（Ready-To-Go(TM) RT-PCR Beads, Amersham Pharmacia Biotech）[3]，特異的プライマー（センス，アンチセンス），ミネラルオイル，0.5×TBE，2％アガロースゲル，5×ゲルローディングダイ，0.5 μg/ml エチジウムブロマイド

[1]：Buffer RLT, Buffer RW 1, Buffer RPE, RNase-free water

[2]：DNase I ; RNase-free (lyophilized), Buffer RDD, RNase-free water

[3]：pd(T)$_{12-18}$ primer, pd(N)$_6$ primer, control mix beads, RT-PCR beads ; ~2.0 units of *Taq* DNA polymerase, 10 mM Tris-HCl (pH 9.0), 60 mM KCl, 1.5 mM MgCl$_2$, 200 μM of each dNTP, Moloney Murine Leukemia Virus (M-MuLV) Reverse Transcriptase (FPLC*pure*(TM)), RNA-guard(TM) Ribonuclease Inhibitor (porcine) and stabilizers, including RNase/DNase-free BSA

b）方　法

（1）RNAの抽出

ここで使用するRNA抽出キットの基本原理は，① GITC（guanidinium isothiocyanate）溶液中で細胞をホモジナイズし溶解，② 遠心によりシリカゲルメンブレンのスピンカラムに溶出したRNAを吸着，③ スピンカラム上でのDNase処理，④ total RNAの溶出，以上の4ステップからなる．作業ステップが少ないため短時間で行えるほか，カラムにRNAを吸着させるため他法で行われるようなエタノール沈殿の手間もなく手技が容易である．以下に実際にブタ卵子からRNA抽出を行った例のプロトコールを示す．

<u>サンプリングおよびサンプルの可溶化</u>

滅菌済み1.5 ml マイクロチューブに以下の試薬を準備し卵子サンプルを加える．

    Buffer RLT   200 μl
    β-メルカプトエタノール   2 μl
    ブタ卵子   約200個
       ↓　1分間のボルテックスを行う．
  200 μl の70％エタノールを加えて混合する．

<u>スピンカラムへの total RNA の結合</u> ↓　スピンカラムにサンプルを入れる．
        ↓　12,000 rpm で15秒間遠心する．
  350 μl の Buffer RW 1 をスピンカラムに加える．
        ↓　12,000 rpm で15秒間遠心する．

<u>スピンカラム上での DNase 処理</u>
   以下の試薬を調製し，スピンカラムに加える．
    Buffer RDD   70 μl

　　　　　　　　　DNase I（2.7 Kunitz units/μl）　　10 μl
　　　　　　　　　RNasin®　　　　　　　　　　　　2 μl
　　　　　　　　　　　　　　↓　室温で15分間保持する．
カラムの洗浄　　　350 μl の Buffer RW1 をスピンカラムに加える．
　　　　　　　　　　　　　　↓　12,000 rpm で15秒間遠心する．
　　　　　　　　　500 μl の Buffer RPE を再度スピンカラムに加える．
　　　　　　　　　　　　　　↓　12,000 rpm で15秒間遠心する．
　　　　　　　　　500 μl の Buffer RPE をスピンカラムに加える．
　　　　　　　　　　　　　　↓　15,000 rpm で2分間遠心する．
total RNA の溶出　　　　　　↓　スピンカラムを滅菌済み1.5 ml　マイクロチューブ
　　　　　　　　　　　　　　　　上にセットする．
　　　　　　　　　40 μl の RNase-free water を加える．＊
　　　　　　　　　　　　　　↓　12,000 rpm で1分間遠心する．
　　　　　　　　　　　＊を繰り返す．

　上記のプロトコールで，我々は通常1スピンカラム当たり約200個分の卵子を用いてRNA抽出を行っている．さらに少数の卵子でも抽出可能であるが，抽出時のロスなどによる各スピンカラム間の収量のぶれも考慮すべきである．特に発現量の比較実験などを行う場合は，できるだけ1スピンカラム当たりの卵子数を各実験区で一定にすることが肝要と思われる．なぜなら，このようにして得られた卵子由来のRNAは非常に微量であるため，濃度を正確に測定することが困難だからである．したがって卵子数をRNA量に置き換えて分析することになるが，この場合，1卵子当たりのRNA量が各実験区間でばらついては誤った結果を導くことになる．参考までに卵丘-卵子複合体約250個から得られる total RNA 量は 0.3〜2.5 μg であった．

（2）RT-PCR
　ここで用いる RT-PCR キットは RT-PCR に必要な全ての反応試薬がすでに1反応ずつチューブにビーズの形で分注されている．そのため反応前に1st strand cDNA合成用プライマー，PCR用プライマーおよびRNAサンプルを加えれば，1ステップでRT-PCRを行うことが可能である．試薬調製の手間が省けるだけでなく，コンタミネーション，ピペッティングエラーおよび実験ごとのばらつきの心配がなく非常に便利である．以下に，ブタ卵子由来 total RNA を用いて RT-PCR を行った例のプロトコールを示す．

RT-PCR のための試薬調製
　　　　RT-PCR ビーズの入ったチューブに以下の試薬を加える．
　　　　　　　total RNA　　　　　　　　　　　　12 μl（卵子30個相当）
　　　　　　　pd(T)$_{12-18}$ primer（0.5 μg/μl）　　1 μl
　　　　　　　センスプライマー（10 μM）　　　1 μl
　　　　　　　アンチセンスプライマー（10 μM）　1 μl
　　　　　　　DEPC 処理水　　　　　　　　　　　35 μl
　　　　　　　　　　↓　スピンダウン

ミネラルオイルを滴下し反応液を覆う.
↓ サーマルサイクラーに反応チューブをセットする.

RT-PCR反応条件

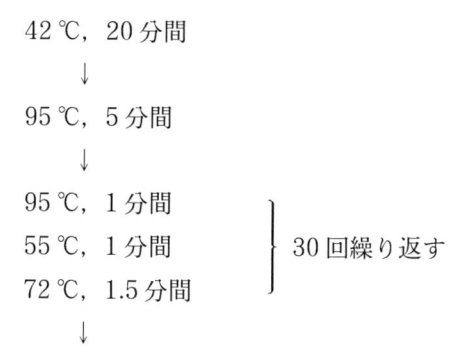

42℃, 20分間
↓
95℃, 5分間
↓
95℃, 1分間 ⎫
55℃, 1分間 ⎬ 30回繰り返す
72℃, 1.5分間 ⎭
↓

RT-PCR産物の検出　　電気泳動, エチジウムブロマイド染色

c) 具体例

著者らは成熟過程にあるブタ卵丘-卵子複合体から卵丘細胞および卵子を分離し, それぞれのtotal RNAを抽出した. さらに1サンプル当たり50 ng (卵丘細胞) および30個相当 (卵子) のtotal RNAを用いて β-actin, CD 44 および hyaluronan synthase (HAS 1, HAS 2, HAS 3) の発現を検討した. その結果, 卵丘細胞では β-actin, CD 44, HAS 1 および HAS 2 mRNAの発現が, 卵子では β-actin および HAS 3 mRNAの発現が見られた (図 3.24). 卵子における RT-PCR の検出

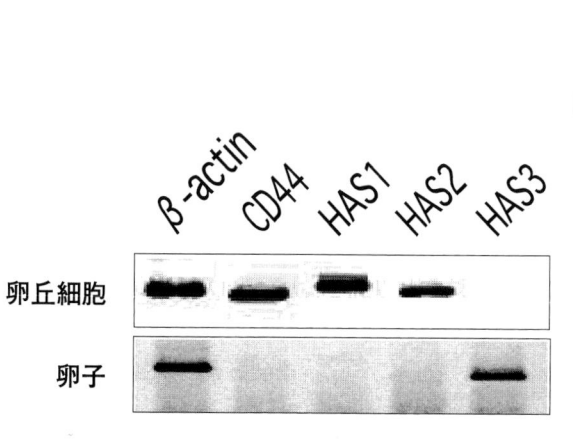

図 3.24　卵丘細胞および卵子におけるヒアルロン酸合成酵素および CD 44 遺伝子の発現.
卵丘-卵子複合体を 10 U/ml PMSG および 10% 卵胞液 (pFF) 添加培地で 24 時間培養した後 RT-PCR を行った. 卵丘細胞では β-actin, CD 44, HAS1 および HAS2 mRNA の発現が, 卵子では β-actin および HAS3 mRNA の発現が見られた.

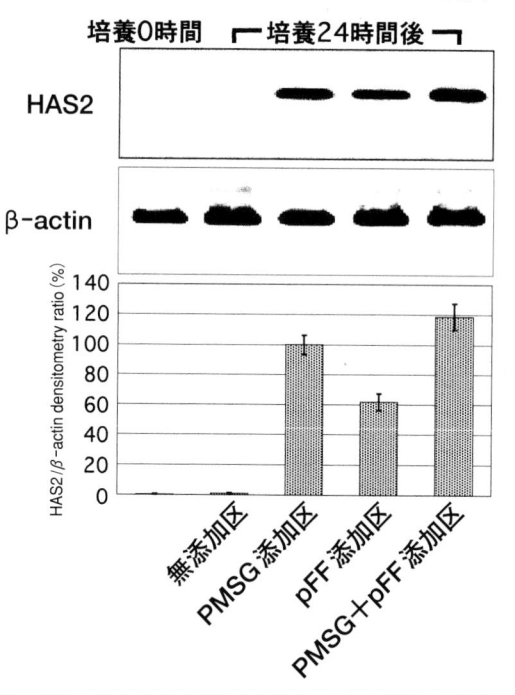

図 3.25　異なる条件下で培養したブタ卵丘-卵母細胞複合体における HAS2 の発現量の比較.
PMSG ＋ ブタ卵胞液 (pFF) 添加区で最も強い発現を示した.

限界を検討したところ卵子1個相当の total RNA 量でも検出可能であった．また異なる条件下で培養したブタ卵丘-卵子複合体から得た1サンプル当たり 50 ng の total RNA を用いて HAS 2 の発現量を比較したところ，PMSG とブタ卵胞液（pFF）の同時添加区で最も強い発現が見られた（図 3.25）．

おわりに

本稿では RT-PCR を用いた卵子における mRNA の検出法を中心に述べてきた．しかし細胞において特定の遺伝子機能の重要性はその遺伝子が働いているかという点だけではなく，ある時期に（ある細胞で）どれだけ優勢に働いているかという点によっても決定される．したがって mRNA の発現量を定量的に検出することが重要である．最近解析テクニックの改良により1個の卵子または胚における遺伝子発現の検出や定量性を試みた報告がなされている[12,13]．また機器メーカーにより，PCR 産物量をリアルタイムで検出する定量 PCR のシステムが開発されている．RT-PCR による mRNA の定量法として，目的 mRNA 量が PCR 産物量に比例する指数関数増幅領域内にある PCR サイクル数で定量する比較 RT-PCR 法，目的 mRNA とプライマー部分が相補的で制限酵素部位などで区別される類似 DNA を同時に反応させ，目的 mRNA の絶対量を定量する競合 RT-PCR 法，カイネティクス分析法などが上げられるが，その詳細については他書[5,9,14〜18]を参考されたい．

参考文献

1) Rappolee, D. A., Mark, D., Banda, M. J. and Werb, Z. : Wound macrophages express TGF-α and other growth factors *in vivo*: Analysis by mRNA phenotyping. Science, 241: 708–711 (1988).

2) Kawasaki, E. S. and Wang, A. M.: Detection of gene expression. In PCR technology, principles and applications for DNA amplification (ed. Erlich, H. A., Stockton Press, New York), 89–97 (1989).

3) 木下朝博・下遠野邦忠：PCR 法による RNA の解析．蛋白質核酸酵素, 35: 2992–3002 (1990).

4) Rashtchian, A.: Amplification of RNA. PCR Methods and Applications, 4: S83–S91 (1994).

5) Larrick, J. W. and Siebert, P. D.: Reverse Transcriptase PCR (Ellis Horwood Ltd., London), (1995).

6) 村上善則：RT-PCR 法 [1] RT-PCR 法．PCR 法最前線（関谷剛男・藤永 蕙編，共立出版，東京），189–196 (1997).

7) 中山広樹：第4章 RT-PCR 法．バイオ実験イラストレイテッド 3+本当にふえる PCR（中山広樹著，秀潤社，東京），85–100 (1998).

8) Rappolee, D. A., Brenner, C. A., Schultz, R., Mark, D. and Werb, Z.: Developmental expression of PDGF, TGF-α, and TGF-β genes in preimplantation mouse embryos. Science, 241: 1823–1825 (1988).

9) Arcellana-Panlilio, M. Y. and Schultz, G. A.: Analysis of messenger RNA. Guide to Techniques in Mouse Development, Methods in Enzymology (ed. Wassarman, P. M. and DePamphilis, M. L., Academic Press. Inc., San Diego), 303–328 (1993).

10) Arcellana-Panlilio, M. Y. and Schultz, G. A.: Temporal and spatial expression of major histocompatibility complex class I H-2K in the early mouse embryos. Biol. Reprod., 51: 169–183 (1994).

11) Rambhatla, L., Patel, B., Dhanasekaran, N. and Latham, K. E.: Analysis of G protein alpha subunit mRNA abundance in preimplantation mouse embryos using a rapid, quantitative RT-PCR approach. Mol. Reprod. Dev., 41: 314-324 (1995).

12) Fiorenza, M. T. and Mangia, F.: Quantitative RT-PCR amplification of RNA in single mouse oocytes and preimplantation embryos. Biotechniques, 24: 618-623 (1998).

13) Steuerwald, N., Cohen, J., Herrera, R. J. and Brenner, C. A.: Analysis of gene expression in single oocytes and embryos by real-time rapid cycle fluorescence monitored RT-PCR. Mol. Hum. Reprod., 5: 1034-1039 (1999).

14) Gause, W. C. and Adamovicz, J.: The use of the PCR to quantitative gene expression. PCR Methods and Applications, 3: S123-S135 (1994).

15) 川又文清・高橋慎博・井上浩明・川村良久：増幅産物の定量 [2] 定量的 RT-PCR. PCR法最前線 (関谷剛男・藤永 蕙編, 共立出版, 東京), 97-103 (1997).

16) 原田信広：Chapter 5 PCRを用いた定量的実験. PCR実験ノート (谷口武利編, 羊土社, 東京), 60-73 (1997).

17) 中山広樹：第8章定量的 PCR, 第9章 PCRを用いた定量の実際. バイオ実験イラストレイテッド 3+本当にふえる PCR (中川広樹著, 秀潤社, 東京), 141-186 (1998).

18) Freeman, W. M., Walker, S. J. and Vrana, K. E.: Quantitative RT-PCR: pitfalls and potential. Biotechniques, 26: 112-122, 124-125 (1999).

2.2 タンパク発現の解析法[*]

はじめに

卵巣内に存在する卵の体積は成長過程で約300倍にも増加するが，この間に多量の mRNA が転写されない安定な形で卵細胞質に蓄えられる．成長過程を終了し，成熟能を獲得した未成熟卵が持つ全 RNA の約10％はポリAを持った mRNA であり，*in vitro* で転写するとタンパク質が産生されてくる[1]．この時期から受精後に胚自身のゲノムが活性化されるまでのしばらくの間は，卵の転写活性は極めて低いことが示されており，この母性 mRNA がタンパク質合成に利用されている[2]．つまり成長期から初期発生に至るまでの卵では，遺伝子発現は転写ではなく主として翻訳レベルで制御されていることになり，この時期の卵に mRNA が存在したからといってそれが即機能的なものとは限らず，タンパク質の発現解析をすることが重要となる．本稿では特定のタンパク質の発現を調べる方法として，我々の研究室で行っている免疫沈降とウエスタンブロットについて紹介する．これらの一般的な方法については他書[3] に詳しいので，ここではサンプル量に限界がある哺乳動物の卵子に応用するために，我々が改変した方法について記載する．

---

[*] 内藤 邦彦

免疫沈降とウエスタンブロットの概略と改変の要点

　免疫沈降とウエスタンブロットは，どちらもサンプルの全タンパク質に対し，特異的抗体の親和性と，SDS-ポリアクリルアミドゲル電気泳動法（SDS-PAGE）[4]による分子量での分離とを組み合わせることにより，特定のタンパク質を検出する方法である．免疫沈降法は，まずタンパク質を特異抗体と結合させ，その抗体をビーズに結合させて沈殿させることにより特定タンパク質を濃縮，これをSDS-PAGEにより分離し沈殿したタンパク質を検出するものである．本稿では^{35}S-メチオニンで全合成タンパク質をあらかじめ標識しておきオートラジオグラフィーで検出する方法を紹介する．この方法では新たに合成されたタンパク質のみが検出されるので，合成能を調べるのに有効である．一方，ウエスタンブロットでは，まず全タンパク質をSDS-PAGEで分子量により分離し，タンパク質をニトロセルロースなどの膜に吸着（ブロット）させ，これに特異抗体（1次抗体）をあてて特定のタンパク質と結合させた後，酵素などで標識した2次抗体で，この1次抗体を検出するものである．この方法では合成とは無関係に特定タンパク質の全量が検出されるので，濃度を調べるのに有効である．

　改変のポイントは，抗原・抗体反応はこれらの濃度に大きく依存するため，免疫沈降ではできるだけ液量を少なくして抗原と抗体の濃度を高くすること，またウエスタンブロットではブロットする膜の面積を極力小さくしてタンパク質を1点に集中させることに重点を置いた（マイクロウエスタンブロットと称している[5]）．通常の方法よりは操作が煩雑で技術を要するので，サンプル量に限界があり通常の方法ではうまくいかない場合に試していただきたい．

実験方法

a）準　備
（1）器具・機械
　卵操作用器具（実体顕微鏡，キャピラリーピペットなど），1.5 mlマイクロチューブ，各種可変式マイクロピペット（0.5 μl〜1 ml），サンプル煮沸用コンロ，SDS-PAGE装置一式（泳動槽，ゲル板，電源など），吸引装置，ろ紙（Whatman），

　免疫沈降：スライドグラス，18×18 mmカバーガラス，シリコンコート剤，回転板式攪拌装置，高速冷却遠心機，低温室（低温ケース），ゲルドライヤー，感光用カセット，（放射線遮蔽用アクリル板，防護服）

　ウエスタンブロット：ブロッティング装置，振盪器，ビニールバッグ，ポリシーラー

（2）試　薬
　主な試薬と濃度は表3.3に示した．この他，分子量マーカー，および以下が必要

　免疫沈降：プロテイン-Aビーズ，^{35}S-メチオニン，^{35}S用フィルム

　ウエスタンブロット：ブロット膜，スキムミルク，各種1次抗体，ビオチン標識2次抗体，アビジン標識アルカリフォスファターゼ，発色剤（BCIP/NBT）

b）方　法
（1）試薬の調製
　1）プロテイン-Aビーズ50％懸濁液　プロテイン-Aビーズ（例えばSigma：P-1406）は

表 3.3 主な溶液の組成

溶液	濃度等	
共通試薬		
・Laemmli sample buffer	(×2)	(×5)
Tris-HCl (pH 6.8)	120 mM	300 mM
DTT	200 mM	500 mM
グリセロール	20 %	50 %
SDS	4 %	10 %
BPB	0.002 %	0.005 %
(ポリアクリルアミドゲル用試薬)	(10 %ゲル)	(スタックゲル)
・30 % アクリルアミド混合溶液	5 ml	0.85 ml
アクリルアミド 29.2 %		
N, N'-methylene-bis-acrilamid 0.8 %		
・3 M Tris-HCl[1]	1.8 ml	
・0.5 M Tris-HCl[2]		1.25 ml
・TEMED	15 μl	10 μl
・(蒸留水)	7.8 ml	2.8 ml
・10 % SDS	0.3 ml	0.1 ml
・10 % 過硫酸アンモニア[3]	75 μl	25 μl
・電気泳動用 buffer	(10倍保存液)	(使用液)
Tris	250 mM	25 mM
Glycine	1.92 M	192 mM
SDS	1 %	0.1 %
ウエスタンブロット用試薬		
・ブロッティング用 buffer		
Tris	48 mM	
Glycine	39 mM	
SDS	0.037 %	
メタノール	20 %	
・TBS	(10倍保存液)	(使用液)
Tris-HCl (pH 7.6)	200 mM	20 mM
NaCl	1.37 M	137 mM
・TBS-T		
TBS	999 ml	
Tween-20	1 ml	
・検出用 beffer		
Diethanolamine[4] (pH 9.5)	100 mM	
MgCl$_2$	5 mM	
免疫沈降用試薬		
・RIPA buffer	(×1)	(×2)
NaCl	150 mM	300 mM
Nonidet P-40	1 %	2 %
SDS	0.1 %	0.2 %
デオキシコール酸	0.5 %	1 %
Tris-HCl (pH 8.0)	50 mM	100 mM
Sodium Vanadate	200 μM	400 μM
NaF	50 mM	100 mM
Protease inhibitors[5]		

1) Tris 36.3 g を溶解し 1 N HCl 48 ml を加えて全量を 100 ml とする．pH は合わせなくて良い
2) Tris 5.98 g を溶解し 1 N HCl 48 ml を加えて全量を 100 ml とする．pH は合わせなくて良い
3) 100 μl ずつ分注して －20 ℃ に凍結保存する
4) 検出用 buffer 100 ml を作成するには Diethanolamine (高粘性の液体) を 1.05 g 秤量する．
5) 使用直前にタンパク質分解酵素阻害剤 5 種 (表3.4参照) を加える．

乾燥体積の10倍程度のRIPA bufferに浸し十分膨潤させる．3,000 rpmで遠心沈殿して上清を除き，膨潤体積とほぼ等量の新しいRIPA bufferを加え4℃に保存する．

2）SDS-ポリアクリクアミドゲル　表3.3の10％ゲル，スタックゲルの試薬を，それぞれ上から五つ（蒸留水まで）を混合し脱気する．脱気は液を振盪しながら1分程度アワが出なくなるまで行う．脱気の後SDSを加える．10％ゲル混合液に過硫酸アンモニアを加えてよく振盪し，直ちにあらかじめ組み立てておいた2枚のゲル板の隙間に下から7分目あたりまで入れ，静かに蒸留水を重層する．30分ほどで固まる．次に蒸留水を捨て，過硫酸アンモニアを加えたスタックゲルを重層してコームを入れ，完全に固まるまで（約30分）静置する．

（2）免疫沈降

1. 卵丘細胞を除去後，卵を^{35}S-メチオニンの放射活性が$500\,\mu Ci/ml$になるように調整した成熟培地中で3時間程度インキュベートし，合成されるタンパク質を標識する．標識時間をあまり長くすると卵子に退行性の変化が起こるので注意．
2. 卵を洗浄して付着する^{35}S-メチオニンを除いた後，シリコンコートしたスライドグラス上に乗せ，キャピラリーピペットで液体を完全に除く．この時スライドグラス上で卵が隙間なく1層に集合するようにする（図3.26 a）．
3. 乾燥しないうちに2倍濃度のRIPA bufferを$0.5\,\mu l$添加し，シリコンコートしたカバーガラスをかけて卵をつぶす．この時カバーガラスの一部はスライドグラスから外に出るようにしてスライドグラスに接する面積はなるべく少なくする（図3.26 b）．
4. カバーガラスの1辺を持ち上げ，スライドグラスとカバーガラスの接線に集合した卵のライセートをキャピラリーピペットでマイクロチューブに回収する（図3.26 c）．
5. スライドグラスの同じ位置に$0.5\,\mu l$の抗体（原液）を滴下し，カバーガラスを再びかぶせて卵ライセートを洗い，4.と同様にしてキャピラリーピペットでマイクロチューブに回収する．以上の操作はできるだけ卵内のタンパク質濃度と抗体濃度を高めた状態で，卵を完全につぶすための方法である．
6. フラッシングして卵ライセートと抗体の混合液をチューブの底に集め，氷上に1時間静置する．
7. 50％プロテインAビーズ懸濁液$5\,\mu l$を先端を切ったチップで添加する．この時チューブの壁に付けないように注意して，底の卵ライセートに直接加え，さらにアワを一つ入れるようにする．したがってチップは1回ずつ交換する．
8. 回転板式攪拌装置で転倒しながら4℃で20分間インキュベートする．この時，液がチューブの底に留まり，アワが液の中を上下して攪拌していることを確認する．
9. 上清サンプルを採取する場合は，インキュベート終了後3,000 rpm，1分間遠心沈殿してビーズを落し，ビーズを吸わないよう注意しながら少量を採取する．上清サンプルが必要なけれ

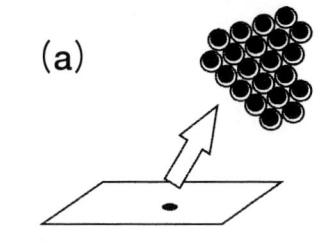

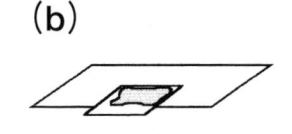

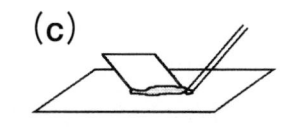

図3.26　免疫沈降用の卵子サンプルの作成法

ばこのステップは省略可.
10. RIPA buffer を 1 ml 加え，3,000 rpm，1 分間遠心沈殿して上清を捨てビーズを洗う．この操作を 3 回繰り返す．洗浄の操作はできるだけすばやく行う．ここで時間をかけると抗体と結合したタンパク質の一部が解離してしまう.
11. 3 回目の洗浄終了後，上清を捨てた後にもう 1 回遠心沈殿して上清をできるだけ除く.
12. 上清サンプルおよび沈殿サンプルには等量の 2 倍濃度の Laemmli sample buffer を加え，5 分間煮沸しタンパク質を変性させる.
13. 通常の SDS-PAGE によりタンパク質を分離する．沈殿サンプルはビーズごと全量をアプライする．分子量マーカーとしてタンパク質に色のついたもの（例えば Amershampharmacia : rainbow maker RPN 800）を入れておくと便利である．SDS-PAGE の方法はウエスタンブロットの項参照.
14. 電気泳動終了後，ゲルは濾紙に張り付けてゲルドライヤーを用いて 80 ℃ で 1.5 時間乾燥させる．ゲルを濾紙に乗せる際は，濾紙を蒸留水で十分に湿らせておくと，ゲルがしわになったり破れたりする危険がない．汚染しないようゲルの上にラップをかけること.
15. ゲル，ラップ，^{35}S 用フィルム（例えば Amershampharmacia : Hyperfilm β-max）の順にカセットに入れ -80 ℃ で 1 週間程度感光させる.
16. フィルム現像の後，濾紙に張り付けたゲルの分子量マーカーと照らし合わせて分子量を書き込み，目的のバンドを特定する．必要に応じ NIH image などの解析ソフトによりバンドの濃度を数値化する.

（3）ウエスタンブロット（マイクロウエスタンブロット）

1. 卵を採取する際，培養液には多量のタンパク質が含まれており目的とするタンパク質がマスクされてしまう危険があるので，無タンパクの液で十分洗浄した後，2 μl の液とともにチューブに入れる.
2. 5 倍濃度の Laemmli sample buffer を 0.5 μl 加え 100 ℃ で 5 分間変性させる．この状態で -80 ℃ で保存する.
3. マイクロウエスタンブロット[5]では 10 % ゲルの大きさは 80 × 50 × 0.5 mm と通常のスラブゲルと同様であるが，コームの大きさを各レーンの幅 1 mm，レーン間の幅 1 mm，各レーンの仕切りの深さ 13 mm と極めて小さくした（図 3.27）．コームを抜く際にはゲルを壊さないよう注意する.
4. 各レーンの仕切りのゲルが曲がっている場合は，泳動装置にゲルを装着する前にマイクロシリンジの先端などを用いて真っ直ぐに直してから泳動装置にゲルを装着し泳動用 buffer を上下の泳動槽に入れる.
5. サンプルを入れる場合通常のように

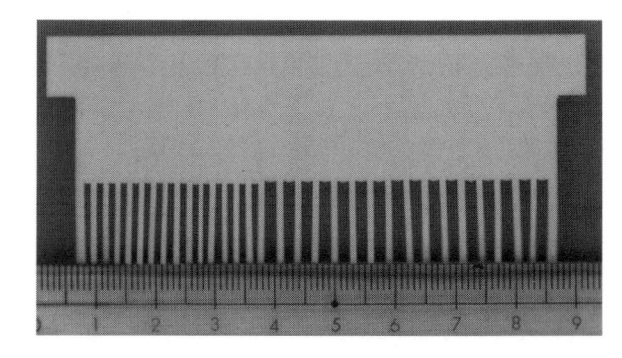

図 3.27 マイクロウエスタンブロット用のコーム

チップで上から落とす方法では入らないので，マイクロシリンジを用いてサンプル溝の底からシリンジを引き上げながら入れる．サンプルの量は $2\,\mu l$ 以下にする（通常のコームと厚さ $1\,mm$ ゲルを用いれば $20\sim30\,\mu l$ 入る）．分子量マーカーとして rainbow maker（Amersham-pharmacia：RPN800）を $1\sim2\,\mu l$ 入れたレーンを用意する．

6. 上の泳動槽を－極，下の泳動槽を＋極につないで，17 mA 一定で泳動する．長く泳動するとバンドが広がるので，マーカーを見ながら目的タンパク質が 10% ゲルの中央あたりにきたら泳動を止める．

7. これ以降は通常のウエスタンブロットと全く同じである．ゲルをガラス板上で一定の大きさに切り揃えた後，ブロティング用 buffer 中で 15 分インキュベートする．ろ紙 6 枚およびブロット膜（例えば Millipore：ImmobilonTM）もゲルと同じ大きさに切り揃えブロティング用 buffer で湿らせておく．

8. ブロッティングはセミドライ式装置を用い，電極上にろ紙 3 枚，ブロット膜，ゲル，ろ紙 3 枚の順に空気が入らないように重ね，電極を乗せる．上を－極，下を＋極として 8 V 電圧一定で 40 分間ブロットする．

9. ブロット膜にレインボーマーカーの色が見えているが，この色はブロッキングにより消えてしまうので，その前にボールペン等で各タンパク質の位置に印を付けておく．

10. 5% スキムミルク添加 TBS-T 中で 1 時間，室温にて振盪器で振盪しながらブロット膜のブロッキングをする．

11. 目的のタンパク質が二つ以上ある場合，分子量が離れていればブロット膜を分子量マーカーを指標に切り離して用いることができる．それぞれに対する 1 次抗体を TBS で適宜希釈しビニールバッグ中で 4℃ で一晩反応させる．ビニールバッグには空気が入らないよう，泡を除去してポリシーラーでシールする．

12. ブロット膜を TBS-T で十分洗浄した後，TBS で適宜希釈したビオチン標識 2 次抗体を振盪しながら 20 分間反応させる．洗浄後アビジン標識アルカリフォスフォターゼ溶液（2.5 units/ml TBS）を振盪しながら 20 分間反応させる．なお，1 次抗体，2 次抗体，アルカリフォスファターゼはアジ化ナトリウムを 0.05% 加えて 4℃ に保存すれば繰り返し使用可能である．

13. 洗浄後，検出用 buffer に発色剤を添加した液中で発色させる．発色剤の BCIP/NBT としては Sigma：B-5655 が錠剤となっており使いやすい．使用直前に 1 粒を 10 ml の検出用 buffer に溶解する．

c）具体的例

本免疫沈降法を用い，ブタ卵成熟過程のサイクリン B の合成を調べた実験では，卵子 200 個を 1 サンプルとし，リコンビナントのブタサイクリン B に対するポリクローン抗体（ウサギ抗血清）を用いた．その結果，卵核胞崩壊以後 62 kDa に特異的バンドが見られ，サイクリン B の合成が確認された[6]．またマイクロウエスタンブロットを用いてブタ成熟卵の $p34^{cdc2}$，MAPK，MEK を検出したところ，通常の方法では卵 50 個を用いるところ，ほぼ 1/10 の卵数で検出されることが確認された[5]．

おわりに

これらの方法はどちらも用いる抗体の質に大きく依存する．用いる抗体は，免疫沈降は未変性タンパク質であるので高次構造を認識するものが，ウエスタンブロットは変性した直線状タンパク質であるのでペプチドに対するものが適しており，多くの場合前者はポリクローン抗体，後者はモノクローン抗体が良い．抗体を選ぶ場合には，その抗体が何に使用可能かをカタログ等で十分調べる必要がある．さらに抗体選びだけでなく，タンパク質はひとつひとつ個性があり，DNAやRNAと異なりタンパク質ごとに最適条件が異なる．したがって，ここに述べた方法は一つのめやすとして，抗体の濃度や各ステップの温度と時間を変えて最適条件を探す必要がある．初めにこれを怠るとその後の実験精度に大きく影響してしまうので面倒がらずにいろいろ試していただきたい．

参考文献

1) Moor, R. M., Crosby, I. M., and Osborn, J. C.: Growth and maturation of mammalian oocytes. in: *In vitro* fertilization and embryo transfer (Crosignani, P.G., and Rubin, B. L. eds.) Academic press, London. 39-63 (1983).

2) Aoki, F., Worrad, D. M., and Schultz, R. M.: Regulation of transcriptional activity during the first and second cell cycles in the preimplantation mouse embryo. Dev. Biol. 181: 296-307 (1997).

3) Harlow, E. and Lane, D.: Antibodies: a laboratory manual. Cold Spring Harbor Laboratory, (1988).

4) Laemmli, U. K.: Cleavage of structural proteins during the assembly of the head of bacteriophage T4. Nature, 227: 680-685 (1970).

5) Naito, K., Kagii, H., Iwamori, N., Sugiura, K., Yamanouchi, K., and Tojo, H.: Establishment of a small-scale western blotting system named as "micro-western blotting" for mammalian ova analysis. J. Mamm. Ova Res. 16: 154-157 (1999).

6) Naito, K., Hawkins, C., Yamashita, M., Nagahana, Y., Aoki, F., Kohmoto, K., Toyoda, Y., and Moor, R. M.: Association of $p34^{cdc2}$ and cyclin B1 during meiotic maturation in porcine oocytes. Dev. Biol. 168: 627-634 (1995).

2.3 MAPK，ヒストンH1キナーゼ活性測定法[*]

はじめに

成熟促進因子（MPF）は細胞周期の分裂期を制御する因子として単離された．この活性の上昇がM期を誘導し，低下がM期脱出を制御していることが広く一般に受け入れられており，細胞周期を知る指標として用いられている[1]．またMAPKは細胞内シグナル伝達因子であり多くのファミリーが存在するが，その一員であるERKは増殖シグナル伝達因子として細胞周期の制御に深く関

---

[*] 内藤　邦彦

与している[2]. 卵は減数分裂に引き続き旺盛な細胞分裂を行う細胞であり, 発生制御はこれらの因子に強く依存しているはずである. 卵子におけるこれら細胞周期制御因子の解析は当初ウニ, ヒトデ, カエルなどで行われてきたが, 最近ではマウス卵はもとより家畜卵へ応用した解析も多数見られるようになってきた. 今後哺乳動物卵を用いたこれらの解析は, 生殖工学, 発生工学の発展に伴い重要度を増していくと思われる. MPF, ERKはともにタンパク質リン酸化酵素であり, それぞれヒストンH1, ミエリン塩基性タンパク質 (MBP) を良い基質とするため, これらのリン酸化活性として測定できる. 本稿では著者がブタおよびマウス卵を材料に行っている簡便なMAPK (ERK), ヒストンH1キナーゼ活性測定法を紹介する.

活性測定の原理

測定の原理は他の酵素活性測定法と全く同じである. すなわち, 酵素活性を測定しようとするサンプルと酵素の基質を混ぜて一定時間反応させ, 産生された生成物の量から酵素活性を推定する. 本測定系では卵のライセートをサンプルとし, MPFの基質としてはヒストンH1と$[\gamma$-$^{32}P]$ATP, MAPKの基質としてはMBPと$[\gamma$-$^{32}P]$ATPを加え37℃で1時間, 以下の反応を起こさせる.

$$ATP\,(adenosine\text{-}P\text{-}P\text{-}^{32}P) + ヒストンH1/MBP$$
$$\rightarrow ADP\,(adenosine\text{-}P\text{-}P) + ヒストンH1/MBP\text{-}^{32}P$$

反応終了後, 基質タンパク質と残った$[\gamma$-$^{32}P]$ATPを分離し, ATPから基質タンパク質に移行した放射性リン酸の量を測定して酵素活性を求める. 基質タンパク質とATPの分離法としては電気泳動を用いるのが一般的であり, オートラジオグラフィーで放射活性を測定する. この場合ヒストンH1とMBPを同時に反応液中に加えることにより一つのサンプルでMPFとMAPKを同時に測定できる利点がある. また, 蛋白質をトリクロロ酢酸 (TCA) で沈殿させ, 上清除去後, 沈殿中の放射活性をシンチレーションカウンターで測定する方法もある. この方法は遠心分離機のみで行えるため手軽である.

実験方法

a) 準　備

(1) 器具・機械

ウォーターバス, 1.5 ml マイクロチューブ, 各種可変式マイクロピペット (0.5 μl〜1 ml), 振動式攪拌ミキサー, 卵操作用器具 (実体顕微鏡, キャピラリーピペットなど), 高速冷却遠心機,

電気泳動法：SDS-PAGE装置一式 (泳動槽, ゲル板, 電源など), サンプル煮沸用コンロ, ゲルドライヤー, 感光用カセット,

遠心分離法：液体シンチレーションカウンター, 測定用バイアル,

(2) 試　薬

表3.4に主なストック液を示した. これ以外に, Nonidet p-40, ATP (Sigma: A 5394), dithiothreitol (DTT),

電気泳動法：SDSゲル用およびSDS-PAGE用試薬 (タンパク発現の解析法参照), ろ紙 (What-

表 3.4　保存液の組成

保存液	濃度	備考
・緩衝液 A		
Mops (pH 7.2)	25 mM	Buffer
$MgCl_2$	15 mM	
b-Glycerol phosphate	60 mM	Phospatase inhibitor
p-Nitro-phenyl phosphate	30 mM	Phospatase inhibitor
EGTA	15 mM	$Ca^{2|}$ chelate, Phosphatase inhibitor, C kinase inhibitor
Vanadate	0.1 mM	Tyrosine phosphatase inhibitor
・[γ-^{32}p] ATP* (ICN : 35001 X, Amersham : PB 10218 or NEN : NEG-002 A)	50 mM, 2 μCi/5 μl	Disolve in assay buffer*, -20℃
・ヒストン H1 (Sigma : hystone type lll-S, H 5505)	5 mg/ml	Disolve in assay buffer*, -20℃
・MBP (Sigma : m-1891)	10 mg/ml	Disolve in assay buffer*, -20℃
・Protin kinase inhibitor (Sigma : P 0300)	2.5 μM	A-kinase inhibitor, Disolve in assay buffer*, -20℃
（タンパク質分解酵素阻害剤）	（使用濃度）	
・Aprotinin	10 mg/ml (2 μg/ml)	Dissolve in PBS, -20℃
・Leupeptin	10 mg/ml (2 μg/ml)	Store at -20℃
・Pepstatin	1 mg/ml (1 μg/ml)	Dissolve in methanol, -20℃
・Phenylmethylsulfonyl fluoride (PMSF)	100 mM (1 mM)	Dissolve in isopropanol, 4℃
・p-Aminobenzamidine	50 mM (10 μM)	Store at 4℃

＊測定用緩衝液（Assay buffer），[γ-^{32}p] ATP の調製法は本文参照

man），^{32}P 用フィルム，増感紙，bovine serum albumin（BSA: fraction V）．

　遠心分離法：シンチレーションカクテル（Amershampharmacia : ACS II），NaOH.

b）方　法

(1) 試薬の調整

1) 測定用緩衝液（Ａｓｓａｙ　ｂｕｆｆｅｒ）　緩衝液 A（表 3.4）に DTT 1 mM とタンパク質分解酵素阻害剤（表 3.4）を（使用濃度）の濃度となるように使用直前に加えたものを測定用緩衝液とする．緩衝液 A は冷蔵保存で 3 カ月保存可能であるが，測定用緩衝液は 2 週間以内に使用するようにしている．保存した測定用緩衝液を使用する場合は PMSF をその都度加える．

2) [γ-^{32}P] ＡＴＰ

　購入したアイソトープの ATP は濃度がうすいので，非標識の ATP（Sigma : A 5394）を加えて（放射活性を希釈して）使用する．希釈の際には，標識 ATP のモル濃度は非常に薄いので無視して良い．したがって，ストック溶液の最終濃度の非標識 ATP 溶液（50 mM assay buffer 溶液）で 2 μCi/5 μl となるように放射活性を希釈する．希釈した ATP 溶液は 100 μl ずつ分注して放射線を遮蔽するアクリル容器中に冷凍保存する．

(2) サンプルの準備

　測定チューブ 1 本あたり卵 10 個を使用する．測定誤差を補正するために 1 サンプルにつき 2 本以上のチューブを準備するのが望ましい．

　　1. 培養液が測定系に入ると多量の蛋白質による酵素活性の阻害，バックグラウンドの上昇，他酵素活性の混入の危険性があるので，測定用緩衝液で最低 2 回洗浄して培養液を除く．測定

用緩衝液は等張液ではないので短時間で洗浄すること．
2. 卵10個/2 μl 測定用緩衝液の濃度で1.5 ml マイクロチューブに入れる．この操作はあらかじめ2 μl の液をキャピラリーピペットで吸ってマジック等でピペットに印を付け，そのピペットで卵を回収するようにしている．
3. フラッシングして卵と測定用緩衝液を底に集め，これに5％（v/v）Nonidet P-40添加測定用緩衝液を0.5 μl 加えて再びフラッシングする．すなわち最終的には卵10個/2.5 μl 1％ Nonidet P-40添加測定用緩衝液となる．
4. この状態で1回凍結融解して卵を壊す．サンプルを保存する時はこの状態で−80℃に保存する．

（3）酵素活性の測定

1）酵素反応　これ以後の操作は氷上で冷却しながら行う．
1. 融解した卵子のサンプル，およびブランクとして卵子を含まずに2.5 μl 1％ Nonidet P-40添加測定用緩衝液のみのチューブ（2本用意する）に通し番号をつける．
2. 各チューブに Protein kinase inhibitor, 基質ストック液（ヒストンH1またはMBP，電気泳動法の場合は両者の混合液も可）をそれぞれ2.5 μl 加えてフラッシングする．ここまではラジオアイソトープ室外で行う．
3. ラジオアイソトープ室内で[γ-^{32}P] ATPストック液を5 μl 加え，フラッシングして37℃ウォーターバスに浮かべて反応を開始する．反応液の最終濃度は，[γ-^{32}P] ATP；2 μCi：20 mM, ヒストンH1；1 mg/ml, protein kinase inhibitor；0.5 μM, Total；12.5 μl となる．この状態で1時間反応させる．

2）電気泳動法による基質タンパク質とATPの分離
1. 2倍濃度の Laemmli sample buffer（表3.3参照）を12.5 μl 加え，5分間煮沸して蛋白質を変性させることによって反応を停止させる．
2. サンプルを10％のSDS-ポリアクリルアミドゲルを用いたSDS-PAGEによって分離する（SDS-PAGEの方法はタンパク発現の解析法参照）．
3. BPBの青いマーカーがゲルの下方1/4ぐらいにきたらSDS-PAGEを止める．青いマーカーの下側は高い放射能を含んでいるので，ゲルを切り離して廃棄する．MBPは青いマーカーのすぐ上の所に存在するのでゲルを切り離す時に切り取ってしまわないように注意すること．
4. 上方のゲルは濾紙に張り付けて，ゲルドライヤーを用いて80℃で1.5時間乾燥させる．ゲルを濾紙に乗せる際は，濾紙を蒸留水で十分に湿らせておくと，ゲルがしわになったり破れたりする危険がない．汚染しないようゲルの上にラップをかけること．
5. 乾燥ゲル，ラップ，^{32}P用フィルム（例えば Amershampharmacia：Hyperfilm-MP），増感紙（例えば Amershampharmacia：Hyperscreen）の順にカセットに入れ−80℃で数時間から一昼夜感光させる．
6. フィルム現像の後，NIH image などの解析ソフトによりヒストンH1（分子量はおよそ34 kDa）およびMBPのバンド（BPBマーカーのすぐ上）を数値化し，活性の解析に供する．

3）遠心分離法による基質タンパク質とATPの分離

1. 20% TCA 0.4 ml とキャリアーとして1% BSA 0.1 ml を加え反応を停止させる．2〜3分おいて沈殿を形成させてから 15,000 rpm 5分遠心沈殿を行いデカンテーションで上清をすて，口の部分に残った滴をろ紙で吸い取る．
2. 沈殿に 20% TCA 0.4 ml を再び加え 1. と同様に洗浄する．この沈殿は固く TCA 液を加えてミックスしても浮遊する事はないので，もう一度遠心沈殿する必要はない．
3. 沈殿に 1 N NaOH を 0.1 ml 加えて溶かす．振動式ミキサーにセットして攪拌しながら溶かすと2時間以内に完全に溶解する．静置する場合は 4℃ overnight とする．
4. 完全に溶解したら 1. から 3. を繰り返してヒストン H1 に結合していない ^{32}P を洗う．ただしキャリアーの BSA はすでに入っているので加える必要はない．
5. 再び沈殿が完全に溶解したらシンチレーションカクテルを 1 ml 加えてよく攪拌する．測定用バイアルにマイクロチューブごとセットし，液体シンチレーションカウンターで ^{32}P の放射能を測定する．

(4) 測定結果の解析

1. 各サンプルに2本以上のチューブを用意した場合は平均を出し，各値からブランクの値を差し引く．
2. 電気泳動法を用いた場合には，実験間の数値を直接比較することはできないので基準とするサンプル（GV卵，成熟卵，細胞抽出液など）を用意し，それに対する相対値で活性を表わす．
3. 遠心分離法を用いた場合には，絶対値を算出することが可能である．著者は1卵あたり1時間にヒストン H1 に結合したリン酸の量 (fmol) で表わしている．この方法では初めに加えた [γ-^{32}P] ATP液 5 μl を保存しておき，サンプルの放射能測定と一緒に測定する．このカウントが 250 pmol のリン酸に相当するので，各サンプルのカウントから1時間にヒストン H1 に結合したリン酸の量を計算できる．もちろん各チューブは卵10個なので 1/10 にする必要がある．ただし，この方法では経験的に使用する [γ-^{32}P] ATP が古くなると，活性が低めに出る傾向があるので常に新鮮なアイソトープを使用する必要がある．相対値を問題にする場合は 2. と同様に基準とするサンプルを用意する．この場合は測定値 (cpm) のままでよい．

c）具体的例

本法を用いてブタ卵の体外成熟過程のヒストン H1 キナーゼ活性[3]およびMAPK活性[4]を測定した結果は以下のとおりである．未成熟卵（卵核胞期卵）では両活性は低くそれぞれ 20, 40 (fmol/ hr/ ova) 程度であるが，卵核胞の崩壊が開始する 20 時間後あたりから次第に増加しはじめ，大部分が第一減数分裂中期に達する 30 時間後にはそれぞれ 140, 120 (fmol/ hr/ ova) と最高値に達する．ヒストン H1 キナーゼは第一極体が放出される 36 時間近辺に一旦 40 (fmol/ hr/ ova) 程度まで低下し，その後再び上昇して成熟卵（第二減数分裂中期）では第一減数分裂中期と等しい値となる．MAPK の方は第一極体放出中も低下することはなく高活性が維持される．なお，成熟卵のヒストン H1 キナーゼ活性は卵の老化に伴って次第に低下し，培養開始 72 時間後では 50 (fmol/ hr/ ova) 程度となる[5]．

おわりに

　本測定法で得られた結果を考察する際，ヒストンH1やMBPがそれぞれ必ずしも完全にMPF，MAPKのみの基質ではないこと，また遠心分離法を用いた場合，微量ではあるが卵細胞質の蛋白質を含んでおり，卵細胞質中の全てのリン酸化酵素活性を同時に測定している点は常に注意する必要がある．とはいえ本法はMPF，MAPKにおおむね特異的といえる基質を多量に加えており，それぞれの活性をよく反映した結果が得られるので，家畜卵のMPF，MAPK活性測定の簡便法として有用であると思われる．

　近年，卵細胞質の成熟度，あるいは老化の程度がMPF活性に反映することが明らかとなってきた．これら卵のqualityを評価することは，トランスジェニック動物，ノックアウト動物，あるいは核移植によるクローン動物の作出といった発生工学分野の研究においても重要になってくると考えられる．本法によるヒストンH1キナーゼ，MAPK活性の測定が生殖工学，発生工学分野を含む幅広い研究分野の発展に寄与することを願っている．

参考文献

1) Taieb, R., Thibier, C. and Jessus, C.: On cyclins, oocytes, and eggs. Mol. Reprod. Dev. 48: 397-411 (1997).
2) Gotoh, Y. and Nishida, E.: Activation mechanism and function of the MAP kinase cascade. Mol. Reprod. Dev. 42: 486-492 (1995).
3) Naito, K. and Toyoda, Y.: Fluctuation of histone H1 kinase activity during meiotic maturation in porcine oocytes. J. Reprod. Fertil. 93: 467-473 (1991).
4) Inoue, M., Naito, K., Aoki, F., Toyoda, Y. and Sato, E.: Activation of mitogen-activated protein kinase during meiotic maturation in porcine oocytes. Zygote 3: 265-271 (1995).
5) Kikuchi, K., Izaike, Y., Furukawa, T., Daen, F. P., Naito, K. and Toyoda, Y.: Decrease of histone H1 kinase activity corespnds with parthenogenetic activation of pig oocytes maturaed and aged *in vitro*. J. Reprod. Fertil. 105: 325-330 (1995).

2.4 卵細胞のアポトーシス*

はじめに

　哺乳類の卵巣では，たえず卵胞閉鎖の機序により大多数の卵母細胞が死滅している．たとえば，マウスの卵胞の約75％，ヒトの卵胞の約99％は閉鎖に陥る．この卵胞閉鎖の機序にFas-FasLigand（L）系が深く関与して，アポトーシスによって推進されていることが明らかになってきた．つまりゴナドトロピンの影響下で，主に卵母細胞にFasが，顆粒膜細胞にFasLおよび成熟卵胞の顆粒膜細胞にFasが発現し，両分子間のオートクリン，パラクリン的相互作用によって卵胞閉鎖が進行する．本項では，Fas抗体をマウスに投与した場合の卵巣における卵母細胞のアポトーシ

---

* 森　庸厚・郭　卯戊

スをDNA断片化法や *in situ* TUNEL (terminal deoxynucleotide transferase mediated dUTP-nick endlabeling) 法で検出する方法を紹介し，さらに，Sf9細胞にFasLを発現させたSf9-FasL細胞ベクターを作成し，この細胞ベクターによってマウス卵細胞のアポトーシスを誘導して，*in vitro* TUNEL法で同定する方法を詳しく述べる．

実験法

a）準　備

1．器具・機械

炭酸ガスインキュベーター，クリーンベンチ，オートクレーブ，冷蔵庫，冷凍庫，実体顕微鏡，光学顕微鏡，倒立顕微鏡，写真撮影装置，ミクロトーム，加温板，ウォータバス，冷却遠心機，ボルテクスミキサー，プラスチック製器具（マイクロピペット，シャーレ，チュウブ，注射筒，針等），ガラス製器具（ビーカー，メスシリンダー，時計皿等），小動物解剖道具一式（メス，ハサミ，ピンセット等），ろ過滅菌フィルター，細目金属メッシュ，電気泳動装置一式，BaculoGoldトランスフェクション用キット（Pharmingen），TUNEL染色用 Apop Tag キット（Oncor）

2．試　薬

PMSG, hCG, 燐酸緩衝液（PBS），タイロード液，ヒアルロニダーゼ，ウィッテン培地，T3/T7 RNAポリメラーゼ，ジゴキシゲニン-11-UTP（Mannheim），ハイブリダイゼーション液（50％ホルムアミド，10 mM トリス塩酸 pH 7.6, 200 ug/ml tRNA を溶かしたデンハルト液，10％デキストラン硫酸，600 mM 塩化ナトリウム，0.25％ SDS），ヒツジ血清，ポリ-L-リジン，パラホルムアルデヒド，ホモゼニゼーション液（0.1 M 塩化ナトリウム，10 mM EDTA pH 8.0, 0.3 M トリス塩酸 pH 8.0, 0.2 M ショ糖），10％ SDS, 3 M 酢酸ナトリウム，フェノール，クロロホルム，エタノール，TE液（10 mM トリス塩酸，1 mM EDTA pH 8.0），RNAエース，アガロース，エチジウムブロマイド，ウサギ抗マウス FasL 抗体（Santa Cruz），ウサギ IgG, ハムスター抗マウス Fas 抗体（Pharmingen），ハムスター IgG

3．実験動物

本項では，5週齢メスの B6C3F1, MRL/+, MRL/1pr マウス等を使用しての実験例を示す．目的に沿って，ラット，ブタ，ウシ，ウサギ，ヒト等でも応用可能である．

b）方　法

<u>1.卵巣の卵母細胞のアポトーシスの誘導とその同定</u>

1）TUNEL染色用の卵巣切片の作製

MRL/+ あるいは MRL/1pr マウスの腹腔内へ 100 μg の Fas 抗体あるいは対照としてハムスター IgG を投与する．

約5時間後に MRL/+ マウスはほとんど死亡するが，MRL/1pr マウスは死亡せず健在である．

両マウスから，卵巣を切り出す．

卵巣切片を4％パラホルムアルデヒド-PBSで固定する．

⇩

4℃の下で overnight で処理する．

⇩

一連のエタノール液に通し，脱脂，脱水し，パラフィン包埋する．
⇩
ミクロトームで約5μmの厚さの卵巣切片を作製する．
⇩
ポリ-L-リジンをコートしたスライド上に固定する．
⇩
脱脂，脱水を一連のエタノール液を通して行う．
⇩
TUNEL染色用の標本．

2）卵巣のDNA断片化測定法

前記抗体処理をしたマウスの卵巣を細切し，10% SDS液12.5μlを添加した0.2 mlのホモゼニゼーション液で処理する．
⇩
撹拌後，試料を65℃で30分間インキュベーションする．
⇩
35μlの3M酢酸ナトリウムを加え，さらに4℃で60分間反応させた後，4℃の下12,000 rpmで10分間遠心する．
⇩
遠心上清をフェノールまたはフェノール／クロロホルムで抽出し，エタノールで沈澱させる．
⇩
4℃の下14,000 rpmで30分間遠心し，沈査を50μlのTE液にサスペンションする．
⇩
1μlのRNAエース（100μg/ml）を添加し，混ざったRNAを完全に除去する．
⇩
37℃で60分間インキュベーションする．
⇩
DNAをフェノールまたはフェノール/クロロホルムで抽出し，エタノールで沈澱させる．
⇩
沈査を20μlの蒸留水にサスペンションする．
⇩
一部をマイクロピペットで取り出し，エチジウムブロマイドを含んだ2%アガロースゲル上で電気泳動する．

3）Sf9-FasL細胞ベクターの作製

図3.28に示すように，PVL 1393プラスミッドのポリヘドリンプロモータ-ATGの上流のXbaIマルチクローニング部位へFull length-FasL cDNAを挿入し，PVL 1393-FasL組み換えプラスミッドを作製する．実際にはFull length-FasL cDNAを含んだpBluescript II SK（＋）-FasLプラスミッドより940 bpのフラグメントをXbaI-XbaI制限酵素で切り出し，PVL 1393プラスミッド

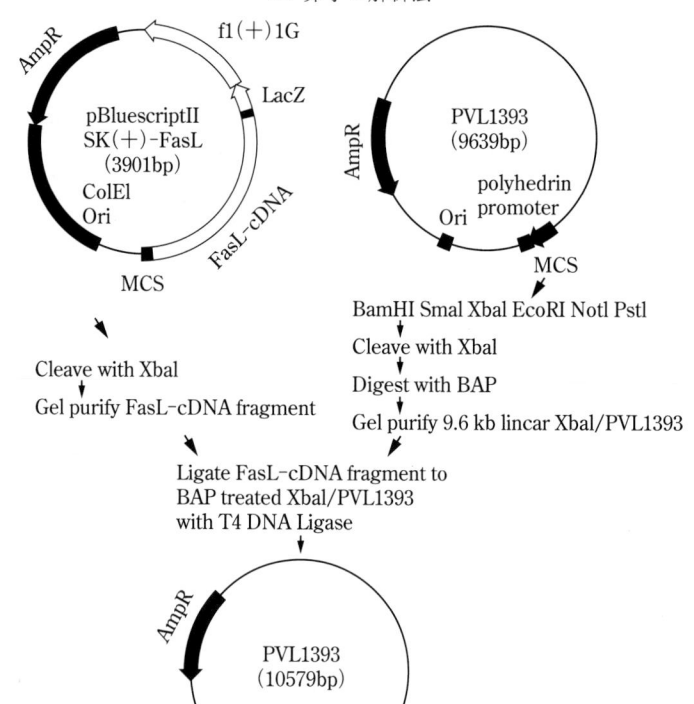

図3.28 PVL1393-FasLプラスミッドの作製

に組み込む．PVL1393-FasLプラスミッドが正確にできているか否かは制限酵素マッピングで同定する．PVL1393-FasLプラスミッドと直鎖状のバキュロウイルスDNAとともにSf9細胞にトランスフェクションする．約4日後に，Sf9-FasL細胞ベクターが作製出来たか否かを免疫組織学的方法（酵素抗体法や蛍光抗体法等）や免疫化学的方法（ウエスタンブロテイング法）で検出し，Sf9細胞上にFasLの発現を確認の上，次の実験に供する．なお，この項の詳細については文献[3]を参照されたい．

4）顆粒膜細胞あるいはSf9-FasL細胞と卵細胞との相互作用

約30個のマウス過排卵をタイロード液で処理して透明帯を除去する．

⇩

卵を0.3％BSAを含んだウイッテン培地200 μl を入れた96穴U型プラスチック穴に入れる．

⇩

5×10^6 個の顆粒膜細胞あるいはSf9-FasL細胞を添加し，5％ CO_2 インキュベーター内で，37℃の下6時間共培養する（対照として，胸腺リンパ球あるいはSf9-1393細胞を使用する）．

⇩

卵細胞だけを実体顕微鏡下で選択的にマイクロピペットで取り出し，ポリ-L-リジンをコートしたスライド上に置き，4％パラホルムアルデヒドで30分間室温で固定する．

⇩

PBSで数回洗浄する.
⇩
細胞内パーオキシダーゼを3％H_2O_2-PBSの処理で除去する.
⇩
TUNEL染色用の標本.

5）TUNEL染色

1）と4）で調整した卵巣の組織切片あるいは卵細胞標本を以下の順序で処理する（Apop Tagキットの操作手順案内を参照されたい）．

スライド上の標本をTdT酵素で37℃の下で2時間処理する.
⇩
ジゴキシゲニン-11-dUTPあるいはdATPを断片化したDNAの3'末端に導入する.
⇩
ジゴキシゲニン-11-dUTPあるいはdATPのヘテロポリマーが形成される.
⇩
抗ジゴキシゲニンパーオキシダーゼ標識抗体を室温で1時間反応させる.
⇩
DAB基質を添加し，ストッピング液で反応を停止する.
⇩
光学顕微鏡で観察.

2. 卵細胞のDNA断片化を直接検出する方法

PMSG処理をしたマウスの卵巣より約300個の卵母細胞をメッシュで粗選別し，さらに，卵母細胞だけを実体顕微鏡下で選択的にマイクロピペットで取り出し，採取する.
⇩
ホモゼニゼーション液で処理する.
⇩
4℃の下で12,000 rpm 10分間遠心する.
⇩
卵母細胞のDNAを含んだ遠心上清をフェノールまたはフェノール/クロロホルムで抽出し，エタノールで沈澱する（1の2）項DNA断片化法と同じ要領）.
⇩
TdT酵素によってジゴキシゲニン-11-dUTPあるいはdATPを断片化DNAの3'末端に標識する.
⇩
2％アガロースゲル上で電気泳動する.
⇩
ナイロンフィルターにトランスファーして，ジゴキシゲニンルミネッセンスでDNA断片化を同定する.

参考文献

1) Watanabe-Fukunaga, R., Brannan, C. I., Copeland, N. G., Jenkins, N. A. and Nagata, S.: Lymphoproliferation disorder in mice explained by defects in Fas antigen that mediates apoptosis. Nature. 356:314-317 (1992).
2) Guo, M. W., Mori, E., Xu, J. P. and Mori, T.: Identification of Fas antigen associated with apoptotic cell death in murine ovary. Biochem. Biophys. Res. Commun., 203: 1438-1446 (1994).
3) Guo, M. W., Watanabe, T., Mori, E. and Mori, T.: Molecular structure and function of CD4 on murine egg plasma membrane. Zygote. 3: 65-73 (1995).
4) Guo, M. W., Xu, J. P., Mori, E., Sato, E., Saito, S. and Mori, T.: Expression of Fas ligand in murine ovary. Am. J. Reprod. Immunol., 37: 391-398 (1997).
5) Mori, T., Xu, J. P., Mori, E., Sato, E., Saito, S. and Guo, M. W.: Expression of Fas-FasL system associated with atresia through apoptosis in murine ovary. Horm Res. 48 (suppl 3): 11-19 (1997).
6) Xu, J. P., Li, X., Mori, E., Sato, E., Saito, S., Guo, M. W. and Mori, T.: Expression of Fas-FasL system associated with atresia through apoptosis in murine ovary. Zygote. 5: 321-327 (1997).
7) Xu, J. P., Li, X., Mori, E., Guo, M. W. and Mori, T.: Aberrant expression and dysfunction of Fas antigen in MRL/MpJ-lpr/lpr murine ovary. Zygote. 6: 359-367 (1998).
8) Xu, J. P., Li, X., Mori, E., Guo, M. W. Matsuda, I., Takaichi, H., Amano, T., and Mori, T.: Expression of Fas-Fas ligand in murine testis. Am. J. Reprod. Immunol. 42: 381-388 (1999).

2.5 ゲノム DNA のメチル化解析法（*Hpa*II - PCR 法）*

はじめに

DNA 内のヌクレオチドには共有結合で修飾基が結合できるが，脊椎動物では CG という配列中のシトシン塩基のメチル化が唯一の修飾として知られている．この DNA のメチル化が果たす役割としては遺伝子発現の調節および，その結果として生じる細胞型の多様性の決定が考えられている．さらに哺乳動物では由来した親特異的に発現のみられる遺伝子であるインプリント遺伝子が知られており，DNA のメチル化はこれらの遺伝子の発現制御に重要な役割を果たすことが知られている．DNA のメチル化状態は，特定部位の CG 配列においてメチル化の有無を認識するメチル基感受性制限酵素を用いることにより調べることが可能である．この解析にはメチル基感受性制限酵素とサザンブロットを組み合わせた方法が定法として使われるが，この方法では 10^5 個以上の細胞を必要とするため，生殖細胞について解析を行うには十分量の材料を得ることに困難を伴う．生殖細胞のメチル化状態解析にはメチル基感受性制限酵素と PCR を組み合わせた *Hpa*II-PCR 法[1]が一般的に使われており，この方法では数十個の細胞からでもメチル化状態が解析可能であることが知られている．以下に我々の研究室で行っている *Hpa*II-PCR 法によるメチル化状態の解析について紹介する．

＊ 佐藤　俊・松居　靖久

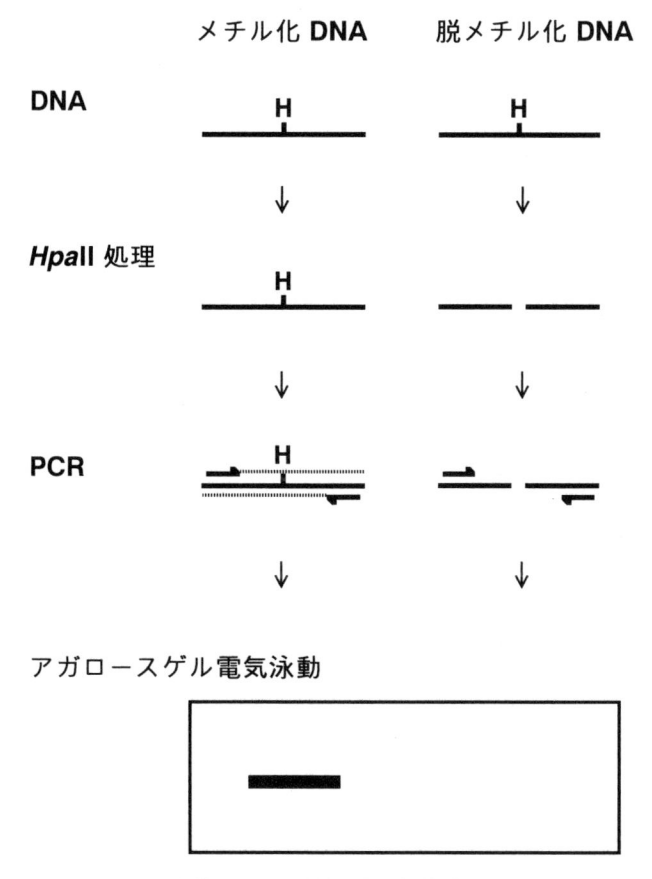

図 3.29 *Hpa*II-PCR 法の原理

*Hpa*II-PCR 法の原理

*Hpa*II-PCR 法とは *Hpa*II などのメチル基感受性制限酵素で処理したゲノム DNA をその酵素の認識配列（CG 配列）を挟むように設定したプライマーでポリメラーゼ鎖反応（polymerase chain reaction；PCR）を行うことにより，その CG 配列におけるメチル化状態を解析する方法である．このとき，目的とした CG 配列がメチル化状態にあれば DNA はメチル基感受性制限酵素により切断されず，その結果 PCR により増幅される．一方で，その CG 配列が脱メチル化状態にあれば DNA は制限酵素により切断されるため，PCR 産物は得られなくなる．つまり，この方法ではメチル化状態にある DNA でのみ PCR 産物が得られることにより，メチル化状態が解析できる（図 3.29）．実際に生殖細胞でこの方法を用いて解析を行う場合には，少数の細胞（50〜100 細胞）からのゲノム DNA の抽出，メチル基感受性制限酵素による酵素処理，PCR およびアガロースゲル電気泳動の四つのステップがあげられるが，この実験系が成り立つためには DNA 抽出がうまくいっていること，および制限酵素による切断が完全に行われることの 2 点を示すことが重要になる．以下にそれぞれについて述べる．

a）DNA 抽出の成否の確認

抽出される DNA は少量であるため（数 10〜数 100 pg），分光光度計等で定量することは困難で

あり，そのためDNA抽出の成否はPCR産物の有無でみることになる．その方法として，1) サンプルの半量ずつを制限酵素処理および非処理でPCRに供し，非処理区でPCR産物が得られることで確認するか，あるいは2) サンプル全量を酵素処理し，メチル化状態の解析に用いるプライマーとは別に，酵素の認識部位を含まないプライマーを添加し，後者のプライマー特異的なPCR産物が得られることで確認する（この場合，得られるPCR産物のサイズはメチル化状態を解析するPCR産物と容易に区別できるように設定する）二つがあげられるが，我々は1) の方法を用いている．

b）メチル基感受性制限酵素によるDNA切断の確認

メチル基感受性制限酵素による切断の確認は用いた酵素の認識配列を持つプラスミドDNAを反応系に加え，その切断の有無によって行う．プラスミドDNAを用いたのは一つに得られるゲノムDNAが少量で，切断の状態がゲノムDNA自体で確かめられないためであり，また，もう一つの理由としてはプラスミドDNA（CG配列がメチル化されていない）が完全に切断されることで，脱メチル化状態にあるゲノムDNAも切断されていることを確認するモニターとするためである．

実験方法

実験の進め方としてはDNA抽出から，メチル基感受性制限酵素による切断およびその切断の確認までを一区切りとして行い，切断が確認された後にPCRをかけるという流れで行っている．また，DNA抽出後，メチル基感受性制限酵素で処理する前に，ゲノムDNAを適当な制限酵素である程度断片化するということを行っているが，これは後のメチル基感受性制限酵素処理およびPCRの感度を高めるための処理である．実験を始めるにあたり，解析したい部位に従いメチル基感受性制限酵素を選ぶこと，その部位を挟むようにプライマーを設定すること，メチル基感受性制限酵素で処理する前に，ゲノムDNAを断片化するために用いる制限酵素として，そのプライマーにより増幅されるPCR産物中に認識部位が含まれないものを選ぶこと，および，設定したプライマーによりPCR産物が得られるPCR条件等を検討することが必要である．以下に実験方法の例として，マウスの始原生殖細胞（primordial germ cells（PGCs））を材料とし，インプリント遺伝子であるインスリン様成長因子II型受容体遺伝子（*Igf2r*）の一つの*Hpa*II配列（*Igf2r* region2 siteH3）におけるメチル化状態の解析に用いているプロトコールおよび具体的例を示す．

a）準　備

（1）器具・機械

小型冷却遠心機，ボルテックスミキサー，サーマルサイクラー，電気泳動装置一式，UVイルミネーター，ゲル用写真撮影装置，ピペットマン一式，滅菌済み使い捨てプラスチック製品（サンプルチューブ・チップ他），26G注射針，1 mlシリンジ

（2）試　薬

6M塩酸グアニジン（SIGMA），7.5M酢酸アンモニウム（SIGMA），20％サルコシル（SIGMA），20 mg/mlプロティナーゼK（GIBCO），20 mg/mlグリコーゲン（MERCK），1 X TEバッファー（10 mM Tris-1 mM EDTA (pH 8.0)），アガロース，TAE，1 mg/mlエチジウムブロマイド，6 X ローディングダイ，エタノール（100％と70％のものをあらかじめ−20℃で冷やし

ておく），フェノール（TE 飽和フェノール），CIA（クロロホルム/イソアミルアルコール（24：1）），滅菌 milliQ 水，以下は，調べる遺伝子の部位により適当なものを選んで使用する試薬（（ ）内は我々が実際に使用した試薬を示す）．DNA を断片化するための制限酵素（*Pvu*II（宝酒造）），メチル基感受性制限酵素（*Hpa*II（宝酒造）），DNA 抽出のキャリアーおよびメチル基感受性酵素による切断の確認に用いるプラスミド DNA（φX 174 RF I DNA（0.5 mg/ml, 宝酒造）），Taq DNA ポリメラーゼ（Takara Ex taq（宝酒造）），特異的プライマー（センス，アンチセンス）

b）方　法
（1）DNA抽出およびメチル基感受性制限酵素処理

DNA 抽出は少数の細胞から DNA 抽出が可能なことの知られているグアニジン -HCl 法[2]で行った．DNA の断片化は，26 G 注射針に繰り返し通すこと，および制限酵素 *Pvu*II で処理することで行った．断片化した DNA の半量をメチル基感受性制限酵素である *Hpa*II で処理し，残り半量を非処理のコントロールとした．それぞれの制限酵素処理は酵素ごとに添付されている 10 X バッファーを用いて行った．*Hpa*II による切断の確認は *Hpa*II 認識配列を五つ持つ φX 174 DNA を用いて行った．以下に実際我々が行っているプロトコールを示す．

DNA 抽出

滅菌済み 1.5 ml エッペンドルフチューブに以下のライシスバッファーを準備する．

ライシスバッファー　：
- 6 M 塩酸グアニジン　　　　140 μl
- 7.5 M 酢酸アンモニウム　　 10 μl
- 20 % サルコシル　　　　　　 10 μl
- 20 mg/ml プロティナーゼ K　 2 μl

約 100 個の始原生殖細胞をライシスバッファーに入れ，60 ℃ で一昼夜加温する．

1 ml シリンジに付けた 26 G 注射針で，ライシスバッファーを 10 回繰り返し通す．

キャリアーとして 1 μl のグリコーゲンと 1 μl の φX 174 DNA を加える．

400 μl の 100 % エタノールを加え，-20 ℃ で一昼夜放置する．

15,000 rpm，4 ℃ で 30 分間遠心する．

ペレットを冷たい 70 % エタノールで 2 回洗った後，室温で乾燥する．

*Pvu*II 処理

乾燥したペレットを 100 μl の制限酵素用 M-バッファーに溶かす．

0.5 μl の *Pvu*II（12 U/μl）を加え，37 ℃ で 1 時間以上インキュベートする．

100 μl のフェノールを加え 2〜3 分間ボルテックスミキサーにかける．

15,000 rpm，室温で 5 分間遠心する．

上層の 85 μl を別の 1.5 ml チューブに移し，85 μl のフェノールを加える．

2〜3 分間ボルテックスミキサーにかけ，15,000 rpm，室温で 5 分間遠心する．

上層の 75 μl を別のチューブに移し，75 μl のフェノール/CIA（1：1）を加える．

2〜3 分間ボルテックスミキサーにかけ，15,000 rpm，室温で 5 分間遠心する．

上層の 65 μl を別のチューブに移し，65 μl の CIA を加える．

2〜3 分間ボルテックスミキサーにかけ，15,000 rpm，室温で 5 分間遠心する．

上層の 60 µl を別のチューブに移し，6 µl の 7.5 M 酢酸アンモニウムを加える．

140 µl の 100 % エタノールを加え，−20 ℃ で一昼夜放置する．

15,000 rpm，4 ℃ で 30 分間遠心する．

ペレットを冷たい 70 % エタノールで 2 回洗った後，室温で乾燥する．

乾燥したペレットを 6.5 µl の滅菌 milliQ 水に溶かす．

*Hpa*II 処理

6.5 µl の DNA のうち，それぞれ 3 µl づつを以下に示した *Hpa*II 処理，*Hpa*II 非処理の反応液に加える．

*Hpa*II 処理		*Hpa*II 非処理	
DNA	3.0 µl		
φX 174 DNA	1.0 µl		
10 X L-バッファー	0.8 µl	DNA	3.0 µl
*Hpa*II (10 U / µl)	0.6 µl	φX 174 DNA	1.0 µl
滅菌 milliQ 水	2.6 µl	1 X TE バッファー	4.0 µl
total	8.0 µl	total	8.0 µl

37 ℃ で一昼夜インキュベートする．

92 µl の 1 X TE バッファーを加え，100 µl のフェノールを加える．

2〜3 分間ボルテックスミキサーにかけ，15,000 rpm，室温で 5 分間遠心する．

上層を別の 1.5 ml チューブに移し，等量のフェノール/CIA (1:1) を加える．

2〜3 分間ボルテックスミキサーにかけ，15,000 rpm，室温で 5 分間遠心する．

上層を別の 1.5 ml チューブに移し，等量の CIA を加える．

2〜3 分間ボルテックスミキサーにかけ，15,000 rpm，室温で 5 分間遠心する．

上層を別の 1.5 ml チューブに移し，10 µl の 7.5 M 酢酸アンモニウムを加える．

キャリアーとして 1 µl のグリコーゲンを加える．

200 µl の 100 % エタノールを加え，−20 ℃ で一昼夜放置する．

15,000 rpm，4 ℃ で 30 分間遠心する．

ペレットを冷たい 70 % エタノールで 2 回洗った後，室温で乾燥する．

乾燥したペレットを 8.0 µl の滅菌 milliQ 水に溶かす．

*Hpa*II 処理による切断の確認（アガロースゲル電気泳動）

*Hpa*II 処理，*Hpa*II 非処理の 8.0 µl の DNA から各々，1/5 量の 1.6 µl をとる．

1.6 µl の DNA に 3 µl の滅菌 milliQ 水と 1 µl の 6 X ローディングダイを加える．

1 % アガロースゲル/TAE で 100 V，30 分間電気泳動する．

エチジウムブロマイドで 15 分間染色する．

UV イルミネーター上でプラスミド DNA の切断を確認し，写真を撮る．

（2）PCR

上記の過程を経て，メチル基感受性制限酵素により，プラスミド DNA が完全に切断されていることが確認された場合（図 3.30 a）に PCR へ進むことになる．PCR のテンプレートは制限酵素に

よる切断の確認を行った残り全量の DNA を用いた．これ以降は各自が選んだプライマーにより PCR 産物が得られる条件で PCR をかけることとなるが，参考までに我々が使っているプロトコールを示す．PCR 反応液は Takara Ex taq に添付されているバッファー，および dNTP mix を用い 50 μl のスケールで調製した．PCR プログラムにおけるアニーリング温度はプライマーの Tm 値で行った．サーマルサイクラーはパーキンエルマーの GeneAmp PCR System 2400 を使用した．

PCR

反応チューブに以下のように PCR 反応液を調製し（すべての試薬および反応チューブを氷上において調製する），サーマルサイクラーにセットする．

PCR 反応液

DNA	6.4 μl
10 X Ex taq バッファー	5.0 μl
dNTP mix (2.5 mM each)	8.0 μl
Takara Ex taq (5 U/μl)	0.25 μl
センスプライマー (100 μM)	0.1 μl
アンチセンスプライマー (100 μM)	0.1 μl
滅菌 milliQ 水	30.15 μl
total	50.0 μl

PCR プログラム

95 ℃　5 分間
95 ℃　1 分間 ┐
60 ℃　2 分間 ├ 30～40 cycle
73 ℃　3 分間 ┘
73 ℃　10 分間

PCR 産物の検出（アガロースゲル電気泳動）

10 μl の PCR 産物に 2 μl の 6X ローディングダイを加える．

2％アガロースゲル/TAE で 100 V，30 分間電気泳動する．

エチジウムブロマイドで 15 分間染色する．

UV イルミネーター上で写真を撮る．

c）具体的例

我々はマウス 9.0 日胚雄，および 12.5 日胚雌のそれぞれ 1 胚ずつから得た約 100 個の始原生殖細胞から DNA を抽出し，*Igf2r* region2 siteH3 におけるメチル化状態の解析を行った（図 3.30）．*Hpa*II による切断の確認は前述のように ϕX 174 DNA で行っているが，その結果，9.0 日胚雄（9.0 dpc ♂），12.5 日胚雌（12.5 dpc ♀）とも *Hpa*II 処理区（＋）でのみ完全に切断された ϕX 174 DNA 断片がみられた（図 3.30 a）．次に，*Hpa*II で切断されていることを確認したサンプルを用いて PCR を行った（図 3.30 b）．図中における posi. con. は PCR 条件およびプライマーに問題のないことを示すため，マウスの尾から精製したゲノム DNA（120 pg）を用いて同時に PCR をかけたもの

a) HpaII 処理の結果　　**b) PCR の結果**

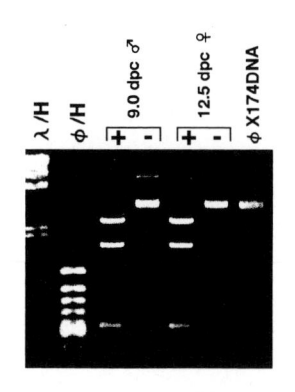

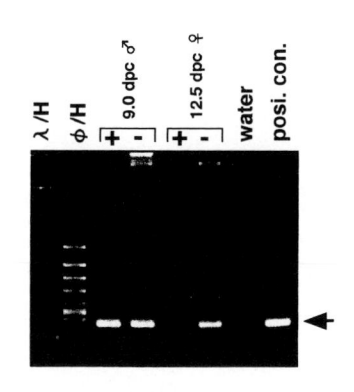

図 3.30　*Hpa*II-PCR 法の具体的例

である．*Hpa*II 非処理区（−）では，どちらのサンプルでも PCR 産物が得られ，DNA 抽出は成功したことが確認された．*Hpa*II 処理区（＋）においては，9.0 dpc ♂で PCR 産物が得られ，12.5 dpc ♀で PCR 産物は得られなかった．これらの結果から，9.0 dpc ♂の始原生殖細胞における *Igf2r* region2 siteH3 はメチル化状態にあり，一方 12.5 dpc ♀の始原生殖細胞は脱メチル化状態にあることが示された．

おわりに

以上，本稿では *Hpa*II-PCR 法を用いた生殖細胞における DNA メチル化状態の解析法について述べた．しかしながらこの方法では，解析可能な CG 配列がメチル基感受性制限酵素の認識配列のみに制限されてしまうこと，また，PCR を用いているために定量性にかけることといった弱点がある．これらの点を克服し得る方法として bisulfite を用い，化学的処理によりシトシンとメチル化シトシンを区別する bisulfite 法[3] という方法が知られている．この方法が生殖細胞に用いられるものであるかどうかは現在，我々の研究室で検討中である．

参考文献

1) Singer-Sam, J., LeBon, J. M., Tanguay, R. L. and Riggs A. D.: A quantitative *Hpa*II-PCR assay to measure methylation of DNA from a small number of cells. Nucleic Acids Research, Vol. 18, 3: 687 (1990).

2) Jeanpierre, M.: A rapid method for the purification of DNA from blood. Nucleic Acids Research, Vol. 15, 22: 9611 (1987).

3) Clark, S. J., Harrison, J., Paul, C. L. and Frommer, M.: High sensitivity mapping of methylated cytosines. Nucleic Acids Research, Vol. 22, 15: 2990–2997 (1994).

2.6 エネルギー代謝解析法*

はじめに

卵胚のエネルギー源は，未受精卵から4-細胞期胚までは主に pyruvate, 8-細胞期胚以降は主に glucose であることが知られている[1,2]．したがってエネルギー代謝を解析するためには，glucose の卵胚細胞への取り込み，解糖系，クエン酸回路などの基質代謝の流れとそれに関与する酵素活性を調べることになる．それら全ての解析法を網羅するスペースがないので，ここでは glucose の取り込みと解糖系の始まりであり，グルコース利用の最初の律速酵素である hexokinase (HK) を例として，これ等の活性測定法を説明する．エネルギー代謝系活性の測定は，卵胚そのものの特性を示す以上に，体外受精を行うための卵胚の viability や quality を知る手段として重要である．また哺乳動物の卵胚は分析試料としては量が少なく，高感度測定法が必要であり，さらに卵胚一個々々を分析すれば個々の卵胚の個性を知ることもできるので，多数の卵胚群を分析してそれらの平均的な性質知るよりも多くの情報が得られる．そこで以下に単一卵胚の分析法について説明するが，ここに述べる方法を scale up すれば，一般的測定法として大いに役立つであろう．

a) 単一卵胚による deoxyglucose の取り込み[3,4]

(1) 卵胚試料

通常過排卵処理したメスのマウスやラットから，下記の卵胚培溶液を用いて卵胚を採取する [ex., マウス未受精卵，PMS 注射 24 時間後に hCG を注射し 16〜24 時間後；着床前マウス胚，同様に hCG を注射しオスと同じケージに置いた後，1 細胞期胚 (28 hr 後)；2 細胞 (40)；4 細胞 (52)；8 細胞 (64)；桑実胚 (76)；胞胚 (88) を卵管や子宮より採取；第Ⅱ章 4.1 参照]．採取時に用いる実体顕微鏡のステージを 37 ℃ に加温して (Microwarm Plate MP-100, 北里社)，手早く生きの良い卵胚を採取する事が重要である．未受精卵の周囲には卵丘細胞 (顆粒細胞) が付着しており，300 IU/ml の hyaluronidase を含む培溶液中で，卵胚を毛細管ピペットを用いて吸入排出を繰り返して洗い，卵丘細胞を取り除く．培養溶液で十分洗って試料とする．

(2) 2-deoxyglucose (DG) の取り込み

卵胚培溶液 [mBWW (modified Briggers-Whitten-Wittingham) medium[5]：84.19 mM NaCl；4.77 mM KCl；1.19 mM KH_2PO_4；1.19 mM Mg_2SO_4；1.71 mM Ca lactate；0.25 mM Na pyruvate；21.55 mM Na lactate；22.52 mM $NaHCO_3$；5.55 mM glucose；3 g/l bovine serum albumin (BSA)；62.8 mg/l K-Penicillin-G；50 mg/l Streptomycin；1 mg/l Phenol red] に 2.13 mM DG を加え，200〜1,000 μl をプラスチックのシャーレ (直径 50 mm, 内側の径 30 mm の窪みの外側に幅 5 mm の輪状溝がある) の内側の窪みに満たし，外側の溝に H_2O を入れて乾燥を防ぐ．〜20 個の卵胚を培溶液に加え，5 % CO_2 を含む空気を流した 37 ℃ のインキュベーター中で 30 分加温し DG の取り込み反応を行う [第Ⅱ章 5.1 参照]．加温反応後直ちに卵胚を毛細管ピペットにとり，氷冷した PBS (phosphate-buffered saline, 20 mM リン酸緩衝生理的食塩水) 200 μl の中に噴

---

* 加藤　尚彦

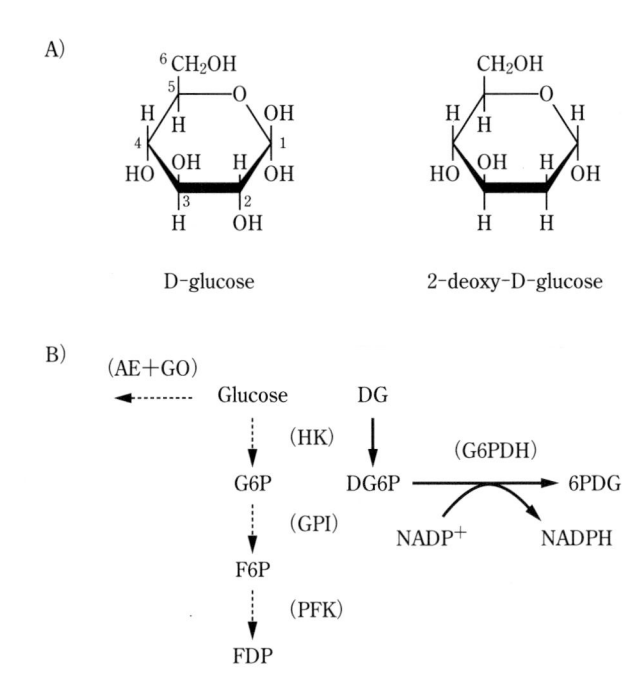

図3.31 Deoxyglucose（DG）と deoxyglucose 6-phosphate（DG6P）の測定反応に関与する基質と酵素

G6P, glucose 6-phosphate; F6P, fructose 6-phosohate; FDP, fructose 1, 6-diphosphate; 6PDG, 6-phosphodeoxygluconate; AE, aldose epimerase; GO, glucose oxidase; HK, hexokinase; G6PDH, G6P dehydrogenase; GPI, glucosephosphate isomerase; PFK, phosphofructokinase

き出して，3回以上1分以内に洗浄する．この間に卵胚から失われる DG は，取り込み量の3％以下である．DG は glucose の C-2 の OH 基が H に置き換わった analog で（図3.31 A），卵胚表面の細胞膜にある glucose transporter（GLUT 1 isoform）により取り込まれ[6,7]，HK の基質となり DG6P にリン酸化されるが（図3.31 B），GPI の基質となり得ず，その先には代謝されずに細胞質内に貯溜する．したがって卵胚細胞内には，取り込まれた DG とリン酸化された DG6P が一定の割合で存在し（後出），その割合は取り込み速度と HK 活性のバランスにより決まる．洗浄した卵胚1個ずつを0.1 μl の PBS の小滴の中にいれて，Terasaki Plate（表面を疎水処理したもの，住友ベークライト社）の小穴（油井，1〜4×3 mm）をパラフィン油で満たした底にとり−30℃以下で保存する（oil well technique, 油井法）[8]．または，DG を取り込ませた卵胚を凍結乾燥して真空チューブ中に保存すれば，半永久的に試料として保存できる[8,9]．

（3）Deoxyglucose（DG）と Deoxyglucose 6-phosphate（DG6P）の測定

DG を DG6P に転換し両方を加えて測定（DG＋DG6P 測定）し，別に DG6P のみを測定して，両者の平均値の差から試料の平均の DG 量を計算する．

<u>1.測定試料の調製</u>　0.2 μl（0.1〜2 μl の溶液は Gilson 2 P ピペットを用いて採取）の 0.2 M HCl をパラフィン油を満たした Terasaki plate 小穴の底にとり，毛細管ピペットを用いて室温で融解した卵胚試料1個を PBS も一緒に丸ごと加える．plate をヒーター（ブロックヒーターのア

ルミブロックを取り除き，プラスチック板で蓋をする）の底に置いて 95 ℃ で 15 分加熱して試料内の酵素やタンパク質を変性させ，glucose, G 6 P (glucose 6-phosphate), DG, DG 6 P 等を抽出する．続いて 0.2 μl の 0.2 M NaOH 溶液を加えて中和する．

<u>2. ブランク除去反応</u>　DG＋DG 6 P 測定には反応液 A を，DG 6 P 測定には反応液 B を用いて，glucose や G 6 P を取り除きブランクを低くする（図 3.31 B）．酵素標品は全て Boehringer, Mannheim, F.R.G. より購入した．

a. 反応液 A（最終濃度）：100 mM Tris-HCl, pH 8.1； 0.02 ％ BSA； 1 mM $MgCl_2$； 50 mM phosphoenolpyruvate (PEP)； 0.3 mM ATP； 15 μg/ml HK； 10 μg/ml GPI； 18 μg/ml PFK； 5 μg/ml PK (pyruvate kinase)

b. 反応液 B（最終濃度）：反応液 A から HK を除き，0.5 μg/ml AE と 60 μg/ml GO を加える．1. の測定試料に 0.5 μl の 2 倍濃度の反応液 A を加え，Terasaki plate を 38 ℃ のヒーターに移して 30 分加温反応させ，試料が含む glucose と G 6 P を FDP として除去する．反応液には DG がリン酸化された DG 6 P と，卵胚細胞が生成した DG 6 P が含まれる．別に 1. の測定試料に 0.5 μl の 2 倍濃度の反応液 B を加えて同様に反応させると，glucose は glucono-δ-lactone として除かれ，G 6 P は DFP として除去される．両反応において，ATP から生成された ADP は PEP を基質とし PK によりリン酸化され ATP となるため，全体の反応は glucose と G6P を完全に除去する方向に進行する．反応液 A, B で glucose を完全に除かないと，次の反応液 c の高濃度の G 6 PDH により glucose が脱水素され NADPH が生成されてブランクが高くなる．

<u>3. DG＋DG 6 P と DG の増幅測定</u>　反応液 A, B の混合液各々に，0.5 μl の 3 倍濃度の DG6P 転換反応液を加えて 38 ℃ 30 分反応させ，G 6 PDH により DG 6 P を相当量の NADPH に転換する．

c. DG 6 P 転換反応液（最終濃度）：100 mM Tris-HCl, pH 8.1； 0.02 ％ BSA： 100 μM $NADP^+$； 50 μg/ml G 6 PDH

続いて 0.5 μl の 1 M NaOH を加えて 70 ℃ 30 分反応させ，NADPH を保存したまま基質の $NADP^+$ をほぼ完全に破壊する．

<u>4. NADPH 増幅測定反応（NADP サイクリング反応）</u>　3 ml の pyrex 試験管の底に 50 μl の NADP サイクリング反応液をとり，全量の反応混合液 2 μl を加えて 10,000 倍の増幅反応を行い測定する．サイクリング反応については，既に出版されている実験書[9,10]を参照のこと．

DG と DG 6 P の取り込みは時間に比例して増加せず時間とともに次第に減少するが，30 分間の取り込み量は，未受精卵では測定できず (0)；1 細胞期胚 (DG, 64.6；DG 6 P, 22.3 fmol/1 個/30 分；いずれも 9〜12 個の平均，以下同じ)；2 細胞期 (137；48.0)；4 細胞期 (169；56.7)；8 細胞期 (196；51.1)；桑実胚 (239；58.7)；胞胚 (474；145) であった[4]．卵胚 1 個の乾燥重量はほぼ一定で 32.9 ng であり，湿重量はその 5 倍で 165 ng である．この値より各時期の取り込まれた DG および DG 6 P 濃度を計算できる．またここに述べた方法は，DG の取り込みを行わず直接卵胚を試料とし，ブランク除去反応を省略し，(α) c の反応液の G 6 PDH を 0.2 μg/ml，HK を 15 μg/ml 加え，別に (β) c の反応液の G 6 PDH を 0.2 μg/ml として用いれば，単一卵胚の glucose (α

-β）とG6P（β）を測定できる[3,4]．

b）[^{3}H]-deoxyglucose（^{3}H-DG）の卵胚への取り込み[6]

上記のDGの直接測定法によりDGとDG6Pを別々に測定できるが，^{3}H-DGを用いてDGとDG6Pをまとめた取り込み量をトレーサー実験により容易に放射測定できる．上記のmBWW培養液のglucoseを除いて，25μMの^{3}H-DG（Amersham，17 Ci/mmol）を加えて放射比活性を高くし，5個の各時期での卵胚を4μl中で37℃60分5％CO_2-空気中で培養する．ついで卵胚試料をglucoseを加えない氷冷したmBWW液100μlに5回移しかえて洗浄し，試料を少量の洗浄液とともにバイアル中の1 mlのAquasol溶液に加えて，Beckmanシンチレイションカウンターを用いて放射測定を行う．結果は，未受精卵（1.1 fmol/1個/時，以下同じ）；1細胞期（4.2）；2細胞期（11）；8細胞期（39.5）；胞胚（385）であった．

c）単一卵胚のhexokinase（HK）活性測定[11]

ここではHKの酵素活性測定法を説明するが，参考文献8，11を参照すれば，同様の方法を用いて反応液の組成をかえれば，解糖系，5単糖回路，クエン酸回路の酵素や基質濃度を測定できる．

d．HK活性測定反応液（最終濃度）　100 mM Tris-HCl, pH 8.0；5 mM $MgCl_2$；0.5％ Triton X-100；5 mM glucose；6 mM ATP；0.6 mM $NADP^+$；0.9μg/ml G6PDH

反応は恒温室（25℃）中で行う．0.90μlの10/9倍濃度の反応液小滴を，Terasaki plateの小穴をパラフィン油でみたした底にとり，室温に15分置いて温度を平衡させる（凍結乾燥した卵胚試料を用いるときは，最終濃度の反応液の小滴をとる）．0.1μlのPBS中で凍結した卵胚試料を融解し室温に平衡した試料を一つずつ，PBS丸ごと（または凍結乾燥した卵胚試料をそのまま）30秒ずつ時間をずらして加えて酵素反応を開始する．30分反応後，1.0μlの0.2 M NaOHをやはり30秒ずつずらして加えて反応を止める．反応中HKにより生成されたG6PがG6PDHにより相当量のNADPHに転換される．続いてTerasaki plateを70℃のヒーターに移して15分加熱し，生成されたNADPHを保存したまま基質の$NADP^+$を完全に破壊する．室温に冷却したアルカリ性の混合溶液を丸ごと，50μlのNADPサイクリング反応液に加え，生成されたNADPHを10,000倍に増幅して測定する．

NADPサイクリング反応については，参考文献[9,10]を，細かい手技については[8,9]を参照されたい．特に解糖系，5単糖回路，クエン酸回路の代表的な酵素，phosphofructokinase，G6PDH，6-phosphogluconate dehydrogenase，malate dehydrogenase，lactate dehydrogenaseについては11）を参照すれば，容易にそれらの活性を単一卵胚について測定できる．

おわりに

卵胚におけるglucoseの取り込みは，そのtransporter isoformの内，GLUT1[6,7]やGLUT3[12]により行われており，GLUT2は関与しないと考えられている[6]．タンパク質としての性質については，その二次元電気泳動パターンから，等電点の異なる2種類のisoformがあることを最近報告した[7]．ここに述べたように，DGとDG6Pの卵胚内での取り込みと生成量の比が明らかになっ

ており，両濃度がほぼ平行しているので[4]，最も簡単に glucose の取り込み活性を検討するには ^{3}H-DG による放射測定を用いるのが便利であり，エネルギー生成の GLUT による制御動態を知るためには，まず初めに利用されるべき方法であると思われる．

参考文献

1) Brinster, R. L.: Nutrition and metabolism of the ovum, zygote, and blastocyst. In: Greep, R. O. and Astwood, E. B. (eds.) Handbook of Physiology, Endocrinology, vol. 3, pat 2. Washington DC: American Physiology Society, pp. 165-185 (1973).

2) Leese, H. J. and Barton, A. M.: Pyruvate and glucose uptake by mouse ova and preimplantation embryos. J. Reprod. Fertil., 72: 9-13 (1984).

3) Akabayashi, A., Saito, T. and Kato, T.: An enzymatic microassay method for deoxyglucose and deoxyglucose 6-phosphate. Biomed. Res. 10: 173-177 (1989).

4) Saito, T., Hiroi, M. and Kato, T.: Development of glucose utilization studied in single oocytes and preimplantation embryos from mice. Biol. Reprod. 50: 266-270 (1994).

5) Spindle, A.: An improved culture medium for mouse blastocysts. *In Vitro*, 16: 669-674 (1980).

6) Morita, Y., Tsutsumi, O., Hosoya, I., Taketani, Y., Oka, Y. and Kato T.: Expression and possible function of glucose transporter protein GLUT1 during preimplantation mouse development from oocytes to blastocysts. Biochem. Biophys. Res. Commun. 188: 8-15 (1992).

7) Sasaki, R., Nakayama, T. and Kato, T.: Microelectrophoretic analysis of changes in protein expression patterns in mouse oocytes and preimplantation embryos. Biol. Reproduct. 60: 1410-1418 (1999).

8) Lowry, O. H. and Passonneau, J. V.: A flexible system of enzymatic analysis. Academic Press, New York and London, 291 pp., pp. 8-10, pp. 130-136, pp. 221-260 (1972).

9) 加藤尚彦：酵素を用いる増幅測定法(酵素的サイクリング)．基礎生化学実験法6生化学的測定，阿南功一・紺野邦夫・田村善蔵・松橋通生・松本重一郎編，丸善，pp. 101-146 (1976).

10) 加藤尚彦：酵素的サイクリング．生化学実験講座5酵素研究法(上)，日本生化学会編，東京化学同人，pp. 121-135 (1975).

11) Tsutsumi, O., Satoh, K., Taketani, Y. and Kato T.: Determination of enzyme activities of energy metabolism in the maturing rat oocyte. Mol. Reprod. Develop. 33: 333-337 (1992).

12) Pantaleon, M., Harvey, M. B., Pascoe, W. S., James, D. E. and Kaye, P. L.: Glucose trasnporter GLUT3: ontogeny, targeting, and role in the mouse blastocyst. Proc. Natl. Acad. Sci. USA: 94: 3795-3800 (1997).

2.7 レポーター遺伝子を用いた初期胚における遺伝子発現の解析*

はじめに

動物細胞における遺伝子発現調節に関わっているプロモーターやエンハンサーなどのDNA配列の同定や機能解析などの遺伝子発現実験において，遺伝子発現を確認するマーカーが使われている．この発現マーカーの条件として，①安定性：細胞で安定的に存在すること．②細胞毒性：発現した細胞の生存を損なう物質でないこと．③細胞内局在性：対象細胞で発現した場合，細胞内に限定して存在し，細胞外へ分泌したり，他の細胞へ移動しないこと．④検出性：細胞・組織レベルでの検出が容易であること．⑤バックグラウンド活性：対象とする細胞で，同様な活性を持つ内在性物質が存在しないか，もしくは検出限界以下であることなどがあげられる．このような条件に合う発現マーカーの遺伝子をレポーター遺伝子とよび，酵素をコードする遺伝子と成長ホルモン・グロビンなど非酵素系のタンパク質をコードする遺伝子に分けられる．現在，最もよく使われているレポーター遺伝子は4種類で，大腸菌由来のβ-ガラクトシダーゼ（LacZ）およびクロラムフェニコールアセチルトランスフェラーゼ（CAT），ホタル由来のルシフェラーゼ（Luc）などの酵素をコードする遺伝子，そして非酵素系であるオワンクラゲ由来の緑色蛍光タンパク質（Green Fluororescent Protein, GFP）である．

上記のレポーター遺伝子のうち，CATは真核細胞にその内在性活性がなく，バックグランドが非常に低いことや高い熱安定性などの長所をもつが，その一般的な活性測定（CATアッセイ）には細胞抽出液の調整，放射同位元素を含む基質との反応，そして薄層クロマトグラフィーでの分離を必要とし，初期胚を対象とした遺伝子発現には適当でないと考えられている．そのため，哺乳類の初期発生胚における遺伝子発現解析に関する実験系では，β-ガラクトシダーゼ，ルシフェラーゼ，GFPの3種類のレポーター遺伝子が多く使用されている．いずれも長所・短所があり，実験目的・実験設備に応じて使い分けることが大切であると思われる．以下に，主な特徴を示す．

生細胞のまま経時的な遺伝子発現の観察：ルシフェラーゼとGFPは，ともに初期胚を生存させたまま経時的に遺伝子発現を観察することができる．一方，β-ガラクトシダーゼ・アッセイには，染色（X-gal染色）前に細胞を固定する必要がある．

バックグラウンド：ルシフェラーゼのバックグラウンドは，極端に低い．一方，初期胚の一部では強い内在性β-ガラクトシダーゼ活性が存在するため，そのバックグランドが高いことがある（大腸菌由来β-ガラクトシダーゼの至適pH条件は7.3～7.8であり，動物細胞のそれは酸性側で高い活性をもつため，発色反応溶液のpHを中性かわずかにアルカリ側に調整するとよい）．また，GFPのシグナルについては，発現量が低い場合，細胞成分由来の自然蛍光シグナルと区別しにくいことがある．

細胞1個における遺伝子発現の可視化：β-ガラクトシダーゼは，固定・染色することによって遺伝子発現をしている個々の細胞の初期胚おける空間的位置を捉えることが容易に行える．また，蛍光顕微鏡・共焦点レーザー顕微鏡等を使用する必要があるが，GFPは初期胚におけ

---

* 松本　和也

る遺伝子発現細胞の可視化には有効である．一方，ルシフェラーゼに関しては，シングルフォトンイメージング装置を使った場合その可視化が可能である．

反応基質：GFP の蛍光発光反応には，基質やコファクターを必要としない．一方，酵素系のレポーター遺伝子であるルシフェラーゼや β-ガラクトシダーゼの発現には，それぞれルシフェリンと X-gal の基質が必要である．

シグナル感度：反応増幅ができる点で酵素反応系のレポーター遺伝子は GFP より格段に優る．GFP の蛍光は吸収エネルギーの放出によるため，強いシグナルを得る場合は細胞内タンパク質の分子数を増加あるいは蓄積させることが必要である[1]．

遺伝子発現生成物の細胞内半減期：哺乳動物細胞におけるルシフェラーゼの半減期は，3時間と短いため de novo（新規）の遺伝子発現を動的に解析したい実験に適していると考えられる[2]．一方，細胞内で発現した GFP のタンパク質は，蛋白分解酵素に対して非常に安定で 24 時間以上の蛍光発光活性を有している．最近では，一過性の発現をリアルタイムに追跡するために，半減期が数時間と短い GFP 変異体が販売されている（不安定型緑色蛍光タンパク質，destabilized EGFP，クローンテック（株））．

以下に，ルシフェラーゼおよび GFP のレポーター遺伝子を導入した初期発生胚における遺伝子発現の解析方法について紹介する．

実験方法

1．準　備

<u>ルシフェラーゼアッセイ</u>

1．器具・機械

ルミノミーター（例えば，ベルトルード社製 Lumat LB 9507 など），ルミノメーター用試験管（5 m*l* Sarstedt バイアルなど），一般培養皿，観察用培養皿（底面の一部がカバーガラスになっているもの），マイクロピペット，炭酸ガス培養器，実体顕微鏡，倒立顕微鏡，シングルフォトンイメージング装置（例えば，浜松ホトニクス社製 ARGUS-50 など），微量高速遠心機，マイクロマニピュレーター装置一式，マイクロフォージ，マイクロピペット製作器，1.5 m*l* サンプルチューブ（オートクレーブ済み）

2．薬　品

ルシフェラーゼ発現ベクター（pGL3 Reporter Vector，プロメガ；ピッカジーンベクター 2，東洋インキ），細胞溶解剤（Cell Culture Lysis Reagent，プロメガ；ピッカジーン培養細胞溶解剤，東洋インキ），ルシフェラーゼ反応キット（Luciferase Assay System，プロメガ；ピッカジーン LT 2.0 発光キット，東洋インキ），ルシフェリン（Beetle Luciferin・Potassium Salt，プロメガ；D-luciferin・Sodium Salt，シグマ），観察用培養液（mPBS あるいは Hepes 緩衝培養液），受精卵培養用培養液，洗浄用 PBS あるいは mPBS

<u>GFP アッセイ</u>

1．器具・機械

一般培養皿，観察用培養皿（底面の一部がカバーガラスになっているもの），マイクロピペット，

炭酸ガス培養器，励起光 470～490 nm 蛍光 500～520 nm の蛍光フィルター（EGFP（下述参照）用），対物レンズ，共焦点レーザー顕微鏡，実体蛍光顕微鏡（例えば，ライカ MZFLIII），倒立蛍光顕微鏡，蛍光分光光度計，微量高速遠心機，マイクロマニピュレーター装置一式，マイクロフォージ，マイクロピペット製作器，1.5 ml サンプルチューブ（オートクレーブ済み），スライドガラス，カバーガラス

2. 薬 品

EGF 哺乳類発現ベクター（Living colors vector（pCMS-EGFP 他），クローンテック），観察用培養液（血清・フェノールレッド欠 mPBS あるいは Hepes 緩衝培養液），受精卵培養用培養液，洗浄用 PBS，細胞抽出用 PBS（タンパク質分解酵素阻害剤添加），4％パラホルムアルデヒド固定液

b）方 法

<u>レポーター遺伝子の選択および調整</u>

ホタル由来の野生型ルシフェラーゼ遺伝子[3]や，発光クラゲより単離された野生型 GFP 遺伝子[4]をヒトを含む哺乳類細胞で発現させた場合，使用されるコドン頻度の問題で安定的なタンパク質発現が難しいことが認められていた．そこで，最近では使用コドンを真核生物型に改良した変異体であるルシフェラーゼ遺伝子（luc＋）や EGFP 遺伝子（enhanced GFP，クローンテック）が作り出されて，それらを含む発現ベクター（ルシフェラーゼ；PGV-P2，東洋インキあるいは pGL3-Promoter，プロメガ：EGFP；pCMS-EGFP，クローンテック）も発現効率等を改良し販売されている．初期胚においてレポーター遺伝子の発現解析を行う場合，これらの発現ベクターをまず利用するのが適当であろう．

また，プロモーターの選択であるが，初期胚で構成的発現が観察されるプロモーターとして，ニワトリ β-アクチンプロモーター，cytomegalovirus（CMV）の IE プロモーター（pCMS-EGFP に使用），Simian Virus 40（SV 40）プロモーター・エンハンサー（PGV-P2，pGL3-Promoter に使用）がよく使われているが，最近ではより高い発現が得られるヒトペプチド鎖伸展因子（EF1α）プロモーターや CMV の IE エンハンサーとニワトリ β-アクチンプロモーターをつなげた CAG プロモーターも初期胚における遺伝子発現系に用いられている．ただし，初期胚における遺伝子発現解析では，ハウスキーピング遺伝子のプロモーターそのものか，あるいはそれを骨格とするプロモーターが適していると思われる．

［プロトコール］

適当なプロモーターをもつレポーター遺伝子発現ベクターを含む大腸菌の用意

　　　↓

大量培養および塩化セシウム密度勾配遠心を利用したプラスミド DNA の精製

　　　↓

環状プラスミド DNA の調整（このまま遺伝子導入に供試する場合は，エタノール沈殿後 TE（pH 7.4）に溶解し，濃度測定して 10～40 μg/ml に調整する．使用時まで，10～20 μl ずつ 1.5 ml サンプリングチューブに分注して −20℃ で保存する．なお，融解後これらは一回ずつ使い切り，再使用しない．）

　　　↓

制限酵素による直鎖化あるいはベクター部位の切り離しとアガロース電気泳動
　↓
GENECLEAN キット（BIO 101，フナコシ）による導入遺伝子断片の精製
　↓
直鎖化遺伝子断片の調整（エタノール沈殿後 TE（pH 7.4）に溶解し，濃度測定して $4\sim10\ \mu g/ml$ に調整する．使用時まで，$10\sim20\ \mu l$ ずつ $1.5\ ml$ サンプリングチューブに分注して $-20\ ℃$ で保存する．なお，融解後これらは一回ずつ使い切り，再使用しない．）

［ポイント］

　初期胚への遺伝子導入・発現解析の実験において，信頼できる結果を得るためには，第一に使用する DNA の精製度が重要である．ゲル等の不純物が DNA 溶液に混入していた場合，まず再現性のあるレポーター遺伝子発現は得られない．今回，プラスミド DNA の精製の仕方として，我々が通常行っている塩化セシウム密度勾配遠心による方法を示したが，状況に応じてキアゲン社製の DNA 精製キットを用いても良好な結果が得られている．また，アガロースゲルからの遺伝子断片精製であるが，10 kbp 前後までの遺伝子断片であればシリカマトリックスを使った GENECLEAN キットで十分である．

　レポーター遺伝子の初期胚への導入

　初期胚へのレポーター遺伝子を導入する顕微注入法の詳細については，他の稿（第 IV 章 5）を参照にしていただきたい．ただし，新しい導入方法としてレポーター遺伝子を含む組換えアデノウイルスベクターによる初期胚への導入法が明らかにされている[5]．この方法は，導入発現効率がとても高い利点があるが，一過性の遺伝子発現であること，卵子透明帯の除去を必要とすること，また組換えウイルス作製にある程度手間がかかる点などの難点があげられる．一方，マイクロマニピュレーター装置を使って，前核期胚へレポーター遺伝子を顕微注入する方法は広く利用されており，遺伝子注入胚における一過性の発現解析はもとより安定的発現解析のためのトランスジェニックマウスの作製も念頭においた実験であるのなら，この方法が適当であろう．

［プロトコール］

体内受精・体外受精胚（前核期胚，2細胞期胚）
　↓
マイクロマニピュレーター装置を用いた前核あるいは2細胞期胚の核への遺伝子溶液の顕微注入（導入遺伝子濃度：$4\sim40\ \mu g/ml$）
　↓
胚の培養

［ポイント］

　初期胚における一過性の発現解析を行う場合，$10\sim40\ \mu g/ml$ の濃度で環状プラスミド DNA あるいは直鎖化遺伝子断片を顕微注入する．この濃度では，注入後の胚発生率にも影響せず，良好な遺伝子発現の結果が得られことがわかっている．一方，安定的発現解析を目的にトランスジェニック動物を作製するためには，濃度 $4\sim10\ \mu g/ml$ の導入遺伝子断片溶液を顕微注入する．また，一過性発現の頻度は直鎖状より環状の場合の方が高い傾向が見られるが，あくまでも実験目的に

よって変えるべきである．

c）初期胚の細胞抽出液を用いたレポーター遺伝子発現の解析

初期胚におけるレポーター遺伝子発現解析において，発現の定量化は細胞を集めて可溶化して得た細胞抽出液中の発現している生成物の活性を測定することで行う．

ルシフェラーゼアッセイ
［プロトコール］
遺伝子導入した初期発生胚（前核期胚，2細胞期胚等）
↓
胚の培養
↓
培養皿に入れた PBS による洗浄（3回）
↓
初期胚をピペットで 20 μl の細胞溶解剤を入れた 1.5 ml サンプリングチューブに移し，混和後 10 分間静置する
↓
遠心（15,000 rpm, 5分）後，上清をあらかじめ発光基質 100 μl を入れたルミノメーター用試験管に移しよく混和する．その後，室温で 30 分間静置する
↓
ルミノメーターで発光量を測定する

［ポイント］
ピッカジーン LT 2.0 検出試薬は，検出感度ルシフェラーゼ 10 fg で発光半減期約 2.0 時間を特徴とするもので，容易に扱えることができる．ただし，発光ルシフェラーゼ反応は至適温度 20～25℃ であるため，発光基質等を使用前にあらかじめ室温に置いておくとよい．ある程度強い発現量があれば，初期発生胚 1 個の細胞抽出液でもルシフェラーゼ活性を検出できる．

GFP アッセイ
［プロトコール］
遺伝子導入した初期発生胚（前核期胚，2細胞期胚等）
↓
胚の培養
↓
胚を PBS で洗浄する（3～4回）
↓
初期胚をピペットで 1.5 ml サンプリングチューブ中の細胞抽出用 PBS（タンパク質分解酵素阻害剤添加）に移す
↓
凍結・融解を 3 回繰り返して初期胚を可溶化する
↓

遠心 (15,000 rpm, 5 分) 後, 上清を新しい 1.5 ml サンプリングチューブへ移す
↓
蛍光分光光度計で蛍光強度を測定する

[ポイント]

初期胚を可溶化させる前に，胚培養に用いられた培養液中に存在する自家蛍光を発する物質を除くため，PBS による胚の洗浄をしっかりとすること，また培養液にはフェノールレッドを含まないものを用いることが必要である.

d) 初期胚におけるレポーター遺伝子発現の可視化による解析

生細胞のまま初期胚における遺伝子発現を可視化するこの方法は，発現頻度や発現の局在性などを検討することができる有用性の高い解析方法である．また，ルシフェラーゼ[6]および GFP[7]発現をこの方法で検出したマウス胚をレシピエントに移植することで，個体になることが確認されている.

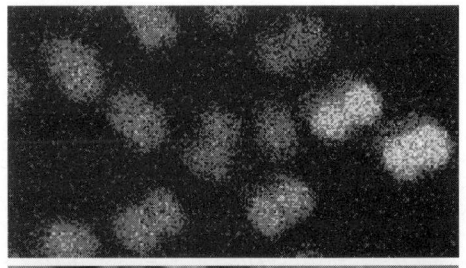

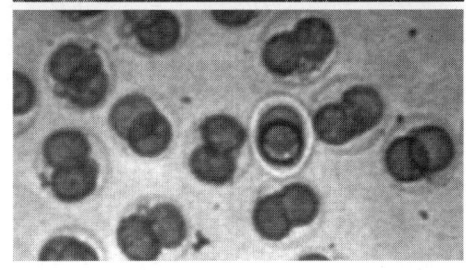

図 3.32 トランスジェニックマウス由来 2 細胞期胚におけるルシフェラーゼ発現の観察（シングルフォトンイメージング装置使用，大竹 聰撮影）

ルシフェラーゼアッセイ（図 3.32 参照）

[プロトコール]

遺伝子導入した初期発生胚（前核期胚，2 細胞期胚等）
↓
胚の培養
↓
観察用培養皿中の 500 μM D-ルシフェリン添加観察用培養液にピペットで移す
↓
シングルフォトンイメージング装置を付けた倒立顕微鏡下で発光観察（5〜30 分間）
↓
mPBS を使った洗浄（3 回）

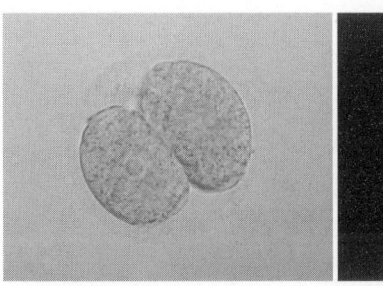

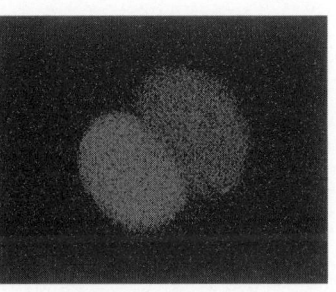

図 3.33 一過性に EGFP が発現しているマウス 2 細胞期胚（共焦点レーザー顕微鏡装置使用，山田昇平撮影）

↓
胚の培養の継続
　　　↓
発光観察へ（必要に応じて何回でも可能である）
［ポイント］

　ルシフェリンは植物において細胞毒性をもつことが知られているが[8]，発現解析用培養液に添加する場合，500 μM の D-ルシフェリンで1時間の暴露であれば，その後の発生に影響しないことが明らかになっている[9]．そのため，上記のように連続観察が可能である．また，発光量が強い初期胚の場合，5分間の観察で十分検出可能である．30分間の観察でバックグラウンドと差がないシグナルが得られた場合は，発現していないと判断できる．

<u>GFP アッセイ</u>（図 3.33 参照）
［プロトコール］
遺伝子導入した初期発生胚（前核期胚，2細胞期胚等）
　　　↓
胚の培養
　　　↓
mPBS による洗浄（3回）
　　　↓
観察用培養皿中の観察用培養液にピペットで移す，あるいはスライドガラス上にカバーガラスではさみ込む
　　　↓
実体蛍光顕微鏡，倒立蛍光顕微鏡あるいは共焦点レーザー顕微鏡下で蛍光観察（なるべく短時間にする）
　　　↓
mPBS による洗浄（3回）
　　　↓
胚の培養の継続
　　　↓
蛍光観察へ（必要に応じて何回でも可能である）
［ポイント］

　生細胞のまま GFP 発現観察する場合，自家蛍光を発してバックグラウンドを上げることになる血清・フェノールレッドを含まないような mPBS あるいは Hepes 緩衝培養液を用いると良い．また，経時的に観察しない場合，まず mPBS で胚を洗浄したのち4％パラホルムアルデヒドで固定（室温，1時間）後，PBS で固定液の置換を行って封入し，観察する．

　e）具体的例

　ここでは，トランスジェニックマウスを利用した安定的発現系で初期胚におけるレポーター遺伝子発現を解析した例をあげる．我々は，まずハウスキーピング遺伝子で細胞骨格系タンパク質

の一つであるβ-アクチン遺伝子のプロモーターに，ルシフェラーゼcDNAをつなげた融合遺伝子をマウスに導入することによって，調べた限り全ての組織でルシフェラーゼが発現しているトランスジェニックマウスを作製した．次に，このホモ接合体の雄マウス由来精子と野生型雌マウスの卵子を体外受精させたマウス初期発生胚において，ルシフェラーゼ遺伝子発現をRT-PCRと本稿に示したシングルフォトンイメージング装置を使った観察より検討した．その結果から，我々は転写レベルでの胚性遺伝子の活性化(Zygotic Gene Activation)が1細胞期胚の後期にすでに始まっていることや，胚性遺伝子の活性化時期の転写と翻訳には時間的差異が存在することを明らかにしている[9]．同様に，細胞をレポーター遺伝子で標識させることを目的に，トランスジェニックマウスを作製した例として，CAT[10]，GFP[11,12]のレポーター遺伝子を使った報告がなされている．

おわりに

初期発生胚における遺伝子発現解析においてレポーター遺伝子の利用は，今後ますます盛んになると思われる．特に，胚の生存性を損なわずに経時的にレポーター遺伝子発現をリアルタイムで観察することができるGFPおよびその変異体やルシフェラーゼを利用した実験系の開発は，生殖工学の進展に大きく寄与するものと考えられる．例えば，レポーター遺伝子を初期胚で発現させる実験系の応用例として，トランスジェニック動物作製の効率化があげられる．これまで，マウス受精胚に分泌型のルシフェラーゼ(前述の細胞標識条件の例外に当たる)を含む融合遺伝子を注入し，その後ルシフェラーゼ遺伝子発現活性を調べて，導入遺伝子が染色体へ組み込まれた胚のみを選抜する試みも行われている[13]．また，同様な方法でGFPの発現を選択マーカーとして遺伝子発現胚だけを選抜・移植することで，トランスジェニックマウスを作製する可能性が示されている[7]．

最近，体細胞クローン技術を利用した相同組換え遺伝子改変家畜の報告がなされているが[14]，レポーター遺伝子を組み込んだ線維芽細胞などの体細胞核をドナー核として使うことで再構築胚におけるレポーター遺伝子発現を解析することが可能であり，さらに体細胞クローン技術を利用したトランスジェニック家畜・ノックアウト家畜などの遺伝子改変家畜作製の為の基礎的研究において，レポーター遺伝子の利用は重要な役割を今後果たしていくものと考えられる．

最後になるが，ルシフェラーゼ[15]あるいはGFP[16]に関する一般的実験方法については詳細な解説があるので参照にしていただきたい．

参考文献

1) Patterson, G. H., Knobel, S. M,, Sharif, W. D., Kain, S. R. and Piston, D. W.: Use of the green fluorescent protein and its mutants in quantitative fluorescence microscopy. Biophys. J. 73: 2782–2790 (1997).

2) Thompson, J. F., Hayes, L. S. and Lloyd, D. B.: Modulation of firefly stability and impact on studies of gene expression. Gene. 103: 171–177 (1991).

3) deWet, J. W., Wood, K. V., DeLuca, M., Helinski, D. R. and Subramani, S.: Firefly luciferase gene:

Structure and expression in mammalian cells. Mol. Cell. Biol. 7: 725-737 (1987).

4) Prasher, D. C., Eckenrode, V. K., Ward, W. W., Prendergast, F. G. and Cormier, M. J.: Primary structure of the Aequorea victoria green-fluorescent protein. Gene 111: 229-233 (1992).

5) Tsukui, T., Miyake, S., Azuma, S., Ichise, H., Saito, I. and Toyoda, Y.: Gene transfer and expression in mouse preimplantation embryos by recombinant adenovirus vector. Mol. Reprod. Dev. 42: 291-297. (1995).

6) Matsumoto, K., Anzai, M., Nakagata, N., Takahashi, A., Takahashi, Y. and Miyata, K.: Feasibility of firefly luciferase gene as a in situ gene expression marker in a alive preimplantaion embryos from transgenic mice. Theriogenology 41: 250 (1994).

7) Takada, T., Iida, K., Awaji, T., Itoh, K., Takahashi, R., Shibui, A., Yoshida, K., Sugano, S. and Tsujimoto, G.: Selective production of transgenic mice using green fluorescent protein as a marker. Nature Biotechnol. 15: 458-461 (1997).

8) Ow, D. W., Wood, K., DeLuca, M., DeWet, J. R., Helinski, D. R. and Howell, S.H.: Transient and stable expression of the firefly luciferase gene in plant cells and transgenic plants. Science 234: 856-859 (1986).

9) Matsumoto, K., Anzai, M., Nakagata, N., Takahashi, A., Takahashi, Y. and Miyata, K.: Onset of paternal gene activation in early mouse embryos fertilized with transgenic mouse sperm. Mol. Reprod. Dev. 39:136-40 (1994).

10) Hanaoka, K., Hayasaka, M., Uetsuki, T., Fujisawa-Sehara, A. and Nabeshima, Y.: A stable cellular marker for the analysis of mouse chimeras: the bacterial chloramphenicol acetyltransferase gene driven by the human elongation factor 1 alpha promoter. Differentiation. 48:183-9 (1991).

11) Ikawa, M., Kominami, K., Yoshimura, Y., Tanaka, K., Nishimune, Y. and Okabe, M.: A rapid and non-invasive selection of transgenic embryos before implantation using green fluorescent protein (GFP). FEBS Lett. 375:125-8 (1995).

12) Okabe, M., Ikawa, M., Kominami, K., Nakanishi, T. and Nishimune, Y.: 'Green mice' as a source of ubiquitous green cells. FEBS Lett. 407:313-9 (1997).

13) E. M. Thompson, E. M. et al.: Real time imaging of transcriptional activity in live mouse preimplantation embryos using a secreted luciferase, Proc. Natl. Acad. Sci. 92, 1317-1321 (1995).

14) Polejaeva, I. A. and Campbell, K. H. S.: New advances in somatic cell nuclear transfer: application in transgenesis. Theriogenology 53:117-126 (2000).

15) Hastings, J. W. and Kricka, L. J.: Bioluminescence and Chemiluminescence Molecular Reporting with Photons. Wiely & Sons Press, (1997).

16) Chalfie, M. and Kain, S.: Green Fluororescent Protein: Properties, Applications, and Protocols, Wiley Press, (1998).

3. 卵子の細胞遺伝学的解析法

3.1 染色体分析法

(a) マウス・ラット[*]

はじめに

染色体異常は，ヒトでは疾患としての位置付けがはっきりしており，継代性の観点からも重要視されている．一方，実験動物や家畜においての個々体の価値は，これまで経済的に見合うかどうかで決定され，1個体としての存在価値の重要性はヒトのようには認められず，染色体異常の個体についての検討は十分に行われず当該個体は淘汰されてきた．しかし，近年の実験動物や家畜を取り巻く情勢の変化は，これらの認識を変えつつあり，種々の技術によって作出された胚におけ

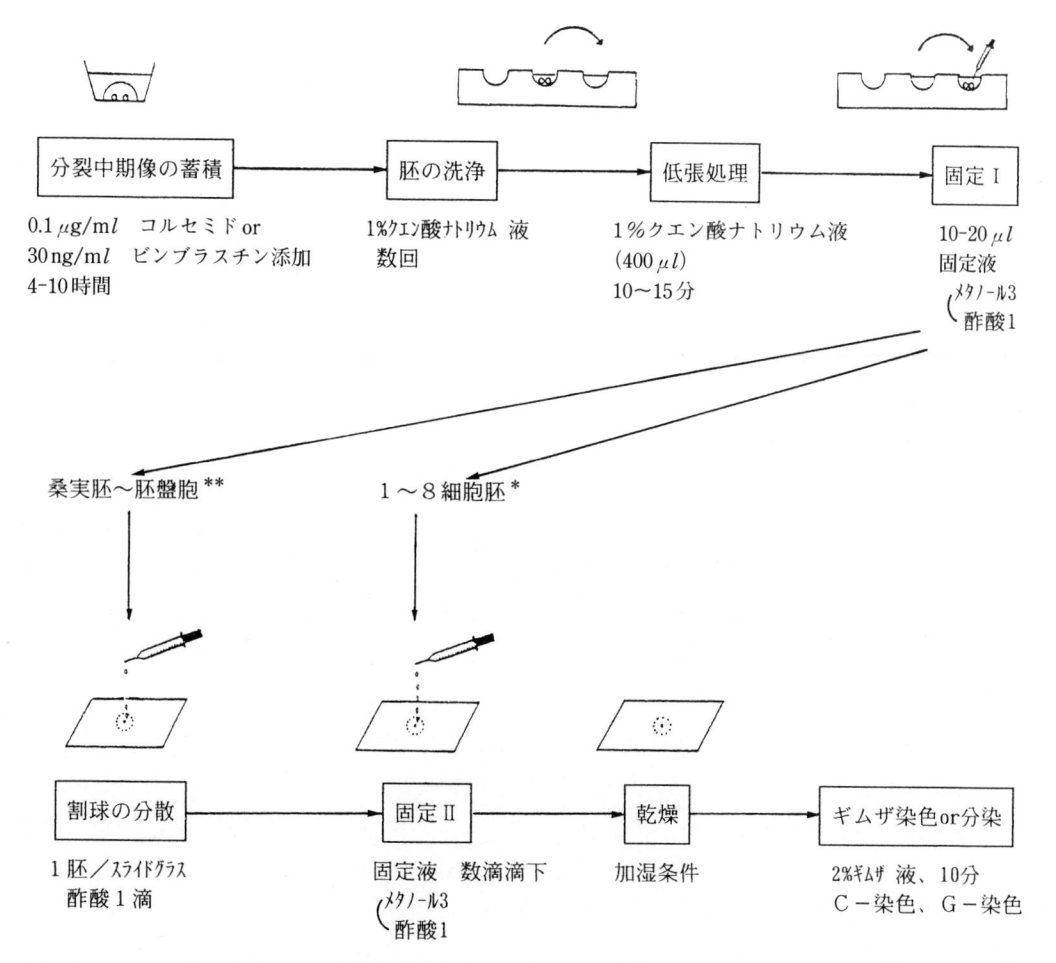

図 3.34 マウス体外受精卵および初期胚における染色体標本作製法（Yoshizawa et al., 1989[*]；1997[**]）

---
[*] 吉澤　緑

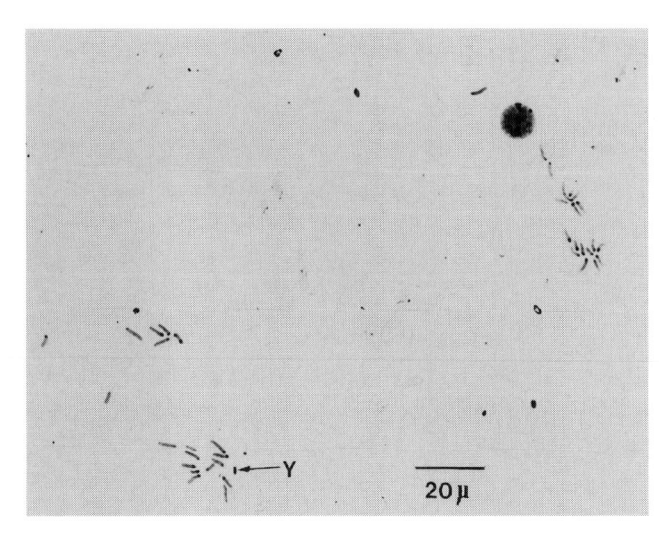

図3.35 マウス体外受精卵（第1卵割期の前中期）の染色体標本．卵子由来染色体と精子由来染色体（Y染色体あり）の2群がある．C-バンド染色（吉澤原図）

る染色体異常の出現率の増加の可能性[1]や細胞遺伝学的に正常な個体の作出率向上のための技術的検討，また，トランスジェニック個体における導入遺伝子座位の決定などに関連して，染色体標本作製技術の必要性が実験動物や家畜においても認識されるようになった．

本項では，マウス，ラットの卵子および初期胚の染色体標本作製法について解説し，さらに核型分析についても言及する．

マウス・ラットの卵子および初期胚の染色体分析について

まず，マウス，ラットの染色体数とその核型は，マウスでは染色体数は $2n=40$ で，すべての染色体の形態は動原体が端にある端部動原体型である．ラットでは $2n=42$ の染色体数で，染色

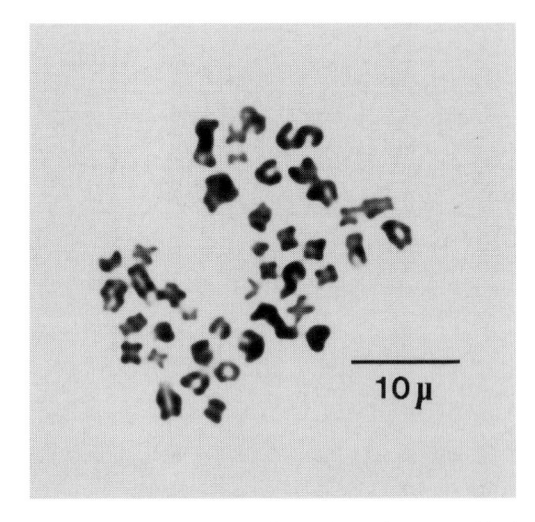

図3.36 ラット受精卵（第1卵割期の中期：雌雄両ゲノム融合期）の染色体標本．ギムザ染色（吉澤原図）

体の形態は動原体が中心にある中部動原体型から端部動原体型まで種々様々である．当然のことながら，卵子，精子の染色体数は各々体細胞の半数で，マウス $n=20$，ラット $n=21$ である．以下に著者らがマウス体外受精卵および初期胚において用いている染色体標本作製法（図3.34, 3.35）を述べる．ラット胚については，著者らは第1卵割期受精卵と胚盤胞をマウスの方法で染色体標本を作製し，図3.36に示すように良好な標本を得ている．

マウス初期胚の染色体標本作製法

a）準 備

1．器具・器械

CO_2 インキュベーター，実体顕微鏡，光学顕微鏡，3穴スライドグラス，ピペット，針付きツベルクリン注射器，スライドグラス，メスシリンダー，コプリンジャー

2．薬 品

1％クエン酸ナトリウム水溶液，コルセミド（またはビンブラスチン），70％エタノール，メタノール，酢酸，ギムザ染色液，リン酸緩衝液（pH 6.8）

b）方 法

本項で解説する方法は，著書らがこれまでに報告しているマウス体内受精[2]および体外受精由来1細胞期胚[3]や胚盤胞[4]の染色体異常の検出に用いている標本作製法であり，その概略を図3.34に示した．以下に第1卵割期の受精卵を中心に解説し，その他の発生段階の胚について補足的な説明を後に記す．

受精卵（第1卵割期）の染色体標本作製法

1）**胚の細胞分裂阻止剤処理** 受精卵から胚盤胞までの初期胚の染色体標本作製にあたっては，分裂中期にある染色体像を検索できるよう，胚をコルセミドやビンブラスチンなどの細胞分裂阻止剤によって適切に処理する必要がある．しかし，成熟した未受精卵の場合には，成熟分裂の第2分裂中期でとどまっているので，この時期の染色体を観察するためには分裂阻止剤の処理を必要としない．マウスにおける体外受精に由来する各発生時期の胚の処理条件を後に記す．

マウス体外受精卵を媒精13時間後に0.1％コルセミド含有培地中に移し，5時間処理して標本作製する．これによって，第1卵割中期の染色体を観察することができる．この時，20本ずつの染色体が2群現れる場合（前中期：prometaphase）と両群の40本の染色体が混じり合って観察される場合（雌雄両ゲノム融合：syngamy）とがある．精子侵入後の雄性前核および雌性前核由来の染色体グループ2群が出現している第1卵割期の前中期の染色体を検索することで，精子由来の染色体と卵子由来の染色体を別個に捉えることが可能である．この場合，マウスでは，Donahue[5]が報告しているように精子由来の染色体が卵子由来染色体より収縮が少なく長い染色体として観察される．

2）**胚の低張処理および弱固定処理と染色体の展開** 分裂阻止剤によって処理された卵子や胚を1％クエン酸ナトリウム溶液中で洗浄し同液中で15分間低張処理する．この低張処理によって卵子内に水が侵入し，染色体が分散しやすくなる．低張処理後，ごく少量の固定液（メタノール3：酢酸1の混合液）を低張液中に針付きツベルクリン注射器で注入し，弱固定する．それまで透明に見えていた胚は，弱固定によって黒ずんで見えるようになる．胚1個をピペットでごく少量の低張液と共に乾燥したスライドグラス（事前にダイヤペンで裏面から円を描き，70％エタノール中に浸漬しておいたもの）上に移し，直ちに前述の固定液を3〜7滴滴下して固定する．スライドグラス上に広がる固定液中で胚のある位置が盛り上がって見えるので，スライドグラスの裏面からその位置を中心に油性ペンで小円を描き，胚の位置の目印とする．なお，油性ペンは

染色過程で消えてしまうので，無染色で標本をチェックし胚の位置を確認した後，染色前にダイヤペンで円を描き直しておく．なお，染色体標本作製においては，湿度の条件が重要であり，標本を十分な加湿条件下で乾燥させることで，染色体を適度に分散させて展開できる．また，固定液の滴下数の増減によって固定液の蒸発の速度が異なり，染色体の分散をある程度変更できる．すなわち，胚を固定後無染色で直ちに検鏡し，染色体の展開や分散の程度を調べ，染色体が重なり合い分散が足りない場合は，固定液の滴下数を増やし，反対に染色体が分散し過ぎてバラバラに散らばっている場合には，滴下数を減らす．

その他の発生段階の胚の染色体標本作製法

未受精卵の染色体標本作製法

未受精卵では，当然のことながら周囲を放射冠細胞や顆粒層細胞が取り巻いており，標本作製時にはこれらの細胞を除去する必要がある．マウスやラット卵子では，0.05％ヒアルロニターゼを含む生理的食塩水中でピペッティングすることでこれらを除去し，受精卵の方法で標本作製する．

2細胞期胚の染色体標本作製法

マウス体外受精卵を媒精34時間後に0.1％コルセミド含有培地中に移し，8時間処理し標本作製．標本作製法は，受精卵の方法をそのまま応用できる．

4～8細胞期胚の染色体標本作製法

胚を30 ng/mlビンブラスチン含有培地中で8～10時間培養し，受精卵の方法をそのまま応用して染色体標本を作製．

桑実胚～胚盤胞の染色体標本作製法[4]

胚を30 ng/mlビンブラスチン含有培地中で10時間培養することによって，ほぼすべての胚で染色体検出が可能である[6]．胚の低張処理および弱固定処理までは，早期のステージの胚と同様に行い，胚1個をスライドグラス上にのせ，針付きのツベルクリン注射器で酢酸のごく小滴を1滴胚の上におき，実体顕微鏡下で観察しながら胚の透明帯が溶解し割球がバラバラに分散するのを待って，固定液を数滴滴下して酢酸の除去と固定を行う．

3）**ギムザ染色と分染法**　十分乾燥させた標本を2％ギムザ染色液（pH 6.8のリン酸緩衝液

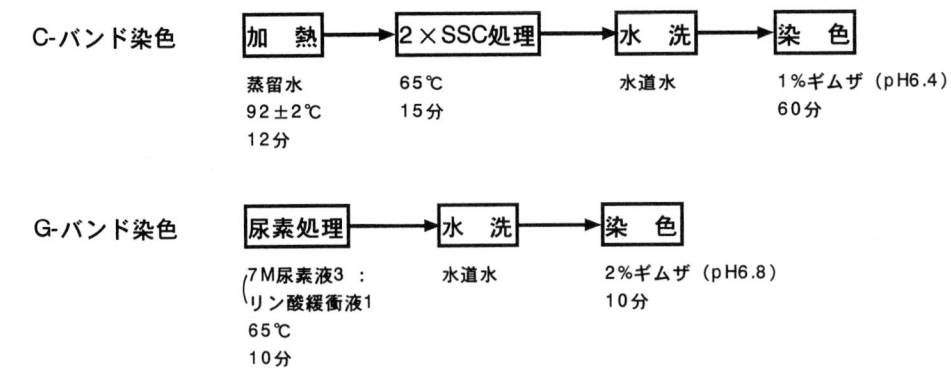

C-バンド染色　[加　熱] → [2×SSC処理] → [水　洗] → [染　色]
蒸留水　　　　65℃　　　　水道水　　　1％ギムザ（pH6.4）
92±2℃　　　15分　　　　　　　　　　60分
12分

G-バンド染色　[尿素処理] → [水　洗] → [染　色]
7M尿素液3：　水道水　　2％ギムザ（pH6.8）
リン酸緩衝液1　　　　　　10分
65℃
10分

図3.37　マウス初期胚の染色体の分染法（C-バンド染色法[7]とG-バンド染色法[8]）

で希釈）で10分間染色，水洗乾燥後，光学顕微鏡で観察する．また，必要に応じて種々の分染を施してもよい．著者らはY染色体の分別のためにC-バンド染色[7]（図3.37），核型分析（karyotyping）のために尿素法を用いたG-バンド染色[8]（図3.37）を行っている．しかし，分裂阻止剤で長時間処理された初期胚の染色体標本では，染色体の収縮が過度となり短縮した染色体であるため，濃淡の明らかなG-バンド像を得ることは難しい．その他の分染法については，成書を参照されたい．

4）検鏡と顕微鏡写真撮影 無染色で標本観察をする場合には，ノマルスキー微分干渉顕微鏡や位相差顕微鏡を用いるのが最良であるが，これらの顕微鏡がない場合には，通常の光学顕微鏡のコンデンサーを最下部に位置させコントラストをつけることで，染色体の分散の適否を観察できる．この時には，染色体の分散の程度と卵細胞質の残余の程度を知る位でよく，詳細な検討は染色後に行う．なお，この無染色標本の検鏡時に染色体の周囲に卵細胞質が残っている場合には，固定液を1，2滴滴下し，息を吹きかけて卵細胞質を除去する．

染色後の検鏡では，油性ペンで描かれた小円を中心に低倍率で胚を探し出してから，倍率を上げ，染色体数と構造的異常の有無，性染色体などを判定する．なお，桑実胚〜胚盤胞の染色体標本作製の際には，割球がダイヤペンで描かれた円内に収まらずスライドグラス上に広い範囲に分散するので，裏面から油性ペンで小円を描く必要はなく，検鏡の際には円外も捜索する．

染色体同士の重なり合いが少なく，展開が良好な標本を選び出し，顕微鏡写真を撮影する．その際には，単なるギムザ染色の標本であればミニコピーフィルムを用い，G-バンド標本の場合には，淡いバンドを明確に出せるようにネオパンSSフィルムを使う．

5）核型分析 必要に応じて，キャビネ版に引き伸ばした写真を用いて核型分析を行う．なお，ネガの引き伸ばしには，単なるギムザ染色の標本では硬調の印画紙を，G-バンド染色を施してある場合には淡いバンドを明確に出せるように中間調の印画紙を使う．

染色体の大きさ，バンドの位置などを手掛かりに相同染色体対を見つけて切り出し，形態的に分類し，大きいものから順に並べ，番号をつける．

参考文献

1) 吉澤 緑：動物受精卵の染色体異常，ヒトICSI未受精卵の検討，産婦人科の世界，50: 403-411 (1998).

2) Yoshizawa, M., Takada, M. and Muramatsu, T.: Incidence of chromosomal aberrations and primary sex ratio in first-cleavage mouse eggs. J. Mamm. Ova Res., 6: 119-125 (1989).

3) Yoshizawa, M., Nakamoto, S., Fukui, E., Muramatsu, T. and Okamato, A.: Chromosomal analysis of first-cleavage mouse eggs fertilized in caffeine-containing medium. J. Reprod. Dev., 38: 107-113 (1992).

4) Yoshizawa, M., Araki, Y. and Motoyama, M.: Analyses of early development and chromosomal consitution of tripronuclear human and mouse eggs fertilized in vitro. Jpn. J. Fertil. Steril., 42: 34-38 (1997).

5) Donahue, R. P.: Cytogenetic analysis of the first cleavage division in mouse embryos. Proc. Nat. Acad. Sci. 69: 74-77 (1972).

6) Yoshizawa, M., Takada, M., Nakamoto, S., Muramatsu, T. and Okamoto, A.: Adequate concentration and duration of vinblastine treatment for chromosome preparation in mouse embryos. Anim. Sci. Technol. (Jpn.), 62: 511-518 (1991).

7) Yoshizawa, M., Muramatsu, T. and Okamoto, A.: Sexing of mouse eggs at the first cleavage division by the use of C-staining method. Jpn. J. Anim. Reprod., 31: 78-83 (1985).

8) Yoshizawa, M. Zhang, W. and Muramatsu, S.: G-band staining of mouse embryo chromosomes by urea treatment. J. Mamm. Ova Res., 13: 44-47 (1996).

(b) ブタ・ウシ*

はじめに

ドーリーに代表される体細胞クローン動物の作出効率の低さは、未受精卵に移植された核の正常性についての疑義を生じさせており、その原因の一つの可能性として、継代された培養細胞における染色体異常の出現率の増加が考えられる。これを払拭するには、核移植する継代細胞の細胞遺伝学的正常性を確認しておくこと、また作出された初期胚の染色体標本を作製してその正常性を検討することが必要と思われる。また、トランスジェニック家畜の生産においては、経済的な観点からも、作出された初期胚における遺伝子導入の成否を明らかにした上で、その移植を図ることが望ましい。

また、近年ウシの繁殖技術として汎用されている体外受精によって作出された初期胚において染色体異常の出現率が高いこと[1,2]、特に卵割初期の胚で半数体の出現が高く[3]、これは胚盤胞の

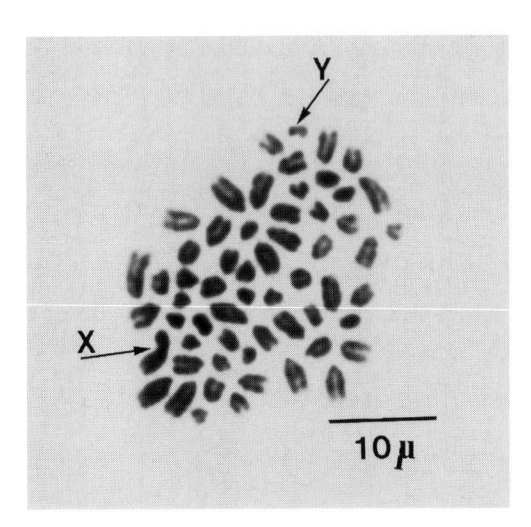

図3.38 ウシ胚盤胞より得られた正常な2倍体の染色体像。60本の染色体があり、X染色体とY染色体が各1本あるので、雄と判定される。ギムザ染色

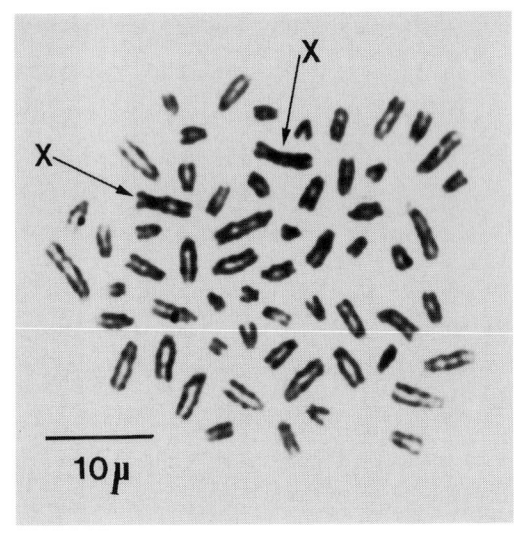

図3.39 ウシ胚盤胞より得られた正常な2倍体の染色体像。X染色体が2本あるので、雌と判定される。ギムザ染色

---

* 吉澤 緑

作出率が低いことや体外受精由来胚の受胎率が低いことと関連しているとも考えられ，現在の体外受精技術にまだ検討の余地があることを示していると思われる．

このような必要性から，家畜初期胚において染色体検出率の高い標本作製法が求められる．前項のマウス胚における染色体標本作製法は，その他の実験動物や家畜の初期胚についても応用可能であり，著者らは，ウシ[2,3]，ブタ，ヤギの初期胚において染色体標本を作製し，染色体異常の検出や性判別を行ってきた．本稿では，その標本作製法を紹介する．

ブタ・ウシの卵子および初期胚の染色体分析について

哺乳動物の卵子や初期胚は，動物種によって形態的に異なり，その大きさや透明帯の厚さ，さらには卵

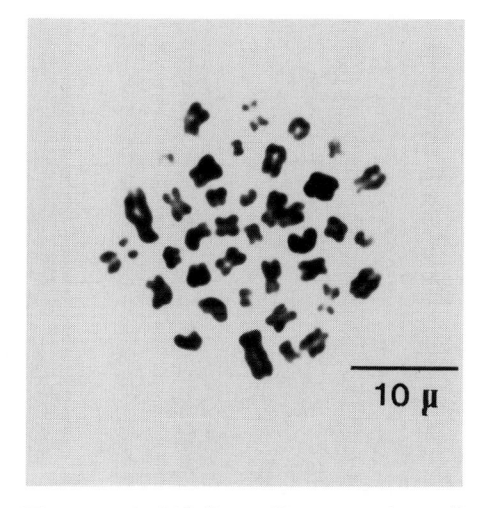

図3.40 ブタ胚盤胞より得られた正常な2倍体の染色体像．種々の形態の染色体が見られる．ギムザ染色

細胞質内の脂肪顆粒などの含有量などにも差があることから，染色体標本作製においても，基本的にはマウス胚と同様であるが，いくつかの点で変更を加える必要があり，著者らは試行錯誤の結果，以下のような染色体検出率の高い手法を確立した．

ウシ，ブタの染色体数とその核型について，ウシでは染色体数は $2n = 60$ であり，図3.38に見られるように常染色体の形態はすべて動原体が端にある端部動原体型であるとされているが，図3.39のような収縮が少なく伸長した染色体像では，実は非常に短い短腕を持つアクロセントリックの染色体が何組かあることがわかる．X染色体は大きな次中部動原体型で，Y染色体は小さな中部動原体型である．ブタは $2n = 38$ の染色体数であり，染色体の形態は動原体が中心にある中部動原体型から端部動原体型まで種々様々である（図3.40）．卵子，精子の染色体数は各々体細胞の半数で，ウシ $n = 30$，ブタ $n = 19$ である．以下に著者らがウシ体外受精卵および初期胚において開発した染色体標本作製法[2,3]（図3.41）を述べるが，ウシ体内受精由来初期胚やブタ，ヤギ，ゴールデンハムスターなどの初期胚においても同じ手法を用いて，良好な標本を得ることができる．

ウシ初期胚の染色体標本作製法

a）準　備

1．器具・器械

CO_2 インキュベーター，実体顕微鏡，光学顕微鏡，3穴スライドグラス，ピペット，針付きツベルクリン注射器，スライドグラス，メスシリンダー，コプリンジャー

2．薬　品

1％クエン酸ナトリウム水溶液，コルセミド（またはビンブラスチン），70％エタノール，メタノール，酢酸，ギムザ染色液，リン酸緩衝液（pH 6.8）

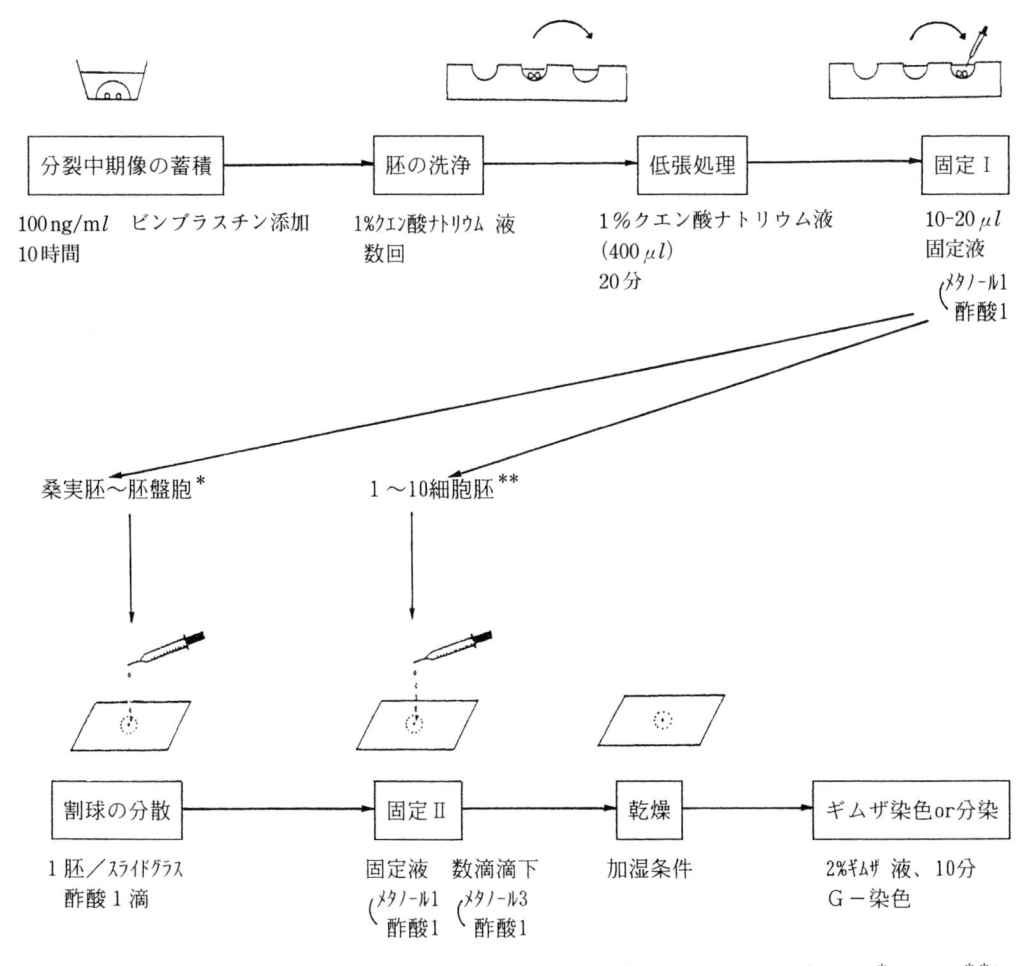

図 3.41　ウシ体外受精卵および初期胚における染色体標本作製法（Yoshizawa et al. 1998*，1999**）

b）方　法

　本項で解説する方法は，著者らがこれまでに報告しているウシ体外受精に由来する卵割初期胚[3]）や胚盤胞[2]）で使用している方法であり，それらの標本作製法の概略を図 3.41 に示した．以下にその方法を受精卵～10 細胞期の初期胚を中心に述べ，その他の発生段階の胚について補足的な説明を後に記す．

<u>受精卵～10 細胞期胚の染色体標本作製法</u>

　1）胚の分裂阻止剤処理　胚の分裂阻止剤処理については，マウス胚に準ずるが，ウシ体外受精において胚を卵丘細胞や卵管上皮細胞と共培養している場合には，分裂阻止剤の濃度を高める必要がある．著者らは，初期胚を 100 ng/ml ビンブラスチン含有培地中で 10 時間培養し，染色体標本を作製している[2]）．

　2）胚の低張処理および弱固定処理と染色体の展開　分裂阻止剤によって処理された卵子や胚を 1 ％クエン酸ナトリウム溶液中で洗浄し同液中で 20 分間低張処理する．低張処理後，ごく少量の固定液（メタノール 1：酢酸 1 の混合液）を低張液中にツベルクリン注射器で注入し，弱

固定する．胚1個をピペットでごく少量の低張液と共に乾燥したスライドグラス（あらかじめダイヤペンで裏面から円を描き，70％エタノール中に浸漬しておいたもの）上に移し，直ちに前述の固定液を1，2滴落とし，さらにメタノール3：酢酸1の組成の固定液を1滴ずつゆっくりと5〜7滴滴下して固定する．固定液が乾燥する前には，胚がスライドグラス上で広がる固定液中に盛り上がって見えるので，スライドグラスの裏面からその位置を中心に油性ペンで小円を描き目印とする．なお，標本作製は，十分な加湿条件下で行うことが重要であり，それによって染色体を適度に分散させて展開できる．また固定液の滴下数の増減によって固定液の蒸発の速度が異なり，染色体の分散をある程度変更できるので，胚を固定後無染色で直ちに検鏡し，染色体の展開，分散の程度を調べ，染色体が重なり合って分散が足りない場合は滴下数を増やし，反対に染色体が分散し過ぎてバラバラに散らばっている場合には，滴下数を減らす．

桑実胚と胚盤胞の染色体標本作製法

胚を100 ng/mlビンブラスチン含有培地中で10時間培養し，染色体標本を作製する．胚の低張処理および弱固定処理までは，早期のステージの胚と同じであるが，スライドグラス上での染色体の展開が異なる．すなわち，胚をスライドグラス上にのせ，酢酸のごく小滴を1滴胚の上にのせ，胚の透明帯が溶け，割球がバラバラに分散するのを待って，固定液（メタノール1：酢酸1）を1，2滴落とし，次いでメタノール3：酢酸1の組成の固定液を1滴ずつゆっくりと数滴滴下して，酢酸を除去しながら染色体を固定する．

次の項目については，(a)マウス・ラットの項を参照し，それに準じて行う．

3）ギムザ染色と分染法
4）検鏡と顕微鏡写真撮影
5）核型分析

参考文献

1) Iwasaki, S., Hamano, S., Kuwayama, M., Yamashita, M., Ushijima, H., Nagaoka, S. and Nakahara, T.: Developmental changes in the incidence of chromosome anomalies of bovine embryos fertilized *in vitro*. J. Exp. Zool., 261: 78-85 (1992).

2) Yoshizawa, M., Matsukawa, A., Matsumoto, K., Suzuki, K., Yasumatsu, K,. Zhu, S. and Muramatsu, S.: Required concentration and time of vinblastine treatment for chromosome preparation in bovine blastocysts derived from in vitro fertilization. J. Reprod. Dev., 44: 59-64 (1998).

3) Yoshizawa, M.,, Konno, H., Zhu, S., Kageyama, S., Fukui, E., Muramatsu, S., Kim, S. and Araki, Y.: Chromosomal diagnosis in each individual blastomere of 5- to 10- cell bovine embryos derived from in vitro fertilization. Theriogenology, 51: 1239-1250 (1999).

（c）ヒ　ト*

はじめに

　配偶子の研究でヒト卵の体外研究は精子ほど容易なものではなかった．卵の入手が困難だったことに起因していたと考えられる．ところが不妊治療に占める高度生殖医療技術（advanced reproductive technology, ART）の進歩は目覚ましく，体外受精をはじめとする様々な技術革新は超難治性不妊症に悩む患者に光明を与えている．体外受精技術の出現は，これまで神秘とされてきた受精現象を体外で直接顕微鏡下で観察し，コントロールできるようになった点である．卵細胞質内精子注入法（ICSI）はその最たるもので，受精に必須と考えられていた受精過程を一気に飛び越えたものといえる．

　ARTが普及するに伴い，媒精前の未成熟卵や媒精しても受精しない，いわゆる非受精卵をはじめ，余剰初期胚や凍結胚の材料が比較的容易に入手可能となり（もちろん，患者の同意が必要であ

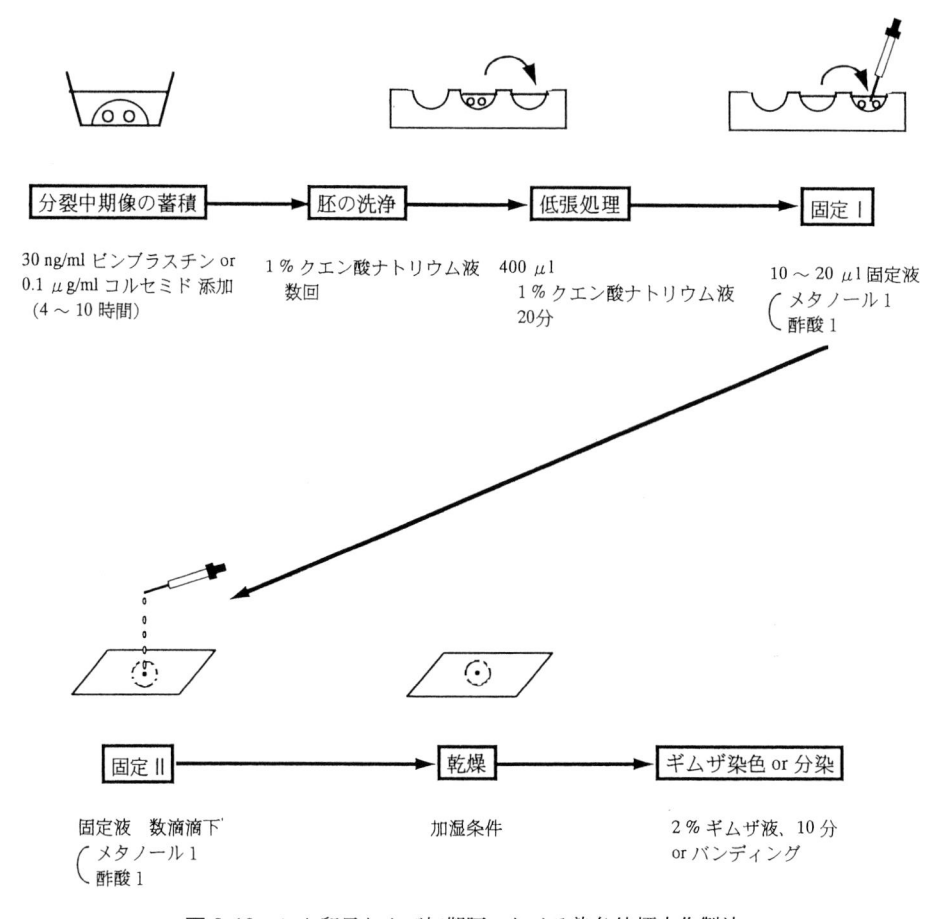

図3.42　ヒト卵子および初期胚における染色体標本作製法

───────────
＊　荒木　康久・大野　道子・吉澤　緑

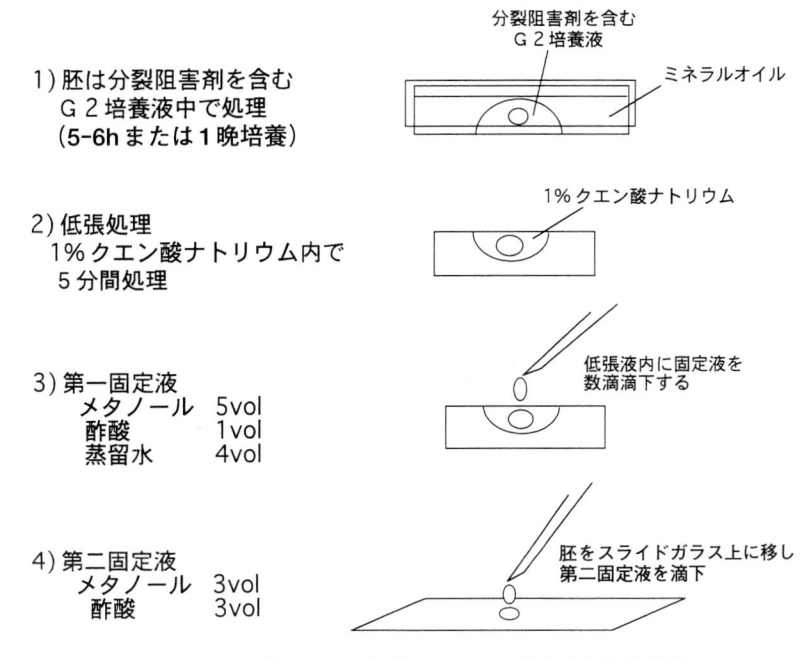

図3.43 ヒト卵子および初期胚における染色体標本作製法

ることは言うまでもない)．ヒト卵の細胞遺伝学的解析が進みつつある．

ここでは非受精卵や受精するも移植しなかった余剰胚（不良分割胚を含む）や異常受精卵の染色体分析について我々の経験例を述べる．

a）材料と方法

通常体外受精（Conventional in vitro fertilization, C-IVF）やICSIで得られる大部分の卵に由来する良好胚は，新鮮胚で移植に供される．多数の余剰胚が得られても，次回治療の目的で凍結に移されることが多い．したがって，自然未成熟卵や良好胚の真の染色体分析は現実的に難しい．一部の良好分割胚と移植不可能であった不良分割胚や非受精卵，さらに余剰胚を体外培養させ胚盤胞まで発育した胚を用いて染色体分析を行った．

染色体核型分析法は，共同研究者の吉澤[2]と大野[3]の方法をもちいた．以下，概略を示す．

<u>染色体核型分析法の手順</u>
(1) 分裂阻止剤処理による卵（胚）の中期染色体像の蓄積

コルセミド（$0.1\,\mu g/ml$）やビンブラスチン（$30\,ng/ml$），ノコダゾール（$0.2\,\mu g/ml$）などの細胞分裂阻止剤を含む培養液中で卵を数時間培養する．

(2) 低張処理

卵を1％クエン酸ナトリウム水溶液で洗浄後，同液（$400\,\mu l$）中に約10〜20分おき，低張処理を行う．この際，プレス型血液反応板の3ホールガラススライドが便利である．

(3) 卵の弱固定処理

メタノール1：酢酸1で混合した固定液を低張処理を終えた卵を含む低張液中に極少量（10〜20 μl）注入し，卵を弱く固定する．

(4) スライドガラス上の卵の固定

スライドガラスをエタノールで浸漬後，キムワイプで表面を清拭し，裏面にダイヤモンドペンで小さい円を描き，表面のこの位置に卵を1個置き，メタノール1：酢酸1の固定液を1滴づつ数滴（3～5滴）滴下し，卵をスライドガラス上に固定する．

(5) 染色またはバンディング

標本を20～30倍に希釈したギムザ液で10分程度染色し，水洗，乾燥して検鏡する．展開が良好な標本でないとギムザ染色だけでは各染色体を正確に識別することは困難なことが多い．

分析法はトリプシンや2×SSC，尿素溶液などで前処理した染色体をギムザ液で染色し，濃淡の縞模様を出すいわゆるG-バンド法が一般に実施されている．

以上の方法は吉澤による概略を示したが，一部改変した大野の方法も日常的に汎用している．大野の方法も基本的には上記に述べた吉澤の方法と同一である．

低張処理は1％クエン酸ナトリウム液内で5分間処理する．その中に第1固定液としてメタノール5：酢酸1：蒸留水4の混合液を数滴滴下する．次いで，卵をスライドガラス上に移し第2固定液（メタノール1：酢酸1）を滴下して固定する．

<u>非受精卵の核染色法</u>

(1) 透明帯除去

0.5％プロテアーゼ，5分間処理

(2) 核染色

Hoechst 33258 5 μg/ml に透明帯除去卵子を移動し，数分間染色．

(3) スライドガラス上に卵を移し，カバーガラスで卵が圧迫されて破れないようにやや固めの封入剤を卵の周囲に置き，カバーガラスを覆って蛍光顕微鏡下にて観察（波長 330～385 mm）する．

b）未，非受精卵の染色体異常

未受精卵（精子と接触していないという意味で非受精卵と区別）の染色体異常発生率は研究者により様々である．平均すると，第2減数分裂中期（MⅡ）卵子で大体22％程度と考えられている．

非受精卵子は，光顕で観察する限り未受精卵の形態と区別することは難しい．そこで，C-IVFとICSIの非受精卵に精子が侵入したか否か，透明帯除去後の細胞質を核染色した．

C-IVF非受精卵の背景 受精障害59症例412個の非受精卵のうち，核染色可能であった378個の内訳をみると，精子侵入と認められたもの20.7％（78/378）であり，精子侵入するも膨化まで至らなかったもの7.7％（29/378），膨化まで形態変化するものの雌雄前核（pronucleus, 2PN）が融合しなかったもの11.4％（43/378），多精子侵入と思われるもの1.6％（6/378）が確認された．2PNが光顕下で確認できず，受精していないと判定する約2割の非受精卵は精子が侵入していることが判明した．精子侵入は全く認められなかった非受精卵は，74.6％（282/378）であった．

C-IVF非受精卵の染色体 合計363個の非受精卵の染色体を見たところ，22.0％（80/363）に受精はしたものの発生が停止した胚であることが判明した．2前核20.9％（76/363），3前核以上つまり多精子侵入と思われるもの0.8％（3/363），2倍体0.3％（1/363）が確認された．この

ことは，たとえ精子の侵入はあっても前核が観察されず，非受精卵と判定していることになる．また非受精卵の活性化率を見ると64.7％が活性化されていた．

ICSI非受精卵の染色体 合計292個の卵を分析したところ，発生が停止したと考えられる非受精卵は18.2％(53/292)認められた．内訳は前核様のクロマチン構造が2個観察されたものが51個，2倍体の染色体が2個の卵で認められた．非受精卵の活性化率を見るとクロマチン様構造物を有する卵は66.8％，成熟分裂中期の卵4.1％，未成熟卵は30.1％であった．

光顕下で2PNが観察できなくとも，染色して見ると前核が17.5％存在していることになり，これは精子が侵入したものの発生を停止したものと理解される．

c) 分割胚の染色体

媒精もしくは精子注入後，48時間培養で4割球，72時間で6割球以上の分裂割球を有し，かつフラグメント30％以下の胚を良好胚，48時間で3割球，72時間で5割球以下の胚を分割遅延胚とし，またフラグメント40％以上の胚は形態不良胚と定めて，C-IVFおよびICSI実施後，入手可能であった良好胚85個，不良胚(遅延・形態不良)246個を用いて正常染色体出現頻度を見た．いずれも，2前核期胚由来の分割胚を集計したものである．作製標本上に何らかの染色体像の得られた分裂像獲得胚は良好胚群で34.1％，不良胚群で26.0％であったが，そのうち実際に染色体分析が可能であったものは，良好胚群で20.0％，不良胚群で14.2％であった．

正常染色体の出現頻度は良好胚群と不良胚群で有意差なく分析可能胚数当りで47.1％，47.5％であった．このことより，不良胚群で染色体異常が突出しているとはいえず，胚の形態に関わらず染色体異常が存在している．最近判明してきたことは，形態の正常より割球の分割速度によって染色体異常は異なる．つまり発育遅延胚ほど染色体異常出現率は高い[4]．このことは経験的に分割速度の速い胚を移植した時，妊娠率が高いことと一致している．

C-IVFで3～多倍体の異常が検出されるのに対して，ICSIでは異数体異常や単為発生が若干多いように思われる．明瞭に構造異常を確認することは難しいが，構造異常に比べて数的異常の方が多い．

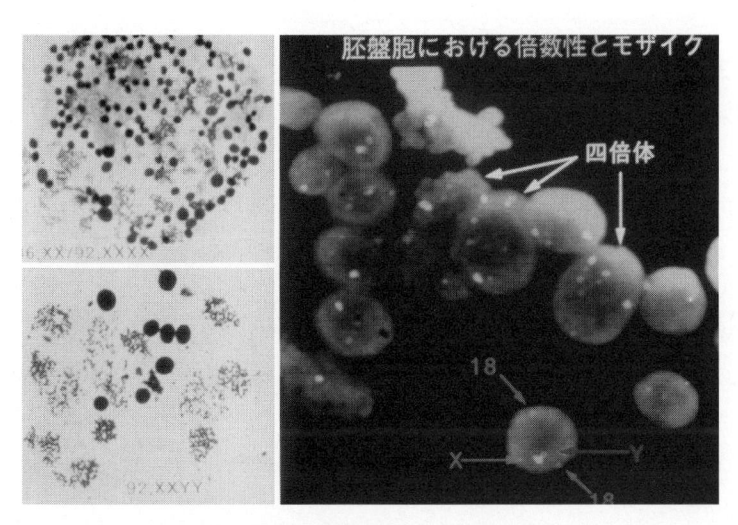

図3.44 胚盤胞の染色体異常例．

形態不良でフラグメントの多い胚は，多倍体や染色体モザイクなど染色体異常の出現率が顕著に高いとされているが，我々の結果では良好群との間に有意な差は認められなかった．

d）受精異常（3PN）胚の染色体

体外受精後3前核と判定された受精卵を1～2日発生過程を観察した後，染色体標本としたところ，合計16個のうち9個が2倍体，7個が染色体異常の個体で，このうち3倍体は5個であった．ヒト3前核胚における分割割球数と染色体構成について一定の関連は見られなかった．異常3前核受精卵でも56.3％（9/16）が2倍体の胚に発生していることは興味深い[2]．これとは別に検索した異常受精（3PN）由来の胚盤胞はすべて3倍体の異常胚であった[4]．

e）単為発生卵

ICSI実施直前，卵丘細胞を剝離して精子注入前の裸化卵子を多数見るようになった結果，受精前すでに2分割した分割卵子をみとめることが稀にある．我々の経験では，1,000例に1個くらい認められる．割球の染色体は半数体で，直接分割した単為発生卵であることを確認している[5]．

f）胚盤胞の染色体異常

胚移植しなかった余剰胚を患者の同意のもとに体外培養を続け，胚盤胞に発生させた．我々の経験では発生率55％であった．

胚盤胞の染色体を分析すると，分析率はわずか総分析胚数当り2割程度ながら中期染色体像が得られる．

正常な受精（2PN）から胚盤胞に発生したとしても異常染色体を有する胚は44％も存在している．特徴は倍数体の異常であった．中期像のみならず，間期核を検討してみた．X，Y，18番染色体プローブで検したfluorescent in situ hydridization（FISH）の結果では多数の倍数体異常が確認されている（図3.44）．

これらの倍数体は絨毛組織に分化する栄養膜細胞ではないかと推定されるが，正常発生の段階でやがて淘汰される細胞である可能性もあり，今後の研究課題である．

参考文献

1) 吉澤　緑・荒木康久・大野道子他：ヒトICSI不受精卵の染色体分析「卵子と精子」鈴木秋悦（著），メジカルビュー，p.106-111 (1998).

2) Yoshizawa, M., Araki, Y. and Motoyama, M.: Analyses of early development and chromosomal constitution of tripronuclear human and mouse eggs fertilized in vitro. Jpn. Fertil. Steril., 42: 34-38 (1997).

3) 大野道子・林　明美・鈴木香織他：移植可能な形態を示した分割異常胚の染色体分析，第43回日本不妊学会総会, 抄録, p.223 (1998).

4) 大野道子・鈴木香織・林　明美他：ヒト胚における細胞から胚盤胞にいたる各発育段階での染色体異常発生頻度，第44回日本不妊学会総会, 抄録, p.136 (1999).

5) Araki, Y., Yoshizawa, M., Yoshida, A. et al.: Spontaneous parthenogenesis in human oocytes. J. Mamm. Ova Res. 13: 115-117 (1996).

3.2 受精卵の診断（FISH法，PCR法）

(a) ウ シ*

はじめに

　畜産分野では，体外受精，顕微授精，核移植をはじめとする種々の先端技術を駆使した優良家畜生産が試みられている．特にウシではクローン技術を使った家畜生産が行われており，優秀な種雄牛の体細胞を用いたクローン牛が作出されている．しかし，このような人為的操作によって作出された受精卵（胚）では染色体異常が高率に発生することが知られており[1]，受胎率が低い原因の一つと考えられている．これまで，体外受精によって得られたウシ胚において，染色体異常，特に染色体がモザイクとなっている胚の出現率が高いことが示されており，細胞遺伝学的検査の必要性が指摘されている．しかし，胚から生検できる細胞数はわずかであり，少ない細胞から正確な細胞遺伝学的検査は容易ではなかった．

　最近，分子生物学の発達に伴い，ヒトでは胚の性判別や遺伝子診断に感度が高く，比較的短時間に分析することが可能なPolymerase chain reaction（PCR）法や，蛍光 in situ ハイブリダイゼーション（FISH）法が用いられるようになった[2~4]．ウシでもPCR法やFISH法による性判別が報告[5~7]されており，今後プライマーやプローブが入手しやすくなれば遺伝子診断も広く行われるようになると予想される．本稿では，ウシ受精卵の診断のうち，現在行われているPCR法およびFISH法による胚盤胞期胚の性判別について紹介したい．

PCR法
PCR法の原理と留意すべきポイント

　PCR法とは，目的とするDNA領域を挟む2種類のオリゴヌクレオチドプライマー（プライマー）を用いて，特定のDNA配列を in vitro で酵素的に増幅する方法である．まず，目的とする2本鎖の鋳型DNAを加熱して1本鎖にする（熱変性）．次に，それぞれの1本鎖DNAに，増幅したい部位のDNAを挟むように相補的な2種類のプライマーを温度を下げて結合させる（アニーリング）．この状態で，デオキシヌクレオシド三リン酸と耐熱性ポリメラーゼを作用させ，プライマーの部位からDNAの相補鎖を合成していく（伸長）．これらの反応を繰り返すことにより，反応初期はほとんど指数関数的増加を示し，その後ある程度以上増加するとプラトーに達する．十分なサイクル数のPCRを行えば，初期鋳型DNA量にかかわらずほぼ同じ量のPCR生成物が得られることから，細胞数の少ない受精卵でも遺伝子診断が可能である．

　一方，PCR法はその検出感度の鋭敏さにより，サンプル以外の細胞あるいはDNAのコンタミネーションにより判定結果を誤認する可能性がある．滅菌した器具類を使用し，チップ類は綿栓（フィルター）付きのものを用いる必要がある．胚細胞のサンプリング液には血清やウシ血清アルブミン（BSA）の代わりに，0.2 Mスクロースを添加し，持ち込み液量を少なくする．

---

* 小林　仁

実験方法

a）準備

1．器具・機械

DNA増幅装置，マイクロマニピュレーター，倒立顕微鏡，電気泳動装置一式，UVイルミネーター，ゲル用写真撮影装置，マイクロピペット，0.6 mlまたは0.2 ml PCRチューブ，綿栓付きチップ

2．試薬等

プライマー，Taq ポリメラーゼ，10×PCRバッファー，dNTPミックス（2.5 mMストック溶液），ミネラルオイル，滅菌蒸留水，20×TAE液（0.8 M Tris-acetate pH 7.5，80 mM EDTA・2Na・2H_2O），2％アガロースゲル，0.2 Mスクロース添加PBS

（例）ウシの雄特異的プライマー（BOV 97 M：産物サイズ160 mer）[5]

   5'-GATCACTATACATACACCACTCTCATCCTA-3'
   5'-GATCTTGTGATAAAAAGGCTATGCTACACA-3'

b）方法

1. 50 μlのスクロース添加PBSドロップ中でホールディングピペットに胚を固定する．この時，内部細胞塊を時計の針の12時あるいは6時の位置に合わせる．
2. マイクロブレードで胚盤胞の栄養膜細胞を穿刺し，5〜10個の細胞を採取する．
3. PCRチューブに入った10 μl滅菌蒸留水中に細胞を入れ，凍結融解を3回繰り返し，DNAの抽出を行う（鋳型DNA溶液）．
4. PCRチューブに以下例のように反応液を調製する．

滅菌蒸留水	29.75 μl	
10×PCRバッファー	5 μl	
dNTPミックス（2.5 mMストック）	4 μl	（最終濃度0.2 mM）
プライマー1（50 μMストック）	0.5 μl	（最終濃度0.5 μM）
プライマー2（50 μMストック）	0.5 μl	（最終濃度0.5 μM）
鋳型DNA溶液	10 μl	
Taq ポリメラーゼ（5 U/μl）	0.25 μl	（1.25 U/50 μl）
合計	50 μl	

5. ミネラルオイルを50 μl程度重層する．
6. はじめの熱変性の時間だけ長くとり，後は通常のPCRを行う．最後の伸長も長くとる．

反応条件の例

熱変性： 94 ℃   5分間
   ↓
熱変性： 94 ℃   1分間 ⎫
アニーリング：60 ℃   1.5分間 ⎬ 30〜40サイクル
伸長： 72 ℃   1分間 ⎭

伸長： 72 ℃　　　　　5 分間
7. PCR 産物 10 μl を 2 % アガロースゲルで電気泳動し，目的の断片が増幅されているか調べる．

c）応　用

ウシでは，PCR 法を用いた胚の性判別が広く普及し，国内でもウシ胚性判別キット（XY セレクター，伊藤ハム中央研究所）が開発されている．このキットでは，PCR バッファーやプライマーが予め混合されており，PCR 法の特許料も含まれているため，現場での利用に便利である．

FISH 法

FISH 法の特徴と留意すべきポイント

蛍光（FISH）法は，特定の遺伝子の状況を染色体上あるいは核内で検出する方法である．FISH 法は，従来の細胞遺伝学的方法（核型分析）とは異なり，分裂期の細胞だけでなく，間期の細胞でもそのまま遺伝子の局在部位を決定できる点で優れており，遺伝子のマッピング，染色体数的異常の検査および性判別にも利用されている．また，FISH 法は PCR 法では難しい個々の細胞の遺伝子検出が可能で，コンタミネーションによる影響も少ない．反面，検出感度は PCR 法より劣っており，プローブとして用いることのできる配列が限られている．今のところ，市販されているウシ用のプローブはないので，自分で作製するか研究者の好意により入手するしかない．FISH 法に用いられるプローブの条件は，① 染色体上に特異的に存在する，② 他の染色体上に類似配列が存在しない，③ 5 kbp 以上の単一コピー遺伝子あるいは反復配列，である．プローブに数百〜数千回のコピーを持つ反復配列を用いると，ハイブリダイゼーション効率が高く，検出時間を大幅に短縮することができる．ここでは，Y 染色体上に，2,500 回のコピーを持つ雄特異的反復配列 BC 1.2[8] から PCR 法によりプローブを作製し，このプローブを用いて 1 時間以内に性判別を行う迅速 FISH 法[7] を紹介する．

実験法

I. PCR 法による標識プローブの作成

a）準　備

1．器具・機械

DNA 増幅装置，遠心乾燥機または減圧デシケーター，微量冷却遠心機，マイクロピペット，0.6 ml または 0.2 ml PCR チューブ，1.5 ml マイクロチューブ，綿栓付きチップ

2．試薬等

ウシ雄特異的 DNA（BC 1.2）プライマー[8]：産物サイズ 250 mer

プライマー 1：5'-ATCAGTGCAGGGACCGAGATG-3'

プライマー 2：5'-AAGCAGCCGATAAACACTCCTT-3'

ウシ鋳型 DNA，10 × PCR バッファー，デオキシヌクレオシド三リン酸（ミックスしていないもの：20 mM dATP，20 mM dCTP，20 mM dGTP，20 mM dTTP），ジゴキシゲニン（Dig）11-dUTP（ロッシュ），*Taq* ポリメラーゼ（5 U/μl），ミネラルオイル，3 M 酢酸ナトリウム，100 % エタノール，70 % エタノール，TE（10 mM Tris-HCl（pH 8.0），1 mM EDTA（pH 8.0）） b）方法

1. PCR チューブに以下の組成で反応液（総量 100 μl）を作る.

ウシ DNA（50 ng/μl）	1 μl
10×PCR バッファー	10 μl
20 mM dATP	1 μl
20 mM dCTP	1 μl
20 mM dGTP	1 μl
20 mM dTTP	0.65 μl
1 mM Dig-11-dUTP	8 μl
プライマー 1（50 μM）	1 μl
プライマー 2（50 μM）	1 μl
Taq ポリメラーゼ（5 U/μl）	0.5 μl
滅菌蒸留水	74.85 μl
合計	100 μl

2. ネラルオイルを 50 μl 重層する.
3. 最初に熱変性を 5 分行い，後は PCR を 40 サイクル行う.

    熱変性： 94 ℃　　　　　5 分
    　　↓

    熱変性： 94 ℃　　　　　1 分　⎤
    アニーリング：56 ℃　　1.5 分　⎬ 40 サイクル
    伸長： 72 ℃　　　　　1.5 分　⎦
    　　↓
    伸長： 72 ℃　　　　　10 分

4. PCR 産物のうち 5 μl を 2％アガロースゲルで電気泳動する．標識していない PCR 生成物は 250 bp にバンドが確認されるのに対し，ジゴキシゲニン標識された PCR 生成物は分子量が大きくなるため，標識していないものに比べ，やや遅く泳動される.
5. PCR 産物液を 1.5 ml マイクロチューブに移し 1/10 量の 3 M 酢酸ナトリウムを加えた後，総容量の 2.5 倍量の 100％エタノールを加えよく転倒混和する.
6. 室温で 10 分間静置し，PCR チューブを 4 ℃で 15,000 rpm，10 分間遠心する.
7. 核酸の沈殿を確認しながら上清を捨てる.
8. 70％エタノールを 800 ml 入れ，よく転倒混和する.
9. マイクロチューブを 4 ℃で 15,000 rpm，10 分間遠心する.
10. 核酸の沈殿を確認しながら，上清をピペッティングで捨てる.
11. 遠心乾燥機または減圧デシケーターでペレットを乾燥させる.
12. 100 μl の TE に溶解し，ジゴキシゲニン標識プローブとする.
13. 小分けして −20 ℃で保存する.

II. 標本の作製
a) 準　備
1. 器具・機械
マイクロマニュピレーター，ドライヤーまたは小型扇風機，シリコナイズした4穴ホローグラスまたは時計皿，ポリ-L-リジンコートしたスライドグラス，マイクロピペット
2. 試薬等
低張液（0.6% BSA添加1%クエン酸ナトリウム），固定液（メタノール：酢酸＝3：1）

b) 方　法
1. 胚盤胞からマイクロマニュピレーターにより10個程度の割球を採取する．
2. ホローグラスに低張液200 μlを入れ，その中に細胞塊を静かに移し，5分間低張処理を行う．
3. 少量の低張液とともに細胞塊をスライドグラスに滴下する．
4. 10 μlの固定液を静かに滴下して細胞塊を伸長させた後，さらに固定液を2～3回滴下する．
5. ガラスペンでスライドグラスの裏に位置をマークする．
6. 標本を通風乾燥する．

III. 迅速FISH法による性判別
a) 準　備
1. 器具・機械
蛍光顕微鏡（オリンパス光学工業：BX-60），バンドパスフィルター（オリンパス光学工業：U-MWIBA），恒温水槽（72℃），インキュベーター（38.5℃），アルミブロック（72℃），マイクロピペット，コプリンジャー，カバーグラス（24×50 mm），パラフィルム

2. 試薬等
20×SSPE（3 M NaCl, 0.2 M NaH_2PO_4, 20 mM EDTA, pH 7.4），20 mg/ml BSA（ロッシュ）20×SSC（3 M NaCl, 0.3 Mクエン酸Na），マスターミックス（ホルムアミド5.0 ml, 硫酸デキストラン1.0 g, 20×SSC 1.0 ml），PNバッファー（0.1 M NaH_2PO_4, 0.1M Na_2HPO_4, 0.1%ノニデットP-40），PNMバッファー（5%スキムミルク in PNバッファー），PI（0.1 μg/ml）添加退色防止液（1.25 g Diazabicyclooctane（DABCO）in 10 ml PBS + 90 ml glycerol），Anti-Digバッファー（1.0 μg/ml Anti-Dig FITC（ロッシュ）in PNMバッファー）

b) 方　法（図3.45）
1. 標本を72℃のヒーティングブロック上で5分間加熱する（エージング）．
2. マスターミックス7.0 μl, Dig標識プローブ1.5 μlおよびBSA 1.5 μlを混合（サンプル量により調節）し，ハイブリダイゼーションミックス（HM）を調製する．
3. HMを72℃で5分間加熱し，プローブの熱変性を行った後，クラッシュアイス中で冷却する．
4. 72℃に保温したアルミブロック上のスライドグラスに，HM 10 μlを滴下する．
5. カバーグラスをかけ，8分間加熱する（標本の熱変性）．
6. 直ちに，38.5℃のインキュベーターに移し，5分間ハイブリダイゼーションを行う．
7. スライドから慎重にカバーグラスを取り除き，あらかじめ72℃に加熱した0.5×SSPEに5分間浸し，余分なプローブを取り除く．

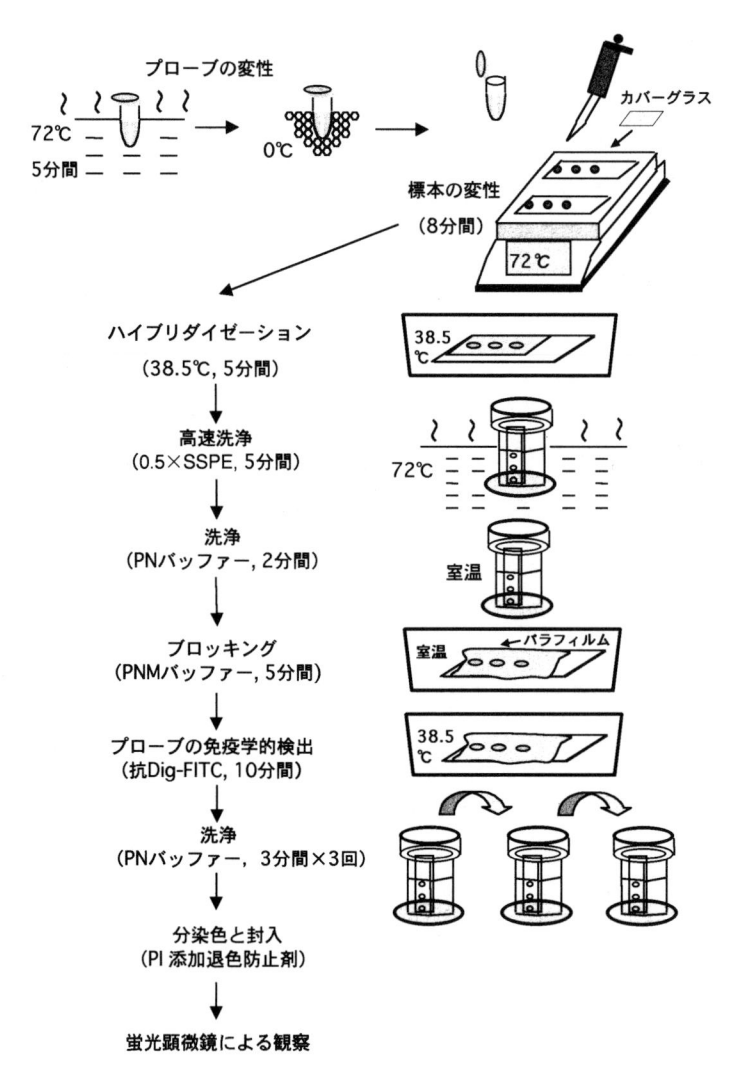

図 3.45　迅速 FISH 法の操作手順

8. PN バッファー（室温）に 2 分間浸す．
9. 標本に PNM バッファー 100 µl をかけ，パラフィルムをかぶせ，室温で 5 分間保温する．

以下の操作は，遮光下または退色防止用蛍光灯下で行う．

10. スライドガラス上のパラフィルムと PNM バッファーを紙タオル上に落とし，素早く Anti-Dig バッファー 100 µl を標本にかけ，パラフィルムをかぶせ 38.5 ℃ で 10 分間保温する．
11. 標本を PN バッファーの入ったコプリンジャーに入れ，3 分間緩やかに振とうする．この操作を 3 回繰り返す．
12. PI 添加退色防止液 20 µl を標本に滴下し，カバーグラスで覆う．
13. 封入後約 10 分で蛍光顕微鏡観察が可能である．

| 雄胚 | 雌胚 |

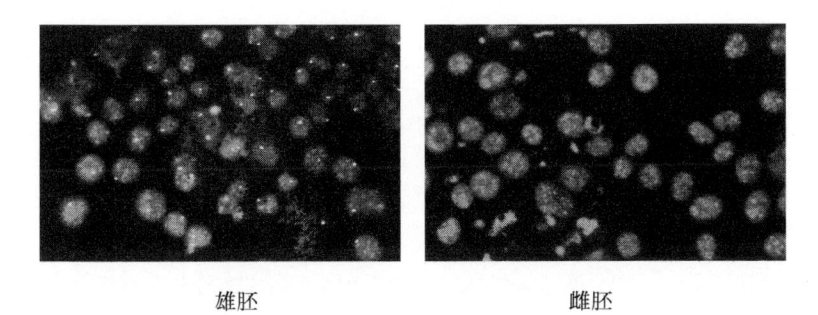

図 3.46 迅速 FISH 法により性判別したウシ胚

おわりに

ヒトでは，体外受精により作出された胚にさまざまな染色体異常が報告されており，早くからPCR法やFISH法を用いた受精卵（胚）の遺伝子診断が検討されてきた．移植の段階で染色体異常胚を除くことにより，流産を低く抑え分娩率を高めることが可能になる．ウシ胚でも同様にPCR法やFISH法による遺伝子診断は生産性を高めるのに有効である．しかし，ウシではプローブに適した染色体特異的DNAのうち塩基配列が公表されているものは少なく，市販されているプライマーやプローブがほとんどないため手軽に検査できる状況になっていない．今後，移植された胚の受胎率の向上や次世代への優良家畜生産につなげるためにも，プライマーやプローブのコマーシャルサービスが受けられるようになることを期待したい．

参考文献

1) Yoshizawa, M., Konno, H., Zhu, S., Kageyama, S., Fukui, E., Muramatsu, S., Kim, S. and Araki, Y.: Chromosomal diagnosis in each individual blastomere of 5- to 10-cell bovine embryos derived from *in vitro* fertilization, Theriogenology 51: 1239-1250 (1999).

2) Munne, S., Weier, H. U. G., Grifo, J. and Cohen, J.: Chromosome Mosaicism in human embryos. Biol. Reprod. 51: 373-379 (1994).

3) Harper, J. C., Dawson, K., Delhanty, J. D. and Winston, R. M.: The use of fluorescent *in-situ* hybridization (FISH) for the analysis of *in-vitro* fertilization embryos: a diagnostic tool for the infertile couple. Hum. Reprod. 10: 3255-3258 (1995).

4) Thornhill, A. R. and Monk, M.: Cell recycling of a single human cell for preimplantation diagnosis of X-linked disease and dual sex determination. Mol Hum Reprod 2: 285-289 (1996).

5) 渡辺伸也・高橋清也・小西秀彦・今井 裕・粟田 崇・高橋秀彰・桝田博司・安江 博 :PCR法によるウシ胚の性判定技術の検討．日畜会報, 63: 715-720 (1992).

6) Thibier, M. and Nibart, M.: The sexing of bovine embryos in the field. Theriogenology 43: 71-80 (1995).

7) Kobayashi, J., Sekimoto, A., Uchida, H., Wada, T., Sasaki, K., Sasada, H., Umezu, M. and Sato, E.: Rapid detection of male-specific DNA sequence in bovine embryos using fluorescence *in situ* hybridization. Mol. Reprod. Dev. 51: 390-394 (1998).

8) Cotinot, C., Kirszenbaum, M., Leonard, Gianquinto, L. and Vaiman, M.: Isolation of bovine Y-derived sequence : potential use in embryo sexing. Genomics 10: 646-653 (1991).

(b) ヒ　ト*

はじめに

　細胞遺伝学的解析法として，染色体分染法が古くより有名であるが，近年 fluorescence in situ hybridization (FISH) や polymerase chain reaction (PCR) などの分子生物学的手法が取り入れられ，より詳細な遺伝情報を受精卵から得ることが可能となってきた．

　一般に，染色体分染法は多くの分裂中期像の中から最も固定や染色の状態が適切なものを選び出して診断を行う．よって，多数の細胞を採取できる血液や粘膜などの検体には適しているが，細胞数が少ない受精卵の診断には適していないことが多い．それに対して FISH は，分裂中期のみならず分裂間期の細胞でも，診断に用いることができるため，受精卵の様に細胞数が少ない場合に適している．最近，FISH の応用法が続々と開発されており[1,2]，受精卵診断への応用が検討されている．また，微量サンプルで目的とした遺伝子を解析することが可能な PCR も，受精卵診断に適した有力な技術である．Nest PCR を行うことにより，細胞 1 個の DNA 量でも診断可能である．

　本稿では，FISH や PCR を用いた受精卵診断について解説する．

FISH を用いた受精卵診断

　当初 FISH は 2 日がかりで行われ，明瞭なシグナルを得るために様々な工夫が必要であった．ところが最近は，良質な DNA プローブが多数市販されており，プローブによっては，2～3 時間の簡単な操作で明瞭なシグナルが得られるようになった[3,4]．

<u>細胞の固定</u>

　我々は，Tarkowski の air-drying method を修正した Yoshizawa[5] の方法を用いている．

a) 準　備

　スライドグラス，クエン酸ナトリウム，メタノール，酢酸，牛血清アルブミン

b) 方　法

1. 細胞を低張液（0.5％ 牛血清アルブミン加 1％ クエン酸ナトリウム）に 5 分間静置する．
2. カルノア液（メタノール：酢酸，3：1）を 2.5％ 加えた低張液で前固定する．
3. 少量の前固定液と共に生検割球を，スライドグラス上に移動する．
4. 4～8 滴のカルノア液を滴下して固定する．

<u>FISH</u>

a) 準　備

1. 器具・機器

スライドウォーマー（75℃ まで温度が上がるもの），カバーグラス，パラフィルム，インキュ

---

* 雀部　豊・久西村　崇代・保　春海

ベーター，湿潤容器，恒温水槽，染色バット，蛍光顕微鏡，使用する蛍光色に適した蛍光フィルター

2．試　薬

DNAプローブおよび buffer（VYSIS），formamide，2×sodium chloride/sodium citrate（SSC），nonidet P-40（NP-40），4,6,-diamidino-2-phenylindole（DAPI）

b）方　法

我々が，受精卵の 13/18/21/X/Y 染色体を診断する際のプロトコールを示す（概略1）．

概略（1）Fluorescence In Situ Hybridization

1) プローブ：直接蛍光標識プローブ（Vysis, USA）
   13/21（orange），18（yellow），X（aqua），Y（green）
2) プローブと検体 DNA の同時熱変性（75℃，3分）
3) ハイブリダイゼーション：37℃の湿潤容器内で2時間
4) 余剰プローブの洗浄：
   50% formamide 加 2×SSC（40℃，10分）
   0.1% nonidet P-40 加 2×SSC（40℃，10分）
5) 対比染色：4,6-diamidino-2-phenylindole（DAPI）
6) 蛍光観察

（1）DNAプローブ

FISHプローブは，直接標識プローブと間接標識プローブとに分類される．直接標識プローブは，洗浄操作後対比染色を行い，すぐにシグナルの観察ができるが，間接標識プローブを用いた場合は，洗浄操作後に蛍光標識および蛍光増幅操作（ラベリング）を行わなければならない．最近では，VYSISより良質な直接標識プローブが多数市販されているので，目的に応じてプローブを選択するとよい．また，市販のプローブで対応できない場合は，YAC や BAC クローンを用いて自作する必要がある．ラベリングおよびプローブの作成法に関しては，紙面制約の関係で他の成書を参照されたい．

（2）DNAプローブと染色体の同時熱変性

スライドガラス上に固定された核または染色体像の上に 1μl のプローブ混合液をのせる．6×6mm のカバーグラスで覆い，乾燥を防ぐためにパラフィルムを張り付ける．75℃のホットプレート上で3分間熱変性させる．

（3）ハイブリダイゼーション

37℃の湿潤容器内に 1.5 時間～一晩（DNA プローブによって時間が異なるため，事前に検討する），スライドグラスを静置する．

（4）余剰プローブの洗浄

以下の溶液にて標本を洗浄する．

　　50% formamide 加 2×SSC（40℃，10分間）

0.1% NP-40加 2×SSC（40℃，10分間）

（5）シグナルの観察

DAPIで対比染色し，シグナル色に適したフィルターを用いて落射式蛍光顕微鏡にてシグナルを観察する．

PCRを用いた受精卵診断

一般に細胞1個に含まれるDNA量は約6 pgといわれている．受精卵診断において用いることのできる細胞数は1〜数個と非常に少ないことが多いので，少なくとも10 pg濃度のテンプレートを増幅できるように，プライマーごとにPCRのプロトコールを予め検討しておく必要がある．特に，nest PCRを行うと検出感度を大幅に高めることができるので，必要に応じてプロトコールに組み込むようにする．

<u>細胞の溶解</u>

細胞を溶解して，ゲノムが増幅可能な状態にする必要がある．細胞を溶解させる方法は数種類が報告されているが，lysis buffer[6]を用いる方法が，最もallele dropoutが少ないとの報告[6]があり，我々はlysis bufferを用いている．

a）準　備

1．器具・機械

マイクロマニュピュレーターを搭載した倒立顕微鏡，マイクロピペット，PCRチューブ

2．試　薬

KOH solution（200 mM KOH/50 mM dithiothreitol），Neutralizing solution（900 mM Tris-HCl, pH 8.3, 300 mM KCl, 200 mM HCl）

b）方　法

1. 割球や受精卵を，PCRチューブ内の5 μl KOH solutionに収める（マイクロマニュピュレーターを用いると，確実を期することができる）．
2. サーモサイクラーにPCRチューブをセットし，65℃，10分間．
3. 5 μl Neutralizing solutionを加える．

<u>PCR</u>

a）準　備

1．器具・機械

サーモサイクラー，マイクロピペット，電気泳動装置一式，トランスイルミネーターと写真撮影装置

2．試　薬

プライマー，dNTP，DNAポリメラーゼ，$MgCl_2$，PCRバッファー，泳動バッファー，ゲル（アガロースまたはポリアクリルアミド），ethidium bromide，

b）方　法

我々が，受精卵でジストロフィン遺伝子の解析を行う際のプロトコールを示す（概略2）．

概略（2）Polymerase Chain Reaction

Total volume	100 μl
Primer	各 0.5 μM
DNA polymerase	2.5 U
dNTP	各 0.2 mM
Glycerol	10 %
$MgCl_2$	1.5 mM
PCRバッファー	1×

1 st PCR	2nd PCR
94 ℃ 6：00	94 ℃ 3：00
94 ℃ 0：30 ⎫	94 ℃ 0：30
40 ℃ 1：00 ⎬×30	50 ℃ 1：00 ×30
72 ℃ 4：00 ⎭	72 ℃ 3：30
72 ℃ 7：00	72 ℃ 7：00

（1）PCR混合液の調製

事前に検討したプロトコールに従い，PCR混合液を作成する．PCRは検出感度が高いため，他のDNA混入を防ぐ意味で，PCR混合液の作成は，専用のクリーンベンチ内で行う．

（2）増　幅

サーモサイクラーにPCRチューブをセットし，事前に検討したプロトコールに従い，変性・アニーリング・伸長を30～40回繰り返し，増幅を行う．必要に応じてnest PCRを行う．

（3）電気泳動とバンドの確認

増幅産物はポリアクリルアミドゲル上で電気泳動を行い，ethidium bromideで染色後，トランスイルミネーターを用いてバンドの確認を行う．

おわりに

以上，FISHとPCRを用いた受精卵診断を解説した．最近，それぞれの応用法が続々と開発されている．また，PCRとFISHを組み合わせたCell recycling法[3]により，染色体レベルの解析と遺伝子レベルの解析が同時に可能である．これらの応用法を利用することにより，さらに卵子研究の幅が広がると考えられる．

参考文献

1) Schrock, E., du Manoir, S., Veldman, T., Schoell, B., Wienberg, J., Ferguson-Smith, M. A., Jing, Y., Ledbetter, D. H., Bar-Am, I., Soenksen, D., Garini, Y. and Ried, T.: Multicolor spectral karyotyping of human chromosomes. Science, 273: 494-497 (1996).

2) Speicher, M. R., Ballard, S. G. and Ward, D. C.: Karyotyping human chromosomes by combinatorial multi-fluor FISH. Nature Genet. 12: 368-375 (1996).

3) Sasabe, Y., Katayama, K. P., Nishimura, T., Takahashi, A., Asakura, H., Winchester-Peden, K., Wise, L., Abe, Y., Kubo, H. and Hirakawa, S.: Preimplantation diagnosis by fluorescence in situ hybridization using 13, 16, 18, 21, 22, X and Y chromosome probes. J. Assist. Reprod. Genet., 16 (2): 90-95 (1999).

4) Sasabe, Y., Krisher, R. L., Stehlik, J. C., Stehlik, E. F. and Katayama, K. P.: Sex determination by simultaneous application of polymerase chain reaction and fluorescent in situ hybridization on the same blastomere of a pre-embryo. Fertil. Steril., 66: 490-492 (1996).

5) Yoshizawa, M.: Analysis of early development and chromosomal constitution of tripronuclear human and mouse eggs fertilized *in vitro*. Jpn. Fertil. Steril., 42: 34-38 (1997).

6) Gitlin, S. A., Lanzendorf, S. E. and Gibbons, W.: Polymerase chain reaction amplification specificity: Incidence of allele dropout using different DNA preparation methods for heterozygous single cells. J. Assist. Reprod. Genet., 13 (2): 107-111 (1996).

IV. 卵子の応用（臨床）技術

1. 卵巣灌流による排卵実験法*

はじめに

卵巣生理の現在の研究は，通常では卵巣機能を多くの要素に分離した状態で実施される．生体内にある状態 in vivo での分析もなされているが，通常の場合には，卵胞を摘出した器官培養レベル，顆粒膜細胞または夾膜細胞などの組織培養レベル，ステロイド合成酵素，cAMP，PKC などの細胞分画を用いた生化学レベル，さらに mRNA などの遺伝子レベルでの研究がなされている．

最も重要なものは生体内に置かれた状態での統合された卵巣の機能である．しかし，この状態では直接の観察が困難であり，また生体のホメオスターシスの中にあるために実験的な条件の設定が十分にできない．卵巣灌流法では，卵巣そのものを灌流することにより，全体的な機能を保ったままで直接卵巣を観察することが可能になる．排卵時にはステロイドの産生，卵の成熟，卵胞壁の破裂が同時に進行するが，卵巣灌流法ではこれらをすべて経時的に観察できる．

組織培養と器官培養

組織培養では通常 1 種類から 2 種類の細胞が培養され，細胞は浮遊あるいはシート上で呼吸・代謝の際の物質の移動が容易な状態にある．成体では細胞は細胞間質に囲まれ，血流の供給を受けており，組織培養とは異なった環境で機能している．

一般に組織の直径が 1 mm 以上になると，血流の循還無しには代謝の維持は不可能とされている．このためハムスターなどの小さい卵巣の一時的な灌流では，卵巣の外側に酸素化した液を流して灌流する（Perifusion）が，長期間の大きな卵巣の灌流には，小さなカニューレを卵巣動脈またはその本管に留置し，これに酸素化した培養液を流す方法（Perfusion）が取られる．これまでに，ウサギ，ラット，ヒツジ，ヒトなどの卵巣を後者の方法で灌流し排卵およびステロイド産生を観察した報告がある．

実験法

a）灌流装置

図 4.1 はウサギ卵巣用の灌流装置である．灌流液は卵巣動脈に入れたガラスカニューレより卵巣に入り灌流した後，卵巣静脈より卵巣容器内に出る．この灌流液は 1 mm 直径のテフロン小管より成る酸素化装置を経て，ロータリーポンプを通り毎分 1.5 ml で卵巣に戻り循環する．灌流液は pH 7.4 のインスリン 20 IU/l およびヘパリン 200 IU/l を含む Hanks 塩組成の Medium 199 で，100

---

* 北井　啓勝

％の酸素により酸素化する．卵巣の直前には空気溜をおいて，空気塞栓を予防する．

卵巣動脈へのカニューレは直径3 mmの硬質ガラス管を火炎中で引いて，先端を研磨した後，少し焼いて丸みを付ける．通常発情している成熟雌ウサギをネンブタール麻酔下に開腹し，大動脈から卵巣にいく卵巣動脈を単離する．卵管枝を結紮後，2％プロカイン液を滴下して血管を拡張させ，血管壁を一部切開した後，空気を注入しないようにカニューレを挿入する．

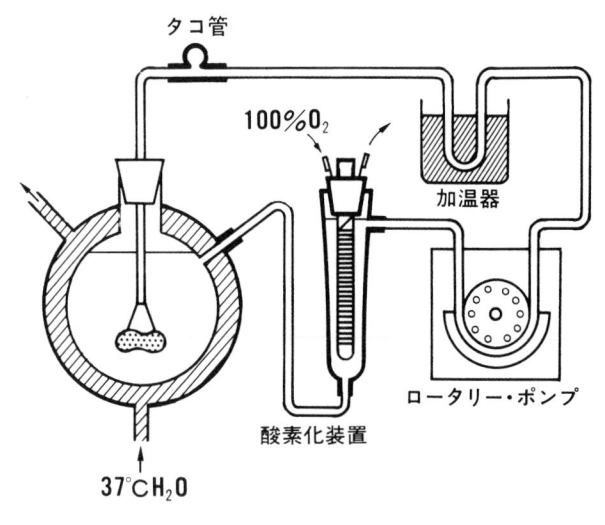

図4.1 卵巣灌流装置

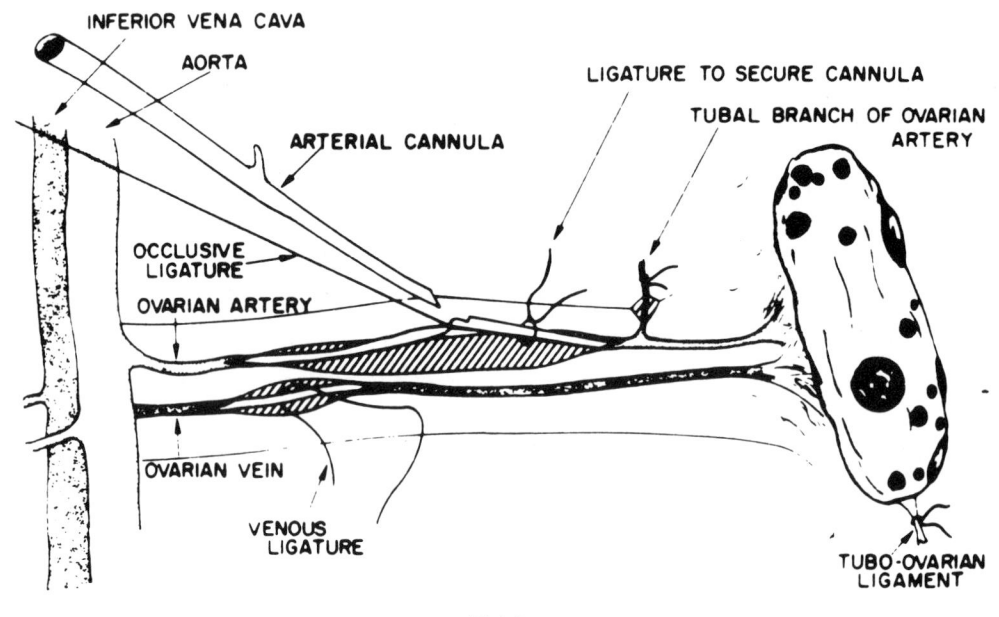

図4.2

b) 灌流卵巣の排卵

灌流卵巣にhCG 50 IUを投与すると，卵胞は腫大し頂部が菲薄化後破裂が起こり，減数分裂を再開した卵が放出される．排卵は投与後6時間を中心に分布し，平均排卵時間は5.9時間となり，排卵卵の33％が卵核胞期，65％が第1減数分裂中期，2％が第2減数分裂中期であり，変性卵は25％に認められた（図4.3）．12時間の灌流後には，卵巣は生体内と同様に浮腫状になった．プロゲステロンの産生はhCG投与前には認められないが，hCG投与後急増し，投与4時間後には最高値となり120 ng/mlに達した．プロゲステロンの産生は一過性に起こり，灌流液濃度の低下は灌流装置への吸着によるものである（図4.4）．

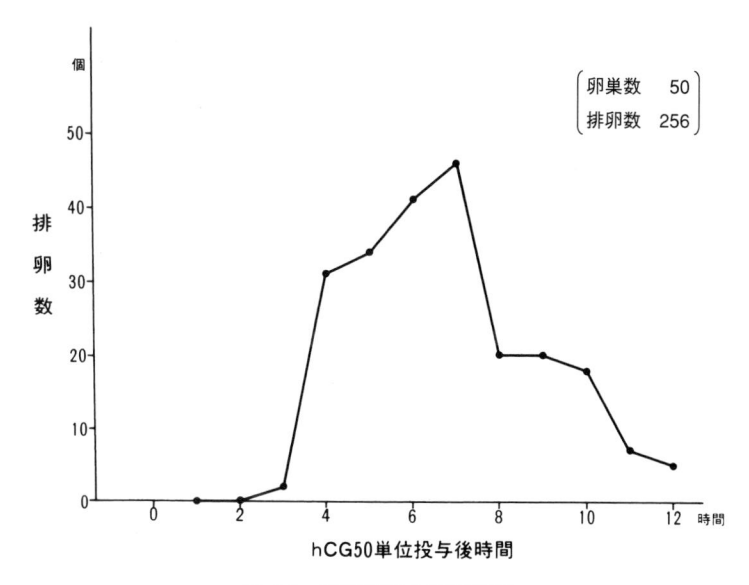

図4.3　灌流卵巣の排卵時間

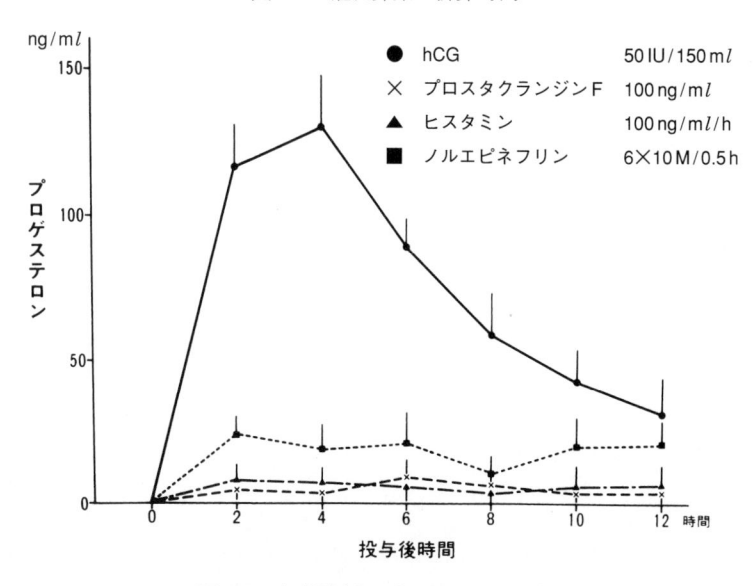

図4.4　各誘発剤のプロゲステロン産生

　この灌流装置では，ゴナドトロピンの他に炎症反応に関与するプロスタグランジンおよびヒスタミン，さらにノルエピネフリンなどの物質により卵胞の破裂が起こる．これらの物質による排卵は，投与濃度に依存し，ヒスタミンによる排卵は他の二つよりも低率である（図4.5）．炎症反応物質の投与後には，卵の減数分裂およびステロイドの産生は認められないが，卵巣の浮腫は発生する．

おわりに

　本灌流装置の問題点は排卵に要する時間が生体内と比較して短いことである．この結果，第2減数分裂中期より前の未熟な卵が放出される．排卵刺激ホルモンを生体内で半減期の長いhCGか

らLHに変えても排卵時間の短縮は修正されない．原因は灌流液がアルブミンなどの高分子物質を含まないために，浮腫の発生が早期に起こり，卵胞頂部の破壊が進行するためと考えられる．

ただし，灌流液にウシアルブミンあるいは非動化したウサギ血清を添加した場合には排卵は起こらない．血液凝固因子を含む血漿を加えると血栓が形成され灌流が成立しなくなる．血小板を含む凝固因子が排卵期に関与している可能性もあるが，異種の血小板では血栓が形成され灌流は成立しなかった．

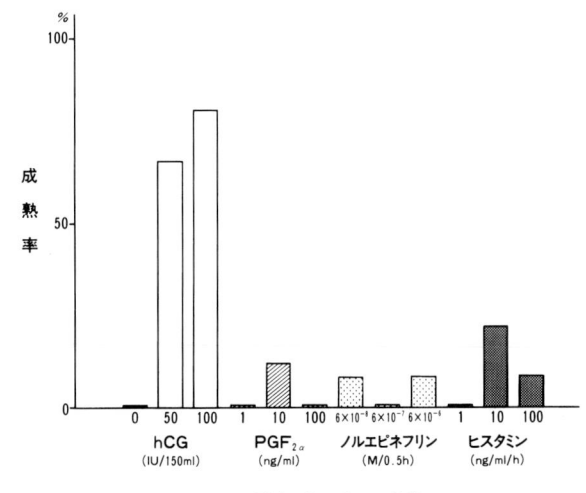

図4.5 排卵時の卵の成熟

灌流液に含まれる酸素は赤血球が存在しないために，血液よりはるかに少ない．このため酸素分圧を生理的な値より高めて，330 mmHg程度にしてある．卵巣はこのような酸素供給の少ない状態に対して，灌流心臓などよりも安定してるようであるが，酸素分圧の高いことによる影響は不明であるが，灌流卵巣より排卵された卵の受精率あるいは発生率は低いことが報告されている．

参考文献

1) 鈴木秋悦・北井啓勝：卵巣灌流法．リプロダクション実験法マニュアル，176-180，講談社サイエンティフィク，(1985).

2) Kitai, H. et al: The relationship between prostaglandinand histamine in the ovulatory process as determined with the in vitro perfused ovary. Fertil. Steril. 646 – 651 (1985).

2．卵巣組織の器官培養法*

はじめに

卵巣組織，そして遊離された卵胞，あるいは卵子が In Vitro Maturation (IVM) の研究の対象として用いられたきた．卵巣組織を用いる研究では器官培養法が主に動物学の分野で行われたが，ヒト材料における研究は少ない．ヒト卵巣組織のIVMは多くの臨床的メリットをもたらすと考えられ，培養法の改良が待たれるが，その研究の歩みは極めて遅い．本稿では，われわれが試みたヒト卵巣組織の器官培養の方法とその結果について紹介する．

卵巣組織および卵胞の最近の培養法

卵巣組織または卵胞を培養し卵子の成長を体外で促すという研究は様々な形でなされてきた．これは，特にヒト組織において原始卵胞の時期から卵子細胞そのものを分離することが不可能な

---

* 森本　義晴

ため，卵子を卵胞細胞との三次元構築内で保持せざるを得なかったためである．

次に主な研究方法を紹介する．1996年Bonello[1]はラットにおいて器官培養法を応用した．さらに培養液中で卵胞を短期間培養して内分泌的研究をしたもの（Kitzmann and Hutz, 1992[2]）．ゲル内で複数の卵胞を集団培養したもの（Carroll, 1991[3]）．そしてSmitz（1996）[4]はマウスを用いて培養ディッシュ上で卵胞を培養しantrum様の組織を認めた．

卵巣組織内の原始卵胞を体外培養によって生殖に役立てようするいわゆる"全培養"のアイディアは1977年，John J. Eppig[5]によって実現された．彼はマウスを用いて二段階の培養法，即ち胎児卵巣皮質組織の器官培養と培養後の組織よりOocyte-granulosa cell complexをcollagenaseを用いて分離し，卵胞培養をするという方法であった．この研究でEppigは，2匹のマウスから各々一匹ずつの産仔を得た．現在までにこの方法での成功はほとんどなく，またヒトでは皆無である．

最近，卵巣組織の器官培養では，ヒト組織をテーマにした研究がHovatta[6]によってなされた．Hovatta[7]は卵巣組織の凍結法についても検討しており，また，Extracellular matrixをcoatしたMillicell CM inserts上で21日間器官培養し組織の維持と卵胞の成長を確認している．われわれも，ポリエチレン製の細胞培養用インサートを使用したがこの方法は器官培養の成功率を向上させたと考えている．

実験法
a）準　備
1．器具・機械

炭酸ガス培養器，クリーンベンチ，実体顕微鏡，倒立顕微鏡，加温板，器官培養器（Bellco Glass Chamber），冷蔵庫，ホルモン測定器（mini VIDAS, bioMerieux社製），酸素ボンベ，酸素濃度測定装置，培養ディッシュ（Falcon 3043），細胞培養用インサート（Falcon 3180，pore size 0.4 μm，密度 1.6×10^4），1 ml ピペット，5 ml ピペット，ペトリディッシュ，マイクロサージェリー用剪刀およびピンセット，眼科手術用ピンセット

2．薬　品
Recombinant hMG
hCG
α-Minimum essential medium
ピルビン酸
胎児ウシ血清
Antibiotic antimycotic solution

3．材　料
十分なインフォームド・コンセントの下に腹腔鏡または開腹手術時に卵巣皮質組織を採取する．38歳を越えると急激に原始卵胞数が減少するので，できるだけ若年者の組織を提供してもらうことが望ましい．

4．培地の作製
培養液は卵巣組織培養用培養液としてIVM-Ⅰを作成する．IVM-Ⅰはα-Minimum essential

medium（α-MEM）をベースに，オランダオルガンノン社より提供された Recombinant FSH（Rec-FSH）である Org 32489 を 500 mIU，hCG 300 mIU，10％胎児ウシ血清，0.29 mM ピルビン酸，Antibiotic antimycotic solution を混和して作製した．

IVM-I 作製法（10 ml）の実際
1) α-MEM（Gibco）にピルビン酸を溶解し 0.29 M とし 8.644 ml を使用．
2) Rec-FSH 1 アンプルを 10 ml の水で溶解し，16.6 IU / ml とし 30 μl を使用．
3) hCG を 100 IU / ml とし 30 μl を使用．
4) 最後に 10％胎児ウシ血清と Antibiotic antimycotic solution 5 μl を混和．

b）方　法
1．試料の切り出し
　卵巣嚢腫やチョコレート嚢腫を呈する部分からの採取を避け，肉眼的に正常組織と思われる部分を選択すること．採取した組織は生理食塩水を浸したガーゼに保存し，可及的速やかに実験に供する必要がある．
　まず，試料を眼科用鋏刀を用いて卵胞の存在する皮質最上層をそれ以下の組織から注意深く分離する．次にマイクロサージュリー用のハサミとピンセットを用いて 1×2 mm に細切し，培養用試料とする．この際組織を挫滅させないよう切れ味の良い剪刀を用いて，組織を引きちぎらないように十分注意する．

2．原試料の固定
　試料一部を光顕用組織として 10％ホルマリン固定し，また他の一部を電子顕微鏡用組織として固定する．電顕用資料は 2％グルタルアルデヒドで前固定し 1％四酸化オスミウムで後固定後，二重染色し観察する．

3．器官培養の手順
1) 培養器としては Falcon 3043 内に細胞培養用インサート 3180 を置いて用いる．それを器官培養用チャンバー内に置き，純酸素，湿度 100％で培養．酸素は培養液交換時に器官培養器内へ 5 分間放流する．器官培養器は完全な密閉状態でガス

図 4.6　ヒト卵巣組織器官培養システム
（上：全体，下：Bellco glass chamber）

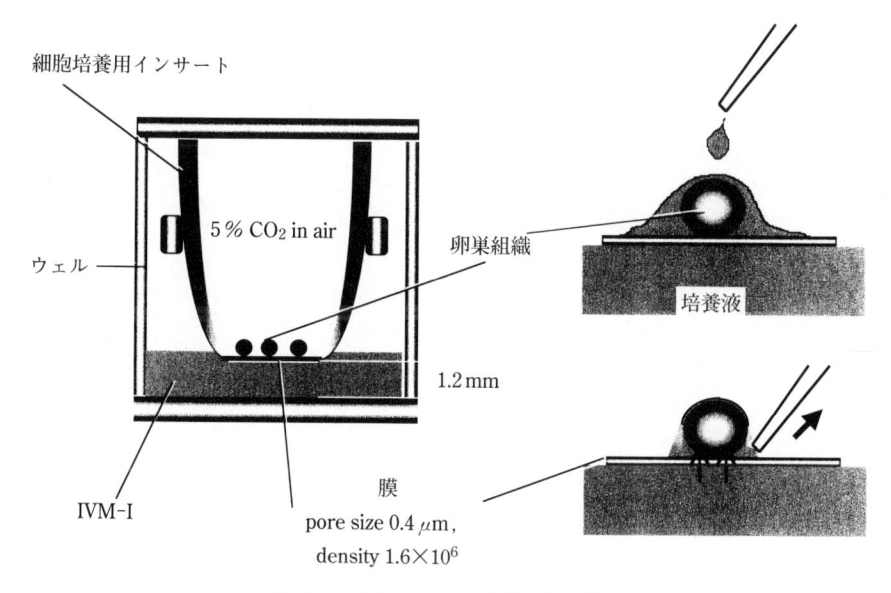

図4.7 培養ウェル（Well）内の詳細

流失を防止する弁が装着されている（図4.6）.
2）卵巣組織が気相から酸素を取り入れ，かつ培養液と接している状態を作るため，次のような移植状態を作り出すことが重要である（図4.7）. すなわち，まずウェル内に0.3 ml の培養液を注入し，底部の全面に拡がるようにピペットの先で攪拌する. その上に細胞培養用インサートを置くとインサートが1 mm程度液内に浸漬することになる. 膜上に1 dishにつき3〜4個の試料をほぼ等間隔で置き，その上から1滴の培養液を垂らし表面を濡らす. さらに，余分な培養液をマイクロピペットで吸引し試料上に被膜を形成するようにする.
3）培養期間は最長15日とし，培養液の交換は2日毎に行う.
4）培養された試料を光顕，電顕で観察し，さらに培養液中のエストラジオールおよびプロゲステロンを測定する.

この培養系を用いた具体例

上述した器官培養系を用いてヒト卵巣皮質組織を15日間培養したところ，組織はほとんどの場合，正常組織構造を示していた. 超微形態学的にも微細構造は十分保たれていた. 培養組織内には以下に示すような様々な形態の卵胞が観察された. クラスター状を呈するほとんど卵胞細胞を認めない直径30 μm位の小卵胞. 卵胞の周囲を扁平な卵胞細胞が取り巻く直径50 μm程度の卵胞. さらに卵胞細胞がやや立方化した直径60 μm程度の卵胞. 同様に立方体の卵胞細胞に囲まれているが卵胞細胞通しが離れていてやや拡大した卵胞. 2〜3層の重層化した卵胞細胞に囲まれる80 μm程度の卵胞. さらにその卵胞が拡大した形態を示す直径90 μm程度の卵胞. さらに直径100 μm以上の大卵胞などであった. 培養が進むにつれて大型の複雑な形態の卵胞が増加する傾向にあった（図4.8）.

内分泌学的な結果は次のとおりであった. 培養中エストラジオールは培養するに従って，13日

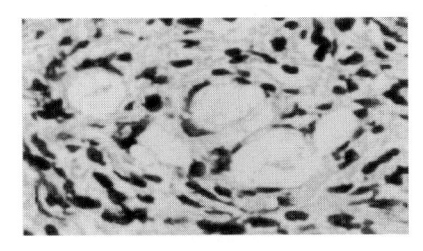

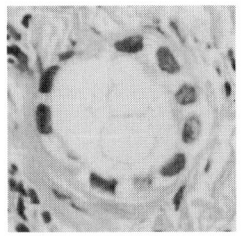

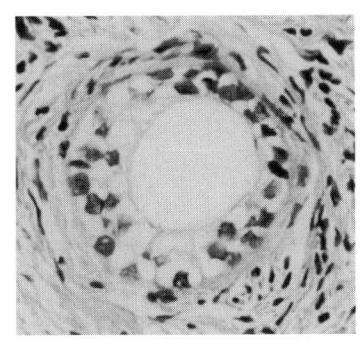

図4.8　培養後の卵胞形態の変化
(1): $\phi 30 \mu m$　(2): $\phi 70 \mu m$　(3): $\phi 90 \mu m$

目までは増加したがそれ以後減少した（3日目：14,646 pg/ml, 13日目：41,751 pg/ml, 15日目：21,889 pg/ml）. 同様にプロゲステロンも培養13日目まで増加した（3日目：16.2 ng/ml, 13日目：122.4 ng/ml, 15日目：109.5 ng/ml）.

おわりに

器官培養法[8,9]は三次元構築を保持したまま組織を温存できるため特に卵胞という複合組織の場合大変都合がよい．しかし，反面，酸素の取り入れや組織の乾燥などとの戦いとなり，それらの困難を克服するための工夫が必要である．

われわれは多嚢胞性卵巣症候群患者の5から7mm程度の卵胞から採取した未熟卵子（GV期）を体外培養することによりわが国で初めて妊娠および分娩に成功し，この方法を確立した．未熟卵子の培養は1995年にTrounson[10]らのグループが成功し発表しているが，成功率が低く安定性のある臨床的手技をはいえなかった．このことは"全培養"の後半が完成したということになり，今後，器官培養から卵胞遊離そして卵胞培養という本研究の前半に全力を注いでこれをできるだけ早い時期に完成させたいと考えている．

臨床的に見るとこのアイディアがヒトで成功するとそのメリットは大きい．私たちは現在有効な治療法がない卵巣早発不全の患者を数多く抱えているが，この疾患は絶対不妊といっても過言ではないくらい深刻である．私たちは本培養法がこの疾患の解決に道を開くのではないかと考えている．

その他にも，骨盤内臓器の悪性腫瘍に対する放射線照射や化学療法前の卵巣組織保存，さらには加齢に対抗する意味での卵巣組織バンクにも有用だろう．

参考文献

1) Bonello, N., McKie, K., Jasper, M., Andrew, L., Ross, N., Braybon, e., Brannstorm, M. and Normal, R. J.: Inhibition of nitric oxide: effects on interleukin 1 β-enhanced ovulation rate, steroid hormones and ovarian leukocyte distribution at ovulation in the rat. Biol. Reprod., 54: 436-445 (1996).

2) Kitzman, P. H. and Hytz, R. J.: In vitro effects of angiotensin II on steroid production by hamster

ovarian follicled and on ultrastructure of the theca interna. Cell Tissue Research, 268: 191-196 (1992).
3) Carroll, J., Whittingham, D. J. and Eood, M. J.: Effect of gonadtrophin environment on grouwth and development of isolated mouse primary ovarian follicles. J. Reprod. Fertil. 93 : 71-79 (1991).
4) Smitz, J., Cortvrindt, R. and Steirteghem, A.: Normal oxygen atmosphere is essential for the solitary long term culture of early preantral mouse follicles. Mol. Reprod.Dev. 45: 466-475 (1996).
5) Eppig, J. and O'Brien, M.: Development in vitro of mouse oocytes from primordial follicles. Biol. Reprod. 54, 197-207 (1996).
6) Hovatta, O., Silye, R., Abir, R., et.al.: Extracellular matrix improved survival of both stored and fresh human primordial and primary ovarian follicles in long-term culture. Hum. Reprod.,11, 1032-1036 (1997).
7) Hovatta, O., Silye, R., Krausz, T., et al.: Cryopreservation of human ovarian tissue using dimethyl-sulphoxide and propandiol-sucrose as cryoprotectants. Hum. Reprod.,11, 1268-1272 (1996).
8) 畑中　寛・山本亘彦編：ニューロサイエンス・ラボマニュアル 神経細胞培養法：シュプリンガー・フェアラーク東京，189-193 (1997).
9) 黒田行昭：動物組織培養法：共立出版，179-192 (1978).
10) Barnes, F. L., Crmbie, A., Gardner, D. K., et al.: Blastocyst development and birth after in-vitro maturation of human primary oocytes, intracytoplasmic sperm injection and assisited hatching. Hum. Reprod, 10: 3243-3247 (1995).

3．卵子の凍結保存法

3.1 卵巣組織片[*]

はじめに

　生殖細胞の保存は，動物の系統維持や増殖のために有用であり，ヒトでは放射線療法や化学療法による不妊を回避する手段となりうる．これらの目的は卵子の保存によっても達成されうるが，過排卵処理に反応しない卵母細胞や死亡個体の生殖細胞の利用には未発育卵母細胞の保存が有効な方法となる．その場合，卵母細胞は発育・成熟のために顆粒層細胞等による支持を必要とするので，卵巣または少なくとも卵胞の組織構造を維持して保存しなければならないと考えられる．組織・器官の凍結保存では，凍害保護物質濃度および脱水の不均質，温度変化速度の制約，構成細胞種間における最適処理条件の差違，細胞間および細胞－細胞外マトリックス間結合の存在等の制限要因があり成功率は遊離細胞に比べて低い．しかし，卵巣では組織片にしても卵胞発育が可能であるので，サイズを小さくして上記の制限要因が緩和でき，加えて，表層部に未発育卵胞が多数分布するという組織学的特徴があるため，卵胞の生存を指標とした場合，組織深部の損傷は致命的ではないようである．現在までに実験小動物の卵巣[1,2]ならびに大型動物[3]，ヒト[4]の卵巣

---

[*] 宮本　元・杉本　実紀

組織片について保存後の卵胞の生存，排卵，産仔の出産等が報告されている．本稿では，われわれの実験で液体窒素温度までの冷却・加温後に形態の良好な卵胞の存在，卵胞の生存・発育を認めた方法を中心にして紹介する．

卵巣組織の凍結保存において検討が必要な事項

a) 卵巣組織の採取

哺乳動物の卵巣において，卵胞は皮質に含まれ卵巣表面に近い部位に未発育卵胞が多く分布する．凍結保存後の卵巣組織では，卵巣表層部に位置する小型の卵胞（原始卵胞や小型の一次卵胞）では形態が良好に保たれ，組織の深部や大型卵胞では損傷が大きい傾向がある．また作業効率を考えると体積あたりに含まれる卵胞の数はあまり少なくない方がよい．これらから，系統維持のために計画的に卵巣組織を採取する場合には，小型の卵胞が多数含まれ全体のサイズも小さい幼若個体や胎仔の卵巣が良いと考えられる．大型動物や成熟個体の卵巣の場合は，卵胞皮質を採取し組織片とする方法がとられている．1 mm^3 程度の組織片では，損傷に明らかな部位差はないとの報告もある．

b) 凍結保存法の選択

細胞・組織の凍結保存法は緩慢凍結法と急速冷却法に大別される．緩慢凍結法では，植氷と緩慢な冷却により氷晶を細胞外のみに形成・成長させて細胞内凍結を防止する．急速冷却法では，氷晶成長速度の高い温度域を急速な冷却により短時間で通過させ氷晶の成長を抑制する．急速冷却とあわせて高濃度の凍害保護物質の添加等により細胞内外の水分をガラス状の固体とするガラス化法は急速冷却法の特殊なタイプと考えられる（注：氷晶形成を伴わないという概念から「凍結」という用語を避ける事がある）．凍害保護物質の種類・濃度，冷却速度等の条件が生存率に影響を与えるがそれぞれの方法で採用される処理条件は異なる．緩慢凍結法では凍害保護物質濃度は比較的低いが冷却中に濃縮される．冷却速度は温度帯により異なるが，氷晶成長速度の高い温度域は特に緩速に冷却すべきであり，卵巣組織の凍結保存では植氷温度（−7℃付近）から−40〜−80℃程度までを毎分0.3〜0.5℃程度の速度で冷却する．加えて冷却開始から植氷温度までの範囲も毎分0.5〜1℃の緩速で冷却する．緩慢冷却の終了後，直接または−140℃程度まで比較的急速に冷却して液体窒素中に移し保存する．この速度での冷却では組織全体としては凍結脱水は完了せず組織内の細胞間隙に氷晶が形成されると予測される．したがって水の体積増加による傷害が起こりうるが，卵巣においては，おそらく形態的特徴と血管形成能力の高さにより許容されるようである．昇温過程は比較的急速に行うことが多い．急速冷却法では，保護物質濃度が低い場合，きわめて急速な温度変化が必要とされごく小型の標本でないと高い生存率は期待できない．ガラス化法では高濃度の凍害保護物質の添加により氷晶形成を抑制する．完全に氷晶形成を抑止する濃度の凍害保護物質は細胞毒性が高すぎるので急速冷却・加温も併用するが，低濃度の場合に比較すると冷却速度を小さくすることができる．これらの方法を卵巣組織の保存に適用する場合を比較すると，緩慢凍結法は凍害保護物質の毒性による傷害の回避と冷却速度の制御について有利であるが冷却過程に要する時間が長く（2.5〜3時間）多標本の時間差並行処理が難しいことが短所であり，急速冷却法では冷却過程は短時間で手軽であるが，凍害保護物質の毒性と氷晶形成の危険

性を共に許容範囲内にとどめる条件設定が難しいことが短所である．これらの長所・短所に基づき，利用目的に適した方法を選択する必要があると考えられる．

凍結保存処理法の例

注意事項：安全のために，下記の方法のみならず，いずれの方法で凍結（低温）保存を行う場合にもいくつかの点で注意が必要であると考えられる．われわれが指摘できる主な点を以下にあげるが，詳しくは低温物質の取り扱いや化学薬品の安全性に関する手引書を参考にされたい．

1. 低温操作を行う際には低温用保護手袋を着用し，飛沫にも注意すること．
2. ドライアイス，液体窒素ともに気化したガスが室内に充満して中毒，酸欠などの事故を起こすことのないよう換気を行う．また保管・使用時ともに適切な容器を用いる．
3. 高濃度の凍害保護物質については，常温において細胞毒性を示すという報告が多数ある．

a）緩慢凍結法

1．準　備

1）試薬等　修正ダルベッコリン酸緩衝液（表4.1参照，他の種類の細胞培養用緩衝溶液でも可），ウシ胎仔血清，ジメチルスルフォキシド，エタノールおよびドライアイス（アルコールバス用），液体窒素

2）器　具　組織採取用解剖用具，ガラス器具およびプラスチック器具（保存溶液調製用器具，培養ディッシュ，凍結用試験管），試験管キャップ（シリコンゴム製，シール用フィルムと輪ゴム等でも可），ステンレス魔法瓶（広口），試験管立て（魔法瓶の中に入るもの），低温用温度計（－70℃以下まで計れるもの），ストップウォッチ，ディスポーザブル注射筒および注射針，金槌，低温用保護手袋，長型ピンセット，液体窒素タンク

3）調製等　凍結保存用溶液および保護物質添加・除去用溶液：10％ウシ胎仔血清（熱非動化する）を添加した修正ダルベッコリン酸緩衝液を作製する．これを基礎溶液として，0.5 M，1 M，1.5 Mのジメチルスルフォキシド溶液を作製する．氷冷（過冷却にならないよう氷水にする）して使用する．

アルコールバス：ステンレス魔法瓶に試験管立てを入れ，試験管が浸漬できるようにエタノールを入れる．エタノールが少なすぎては冷却不足や温度不安定になりやすいが，多すぎると試験管内に混入する危険性が高くなる．

2．操　作

1）卵巣組織の採取　卵巣を動物から採取し付着した脂肪組織などを除去する．小動物および幼若個体等の小型卵巣の場合は，卵巣全体を使用することが可能である．大きいものの場合，皮質の大きな卵胞や黄体以外の部分（未発育卵胞が多いと推測される部分）を細切し，厚さ1 mm位の組織片とする．

2）保護物質の添加　氷冷した0.5 M，1 M，1.5 Mジメチルスルフォキシド溶液にそれぞれ10分ずつ浸漬する．この過程は培養皿等で行うほうが容易であると思われる．液量は卵巣の体積に対して十分多くし，新しい溶液に移した直後には軽く振とうして攪拌する．

また，この間にアルコールバスを0℃まで冷却しておく．アルコールバスの冷却はドライアイスを金槌で割った小片を加え攪拌して行う．注射器に注射針をつけドライアイスで冷却しておく．

なお，以降の冷却過程はプログラムフリーザーを使用して行えば労力が軽減されるが，本稿では特殊な装置を必要としないアルコールバスを用いる方法で説明する．

3）**冷却および保存** 保護物質添加の最終段階で保存液を入れた凍結保存用の試験管に卵巣組織を入れる．試験管に軽く栓をして液温0℃にしたアルコールバスに移し－7℃まで毎分の1℃の速度で冷却する．

－7℃において以下のように植氷を行う．試験管の栓を取り，ドライアイスで冷却した注射針の先を液中に短時間浸漬する．この操作は溶液の一部のみを冷却し氷晶形成を誘起するためのものなので，全体の温度を低下させないよう注意する．この時点では変化が明瞭でないことがある．試験管に栓をしなおし，そのまま10分間維持する．2～3分たった時点では試験管内は白濁しているはずだが，透明な溶液のままなら上記の操作を繰り返す．

その後－70℃まで毎分0.5℃で冷却し，－70℃に到達後，試験管の栓をはずし液体窒素中に移して保存する．試験管の栓をしたままだと液体窒素が容器内に入り，融解過程で急激な気化により容器が破裂するという事故が起こりうる．密封状態で液体窒素に浸漬保存するためには専用の保存容器を使用する必要がある．

4）**融　解** 氷水を作っておく．
試験管を長型ピンセットで液体窒素から取り出し，逆さにして試験管内に入った液体窒素を捨てる．氷水中で試験管を振とうして融解させる．

5）**保護物質の除去** 氷冷した1Mジメチルスルフォキシド溶液，0.5Mジメチルスルフォキシド溶液，室温のウシ胎仔血清添加-修正ダルベッコリン酸緩衝液に10分ずつ浸漬し，保護物質を除去する．注意点は2）と同様である．

b）**ガラス化法**

1．**準　備**

1）**試薬等** 修正ダルベッコリン酸緩衝液（表4.1参照，他の種類の細胞培養用緩衝溶液でも可），ジメチルスルフォキシド，アセトアミド，プロピレングリコール，ポリエチレングリコール6000，液体窒素

2）**器　具** 組織採取用解剖用具，ガラス器具およびプラスチック器具（保存溶液調製用器具，培養ディッシュ，凍結用試験管），低温用保護手袋，長型ピンセット，液体窒素タンク

3）**調製等** ガラス化液および保護物質添加・除去用溶液：修正ダルベッコリン酸緩衝液を基礎溶液として，表4.2に示した組成でガラス化液（改変VS1）を作製する．また，これを基礎溶液で希釈し，12.5，25，および50

表4.1　修正ダルベッコリン酸緩衝液の組成

(1) ストック液
　以下の成分を超純水に溶解して作製する．
　ただし$MgCl_2・6H_2O$および$CaCl_2$は別に溶解しなければならないため，作製予定量の水から10％ずつを他の容器に分け取り，それぞれを完全に溶解後，混合する．
　冷蔵庫中で約1カ月保存可能．

成　分	1 l 中含有量 (mg/l)
NaCl	8000
KCl	200
Na_2HPO_4	1150
KH_2PO_4	200
$MgCl_2・6H_2O$	100
$CaCl_2$	100
ペニシリンGカリウム	76
硫酸ストレプトマイシン	50

(2) 使用時に添加するもの
　以下の成分を使用時に泡立てないように溶解させる．

成　分	1 ml 中含有量 (mg/l)
グルコース	1
ピルビン酸ナトリウム	0.07
ウシ血清アルブミン	3～4

％（V/V）ガラス化液を作製する．50％および100％ガラス化液は氷冷して使用する．

2．操　作

1）**卵巣組織の採取**　緩慢凍結法の場合に同じ．

2）**保護物質の添加**　室温の12.5％ガラス化液に5分，室温の25％ガラス化液に5分，氷冷した50％ガラス化液に15分，氷冷した100％ガラス化液に15分の順で浸漬する．この過程は培養ディッシュ等で行うほうが容易であると思われる．液量は卵巣の体積に対して十分多くし，新しい溶液に移した直後には軽く振とうして攪拌する．50％ガラス化液以降から，融解後，希釈を行うまでは，組織の入れ替えなどの際にも温度上昇を避けるよう注意する．

3）**冷却および保存**　試験管に卵巣組織を少量のガラス化液とともに入れ，液体窒素に投入し急速冷却する．そのまま保存する．

4）**融　解**　氷水を作っておく．また，50％，25％，および12.5％ガラス化液を氷冷しておく．

試験管を長型ピンセットで液体窒素から取り出し，素早く逆さにして試験管内に入った液体窒素を捨てる．氷水中で試験管を振とうして融解させる．

5）**保護物質の除去**　試験管の内容物が融解したらすぐに氷冷した50％ガラス化液を加え希釈する．保護物質除去過程もディッシュで行う方が操作しやすいが，その場合も試験管内で希釈してからディッシュに内容物を移すようにして，100％ガラス化液に触れている時間を極力短縮し，かつ，少量の標本のままで室温にさらすことによる温度上昇を避ける．氷冷した50％ガラス化液に10分間，次いで氷冷25％ガラス化液に10分間浸漬後，氷冷12.5％ガラス化液に移し，室温に10分間静置する．その後，室温の修正ダルベッコリン酸緩衝液に10分間浸漬し，保護物質を除去する．注意点は2）と同様である．

表4.2　ガラス化液

以下の成分を修正ダルベッコリン酸緩衝液に溶解する．

成　分	濃　度
ジメチルスルフォキシド	20.5％（V/W）
アセトアミド	15.5％（W/V）
プロピレングリコール	10％（V/V）
ポリエチレングリコール6000	6％（W/V）

参考文献

1) Cox, S.-L., Shaw, J. and Jenkin, G.: J. Reprod. Fert. 107: 315-322 (1996).
2) Gunasena, K. T., Villines, P. M., Crister, E. S. and Crister, J. K.: Hum. Reprod. 12: 101-106 (1997).
3) Gosden, R. G., Baird, D. T., Wade, J. C. and Webb. R.: Hum. Reprod. 9: 597-603 (1994).
4) Newton, H., Aubard, Y., Rutherford, A., Sharme, V., and Gosden, R.: Hum. Reprod. 11: 1487-1491 (1996).
5) Rall, W. F. and Fahy, G. M.: Nature, 313: 573-575 (1985).

3.2 未成熟卵・成熟卵*

はじめに

大型家畜を含む多くの動物種で実用化レベルにある受精卵（胚）の凍結保存に関する現状とは異なり，未受精卵（卵母細胞）の保存は今日なお研究段階を出ていないように思われる．しかしマウスの未受精卵ではガラス化・加温した後にかなり良好な蘇生成績が報告されており，遺伝資源保存を目的としたマウス卵母細胞の超低温保存技術はほぼ確立されているといえるほどのレベルにある．Nakagata[1]によると，2.53-M ジメチルスルフォキシド，2.36-M アセトアミド，1.19-M プロピレングリコール，5.4％ポリエチレングリコール8000，を凍害保護物質としてＢ６Ｃ３Ｆ１マウスの排卵（成熟）卵子を超急速凍結すれば，融解後に88％の形態正常卵率，体外受精後に78％の２細胞期発生率が得られ，移植した２細胞期胚のうち46％（新鮮対照区は60％）が正常な産子マウスへと発育したという．一方，ウシ卵母細胞については凍結融解卵子に由来した受胚雌の妊娠例や子牛の作出例が体外受精[2,3]や核移植[4]といった技術を通して報告されているが，ウシ卵母細胞の凍結保存に関する研究を精力的に進めてきたOtoiらの報告[3,5,6]でも5％程度の蘇生率（体外受精後の胚盤胞発生率）しか得られておらず，ウシ卵母細胞の超低温保存が実用的な技術になるまでには少し時間がかかるように思われた．そしてウシ卵母細胞のサイズが非常に大きいことに加え，細胞核の成熟段階に依存して異なるタイプの凍結傷害が発生するという問題が，この技術開発の困難さと関係するということもわかってきた．本稿では卵母細胞レベルでの凍結研究の展開を紹介するとともに，現時点で推奨できるウシ未受精卵の超低温保存方法（最近の改変ガラス化法では蘇生率がかなり改善されている）について述べる．なおマウス未受精卵を凍結保存する方法の詳細については上記論文[1]を参照されたい．

卵母細胞の成熟段階と凍結傷害との関係

卵子成熟の最終過程（卵核胞期〜第２減数分裂中期）において，卵母細胞に特異的な，細胞核の

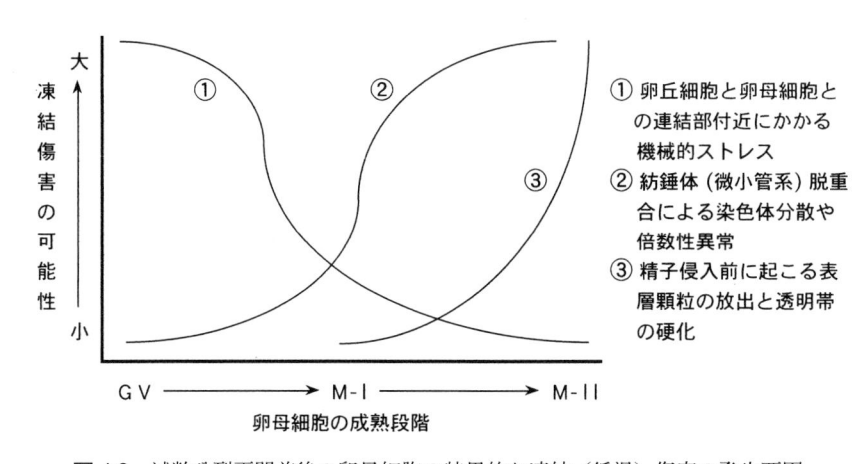

図 4.9 減数分裂再開前後の卵母細胞の特異的な凍結（低温）傷害の発生要因

①卵丘細胞と卵母細胞との連結部付近にかかる機械的ストレス
②紡錘体（微小管系）脱重合による染色体分散や倍数性異常
③精子侵入前に起こる表層顆粒の放出と透明帯の硬化

---

* 保地 眞一

成熟段階によって違ったタイプの凍結傷害が発生する（図4.9）．まず第2減数分裂中期の体外成熟卵子あるいは排卵卵子について見ると，低温感作（凍結）を受けた成熟卵母細胞では紡錘体の微小管系が脱重合しやすく，一時的とはいえ紡錘体の消失が認められる．このような変化は結果的に染色体を分散させてしまったり[7]，受精時に正常に第2極体が放出されずに倍数性異常を起こしたりする[8]．さらに高浸透圧の凍害保護物質溶液による成熟卵母細胞の処理は受精前に表層顆粒の放出を引き起こして透明帯を硬化させ，精子の侵入を妨げて受精率を低下させてしまうという報告もあり[9]，これらのことが成熟卵母細胞が凍結融解行程に感受的な理由として考えられている．

このため卵核胞期の未成熟卵母細胞を凍結保存することが代替的に試みられてきた．ウシでは未成熟卵母細胞をグリセリンの存在下で凍結・融解したときに46％が体外成熟できたと報告されているが，体外受精後に8細胞期以降に発育したものは6％に過ぎず，胚盤胞への発育例はまったく得られていない[10]．このように未成熟卵母細胞の凍結保存は成熟卵母細胞にもまして困難な様子である．卵丘卵母細胞複合体において卵丘細胞と卵母細胞とを連結するギャップ結合は減数分裂が再開されると切断されてくるが，未成熟卵母細胞ではその結合はまだ物理的につながっている．透明帯を跨いだ卵丘細胞と卵母細胞とのこの連結部は浸透圧的収縮によって引きちぎられ，かなり激しく損傷を受けていたことが卵母細胞の透過型電子顕微鏡像において観察されている[11]．

ウシ卵母細胞の凍結研究における新展開

凍結融解したウシ成熟卵母細胞を体外受精すると多精子受精による多倍体や極体放出阻害による3倍体形成が多く見られ[12]，微小管の脱重合に対する影響を最少にするためにも，0℃付近の危険な温度域をすばやく通過できるガラス化保存法が卵母細胞の超低温保存法としては有望であると考えられた．それでも胚盤胞発生率を指標にした卵母細胞の蘇生率はいずれの研究機関においても1桁台という成績が一般的なものであった（新鮮対照区では20〜50％）[2,11,13]．このような状況に新しい可能性を提示したのはゲルフ大学のLeibo博士のチームで，ガラス化保存法において不可変項目と考えられてきた冷却速度に着目した[14]．

常法どおり卵子をガラス化溶液とともに0.25-ml容量のプラスチックストローに充填し，液体窒素中に直接投入した場合は毎分2,000℃，窒素ガス上に静置した場合は毎分2,500℃の冷却速度が得られる．彼らは電顕用マイクログリッド上にウシ成熟卵母細胞を置き，1μl以下のごく微量の保存液とともに，液体窒素中（冷却速度は毎分3,000℃以上）あるいは減圧窒素スラッシュ中（冷却速度は毎分180,000℃）に移した．加温・体外受精後に15％（対照区比で36％）のウシ卵母細胞が胚盤胞へと発生したという．この方法は外径が1mm以上もあるショウジョウバエ受精卵をガラス化保存するために考案されたものである[15]．

この超急速冷却行程を含むガラス化保存法は，従来のプラスチックストローの一端を引き伸ばしたオープンプルドストロー（OPS：ϕ＝940μm）の開発へと展開され，最高25％の胚盤胞発生率（対照区比で52％）が報告されるまでになった[16]．商業的利用を考えたデンマークのメーカーがこのOPSを量産しているが，製品の規格がやや一律性を欠いているためか結果の安定性に欠けるところがある．われわれは基本的にはこの系を利用し，ガラス化行程における冷却速度と加温後のウシ卵母細胞の蘇生率との関係を調べ，先端の外径が1,400μmのガラスキャピラリーを充填

容器にして卵母細胞をガラス化したときに冷却・加温行程の影響をまったく受けないで蘇生してくることを見い出した[17]．このときの冷却速度は毎分3,000℃（加温速度は毎分8,000℃）になるが，これがマイクログリッド上に置いたサンプルを液体窒素中に直接投入したときに得られる速度[14,15]と一致していたというのは興味深い．これとは別に，卵母細胞を含むガラス化保存液を直接液体窒素中に滴下するマイクロドロップレット（MD）法が開発されており[18]，加温したウシ成熟卵母細胞の30％（対照区比で71％）が胚盤胞にまで発生しているという．またこの方法でガラス化保存した成熟卵母細胞は体細胞核移植のレシピエント卵母細胞として有効に利用できるという報告もある[19]．後者のMD法は至って簡単だが，ガラス半球（MD）の液体窒素中での保管や取り扱いについて検討の余地が残されている．

ウシ卵母細胞のガラス化保存法
a）準　備

<u>卵母細胞（COC）</u>：卵胞液の吸引あるいは卵巣表面の細切・洗浄によって採取した卵丘卵母細胞複合体のうち卵丘細胞層が緊密に付着しているものを選び，5％ウシ胎子血清（Equitech-Bio）を添加したヘペス緩衝TCM 199液（GIBCO BRL）の500 μl ドロップに30～50個の卵母細胞を入れ，39.0℃，5％ CO_2，95％空気の湿潤気相下で22～24時間，成熟培養する．そして5～10秒間ボルテックスミキサーにかけるかピペッティングすることにより，膨化した卵丘細胞層の量を3～10層の範囲になるまで減らしておく．

<u>ガラス化保存液（VS）</u>：成熟卵母細胞に使用可能と思われるいくつかのガラス化保存液の組成，ならびに段階添加用培地，段階希釈用培地の組成と処理条件を表4.3に示す．いずれもエチレングリコールを凍害保護物質の主成分とする保存液だが，様々な動物種において桑実胚～胚盤胞のガラス化保存には極めて有能なことが知られているEFS 40液（7.2-M エチレングリコール，18％フィコール-70，0.3-M ショ糖）は卵母細胞には適さない．またマウス胚に対しては優秀な保護効果をもつDAP 213液（2.0-M ジメチルスルフォキシド，1.0-M アセトアミド，3.0-M プロピレング

表4.3　ウシ卵母細胞用ガラス化保存液の組成

ガラス化保存液		EG/S[14,17,18]	EG/DMSO[16]	EG/PVP/T[19]
凍害保護物質	エチレングリコール（＝EG）	30％（5.5-M）	20％（3.6-M）	35％（6.3-M）
	シュクロース（＝S）	1.0-M	…	…
	トレハロース（＝T）	…	…	0.4-M
	DMSO	…	20％（3.0-M）	…
	PVP	…	…	5％
基礎培養液（ヘペス緩衝） 添加血清濃度		M199, SOF, CZB 10～20％	M 199 20％	M 199 20％
段階添加培地 処理時間		8％EG，16％EG 各5分	10％EG＋10％DMSO 30～45秒	4％EG 12～15分
ガラス化液処理時間		30～60秒	～30秒	～60秒
段階希釈培地 処理時間		0.25-M S，0.1-M S 各5分	0.25-M S，0.15-M S 各5分	0.3-M T 3分

リコール）も他の動物種の卵子との相性はよくない．

卵子充填容器：改変OPS法ではガラスパスツールピペット（5 3/4，IK-PAS-5 P：岩城硝子）をガスバーナーの弱火で引き伸ばし，先端の外径が1,000〜1,400μmのキャピラリーを作って乾熱滅菌しておく．またプラスチック製OPSの市販品（未滅菌）はDemtek社から50本単位で購入できる．MD法では特に用意する充填容器はない．液体窒素中での保管容器としては改変OPS法では0.5 ml-プラスチックストローと丸底遠心チューブ（7 ml容量：アシスト）など，MD法では凍結保存チューブ（2 ml容量：アシスト）などが適当と思われる．

その他：たとえ開放系で行うとしても，個々のプラスチック器具やガラス器具は適切な滅菌処理が施されているものを用いる必要があり，ガラス化保存液と直接接触することになる液体窒素についてはろ過滅菌用フィルター（孔径0.2μm：Millex-FG 50, Millipore）を通しておくことが望ましい．

b）操　作

オープンプルドストロー（OPS）法／ガラスキャピラリー変法：（図4.10）

① 卵丘細胞量をある程度均一に揃えた成熟卵母細胞（COC）10個を1単位にし，プラスチックシャーレ（1008，FALCON）内の2 mlの8％エチレングリコール（EG）液に移す．5分後に2 mlの16％EG液へと移し，静かに撹拌してCOCを中央に集め，5分間そのままで静置する．

② 可能な限り少量の16％EG液とともに，COCを2 mlのEG/Sガラス化保存液（VS）に移し，直ちに浮遊しているCOCを，先端外径1,000〜1,400μmのガラスキャピラリーにVSとともに毛細管現象を利用して導入する．このときCOCの吸入はキャピラリー先端から1 cm以内に収まるようにコントロールする（VS液量は5〜10μl）．なお段階添加操作（前処理）ならびにVS処

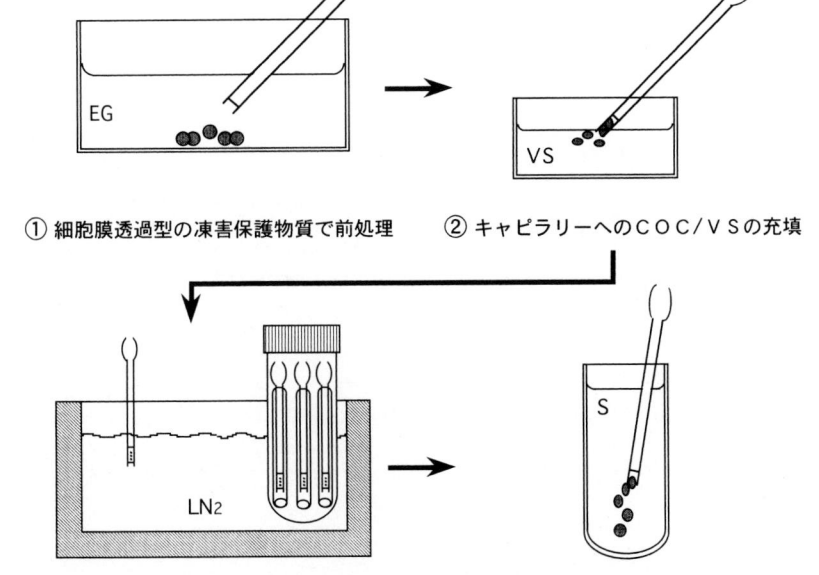

① 細胞膜透過型の凍害保護物質で前処理　　② キャピラリーへのＣＯＣ／ＶＳの充填

③ 超急速冷却（ガラス化）サンプルの保存　　④ ガラス化保存したＣＯＣの加温と回収

図4.10　OPS法（ガラスキャピラリー変法）による卵母細胞のガラス化保存

理はすべて25℃下で行う.

③COCをVSに移した時間を起点にして1分後に，発砲スチロール容器に入れた液体窒素（LN_2）中にキャピラリーの先端から素早く浸漬してガラス化させる．窒素の沸騰（一瞬）が終わったら適当な長さに切断しておいた0.5 mlストロー内に入れ，丸底遠心チューブに立てて保管する.

④ガラスキャピラリーの後端部を指で塞いだままキャピラリーの先端から2 mlの0.25-Mショ糖（S）液（30℃，11×40 mmのサンプリングチューブ：SARSTEDTを使用）に浸けて加温する．するとCOCがチューブ底へと落下していくので，そのチューブ内の内容物すべてをシャーレに回収する．COCは5分後に0.25-Mショ糖液から0.1-Mショ糖液（2 ml）へと移し，さらに5分後に体外成熟培地（5％ウシ胎子血清加TCM 199）に移して同液で3回以上洗浄する.

マイクロドロップレット（MD）法：（図4.11）

①5〜10個のCOCを1単位とし，プラスチックシャーレに入れた2 mlの4％EG液の中に移す．この前処理液の温度は39℃とし，静かに撹拌後，12〜15分間そのままで保持する.

②COCをごく少量の4％EG液とともに2 mlのEG/PVP/Tガラス化保存液（VS）中に移す（VSの温度は25℃とする）．そして1分以内に，10〜20 μl用マイクロピペットに装着したピペットチップ（B-300 L，BIO-BIK）に浮遊しているCOCを1〜2 μlのVSとともに吸い上げる.

③まずアルミホイル（AL）を巻き付けた金属平板（塊）をLN_2中に沈めておく．LN_2の液面から少し出ているAL表面のガス層温度はおよそ−150℃になっており，ここにピペットチップ中のCOC/VSを反動をつけて振り落とすようにして滴下する．ガラス化したMDは凍結保存チューブに入れて保管する.

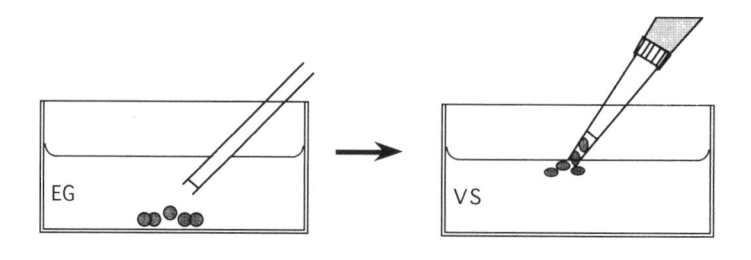

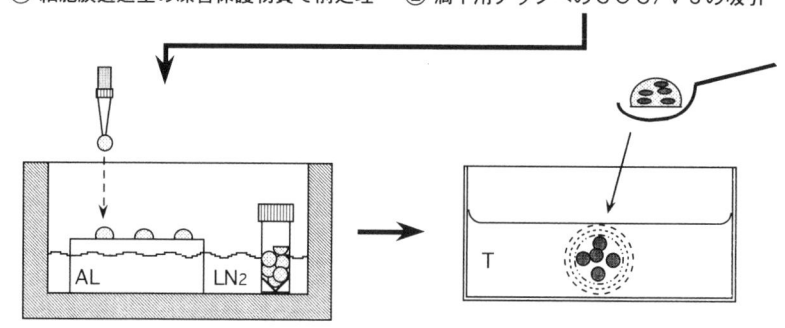

図4.11 マイクロドロップレット法による卵母細胞のガラス化保存

④ MD 1 個を取り出し，シャーレ内で 39 ℃ に保温しておいた 0.3-M トレハロース（T）液，2 ml の中に直接落とすことによって加温させる．回収した COC は 3 分後には体外成熟培地へと移し，同液で 3 回以上洗浄する．

通常の OPS 法（プラスチックストロー法）の場合，安定した結果を得るためにはガラス化保存液の液量（1 μl 以下）に注意を払う必要があるかもしれない．なお改変 OPS 法，MD 法のいずれも未成熟な卵母細胞にも適用可能だが，その保存効率（蘇生率）はかなり下がるものと覚悟しなければならない．

c) 具体的例

成熟培養 22 時間目のウシ卵丘卵母細胞複合体を 25 ℃ 下で，8 ％ エチレングリコールに 5 分間，16 ％ エチレングリコール液に 5 分間，前処理した．そして 10 μl のガラス化保存液（EG/S）に移し，全量を外径 1,400 μm のガラスキャピラリーの中へ吸い上げ，1 分後にこのキャピラリーを液体窒素中に投入した．0.25-M シュクロース液にキャピラリーを先端から浸けて加温し，回収した卵母細胞を 0.1-M シュクロース液を経て BO 液で 3 回洗浄してからただちに体外受精に供した．媒精 20 時間目に評価した形態正常卵率は 86 ％，精子侵入卵率は 79 ％，正常受精率は 69 ％ であった．このとき，冷却・加温行程を省いたガラス化保存液曝露対照区の形態正常卵率，精子侵入卵率，正常受精率はそれぞれ，91，77，70 ％ であった．

おわりに

マウス未受精卵の結果がうまく反映されなかったウシ未受精卵の超低温保存に係わる研究領域において，従来よりも速い冷却速度でガラス化させることで卵母細胞の蘇生率が改善できるという報告[14]は形を変えて追試されてきた[16〜19]．現在この超急速冷却ガラス化法は OPS 法あるいは MD 法として認知されるのを待っている段階にある．これらの結果の再現性が確認されるのであればマウスだけでなくウシにおいても成熟卵母細胞の超低温保存については一応のレベルに達したものと考えてもよいが，その技術の実用化に向けては多くの技術者が容易に行うことができる「普遍性」をさらに備える必要がある．今後は卵核胞期すなわち未成熟な卵母細胞を保存する技術の開発に一層の力が注がれるだろうし，核移植によってクローン動物を効率的に作出する際の除核未受精卵の保存技術もますます重要になってくるものと思われる．

参考文献

1) Nakagata, N.: High survival rate of unfertilized mouse oocytes after vitrification. J. Reprod. Fertil., 87: 479–483 (1989).

2) Hamano, S., Koikeda, A., Kuwayama, M. and Nagai, T.: Full-term development of in-vitro matured, vitrified and fertilized bovine oocytes. Theriogenology, 38: 1085–1090 (1992).

3) Otoi, T., Yamamoto, K., Koyama, N. and Suzuki, T.: In vitro fertilization and development of immature and mature bovine oocytes cryopreserved by ethylene glycol with sucrose. Cryobiology, 32: 455–460 (1995).

4) Kubota, C., Yang, X., Dinnyés, A., Todoroki, J., Yamakuchi, H., Mizoshita, K., Inohae, S. and Tabara,

N.: In vitro and in vivo survival of frozen-thawed bovine oocytes after IVF, nuclear transfer, and parthenogenetic activation. Mol. Reprod. Dev., 51: 281-286 (1998).

5) Otoi, T., Tachikawa, S., Kondo, S., Takagi, M. and Suzuki, T.: Developmental competence of bovine oocytes frozen at different cooling rates. Cryobiology, 31: 344-348 (1994).

6) Otoi, T., Yamamoto, K., Koyama, N., Tachikawa, S., Mutakami, M., Kikkawa, Y. and Suzuki, T.: Cryopreservation of mature bovine oocytes following centrifugation treatment. Cryobiology, 34: 36-41 (1997).

7) Aman, R. R. and Parks, J. E.: Effects of cooling and rewarming on the meiotic spindle and chromosomes of in vitro-matured bovine oocytes. Biol. Reprod., 50: 103-110 (1994).

8) Carroll, J., Warnes, G. M. and Matthews, C. D.: Increase in digyny explains polyploidy after in-vitro fertilization of frozen-thawed mouse oocyte. J. Reprod. Fertil., 85: 489-494 (1989).

9) Carroll, J., Depypere, H. and Matthews, C.: Freeze-thaw induced changes in the zona pellucida explains decreased rates of fertilization in frozen-thawed mouse oocyte. J. Reprod. Fertil., 90: 547-553 (1990).

10) Lim, J. M., Fukui, Y. and Ono, H.: Developmental competence of bovine oocytes frozen at various maturation stages followed by in vitro maturation and fertilization. Theriogenology, 37: 351-361 (1992).

11) Fuku, E., Xia, L. and Downey, B. R.: Ultrastructural changes in bovine oocytes cryopreserved by vitrification. Cryobiology, 32: 139-156 (1995).

12) Hochi, S., Kanamori, A., Kimura, K. and Hanada, A.: In vitro fertilizing ability of bovine oocytes frozen-thawed at immature, maturing, and mature stages. J. Mamm. Ova Res., 14: 61-65 (1997).

13) Hochi, S., Ito, K., Hirabayashi, M., Ueda, M., Kimura, K. and Hanada, A.: Effect of nuclear stages during IVM on the survival of vitrified-warmed bovine oocytes. Theriogenology, 49: 787-796 (1998).

14) Martino, A., Songsasen, N. and Leibo, S. P.: Development into blastocysts of bovine oocytes cryopreserved by ultra-rapid cooling. Biol. Reprod., 54: 1059-1069 (1996).

15) Mazur, P., Cole, K. W., Hall, W. H., Schreuders, P. D. and Mahowald, A. P.: Cryobiological preservation of Drosophila embryos. Science, 258: 1932-1935 (1992).

16) Vajta, G., Holm, P., Kuwayama, M., Booth, P. J., Jacobsen, H., Greve, T. and Callesen, H.: Open pulled straw (OPS) vitrification: a new way to reduce cryoinjuries of bovine ova and embryos. Mol. Reprod. Dev., 51: 53-58 (1998).

17) Hochi, S., Akiyama, M., Kimura, K. and Hanada, A.: Vitrification of in vitro-matured bovine oocytes in open-pulled glass capillaries of different diameters. Theriogenology, 53: 255 (2000).

18) Papis, K., Shimizu, M. and Izaike, Y.: The effect of gentle pre-equilibration on survival and development rates of bovine in vitro matured oocytes vitrified in droplets. Theriogenology, 51: 173 (1999).

19) Dinnyés, A., Dai, Y., Jiang, S. and Yang, X.: Somatic cell nuclear transfer with vitrified recipient oocytes in cattle. Theriogenology, 53: 215 (2000).

3.3 ヒト未受精卵のガラス化保存法[*]

はじめに

　過冷却に耐えうる細胞は基本的に凍結保存が可能であり，細胞内への凍結保護物質の添加と緩慢冷却による細胞内脱水により細胞内凍結を防止する手法（緩慢凍結法）によって，様々な生物試料の凍結保存が可能となっている．しかしながら低温感受性の高い受精前の卵子や特定の動物種の胚では，緩慢な冷却時の冷温障害等により凍結保存が困難である．

　これらの卵子/胚の凍結方法として，近年様々な哺乳類胚でその有効性が示されているガラス化保存法[1〜4]が応用され，すでに融解後の高い生存性が報告されている[5〜9]．

　ガラス化保存法とは，高濃度の凍結保護物質を添加した溶液によって細胞を十分に脱水濃縮後，液体窒素への直接注入による急速な冷却により，細胞内外を非結晶化（アモルファス状態）して凍結保存する手法である．

　この手法は細胞への冷温障害を回避できるだけでなく，保存中溶液内に有害な氷晶が発生しないために，より高い凍結保存後の生存性が期待されている．また従来法に比較して処理が極めて簡易で，プログラムフリーザーなど特別な機器も必要としないため，実用的観点から臨床応用に有効な手法であると考えられる．

　本稿では，われわれの研究室で行っているヒト未受精卵のガラス化保存法について紹介する．

ガラス化保存の原理と臨床応用のポイント

　高濃度に凍結保護物質が添加された水溶液中では氷晶形成速度が著しく抑制されるため，急速冷却法を用いて氷晶成長促進温度域を短時間に通過することによって，容易にガラス化形成が可能である．

　ガラス化保存の成功の為には，卵細胞質内への膜透過性凍結保護物質の速やかな浸透，細胞質の十分な脱水，急速な冷却と加温（融解），凍結保護物質の緩慢な希釈除去が必須である．すなわち保存後の高い生存性を得るためには，これらの条件を完全に満たすために作成された一連のガラス化保存プロトコールを厳守して作業を行うことが極めて重要である．しかしながら，凍結保存の対象となる卵子は，たとえ同種，同ステージの卵子であっても，その活力（処理に対する反応速度）や大きさは卵子毎に異なるので，より高い生存率を得るためには，個々の卵子の最適条件を満たすよう，平衡時間など，その都度プロトコールの部分的な修正を各自で行う必要性がある．

実験方法

a）準　備
1）各溶液の調製

　卵子のガラス化保存には，(1)平衡液，(2)ガラス化液，(3)融解液，(4)希釈液，(5)洗浄液の各溶液を用いる．

---

[*] 桑山　正成・加藤　修

(1) 平衡液（10 % Ethylene glycol；EG, 20 % Serum substitute supplement；SSS, Irvine 添加 m-199）の調製

修正 TCM 199；m-199（10.5 mM Hepes, 9.5 mM Na Hepes, 5 mM $NaHCO_3$ 添加 TCM 199）

1. 50 m*l* 滅菌チューブへ 10 m*l* SSS, 50 μ*l* 抗生物質ストック（50 mg/m*l* Gentamicin Sulfate in m-199；GS）, 5 m*l* EG の順に加え撹拌後, さらに 35 m*l* m-199 を添加して十分に撹拌する.
2. 連結させた 0.2 および 0.45 μm 径の滅菌フィルターユニットによりろ過滅菌する.
3. 撹拌後, 5 m*l* 容量の滅菌コニカルチューブに 4.5 m*l* ずつ分注.
4. 溶液名, 調製月日, 調製者名をラベルする.
5. 冷蔵（4 ℃）保存（使用期限 4 週間）

(2) ガラス化液（30 % EG, 0.5 M Sucrose：S, 20 % SSS 添加 m-199）の調製

1. 50 m*l* メスシリンダーへ 8.56 g S, 10 m*l* SSS, 50 μ*l* GS, 15 m*l* EG および適量の m-199 を添加してスターラーにより撹拌する.
2. S の完全溶解後, m-199 の添加により 50 m*l* へメスアップし, さらに撹拌する.
3. 大型滅菌フィルター 0.2 μm 径を用いてろ過滅菌する.
4. 上記に準じて分注, 保存する.

(3) 融解液（1 M S および 20 % SSS 添加 m-199）の調製

1. 50 m*l* メスシリンダーへ 17.115 g S, 10 m*l* SSS, 50 μ*l* GS および適量の m-199 を添加してスターラーにより撹拌する.
2. S の完全溶解後, m-199 の添加により 50 m*l* へメスアップし, さらに撹拌する.
3. 大型滅菌フィルター径 0.2 μm を用いてろ過滅菌する.
4. 上記に準じて分注, 保存する.

(4) 希釈液（0.5 M S および 20 % SSS 添加 m-199）の調製

1. 融解液の手法に準じて半分量（8.56 g）の S を溶解する. あるいは融解液（3）と洗浄液（5）を 1：1 に等量混合して随時必要量を調製する.

(5) 洗浄液（20 % SSS 添加 m-199）の調製

1. 50 m*l* 滅菌チューブへ 10 m*l* SSS, 50 μ*l* GS および 40 m*l* m-199 の順に加え十分に撹拌する.
2. 連結させた 0.2 および 0.45 μm 径の滅菌フィルターユニットによりろ過滅菌する.
3. 上記に準じて分注, 保存する.

2）その他の準備

(1) 凍結ストロー

　滅菌済み 0.25 m*l* プラスチックストロー（IMV）

(2) 冷却用容器

　発泡スチロール製容器, コンパクトで深さ 8〜9 cm のものが適当

(3) タイマー

　秒単位の計測が容易なもの

(4) 滅菌ディッシュ

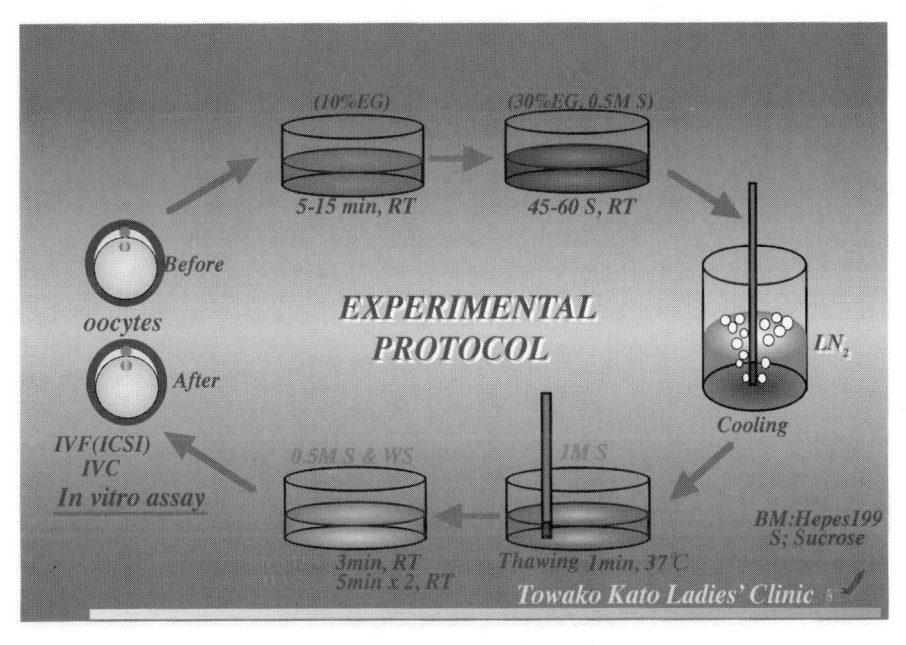

図 4.12　Experimental protocol

  35 mm プラスチックディッシュ（Falcon 1008 など）
(5) 実体顕微鏡

b) 方　法

ガラス化保存は，1) 凍結保護物質の細胞内平衡，2) 凍結保護物質の細胞内濃縮，3) 急速冷却，保存，4) 急速融解 および 5) 凍結保護物質の希釈除去，の各ステップからなる（図 4.12）．

1) 凍結保護物質の細胞内平衡，濃縮と冷却保存
(1) 卵子の培養ディッシュを培養器から取り出し，クリーンベンチ内に 5 分間静置する（温度平衡）．
(2) チューブに保存された平衡液 4.5 ml を室温に加温後，35 mm ディッシュへあけ，前培地の持ち込みを最小限にするよう留意しながら卵子を導入する．繊細な卵子の操作が要求されるため，マウスピースを用いたピペッティング操作が望ましい．卵子を放置し，形態学的に完全な回復を待つ．所要時間（5〜15 分間）は個々の卵子の活力等により異なる．
(3) 平衡が完了した卵子を同様の方法で，ディッシュ内に準備したガラス化液の表面に置く．
(4) 5 秒間の放置後，パスツールピペットにより卵子をガラス化液中へ投入する．細胞外溶液を完全に置換するため，浮上してきた卵子を再び溶液中へ投入する．
(5) ガラス化液への置換が完了した卵子を，最小限のガラス化液とともにピックアップし，ストロー先端の内壁へ貼り付ける．
(6) 直ちに，ストロー先端部を滅菌した液体窒素中へ投入して急速冷却，保存する．(3)〜(6) の所要時間は合計 45〜60 秒間となるようにする．
* 長期保存には短く加工した凍結ストローを 0.5 ml ストローあるいはクライオチューブ内に密

2）ガラス化保存卵子の融解と凍結保護物質の希釈除去
（1）ストローを液体窒素から取り出し，35 mm ディッシュ中 37 ℃ の融解液中へ浸漬することにより急速融解する．
（2）卵子を 35 mm ディッシュ中の希釈液（室温）の底面へ移し，5 分間静置する（凍結保護物質の希釈除去）．
（3）卵子を 35 mm ディッシュ中の洗浄液（室温）の底面へ移し，5 分間静置する（洗浄 1）．
（4）卵子を 35 mm ディッシュ中の洗浄液（37 ℃）の表面へ移し，5 分間静置する（洗浄 2）．
（5）体外成熟培地（10 % HS 添加 TCM 199）を用い，37 ℃ の炭酸ガス培養器（5 % CO_2 in Air）内で 2〜4 時間の回復培養後，顕微授精を行う．

おわりに

未受精卵は，胚や他の体細胞に比べて細胞体積が極度に大きいばかりでなく，球形であるため，単位体積あたりの表面積が最小となり，浸透圧変化による物理的影響を最も受けやすい．また受精前の卵子は受精卵と比べて原形質膜透過性が低いため，脱水および復水による細胞内の障害が発生しやすい．さらに，不妊治療の分野において凍結対象となる成熟卵子では核が分裂中期にあるため，細胞構造的に微小管などが物理的な損傷を受けやすいとされている．そのため，他の細胞や胚で使われているガラス化保存法をそのまま用いても融解後の高い生存率は期待できない．

しかしながらこのようにデリケートなヒト未受精卵においても，本稿で示した手法に従い，低濃度のガラス化液を用いて超急速に冷却，融解する最少容量冷却法[10]等を応用することにより，すでに融解後の高い生存率[11]や，移植後の妊娠[12]あるいは出産例[13]も得られ，臨床応用への道が開かれてきた．この技術によって，放射線および化学療法による医源性不妊の回避，すなわちあらかじめ卵子を凍結保存しておき，治療後に融解，IVF/ET を行うことにより妊孕性を維持することが可能である．また将来的には，職業的理由や晩婚により高齢となった女性が挙児を希望する場合，若年のうちに自己の卵子を保存しておく，いわゆるセルフ卵子バンクにより卵子の老化による不妊を回避できる．さらに本技術は，ドネーションを目的とした卵子バンクの確立を技術的に可能とする．

今後はさらに体外成熟卵など活力の低い卵子，あるいは高齢患者由来の老化卵子など，耐凍性の極めて低い卵子の凍結保存のために，さらなる技術開発が必要である．

参考文献

1) Rall, W. F. and Fahy, G. M.: Ice-free cryopreservation of mouse embryos by vitrification. Nature, 313: 573–575 (1985).

2) Massip, A., Van. Der. Zwalmen, P., Scheffen, B. and Ectors, F.: Pregnancies following transfer of cattle embryos preserved by vitrification. Cryo-Letters, 7: 270–273 (1986).

3) Kasai, M., Komi, J. H., Takakamo, A. Tsudera, H., Salurai, T. and Machida, T.: A simple method for mouse embryo cryopreservation in a low toxicity vitrification solution, without appreciable loss of

viavility. J. Reprod. Fert. 89: 91-97 (1990).
4) Kuwayama, M., Hamano, S. and Nagai, T.: Vitrification of bovine blastocysts obtained by in vitro culture of oocytes matured and fertilized in vitro. J. Reprod. Fert. 96: 187-193 (1992).
5) Martino, A., Songsasen, N. and Leibo, S. P.: Development into blastocysts of bovine oocytes cryopreserved by ultrarapid cooling. Biol. Reprod. 54: 1059-1069 (1996).
6) Kuchenmeister, U. and Kuwayama, M.: Successful vitrification of GV stage boivne oocytes by in-straw dilution method. Theriogenology: 47:169 (1997).
7) Kuwayama, M., Holm, P., Jacobsen, H., Greve, T. and Callesen, H.: Successful cryopreservation of porcine embryos by vitrification. Veterinary Record. 141: 365 (1997).
8) Vajta, G., Kuwayama, M., Holm, P., Booth, P. J., Jacobson, H., Greve, T. and Callesen, H.: Open plled straw vitrification:a new way to reduce cryoinjuries of bovine ova and embryos. Mol. Reprod. Dev. 51: 33-58 (1998).
9) Nagashima. H., Cameron, R., Kuwayama, M., Young, M., Blackshaw, A. and Nottle, M. B.: Survival of porcine delipated oocytes and embryos after cryopreservation by freezing or vitrifacation. J. R. D. 45: 167-176 (1999).
10) Hamawaki, A., Kuwayama, M. and Hamano, S.: Minimum volume cooling method for bovine blastocyst vitrification. Theriogenology 51: 165 (1999).
11) 桑山正成・加藤 修：ヒト未受精卵子のガラス化保存，第45回日本不妊学会大会講演要旨 p.161 (1999).
12) 桑山正成(未公表データ), (1999).
13) Kuleshova, L., Gianaroli, L., Magli, C., Ferraretti, A. and Trounson, A.: Birth following vitrification of a small number of human oocytes. Human. Reprod. 14: 3077-3079 (1999).

3.4 受精卵・胚

(a-1) マウス[*]

はじめに

近年，トランスジェニック（Tg）やノックアウト（KO）マウスのみならず，変異誘発化学物質であるエチレンニトロソウレア（ENU）あるいはジーントラップ法による遺伝子改変マウスが爆発的な勢いで作出されている．今後，これらマウスをより有効活用するためには，飼育による個体の保存ではなく，胚（受精卵）や配偶子の凍結保存を行ない，それらを研究者の依頼に応じ供給することが必要となっている．このような状況を鑑み，世界の数カ所でマウスの胚/精子バンクが設立されている．すなわち，アメリカのJackson研究所，ヨーロッパの European mouse mutant archive （EMMA）およびドイツのGSFなどでは，すでに多数の系統のマウス胚の凍結保存を行っている．わが国においても，このような胚バンクの設立は急務を要し，かつ重要な課題であることが認識

---

[*] 中潟 直己

され，文部省により筆者らの熊本大学動物資源開発研究センターが設置整備された．一方，これら動物の増加と相まって，多くの遺伝子改変マウスの授受が国内外で行われる機会がますます増え，輸送の簡便性やコストあるいは病原微生物による感染事故の問題などの観点から，凍結胚で輸送されるケースが多くなっている．したがって，胚の凍結保存技術はさらに重要性を増し，遺伝子改変マウスを取り扱う施設においては，必須のアイテムになりつつある．本稿では当センターでルーチンワークとして行っている簡易ガラス化保存について紹介する[1]．

凍結保存の原理

胚は通常の培養細胞や赤血球に比べ，かなり大きな細胞であることから，一定の表面積あたりに対する体積の割合が大きく，急速に凍結すると，完全に細胞内の自由水が脱水されないまま凍結されてしまい，細胞内に残った自由水が氷晶を形成して細胞に損傷を与え，胚が死滅してしまうため，従来の胚の凍結保存においては，0.3～0.5℃/分という極めて緩慢な速度で長時間かけて冷却する方法が取られていた[2]．そこで，1985年，Rallらはガラス化法というユニークな発想の下に，究極的に簡素化された保存法を開発した[3]．すなわち，噴火により地核の溶けたマグマが地上に噴出して，急激に冷却されると，その中のケイ酸塩は凝固点を一瞬の内に通過してしまうため，規則正しい分子構造を取ることができず，無構造のまま固化してしまう，いわゆるガラス化が起こる．彼らはこの原理を応用し，高濃度の保存液に胚を入れ，細胞内外をガラス化させて氷晶を形成させることなく，胚を低温保存する方法を開発した．現在では，この方法は多くの研究者により改良され，種々の簡易なガラス化法が開発されている[4～7]．

実験法

a）準　備

1．器具・機器

炭酸ガスインキュベーター，実体顕微鏡，倒立顕微鏡，ブロッククーラー，アンプル熔閉器，冷蔵庫，マイクロピペット，ディスポーザブル器具類（シャーレ，クライオチューブ，ガラスアンプ

表4.4　HTF培地の組成

試　薬	(mg/100 ml 蒸留水)
NaCl	593.8
KCl	35.0
MgSO$_4$・7H$_2$O	4.9
KH$_2$PO$_4$	5.4
CaCl$_2$	57.0
NaHCO$_3$	210.0
Glucose	50.0
乳酸ナトリウム（60% シロップ）	0.34 ml
ピルビン酸ナトリウム	3.7
ペニシリンG	7.5
硫酸ストレプトマイシン	5.0
ウシ血清アルブミン	400.0
フェノールレッド（0.5%）	0.04 ml

表4.5　PB1の組成

試　薬	(mg/100 ml 蒸留水)
NaCl	800.0
KCl	20.0
CaCl$_2$	12.0
KH$_2$PO$_4$	20.0
MgCl$_2$・6H$_2$O	10.0
Na$_2$HPO$_4$	115.0
Glucose	100.0
ピルビン酸ナトリウム	3.6
ペニシリンG	7.5
硫酸ストレプトマイシン	5.0
ウシ血清アルブミン	300.0

3. 卵子の凍結保存法

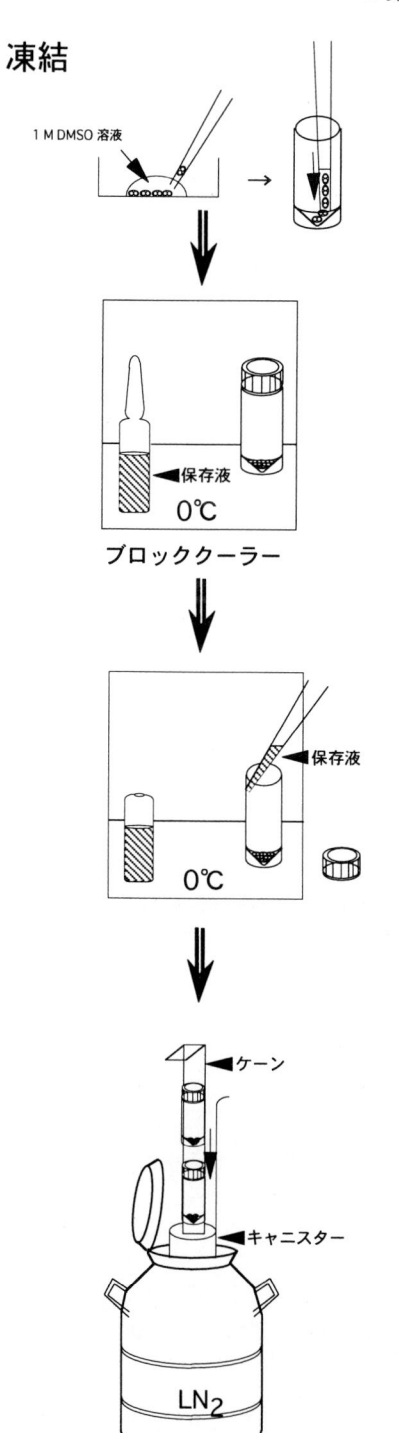

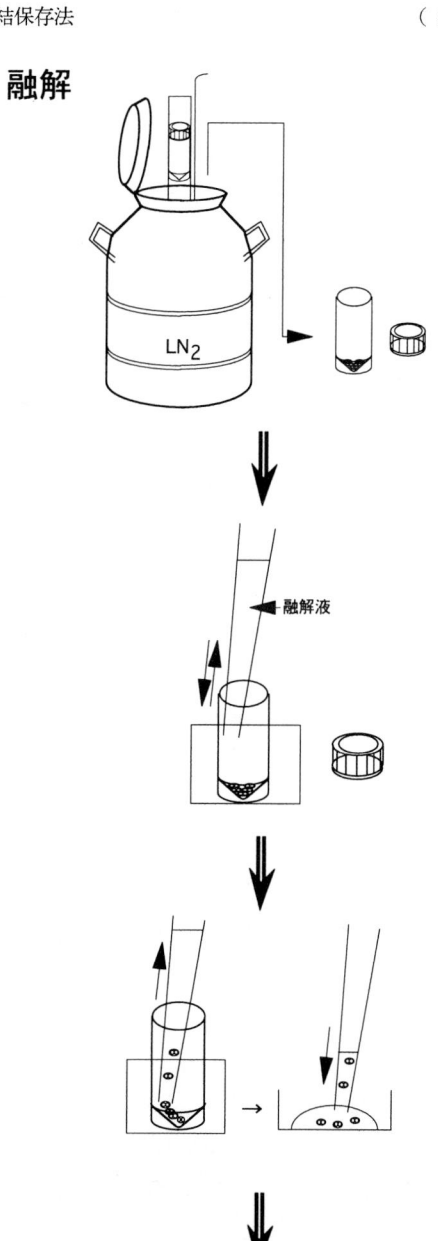

凍結

- 1 M DMSO 溶液
- 保存液
- 0℃
- ブロッククーラー
- 保存液
- 0℃
- ケーン
- キャニスター
- LN₂

融解

- LN₂
- 融解液

図 4.13

ル等），ろ過滅菌用フィルター

2．薬　品

表4.4 および4.5 に示す培地の作製に必要な試薬，流動パラフィン，ジメチルスルフォキシド（DMSO），アセトアミド，プロピレングリコール，シュークロース，細胞培養用超純水

b）方　法

用いる培地の組成を表4.4 および4.5 に，操作の概略を図4.13 に示す．

1．HTF培地
1. 表4.4 に従って，各試薬を秤量し，順次，細胞培養用蒸留水に溶解する．
2. ろ過滅菌してアンプルに5 ml ずつ分注し，冷蔵庫（4℃で）保存する（約半年保存可能）．

2．PB1培地
1. 表4.5 に従って，各試薬を秤量し，順次，細胞培養用蒸留水に溶解する．
2. ろ過滅菌して冷蔵庫保存する（2週間保存可能）．

3．1MDMSO溶液
1. 50 ml の PB1 に 7.8 ml の DMSO を静かに添加し，PB1 で 100 ml に fill up する．
   * 白濁する場合があるので，注意する．
2. よく混和し，ろ過滅菌してアンプルに1 ml ずつ分注後，冷蔵庫保存する（2～3 カ月保存可能）．
   * アンプルに1 MDMSO溶液を分注後，窒素ガスを充填して熔閉する．

4．凍結保存液（DAP213）
1. アセトアミドを5.91 g 秤量し，PB1 で 50 ml に fill up 後，完全に溶解し，ろ過滅菌する．
2. DMSO 15.63 ml，プロピレングリコール 22.83 ml を取り，PB1 で 50 ml に fill up 後，よく混和し，ろ過滅菌する．
3. 1 と 2 を等量混合する．
4. アンプルに1 ml ずつ分注後，冷蔵庫保存する（約半年保存可能）．

5．融解液（0.25Mシュークロース溶液）
1. シュークロース 8.56 g を秤量し，PB1 で 100 ml に fill up 後，完全に溶解する．
2. ろ過滅菌してアンプルに2 ml ずつ分注し，冷蔵庫保存する（約半年保存可能）．

操　作

冷却（凍結）
1. 35 mm シャーレ内に1 MDMSO溶液のドロップ（約50 μl）を作製する．
   * ［凍結するチューブの本数＋1］個のドロップを作製する．例えば，凍結するチューブの本数が3本であれば，4個のドロップを作製する．
2. 実体顕微鏡下で，凍結する胚を1つの1 MDMSO のドロップに静かに移す．
3. 胚がシャーレの底に沈んだら，残りのドロップに均等に分けて移す．
4. マイクロピペットを用いて，5 μl の1 MDMSO とともに胚をクライオチューブ（366656, NUNC）に移し，0℃のブロッククーラー（CHT-100, IWAKI）あるいはラブトップクーラー（5115-0012, ナルゲン）にチューブをセットする．

5. 5分後，あらかじめ0℃に冷却しておいた保存液（DAP 213）45 μl をクライオチューブの内壁を伝わらせて，静かに添加する．
6. さらに，5分後，チューブをケーンに装着し，直ちに液体窒素中に浸漬する．
   ＊1 MDMSO溶液および保存液内での胚の平衡時間が多少延びても，融解後の胚の生存性には影響しない．したがって，数本のチューブを1度に凍結保存する場合は，最後のチューブを0℃に移してから5分後に保存液を添加する．また，チューブを液体窒素中に浸漬する場合も，最後のチューブに保存液を添加してから5分後に行なう．

加温（融解）

1. 凍結チューブを液体窒素から取り出し，フタを開け，チューブを逆さにして液体窒素を除去した後，室温で20～30秒放置する．
2. 37℃に加温した0.9 ml の融解液（0.25 Mシュークロース溶液）をマイクロピペットでチューブ内に添加して，完全に保存液が溶けるまでピペッティングする（約10回程度）．
   ＊この操作は，胚の生存性を左右するきわめて重要なポイントであり，素早く行うのがコツである．
3. チューブの内溶液をシャーレに移し，実体顕微鏡下で胚を回収する．
4. 回収した胚をあらかじめ作製しておいたHTF培地のドロップ（35 mmのシャーレに約100 μl のHTF培地のドロップを3個分注し，その表面を流動パラフィンで覆い，使用前2～3時間インキュベーター内でガス平衡しておいたもの）に静かに移し，静置する．
5. 10分後，シャーレ内の残りのドロップを用いて胚を2回洗浄する．
6. 倒立顕微鏡で，胚を観察する．

おわりに

現在，各大学および研究所の動物実験施設においてはその収容能力をはるかに超えた遺伝子改変マウスであふれており，すでにパンク状態の実験施設も多く，大きな問題となっている．さらに，その傾向は年々加速しており，これら系統を個体で維持するのはもはや不可能であることから，胚や配偶子の凍結保存以外にその打開策はないであろう．

今後，マウス胚の凍結保存技術がより多くの研究室に普及し，より効率的な遺伝子改変マウスの保存および供給の一助となれば，幸いである．

参考文献

1) Nakao, K., Nakagata, N., et al.: Simple and efficient procedure for eryopreservation of mouse embryos by simple vitrification. Exp. Anim., 46: 231-234 (1997).
2) Whittingham, D. J., Leibo, S. P., et al.: Survival of mouse embryos frozen to -196℃ and -269℃. Science, 178: 411-414 (1972).
3) Rall, W. F. and Fahy, G. M.: Ice-free cryopreservation of mouse embryos at -196℃ by vitrification. Nature, 313: 573-575 (1985).
4) Scheffen, B., Zwalmen, P. V. D., et al.: A simple and efficient procedure for preservation of mouse

embryos by vitrification. Cryo-letters, 7: 260–269 (1986).
5) Trounson, A., Peura, A., et al.: Ultrarapid freezing: a new low-cost and effective method of embryo cryopreservation. Fertil. Steril., 48: 843–850 (1987).
6) Nakagata, N.: High survival rate of unfertilized mouse oocytes after vitrification. J. Reprod. Fert., 87: 479–483 (1989).
7) Kasai, M., Komi, J. H., et al.: A simple method for mouse embryo cryopreservation in a low toxicity vitrification solution, without appreciable loss of viability. J. Reprod. Fert., 89: 91–97 (1990).

(a-2) マウス[*]

はじめに

　マウスでは，異なるゲノムをもつコロニーが多数作製されており，受精卵の凍結は，これらのコロニーを保存する有効な手段となる．さらに，突然変異，人為的ミス等による遺伝的変異や，感染によるコロニーの消失を防ぐ面からも，受精卵の凍結保存は有効である．細胞を長期間保存するためには，少なくとも−130℃以下の低温が必要であり，液体窒素（−196℃）が用いられる．マウス受精卵は，−196℃まで冷却し，室温の生理的溶液に回収するまでの過程において，耐凍剤毒性，細胞外氷晶，細胞内氷晶，フラクチャー，浸透圧的膨張，浸透圧的収縮などによる傷害を受ける可能性がある[1,2]．特に卵子は，細胞質が大きいために細胞内氷晶が生じやすく，これを防ぐことが重要なポイントとなる．

緩慢法とガラス化法

　受精卵の凍結方法には，大きく分けて，緩慢法とガラス化法がある[2]．緩慢法では，細胞内の氷晶形成を防ぐために，緩慢な冷却によって細胞の脱水・濃縮を促すが，傷害を完全に防ぐことは難しい．これに対してガラス化法では，耐凍剤濃度を高めてすべての氷晶形成を抑制するために，耐凍剤の毒性に注意して処理すれば，簡便な操作で高い生存性を得ることができる．耐凍剤には，毒性が低く細胞へ透過しやすいエチレングリコール（EG）が適している．さらに，細胞に透過しない高分子物質や糖類を添加することで，溶液のガラス化を促すことができる．糖類はまた，細胞の収縮を促して耐凍剤毒性と浸透圧的膨張の緩和に効果がある．ガラス化法には種々の手法が報告されているが[3]，本稿では，EG, Ficoll, Sucrose を含む低毒性ガラス化溶液（EFS液）[4]によるマウス胚の凍結保存法を紹介する．

実験法

EFS液の作製
a) 準　備

修正PBS（BSAを除いたPB1液[5]．代わりに他の等張液を用いてもよい），エチレングリコー

---

[*] 葛西　孫三郎

ル (EG), Ficoll 70 (Ficoll 400 は適しない), Sucrose, BSA, 200 ml 三角フラスコ, 1 ml シリンジ, 18 G 注射針, 10 ml 密栓つきチューブ, 10 ml シリンジ, ろ過滅菌器 (0.45 μm)

b) 作製方法

1. 200 ml 三角フラスコに PB 1 液を 35.1 ml 入れる.
2. Ficoll を 15.0 g を加え, 放置して溶解させる (溶けない部分はフラスコを傾けて液に浸し, 完全に溶かす).
3. Sucrose を 8.56 g 加えて撹拌し, 完全に溶かす (50 ml となる).
4. BSA を 105 mg 加えて溶解させたあと, 泡立てないように混合する (この溶液を FS 液 (30 % Ficoll + 0.5 M Sucrose 添加 PB 1 液) とする).
5. 18 G 注射針を付けた 1 ml シリンジ 2 本を用いて, EG と FS 液を, 容積比が 2 : 3 (4 ml + 6 ml) となるよう 10 ml フタつきチューブに入れる (EFS 40 (40 % v/v EG + 18 % w/v Ficoll + 0.3 M Sucrose 添加 PB1 液)). 同様にして, EG と FS 液の容積比が 1 : 4 (2 ml + 8 ml) の溶液を作製する (EFS 20 (20 % v/v EG + 24 % w/v Ficoll + 0.4 M Sucrose 添加 PB1 液)).
   * 2〜4 細胞期胚には EFS 20 と EFS 40 を, 8 細胞期胚〜桑実胚には EFS 40 のみを用いる.
6. 10 ml チューブを繰り返し緩やかに反転させて両液を完全に混合させる.
7. EFS 液を 10 ml シリンジに入れ, 0.45 μm のろ過滅菌器を通して新しい 10 ml チューブに移し, 冷蔵庫に保存する (EFS 液は粘性が高いのでゆっくりろ過し, 滅菌器は 10 ml ごとに交換する).
   * 長期間保存する場合には, チューブの代わりに滅菌ガラスアンプルに分注・封入するのが好ましい.

凍結・融解

a) 準　備

PB 1 液, EFS 20 (EFS 20 の代わりに 10 % v/v EG 添加 PB 1 液を用いても, ほぼ同様の結果が得られる), EFS 40, Sucrose 液 (0.5 M Sucrose 添加 PB 1 液), パラフィンオイル (あるいはミネラルオイル), 培養皿, 胚操作用パスツールピペット, マウスピース, 温度計, 時計皿 (あるいは培養皿), 0.25 ml 授精用ストロー, ストロー連結用のシリコンチューブ付き 1 ml シリンジ (イエローチップを半分に切断し, 先端を 1 ml シリンジの先に挿入したものでも代用可能), タイマー, ピンセット, 熱シーラー (ストローパウダーでもよいが, シールが不完全な場合は加温時に中身が飛散することがあるので要注意), 液体窒素容器 (凍結にはストローが水平に入る広口デュワーフラスコあるいは発泡スチロール容器が好ましいが, 細口デュワー瓶でも可能), 厚さ 6〜10 mm の発泡スチロール板 (液体窒素上に浮かべることができるサイズ. 細口容器の場合は不要), 液体窒素の入った液体窒素タンク, 実体顕微鏡, 25 ℃ の水を入れた 2 l ビーカー (あるいは他の広口の容器), 18 G 注射針つき 1 ml シリンジ, ハサミ

b) 凍結方法

1. 胚を扱うテーブル上に温度計を置き, 25 ℃ となるように室温を調節する.
   * 温度が異なる場合は, 適する処理時間が異なるので注意を要する (13 参照).
2. 培養皿に PB 1 液のドロップ (〜200 μl) を作ってパラフィンオイルで覆い, 凍結する胚を入

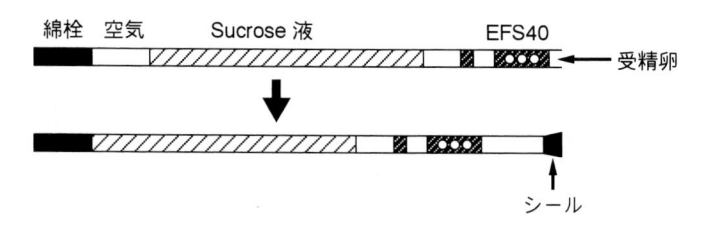

図 4.14 ストロー内の溶液の配置

　　れる．
3. 3枚の時計皿（あるいは培養皿）に，それぞれ EFS 20（0.2〜0.5 ml），EFS 40（0.2〜0.5 ml）および Sucrose 液（約 1 ml）を入れる（8細胞期胚〜桑実胚では，EFS 20 は不要）．
   * EFS 液は少量ずつ使用し，頻繁（約 20 分ごと）に交換する．
4. ストローを，種々のカラーの油性ペンを使ってマークする．
   * 仮に 10 色のペンで 4 本マークすれば 1 万通りが可能である．
   * サージカルテープに情報を記入して旗状につけて識別してもよい．
5. ストローの綿栓側を 1 ml シリンジに連結して，Sucrose 液（〜60 mm），空気（〜20 mm），EFS 40（〜5 mm），空気（〜5 mm），EFS 40（〜12 mm）の順に吸引し（図 4.14），テーブルの端に水平に置く．
   * EFS 40（〜12 mm）を吸引したときに，Sucrose 液が綿栓に達しないよう注意する．
   * ストロー内の Sucrose 液が綿栓内のパウダーに達するまでシリンジを吸引してから胚を導入してもよい．この場合は，EFS 40 がやや奥に位置するために，胚の導入にはやや長いピペットを用いる．
6. 液体窒素用容器に液体窒素を入れ，発泡スチロール板を浮かべる．
   * 細口のデュワー瓶の場合は約 5 cm の高さまで液体窒素を入れる．
7. ピペットに PB 1 液を吸引し，胚を充填する．
   * 胚の直径よりわずかに太い程度の細いピペットの先端に，数珠つなぎ状に充填するのがよい．
8. 胚（2〜4細胞期胚）を EFS 20 に導入し，タイマーをスタートさせる（0 m 00 s）．
   * 胚は，急激に収縮しながら液の表面近くに浮上する．
   * 処理液の温度を上げないように，実体顕微鏡の照明を落とす．
   * 8細胞期胚〜桑実胚では，8 と 9 の操作をせずに直接 10 の操作に移る．
9. 別のピペットに EFS 20 を吸引し，胚を吸引する（〜1 m 30 s）．
   * EFS 液は粘性が高いので，ピペットの細い部分は短めにする（約 6 cm）．
10. 胚を，少量の溶液（2〜4細胞期胚では EFS 20，8細胞期胚〜桑実胚では PB 1 液）とともに，水平に置いたストロー内の EFS 40（〜12 mm）のほぼ中央に導入する（〜2 m 00 s）．この時の正確な時間を確認する．
11. Sucrose 液が綿栓内のパウダーに達して止まるまでシリンジを吸引する．
12. ストローの開口部を熱シーラーで封じる．

13. 胚を EFS 40 に導入してから 60 秒後に，ストローを液体窒素上の発泡スチロール板上に置く（3 m 00 s）．
    * 細口のデュワー瓶で凍結する場合は，EFS 40 のある側を下にして液体窒素に浸し，Sucrose 液の部分は，液体窒素ガスの中で冷却する（いきなり全体を浸すと Sucrose 液が膨張してストローが破裂する）．
    * 室温が低い場合（〜20 ℃）には，EFS 40 での処理時間を延長することができる．例えば，桑実胚では EFS 40 で 2 分間処理してもよい．一方，室温が高い場合（〜30 ℃）には，EFS 40 での処理時間は 30 秒間に短縮しなければならない．
14. ピペットの中身を EFS 20（2〜4 細胞期胚）あるいは PB 1 液（8 細胞期胚〜桑実胚）に出し，胚が残っていないことを確認したのち同液でピペットを軽く洗浄する．
15. ストローを液体窒素ガス中に 3 分間以上保持したのち，液体窒素に浸して保存用タンクに移す（6 m 00 s 以後）．

c）融解方法

1. 室温をほぼ 25 ℃ に調整する（凍結時に比べると温度の影響は少ない）．
2. 培養皿に Sucrose 液と PB 1 液のドロップを作り，パラフィンオイルで覆う．
3. 18 G 注射針つき 1 ml シリンジに Sucrose 液を 0.8〜1 ml 吸引する．
4. ピペットに Sucrose 液を吸引する．
5. 融解するストローをデュワー瓶（細口がよい）の液体窒素中に移す．
6. ピンセットを用いて液体窒素の中からストローを空気中に取り出し，タイマーをスタートさせる（0 m 00 s）．
7. 10 秒後に 25 ℃ 水中に浸し，軽く揺する（0 m 10 s）．
8. ストローの Sucrose 液の部分が解けはじめると（〜0 m 18 s）直ちに取り出し，キムワイプでストロー表面の水を素早く拭き取る．
    * ストローの EFS 40 の部分を指で触れないように注意する．
9. Sucrose 液の部分を持ってストローを平行に保ち，熱シール部と綿栓部をハサミで切り落とす．
10. EFS 側の口を時計皿の上になるようにしてストローをわずかに傾け，反対側（Sucrose 液）の端から Sucrose 液を含むシリンジの 18 G 注射針を差し込み，中身を時計皿上に灌流する（〜1 m 00 s）．なお，ストロー内には Sucrose 液を入れたまま水平に保持しておく．
    * ストローを傾けすぎると気泡が入りやすい．
    * 融解後灌流開始までの操作は，できるだけ素早くおこなう．
11. 時計皿を軽く揺すって中身を混ぜ，胚をピペットで回収して Sucrose 液のドロップに移す（〜2 m 30 s）．
12. すべての胚が回収されなかった場合には，ストローに残した Sucrose 液を取り出して胚をさがす．
13. Sucrose 液で灌流した約 5 分後に，胚を PB 1 液のドロップに移す（6 m 00 s）．
    * さらに，別の PB 1 液に移して洗浄したのち培養液に移し，移植までの間培養するとよい．

おわりに

本稿では，マウス2細胞期胚～桑実胚のガラス化法について述べたが，胚盤胞も2～4細胞期胚に準じて凍結することができる．胚盤胞では，EFS 20の代わりに10％EG添加PB 1液で約5分間処理する方法が同様に有効である．EFS 20とEFS 40の2段階法は，マウス以外の多くの動物種の胚の凍結保存にも有効なことが確認されている[3]．本稿で述べた各操作は，いずれも耐凍剤毒性，細胞外氷晶，細胞内氷晶，フラクチャー，浸透圧的膨張，浸透圧的収縮等の傷害の回避と関連している．それらについての説明は割愛したので，別の稿を参照していただきたい[1,2,3]．

参考文献

1) 葛西孫三郎：哺乳動物卵子の凍結保存：基礎と応用．組織培養工学, 26: 40-43 (2000).
2) 葛西孫三郎：受精卵の凍結保存 －緩慢法とガラス化法－．家畜人工授精, 183: 12-21 (1997).
3) Kasai, M.: Vitrification: Refined strategy for the cryopreservation of mammalian embryos. J. Mamm. Ova. Res., 14: 17-28 (1997).
4) Kasai, M., Komi, J. H., Takakamo, A., Tsudera, H., Sakurai, T. and Machida, T.: A simple method for mouse embryo cryopreservation in a low toxicity vitrification solution, without appreciable loss of viability. J. Reprod. Fertil., 89: 91-97 (1990).
5) Whittingham, D. G.: Survival of mouse embryos after freezing and thawing. Nature, 233: 125-126 (1971).

(b) ウ　シ*

はじめに

ウシ受精卵（胚）の凍結保存は一般に受精後6～8日目の発育ステージのものが用いられる．これらの凍結保存された胚は融解後直接移植ができ，かつ高い受胎率の期待できる手法へと開発が進んでいる．そのために凍結保護剤は細胞への透過性が高く，毒性の低いものが求められる．ウシ胚の凍結保存の成功が報告された1973年[1]から1980年の始めにかけては，主としてDMSOやグリセロールが凍結保護剤として用いられた．グリセロールを凍結保護剤として用いる場合は，一般に1.4 Mol，浸透圧2050 mOsmの最終濃度に胚が置かれることになる．これは哺乳動物の体液の浸透圧約300 mOsmに比べて，7倍も高い濃度に胚がさらされることを意味する．このような高濃度に胚が直接さらされると胚の細胞膜は破れて死滅する．そこで，このような胚の浸透圧ショックを防止するために薄い液から濃い液へと段階的に浸漬する平衡法，または分子量が大きく胚の中へ浸入できないスクロースやトレファロースを併用する方法[2]などが用いられた．一方，1980年代の初めには同一のストロー内で胚を含む1.4 Molグリセロール液のカラムとスクロース液のカラムとを空気相を挟んで分け，融解後両液を混ぜ合わせて胚からグリセロールを除去する一段階ストロー法が開発された[3-6]．その後1990年代になって凍結保護剤として1.6 Molプロピ

---

* 鈴木　達行

レングリコールを用いたダイレクト法[7]が開発されると,これが口火となって細胞への透過性の高いエチレングリコールを用いたダイレクト法が多数報告[8〜10]され,実用化が進んだ.

ウシ胚凍結法の原理および留意すべきポイント

a) 凍結保護物質の添加

胚の凍結保護剤は細胞を通過するものが選択される.一般にはグリセロール(glycerol),エチレングリコール(ethylene glycol),1, 2-プロパネデイオール(1, 2-propanediol),ジメチルスルフォ

表4.6 凍結保護剤の特性

	質量	比重 (g/cm^3) 20 ℃
DMSO $(CH_3)SO_4$	78.13	1.10
Gycerol $C_3H_5(OH)_3$	92.10	1.25
Ethylene glycol $(CH_2)_2(OH)_2$	62.07	1.11

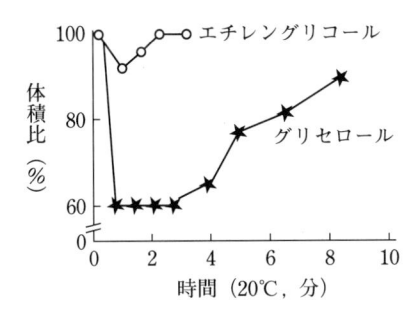

図4.15 1.5 Mグリセロールとエチレングリコールに漬浸した牛胚の浸透圧による体積の収縮 (Leibo, 1992)

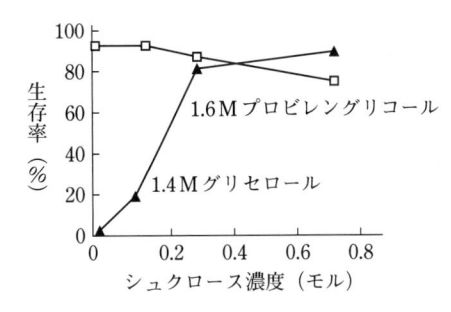

図4.16 1.4 Mグリセロールと1.6 Mプロピレングリコールで凍結した牛胚のシュークロス濃度別の浸漬による生存率 (Suzukiら, 1990)

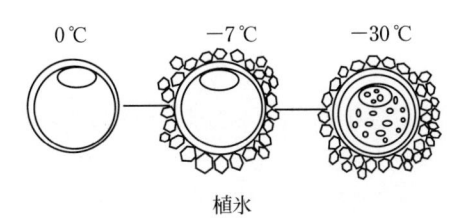

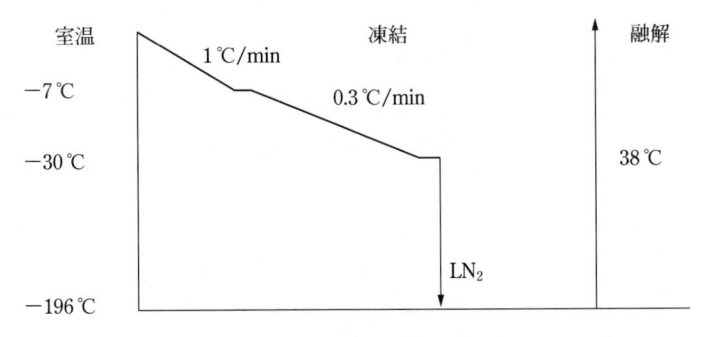

図4.17 冷却速度と胚の細胞変化

キシド（dimethyl sulfoxide, DMSO）などが用いられる．凍結保護剤の中に置かれた胚は平衡になるまで細胞内の水を失うため収縮する．この収縮は細胞外溶液の高張性により誘起される．1.4 M グリセロール液へ浸漬した胚は全体の約 40 % が脱水して収縮し，約 5〜8 分後に元の大きさに戻る．これに対して 1.8 M エチレングリコール液へ浸漬した胚は 5〜6 % が脱水して収縮するにすぎず，2 分以内には元の大きさへ復元する[11,12]．このように復元に要する速度は，(1) 胚の発育ステージ，(2) 胚の表面と体積比，(3) 凍結保護剤の種類，(4) 浸漬温度などと関連している（図 4.15, 16，表 4.6）．

b）氷晶形成の誘起と冷却速度

植氷は -5〜-7 ℃ の範囲で行われる．植氷温度は凍結保護剤の氷晶形成温度により異なる．一旦氷が形成されると胚細胞の外側にある保存液は水から氷へと相変化する．そして胚は冷却される過程で脱水が始まり，収縮し，細胞内の塩濃度が増していく．胚の体積は -15 ℃，-20 ℃ まで冷却されると元の大きさの約 60 % にまで減少する．一般に冷却速度は毎分 -3〜-6 ℃ の範囲で行われる（図 4.17）．

c）液体窒素中への浸漬

胚は -30〜-40 ℃ にまで冷却され液体窒素中に保存されるが，この時点では胚の細胞内に沢山の濃縮された小さな氷のクリスタルが形成されガラス化状態になっている．

d）胚の融解

液体窒素中に浸漬した胚の細胞内には濃縮された小さな氷のガラス化した結晶があるので，融解では，これらの氷の結晶化（脱ガラス化）を防止する必要がある．そのため，胚の入ったストローは通常 $+30$〜$+37$ ℃ の恒温槽中に浸漬し急速に融解する．

e）凍結保護物質の除去

凍結保護剤を胚から除去するためには濃い液から薄い液へと段階的に平衡しながら除去する方法，または 0.25〜1.2 M のスクロース液内へ直接浸漬して除去する方法とがある．前者では 3〜6 段階，後者ではストロー内に収めた胚を凍結保護剤とともに小型のシャーレ内に準備したスクロース液内へ浸漬するか，または凍結前に胚を含む凍結保護剤のカラムとスクロースのカラムとを同じストロー内で空気相を挟んで作り，融解時に両者を混ぜ合わせる 1 段階ストロー法が用いられる．

細胞内へ透過できないスクロースは胚細胞内へ拡散した凍結保護剤を穏やかに除去するため，浸透圧ショックは起こらない．しかし，高濃度のスクロース液内へ胚を長時間浸漬しておくと生存性が著しく低下するので，保存温度を低くしておく必要がある．

プロピレングリコールやエチレングリコールは分子量がグリセロールよりも小さく胚細胞質内への透過性が高い．そのため段階的に凍結保護剤を除去せず，直接組織培養液の中に戻しても胚の生存性は損なわれない．しかし，低濃度のスクロースやトレファロースを添加することによって浸透圧ショックを最小限に留める配慮が必要である．

実験方法

a）準 備

1．器具・器材

プログラムフリーザー（ET-1, FHK, 東京理科社製など），ディープフリーザー（−40℃，サンヨー，ナショナル，日立社製など），ビーカー（500 ml），マウスピース，パスツールピペット，0.25 ml ストロー（FHK, カスー社製など），試験管（15 ml），ピペット（1 ml, 10 ml），0.22 μm メンブランフィルター，注射筒（10 ml），小型シャーレ（35×10 mm, ファルコン社製）

2．試 薬

エタノール，エチレングリコール，トレファロース，ダルベッコ PBS$^+$（GIBCO 製），ウシ血清アルブミン（Fraction-V）

b）方 法

1．凍結保護剤の調整

15 ml 試験管内へ 0.189 g トレファロース＋0.03 gBSA を計量して入れ 10 ml の PBS で溶解する（修正 PBS）．次いで 9 ml の修正 PBS と 1 ml のエチレングリコールを加えたのち，少なくとも 10 回ピペッテイングを繰り返す．

2．胚の凍結保護剤への浸漬

調整した凍結液を 0.22 μm のフィルターでろ過し，小型のシャーレ 3 枚へ分注する．修正 PBS 内に保存しておいた胚をパスツールピペットにより凍結液中に浸漬する．凍結液中では場所を替えて胚を平衡し，パスツールピペットにより 1 枚目の凍結液から胚を吸い上げ 2 枚目の凍結液内へ浸漬し，1 個ずつストローへ吸引しやすいように並べる．この作業に要する時間は約 5 分である．

3．ストロー内への吸引

ストロー内への吸引は 55 mm 凍結液，3 mm 空気相，30 mm 凍結液＋胚，3 mm 空気相，20 mm 凍結液，熱シールの順で行う．これらの作業に要する時間は凍結処置する胚の数にもよるが，凍結までに要する時間が 10 分もあれば平衡時間として十分である（図 4.18）．

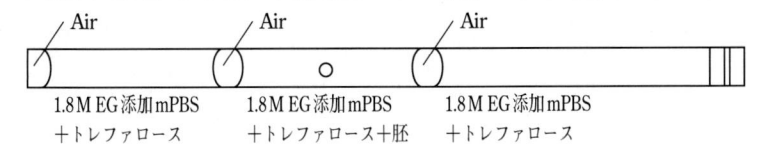

図 4.18　0.25 ml ストローへの胚の封入

4．凍 結

方法-1：プログラムフリーザーをあらかじめ 0℃ にセットし，そのアルコール液槽内へストローを入れ，毎分 −1℃ の速度で −7℃ まで冷却する．次いで液体窒素中に浸したピンセットでストローの先端に氷を作り，同温度で 10 分間置く．その後毎分 −0.3℃ の速度で −30℃ まで冷却したのち液体窒素中に保存する．

方法-2：500 ml 容量のビーカー内へあらかじめ 4℃ に保存しておいたエタノールを入れ，ホルダーを設置してストローを立てる．この際，ストローの先端にある凍結液の一部をアルコール液

相から出しておき，-40℃のディープフリーザー内へ収める．氷はストローの先端から自然に生じるので植氷の必要はない．2時間後にビーカー内の温度は-33～-35℃に到達しているので，ストローを取り出し液体窒素中へ保存する．

5．融解・移植

ストローを液体窒素容器から取り出し，30～37℃の微温水中へ約1分間浸したのち，アルコール綿花で消毒し，ストロー先端をカットしたのち移植器にセットして，そのまま移植に供する．または修正PBS内へ取り出して生存性を確認し，移植や実験に供する．

移植の詳細は他書[12]を参考されたい．

おわりに

エチレングリコールは1.8M，プロピレングリコールは1.6M，ジエチレングリコールは1.1M，エチレングリコールモノエチルエーテルは1.3Mで使うのが目安である．これらの凍結保護剤を用いてウシ胚を凍結融解後，室温で30～120分間置いた実験では胚の生存性に影響しなかったと報告されている[13]．しかし，いくら細胞への透過性の高い凍結保護剤であっても，胚は元の浸透圧に比べて数倍も高い高張液内へ晒され，凍結融解後再び元の浸透圧へ戻されるわけであるから，その過程で少なからず細胞傷害を受ける危険性がある．したがって，これらの傷害を最小限に留めるために低濃度のスクロースやトレファロースの添加が必要と思われる．一方，超急速凍結法[14]は，凍結保護剤と糖とを高濃度に組み合わせて用いるガラス化法に準ずる手法である．

参考文献

1) Wilmut, I. and Rowson, L. E. A. :The successuful low temperature preservation of mouse and cow embryos. J. Reprod. Fertil., 33: 352–353 (1973).

2) Miyamoto, H. and Ishibashi, T.: Survival of frozen-thawed mouse and rat embryos in the presence of ethylene glycol. J. Reprod. Fertil., 50: 373–375 (1977).

3) Renard, J.-P., Heyman, Y. and Ozil J.-P.: Congelation de l'embron bovin: une nouvelle methode de decongelation pour le transfect cervical des embryons conditionnes une seule fois en paillettes. Am. Med. Vet., 126: 23–32 (1982).

4) Leibo, S. P.: A one-step method for direct nonsurgical transfer of frozen-thawed bovine embryos. Theriogenology, 21: 767–790 (1984).

5) Suzuki, T., Shimohira, I. and Fujiyama, M.: Transfer of bovine frozen embryos by one-step straw method. Jpn. J. Anim. Reprod., 29: 112–113 (1983).

6) Massip, A. and Van Der Zwalmen: Direct transfer of frozen cow embryos in glycerol sucrose. Vet. Rec., 155: 327–328 (1984).

7) Suzuki, T., Yamamoto, M., Ooe, M., Sakata, A., Matsuoka, M., Nishikata, Y. and Okamoto, K.: Effect of sucrose concentration used for one-step dilution upon in vitro and in vivo survival of bovine embryo refrigerated in glycerol and 1, 2-propanediol. Theriogenology, 34: 1051–1057 (1990).

8) Voelkel, S. A. and Hu, Y. X.: Direct transfer of frozen-thawed bovine embryos. Theriogenology, 37:

23-37 (1992).
9) Suzuki, T.: Bovine embryo transfer and related techniques. Mol. Reprod. Dev., 36: 236-237 (1993).
10) 大江正人・山本政生・高木光博・鈴木達行：エチレングリコールを用いた牛の体内，体外受精凍結胚の直接移植．J. Reprod. Dev., 39: j11-15 (1993).
11) Leibo, S. P.: Techniques for preservation of mammalian germ plasm. Anim. Biotech., 3: 139-153 (1992).
12) 鈴木達行：野生動物の家畜化と改良，養賢堂．163-176 (1996).
13) Takagi, M., Otoi, T. and Suzuki, T.: Survival rate of frozen-thawed bovine IVM/IVF embryos in relation to post-thaw exposure time in two cryoprotectants. Cryobiology, 30: 466-469 (1993).
14) Otoi, T., Abdoon, A. S. S., Omaima, M. T. K., Tanaka, M. and Suzuki, T.: Pellet freezing of in vitro produced bovine embryos using dry ice. Cryo-Letters. 21: 31-38 (2000).

（c）ヒト胚の凍結保存法[*]

はじめに

ヒト胚の凍結保存法は，家畜・実験小動物胚の凍結保存法を応用したものであり，基本的手技については動物胚の凍結保存法の項を参照していただきたい．本項では1）ヒト以外の動物であまり行われていないプロパンジオール凍結法を中心に，2）胚移植のタイミング，3）グリセロールによるヒト胞胚の凍結保存法，そして4）ヒト胚のvitrification法について述べる．

プロパンジオールによるヒト初期胚の凍結

前核期から4-8分割期ヒト胚では，プロパンジオール（PROH）とsucroseを用いた凍結保存法が広く用いられている[1]．また本法はヒト未受精卵凍結にも用いられ，融解後ICSIにより授精を行うことによって数例の妊娠例が得られている[2]．

現在では添加・希釈系列の凍結保護液を調整したものが市販されている．添加・希釈系列の液は保存期間に応じて冷凍ないし凍結保存しておけば数回使用可能である．

a）準備（凍結保護剤の作製）

Dulbeccoのリン酸緩衝液（D-PBS）にヒト非働化血清10～20％を加え（血清加PBS），これをbaseとして以下の添加液・希釈液を作製する．

添加
   1.5 M PROH
      血清加PBS 8.9 ml + PROH 1.1 ml
   1.5 M PROH + 0.1 M sucrose
      1.5 M PROH 5 ml（上記）+ sucrose 0.171 g
（希釈）

---

[*] 久慈　直昭・田中　宏明・末岡　浩・吉村　泰典

1.5 M PROH + 0.2 M sucrose

　　血清加 PBS 8.9 ml + PROH 1.1 ml + sucrose 0.685 g

0.2 M sucrose

　　血清加 PBS 10 ml + sucrose 0.685 g

以下，上記の2液を下記のごとく混合して希釈系列を作製する．

	(1.5 M PROH + 0.2 M suc.)	(0.2 M suc.)
1.25 M PROH + 0.2 M suc.	1.5 ml	0.3 ml
1.00 M PROH + 0.2 M suc.	1.2 ml	0.6 ml
0.75 M PROH + 0.2 M suc.	0.9 ml	0.9 ml
0.50 M PROH + 0.2 M suc.	0.6 ml	1.2 ml
0.25 M PROH + 0.2 M suc.	0.3 ml	1.5 ml

b）凍結保存

凍結保護剤添加は通常10分毎2段階に行う．

すなわち受精後24〜72時間（前核期〜8細胞期）の胚を，室温，1.5 M PROHに10分間，さらに1.5 M PROH + 0.1 M sucroseに10分間平衡する．1.5 M PROH + 0.1 sucrose液と平衡して胚がdish底部に沈んだら，あらかじめ同液を吸引しておいたストローに胚を封入，シーラーまたはストローパウダーにて密閉後，プログラムフリーザーにセットする．

凍結プログラムは図4.19に示すとおりであり，室温から植氷温度（−7〜−8℃）までは毎分2℃，植氷温度で10〜15分間平衡する間に植氷，その後毎分0.3℃で−35℃まで緩速冷却，−80〜−170℃程度に急冷後液体窒素に投入する．

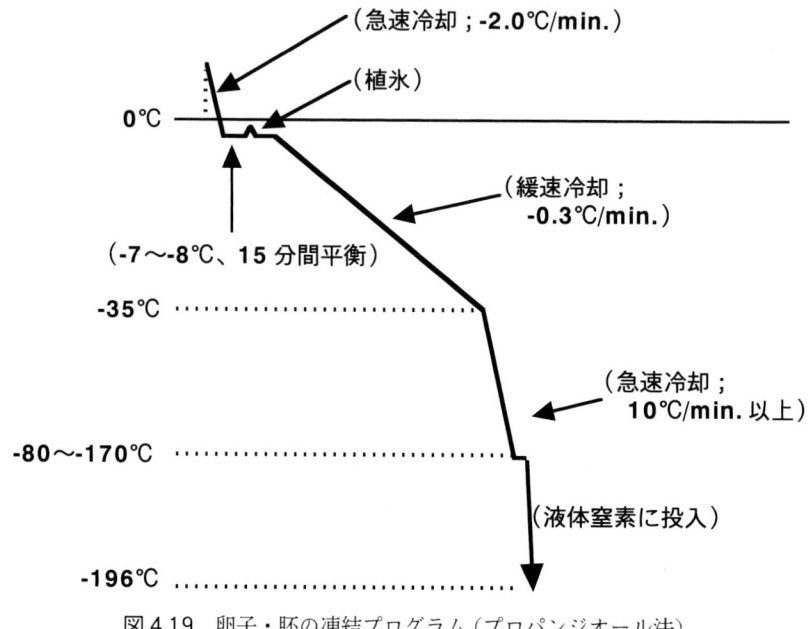

図4.19　卵子・胚の凍結プログラム（プロパンジオール法）

c）融解

ストローの融解は液体窒素から取り出した後 15 秒程度室温で平衡し，破損を予防，その後 37℃の温浴に投入して急速融解する．

ストローの内容を時計皿にあけ，胚を回収後 1.5 M から 0.25 M まで各 5 分間，6 段階に PROH を希釈した後，0.2 M sucrose 液からヒト胚体外培養液（HTF 液等）で 2 回洗浄後，培養器内で培養する．融解後，胚移植までの培養時間は 0〜24 時間であり，特に前核期で凍結した場合には，融解後 24 時間以上培養した後子宮内胚移植をする施設が多い．

胚移植のタイミング

1）自然周期

自然排卵周期を有する患者に凍結保存初期分割胚（4〜6 細胞期）を移植する場合，採卵を排卵と考えて通常高温相 2 日目に移植が行われる．しかしこの時期ヒト胚の着床可能期間は少なくとも 3 日間あると報告されており[3]，実験小動物に比較するとかなり幅が広く，1 日程度ずれて移植しても妊娠例は認められる．また，どのタイミングで移植するのが至適であるのか，結論は出ていない．

参考までに当院で行っている胚移植のタイミングを図 4.20 に示すが，この方法では少し分割の進んだ胚を未熟な内膜に移植していることになる[4]．

2）人工周期における内膜調整法と GnRH agonist

ヒトでは，胚が着床可能な子宮内環境調整は女性ホルモン・黄体ホルモン連続投与のみで可能であることは，この方法を用いて原発性卵巣不全である Turner 症候群や，閉経後の婦人において第三者からの提供胚移植による妊娠例が存在することから明らかである．これら原発性無月経患者では，（若年提供者からの）Oocyte donation のように胚の viability が高ければ，排卵性周期の体外受精患者への凍結胚移植と比較して非常に高い着床率が得られることが報告されている[5]．

自然月経周期を持つ女性の場合，通常 1）で述べた排卵を基準にした移植が行われるが，Oocyte

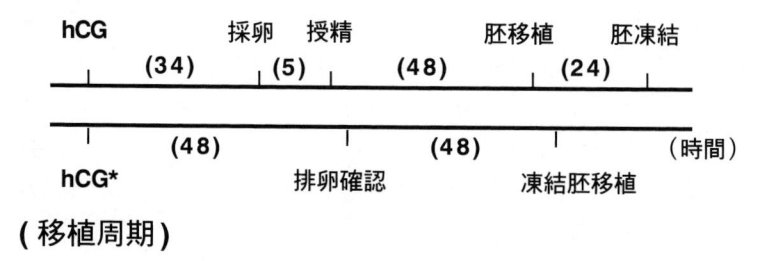

図 4.20 胚移植周期の同期化

採卵周期では，余剰卵を原則として採卵後 3 日目に凍結している．移植周期ではこれと同期化（synchroinize）するために最大卵胞径 20 mm に達した時点で hCG 投与を行い，48 時間後に卵胞消失を確認，96 時間後に基礎体温高温期 2 日目以降であることを確認して移植を行っている．HCG 投与を基準にすると，胚凍結までの時間（111 時間）より，融解胚移植までの時間（96 時間）がやや短い．

donation で通常用いられている人工的内膜調整法が着床率を増加させる可能性があるのではないかという考え方がある．性腺刺激ホルモン放出ホルモン作動薬（GnRH antagonist）は，長期投与すると下垂体からの性腺刺激ホルモンの分泌を抑制し，人工的下垂体不全による無排卵を起こす．自然排卵周期を持つ婦人にこれを適用すれば，人工的に卵巣不全患者と同様の子宮内環境（性ステロイドホルモン欠乏状態）を創出することができるため，この状態で性ステロイドを投与すれば卵巣不全患者への卵子提供時と同じ子宮内環境を調整することができる．Schmidt らはこの方法を用いて，卵子提供をうける患者が 40 歳以上であっても良好な妊娠率をあげたと報告している[6]．

胞胚の凍結保存

数年前より胞胚期までヒト胚を体外長期培養することにより viability の高い胚を選別し，移植あたりの妊娠率を上昇させる試みが進んでいる．ここでは現在までで最も高い融解胚移植後妊娠率を報告している Menezo らのヒト胞胚凍結保存法を紹介する[7]．

1）凍結保存

凍結保護剤添加は通常 2 段階に行う．凍結保護液および添加・希釈系列の Base となる培養液は 10％血清加 B2 medium である[8]．

すなわち受精後 120～168 時間（拡張胞胚期）の胚を，室温，Falcon 3037 dish 中で，A) 5％ glycerol を加えた血清加 B2 medium に 10 分間，B) 9％ glycerol および 0.2 M sucrose を加えた血清加 B2 medium に 10 分間，それぞれ平衡した後，室温より -6℃ まで毎分 2℃ で冷却，-6℃ で植氷，-6℃ から -37℃ まで毎分 0.3℃ で冷却，直接液体窒素に投入，保存する．

3）融　解

胚は融解後，凍結保護液を 7 段階に希釈する．

すなわち 10％血清加 B2 に，A) 5％ glycerol + 0.4 M sucrose・5 分，B) 4％ glycerol + 0.2 M sucrose・6 分，C) 3％ glycerol + 0.2 M sucrose・7 分，E) 2％ glycerol + 0.2 M sucrose・7 分，F) 1％ glycerol + 0.2 M sucrose・6 分，G) 0.2 M sucrose・2 分，H) 10％血清加 B2・5 分，平衡後洗浄，3～4 時間培養して，移植する．移植は排卵誘発のための hCG 投与後 7 日目に行う．

Vitrification 法

vitrification による凍結保存は，最近までヒト胚にはほとんど応用されなかったが，葛西らにより実験小動物で新しい vitrification 凍結液が報告され[9]，ヒト胚でも同一組成の凍結保護液が有効であることが報告されている[10]．体外受精が医師一人，技師一人というような小規模で可能になった現在，特殊な装置を用いて数時間かかる凍結法は非実用的となってきており，今後この方法の重要性はますます大きくなると考えられる．

a）準備（凍結保護剤の作製）

① Vitrification medium

Ficoll-70 15 g (Pharmacia)，0.5 M Trehalose 9.45 g，BSA 200 mg を HTF で溶解し，50 ml とする．

② Vitrification solution（VS）

① 液 60 %（v/v）: ethylene glycol 40 %（v/v）

b）凍結・融解・胚移植

凍結保護剤添加は通常 10 分毎 2 段階に行う.

すなわち受精後 48〜72 時間（4 細胞期〜16 細胞期）の胚を, 4 ℃ の VS に 5〜10 分間平衡する. その後 0.25 ml plastic straw へ封入, 液体窒素に浸して瞬間的に凍結する.

融解はストローを液体窒素中より取り出し 20 ℃ の水に数秒間浸して融解, HTF で 75 % に希釈した VS に 1〜2 分浸す. その後同様に HTF で 50 %, 25 %, 12.5 %, 6 % に希釈した VS に各 1〜2 分平衡した後, 体外受精培養液中で洗浄・培養する.

なお, 向田らは Trehalose の代わりに sucrose を用いて室温下に添加・希釈を行い, 添加を 2 段階とし, ストローの破損を防ぐために融解時液体窒素から室温に 10 秒程度平衡してから温浴へ投入する変法で妊娠例を得ている[11].

胚移植のタイミングは原則的にプロパンジオール法と同様である.

参考文献

1) Testart, J., Lassalle, B., Belaisch-Allart, J., Hazout, A., Forman, R., Rainhorn, J. D. and Frydman, R.: High pregnancy rate after early human embryo freezing. Fertil. Steril. 46 (2): 268-72 (1986).

2) Porcu, E.: Freezing of oocytes. Curr. Opin. Obstet. Gynecol., 11(3): 297-300 (1999).

3) Mandelbaum, J., Junca, A. M., Plachot, M. et al.: In Mashiach, S., Ben-Rafael, Z., Laufer, N., and Schenker, J. G. (eds.) Advances in assisted reproductive technologies. pp729-735, New York, Plenum press, (1990).

4) 久慈直昭・宮崎豊彦・菅原正人・片山恵利子・杉山　武・飯田悦郎: ヒト胚凍結保存法と外因性 hCG 投与による同期化の試み. 日本受精着床学会雑誌, 8: 119-122 (1991).

5) Salat-Baroux, J., Cornet, D., Alvarez, S., Antoine, J. M., Tibi, C., Mandelbaum, J. and Plachot, M.: Pregnancies after replacement of frozen-thawed embryos in a donation program. Fertil. Steril. 49: 817-21 (1988).

6) Schmidt, C. L., de Ziegler, D., Gagliardi, C. L., Mellon, R. W., Taney, F. H., Kuhar, M. J., Colon, J. M. and Weiss, G.: Transfer of cryopreserved-thawed embryos: the natural cycle versus controlled preparation of the endometrium with gonadotropin-releasing hormone agonist and exogenous estradiol and progesterone (GEEP). Fertil. Steril. 52: 609-616 (1989).

7) Menezo, Y., Nicollet, B., Herbaut, N. and Andre, D.: Freezing cocultured human blastocysts. Fertil. Steril. 58(5): 977-980 (1992).

8) Menezo, Y., Testart, J. and Perrone, D.: Serum is not necessary in human in vitro fertilization, early embryo culture and transfer. Fertil. Steril., 42: 750-755 (1984).

9) Kasai, M., Hamaguchi, Y., Zhu, S. E., Miyake, T., Sakurai, T. and Machida, T.: High survival of rabbit morulae after vitrification in an ethylene glycol-based solution by a simple method. Biol. Reprod. 46(6): 1042-1046 (1992).

10) 太田信彦・野原　理・小島原敬信・伊藤真理子・斉藤隆和・中原健次・手塚尚広・斉藤英和・廣井正彦:

Vitrification法によるヒト胚凍結の実際－妊娠，分娩に至った1症例．日不妊会誌，41(3): 276-279 (1996).

11) Mukaida, T., Wada, S., Takahashi, K., Pedro, P. B., An, T. Z. and Kasai, M.: Vitrification of human embryos based on the assessment of suitable conditions for 8-cell mouse embryos. Hum. Reprod. 13(10): 2874-2879 (1998).

4．卵子の活性化法

4.1 マウス*

はじめに

マウス未受精卵を人為的に活性化させる技術は，従来単為発生の研究に用いられてきた[1]．しかし単為発生では，たとえ2倍体にしても刷り込み遺伝子の影響により産子へ発生することはなく，発生における活性化刺激の効果についてはあまり調べられていなかった．その後卵子を活性化できない雄の生殖細胞を用いた受精の研究が盛んになり，人為的に活性化された卵子であっても，雄の生殖細胞と受精すれば産子まで完全に発生を継続できることが確認された[2]．しかし活性化方法の種類によって，活性化した卵子が示すカルシウム濃度の波に違いが生じることがわかり[3]，また近年，体細胞を用いたクローン動物作成において，卵子の活性化方法がその後のクローン胚の発生に影響を与えている可能性が示されてきた．塩化ストロンチウムによる活性化は，もっとも受精に近い反応をマウス卵子に示めさせることが明らかとなっている[4]．そこで本稿では，マウス卵子の塩化ストロンチウムによる活性化方法を紹介する．

マウス未受精卵活性化方法のポイント

単為発生刺激は，マウスの系統，排卵後の時間，塩化ストロンチウムの濃度などによって効果が違ってくるが，最適条件を確定すればかなり再現性の高いデータが得られる[1]．また，第2極体の放出をサイトカラシンで防ぐことで2倍体化し，胚盤胞への発生率を大きく改善することもできる．しかしカルシウムの持ち込みで培養液に沈殿が生じるため，活性化の際に卵子をきれいに洗ったか，培養液を正しく作ったかなどで活性化率は大きく低下する．

実験方法

a) 準　備

1．器具・機械

通常の卵子が培養できる環境があれば問題ない．培養液の滅菌のため，注射筒 (50 ml)，ろ過滅菌用フィルター (0.4 μm)，滅菌済みの容器 (5-10 ml, 遠心管など)．

---

* 若山　照彦

2．薬　品

表 4.7 に示す培養液の作成に必要な試薬など

b）方　法

1）培養液のストックの作成

われわれは基本培地として修正 CZB[5] を用いているが，M16 など一般的な培地でも可．

すべてのストック液を実験に先駆けて作っておく（表 4.7～4.11）．

1. 培養液（CZB）のストック液

表 4.7 の薬品を上から順番に 990 ml の超純水に加える（最終的にちょうど 1,000 ml になる）．それぞれ完全に溶けてから次の試薬を加えること．

2. CZB-HEPES のストック液

CZB のストック液にポリビニルアルコール（PVA）を 0.1 mg/ml 加える．PVA は溶けにくく，冷蔵庫内で数日放置して完全に溶かす．

3. 塩化カルシウムの 100 倍濃度のストック液

1-3 のストック液は冷蔵庫内で 3 カ月は保つ．

4. 塩化ストロンチウムのストック液

不純物の混入がない限り室温で半年以上保つ．

5. サイトカラシン B のストック液

20 μl 程度に小分けして冷凍庫で保存する．凍結融解を何度も繰り返すと効果がなくなる．

2）培養液の作成

それぞれのストックが作成できたら，実験する前日までに表 4.12 に従って全成分が含まれた培養液を完成させ，滅菌して分注しておく．

1. CZB 培地，CZB-HEPES 培養液は，それぞれ滅菌濾過し，5～10 ml ずつ小分けして冷蔵庫で保管する．われわれは，50 ml の注射筒に培養液を取り，0.4 μm のフィルターを接続して滅菌している．1 度に 100 ml をつくり 5 ml ずつ小分けすると，約 20 本の培地の入ったチュー

表 4.7　CZB 培養液のストック液

成分	濃度	(mM)
NaCl	4760 mg	81.62 mM
KCl	360 mg	4.83 mM
MgSO$_4$・7H$_2$O	290 mg	1.18 mM
KH$_2$PO$_4$	160 mg	1.18 mM
EDTA.2Na	40 mg	0.11 mM
Na-Lactate (60% シロップ)	5.3 ml	28.30 mM
D-Glucose	1000 mg	5.55 mM
Penicillin G	50 mg	
Streptomycin	70 mg	
Phenol red (10 mg/ml solution in saline)	0.5 ml	
超純水	990 ml	
合計	1000 ml	

（注）オリジナルの CZB にはグルコースは含まれていない．

表 4.8　CZB-HEPES 培養液のストック液

PVA	50 mg
CZB ストック液	500 ml

表 4.9　塩化カルシウムの 100 倍濃度のストック液

CaCl$_2$ 2H$_2$O	2500 mg	(170 mM)
超純水	100 ml	

表 4.10　塩化ストロンチウムの 10 倍濃度のストック液

SrCl$_2$ 6H$_2$O	267 mg	(100 mM)
超純水	10 ml	

表 4.11　サイトカラシン B の 100 倍濃度のストック液

サイトカラシン B	1 mg
DMSO	2 ml

表4.12 最終培地

	CZB	CZB-Hepes	1倍体活性化培地	2倍体活性化培地
CZBストック液	99 ml		99 ml	99 ml
CZB-Hepesストック液		99 ml		
塩化カルシウムストック液	1 ml	1 ml		
NaHCO$_3$	211 mg (25.12 mM)	42 mg (5 mM)	211 mg (25.12 mM)	211 mg (25.12 mM)
ピルビン酸ナトリウム	3 mg (0.27 mM)	3 mg (0.27 mM)	3 mg (0.27 mM)	3 mg (0.27 mM)
L-グルタミン	15 mg (1.00 mM)	15 mg (1.00 mM)	15 mg (1.00 mM)	15 mg (1.00 mM)
BSA	500 mg		500 mg	500 mg
Hepes		520 mg (20 mM)		
ストロンチウムストック液			10 ml	10 ml
サイトカラシンストック液				1 ml

(注) 活性化培地はBSAまで加えた後，0.9 mlずつ小分けして保存しておき，使う直前にストロンチウムストック液を0.1 ml，サイトカラシンストック液を0.01 ml加えるとよい．

ブができ，最後の培地を使い切るのは約3週間後になってしまうが，これまでのところ問題は全くない．

2．卵子活性化培地

CZB液とまったく同じ方法で作るが，塩化カルシウムのストック液だけは加えない．滅菌ろ過後0.9 mlずつ小分けして冷蔵庫で保存する．実験当日，この培地0.9 mlに0.1 mlの塩化ストロンチウムのストック液（最終濃度10 mM）を加える．2倍体を作成したい場合は，さらに10 μlのサイトカラシンBのストック液（最終濃度5 mg/ml）を加える．

3）採　卵

1．実験当日研究室に着いたら，コーヒーを飲む前にシャーレにCZB培地のドロップを作り，ミネラルオイルで覆ってインキュベーターに入れておく．洗い用のドロップを同じシャーレ内に作っておくと便利なので，多めにドロップを作る．

2．採卵およびヒアルロニターゼ処理．

定法に従って行う．われわれは，CZB-HEPES培地に100倍濃度でストックしているヒアルロニターゼを混ぜ（最終濃度0.1％），室温で10分程度作用させている．取り出した卵子はCZB培地のドロップに移し，数回洗った後，使用時までインキュベーター内で保存しておく．取りだした卵子をすぐに活性化すると変性する場合が多いので，少なくとも1時間はインキュベーター内で培養すること．

4）卵子の活性化

1．培地のドロップを図4.21のようにシャーレの上部に三つずつ（最初の二つは洗い用）作り，下部にCZB培地のドロップを同様に三つずつ（同様に最初の二つは洗い用）作る．

2．卵子を活性化培地に移し，2回洗って3番目のドロップに移す．カルシウムがわずかでも混入すると活性化率が低下してしまうし，活性化の最中に卵子が死んでしまうこともあるので，できるだけCZB培地内にあるカルシウムを持ち込まないようによく洗う．

3．インキュベーターで約1時間培養する．もし2倍体を作成したい場合，およびマウスのクローンで利用する場合はサイトカラシンBを含む活性化培地で6時間培養する．

4．活性化後5〜6時間たつと，一倍体の場合，一つの前核と第2極体が実体顕微鏡でも観察でき

る．2倍体，およびクローン胚の場合，2個の前核が形成され，極体は放出されない．前核内には数個の核小体ができている．

5. 活性化終了時，死んだ卵子細胞質からでる物質により，活性化培地内に多量の結晶が形成され，他の生き残っている卵子の透明帯に結晶が張り付く場合がある．まるで細菌に感染されたような外見になるため，コンタミしたと勘違いして捨てたりしないように．洗ってもすぐには落ちないが，そのまま培養しても問題ない．

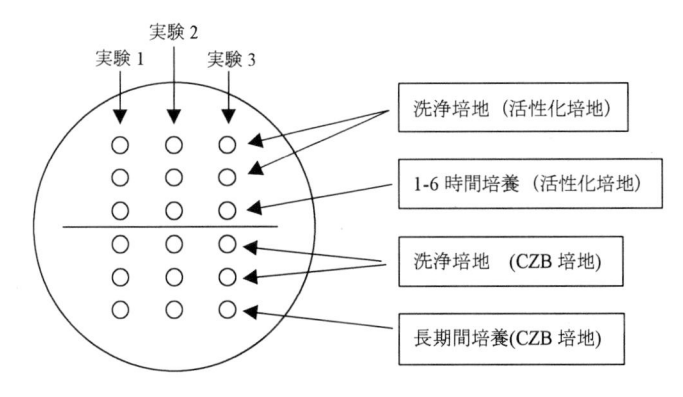

図 4.21 培養液のシャーレ内配置
シャーレの真ん中に線を引き，上側に活性化培地を三つ，下側に CZB 培地を三つ作る．縦に卵子を移動させながら，洗浄，活性化，洗浄，そして長期間培養する．実験区ごとに縦のドロップを作ると便利．

6. 活性化した卵子はCZB培地に移し，2回洗って3番目の培地で長期間培養を行う．

具体的例

排卵後6時間たった B6 D2 F1 マウス卵子を活性化した場合，活性化処理後数%の卵子が死んでしまう場合があるが，生き残った卵子はほぼ100%活性化している．この活性化の間に数個の卵子が死んでしまうのは避けられない現象である．塩化ストロンチウムの濃度を2mM以下にした場合，あるいは処理時間を20分以下にした場合，卵子の活性化率は急激に低下する．しかし排卵後の時間や，マウスの系統によって結果は大きく異なるので，実験に先駆け，それぞれの近交系にあわせた最適な濃度と処理時間を設定しなければならない．7〜10%のエタノールを加えたCZB-HEPESで卵子を5分間培養してもほとんどの卵子は活性化する．しかし刺激が強すぎるためか，最適な条件の設定がストロンチウムに比べて難しい．

おわりに

われわれの研究室では，体細胞クローンマウスの成功率を卵子の活性化方法の違いで比較してみた[6]．その結果，塩化ストロンチウム，エタノール，電気刺激のいずれで活性化させても産子の作出に成功したことから，どの活性化方法でも完全な発生刺激を与えられる可能性を示した[6]．しかし成功率はいずれも2%以下であり，われわれのストロンチウムを使った報告と差はなく[7,8]，どの方法も同じ程度に不十分な活性化刺激なのかもしれない．今後精子の卵子活性化因子などをもちいた完全な活性化刺激方法の開発が必要である．

参考文献

1) Bos-Mikich, A., Whittingham, D. G. and Kones, K. T.: Meiotic and Mitotic Ca^{2+} oscillations affect cell composition in resulting blastocysts. Dev. Biol., 182: 172–179 (1997).

2) Ogura, A., Matsuda, J. and Yanagimachi, R.: Birth of normal young after electrofusion of mouse

oocytes with round spermatids. Proc. Natl. Acad. Sci. USA, 91:7460-7462 (1994).

3) Swann, K. and Ozil, J. P.: Dynamics of the calcium signal that triggers mammalian egg activation. Int. Rev. Cytol., 152: 183-222 (1994).

4) Kline, D. and Kline, J. T.: Repetitive calcium transients and the role of calcium in exocytosis and cell cycle activation in the mouse egg. Dev. Biol., 149: 80-89 (1992).

5) Chatot, C. L., Lewis, J. L., Torres, I. and Ziomek, C. A.: Development of 1-cell embryos from different strains of mice in CZB medium. Biol. Reprod., 42:432-440 (1990).

6) Kishikawa, H., Wakayama, T. and Yanagimachi, R.: Comparison of oocyte-activating agents for mouse cloning. Cloning, 1: 153-159 (1999).

7) Wakayama, T., Perry, A. C. F., Zuccotti, M., Johnson, K. R. and Yanagimachi, R.: Full term development of mice from enucleated oocytes injected with cumulus cell nuclei. Nature, 394: 369-374 (1998).

8) Wakayama, T., Rodriguez, I., Perry A. C. F.,. Yanagimachi, R. and Mombaerts, P.: Mice cloned from embryonic stem cells. Proc. Natl. Acad. Sci. USA, 26: 14984-14989 (1999).

4.2 ウ シ*

はじめに

　受精前の哺乳類の卵子は，染色体が第2減数分裂中期の状態で停止しており，精子頭部が卵細胞膜と融合することをきっかけにして，卵子が発生するための活性化とよばれる一連の変化が生じる．その結果，透明帯反応や卵黄遮断によって精子が進入できなくなるとともに，雌性ならびに雄性前核が形成される．受精しなくても，第2減数分裂中期の卵子に電気刺激を与えたり，卵子をエタノール，カルシウムイオノフォア，ストロンチウム，低温などで処理を行うと，同じような活性化が生じて胚盤胞へと発生していく．このような単為発生卵を受胚雌へ移植すると，着床するが，妊娠途中で胎子が死滅し分娩に至ることはない（第I章1.3を参照）．初期胚の割球や体細胞をレシピエント卵子に融合したり，注入したりして行う核移植では，自然には活性化しないことから核移植の前後に活性化刺激を与えることが重要である．活性化の方法や時期が，核移植卵の発生能に大きな影響を与えるとされている．本稿では，われわれの研究室で行っている電気刺激を用いたウシ卵子の活性化法について紹介する．

核移植を想定したウシ卵子の活性化法

　ドナー細胞として初期胚の割球を用いて，細胞周期を同調せずに核移植を行う場合は，第2減数分裂中期の染色体を除去した未受精卵（レシピエント卵細胞質）に活性化刺激を与えてから9時間目に割球を融合する．体細胞をドナー細胞として用いる場合は，電気刺激を与えてレシピエント卵細胞質に融合すると同時に活性化させる．なお，ドナー細胞をレシピエント卵細胞質に融合させ，時間をおいてから活性化する場合は，融合液からカルシウムとマグネシウムイオンを除いて

---

* 角田　幸雄・加藤　容子

4. 卵子の活性化法

表 4.13 Zimmerman 液の組織

成分	分子量	g/l	濃度
Sucrose	342.3	95.84	0.28 M
$Mg(C_2H_3O_2)_2 \cdot 4H_2O$	214.5	0.107	0.5 mM
$Ca(C_2H_3O_2)_2$	158.2	0.016	0.1 mM
K_2HPO_4	174.2	0.174	1.0 mM
Glutathione	307.3	0.031	0.1 mM
BSA	25,000	0.01	0.01 mg/ml

おく.

実験法

a) 準備するもの

1. 器具・機器

細胞融合装置, 細胞融合チャンバー, 炭酸ガス培養器, 初期胚操作器具一式

2. 薬品

Zimmerman 液 (表 4.13) の作製に必要な試薬, CR 1 aa 液

b) 方法

Zimmerman 液の作製

1. 9.584 g sucrose, 0.011 g $Mg(C_2H_3O_2)_2 \cdot 4H_2O$, 0.002 g $Ca(C_2H_3O_2)_2$, 0.017 g K_2HPO_4, 0.003 g Glutathione を 80 ml の二次蒸留水に溶かす.
2. 1.0 mg 牛血清アルブミンを加える.
3. 1 N 塩酸を加えて pH 7.0 に合わせる.
4. 二次蒸留水で 100 ml とする.
5. 泡立てないようにろ過滅菌して 4 ℃ に保管し, 1 週間以内に使用する.

核移植の前に活性化する場合

1. 第Ⅳ章 7.2 に従って, 体外成熟卵子から第 2 減数分裂中期の染色体を除去する.
2. カルシウムとマグネシウムイオン濃度を本来の 1/10 量に調達した Zimmerman 液に卵子を移して数分間なじませ, 同液をみたした 1 mm 幅に電極をはりつけたスライド型チャンバーへ移す.
3. 0.75 kv/cm, 50 usec の直流パルスを 0.1 秒間隔で 2 回通電し, 10 μg/ml シクロヘキシミド添加 CR 1 aa 液で 6～9 時間培養する.

核移植と同時に活性化する場合

1. 第Ⅳ章 7.2 に従って, ドナー細胞をレシピエント卵子の囲卵腔へ注入する.
2. 注入卵を Zimmerman 液に移して数分間なじませ, スライドチャンバーへ移す.
3. 注入卵を動かしながらドナー細胞とレシピエント卵細胞質の接触面が電極に対して平行になるようにしてから, 1.5 kv/cm, 20 μsec の直流パルスを 0.1 秒間隔で 2 回通電して融合させると同時に活性化する.
4. さらに, 15 分間隔で 0.2 kv/cm, 20 μsec の電気パルスを 2 回与えるが, その間は炭酸ガス培養器内の 3 μg/ml BSA 加 CR 1 aa に移しておく.

5. 10 μg/ml シクロヘキシミドを含む3mg/ml BSA加CR1aaで6時間培養して，活性化を助ける．

c）具体例

染色体を除去せずに活性化刺激を与えた未受精卵を体外で8日間培養した場合の発生率は，成熟培養24時間目の若齢卵子を用いた場合54％，44時間目の過齢卵子を用いた場合12％であった[1]．また，活性化刺激を与えてから9時間目の除核未受精卵子に，体外受精由来胚の割球を核移植した場合の胚盤胞への発生率は，18％であった．

成ウシ，子ウシあるいは胎子の体細胞由来の培養細胞を，融合と同時に活性化刺激を与えた場合，23～50％が胚盤胞へ発生した[2,3]．

おわりに

ウシ未受精卵に活性化刺激を与えると，高率に胚盤胞へ発生する．しかしながら，単為発生卵が高率に発生する実験系が，核移植卵が個体へ発生するのに最適であるかどうかは不明である．また，卵細胞質内に持ち込まれたドナー細胞の染色体が，活性化される前の卵細胞質にさらされる時間も，核移植卵の個体への発生にとって重要と考えられている．

参考文献

1) 高野　博・小財千明・清水　悟・加藤容子・角田幸雄：ウシ単為発生卵の発生能が低い原因に関する一考察，日畜会報，67: 991-995 (1996).
2) Kato, Y., Tani, T., Sotomaru, Y., Kurokawa, K., Kato, J. Doguchi, H. Yasue, H., and Tsunoda, Y.: Eight calves cloned from somatic cells of a single adult. Science, 282: 2095-2098 (1998).
3) Kato, Y., Tani, T. and Tsunoda, Y.: Cloning of calves from various somatic cell types of male and female adult, newborn and fetal caws, J. Reprod. Fert., 120: 231-237 (2000).

5. 顕微授精法

5.1 マウス*

はじめに

顕微授精は，精子あるいは精細胞を顕微鏡下で操作して卵子を受精させる技術である．1976年に哺乳類最初の顕微授精がゴールデンハムスターで成功し，前核期卵子が得られたことから[1]，卵子の活性化や前核形成には，精子の運動性，先体反応，精子-卵子膜融合など一連の精子固有の能力は必要がないことが明らかにされた．それから約20年を経た1995年，マウスでようやく再現性の高い顕微授精法が確立された．これはピエゾマイクロマニピュレーター（以下ピエゾ）という特殊な装置が応用されたことによる[2]．現在では日常的に多くの研究室でこの装置を用いてマウス

---

* 小倉　淳郎

の顕微授精でデータが得られるようになった．ある程度の経験が必要ではあるが，一度コツを会得すると顕微授精だけでなく，ほぼ同じ技術が核移植クローンやキメラ作成に応用できる．ピエゾの使用法については，第IV章7.1のマウス核移植法でも触れられているので，そちらも参照していただきたい．顕微授精には他に透明帯処理による受精補助（partial zona dissection など）や精細胞（未成熟精子）による授精も含まれるが，ここでは細胞質内精子注入法（intracytoplasmic sperm injection；ICSI）についてのみ解説する．

マウス顕微授精の注意すべき点

マウスの卵子は，注入刺激，すなわち細胞膜に穴が開くことに対して非常に弱い．トランスジェニックマウス作成の前核DNA注入程度の穴であれば大丈夫であるが，精子核を注入するための直径5μm以上の穴が開いたら直ちに破裂する．これを防ぐためには，卵子細胞膜が伸張性に富むことを利用し，できるだけ卵子の奥深くで膜に穴を開け，膜が表面に戻って破裂する前に穴が塞がるようにする．この操作は，ピエゾを用いなくても可能であるが，一般に生存率は著しく低下する．操作や手順を工夫することで伸張精子細胞，円形精子細胞，一次および二次精母細胞を用いた顕微授精も可能であるが[3]，特殊なのでここでは触れない．マウスの顕微授精で重要な点は，顕微操作の機器を厳選し，常に良い状態に保つということである．その点についてはやや詳しく述べた．

実験法

a）準　備

1．器具・機器

微分干渉（ノマルスキー）装置あるいはホフマン装置付き倒立型顕微鏡：微分干渉装置はガラス，ホフマン装置はプラスチックのステージで用いる．一般にホフマン装置の方が安価である．筆者の経験では，無限遠光学系を採用した顕微鏡（ニコン，オリンパス，ライカの最新機種すべて）では微分干渉装置，それ以前の顕微鏡ではホフマン装置の方が鮮明な像を得られるようである．

マイクロマニピュレーター　三次元ジョイスティック型のマイクロマニピュレーターが必要．正立型と懸垂型があるが，どちらでも良い．ナリシゲ製（正立型と懸垂型）とライカ製（懸垂型のみ）があるが，操作感は大きく異なる．前者はジョイスティック部と駆動部が分かれており，水圧あるいは油圧式である．後者は完全な機械式であり，ジョイスティックの操作が直に駆動部へ伝わる．好みの問題はあるが，ナリシゲ製は，1）余分な振動がステージ上のピペット先端に伝わらない，2）ピエゾの操作に最も重要なX軸方向の微動ハンドルがある，という点で優れている．ライカ製は，1）丈夫であり，2）可動範囲が大きい点が優れている．

マイクロインジェクター　インジェクターの性能は，マウス顕微授精の効率を大きく左右する．陽圧と陰圧を交互に加えるので，指先の細かい回転操作が，時間差なくピペットの先に伝わる必要がある．ナリシゲ製（IM-6）およびエッペンドルフ製（Cell Tram Oil）が現在顕微授精に良好に用いることのできる市販中のインジェクターである．もしナリシゲ製のIM-4B，IM-5Bがある場合は，シリンジを1～2 mlのガラス製シリンジに交換すれば細かい操作が可能になり，マウス

顕微授精にも用いることができる．インジェクションピペット側のピペットホルダーは，ピエゾとともに入手できる専用のホルダーに交換した方がピエゾの力が安定する．エッペンドルフ製のインジェクターは，本体，チューブ，ホルダーが特殊な形状をしている．操作性は非常にすぐれているが，ホルダー部の表面の材質から，ピエゾの力がやや弱まるようである．

ピエゾマイクロマニピュレーター 現在いくつかの会社から入手が可能なようであるが，プライムテック（以前はプリマハム）製以外の選択肢はほとんどないのが現状である．汎用型（MB-B）ではなく，円筒同軸型（MB-U）を用いる．

ガラスピペットプーラー ナリシゲ製とサッター（Sutter Instrument Co.）製が現在市販されている主なプーラーである．マウスの顕微授精は，先端が平行な（先細りでない）インジェクションピペットを用いるので，できればサッター製のプーラーを用意した方が良い．高価ではあるが，数多くの設定が記憶でき，また再現性も非常に高い．

マイクロフォージ インジェクションピペットの切断，ホールディングピペットの先端の加工，ピペットの曲げなどに用いる．ナリシゲ製とライカ製が一般に普及している．インジェクションピペットの加工には最低×100の倍率が必要である．

・**その他の機器** 一般的な卵子や胚の操作に必要な実体顕微鏡，炭酸ガス培養器，純水作製装置など．

・**器具類** キャピラリーガラス管（マイクロピペット作製用．サッター製 B100-75-100 または Drummond Microcaps $50\ \mu l$），プラスティックシャーレ（胚培養および顕微操作ステージ用），その他一般的な卵子や胚の操作に必要な器具類．プラスティックシャーレは，培養液のドロップが広がらないものがよい（FALCON #1001，#1007，#1008など）．

2．薬　品

培地の作製に必要な試薬，ヒアルロニダーゼ，流動パラフィン（またはミネラルオイルやシリコンオイル）．

3．動　物

雌：特別な理由がない限りは，卵子の注入後の生存性と発生能から，B6 D2 F1（C57 BL/6 雌と DBA/2 雄の交配による F_1）を用いると良い．

雄：精子あるいは精細胞の系統によって結果が左右されるかどうかは未検討である．最初は B6 D2 F1 あるいは C57BL/6 のように一般的でかつ遺伝的に個体差の少ないハイブリッドあるいは近交系を用いると良いと思われる．

b 方　法

1．培養液の準備

筆者らは，卵子および胚の培養に CZB 液を，そして顕微操作には HEPES 緩衝 CZB 液（HEPES-CZB）を用いている．これらの組成および作製方法については，第IV章4.1のマウス卵子の活性化法を参照．CZB 液以外に M16，Whitten's medium などマウス胚の培養に一般に用いられる培養液でも良い．BSA を加えてから濾過滅菌をした培養液で常法通り 3 cm または 6 cm のプラスティックシャーレに適当な数のドロップを作り，オイルで覆う．ドロップの大きさと入れる胚の数で発生の結果がぶれることがあるので，これらは一定に決めておく．オイルは，ミネラルオイル，

流動パラフィン，シリコンオイルいずれも使用可能であるが，前2者はロットで性状が変わるので，チェックが必要である．またシリコンオイルは，水分を吸収する性質があるので，あらかじめポリスチレンチューブ中で少量の純水と重層して炭酸ガス培養器中に保ち，水と平衡させておくとよい．

2．精子浮遊液の準備

顕微授精用の精子は，マウスでは精巣上体から得るのが普通である．運動性の高い精子を選択したい場合は，通常のドロップで前培養したり，swim-up法を用いるので，CZBまたはTYHを用意する（マウスの体外受精の項参照）．

3．顕微操作用のピペットの作製

・インジェクションピペット　外径$5〜7\,\mu m$のところが十分な長さ（最低$500\,\mu m$）があるようにプーラーでキャピラリーガラス管を延ばす．マイクロフォージを用いて，その外径$5〜7\,\mu m$のところで垂直に折る．垂直に折るには，マイクロフォージのフィラメント先端に作ったガラス玉にガラス管を触れさせ，徐々にフィラメントに熱を加えてガラス管が溶けだしたところで電流を切る．折ったガラス管をそのまま用いても良いが，フッ化水素で壁を薄くするとピエゾの効果が増す．ガラス管を適当なチューブで$5〜10\,ml$注射器に接続し，$5〜10\%$のフッ化水素中で液と空気を出し入れし，次に同様に純水で洗い，最後にアセトンで洗う．フッ化水素の濃度，処理する時間など数回試み，自分で適切な条件を設定する．フッ化水素処理をすると，内径も拡大する．精子および精子細胞とも内径$4〜5\,\mu m$のインジェクションピペットを用いるが，精子細胞は$3\,\mu m$でも注入が可能である（ただし注意しないと核にダメージを与える）．ガラス管の後ろから，延ばした弾力性のあるプラスチックチューブなどで水銀を注入する．ガラス管内の長さで$1\,mm$程度入れれば良い．注入する水銀の量を増やすとピエゾの効果が増すことがある．水銀は蒸発するので，使用直前にガラス管に注入する．筆者らは，インジェクションピペットを先端から$2〜5\,mm$のところで$10〜20$度曲げ，先端部が水平になるようにセットしている．プライムテック社によるとピエゾを用いた注入操作に適正なインジェクションピペットは，ストレートあるいは2回曲げのものであるが，1回曲げでも問題なく使用できる．先端部の軸がピエゾの動きの方向とずれるが，マイクロマニピュレーターによる動作とは平行になる．また，ピペット中に多くの精子頭部あるいは精子細胞核を納めても，これらがほぼ同じピントで視認できるという利点もある．

・ホールディングピペット　プーラーで延ばしたキャピラリーガラス管を外径約$100\,\mu m$の部分で折る．上記のようにマイクロフォージで折る方法と，ダイヤモンドペンのように微細な傷をガラスに付けられる道具で肉眼で折る方法がある．

4．顕微操作用のステージ（シャーレ）の用意

上述のプラスチックシャーレのフタを用いる．ホフマン装置を用いる場合はそのままで良いが，微分干渉装置を用いる場合は，何らかの方法で底の一部をガラスに置き換える．筆者らは，熱した金属製の輪を底に当てて穴を開け，そこにカバーガラスをシリコン充填接着剤で貼り付けて用いている．操作用の各種ドロップは，第Ⅳ章7.1のマウス核移植法を参照．サイトカラシン入りのドロップは必要ない．

5. 精子注入操作

常法通り過排卵処理をした雌マウス卵管から成熟卵子を採取し，ヒアルロニダーゼ処理により卵丘細胞を除く．数回洗浄の後，精子注入に用いる．通常の室温で注入は可能である．精巣上体精子をステージのPVPドロップへ入れる．精子を尾側からインジェクションピペット内へ吸い込み，頭部－尾部接合部をピペット先端にひっかけると同時にピエゾのパルスを数回与えて接合部で切断する．これを繰り返し，数個の頭部を一定の間隔を空けてインジェクションピペットに納める．卵子を置いたドロップへインジェクションピペットを移動し，ホールディングピペットで保持した卵子へ精子頭部を1個ずつ注入する．注入は，まずやや強めのピエゾの設定で透明帯を貫通させる．細胞膜を破らないようにインジェクションピペットを卵子の反対側奥深くまで挿入し，そこで最小限度の強さで1，2回ピエゾのパルスをかけて膜に穴を開ける．このとき，伸びて引っ張られていた膜が戻るのを確認する．精子核を卵子細胞質内に押し出した後，ピペットを引き抜く．この時，卵子細胞膜が同時に引きずり出されると，卵子は死んでしまう．注入後の卵子は，そのまま室温で5～10分静置してから炭酸ガスインキュベーターへ戻す．技術に習熟すると，体外受精にやや劣る程度の効率で産子が得られる．

その他のICSI技法として，尾部付き精子を注入する方法[2]とあらかじめ頭部を分離しておいた精子を注入する方法[4]がある．いずれも注入後に産子へ発生する．尾部も注入する場合，PVP液も同時に注入されるので，すぐにインジェクションピペットで回収する．あらかじめ頭部を分離するには，ホモゲナイザーや超音波破砕機で処理をするが，染色体を傷めないように適度な強さで処理をし，細胞内液と同じカリウムイオン主体の液で保存する必要がある[4]．またフリーズドライ処理やTriton-X処理後のマウス精子を用いても産子が得られる[5]．この前処理で細胞膜に穴を開けた精子にDNAを付着させると，ICSI後に遺伝子導入マウスが得られることが明らかにされている[6]．

おわりに

マウスの顕微授精技術は，その必要性が認められているにもかかわらず，未だに広く普及されているとはいいがたい．その理由は，研究室内で行われる生物学の実験としては類を見ないほど長期間の経験を必要とすることや，本や論文に書いてあるとおりに進めてもうまくいくとは限らないことなどが挙げられる．そこで本稿においては，読者も気付かれるように，機器についてやや詳細に説明した．どんなに練習しても，不適切な機器を用いては成功はおぼつかないからである．スペースの関係で筆者らの実験系のすべてを書ききれなかったが，拙稿が新たにマウスの顕微授精や核移植を始める，あるいはすでに始めて困難を感じている方々の助けになれば幸いである．

参考文献

1) Uehara, T. and Yanagimachi, R.: Microsurgical injection of spermatozoa into hamster eggs with subsequent transformation of sperm nuclei into male pronuclei. Biol. Reprod., 15: 467-470 (1976).

2) Kimura, Y. and Yanagimachi, R.: Intracytoplasmic sperm injection in the mouse. Biol. Reprod., 52:

709-720 (1995).
3) 小倉淳郎・松田潤一郎,・鈴木 治: 蛋白質 核酸 酵素増刊, 43: 522-529 (1998).
4) Kuretake, S., Kimura, Y., Hoshi, K. and Yanagimachi, R.: Fertilization and development of mouse oocytes injected with isolated sperm heads. Biol. Reprod., 55: 789-795 (1996).
5) Wakayama, T. and Yanagimachi, R.: Development of normal mice from oocytes injected with freeze-dried spermatozoa. Nature Biotechnology, 16: 639-641 (1998).
6) Perry, A. C. F., Wakayama, T., Kishikawa, H., Kasai, T., Okabe, M., Toyoda, Y. and Yanagimachi, R.: Mammalian transgenesis by intracytoplasmic sperm injection. Science, 284: 1180-1183 (1999).

5.2 ウ シ*

はじめに

ウシにおいては，射出精子の耐凍性が優れているため，主に凍結保存精液を用いた人工授精によって子牛生産が行われている．また，体外受精によるウシ移植胚の大量生産にも凍結保存精液が用いられている．そのため，最近までは，ウシを生産する技術として顕微授精技術の意義は見いだされなかった．しかし，ウシ胚移植技術の実用化と普及に伴い，顕微授精技術,特に卵細胞質内精子注入法（Intracytoplasmic sperm injection, ICSI）は，優秀な種雄牛の凍結融解精子を有効に利用し，優秀な能力と経済的に高い価値を持つウシを効率的に生産する上で，今後重要な役割を担うことが予想される．

ICSIは，単一精子または精子核を卵細胞質内へ直接注入する顕微授精法である[1,2]．凍結保存精液ストローが数本しかない場合でもICSIによって精子の数だけ胚を生産することが可能となる．また，受精に使用できる卵子数が少ない場合，例えば経膣採卵による1回10個前後の採卵でも，ICSIによって優秀な種雄牛精子を経済的に使用することができる．さらに，X-, Y-分別精子をICSIに使用することで雌雄の産み分けも可能である[3]．これまでのウシ卵子の体外成熟・体外受精・体外培養に関する研究データの蓄積とマウス[4,5]，ハムスター[6,7]，ヒト[8]のICSIに関する研究の知見から，ウシにおいても確実で再現性のあるICSIの開発が進められている[9]．本稿では，我々の研究室で改良し，発展させたウシのICSIについて紹介する．

ウシICSIの研究の歴史とICSI技術の改良の概略

ウシでは死滅精子のICSIによって，1984年 Westhusin et al.[10] が低率ながら前核形成と卵割を報告し，1990年 Keefer et al.[11] が2～4細胞期への発生を報告した．同年，Goto et al.[12] はウシ死滅精子のICSIによって世界で初めて子牛生産の成功を報告し，得られた3頭の子牛の発育，行動，繁殖性の正常性を確認した[13]．その後，死滅精子を用いたウシICSIの報告が多くなされているが[14～17]，前核形成率と卵割率は低率でバラツキが大きく，実用的な技術に至っていない．これまで，ウシでは通常の方法（コンベンショナルICSI）すなわち研磨したガラスの針先で卵細胞膜を穿

---
* 堀内 俊孝

刺する方法が用いられてきたが，この方法ではウシの卵細胞膜を確実に破ることができない．そのため，この前核形成率のバラツキの原因としてはICSIの方法が重要な要因と考えられた．Katayose et al.[18]は，マウスのICSIで使用されたピエゾ・マイクロマニピュレータがウシのICSIにおいても有効であることを報告した．ヒトICSIでは卵細胞質の吸引によって穿刺を確認する方法が行われているが，ウシでは精子頭部のサイズが大きく卵子へのダメージが大きい．われわれもピエゾ・マニピュレータを用いたICSIによって精子注入後の安定した雄性前核の形成を確認した[9]．

また，技術的な失敗すなわち精子注入の失敗を見極める指標を模索し，精子注入後4時間までに第二極体を放出した卵子の約80%で雌雄両前核を形成することを見いだした．しかし，活性化処理なしでは卵割率は低率であった．7%エタノール5分間の単独活性化処理ではウシ卵子Agingに依存して卵子の活性化が生じ，体外成熟後28時間以降では大部分の卵子で活性化が誘起される．そのため，ICSIを体外成熟後22～24時間に実施し，その4時間後に第二極体の放出を確認し，その時点で活性化処理を行うシステムを確立した．さらに生存精子と死滅精子でのICSIを比較したところ，両精子のICSIの間で第二極体の放出率に差はないが，生存精子のICSIによって卵割率と胚盤胞期率が高くなることや死滅精子のICSIでは卵割率が著しく低下することを報告した[19]．Pavasuthipasit et al.[20]もウシ生存精子を用いて，従来と比べ高い受精率と発生率を報告した．Rho et al.[21,22]はウシ卵子の有効な活性化処理法の研究から5μM ionomycinの5分間処理後3時間から1.9mM 6-DMAPを3時間処理する方法を考案した．この方法によって高い卵割率と胚盤胞期への発生率が得られた．しかし，sham injection（疑似注入）においても胚盤胞期への発生率が高く胚移植によって産子は得られなかった．現在，我々のICSIでは，第二極体の放出率が約70%，そのうち75%が卵割し，体外培養によって約20%が胚盤胞期へ発生する．胚移植によって産子も得られている．

実験法

a）準　備

1．器具・機械

マイクロマニピュレータ（ニコン TE300, MM-188, MO-188NE；オリンパス IX70, ONE-99, ONO231D），ピエゾマイクロマニピュレータ（プライムテック PMM-140FU），ピペット・プラー（サッター IVF-97），マイクロフォージ（ナリシゲ），炭酸ガスインキュベータ，マルチガス小型インキュベータ（アステック），クリーンベンチ，実体顕微鏡，倒立顕微鏡，恒温水槽，遠心機，オートクレーブ，乾熱滅菌器，冷蔵庫，冷凍庫，マイクロピペット，培養皿，試験管

2．薬　品

培地の作製に必要な無機化合物はナカライテスクの分析用特級の試薬を用いた（培養液のための試薬はグレードを注意する），ヒアルロニダーゼ（Sigma, H-3506），コラゲナーゼ（新田ゼラチン，S-1　260 units/mg），ミネラルオイル（Sigma），PVP（#99219, Irvine Scientific, CA,），血清，アミノ酸溶液（Sigma）

5. 顕微授精法

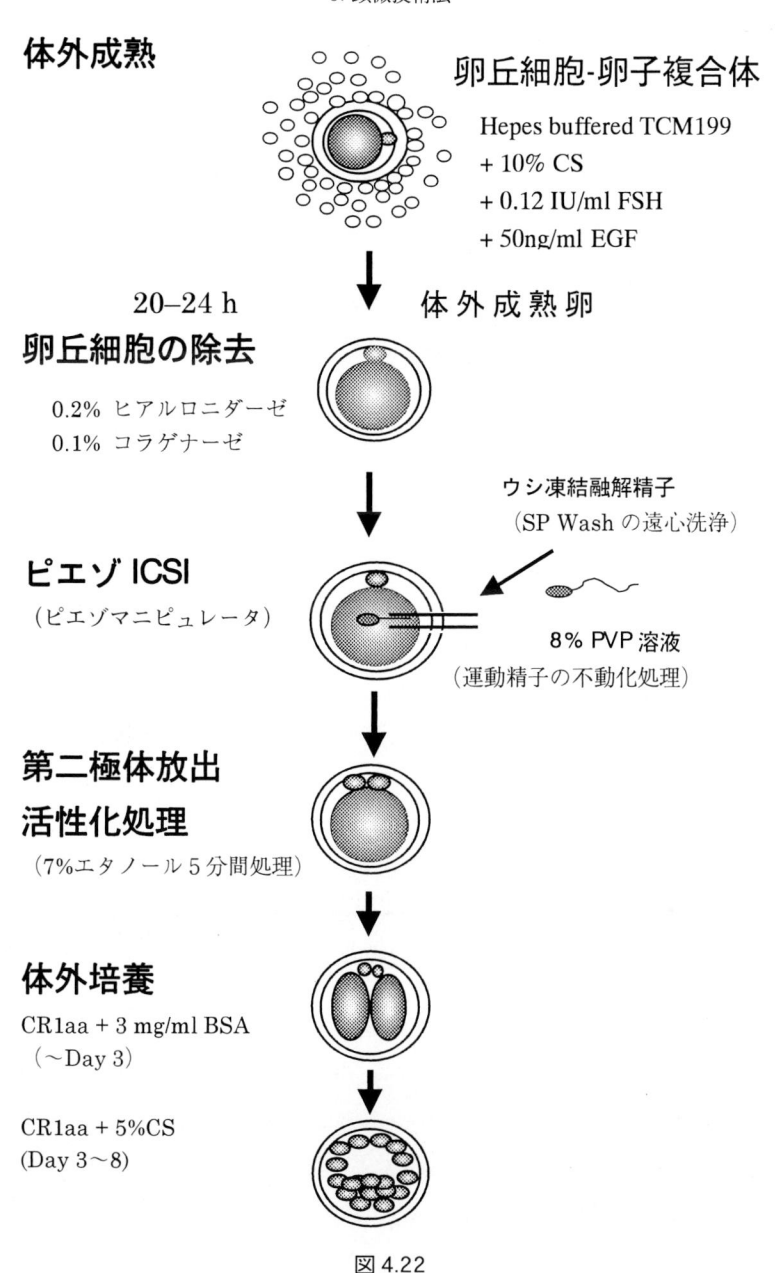

体外成熟
卵丘細胞-卵子複合体
Hepes buffered TCM199
+ 10% CS
+ 0.12 IU/ml FSH
+ 50 ng/ml EGF

20–24 h

体外成熟卵

卵丘細胞の除去
0.2% ヒアルロニダーゼ
0.1% コラゲナーゼ

ウシ凍結融解精子
(SP Wash の遠心洗浄)

ピエゾICSI
(ピエゾマニピュレータ)

8% PVP 溶液
(運動精子の不動化処理)

第二極体放出
活性化処理
(7%エタノール5分間処理)

体外培養
CR1aa + 3 mg/ml BSA
(〜Day 3)

CR1aa + 5%CS
(Day 3〜8)

図 4.22

b) 方　法

操作の概略を図4.22に示した．以下，各段階ごとに培地の作製および操作法を示す．

<u>体外成熟</u>

　顕微受精には，屠畜の卵巣から採取されたウシ未成熟卵子，生体の卵巣から経膣採卵で採取されたウシ未成熟卵子を体外成熟させ用いる．ウシ未成熟卵子の体外成熟法については，前述の体外成熟法を参照する（第Ⅱ章5.2，5.4）．

卵丘細胞の除去

培地の作製

1) 0.2％ヒアルロニダーゼ溶液
1. 20 mg ヒアルロニダーゼを化学天秤で計り，10 ml の M2 に加え溶解する．
2. ろ過滅菌後，1.5 ml マイクロチューブに 0.5 ml を分注し，－20℃で保存する．

2) 0.1％コラゲナーゼ保存液
1. 10 mg コラゲナーゼを化学天秤で計り 100 μl の D-PBS（－）に加え溶解する．
2. 10 μl ずつ 1.5 ml マイクロチューブに分注し，－20℃で保存する．
3. 使用 30 分前にインキュベータに入れて融解し，M2＋10％CS を 1 ml 加え，0.1％濃度で使用する．

3) M2（第Ⅱ章5.2，表2.6および第Ⅱ章5.4，表2.11参照）

卵丘細胞除去パスツールピペット

1) パスツールピペットの準備
1. パスツールピペットの先端を小型ガスバーナーの火で溶かし引っ張る．卵子の直径より少し大きい穴のピペットとし，先端部分をきれいにカットする．
2. はじめは卵子の直径の 1.5 倍ぐらいの孔径のパスツールピペットで卵丘細胞を除去し，透明帯の周囲に残る卵丘細胞は卵子の直径より少し大きい孔径のパスツールピペットを用いる．
3. 先端部がきれいにカットされないとウシ卵子は壊れてしまう．また，卵子の直径より小さいと透明帯が割れ，細胞質が流失したり，第一極体が移動したりするので注意する．

操　作

1. 0.2％ヒアルロニダーゼ溶液を 35 mm 培養皿（Falcon, 1008）に注ぎ，20～24 時間の体外成熟卵子を漬ける．
2. パスツールピペット先端内で卵子を出し入れして卵丘細胞を物理的に除去する．
3. M2＋10％CS に卵子を移し洗浄後，再度ピペッティングする．
4. 0.1％コラゲナーゼ溶液に卵子を移し，ピペッティングで残った卵丘細胞を完全に除去する．
5. M2＋5％CS で洗浄し，TCM 199＋5％CS の培養ドロップに移す．
6. 第一極体の放出した卵子を選別する．

顕微受精（ICSI）

培地の作製

1) 卵子操作液
1. 5％CS＋M2（第Ⅱ章5.2，表2.6および第Ⅱ章5.4，表2.11参照）

1) 精子注入培地
1. ICSI-PVP として 10％PVP を使用する．
2. PVP（＃99219, Ievine Scientific, CA, 輸入元；ナカメディカル，1 vial に 1 mg の洗浄済み polyvinylpyrrolidone 含有）にろ過滅菌 M2 を 1 ml 加えて調整する．
3. 調整は少なくとも使用 1 日前に行い，4℃に冷蔵保存する．約 1 カ月使用可能である．

2）精子洗浄液
1. 凍結保存精子を融解後の精子洗浄液は SP Wash（SP-TLP-Pent）を使用する．この培地の作製法は第Ⅱ章5.4の表2.10を参照する．
3）活性化処理培地（7％エタノール）
1. 9.3 ml の 25 mM Hepes buffered TCM 199 を滅菌ディスポーザブル試験管に取る．
2. 0.7 ml のエタノールを加え，攪拌後，10 mg の PVP-40 を加え溶解する
4）体外培養液
1. 体外培養液は体外受精卵子の培養と同様に CR 1 aa を用いる．CR 1 aa の作製法第Ⅱ章5.4の表2.12を参照する．

マイクロマニピュレーションの準備

1）CR 1 aa ホールディング・ピペットとインジェクション・ピペットの準備
1. ピペット・プラーでガラスキャピラリーを引っ張り，ホールディング・ピペットとインジェクション・ピペットを作製する．
2. ホールディング・ピペットは外径 60〜80 μm で，先端をマイクロフォージの白金線のガラス玉の熱で溶解し，丸くする．
3. インジェクション・ピペットは，先端をカットし，ガラスキャピラリーの一部に微量の水銀（約1 mm）を配置する．

2）ホールディング・ピペットとインジェクション・ピペットのマイクロマニピュレータへのセッティング
1. ホールディング・ピペット　とインジェクション・ピペットをマイクロマニピュレータにセットする．
2. ホールディング・ピペット先端とインジェクション・ピペット先端を直線上に配置する．

3）精子の準備
1. 凍結精子ストローを1本 35℃ の温水中で融解する．
2. IVF と同様に凍結融解精子を精子洗浄液（Sperm Wash）で2回遠心洗浄する．
3. 最終的に洗浄精子を3〜5 ml に希釈する．
4. 1.5 ml マイクロチューブに 40 μl ICSI-PVP と 10 μl 精子液を加え混合する．

4）ICSI の操作ディッシュの準備
1. 培養皿の蓋（Falcon 1006）の上部に 10 μl の 10％ PVP 液，中央に 10 μl 精子液，サイドに 5 μl の M2＋5％ CS ドロップを配置する．
2. 培養皿の蓋に配置した 10％ PVP，精子液，培養ドロップはミネラルオイル（スクイブ）で覆う．

操　作

1. 卵丘細胞を除去した第一極体の認められる体外成熟卵子（体外成熟開始後 22〜24 時間）を ICSI の操作ディッシュの M2＋5％ CS ドロップに配置する．
2. マイクロマニピュレータの倒立顕微鏡に ICSI の操作ディッシュを置く．
3. インジェクション・ピペットを粗動電動マニピュレータで下げる．

4. 運動精子の尾部をインジェクション・ピペットで傷つけ運動性を停止させる.
5. 運動を停止した精子をインジェクション・ピペットに吸引する.
6. ピエゾマイクロマニピュレータによって透明帯を通過させる（図 4.23 A）.
7. 卵細胞膜をピエゾパルスで穿刺し，精子を注入する（図 4.23 B）.
8. ICSI を終えた卵子は，TCM 199 ＋ 5 ％ CS に戻し，培養を継続する.
9. ICSI 後 4 時間目に第二極体を放出した卵子と放出しなかった卵子に選別し，7 ％ エタノール（TCM199 ＋ 1 mg/ml PVP-40 使用）で 5 分間処理を行う.
10. 活性化処理後，50 μl の CR 1 aa ＋ 3 mg/ml BSA のドロップに卵子を配置し，38.5 ℃，5 ％ CO_2，7 ％ O_2，88 ％ N_2 の気相条件下で 72 時間（3 日間）培養する. 次いで 50 μl の CR 1 aa ＋ 5 ％ CS ドロップに移し替え，さらに 4〜5 日間培養を継続する.
11. ICSI 後 3 日目では，2 細胞期，4 細胞期，8 細胞期への発生数を記録する. 6 日目では，桑実期と胚盤胞期，7〜8 日目に胚盤胞期（図 4.24 A）への発生胚数を記録する.

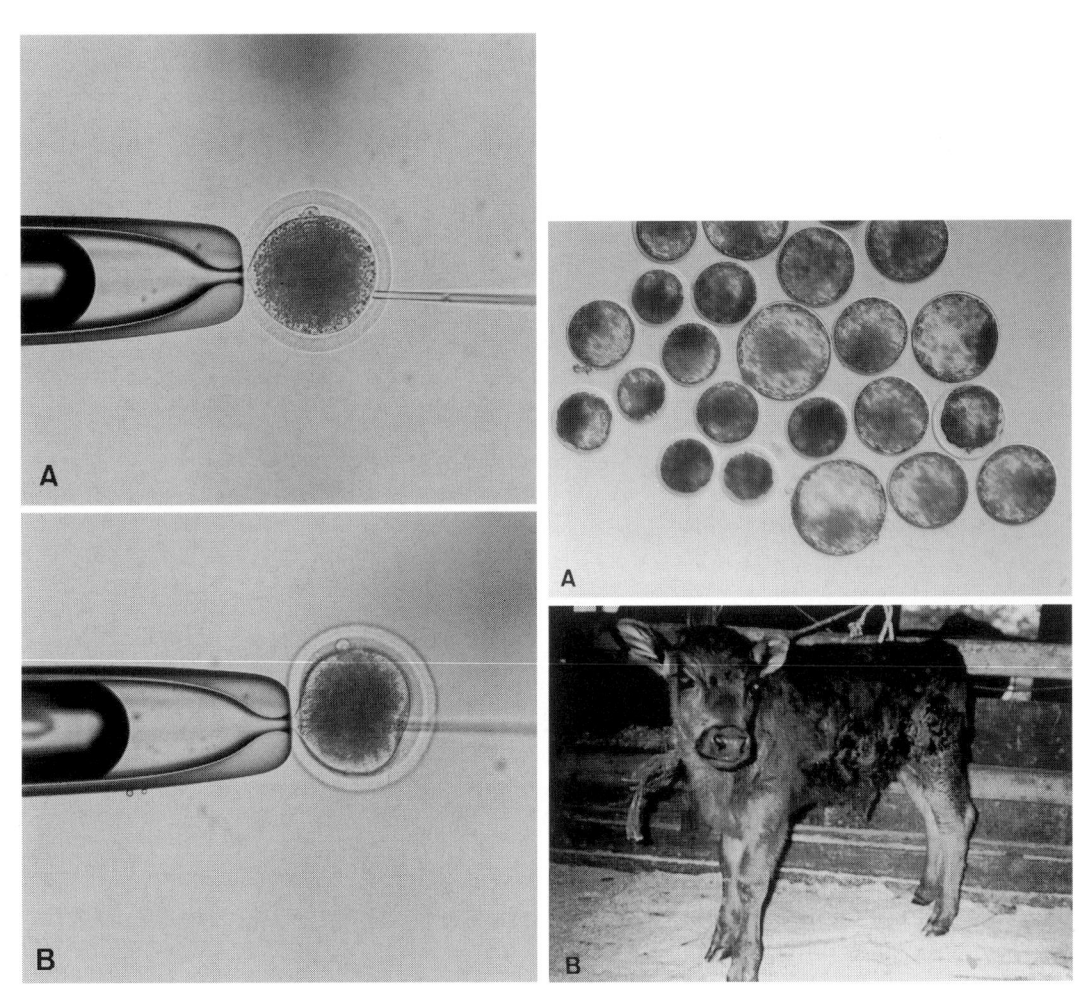

図 4.23

図 4.24

c）具体的例

1997年8月～1999年10月の期間において，本稿に示した方法で1,488個のウシ成熟卵子（第1極体確認）にICSIを実施した結果，ICSI後4時間で1,050個（70.6％）に第二極体の放出が確認され，このうち74.7％（784個）が2細胞期へ発生し，44.5％（467個）が8細胞期へ発生した．さらに，ICSI後6日目に33.0％（346個）が桑実期へ発生し，ICSI後7日目に24.4％（256個）が胚盤胞期まで発生した．

おわりに

本稿で示した顕微授精の方法によって作出した胚盤胞期胚の移植の結果，産子が得られた（図4.24 B）．少なくとも，生存精子を用いたICSIによって得られた胚盤胞期胚が子牛まで発生する能力を有することは確認された．我々の方法は，従来の報告と比べ，卵割率と胚盤胞期への発生率は高く，その率は安定しており，複数の術者によってその再現性の高いことが確認された．受胎率は通常の胚移植と同様な結果となっており，現在，子牛生産率を検討中である．

一方，死滅精子や分離精子核を卵細胞質内に注入したとき，第二極体は生存精子のICSIと同様な割合で放出し，前核形成率も差が認められないが，卵割率は著しく低率で，胚盤胞期への発生率も低い[9]．この高い前核形成率に関わらず低い卵割率の原因は今のところ不明であり，精子セントリオールの動態や前核の移動を含め[23]，検討すべき重要な課題である．

参考文献

1) 菅原七郎編，佐久間勇次・正木淳二監修：図説 哺乳動物の発生実験法，学術出版センター，pp.237-229 (1986).

2) 辻井弘忠・高橋寿太郎・梅津元昭編，菅原七郎監修：動物生殖機能実験の手引き，川島書店，pp.150-155 (1996).

3) Hamano, K., Li, X., Qian, X., Funauchi, K., Furudate, M. and Minato, Y.: Gender preselection in cattle with intracytoplasmically injected, flow cytometrically sorted sperm heads, Bio. Reprod., 60: 1194-1197 (1999).

4) Kimura, Y. and Yanagimachi, R.: Intracytoplasmic sperm injection in the mouse, Biol. Reprod., 52: 709-720 (1995).

5) Wakayama, T. and Yanagimachi, R.: Development of normal mice from oocytes injected with freeze-dried spermatozoa, Nature Biotech., 16: 639-641 (1998).

6) Yanagida, K., Yanagimachi, R., Perreault, S. D. and Kleinfield, R. G.: Thermostability of sperm nuclei assessed by microinjection into hamster oocytes, Biol. Reprod., 44: 440-447 (1991).

7) Katayose, H., Matsuda, J. and Yanagimachi, R.: The ability of dehydrated hamster and human sperm nuclei to develop into pronuclei, Biol. Reprod., 47: 277-284 (1992).

8) Huang, T., Kimura, Y. and Yanagimachi, R.: The use of piezo micromanipulation for intracytoplasmic sperm injection of human oocytes, J. Assist. Reprod., 13, 320-328 (1996).

9) Horiuchi, T. and Numabe, T.: Intracytoplasmic sperm injection (ICSI) in cattle and other domestic

animals: problems and improvements in practical use, J. Mamm. Ova Res., 16, 1-9 (1999).

10) Westhusin, M. E., Anderson, J. G., Harms, P. G. and Kraemer, D. C.: Microinjection of spermatozoa into bovine eggs, Theriogenology, 21: 274-275 (1984).

11) Keefer, C. L., Younis, A. I. and Brackett, B.G.: Cleavage development of bovine oocytes fertilized by sperm injection, Mol. Reprod. Dev., 25: 281-285 (1990).

12) Goto, K., Kinoshita, A., Takuma, Y. and Ogawa, K.: Fertilization of bovine oocytes by the injection of immobilized, killed spermatozoa, Vet. Rec., 24: 517-520 (1990).

13) Goto, K. and Yanagita, K.: Normality of calves obtained by intracytoplasmic sperm injection, Hum. Reprod., 10: 1554 (1995).

14) Heuwieser, W., Yang, X., Jiang, S. and Foote, R. H.: A comparison between in vitro fertilization and microinjection of immobilized spermatozoa from bulls producing spermatozoa with defects, Mol. Reprod. Dev., 33: 489-491 (1992).

15) Li, X., Iwasaki, S. and Nakahara, T.: Investigation of various conditions in microfertilization of bovine oocytes and subsequent changes in nuclei and development to embryos, J. Rerod. Dev., 39: j49-55 (Jpn), (1993).

16) Catt, J. W. and Rhodes, S. L.: Comparative intracytoplasmic sperm injection (ICSI) in human and domestic species, Reprod. Fertil. Dev., 7: 161-166 (1995).

17) Chen, S. H. and Seidel, G. E. J.: Effects of oocyte activation and treatment of spermatozoa on embryonic development following intracytoplasmic sperm injection in cattle, Theriogenology, 48: 1265-1273 (1997).

18) Katayose, H., Yanagaida, K., Shinoki, T., Kawahara, T., Horiuchi, T. and Sato, A.: Efficient injection of bull spermatozoa into oocytes using a piezo-driven pipette, Theriogenology, 52: 1215-1224 (1999).

19) Horiuchi, T., Emuta, C., Yamauchi, Y., Oikawa, T. and Numabe, T.: Intracytoplasmic sperm injection (ICSI) with bull spermatozoa immobilized by tail scoring, Therigenology, 51: 357 (1999).

20) Pavasthipaisit, K., Kitiyanant, Y. and Tocharus, C.: Embryonic development of bovine oocytes fertilized by sperm microfertilization : Comparison between subzonal and ooplasmic injection, Theriogenology, 41: 270 (1994).

21) Rho, G. J., Wu, B., Kawarsky, S., Leibo, S. P. and Betteridge, K. J.: Activation regiments to prepare bovine oocytes for intracytoplasmic sperm injection, Mol. Reprod. Dev., 50: 485-492 (1998).

22) Rho, G. J., Kawarsky, S., Johonson, S., Kochhar, K. and Betteridge, K. J.: Sperm and oocyte treatments to improve the formation of male and female pronuclei and subsequent development following intracytoplasmic sperm injection into bovine oocytes, Biol. Reprod., 59: 918-924 (1998).

23) Navara, C. S., Wu, G., Simerly, C. and Schatten, G.: Mammalian model systems for exploring cytoskeletal dynamics during fertilization, In: Cytoskeletal mechanisms during animal development, (eds.), Capco, D.G., Academic press, San Diego, pp.321-342 (1995).

5.3 ヒ ト*

はじめに

顕微授精法には透明帯開口法（zona drilling 法[1]），partial zona dissection 法[2]，zona opening 法[3]），囲卵腔内精子注入法[4]，卵細胞質内精子注入法（intracytoplasmic sperm injection：ICSI）[5] の3種類がある．顕微授精後の受精率が高く，多精子受精が起こらないという理由で，臨床的に有用性が高いと評価され，普及率が最も高いのは ICSI である[6]．哺乳動物の ICSI の歴史の中でヒトへの応用はウシ，ウサギに次いで報告されたが，他の動物の成績をしのぎ哺乳動物の中では最も産子獲得率が高いのが現状である．これにはヒトの配偶子の培養が容易で，比較的外的刺激に強く，単為発生を起こしにくく，受精させやすい事などが大いに関与している．ヒトの場合このように臨床先行のきらいがあるが，基礎研究に顕微授精法を導入することは受精のメカニズムの解明に大きな成果をもたらすものである．本稿では代表的な ICSI をとりあげ，改良法である piezo-ICSI[7,8] についても解説する．Piezo-ICSI は piezo 素子の振動を利用したピエゾマイクロマニピュレーター（PMM）を用いる方法であり，ピペットを押し当ててできる卵の変形を来さないで卵透明帯と細胞膜の穿破をスムースに行うことができ，結果として ICSI 後の生存率，受精率を向上させうる．

倫理的配慮

ヒト精子と卵子を検体とする以上，提供者へのインフォームドコンセントと，設置してある倫理委員会の承認を得て研究を行わなければならない．また，ヒト精子と卵子から得られた受精卵の培養期間については，日本国としてのガイドラインはないが，日本産科婦人科学会の会告に「14日以内」と定められている．

顕微授精法（卵細胞質内精子注入法：ICSI）

a）準　備

1．器具・機械

マルチガスインキュベーター，クリーンベンチ，実体顕微鏡，倒立顕微鏡（位相差装置またはノマルスキー微分干渉装置，ホフマンコントラスト装置などが付属），顕微鏡防震台，ステージ加温・冷却装置，マイクロインジェクター，マイクロマニピュレーター，ピエゾマイクロマニピュレーター，ポリエチレンチューブ，プラスチックシャーレの蓋（直径9〜10 cm のもの），ガラスキャピラリー，パスツールピペット，アルコールランプ，アンプルカッター，ポリスチレン製器具類（培養皿，試験管），プーラー，マイクロフォージ，マイクログラインダー

2．薬　品

未受精卵と顕微授精した卵をマルチガスインキュベーターの中で培養する培養液，インキュベーター外で配偶子を取り扱う場合の緩衝剤の入った培養液，ミネラルオイル，ヒアルロニダーゼ，ポ

---

* 栁田　薫・佐藤　章

リビニルピロリドン，フロリナート，水銀，蒸留水，HF，エタノール．

ヒト卵の培養にはHTFなどIVF用培養液が用いられる．

b）機器のセットアップ

1．マイクロピペットの作製

<u>1）注入用ピペット</u>

i) Piezo-ICSI用

① 滅菌したガラス毛細管（外径1mm）をmicropipette pullerで加熱牽引する．

② 25％フッ化水素酸（HF）中でバブリングにて先端を溶解する：10mlのディスポーザブルシリンジに21Gの注射針を付け，その針に約3cmのポリエチレンチューブを付ける．そのチューブの先端に作製したピペットを付けて空気を押し出すようにシリンジのピストンを加圧し，25％HF中にニードルの先端を浸し（約30～45度の角度），先端から小さな気泡がでるようにする．泡がでたら加圧するのを一時中止し，また加圧し泡を出す．これをリズミカルに数回（4～6回）繰り返し，ニードル先端の壁を薄くする．

③ 次に蒸留水，100％エタノールの中で同様のポンピングを行いニードルを洗浄する．

④ 顕微鏡でピペット先端の径を計測し，良好なことを確認する．

⑤ マイクロフォージで希望する先端外径の部位で先端をカットする（直角にカットされる）．

ii) 通常のICSI用（先端を研磨）

① 上記①または②の次に，マイクログラインダーを用いて先端を研磨する（30～45度）．

② 硫酸，蒸留水，アルコールの順に上記"の要領でピペットを洗浄する．

③ さらにマイクロフォージで先端にスパイクを付けることもある．

iii) 通常のICSI用（先端を研磨しない）

① 上記piezo-ICSI用の①～③の過程で先端の形状が良好なピペットが得られる．

<u>2）卵保持用ピペット</u>

卵保持用ピペットは，同様に加熱牽引されたガラス毛細管の先端をマイクロフォージ（MF 79, Narishige）で加工し，外径を80～100μm，内径を8～10μmに作製する．

2．マイクロマニピュレーターのセットアップ

<u>1）チューブの充填剤がオイル，フロリナートの場合</u>

マイクロインジェクターに先を丸めた21G注射針を付け，針にポリエチレンチューブ（外径1mm）を接続し，ピペットホルダー（Leitz社製）の中を通して直接ピペットを接続した．

なお，接続の前にピペット先端の対側からHgを少量（約2pl）注入し，シリンジで加圧して先端に移動させておくと鋭敏なコントロールが得られる．チューブ内にはオイルを満たす．Piezo-ICSIの場合には，PMMのドライブユニットに付属するホルダーを使用した．PMMのドライブユニットを駆動するのはPMMコントローラーである．

<u>2）チューブの充填剤が蒸留水の場合</u>

液漏れを生ずるのでマイクロインジェクターのシリンジにより機密性の高いものを選択する（ガスタイトシリンジ，ディスポーザブルシリンジなど）．

8%PVP：ピペットセットアップ用
8%PVP：ピペット洗浄用
mHTF：ICSI用
8%PVP：精子不動化用
精子浮遊液

直径9cmのプラスチックシャーレの蓋

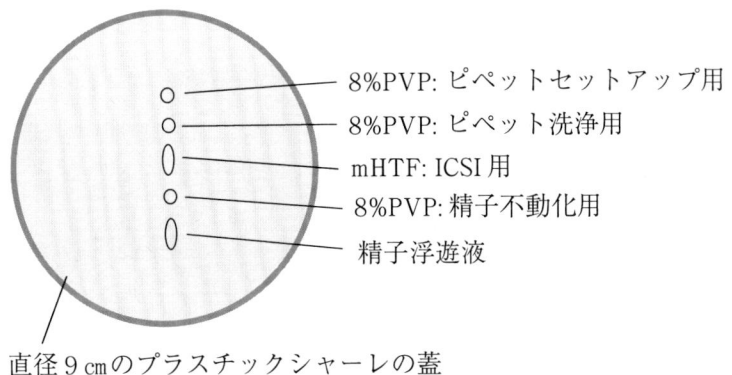

図 4.25　ICSI 用チャンバーの例

3．ICSI 用チャンバーの準備

Chamber にプラステイックシャーレ（外径 90～100 mm の蓋を用い，3 μl の hepes-HTF 液の drop，精子浮遊液の drop，7～10％ ポリビニルピロリドン溶液（D-PBS に溶解し，ミリポァ 0.45 μm でろ過する）の drop を直線状に置き（置き方は自由），ミネラルオイルで被覆する．作成したチャンバーを加温プレート（チャンバー内の温度が 37℃ より低下しないように設定：通常 38～40℃）をセットした顕微鏡のステージに置く（図 4.25）．

c）配偶子の準備

1．精子の調整

精液を滅菌シャーレに採取してもらったら，室温で 30 分間放置し液化を図る．運動性良好な精子の回収法は大きく分けて精液静置法と密度勾配法の 2 種類がある．

1）精液静置法　別名 swim up 法ともいう．小試験管に 2.0 ml の培養液を置き，できるだけ混和しないよう注意し，液化精液を 0.5 ml ずつ管底に静かに分注する．37℃ のインキュベーター内に 30°の傾斜をつけて試験管を 1 時間静置する．精液中から培養液中に移行（swim up）してきた精子を回収し，遠心器を用いて必要濃度に濃縮調節する[9]．

2）密度勾配法　精子濃縮を目的とする単層 Percoll 法，運動性が良好な成熟精子の選択的な回収および X・Y 精子の選別回収を目的とする多層 Percoll 法がある．Percoll 9 容に等張化液（0.1 M HEPES 緩衝化 1.5 M NaCl, pH 7.4）1 容を加えて 90％ 等張化 Percoll 液を作成し，0.01 M HEPES 緩衝化 HANKS 液（pH 7.4）を用いて各種濃度に稀釈する．

Percoll はコロイドシリカゲルの一種で，浸透圧を上げることなく任意の密度に調節でき，物質そのものが精子の妊孕性に影響を及ぼさないといわれるが，エンドトキシンの混入の問題があり製造メーカーおよび日本産科婦人科学会から，臨床で使用しないように警告がある．Percoll の代替品として Pure sperm（Percoll と同じ使用法である）がある．

単層 Percoll 法[9]
① 20％ Percoll 液 4.0 ml を試験管にとる．
② その上に HANKS 液で 2 倍に希釈した全精液を層積する．

③ 300 xg で 15 分間遠心分離する.
④ 上層に残存した精しょうおよび Percoll 液を除去する.
⑤ 沈殿した精子を HANKS 液で 0.5 ml になるように再懸濁させこれを使用する.
他に多層 Percoll 法,連続密度勾配法がある[9]).
3）**遠心濃縮法**　他法によって精子を回収できない場合に行う.
① 精液に等量の mHTF を加える.
② 撹拌し,600 g 15 分間の遠心を行う.
③ 沈殿した精子を回収する.
4）**精細胞の分離**　精巣組織の小片から,針でほぐしたり,組織を圧挫したり,ハサミで細切したりする機械的採取法と,DNase I やトリプシン,またはコラゲナーゼやエラスターゼを用いる酵素処理法によって精細胞を分離する方法がある.後者は回収率が良いが,時間と手間が掛かり,細胞障害が強い.また,ヒトでは射出精液からも精子細胞を回収できる.

1）精細胞の準備
① ディッシュの培養液の中でハサミ（眼科用など）を用いて組織片を細切する.
② 注射針のプラスチックキャップの先端などで組織を圧挫する.
③ 精細胞が浮遊している培養液を回収する.

ヒト一次精母細胞,二次精母細,円形精子細胞の形状は円形で,直径はそれぞれ 16〜18 μm, 10〜12 μm, 6〜8 μm である.

赤血球が著しく混入した場合には erythrocyte lysing buffer を用いてもよい.これらの精細胞の顕微注入用のニードル外径は 6〜8 μm が適当である.

2）卵子の準備
通常は卵巣刺激法を女性に実施した上で採卵する（第 II 章 4.6 参照）.

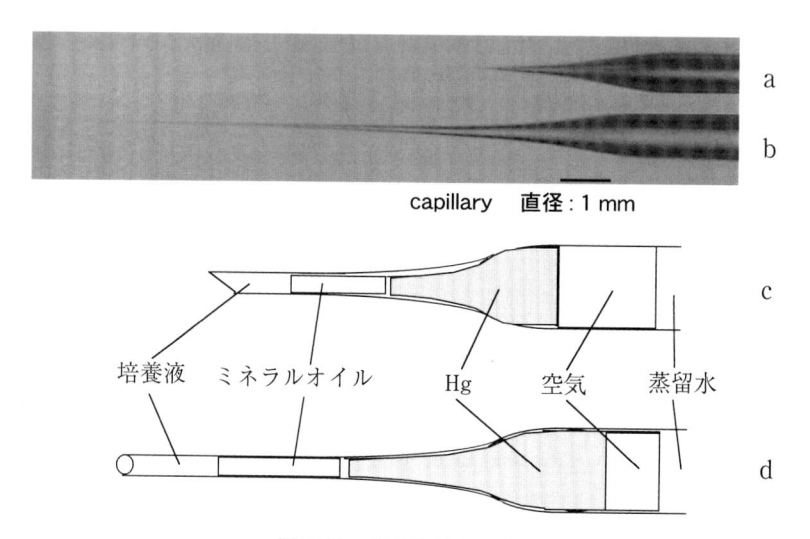

図 4.26　注入用ピペット
上段は写真で,下段はシェーマを示す.また下段では ICSI 時のピペット内の液層を示した.a, c は通常法 ICSI 用で,b, d は Piezo-ICSI 用.（Hg を用いた場合,Hg を用いない場合は,その部位を空気またはフロリナートと置き換える）

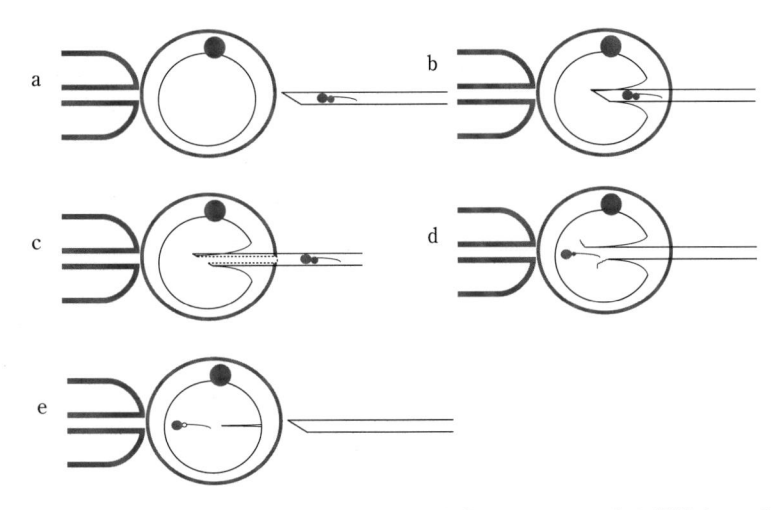

図 4.27　a. 卵の第一極体が12時または6時の方向になるように卵を保持する．b. ピペットを刺入するにつれて卵の細胞膜が伸展される．c. 卵細胞膜の穿破を確実にするために少量の細胞質の吸引を行う．d. 精子を注入する．e. ピペットを静かに抜去する．

d）実際の方法

1. ICSI法（通常法）（図4.26，4.27）

① ICSIを行う直前に，注入用ニードルの先端にある空気をなるべく押し出す．

② 8％PVP drop内にピペットを置き，Hgを排出しないようにPVPの吸引排出を2〜3回行う．

③ 少量のミネラルオイルをニードルに吸引し，最後にmHTFのドロップで少量のmHTFを吸引しておく．

④ 精子浮遊液のdropから運動精子を注入用ピペット内に捕捉した後，8％PVP drop内に精子を移す．

⑤ 精子を排出し精子尾部の頚部に近い部をピペットでチャンバー底にこすりつける（運動精子の不動化）（図4.28）．

⑥ 不動化精子をピペットに吸引し，注入用ドロップへ移動する．

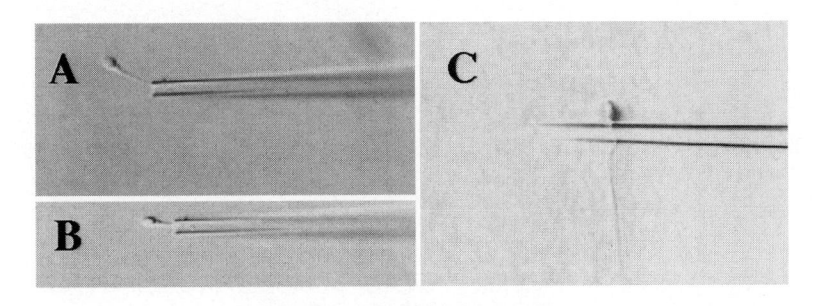

図 4.28　精子不動化法の実際
A，Bはpiezo法，Cは通常法（しごき法）の精子不動化法を示す．Piezo法ではAからBへ精子をゆっくりとピペットへ吸引する間にpiezoのパルスを精子尾部へ負荷する．

⑦ 卵の第一極体が視野の 12 時か 6 時になるように卵を保持用ピペットで固定し（卵はチャンバー底に接触していない），精子の入ったピペットを卵へ注入する（卵の直径の 2/3 位まで）．
⑧ 卵細胞膜の穿通を確実にするために，卵細胞質を適当量吸引し，細胞膜が破れた手応えを確認して精子を注入する．
⑨ ピペットを抜去する．

2．piezo-ICSI 法

通常法の ICSI と①～④までは同じ．
⑤ 不動化は精子を piezo 用ピペットから 1/2 位出るようにしたところで，piezo のパルスを 5～6 回加える．
⑥ 不動化精子をピペットに吸引し，注入用ドロップへ移動する．
⑦ 卵を同様に保持し Piezo のパルス（5～10 pulse, 約 0.5 Hz）をかけながら卵透明帯のみを穿通させる．
⑧ Piezo のパルスを付加せずに卵細胞質内へピペットを深く刺入する．
⑨ 卵細胞膜が十分に伸展したところで，piezo の 1 pulse を付加して卵細胞膜の穿破を行い，精

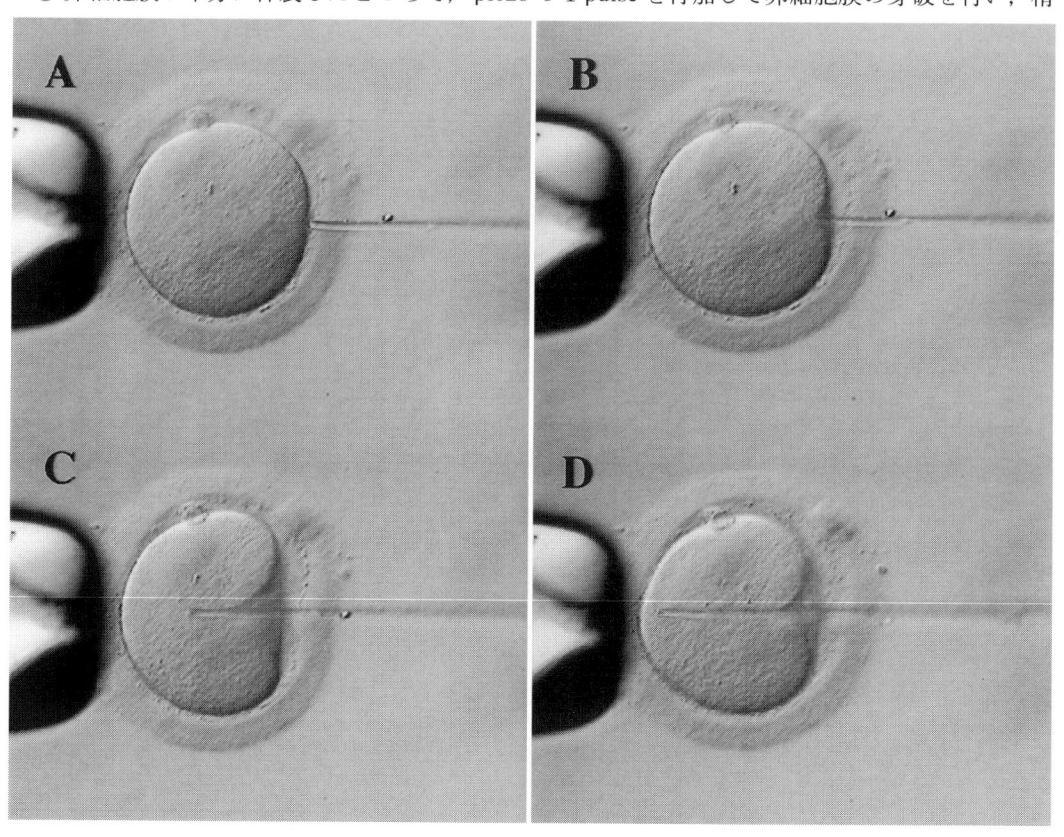

図 4.29　piezo ICSI の実際
A 透明帯のみを piezo を用いて穿通した（透明帯の変形を認めない）．B, C Piezo をもちいずにピペットを卵へ深く刺入する（卵細胞膜は穿破されず，伸展している）．D 次に Piezo のパルスを加えると細胞膜が破れる（引き込まれた細胞膜が元に戻ることでわかる）．その後，精子を静かに注入する．

子を注入する．細胞膜を穿破した手応えは，ニードルを卵内に進めるにつれて卵内に引き込まれた卵細胞膜が，貫通と同時に元の位置に戻ろうとするのでわかる．精子を注入するときには細胞質の吸引を行わない．

⑩ ピペットを抜去する（図4.29）．

e）顕微注入後の卵の培養

培養・胚移植は体外受精時と同じ．ヒト臨床では黄体補助療法が必要となる．

f）具体的例

1）卵活性化とICSI後の経過　ヒト成熟精子（生存精子）のICSIではその多くは数分から30分後にCa^{2+} oscillationが誘導される．ICSI後の第二極体の放出は射出精子（不動化あり）では3.4 ± 0.9時間後であり，2個の前核を確認できたのが7.3 ± 1.6時間後であった．

通常法ICSIの場合，ICSI後の生存卵（生存率：87.5％，234/267）の67.5％（158/234）の卵が活性化する．活性化した卵の96％が雌雄前核を有する．活性化を認めなかった卵（32.5％：76/234）では精子不明が10.6％，精子卵外が2.6％，精子を卵内に認めたのが86.8％（66個）であった．この66個のうち精子頭部の膨化のみ，変化がない精子，premature chromosome condensationを認めたのがそれぞれ68.2％，27.3％，4.5％であった[10]．

2）臨床成績　通常法ICSIを行った279治療周期とpiezo-ICSIを行った335治療周期の結果を以下に示す．Piezo-ICSIでは採取した1,891個の卵のうち，1,629個（86.1％）がmetaphase IIであった．それらの卵にICSIを行い，生存卵は1,435個（88.1％，通常法ICSI：66.4％，$p < 0.001$）であった．18時間後には，1,139個の卵が受精した．生存卵当たりの受精率は79.4％（1,139/1,435；通常法ICSI：66.4％，$p < 0.001$）であった．採卵の48時間後に，受精卵の83.1％（通常法ICSI：83.0％，N.S.）が分割卵となった．そして，患者当たり平均で2.2個（conv-ICSI：2.0個）の卵が胚移植され，72名が妊娠した．胚移植あたりの妊娠率は23.1％であった（通常法ICSI：14.9％，$p < 0.05$）．

おわりに

ヒト卵子とヒト精子については，提供者の同意と倫理委員会の認可が必要なことではその取り扱いが同じであるが，検体としての卵子の入手ははるかに困難である．このような背景から動物実験の重要性がクローズアップされるが，最終的にはヒト卵での研究成果も必要となり，検体を収集する忍耐ある姿勢が要求される．

参考文献

1) Gordon, J. W. and Talansky, B. E.: Assisted fertilization by zona drilling; a mouse model for correction of oligospermia. J. Exp. Zool., 239: 347–354 (1986).

2) Malter, H. E. and Cohen, J.: Partial zona dissection of the human oocyte: a nontraumatic method using micromanipulation to assist zona pellucida penetration. Fertil. Steril. 51: 139–148 (1989).

3) Odawara, Y. and Lopata, A.: A zona opening procedure for improving in vitro fertilization at low sperm concentrations: a mouse model. Fertil. Steril., 51: 699–704 (1989).

4) Ng, S. C., Bongso, A., Ratnam, S. S., Sathananthan, H., et al.: Pregnancy after transfer of sperm under zona. Lancet, 2: 790 (1988).
5) Palermo, G., Joris, H., Devroey, P. and Van Steirteghem, A. C.: Pregnancies after intracytoplasmic injection of single spermatozoon into an oocyte. Lancet, 340: 17-18 (1992).
6) 桝田　薫・星　和彦・佐藤　章：難治性不妊症患者に顕微授精(ICSI)はどの程度有効か. 産婦人科の実際, 44: 2059-2065 (1995).
7) Kimura, Y. and Yanagimachi, R.: Mouse oocytes injected with testicular spermatozoa or round spermatids can develop into normal offspring. Development, 121: 2397-2405 (1995).
8) Yanagida, K., Katayose, H., Yazawa, H. and Kimura, Y., et al.: The usefulness of the piezo-micromanipulator in intracytoplasmic sperm injection in human. Hum. Reprod., 14: 448-453 (1999).
9) 星　和彦：5.精子, 富永俊朗監修 生殖医学実験マニュアル, 南江堂, pp121-146 (1993).
10) 桝田　薫・片寄治男・矢沢浩之・木村康之・他：ICSIと卵の活性化. 産婦人科の世界, 49: 216-219 (1997).

6. 遺伝子改変法

6.1 マウス*

はじめに

遺伝子導入マウス（トランスジェニックマウス）と遺伝子破壊マウス（ノックアウトマウス）を総称して遺伝子改変マウスとよぶ. 遺伝子導入マウスは, 外因性の余剰な遺伝子による生理的変化を探索する方法であり, 遺伝子破壊マウスはゲノムに内在する特定の遺伝子の破壊により, 対応する生理変化を解明する方法として有効である. これら遺伝子改変法は, 実験発生学の中から生み出されたものであるが, 研究戦略的な観点から考えると遺伝学的なものである. これらの方法は, すでに優れた成書[1,2]があるので, 詳細な手順はこれらを参考にしていただきたい.

本稿では, 卵子研究へこれらの技術を応用する事を念頭において, われわれの研究室で試行した方法を中心に, 近年開発されつつある種々の遺伝子改変法の手順を説明する.

I. 遺伝子導入（トランスジェニック）マウス作製法

遺伝子改変法の主たる方法に, 遺伝子のランダムな導入がある. これについては, 近年様々な方法が開発され, 目的に応じた遺伝子導入法を選択できる素地が確立されつつある. しかし, その効率は研究室によって大きく異なっているのが実状である. ここでは, 各方法の特性と簡単なプロトコールを紹介する. 全体の代表的な流れは図4.30にまとめた. また, 解析方法については研究によって要求度が異なるので省略する.

1. 顕微注入による遺伝子導入法

ほ乳動物への最初の遺伝子導入例は, 1980年にGordonら[3]がプラスミドDNAをマウス前核

---

* 細井　美彦

```
導入遺伝子の構築
    ↓
Plasmid DNAの培養、
抽出、精製、切断
    ↓
インジェクション用DNAの精製・調整
    ↓ 注入
受精卵 ← 21〜22時間後、前核期卵を回収 ← PMSG,hCGを48時間間隔で投与 C57BL/6N ♀ × ♂
雌性前核 雄性前核
    ↓ 移植
偽妊娠雌マウス
    ↓ 出産
    →  Southern blot 解析
        ◆導入遺伝子の染色体への組込みの同定
        ◆コピー数の検討
        ◆導入遺伝子の発現解析
            → Northern blot 解析
              ◆導入遺伝子のRNAレベルでの発現解析
            → Western blot 解析
              ◆導入遺伝子のタンパク質レベルでの発現解析
```

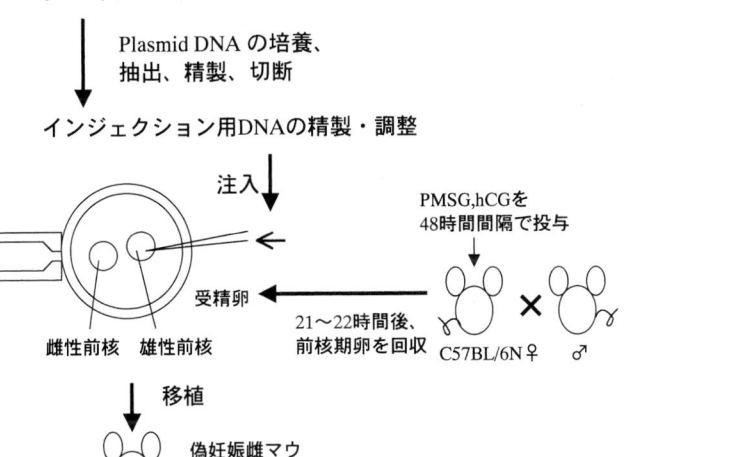

図4.30 Transgenic mice の作製・全体の流れ

に顕微注入して作製した遺伝子導入個体の作出である．その後，この方法は，マウスや多くの実験動物と家畜で実用化されされており，標準的な遺伝子改変法といえる（勝木，1995[4]；佐伯1999[5]）．ここで，そのトランスジェニックマウス作製に必要な過剰排卵と胚操作（DNA注入法）について説明する．

マウス過剰排卵の方法

通常用いられる体内受精卵採取のための過剰排卵と交配のプログラムをICR系のマウス，8：00〜22：00点灯条件を例にとって下記に示す．なお，マウスでは，ホルモン反応などが系統によって多少の差があるので，適宜調整する必要がある．

マウスの受精卵の採取と移植のスケジュール[6]

第1日	18：00
	ドナー（供受精卵）雌マウスに PMSG 5 IU/0.1 ml を腹腔内注射する．
第3日	18：00
	ドナー雌マウスに hCG 5 IU/0.1 ml を腹腔内注射する．
	すぐにドナー雌マウスを雄と交配する．
	レシピエント（受胚用）雌マウスを精管カット雄と交配する．
第4日	9：00

	ドナー（供受精卵）雌マウスの膣栓を確認する．
	10：00
	受精卵の採取を行う．
	受精卵へDNA溶液を顕微注入終了後，2時間培養し，生存の確認された胚をレシピエント雌マウスの卵管に移植する．
	＊乳母哺乳用の里親雌を正常雄と交配する．
第5日	
	＊乳母哺乳用の里親雌の膣栓を確認する．

第24日	このときまで自然分娩したレシピエント雌は哺乳を継続させる．
	分娩していないレシピエント雌は帝王切開し，里親に哺乳させる．
	＊なお，実験系によるが，必ず里親を用意する必要はない．

DNA注入と胚移植のスケジュールは，様々な組み合わせで行われている．例えば，DNA溶液を注入した胚を翌日まで培養し，2細胞期に，このスケジュールから比べると1日遅れたレシピエントの卵管に入れる方法もよく用いられている[7]．さらに体外受精卵を用いた場合には，胚操作の時間的な差が生じてくる．概略は以上に示したとおりであるが，実験スケジュールは許容性が高く，詳細は各研究室にあうよう設定する必要がある．

DNA注入手順[6]

1. インジェクション用の培養液スポットを打ったディッシュを顕微鏡のステージ上にのせ，低倍率でスポットの底面に焦点を合わせる．
2. インジェクション用ピペットと保持用ピペットをマイクロマニピュレーターにセットする．スポット中でピペットの角度を調整する．
3. インジェクションピペットの先をDNA溶液に入れ，ピペットの先端から数ミリのところまで（～0.5 μl）満たす．
4. スポットの中に数個のマウス胚を入れる
5. 高倍率で胚を観察し，前核を確認する．前核が見えた場合は，低倍に戻し作業を続ける．
6. 低倍率で，卵子のそばにピペットを移動させる．高倍率で視野内に卵子とピペットがあることを確認する．
7. DNA注入ピペットから液を出して，胚をすこし動かせて，ピペット先端が詰まっていないことを確認する．
8. 保持用ピペットの中心に前核が来るよう卵子を保持し，前核に焦点を合わせる．（ピペットの中心から大きくはずれると卵子が回転する．）
9. インジェクション用ピペットを上下して，前核と同じ平面で焦点を合わせる．
10. インジェクション用ピペットの溶液を少し排出してから，卵子にピペットを押し込んでいく．

11. 核内へ到達したように見えるまでピペット先端を進める．核小体は，粘着性が高くピペットの先にへばりつくので，触れぬように注意する．
12. 核内に達したところで，DNA溶液を注入する．この時核が膨化することを確認する．膨化が確認できない場合は，ピペットの先端が詰まっているか，ピペットが核内へ進入できていないことにより，DNA溶液の注入ができていない可能性が高い．また，ピペットの先端に風船のような突出ができたならば，細胞膜を突き破っていない可能性が高い．
13. インジェクションが終了したら，ピペットは卵子からすばやく引き抜く．ゆっくり引き抜くと卵子に障害を与える可能性が高い．それから，吸引している圧を下げて，保持ピペットから卵子をはずす．
14. ピペットを引き抜いた後に，細胞質顆粒が流れ出して来る場合は，卵子は死んで溶けはじめている．卵子が大丈夫であれば，低倍率に切り替えて，注入した卵子をスポットの片側に寄せ，別の卵子を保持ピペットにセットする．
15. 手順8から14を繰り返す．

平均的に，1本のピペットで10〜15個の卵子にDNA溶液を注入できる．スポット内の卵子を全て打ち終えたら炭酸ガス培養器中に保温してある培養皿に戻し，新しい卵子をスポットに移す．室温で，長時間の胚操作は好ましくないので，1回の処理は15分程度で終われるよう設定するのが望ましい．

設備としては，マウス受精卵子の前核は，標準の明視野光学系で観察できる．ノマルスキー微分干渉顕微鏡やホフマン（コントラスト）装置を用いると前核の輪郭が明確になるので，DNAの注入が容易になる．微分干渉装置は光が透過する面が滑らかなガラスであることが必要なので，特殊なスライドグラスを作成する必要があるが，ホフマン装置の場合は，ディスポーザブルのプラスチック培養皿を使うことができるので便利である．

培養液は，炭酸ガス培養器中で使用するため炭酸系培養液，インジェクションを含めた胚操作用の培養液は，常温，空気の条件下になるので，Hepes緩衝培養液を利用する．

さらに，胚の操作を培養液の微少スポット中で行うことが多いので，培養液からの水分の蒸発や急激なpHや温度の変化をさけ，また操作中の落下細菌からの保護のためにも，培養液のスポットをパラフィンオイルで覆うことを推奨する．

注入するDNA溶液によって，組み込み効率や組み込ませたDNA構造に影響が出るといわれている．DNA溶液から遺伝子組み換えに影響する要因として，1) DNAを溶かす溶液，2) DNAの純度，3) DNA濃度，4) 溶かされたDNAの形状が環状であるか直線状であるか，が考えられる．まずDNAを溶かす溶液は，超純水で作成した0.10〜0.25 mM EDTAを含む5〜10 mM Tris緩衝液（pH 7.4）が標準的である．また，DNAの純度は，胚の生存に影響を与えないよう不純物を含んでいないことが重要となる．また，注入ピペットの先端を詰まらせる顆粒状の物質の混入もさけなくてはならない．注入DNA濃度に関しては，導入するDNAの大きさが5〜8 kbの直線状であった場合，最も効率よく遺伝子組み換えマウスができるのは，$1〜2\ \mu g/ml$の濃度であると報告されている．また，注入するDNA濃度をあげても組み換え効率が上昇するわけではない．また，濃

度と形状についての組み換え効率の至適条件は，個々のケースで検討されなくてはならない．

　マイクロマニピュレーターは，Leits製，Zeiss製，Narishige製などのものがある．どの機種も特徴があるが，操作に習熟する必要があり，操作性は習熟後に差はない．機器のセットは各社のマニュアルにそって行えば問題ない．インジェクターやピペット作製器などの周辺機器は，それぞれに特性があり，各研究者の指向性が強く反映される．

　なお，遺伝子移植方法の全体のトラブルシューティングは，マウス胚の操作マニュアル[1]に詳しいので，参考にされたい．

2．経精子遺伝子導入法（体外受精による遺伝子導入法）

　精子が持つDNAを表面に付着させる能力を利用して，受精に際して精子がDNA断片を卵子へ持ち込めることをLavitranoら（1989）[8]が報告した．著者らも下記のプロトコールでマーカー遺伝子としてLacZを用いて，マウスで初期胚におけるトランジエントな遺伝子発現を観察する事は出来たが，産子までには至らなかった．また，ウサギでも同様の結果を得た．マウスにおけるこの方法について参考までに手順を下記にまとめた．

マウス体外受精と遺伝子導入胚移植のスケジュール

第1日	17：00～18：00	
	ドナー（供受精卵）雌マウスにPMSG 5 IU/0.1 mlを腹腔内注射する．	
第3日	20：00～22：00	
	ドナー雌マウスにhCG 5 IU/0.1 mlを腹腔内注射する．	
第4日	9：30～	
	精子提供雄の精巣上体から精子を採取，BWW培養液中，100万精子/mlで前培養を開始する．	
	10：30	
	DNAを溶解した液50 μlとリポフェクチン10 μMを含むBWW液50 μlを等量混合する．200 μlの精子懸濁液スポットにDNA-リポフェクチン混合液20 μlを加える（精子の運動性が急激に減少する場合，時間を短縮する）．	
	11：00～12：00	
	ドナー雌から未受精卵を採取して，培養精子懸濁液中へ導入する．	
	18：00～20：00	
	受精を確認し，受精卵を移植する．	
	レシピエントの処理については，顕微注入法と同じである．	

　本法は，マイクロマニピュレーターを使用せず，DNA溶液の処理も単純なため注目を集めたが，寡聞にして実用化の例は聞き及んでいない．しかし，本法のメカニズムの解明は，受精における外来DNAの果たした進化への役割などを証明するのに役立つと考えられる．

3. 顕微授精による遺伝子導入法

1998年にハワイ大学のPerryら[9]は，顕微授精に際し，DNA断片を含んだ培地を精子と同時に注入して，高い遺伝子導入産子を得ることに成功した．現時点では報告から時間が少ないので，まだ例数が少ない．しかし，本法は，遺伝子導入率が高いので，今後の展開が期待される．

顕微授精におけるDNA-精子混合の手順（Perryら[9]の顕微授精による遺伝子導入方法より，）

---

1. マウスの精巣上体から精子懸濁液を作る．
2. 精子を凍結融解，凍結乾燥あるいは0.05％TritonXで精子を脱膜する．
3. 精子$2 \sim 5 \times 10^5$を含むCZB 9 μlに，DNA 7 ng/μlを含む培養液1 μlを加える．
4. 精子/DNAミクスチャーを1分間，室温或いは氷の上で反応させる．
5. 10％PVP入りの精子顕微授精用培養液に懸濁する．
6. 精子とDNAを混ぜて，1時間以内に授精を終了する．

（顕微授精の方法は，本書の第IV章5.1を参照）

本方法を用いる場合，安定した顕微授精技術を必要とするが，家畜や大型実験動物など多数の産子を一時に得ることの難しい動物種などでは利用性が高いと考えられる．

4. 経精巣遺伝子導入法

胚または配偶子を利用しない簡便な遺伝子導入法として，Ogawa (1998)[10]らが，マウス精巣へ直接外来遺伝子を注射し，その雄と雌を交配させて，遺伝子導入産子を得ている．同法により，筆者らの研究室でも遺伝子組み換え産子が得られた[11]．精巣への外来遺伝子の注入には多量の遺伝子が必要であるが，胚を大量に得ることができない動物への遺伝子移植には有効である．しかし，本法も結果が安定しておらず，今後の検討を待たねばならない．

精巣への直接注射法の手順（Ogawaら[12]の経精巣遺伝子導入法より）

---

1. マウスへの注射直前に，標的DNA 10 μgを20 μl生理食塩水中に溶解し，20 μlリポフェクチン（GIBCO）と混合し，1時間保持する．
2. マウス精巣両側に各20 μlのDNA-リポソーム複合体を注射する．
3. 3日間隔で3回注射する．
4. 最終投与後，48時間目に正常雌と交配する．
5. 初期胚あるいは産子で検定する．

本法は，精巣内での注入液の拡散もよいので，前記3.項と同様に多数の卵子を回収することが困難な種において重要な遺伝子移植法になると考えられる．

5. レトロウイルス感染による遺伝子移植法

レトロウイルスで高い感染率を得るようにすると高い組み換え率が得られる．ウイルスを持った仔が産まれてくる確率は研究室によって差があるが，10〜50％と非常に高い．また，マニピュレーター等の操作は必要がないので，特殊な設備がなくても実験が可能である．ただし割球への感染は必ずモザイクとなるので，感染した細胞数が少ないと移植した遺伝子のシグナルの検出さえ困難になる．また，移植遺伝子の生殖細胞への寄与も全ての個体で起こるとは限らない．この様な特性を考慮して，利用しなくてはならない．

胚へのレトロウイルス感染の手順（マウス胚の操作マニュアル参照[1]）

---

1. 交尾2日後の8細胞期胚を回収する．
2. 酸性タイロード液で透明帯を溶解除去する．
3. レトロウイルスを生産している対数増殖期にある線維芽細胞の培養液をアルファMEMに10％FBSと10μg/mlのポリブレンを加えた培養液に交換する．
4. 裸化8細胞期胚を線維芽細胞と37℃，24時間培養する．
5. 後期桑実期あるいは胚盤胞期に達した胚を偽妊娠2.5日目のレシピエントに移植する．

II. 遺伝子破壊（ノックアウト）マウス作製

特定遺伝子を破壊し，遺伝子機能を検索するノックアウトマウスの技術が定着しており，相同遺伝子組み換え戦略による特定遺伝子の生理的な意義の解明を促している[13]．さらに，胚性幹細胞（ES細胞）の樹立と培養技術の進歩に加え，実験手順が簡素で普遍化された細胞株が市販され，生殖領域以外での研究－特に分子生物学分野で一般的に利用されるようになった．なお，未分化細胞の利用が容易になったことは，卵子研究にとっても，大きな恩恵であり積極的に利用するべきである．今後 in vitro 分化や組織再生など，胚を越えて胎児研究にも有用となるだろう[14]．

1. 胚性幹細胞を用いたノックアウトマウスの技術

以前は，特殊な系統のマウス胚からES細胞へと起こす必要があり，一般的に困難な技術であったが，現在は手に入りやすい市販の胚性幹細胞を用いて，ノックアウトマウスを生産することができるようになった．本項では，ライフテックオリエンタル社のTTY2株を使った手法を例として紹介する．

ES細胞を用いたノックアウト法の手順
（ライフテックオリエンタルTTY2株テクニカルノート，参照）

---

1. 初代培養細胞をディッシュに播種する．
2. コンフルエントな状態でマイトマイシンCを添加する．

3. マイトマイシン C を除去，フィーダー細胞として播種し直す．
4. ES 細胞をフィーダー細胞上に播種する．
5. ES 培地に交換する．
6. ES 細胞に目的の遺伝子を破壊（ノックアウト）するためのベクターを導入する．
7. Neo 耐性フィーダー上に播種する．
8. Geneticin（G418）を加える．
9. Geneticin によるポジティブ選択，および HSV-tk を利用したネガティブ選択によって，ES 細胞を選択する．
10. マイクロマニピュレーターを用いて，選択された ES 細胞をマウス胚盤胞期胚へ注入する．
11. （TT2 株の場合は，8 細胞期胚へ導入する）

購入できる株は，マニュアルに忠実に行うことが重要である．細胞を培養するための一般論としては ES 細胞のコロニーが大きくなりすぎないように気をつける，トリプシン処理後の細胞の解離を十分に行うことがあげられる．また，細胞への遺伝子導入法も細胞により異なり，通常マニュアルに記載されている方法で行うとよい．

2. 相同遺伝子組み換え体細胞を用いた核移植による遺伝子破壊法

ウシやヒツジなど家畜で体細胞由来のクローン産子の誕生が報告されている．同様にマウスでも Hawaii Method による核移植の成功[15]が報告された．この方法を用いて，ES 細胞からも産子が得られた[16]．これらの方法を使って，核のドナーとなる細胞へあらかじめ遺伝子を導入しておけば，遺伝子組み換え産子を得ることが確実となる．そこで，クローン産子の生産効率が上がれば，本法は実用化に十分に耐えうると考えられる．また，この方法は，相同組み換えによる遺伝子破壊や組入れの問題でも効率的である．相同遺伝子組み換えを起こした ES 細胞を用いた場合，キメラ法に比べると核移植法[16]は，ノックアウト個体を得るのに一世代経る必要がなく極めて効果的である．さらに，遺伝子の組み換えは体細胞を使うと非常に低い確率でしかおきないが，相同遺伝子組み換え細胞を効率よく選択する方法ができれば，ES 細胞が確立されていない種でも相同遺伝子組み換えが利用できる．本法を用いてノックアウト胚を使った実験を行うことができれば，卵子研究への応用も幅広いものになるだろう．プロトコールは，おそらく下記のようになると考えられる．相同遺伝子組み換え細胞の出現率と選択など全体の手技的は，かなり困難になると思われるが，考え方はこれまでの方法論の延長上にある．なおマウスのクローンに関するプロトコールは，Wakayama[15,16]らの論文を参考にしていただきたい．

核移植を用いたノックアウトマウスの作製：体細胞への相同遺伝子組み換えについての手順

---

1. 目的とする体細胞を播種する．
2. 体細胞に目的の遺伝子を破壊（ノックアウト）するためのベクターを導入する．
3. Geneticin（G418）を加える．

4. Geneticin によるポジティブ選択，および HSV-tk を利用したネガティブ選択によって，ES 細胞を選択する．
5. マイクロマニピュレーターを用いて，選択された体細胞核を除核マウス卵母細胞へ注入してクローン胚を得る．
6. 移植して産子を得る．

ES 細胞については，1. の手順 1〜9 までと同様で，核移植以後は，マウス核移植の成書を参照して頂きたい．体細胞への遺伝子導入とその核を用いたクローン産子の生産は，家畜で報告されている．また，述べたようにごく低率に起こる相同遺伝子組み換え細胞よりノックアウト産子を生産することも可能であろう．しかし，これらの技術を総合して作り出される産子の効率は極めて低くなることが予想されるので，今後の技術的改善が強く望まれる．

おわりに

以上のように，マウスの遺伝子改変法は，様々に工夫されて新しい方法が展開されている．残念ながら，未だプロトコールの確立が不十分でどこの研究室でも試行可能であるとは言い難いものもあるが，今後これらの方法を用いて遺伝子を改変する事を利用した，新しい卵子の研究の方向性が出てくるものと思われる．

参考文献

1) 山内一也他訳：マウス胚の操作マニュアル・第二版(近代出版，1997)，原著：Manipulating th Mouse Embryos, A LABORATORY MANUAL, Hogan, B., Beddington, R., Costantini, F., Lacy, E. (1994).
2) 野村達次監修：発生工学実験マニュアル，講談社サイエンティフィック，(1987).
3) Gordon, J. W., Scangos, G. A., Plotkin, D. J., Barbosa, J. A. and Ruddle, F. H.*: Genetic transformation of mouse embryos by microinjection of purified DNA. Proc. Natl. Acad. Sci. USA 77: 7380–7384 (1980).
4) 勝木元也：トランスジェニックマウスを用いた実験系，蛋白質核酸酵素，40: 2001–2007 (1995).
5) 佐伯和弘：トランスジェニック家畜，最近の進捗状況と商業的利用，日本胚移植学雑誌，21: 144–152 (1999).
6) 大竹 聡・上野山厚人・松本和也・佐伯和弘・細井美彦・入谷 明：超急速凍結保存した体外受精前核期卵を用いたトランスジェニックマウス作製方法の確立，近畿大学生物理工学研究所紀要 5: in press (2000).
7) 豊田 裕：頬乳類初期胚の体外培養と胚移植，蛋白質核酸酵素，40: 1995–2000 (1995).
8) Lavitrano, M., Camaioni, A., Fazio, V. M., Dolci, S. and Farace, M. G.: Sperm cells as vectors for introducing foreign DNA into eggs: genetic transformation of mice. Cell, 57: 717–723 (1989).
9) Perry, A. C. F., Wakayama, T., Kishikawa, H., Kasai, T., Okabe, M., Toyoda, Y. and Yanagimchi, R.: Mammalian transgenesis by intracytoplasmic sperm injection. Science, 284: 1180–1183 (1999).
10) Ogawa, S., Tada, N., Hayashi, K., Iwaya, I., Sato, M., Saito, H., Ohta, A., Takahashi, M. and Kurihara,

T.: Possibility of testis mediated gene transfer as an alternative method for highly efficient production of transgenic animals. J. Reprod. Engineer, 1; 1-11 (1998).
11) Hosoi, Y., Toyokawa, K., Matsumoto, K., Kato, H., Saeki, K. and Iritani, A.: Analysis of transgenic mice produced by testis mediated gene transfer. J. Reprod. Engineer, 1: 76-77 (1998).
12) 尾川昭三：精巣内DNA注入による精子形成細胞核への外来遺伝子導入の可能性，鈴木秋悦編集：メジカルビュー社，生殖ジェネティックス，138-146 (1999).
13) 相沢慎一：相同遺伝子組換えによる遺伝子ターゲッティング法，蛋白質核酸酵素，40 (14): 2013-2016 (1995)
14) 相沢慎一：ジーンターゲッティング，実験医学別冊 (羊土社)，バイオマニュアルシリーズ 8, pp23-42 (1995)
15) Wakayama, T., Perry, A. C., Zuccotti, M., Johnson, K. R. and Yanagimachi, R.: Full-term development of mice from enucleated oocytes injected with cumulus cell nuclei. Nature, 394: 369-74 (1998).
16) Wakayama, T., Rodriguez, I., Perry, A. C., Yanagimachi, R. and Mombaerts, P.: Mice cloned from embryonic stem cells. Proc. Natl. Acad. Sci. USA, 96: 14984-9 (1999).

6.2 ウシ，ブタ[*]

はじめに

ウシ，ブタの遺伝子改変研究は，遺伝子産物の工業規模での大量生産，農業目的での家畜の改良，等，経済効果が期待できるプロジェクトが対象となる点で，マウス等実験動物の遺伝子改変とは根本的に異なる．遺伝子改変動物の作成から，その表現形質，繁殖能力にいたるまで一貫した成果の報告がされてきた欧米での成功例が，ベンチャー企業を中心に達成されていることも，これを示している．

日本には動物バイオテクノロジー分野で研究開発型のベンチャー企業が育つ基盤に乏しかったため，この分野では，イギリス，オランダ，アメリカに大きく水をあけられる結果となっているが，近年，国の中小企業育成策の前進とウシの体細胞核移植の成功に助けられて，改めてウシ，ブタ等の家畜の遺伝子改変を検討できる時代が戻ってきた．

しかし現状では，日本で取り組むべき大型課題が明確になっていないため，現段階で一連の施設，技術者等を揃えると，仕事の進捗に応じて遊休化する施設や技術者が出てしまい，有効に研究開発を進めることは難しい．大型プロジェクトが多数出揃うまでの準備過程として，それぞれの実施段階に最適な実施能力を持つ施設を有効に結びつけて，段階的に成果を上げることが望まれる．

使用する動物の性状から，プロジェクトは大型で長期にわたる場合が多いが，目前の計画は，既存技術を用いて達成可能な目標を設定して実施し，目標を達成するために必要な研究課題を明らかにしなければならない．場合によっては，目標達成を阻む要因を克服する研究が普遍的な成果

---

[*] 結城 惇

に結びつくことになる．体細胞核移植法の発明がこの種研究の代表例としてあげられる．

ウシ，ブタにおいても，既知の基本技術はマウスを用いて開発されたものが大部分であり，また研究の初期はマウスを用いて目標の実現可能性を試験するので，先にマウスの遺伝子改変研究を参照の上この稿をお読みいただきたい．

ウシ，ブタの遺伝子改変法

ブタは多産であること，比較的短期間に生育すること，コントロールされた環境下で飼育可能なこと等，動物の遺伝子操作に適した条件がそなわっているため，マウスで得られた試験結果を大型化する際，第1に考慮される動物である．ブタは乳量も多く，遺伝子改変操作をも考慮したとき，乳腺バイオリアクターとしてもウシに勝る．現段階では，ウシの遺伝子改変の対象は，耐病性付与等，ウシの改善にしぼられる．

微量注入法と核移植法は，改変した形質が親から子に伝わる遺伝形質で，改変したウシ，ブタを継代繁殖し，多数入手する目的に適しているが，ウシ，ブタを一時的に利用する場合には，遺伝子治療法として研究されてきた，体細胞トランスジェニックともよばれる一連の方法によって，出生後の個体に遺伝子を導入する．

A．導入形質が次世代に伝達する系

1．微量注入法

微量のDNA溶液を前核期受精卵の雄性前核に注入することによって，DNAを哺乳動物の染色体に挿入する方法は，1980年にマウスで確立され[1]，1985年にはブタ等に適用されて[2]，技術の普遍性が示された．1991年には遺伝子導入ウシも報告され[3]，ウシ，ブタの遺伝子改変法としては最も参考資料の多い方法である．

ウシ，ブタの遺伝子改変の成否を左右するのが導入するDNAのデザインにあることは，，マウスや培養細胞等，他の生物系と変わらない．しかしウシ，ブタの遺伝子改変にはマウスと異なる要素が見られる．

まず高価なため，受精卵を供給する雌，また受精卵を個体にまで育てる仮親雌を多数扱うのは難しい．また，妊娠・生育期間が長期にわたるため，導入したDNAが染色体に組み込まれたかどうか，組み込まれた遺伝子が予測どうり発現し，予測どうりの表現形質を示すかどうか，さらに導入DNAが次世代に伝わるかどうか，を確認できるまでに長期間を要する．この間，飼育管理から採卵，移植手術等特殊な施設と技術が必要なことから，ウシ，ブタの遺伝子改変を実施できる施設は限られてくる．

使用するDNA溶液，受精卵の顕微操作はマウスの場合と同じだが，脂肪顆粒によるウシ，ブタ受精卵のにごりをとる操作が加わる．なおウシでは，生殖器から十分数の受精卵を採取するに十分な雌を揃えるのは非常に困難なため，屠場卵巣から採取した卵子を体外で成熟，授精させて使用する場合が多い（「第Ⅱ章5.卵子の体外成熟・体外授精・体外培養法」参照）．

<u>受精卵の可視化</u>

遠心操作により，光の透過性をはばむ脂肪顆粒を受精卵の一端に寄せて前核を可視化する．通常室温で10,000 rpm以下数分間遠心する．強度の遠心は受精卵の発生を阻害するので，手持ちの

遠心機で遠心時間を変えて試験し，十分な可視性が得られる最短遠心時間を選択する．

2．体細胞核移植法

体細胞核移植の発明は，表現形質の確認された細胞あるいは成獣の遺伝形質を導入する方法で，導入遺伝子の表現形質を確認するまでに時間のかかる，上記微量注入法の欠点が解消でき，画期的だった（「第Ⅳ章7．核移植法」参照）．しかし，核ドナーの形質の発現等，主要な課題について研究段階にある技術で，現時点では微量注入法がより堅実な方法といえる．

B．導入形質が次世代に伝達しない系

少数の動物の遺伝子改変により十分な経済効果が得られる場合，あるいは，マウスで試験した遺伝子をウシ，ブタで確認したいとき，より短期間かつ小規模で遺伝子改変動物を作成できる方法として，体細胞トランスジェニックが注目される．

動物の生涯を通じて常に有効に機能する遺伝子産物はあまりない．この種方法は，成長段階，あるいは，泌乳期間で特に顕著に作用する成長ホルモンのように，一定期間有効に機能すれば十分目的を達成することのできる遺伝子の導入に適している．欠点は遺伝子導入細胞の消失にともなって導入遺伝子の効果が失われること，導入遺伝子の効果が一代かぎりで終わるため，必要に応じて作成しなおす必要のあること，が上げられる．

いずれも，ホルモン等，遺伝子の発現産物（タンパク質）が細胞外に分泌されて機能する場合に有効に作用するが，局所に遺伝子を導入する場合は，遺伝子産物が細胞内に局在する遺伝子の導入にも適用できる．

1．遺伝子の局所導入法

a）筋肉注射法[4]

DNA溶液を注射針で筋肉に注入する．注射針が届く部位であれば，他の臓器にも適用可能な方法とされる．

b）遺伝子銃法[5]

金属粒子に付着させたDNAを組織に打ち込む方法．

2．遺伝子の全身への導入

静脈注射法の使用例が多いが，この場合注入したDNAは注入部位と肝臓に集中する．他に肺からの吸入させる方法がある．

DNAの保護方法によって，リポゾームとDNA複合体を形成させる方法[6]，リポゾームに包み込む方法[7]，ポチヂジンと結合させる方法[8]，ウイルスゲノムに組み込む方法として，レトロウイルス[9]，アデノウイルス[10]，アデノ随伴ウイルス[11]がある．

参考文献

1) Gordon, J. W., Scangos, G. A., Plotkin, D. J., Barbosa, J. A. and Ruddle, F. H.: Genetic transformation of mouse embryos by microinjection of purified DNA. Proc. Natl. Acad. Sci. USA, 77: 7380-7384, (1980).

2) Hammer, R. E., Pursel, V. G., Rexroad, C. E. Jr., Wall, R. J., Bolt, D. J., Ebert, K. M., Palmiter, R. D. and Brinster, R. L.: Production of transgenic rabbits, sheep and pigs by microinjection. Nature. 315:

680-683 (1985).

3) Krimpenfort, P., Rademakers, A., Eyestone, W., van der Schans, A., van den Broek, S., Kooiman, P., Kootwijk, E., Platenburg, G., Pieper, F., Strijker, R., et al.: Generation of transgenic dairy cattle using 'in vitro' embryo production. Biotechnology (N Y)., 9: 844-847 (1991).

4) Wolff, J. A., Malone, R. W., Williams, P., Chong, W., Acsadi, G., Jani, A. and Felgner, P. L.: Direct gene transfer into mouse muscle in vivo. Science, 247(4949 Pt 1): 1465-1468 (1990).

5) Eisenbraun, M. D., Fuller, D. H. and Haynes, J. R.: Examination of Parameters affecting the elicitation of humoral immune responses by particle bombardment-mediated genetic immunization. DNA Cell Biol. 12: 791-797 (1993).

6) Canonico, A. E., Plitman, J. D., Conary, J. T., Meyrick, B. O. and Brigham, K. L.: No lung toxicity after repeated aerosol or intravenous delivery of plasmid-cationic liposome complexes. J. Appl. Physiol., 77: 415-419 (1994).

7) Baru, M., Axelrod, J. H. and Nur, I.: Liposome-encapsulated DNA-mediated gene transfer and synthesis of human factor IX in mice. Gene., 161: 143-150 (1995).

8) Perales, J. C., Ferkol, T., Beegen, H., Ratnoff, O. D. and Hanson, R. W.: Gene transfer in vivo: sustained expression and regulation of genes introduced into the liver by receptor-targeted uptake. Proc. Natl. Acad. Sci. USA, 91: 4086-4090 (1994).

9) Kay, M. A., Rothenberg, S., Landen, C. N., Bellinger, D. A., Leland, F., Toman, C., Finegold, M., Thompson, A. R., Read, M. S., Brinkhous, K. M., et al.: In vivo gene therapy of hemophilia B: sustained partial correction in factor IX-deficient dogs. Science, 262: 117-119 (1993).

10) Smith, T. A., Mehaffey, M. G., Kayda, D. B., Saunders, J. M., Yei, S., Trapnell, B. C., McClelland, A. and Kaleko, M.: Adenovirus mediated expression of therapeutic plasma levels of human factor IX in mice. Nat. Genet., 5: 397-402 (1993).

11) Flotte, T. R.: Prospects for virus-based gene therapy for cystic fibrosis. J. Bioenerg. Biomembr., 25: 37-42 (1993).

7. 核移植法

7.1 マウス[*]

はじめに

　クローン技術は，初期化や細胞の再分化などの基礎生物学，畜産業や野生動物の保護などに利用できるだけでなく，遺伝子組み替え動物を作ることにも応用可能である．近年マウスでも体細胞クローンに成功し[1〜5]，基礎研究を行う上で最も重要な手段となり始めている．ここでは卵子細胞質内へ直接ドナー核を注入するマウスの核移植方法について紹介する．

[*] 若山　照彦

クローンマウス作成の概略

a) 採卵と卵子の染色体の除去．卵子の染色体は，初めのうちは教えられてもどこにあるかわからない．ハードな練習が必要．

b) ドナー細胞の用意．ドナー細胞の種類によって方法が若干異なる．

c) 核の注入．マウスではこのときピエゾインパクトドライブユニット（以下ピエゾ）を接続したピペットを用いなければならない．ピエゾを用いた卵子への注入方法は，核移植の歴史の中で最も難しい技術の一つであり，習得するためにはそれなりの覚悟が必要である．

d) 卵子の活性化．核移植の後，卵子を塩化ストロンチウムで活性化する．ドナー細胞がG0/G1期かG2/M期かによって若干方法が異なる（第4章 4.卵子の活性化法（1）マウスの項参照）．

e) 胚移植と帝王切開．偽妊娠雌と同時に本妊娠雌も作っておき，19.5日目に帝王切開でクローンの胎児を取り出し，自然分娩した雌にホスターさせる．

実験方法

a）準　備

1．器具・機械

マニピュレーションのための道具，注入用ピペットの作成（第4章 5.顕微受精法（1）マウスの項参照），および一般的な胚の培養関係の器具．

2．培養液

われわれはCZBを用いている．（第4章 4.卵子の活性化法（1）マウスの項参照）

b）方　法

<u>採卵とマニピュレーションの用意</u>

1) 実験当日の朝一番にシャーレにCZB培地のドロップを作り，ミネラルオイルで覆ってインキュベーターに入れておく．卵子の洗い用として多めにドロップを作る．

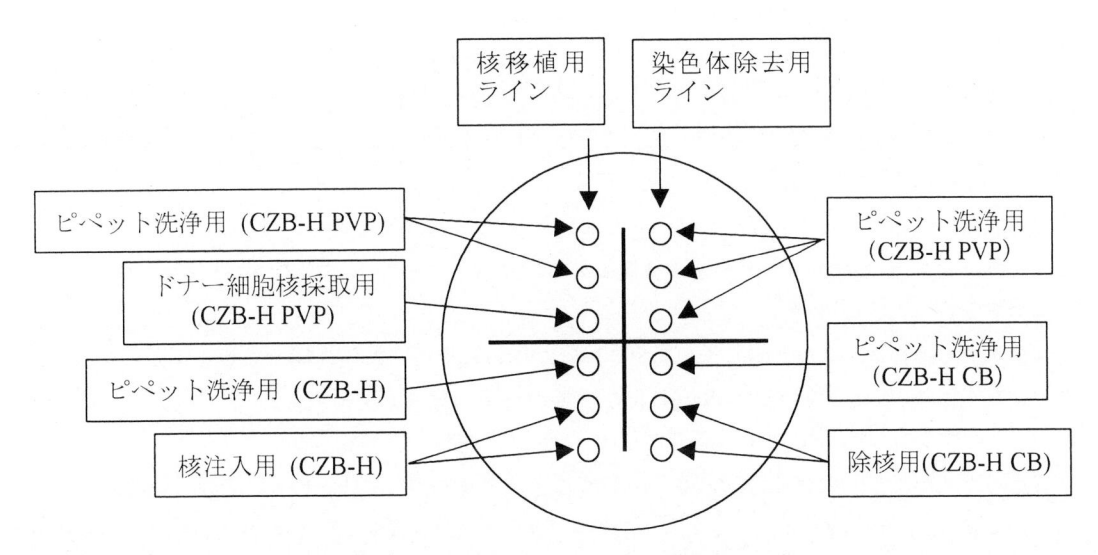

図4.31 マイクロマニピュレーション用のチャンバー

2) マニピュレーション用チャンバーの作成．図4.31に示すように，直径15 cmのシャーレ (Falcon Plastics, Oxnard, CA, cat. no. 1001) のふたに線を引き，PVPドロップ，CZB-H-サイトカラシンドロップおよびCZB-Hドロップをそれぞれ数個作り，ミネラルオイルで完全に覆う．サイトカラシンBはDMSOに100～1,000倍濃度で溶かし，冷凍庫で保存しておく．実験当日に5 μg/mlになるようにCZB-H培養液に溶かす．PVP液は，CZB-HへPVPを12％になるように混ぜ，フィルターでろ過して，冷凍庫で保存しておく．解凍後1週間は使える．

3) 採卵およびヒアルロニターゼ処理．定法に従って行う．

c) 卵子の染色体除去

1) 顕微鏡上においたマニピュレーション用シャーレの，サイトカラシンBの入ったCZB-H培地へ卵子を数十個移し10分ほど待つ．このときの卵子の数は，10分以内ですべての染色体の除去ができる数にすること．慣れれば10分で20～30個の卵子の染色体を抜ける．

2) 染色体除去．除去用ピペットで卵子をくるくる回転させ，染色体がはっきり見える場所を見つける．染色体は，図4.32のように卵子内でわずかに色の薄い範囲があることで識別できる．しかしこの識別には相当な訓練が必要．

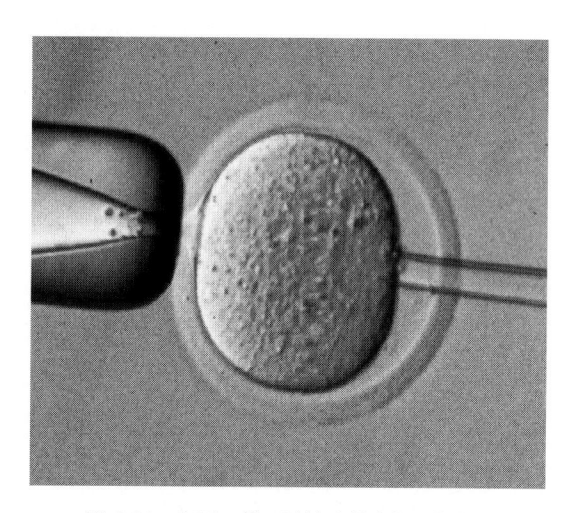

図4.32 卵子の第2減数分裂中期の染色体

3) ホールディングピペットで卵子を固定する．染色体の位置は3時か9時の方向がよい．除去用ピペットを透明帯の表面に当て，透明帯を軽く吸引しながらピエゾを作用させる．ピエゾによって透明帯が切れたら，ピペットを卵子細胞質内に挿入し，染色体のそばまで押し込む．染色体がピペットの正面にあることを確認したら，染色体をピペット内に吸い込み，そっとピペットを引き抜く．餅を引っ張って二つにちぎるような気分で抜き取る．このときの針のサイズは8～10 μmが適している．

4) すべての卵子の染色体除去が終わったら，卵子をCZB培地に戻し，2回洗って完全にサイトカラシンBを除き，ドナー核の移植の時までインキュベーター内で保存しておく．

d) ドナー細胞の用意

1) ドナー細胞は，すべての卵子の染色体除去が終わってから準備を開始するとよい．細胞の遠心処理などの待ち時間が，染色体除去で疲れた目を休ませてくれる．
   トリプシンは卵子にとって猛毒であり，3回以上遠心して細胞を洗うこと．

2) バラバラになった細胞浮遊液を1～3 μlとり，シャーレ上のPVPドロップへ加える．
   ただちに，先の鋭いピンセットなどでそのPVP液をかき混ぜる．かき混ぜが足りないと細胞同士がくっついてしまい，使用できなくなる．

e）核の採取
1) 核注入用ピペットはドナー細胞の種類によってサイズを変えて，ピペットホルダーに接続する．G0/G1期の卵丘細胞やES細胞では5〜7μm，成体の繊維芽細胞では7〜8μm，G2/M期のES細胞では8〜10μmが適している．
2) 選んだ細胞を，最初はピペットでゆっくり吸い込む．適切なサイズのピペットなら，この1回の操作で細胞の細胞膜が破ける．そしてピペッティングを数回繰り返すことで余分な細胞質がちぎれる．
3) 一つ目の細胞の核をピペットの後ろに保持したまた，二つ目の細胞に取りかかる．核と核の間は少なくとも50μm位離すこと．
4) 核を吸い込んだら，核注入ドロップへ移動する．

f）核の注入
1) 核注入ドロップへ除核しておいた卵子を入れ，ホールディングピペットで卵子を保持する．染色体除去の場合と同様にピエゾで透明帯に穴をあけたら，ピエゾドライブの設定を弱に変える．
2) ピペット内の核をピペットの先端にまでもっていき，それからピペットを卵子細胞質内の出来るだけ奥まで差し込む（図4.33）．
3) 細胞膜を軽く吸引してからピエゾを1度だけ作用させる．すると細胞膜が破け，内部に引き込まれていた細胞膜が元へ戻り，ゆがんでいた卵子が元に戻っていくのがわかる．一瞬の反応であるため，目をしっかり開いて，その微妙な変化を見逃さないようにする．

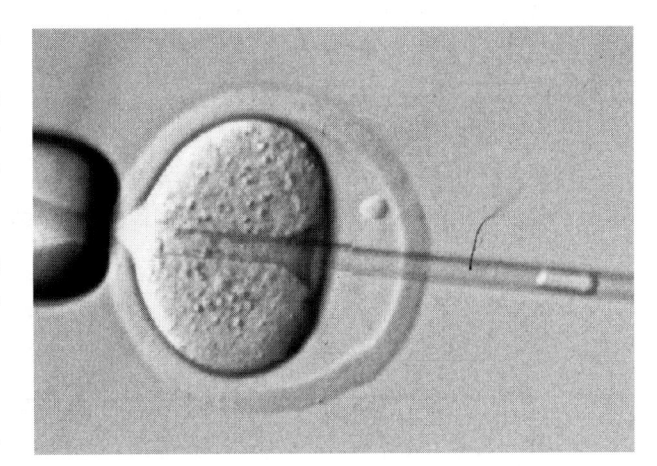

図4.33 卵子の細胞膜を破る直前

4) 細胞膜が破れたのを確認したら，ピペット内の核を少量のPVP液とともに卵子内に注入し，すぐにピペットをそっと引き抜く．
5) 核の注入後，細胞膜の修復をさせるために10分程度マニピュレーター上に放置してからインキュベーターに戻す．すぐに戻すと多少死亡率が高まる[6,7]．

g）卵子の活性化（第4章 4 卵子の活性化法（1）マウスの項参照）
　ドナー細胞がG0/G1期の場合，核移植後約1〜3時間待ってから活性化する．G2/M期の場合，核移植後少なくとも3時間待ってから活性化する．さもないと偽第2極体の放出に失敗し，不完全な2倍体になってしまう．

h）胚移植と帝王切開
1) 胚移植は定法に従って行う．われわれは通常，活性化後3日間培養して桑実期から胚盤胞になった胚を偽妊娠3日目の子宮に移植している．

2）帝王切開．クローンの実験では産子数が非常に少ないため，マウス自身による自然分娩は期待できない．そのため妊娠19.5日に帝王切開を行なう．その日程にあわせて，哺乳用のホスターマザーを数日先駆けて用意しておく．

i）**具体的例**

ピエゾを習い始めた最初の1カ月間は，注入した後ほとんどの卵子が死んでしまう．2カ月後50％くらいが生き残るようになり，3カ月後に70％くらい生き残るようになった．このレベルまで達したら，ようやく本格的な実験が開始できる．

マウス体細胞クローンの成功率はだいたい以下のような成績である．卵子の染色体除去で1％，核の注入で10～20％，そしてストロンチウムの活性化で5％の卵子が死んでしまう．生き残った卵子の10～50％は前核形成せず，正常に活性化した卵子のうち，40～70％は胚盤胞へ発生する前に退行してしまう．移植後，胚盤胞の20～50％は着床前に退行し，着床した胚の90％以上は途中で流産してしまう．結局使用した卵子から換算すると1～2％しか産子へ発生できない．

おわりに

マウスは大型動物に比べて妊娠期間が短く，維持費や取り扱いが簡単であり，多くの研究者によるさまざまなデータの蓄積があり，基礎実験をする上で非常に有効な動物である．そのためこのテクニックを用いて，初期化因子の発見と機能解析，刷り込み遺伝子の変化，加齢とテロメア[8]の関係，脱分化や再分化のメカニズム，クローンによって生じる異常の解明など様々な基礎研究が行われ始めている．しかし体細胞クローンの成功率の低さが，研究を促進するためには大きな障害となっている．成功率の改善は，早急に解決しなければならない問題である．

参考文献

1) Wakayama, T., Perry, A. C. F., Zuccotti, M., Johnson, K. R. and Yanagimachi, R.: Full term development of mice from enucleated oocytes injected with cumulus cell nuclei. Nature, 394: 369-374 (1998).

2) Wakayama, T. and Yanagimachi, R.: Cloning of male mice from adult tail-tip cells. Nature Gen., 22: 127-128 (1999).

3) Wakayama, T., Rodriguez, I., Perry, A. C. F., Yanagimachi, R. and Mombaerts, P.: Mice cloned from embryonic stem cells. Proc. Natl. Acad. Sci. USA, 26: 14984-14989 (1999).

4) Wakayama, T., Tateno, H., Mombaerts, P. and Yanagimachi, R.: Nuclear transfer into zygotes. Nature Gen., 24: 108-109 (2000).

5) Ogura, A., Inoue, K., Ogonuki, N., Noguchi, A., Takano, K., Nagano, R., Suzuki, O., Lee, J., Ishino, F. and Matsuda, J.: Production of male clone mice from fresh, cultured, and cryopreserved immature sertoli cells. Biol. Reprod., 62: 1579-1584 (2000).

6) Kimura, Y. and Yanagimachi, R.: Intracytoplasmic sperm injection in the mouse. Biol. Reprod., 52:709-720 (1995).

7) Kimura, Y. and Yanagimachi, R.: Mouse oocytes injected with testicular spermatozoa or round

spermatids can develop into normal offspring. Development, 121: 2397-2405 (1995).
8) Wakayama, T., Shinkai, Y., Tamashiro, K. L. K., Nijda, H., Blanchard, D. C., Blanchard, R. J., Ogura. A., Tanemura, K., Tachibana. M., Perry, A. C. F., Colgan, D. F., Mombaerts, P. and Yanagimachi, R.: Cloning of mice to six generations. Nature 407: 318-319 (2000).

7.2 ウ シ*

はじめに

核移植技術は，発生・分化の仕組みを明らかにするための一つの手法として，カエルで開発された技術である[1]．哺乳類[2]では，1986年[3]にヒツジ初期胚の核（実際には割球）移植で子ヒツジが得られたことを契機にして，核移植技術を用いてクローン個体を作出し家畜の育種・改良・増殖に貢献しようとする研究が開始された．これまでに行われた研究によって，桑実期までの初期胚の割球や胚盤胞内細胞塊細胞，栄養外胚葉細胞の核移植によって生殖能力のある個体が得られている[4]．さらに，1997年にはヒツジの体細胞である乳腺の培養細胞の核移植によって子ヒツジが得られたことが報告[5]され，今や体細胞を操作して個体を得ることが現実のものとなりつつある．本稿では，われわれの研究室で行っているウシにおける核移植法について紹介する．

ウシにおける核移植技術の概略

レシピエント卵細胞質に核移植されたドナー細胞の核は，卵細胞質中に含まれる"因子"によって初期化され，発現できる遺伝子の種類が受精卵と同じ状態となり発生が進んでいく．核の初期化が不十分であると核移植卵は個体へ発生せず，核の細胞周期とレシピエント卵細胞質の状態の組み合わせが核の初期化にとって重要とされている．ドナー核として初期胚の割球を用いる場合は，第2減数分裂中期の染色体を除去した未受精卵（除核未受精卵という）に，あらかじめ活性化刺激を与えておいてレシピエント卵細胞質として用いる．体細胞を用いる場合は，核の細胞周期をG0/G1期に同調させてから，活性化刺激を与えていない除核未受精卵に核移植を行う．核移植は，ドナー細胞を除核未受精卵に電気刺激を与えて融合する方法によって行う．融合した核移植卵は，体外で後期桑実胚～胚盤胞期へ発生させ，通常の受精卵移植の方法によって受胚雌へ移植する．

実験法

a）準 備

1．器具・機械

マイクロマニプレーター，プーラー，マイクロフォージ，細胞融合装置，細胞融合チャンバー，ノマルスキー微分干渉装置・蛍光装置付倒立顕微鏡，実体顕微鏡，炭酸ガス培養器，加温板，ウオーターバス，初期胚操作器具一式

---

* 角田　幸雄・加藤　容子

2．薬　　品

牛胎児血清（FBS），TCM 199，リン酸緩衝液（PBS），生理的食塩水，修正 Dulbecco's MEM（D-MEM），CR 1 aa（第Ⅱ章5.4，表2.12参照），ヒアルロニダーゼ，サイトカラシン B，ヘキスト，Zimmerman 液（第Ⅳ章4.2，表4.13参照），トリプシン，EDTA，ノコダゾール，細胞凍結液（Cell Culture Freezing Medium-DMSO），ゼラチン，脂肪酸除去牛血清アルブミン（BSA）

b）方　　法

ドナー細胞の準備

初期胚割球を用いる場合

1. 過剰排卵処置後人工授精を施した雌から採取した胚あるいは第Ⅱ章5.4に従って作出した胚の透明帯を，マイクロマニプレーターにとりつけたガラス針を用いて除去する．
2. 先を鈍にしたピペットで吸引操作をくり返して，単一の割球に単離した後使用する．

体細胞を用いる場合（卵丘細胞を例として）

1. 1個の卵巣から採取した卵胞卵を，1％ゼラチン溶液で表面処理をした4穴ディッシュに10〜15個ずつ入れて10％ FBS 加 D-MEM 液（以下，培地）で7日間培養する．
2. 培養ディッシュの70〜80％を占める程度まで増殖した細胞は，0.1％トリプシンと0.05％ EDTA を加えた PBS（以下，トリプシン・EDTA 液）で単離し，1,200 rpm で5分間遠心後，上澄みをすてて少量の培地を加える．
3. 1×10^5/ml となるように培地を加えて，これを4穴ディッシュにまく（継代1）．
4. 細胞がディッシュ底面の70〜80％を占める程度に増殖した時点で，トリプシン・EDTA 液で処理後，継代を行う．
5. 必要に応じて，2と同様に遠心後，沈査に4℃に冷却した1 ml の凍結液を加えて−80℃のフリーザーに移して保存する．融解は37℃で行い，D-MEM を加えて遠心後，培地を加えて培養する．
6. 培養中の培地を除去し，PBS を加えて3回洗浄する．ついで，0.5％ FBS 加 D-MEM を加えて3〜10日間血清飢餓培養を行う．BrdU のとり込み試験ならびにフローサイトメーターを用いて培養後の細胞の細胞周期を調べると，90％以上が G0/G1 期である．

レシピエント卵細胞質の準備

1. 第Ⅱ章5.4の方法に従って卵巣から採取した卵胞卵を，10％ FBS 加 TCM 199 で22〜24時間成熟培養する．
2. ヒアルロニダーゼ（300 IU/ml）加 PBS で卵丘細胞を除去し，第1極体がみられる卵子を選別する．
3. サイトカラシン B（7.5 μg/ml）を含む10％ FBS 加 TCM 199 に移して，第1極体が存在する近辺の透明帯をガラス針を用いて切開する．
4. ガラス針を卵子の上から押しつけるようにして，染色体を含む少量の卵細胞質を透明帯の外へ押し出す．
5. 押し出した細胞質をヘキスト 33342（5 μg/ml）を含む TCM 199 に移して，蛍光顕微鏡下で染色体の有無を確認する．

6. 初期胚の割球を用いる場合は，第Ⅳ章4.2に従ってあらかじめ活性化刺激を与えておき，その9時間後に用いる.

<u>核移植と核移植卵の体外培養</u>
1. ドナー割球あるいは細胞をインジェクションピペットに1個吸引し，レシピエント卵子の透明帯の切り口から囲卵腔へ注入する.
2. ドナー細胞とレシピエント卵子の接触面が，電極に対して平行となるように操作する.
3. 融合は，初期胚の割球を用いる場合，0.75あるいは1.0 kv/cm, 50 μsecの直流電流を0.1秒間隔で2回通電して行う．体細胞を用いる場合は，1.5 kv/cm, 20 μsecの直流電流を0.1秒間隔で2回通電して融合後，15分間隔で0.2 kv/cm, 20 μsecの電流を2セット2回通電して活性化させる．なお，10 μg/mlシクロヘキシミドを含む3 mg/ml BSA加 CR1aaで6時間培養する.
4. 核移植あるいは活性化の終了した卵子は，5% CO_2, 5% O_2, 95% N_2の低酸素条件下のBSA加 CR1aaで3または8日間培養する.
5. ドナー細胞として体細胞を用いる場合，培養4日目に第Ⅳ章6.1で述べられている方法によって調整した，マイトマイシン処置マウス胎子線維芽細胞を含む10% FBS加 CR1aaに移して5日間培養する.

c) **具体例**

過剰排卵処置を施した胚の割球を用いて核移植を行い，核移植卵が8～16細胞期に達した時点でその一部の胚をドナー核として用いて2回目の核移植を行い，これをもう一度くり返す継代核移植を行った．その結果，1個のドナー胚から平均30個，最大43個の胚盤胞を複製することができ，その一部を受胚雌へ移植して子牛が生まれている[6].

また，1頭の成熟雌ウシから採取した卵胞卵の周りの卵丘細胞および卵管上皮細胞を継代培養後，除核未受精卵へ核移植して体外で培養したところ，それぞれ49%および23%が胚盤胞へ発生した．これらの発育胚のうち10個を2個ずつ5頭の受胚牛へ移植した結果，全頭が受胎し，8頭のクローン子牛を得た[7].

おわりに

胎子や成体のさまざまな組織から採取した体細胞由来の培養細胞を核移植することによって，子ウシが生産されている．成ウシの体細胞をドナー細胞として用いる場合，核内遺伝子に関する限り，得られる子ウシは元のウシのコピーである．また，培養細胞へ遺伝子導入を行うことによって，医薬品等を生産するトランスジェニック家畜の作出も容易になる．一方，この3年間にわたって実施されてきた体細胞クローンウシ作出研究の結果，受胎率が一般に低く，妊娠後期の流産，微弱な分娩徴候，分娩前後の受胚雌の死亡，死産，分娩直後の子ウシの死亡，子ウシの形態形成異常や成育中の死亡などの異常が頻発することも明らかになっている．体細胞クローン作出技術は，家畜の育種・改良・増殖技術として将来画期的な貢献をするものと期待されるが，これらの異常等が生じる原因が解明されていない現状では，生産者や消費者に不安感を与えることから実際の家畜生産の現場で応用することは時期尚早と思われる.

参考文献

1) Briggs, R. and King, T. J.: Transplantation of living nuclei from blastula cells into enucleated frogs' eggs. Proc. Natl. Acad. Sci., 38:455-463 (1952).
2) McGrath, J. and Solter, D.: Nuclear transplantation in the mouse, embryo microsurgery and cell fusion. Science, 220: 1300-1302 (1983).
3) Willadsen, S. M.: Nuclear transplantation in sheep embryos. Nature, 320: 63-65 (1986).
4) 角田幸雄：現代医学の基礎，5.生殖と発生（森　崇英，山村研一編）: 195-206，岩波書店，(1999).
5) Wilmut, I., Schniek, A. E., McWhir, J., Kind, A. J. and Campbell, K. H. S.: Viable offspring derived from fetal and adult mammalian cells. Nature, 385: 810-813 (1997).
6) Takano, H., Kozai, C., Shimizu, S., Kato, Y. and Tsunoda, Y.: Cloning of bovine embryos by multiple nuclear transfer. Theriogenology, 47: 1365-1373 (1997).
7) Kato, Y., Tani, T., Sotomaru, Y., Kurokawa, K., Kato, J., Doguchi, H., Yasue, H. and Tsunoda, Y.: Eight calves cloned from somatic cells of a single adult. Science, 282: 2095-2098 (1998).

7.3 ヒト*

はじめに

体外受精胚移植の臨床応用がなされてから20年が経過したが，この間に，種々の改良や顕微授精を含めた新しい技術の開発が大きく成績改善に貢献してきた．しかしながら依然としてその成否は女性配偶者の生殖年齢に大きく依存しているということは周知の事実である．いまだに生殖学的に高齢な婦人（特に40歳以上，以下高齢婦人とする）に対する治療は若齢婦人からの提供卵子を用いた治療以外には好成績を望むことはできない．同時にそれは，高齢婦人においては卵の良否が治療成績の鍵を握るという事実を証明していることになる．種々の要素が高齢婦人における体外受精胚移植後の低妊娠率，低着床率や高流産率に関連していると考えられるが，最も重要な原因として高齢婦人の成熟卵に高率に観察される aneuploidy が考えられてる（Munné et al., 1995；Dailey et al., 1996）．卵の染色体異常は主に成熟過程の第1減数分裂中に発生すると考えられている．meiotic division は各減数分裂中に構成される meiotic spindle により制御されており，またその構成成分は多くを卵の細胞質から提供されている．meiotic spindle の異常が高齢婦人の卵に高率に確認されており（Battaglia et al., 1996），卵細胞質の核成熟における重要性が注目されている．

近年，第1減数分裂前の未熟卵の段階で，高齢婦人の germinal vesicle（GV）を，除核された若齢婦人の卵細胞質に核移植し，再構築卵を体外成熟させる方法が正常な減数分裂を support する手段として提案された（Zhang et al., 1999）．全卵子の提供に対し，この技術は第3者の卵細胞質の提供を受けながらも，患者自身の遺伝情報を核移植という方法で児に伝えることが可能という点で非常に魅力的である．この技術による染色体異常の発生予防効果については少ないながらも実験結果が報告されており，若齢婦人の卵細胞質が移植された高齢婦人の卵核を正常な減数分裂へ

---

* 竹内　巧・Lucinda L. Veeck・Zev Rosenwaks・Gianpiero D. Palermo

誘導するという卵成熟過程での細胞質の重要性を強く示唆するものであった．本稿では高齢婦人の卵の染色体異常の発生を防ぐことを目的として提案された，未熟卵における核移植について紹介する．主に核移植技術について説明し，未熟卵の採取，体外培養や再構築後の成熟卵の染色体解析方法などは他稿に譲る．

ヒト未熟卵における核移植の概念

上述したごとく，本稿で紹介する核移植は他の動物種で主に recipient として用いられている成熟卵とは異なり，卵核崩壊（GVBD）以前の未熟卵に対して行う点が大きな特徴である．初期の胚発生において細胞質が重要な役割を担っているという主義から，不良な胚発生が原因と考えられる反復体外受精不成功例の患者に対して若齢者の卵細胞質を授精時に精子とともに提供することによりその後の胚発生能を改善するという試みが実際に臨床応用され，既に出生児が報告されている（Cohen et al., 1998）．しかしながらこの方法は成熟卵に対して行われるため，第一減数分裂時に発生する染色体異常に対しては何の効果も期待できない．よく混同されがちな概念のため，ここで改めて違いを強調しておく．

実験方法

a）準　備

1．器具・機械

一般の体外受精に用いられるものの他に，顕微授精に必要な倒立顕微鏡，マイクロマニピュレーター一式，ヒーティングステージ，また倒立顕微鏡に設置する記録用のデジタルカメラなど．顕微操作には市販されていないマイクロピペットを作成するため，ピペットプラー，マイクロフォージ等を使用する．また電気融合装置一式は本実験には欠かすことができない重要なものである．

2．試　薬

これも一般のヒト体外受精・顕微授精用の試薬，培養液を用いるが，これに加え，脱核操作時に必要な cytochalasin B（CCB）を溶解した脱核用溶液．成熟卵の染色体検査のためにギムザ染色，あるいは FISH 法に必要な試薬等もあるが，これは他稿を参照していただきたい．

b）方　法

1．インフォームドコンセント

本実験においては，ヒトの卵を使用するため，これが最も重要な点であるということを強調しておきたい．そのためには実験を準備する前に倫理委員会等を通して十分にその研究意義を議論し，検体の提供を願う患者に対しても十分なインフォームドコンセントを得た上で，あくまで研究には患者がその意義に賛同し，自発的に参加するという環境を整える必要がある．

2．検体の入手

本実験で用いる検体（未成熟卵）は，細胞質内精子注入法（ICSI）により治療を受ける患者から提供される．ICSI 治療のための卵巣刺激や採卵術，卵丘細胞の除去方法は既に報告されているとおりである（Palermo et al., 1995）．卵丘細胞の除去後，卵の成熟度を確認し，第一極体を放出した第二減数分裂中期（M II）の成熟卵のみを ICSI 治療に用いるのが原則で，他の未熟卵は通常治療

には用いず，廃棄されているのが現状である．GV 卵は体外受精治療において約 10 % 程度の頻度で採取されるが，本実験ではそういった実際の治療には供されない卵核（GV）を有する未熟卵のみを用いる．

3．顕微操作

顕微操作の手順は以下のようである．まず卵の透明体に切開を加える．次に GV の除核を行い，そのままその GV をすでに除核された別の卵の囲卵腔へ挿入する．以上の操作はすべてヒーティングステージを設置した倒立顕微鏡下で行う．ここで紹介する手技は筆者が基礎実験として行ったマウスを用いた未熟卵の核移植とほぼ同じである（Takeuchi et al., 1999）．

マイクロマニピュレーターは通常の ICSI 手技に用いるものを使用する．GV の除核，それにより作成される GV karyoplast の除核卵の囲卵腔内への挿入などに用いるマイクロピペットはプラーおよびマイクロフォージで作成する．卵保持用のピペットは先端が外径約 60 μm で，内径約 20 μm にファイアーポリッシュする．除核，および karyoplast の挿入にはやはり先端をファイアーポリッシュした内径約 30 μm のマイクロピペットを用いる．透明体切開用には先端の閉じたマイクロニードルをマイクロフォージで作成する．

1) 透明体はその周囲の約 20 % を切開し，その後の除核用のピペットの挿入を容易にする．これは通常 ICSI に用いている 0.4 % ヒト血清アルブミン添加 HEPES-HTF 中で行う．この操作は先端を鋭利にした除核用のピペットを用いる事で省略する事が可能であるが，GV 卵は成熟卵に比べ，弾性に乏しく損傷しやすい点，また除核の際に一緒に吸引される細胞質の量を極力少なくするために，筆者は現在，ここで述べる 2 段階除核法を採用している．

2) 透明体切開後は GV 卵を 5 μg/ml の CCB を含む HEPES-HTF 中にて約 5 分間，あるいは CCB-HTF 中でインキュベーターの中で培養し細胞膜が充分柔らかくなったら，除核操作を

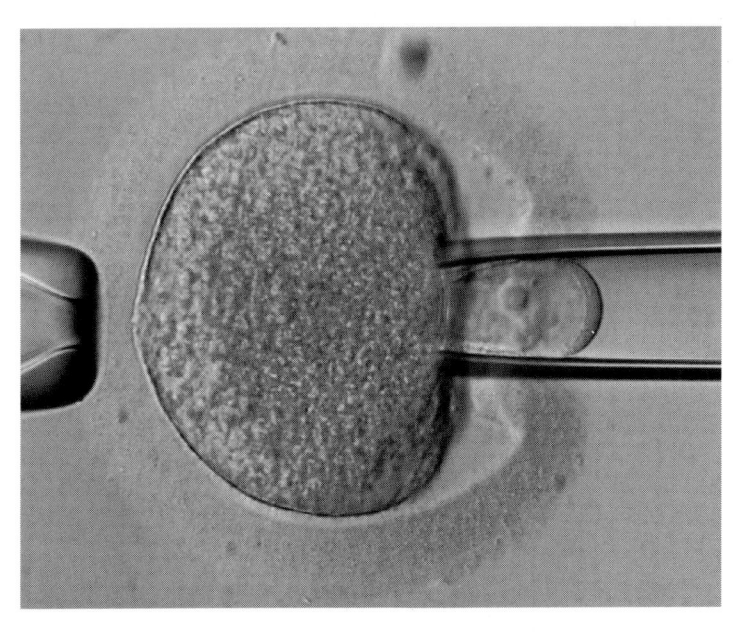

図 4.34　ヒト GV 卵の除核

開始する．除核用のピペットを透明体切開層から挿入する．ピペットの先端を若干の陽圧を加えながら GV を取り巻く細胞質が少量になるようにゆっくりと GV に近づけ，続いて若干の陰圧で GV をピペットに吸引する．GV 全体がほぼピペットの中に吸引された段階で徐々にピペットをぬき去るようにして karyoplast と cytoplast の間の cytoplasmic bridge を切断する（図 4.34, 35）．この操作では GV の核膜が破損しないように，吸引操作をゆっくりとまた比較的口径の大きなピペットを

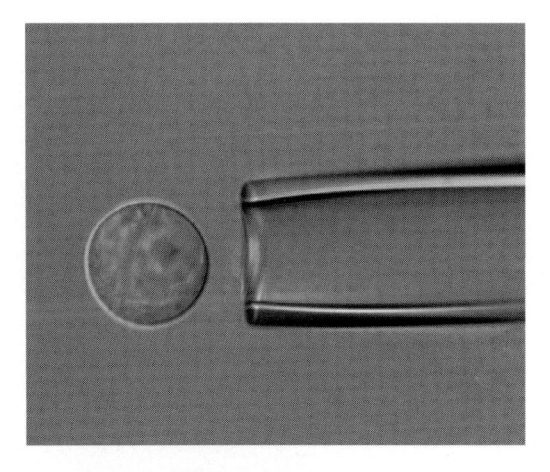

図 4.35　単離されたヒト GV karyoplast

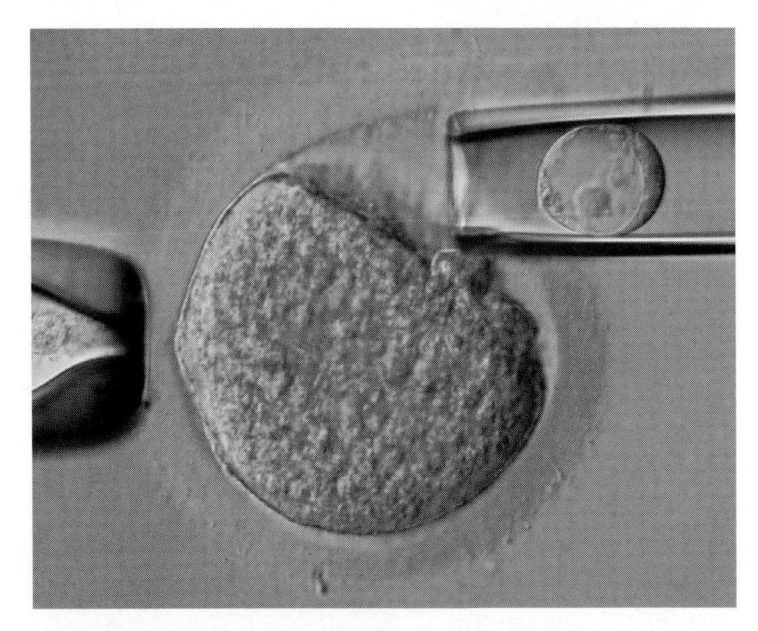

図 4.36　GV karyoplast の除核された卵（cytoplast）への挿入

用いる事が要点である．マウスに比べてヒトの GV の核膜は急な操作で損傷しやすいが，逆に除核を容易にする CCB の濃度や培養時間はヒトでは低く，短く設定できる．

3) 単離された GV karyoplast をすでに除核操作の済んでいる別の卵の囲卵腔に挿入する（図 4.36）．この際透明体の切開口が大きすぎると，後の操作中に karyoplast が飛び出してきてしまう．こうして作成された Graft 卵（融合前の GV karyoplast と cytoplast）は洗浄後 HTF 中で 37 ℃，5 % CO_2 気相下で約 30 分培養する．

4．電気融合

本実験では電気融合は現在のところ必須の手段である．GV 卵は繰り返し述べるようにその細胞膜は成熟卵に比べ損傷し易いため，また GV そのものも size が比較的大きいため，直接核を injec-

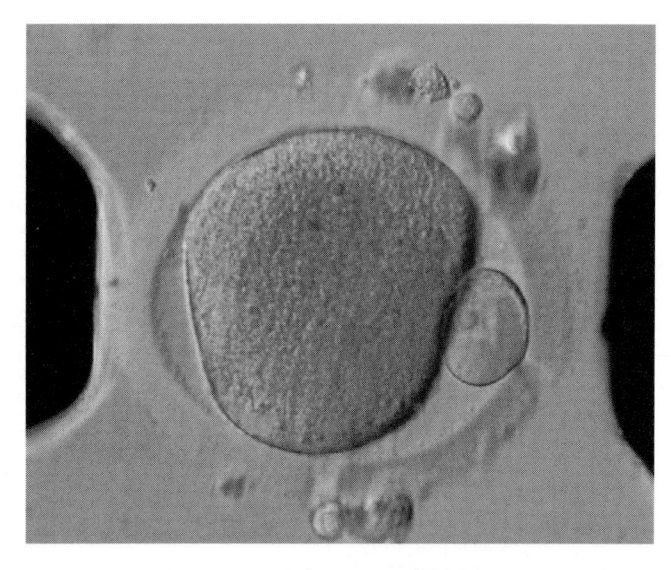

図4.37 Graft卵のmanual alignment

tionすることは現実的ではないという理由による．筆者は細胞融合装置としてGenetronics社のElectro Cell Manipulator BTX 200あるいは2001を使用している．これに東京理化器械の先端径約100 μmのmicroelectrode（ECF-100）を接続し，micromanipulatorのコントロール下にHEPES-HTF中でkaryoplastとcytoplastの融合面が電流と垂直になるようにGraft卵をrotateさせ，1.0ないし1.5 kV/cmの直流パルスを70から100 μs加えて細胞融合を誘発する（図4.37）．処理した細胞は洗浄後にHTF中で培養し，30分後に細胞融合を確認する（図4.38）．この様に細胞融合に

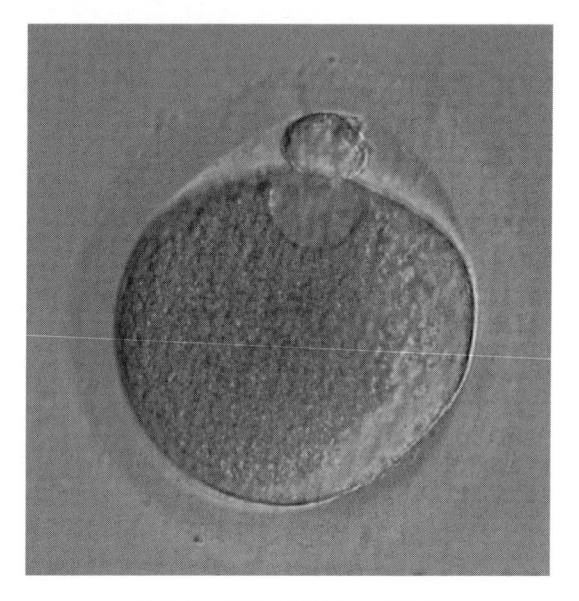

図4.38 融合を開始したGV卵

おいては一般的な交流パルスによる細胞のalignmentは，直流パルスのみで高率に細胞融合が得られている限りは一度に多くの細胞を処理する必要のないヒトにおいては（1回につきせいぜい2, 3個の卵）省くことができる．

5. 体外成熟およびその後

再構築されたGV卵はHTF中で培養を続け，24時間毎に48時間後までその成熟を観察する．第一極体を放出したMⅡ卵はその後，染色体の解析用に処理するか，あるいは受精能や発生能を評価するためにICSIに供する．ヒトにおいても卵の体外成熟法は非常に興味深い分野であるが，未知の部分を多く抱えているため，特別な培養環境を設定せずに筆者は本実験を行っている．

おわりに

動物実験の結果を踏まえ，さらに当大学の倫理委員会の許可を得て，ヒト未熟卵に対する核移植の有効性を探る研究を開始した．核移植の各過程で80％を越える効率で卵を再構築することが可能であった．卵成熟率は約60％で対照の体外成熟した無操作の未熟卵のそれと有意差を認めなかった．またsibling卵の間での核移植による再構築卵の染色体異常率も同様に対照の体外成熟卵と有意に異ならなかった．未だ十分な数ではないが，異なる年齢の婦人間でGV卵の核移植を行った結果，高齢婦人の卵細胞質は染色体異常を誘起しやすく，若齢婦人のそれは正常な減数分裂を誘導するという仮説を支持する所見が得られた．これらの結果は今後の核移植技術の臨床応用を考える上で必要なさらなる研究の十分な動機づけとなった．この技術は未だ研究段階のしかも入り口にあり，臨床応用にはほど遠いといえる．しかしながら，ヒトの加齢と卵の染色体異常の因果関係を研究するためには非常に有意義な方法であることは明かである．

参考文献

1) Battaglia, D. E., Goodwin, P., Klein, N. A., et al.: Influence of maternal age on meiotic spindle assembly in oocytes from naturally cycling women. Hum. Reprod., 11: 2217-2222 (1996).

2) Cohen, J., Scott, R., Alikani, M., et al.: Ooplasmic transfer in mature human oocytes. Mol. Hum. Reprod., 4: 269-280 (1998).

3) Dailey, T., Dale, B., Cohen, J., et al.: Association between nondisjunction and maternal age in meiosis-II human oocytes. Am. J. Hum. Genet., 59: 176-184 (1996).

4) Munné, S., Alikani, M., Tomkin, G., et al.: Embryo morphology, developmental rates, and maternal age are correlated with chromosome abnormalities. Fertil. Steril., 64: 382-391 (1995).

5) Palermo, G. D., Cohen, J., Alikani, M., et al.: Intracytoplasmic sperm injection: a novel treatment for all forms of male factor infertility. Fertil. Steril., 63: 1231-1240 (1995).

6) Takeuchi, T., Ergün, B., Huang, T.H., Rosenwaks, Z. and Palermo, G. D.: A reliable technique of nuclear transplantation for immature mammalian oocytes. Hum. Reprod., 14: 1312-1317 (1999).

7) Zhang, J., Wang, C. W., Lewis, K., et al.: In vitro maturation of human preovulatory oocytes reconstructed by germinal vesicle transfer. Fertil. Steril., 71: 726-731 (1999).

索　引

1 st strand cDNA ･･････････････････ 233, 235
20α-HSD ････････････････････････････････ 53
^{35}S-メチオニン ････････････････････ 241, 243
[^{3}H]-deoxyglucose の取り込み ･･････････ 266
ADAM ファミリー ････････････････････ 111
Antisense Primer 法 ･････････････････････ 235
antrum ･･･････････････････････････････ 64
aromatase ････････････････････････････ 72
ART ････････････････････････････････ 286
atretogenic factors ･･････････････････････ 66
attachment ･･････････････････････････ 109
Bellco Glass Chamber ･･････････････････ 307
BRL 細胞 ･･････････････････････ 196, 200
Buffalo rat liver cell ････････････････････ 196
β-ガラクトシダーゼ（LacZ）････････････ 268
Ca^{2+} オシレーション ････････････････････ 102
Ca^{2+} 画像解析法 ･･････････････････････ 102
Ca^{2+} 振動 ･････････････････････････････ 102
Ca^{2+} 増加機構 ･･･････････････････････ 103
Ca^{2+} 波 ･････････････････････････････ 102
Ca^{2+} 遊離 ･････････････････････････････ 103
Ca^{2+} 増加反応 ･･･････････････････････ 100
CAT ･･･････････････････････････････ 268
CD46 ･･････････････････････････････ 111
CD9 ･･･････････････････････････････ 111
Cdc2 ･････････････････････････････････ 32
Cdk1 ･････････････････････････････････ 32
cetylmethylammonium bromide ････････ 125
c-mos タンパク ･････････････････････････ 65
CMRL-1066 ･･･････････ 195, 196, 197, 200
compaction ･････････････････････････････ 29
CR1aa ････････････････････････････････ 191
cyclin-dependent kinase 1 ･･････････････ 32
CZB ･･･････････････････････････････ 347
C-バンド染色 ･････････････････････････ 281
dbcAMP ･･･････････････････ 197, 198, 199
Δ-3β-Hydroxysteroid dehydrogenase ･･････ 213
deoxyglucose ･･････････････････････････ 263
desmosome ･･････････････････････････････ 29
dibutyryl cyclic AMP ･･････････････････ 197
dictyotene ････････････････････････････ 63

diplotene stage ･･･････････････････････････ 63
disintegrin domain ････････････････････ 110
DNase ･････････････････････････ 234, 236
DNA 断片化 ･･････････････････････････ 252
DNA のメチル化 ･･･････････････････ 20, 256
down-regulation ････････････････････････ 163
E$_2$ ･･･････････････････････････････ 51, 52
Eagle's minimum essential 培養液 ･･････････ 125
eCG ･･･････････････････ 154, 156, 157, 195, 197
EFS 液 ･････････････････････････････ 332
EGF ･････････････････････････････ 44, 73
EG 細胞 ･･･････････････････････････ 115
ERK ･･･････････････････････････････ 246
ES 細胞 ･･･････････････････････････ 378
Extracellular matrix ････････････････････ 307
Fas-FasLigand 系 ･････････････････････ 251
fertilin ･･････････････････････････････ 110
first meiotic division ･･････････････････････ 63
FISH ･･････････････････････ 291, 293, 298
FITC 標識 2 次抗体 ････････････････････ 229
fluorescence in situ hybridization ････････ 298
FSH ･･････････････････････ 154, 156, 195, 197
FSH ･･････････････････････････ 60, 67, 87
FSH サージ ･･････････････････････････ 51
GABA 受容体 ･･････････････････････････ 96
gap junction ･････････････････････････････ 29
germinal vesicle（GV）････････････････ 392
germinal vesicle breakdown ･････････････ 30
GFP ･･･････････････････････････････ 268
glucose transporter ････････････････････ 264
glycerol ････････････････････････････ 344
GnRH ･･････････････････････････････ 67
GnRH agonistic analog ････････････････ 163
GS-I ･･･････････････････････････････ 218
GVBD ･････････････････････････････ 30
G-バンド染色 ･････････････････････････ 281
hardening ･･･････････････････････････ 108
hCG ･･････････････････ 154, 156, 157, 195, 197
HEPES ･･････････････････ 156, 157, 158, 198
HEPES-TYH ･････････････････････････ 198
hexokinase 活性測定 ････････････････････ 266

(399)

hMG ····· 154, 156, 157	polymerase chain reaction (PCR) ····· 298
*Hpa*II-PCR法 ····· 256	postovulatory vaginal discharge ····· 49
HTFw / HEPES 培地 ····· 207	Pre-MPF ····· 32
Human tubal fluid (HTF, Quinn) ····· 205	preantral follicle ····· 72
ICSI ····· 353, 365	primary binding ····· 109
IL-1 ····· 74	primary oocyte ····· 63
implantation window ····· 210	primordial follicle ····· 63
integrin ····· 110	primordial germ cells ····· 62
In Vitro Maturation ····· 306	Prostaglandin $F_{2\alpha}$ ····· 82
IP_3 レセプター ····· 103	PVA ····· 347
IVM-I ····· 307	quality ····· 263
Laemmli sample buffer ····· 242, 244	ready-made 培養液 ····· 205
Lee-Boot effect ····· 49	RIPA buffer ····· 242, 244
LH ····· 60, 67, 156, 195, 197	Ritodrine hydrochloride ····· 82
LH サージ ····· 51, 64, 72	RT-PCR ····· 233, 234, 237
luteinization inhibitor ····· 76	RT 反応 ····· 234, 235
luteinization stimulator ····· 76	SDS-PAGE ····· 241
M II 停止 ····· 103	SDS-ポリアクリクアミドゲル ····· 243
MAPK ····· 35, 42, 246	SDS-ポリアクリルアミドゲル電気泳動法 ····· 241
maturation-promoting factor ····· 30	secondary binding ····· 109
MBP ····· 247	secondary follicle ····· 63
mBWW medium ····· 263	secondary oocyte ····· 63
Medium199 (M 199) 培養液 ····· 125	Steel factor ····· 115
meiosis inhibiting substance ····· 63	steroid-3 β-ol dehydrogenase ····· 66
membrane cofactor protein ····· 111	Synthetic Serum Substitute ····· 206
mitogen-activated protein kinase ····· 35	TALP 培養液 ····· 198
Mos ····· 34	TBS ····· 242, 245
MPF ····· 30, 42, 103, 246	TBS-T ····· 242, 245
MPF 形成機構 ····· 32	TCM-199 ····· 195, 197
mRNA ····· 233	TGF-α ····· 73
mSOF ····· 191	TGF-β ····· 74
N-acetylglucosaminidase ····· 111	tight binding ····· 109
Oligo dT 法 ····· 235	tight junction ····· 29
Oocyte donation ····· 343	TNF ····· 74
ovoperoxidase ····· 107, 111	total RNA ····· 235, 236
Oxytocin ····· 82	Transport ART ····· 207
PAF ····· 175	TUNEL ····· 252
PCR ····· 233, 235, 291, 300	TYH 培養液 ····· 198, 199
Percoll ····· 367	viability ····· 263
Perfusion ····· 303	vitrification ····· 344
Perifusion ····· 303	Whitten effect ····· 49
PGCs ····· 62	Whitten 培養液 ····· 200
PGs ····· 54	ZO-1 ····· 215, 216
piezo-ICSI ····· 365	zona shedding ····· 29

索　引

ZP1 ······································· 109
ZP2 ······································· 109
ZP2f ······································ 109
ZP3 ······································· 109
ZP4 ······································· 109

あ　行

アクチビン ······························· 74
アドレナリン ···························· 68
アポトーシス ················ 124, 251
α-ガラクトース ······················· 109
アルブミン ······························ 306
アンギオテンシノーゲン ·········· 75
アンギオテンシン I ·················· 75
アンギオテンシン II ················· 75
アンギオテンシン III ················ 75

一次極体 ·································· 65
一次卵胞 ·································· 63
一次卵母細胞 ··························· 63
一段階ストロー法 ·················· 336
一般組織化学 ························· 217
遺伝子改変 ···························· 381
遺伝子診断 ···························· 291
遺伝子刷り込み ························ 18
遺伝子導入 ···························· 372
遺伝子導入マウス ·················· 372
遺伝子破壊マウス ·················· 372
イニシエーター ······················· 34
囲卵腔 ···································· 108
インスリン ······························ 73
インスリン様成長因子 ············ 73
インドメサシン ······················· 54
インヒビン ······················ 52, 74

ウイルス様粒子 ················ 25, 27
ウエスタンブロット ······· 241, 244
ウシ ······································ 381
ウシ ICSI ······························· 357
雲状体 ······································ 25
運動精子の不動化 ·················· 369

エイジング ······························ 42
エクアトリン ························· 111

エチレングリコール ··············· 332
エネルギー源 ························· 263
エネルギー代謝 ····················· 263
塩化ストロンチウム ··············· 347
エンドセリン ··························· 75
エンドトキシン測定 ··············· 207

オートラジオグラフィー ········ 241
オープンプルドストロー ········ 317
黄体 ··· 65
黄体化 ····································· 71
黄体化ホルモン ······················· 72
黄体ホルモン値 ······················· 53

か　行

核移植 ······················ 350, 389, 393
核型 ······································ 278
核型分析 ······························· 281
核小体 ······························ 26, 27
過剰排卵処置 ························· 150
下垂体 ····································· 67
活性化 ··································· 350
滑面小胞体 ······························ 27
カドヘリン ···························· 128
過排卵 ····································· 54
過排卵誘起法 ························· 136
カフェイン ···························· 199
顆粒層細胞 ······················ 71, 124
顆粒膜細胞－卵子複合体 ······· 120
緩衝液 ··································· 225
完全性周期型 ·························· 49
緩慢凍結法 ···························· 313
ガラス化 ······························· 332
ガラス化法 ···························· 314
ガラス化保存法 ············ 317, 323
ガラスピペットプーラー ······· 354

キアズマ ································· 12
機械的単離方法 ····················· 120
器官培養法 ···························· 306
吸引法 ··································· 125
共焦点レーザー顕微鏡 ·········· 228
局所因子 ································· 72
切出法 ··································· 125

偽妊娠 ・・・・・・・・・・・・・・・・・・・・・・・・・・・・・・・・ 49
逆転写酵素（reverse transcriptase, RTase）・・・・・ 234
逆転写（RT）反応 ・・・・・・・・・・・・・・・・・・・・・・・ 233
逆転写反応 ・・・・・・・・・・・・・・・・・・・・・・・・・・・ 2235

組換え小節 ・・・・・・・・・・・・・・・・・・・・・・・・・・・ 13
クラブトリー（Crabtree）効果 ・・・・・・・・・・・・・ 209
クローン ・・・・・・・・・・・・・・・・・・・・・・・・・・・・・ 389
クローンマウス ・・・・・・・・・・・・・・・・・・・・・・・・ 385
グラーフ卵胞 ・・・・・・・・・・・・・・・・・・・・・・ 59, 64
グルタチオン ・・・・・・・・・・・・・・・・・・・・・・・・・ 43
グルタミナーゼ ・・・・・・・・・・・・・・・・・・・・・・・・ 107

蛍光プローブ ・・・・・・・・・・・・・・・・・・・・・・・・・ 228
経精子遺伝子導入法 ・・・・・・・・・・・・・・・・・・・・ 376
経精巣遺伝子導入法 ・・・・・・・・・・・・・・・・・・・・ 377
継代核移植 ・・・・・・・・・・・・・・・・・・・・・・・・・・・ 391
経膣採卵法 ・・・・・・・・・・・・・・・・・・ 146, 149, 163
血小板 ・・・・・・・・・・・・・・・・・・・・・・・・・・・・・・ 306
結晶様物質 ・・・・・・・・・・・・・・・・・・・・・・・・・・・ 25
結合タンパク ・・・・・・・・・・・・・・・・・・・・・・・・・ 73
顕微授精 ・・・・・・・・・・・・・・・・・・・・・・・ 196, 352
顕微授精による遺伝子導入法 ・・・・・・・・・・・・・ 377
顕微授精法 ・・・・・・・・・・・・・・・・・・・・・・・・・・・ 365
外科的子宮灌流法 ・・・・・・・・・・・・・・・・・・・・・・ 140
外科的卵管灌流法 ・・・・・・・・・・・・・・・・・・・・・・ 139
月経周期 ・・・・・・・・・・・・・・・・・・・・・・・・・・・・ 64
原始卵胞 ・・・・・・・・・・・・・・・・・・・・・・・・・ 63, 71
減数分裂 ・・・・・・・・・・・・・・・・・・・・・・ 8, 10, 24
減数分裂再開 ・・・・・・・・・・・・・・・・・・・・・・・・・ 120

後期前胞状卵胞 ・・・・・・・・・・・・・・・・・・・・・・・ 120
工業規模 ・・・・・・・・・・・・・・・・・・・・・・・・・・・・ 381
後固定 ・・・・・・・・・・・・・・・・・・・・・・・・・・・・・・ 225
酵素処理法 ・・・・・・・・・・・・・・・・・・・・・・・・・・・ 120
酵素組織化学 ・・・・・・・・・・・・・・・・・・・ 213, 215
交尾排卵型 ・・・・・・・・・・・・・・・・・・・・・・・・・・・ 50
後分娩発情 ・・・・・・・・・・・・・・・・・・・・・・・・・・・ 49
ゴナドトロピン ・・・・・・・・・・・・・・・・・・・・・・・・ 305
コラーゲンゲル内培養法 ・・・・・・・・・・・・・・・・ 129
コラゲナーゼ ・・・・・・・・・・・・・・・・・・・・・・・・・ 54
コンパクション期胚 ・・・・・・・・・・・・・・・・・・・・ 229
ゴルジ装置 ・・・・・・・・・・・・・・・・・・・・・・・・・・・ 111
ゴルジ体 ・・・・・・・・・・・・・・・・・・・・・・・・ 27, 28

さ 行

サイクリンB ・・・・・・・・・・・・・・・・・・・・・・・・・ 32
生殖隆起 ・・・・・・・・・・・・・・・・・・・・・・・・・・ 7, 62
サイトカラシンB ・・・・・・・・・・・・・・・・・ 347, 386
細胞間結合 ・・・・・・・・・・・・・・・・・・・・・・・・・・・ 28
細胞外マトリックス ・・・・・・・・・・・・・・・・・・・・ 128
細胞死受容体 ・・・・・・・・・・・・・・・・・・・・・・・・・ 124
細胞質成熟 ・・・・・・・・・・・・・・・・・・・・・・・・・・・ 41
細胞生存率 ・・・・・・・・・・・・・・・・・・・・・・・・・・・ 128
細胞内カルシウムイオン ・・・・・・・・・・・・・・・・ 100
細胞培養用インサート ・・・・・・・・・・・・・・・・・・ 308
サル ・・・・・・・・・・・・・・・・・・・・・・・・・・ 153, 195
3次元の画像作成 ・・・・・・・・・・・・・・・・・・・・・・ 229
三次卵胞 ・・・・・・・・・・・・・・・・・・・・・・・・・・・・ 64

雌核発生胚 ・・・・・・・・・・・・・・・・・・・・・・・・・・・ 19
色素排除法 ・・・・・・・・・・・・・・・・・・・・・・・・・・・ 123
子宮灌流 ・・・・・・・・・・・・・・・・・・・・・・・・・・・・ 159
子宮頸管経由法 ・・・・・・・・・・・・・・・・・・・・・・・ 148
始原（原始）生殖細胞 ・・・・・・・・・・・・・・ 7, 17, 62
始原生殖細胞 ・・・・・・・・・・・・・・・・・・・・・・・・・ 115
視床下部 ・・・・・・・・・・・・・・・・・・・・・・・・・・・・ 64
自然排卵型 ・・・・・・・・・・・・・・・・・・・・・・・・・・・ 57
シナプトネマ複合体 ・・・・・・・・・・・・・・・・・・・・ 12
収縮運動 ・・・・・・・・・・・・・・・・・・・・・・・・・・・・ 78
主席卵胞 ・・・・・・・・・・・・・・・・・・・・・・・・・ 60, 64
雌雄分化 ・・・・・・・・・・・・・・・・・・・・・・・・・・・・ 8
小桿細胞 ・・・・・・・・・・・・・・・・・・・・・・・・・・・・ 78
小胞体 ・・・・・・・・・・・・・・・・・・・・・・・・・ 24, 103
初期化 ・・・・・・・・・・・・・・・・・・・・・・・・・・・・・・ 389
初期前胞状卵胞 ・・・・・・・・・・・・・・・・・・・・・・・ 120
植氷 ・・・・・・・・・・・・・・・・・・・・・・・・・・・・・・・ 338
初代培養 ・・・・・・・・・・・・・・・・・・・・・・・・・・・・ 122
初代培養法 ・・・・・・・・・・・・・・・・・・・・・・・・・・・ 125
シリコンオイル ・・・・・・・・・・・・・・・・・・・・・・・ 156
シリテスチン ・・・・・・・・・・・・・・・・・・・・・・・・・ 111
浸透圧ショック ・・・・・・・・・・・・・・・・・・・・・・・ 336
自家蛍光 ・・・・・・・・・・・・・・・・・・・・・・・・・・・・ 230
樹脂 ・・・・・・・・・・・・・・・・・・・・・・・・・・・・・・・ 225
受精能獲得（capacitation）・・・・・・・・・・・・・・・ 93
受精能保持時間 ・・・・・・・・・・・・・・・・・・・・・・・ 58
受精膜 ・・・・・・・・・・・・・・・・・・・・・・・・・・・・・・ 107
受精卵 ・・・・・・・・・・・・・・・・・・・・・・・・・・・・・ 332

受精卵診断	298, 300
受精卵の採取法	144
順次培地（Sequential media）	210
上皮性成長因子（EGF）	73
ストロー	333
精液静置法	367
精子運動の活発化（hyperactivation）	93
精子細胞質因子説	101
性周期	48, 64
精子レセプター説	101
成熟促進因子	246
性腺原基	62
性腺刺激ホルモン	71
性腺刺激ホルモンレセプター結合阻止因子	76
性判別	291, 293
染色体異常	277
染色体核型	287
染色体除去	386
染色体数	278
染色体標本作製法	278
先体反応	93
線毛運動	78
線毛細胞	78
蠕動運動	78
前胞状卵胞の体外発育培養	120
前胞状卵胞	119
前胞状卵胞回収液	121
前胞状卵胞の生存判定	123
前胞状卵胞用培地	121
相同組換え	20
相同染色体	12
粗面小胞体	26, 27

た 行

体外受精	167, 190, 196, 198, 209, 211
体外成熟	167, 181, 188
体外培養	184, 191
体細胞トランスジェニック	382
大食細胞	124
タイムラプスビデオ	219, 220, 221, 222
多精拒否	103

多嚢胞性卵巣症候群	310
単為受精	103
単為発生	346
単為発生卵	290
短日性季節繁殖	59
第1卵割中期	279
第一減数分裂	63
第2極体	24
第二減数分裂	65
ダイレクト法	337
脱ガラス化	338
脱分極	107
置　換	225
膣排泄物	49
膣閉塞膜	49
中心体	28, 112
長日性季節繁殖	61
摘出子宮灌流法	139
摘出卵管灌流法	138
電気刺激	350, 389
電気刺激法	198
電子染色	226
電子レンジ	225
凍結保護剤	336
凍結保護物質	323
凍結保存	332
透明帯	29, 108
トランスフエクション	254
トランスポート	78
トリクロロ酢酸	247
ドーパミン	68
導電処理	227
ドナー核	389
ドナー細胞	390

な 行

内因性オピオイド	68
内莢膜細胞	72
2細胞	232
二次極体	65

二次元電気泳動	110	腹腔鏡	156, 158
二次卵胞	63	複糸期	63
二次卵母細胞	63	ブタ	381
		ブラディキニン	54
ノルエピネフリン	305	分割胚の染色体	289
ノンストレス生体計測法	78	分泌細胞	78
		分裂紡錘体	233

は 行

胚移植	196, 343	プラスミノーゲンアクチベーター	54, 74
胚幹細胞株	116	プラスミン	54, 74
胚盤胞の収縮運動	222	プログラムフリーザー	339
排卵	57, 71, 304	プロゲステロン	96, 304
排卵窩	57	プロゲステロン受容体	96
排卵周期	64	プロスターグランジン	54, 305
排卵数	59	プロテイン-Aビーズ	241
排卵卵子	78, 131	プロパンジオール	341
排卵卵子の採取法	142	プロモーター	268, 270
発生阻害	232	プロラクチン	53
発情期	57		
発情周期	60	閉鎖因子	66
発情誘起処置	142	ヘパリン	156, 157, 158
繁殖季節	59	ベンチャー企業	381
バキュロウイルス	254		
パーコール	199	胞胚	344
パラクライン	71	保湿箱	230

ま 行

非受精卵	287, 288	マイクロインジェクター	353
ヒスタミン	54, 305	マイクロウエスタンブロット	241, 244
ヒト未受精卵	323	マイクロドロップレット	318
氷晶形成温度	338	マイクロフィラメント	112
表層顆粒	28	マイクロフォージ	354
表層反応	111	マイクロマニピュレーター	353
微小管	28, 232	マイトジェン活性化リン酸化酵素	35
微小繊維	28	マウス	332
微絨毛	28	マウス胚培養試験	207
ビトロネクチン	111	マウス未受精卵	346
ピエゾ	385	前固定	224
ピエゾインパクトドライブユニット	385	麻酔	156
ピエゾマイクロマニピュレーター	352, 354	麻酔関連薬	156
ピエゾ・マニピュレータ	358		
		ミエリン塩基性タンパク質	247
フィーダー細胞	115	未熟卵	392, 393
フィブロネクチン	111	未熟卵子	310
不完全性周期型	48	未成熟卵子	131

未成熟卵子の採取法	141	卵成熟促進因子	30
未成熟卵子の体外培養	162	卵成熟抑制因子	76
密度勾配法	367	卵巣組織	306
ミトコンドリア	26	卵巣組織の凍結保存	312
ミネラルオイル	156	卵巣組織バンク	310
		卵巣組織片	311
無蛍光スライドグラス	229	卵巣動脈	304
無血清培養	207	卵祖細胞	62
		卵表層顆粒	103
メチルトランスフェラーゼ	21	卵胞外膜細胞	124
免疫蛍光染色	230	卵胞腔	64
免疫組織化学	215, 216, 217	卵胞腔形成	120
免疫沈降	241, 243	卵胞細胞	309
		卵胞刺激ホルモン	71
網状期	63	卵胞上皮細胞	125
モザイク	112	卵胞選抜	124
		卵胞内膜細胞	124
や 行		卵胞発育	71
雄核発生胚	19	卵胞発育誘起	157
誘起排卵法	136	卵胞閉鎖	64, 66, 124, 251
		卵胞卵子	131
4細胞	232	卵母細胞	17, 30, 316
		卵母細胞選抜	124
ら 行			
ラミニン	111	リアノジンレセプター	103
ラメラ構造	25	リクルートメント	48
卵核胞期	124	リボヌクレアーゼ (RNase)	234
卵活性化因子	100	リボゾーム	25, 26
卵管灌流	158	流動パラフィン	156, 197
卵管内圧	78	臨界点乾燥	227
卵管内膜上皮	78		
卵管粘液	78, 79	ルシフェラーゼ (Luc)	268
卵丘細胞	124		
卵核胞崩壊	30	冷却速度	338
卵子	24	レクチン組織化学	215, 217
卵巣灌流	303	レシピエント卵細胞質	389
卵巣灌流法	303	レニン	75
卵子資源	119	連続発情	49

2001	2001年3月5日 第1版発行

生殖工学のための講座
卵子研究法

著者との申し合せにより検印省略

Ⓒ著作権所有

本体 13,000円

著作代表者	鈴木 秋悦
	佐藤 英明
発行者	株式会社 養賢堂
	代表者 及川 清
印刷者	株式会社 真興社
	責任者 福田真太郎

発行所 〒113-0033 東京都文京区本郷5丁目30番15号
株式会社 養賢堂
TEL 東京(03)3814-0911 振替00120
FAX 東京(03)3812-2615 7-25700

ISBN4-8425-0075-1 C3047

PRINTED IN JAPAN 　製本所　板倉製本印刷株式会社